普通高等教育"十一五"国家级规划教材
北京高等教育精品教材
高等院校精品教材系列

U0320309

材料力学教程

韩　斌　刘海燕　水小平　编著

电子工业出版社
Publishing House of Electronics Industry
北京·BEIJING

内 容 简 介

本教材根据教育部高等学校力学基础课程教学指导分委员会最新制定的"材料力学课程教学基本要求（A类）"编写，是普通高等教育"十一五"国家级规划教材和北京高等教育精品教材，也是国家精品课程的配套教材。全书共分 10 章。内容包括：杆件在一般外力作用下的内力分析、应力应变分析及应力应变关系、轴向拉压及材料的常规力学性能、扭转、弯曲、组合变形、能量法、静不定结构、压杆稳定、动载荷。全书共配有 583 道题目，其中包括例题 128 道、思考题 168 道和习题 287 道，以及北京理工大学 2010～2013 年攻读硕士学位研究生入学考试"材料力学"试题。

本教材可作为高等学校工程力学类、航空航天类、机械类、材料类、动力类、土建类、船舶类、水利类等专业本科生多学时材料力学教材，也可供函授、远程、高职高专的相关专业师生及有关工程技术人员参考，同时也是研究生入学考试和教师备课值得选用的参考材料。

图书在版编目（CIP）数据

材料力学教程/韩斌，刘海燕，水小平编著．—北京：电子工业出版社，2013.11
高等院校精品教材系列
ISBN 978-7-121-21763-0

I. ①材⋯　 II. ①韩⋯ ②刘⋯ ③水⋯　 III. ①材料力学-高等学校-教材　 IV. ①TB301

中国版本图书馆 CIP 数据核字（2013）第 257634 号

策划编辑：余　义
责任编辑：余　义
印　　刷：北京虎彩文化传播有限公司
装　　订：北京虎彩文化传播有限公司
出版发行：电子工业出版社
　　　　　北京市海淀区万寿路 173 信箱　 邮编：100036
开　　本：787×1092　 1/16　 印张：25.25　 字数：713 千字
版　　次：2013 年 11 月第 1 版
印　　次：2024 年 1 月第 11 次印刷
定　　价：56.00 元

前　言

　　"材料力学"是一门与工程实际联系非常紧密的技术基础课,对许多工科专业来说,是学生接触工程实际的第一门课程,也是学生从理论基础课程向工程专业课程过渡的一座桥梁,其教学质量的优劣对许多后续专业课程的学习都有直接的影响。这门课程同时运用了较多的高等数学知识进行理论分析与定量计算,研究解决的又是工程中真正的实际问题,是直接为各应用领域的工程技术服务的。

　　本教材根据教育部高等学校力学基础课程教学指导分委员会最新制定的"材料力学课程教学基本要求(A类)",借鉴了国内外一些优秀教材的成功经验,结合北京理工大学工程力学教研室(我校"工程力学"课程2006年被评为国家级精品课程,工程力学教学团队2007年被评为首届国家级教学团队)多年来的教学研究、改革与实践的成果和作者二十多年从事基础课教学的丰富经验编写而成,并被列为普通高等教育"十一五"国家级规划教材和北京高等教育精品教材。

　　本教材注重材料力学的基本概念、基本理论和基本方法的阐述,力求体系优化、条理清晰、叙述清楚、内容翔实,所选例题、思考题和习题富有新意,题型覆盖面广并难易兼顾,着力培养学生将工程实际问题简化为适当力学模型并进行理论分析和工程计算的能力。围绕着重视理论基础,掌握研究方法,加强综合能力,提高科学素质,培养工程意识和激发创新思维等培养目标进行了有益的尝试。

　　材料力学具有公式繁多,知识点零散,基本概念和基本理论貌似浅显却难以深入掌握等特点,所研究的问题与工程实际及日常生活有着广泛的联系,解题过程中需要对基本定理或原理加以灵活应用,抓住主要矛盾,略去次要因素,并将其抽象为适当的理论模型,对于工科的大学生,这是他们从纯理论的基础课走向工程专业课学习的第一步。本教材较多地采用从一般到特殊的知识体系,结构紧凑,表述简洁,在重视理论分析的同时,特别注重其在实际工程中的应用,通过例题、思考题和习题将书本理论应用于实际问题,有利于培养和提高学生的学习兴趣和应用理论知识解决实际问题的能力。在例题的编写方面,注意典型性、多样性、新颖性、综合性、实用性与启发性,解题步骤规范,着力培养学生的正确思考方法。针对学生在阅读例题时往往止步于求出答案,缺乏对例题的深入思考这一弊端,本书在所有例题的后面都附有求解过程中的注意事项,有的特别点明本题的解题关键,有的详细点出学生在解题中容易混淆的概念或容易忽略的问题,还有的明确指出初学者常犯的错误及其根源,有的对学生可能遇到的相关问题展开了进一步的分析与讨论,让学生加深、加宽对问题本质的理解,以启迪学生的思维,开阔学生的视野,起到举一反三的作用。有些例题加强了与工程实际的联系,有助于提高学生的学习兴趣,对培养学生的工程意识也有促进作用;有些例题还给出了一题多解,并对各种方法进行了一定的分析与比较,从而引导学生用多角度分析问题,锻炼学生的综合思维能力,对培养学生的创新能力也有一定作用。每章后面都配有一定数量的与教学内容相关的思考题,一方面将有关重要概念的理解引向深入,另一方面也给学生留下独立思考的空间。每章之后还配有类型多样、难度不等的习题，覆盖基本理论和基本方法的掌握以及理论结合实际问题的灵活应用，使学生得到比较全面的训练，并适度增加了综合性练习，以满足学生进一步提高的要求。为方便读者，书后附有习题参考答案。本书中的很多例题、思考题和习题是作者参考国内外一些优秀教材和教辅书籍中部分例题、思考题和习题，结合自己二十多年的教学经验重新编撰的，在此，作者向这些教材、教辅书籍的编著者们深表谢意！附录 C 给出了北京理工大学 2010—2013 年攻读硕士学位研究生入学考试"材料力学"试题，相信对有志于报考相关专业的研究生在"材料力学"课程的系统复习和提高方面有一定的帮助。

总之，全书力争将基本概念阐述得科学、准确，将基本理论阐述得系统、全面，将基本方法阐述得清楚、易懂，帮助读者在较短的时间内深入理解并融会贯通所学知识，掌握综合分析和解决基本实际力学问题的方法，具备理论联系实际的能力，富有开拓精神和创新思维，更好地满足新世纪对人才培养的更高要求。

本教材由全国力学教学优秀教师韩斌副教授潜心编著，刘海燕副教授仔细校核了所有例题和习题的解答并绘制了部分思考题和习题的插图，全国优秀教师、第三届北京市高等学校教学名师奖获得者水小平教授对全书内容进行了认真审核，并作了进一步修改完善。工程力学教研室全体教师对初稿经过了四年的教学实践，获得了很好的教学效果。廖力、秦晓桐、李海龙、白若阳、赵希淑等老师在教材的编写过程中也参与了部分工作，书中部分内容取自教师们日常教学中的研讨及期末试题。

首届高等学校国家级教学名师奖获得者梅凤翔教授对书稿进行了详细审阅并提出了宝贵意见。本书在编写过程中得到北京理工大学教务处、宇航学院的相关领导的关心和鼓励，电子工业出版社对本教材的出版提供了大力支持和热情帮助。对此，作者一并表示衷心的感谢！

编写一套基本概念清楚，基本理论系统，例题和解题指导富有启发性，与教材内容结合的思考题和习题类型丰富、题材新颖，并能与实际问题紧密结合的材料力学教材是作者多年的愿望，也深深体会到做好这项工作的艰难，需要有极大的热情、强烈的责任心并投入不懈的精力。限于作者的水平，教材中难免存在疏漏和错误之处，真诚期待广大读者提出进一步修改的意见和建议，使本教材能够不断得到改进和提高。

韩　斌　刘海燕　水小平

2013 年 10 月

目 录

绪论 ……………………………………………………………………………… 1

第 1 章　杆件在一般外力作用下的内力分析 ……………………………… 3

1.1　外力与杆件横截面上的内力 ………………………………………… 3

1.2　杆件变形的基本形式 ………………………………………………… 6

1.3　杆件的内力方程和内力图 …………………………………………… 7

1.4　直杆横截面上内力与载荷集度的微分关系 ………………………… 18

1.5　弯曲时内力图的绘制 ………………………………………………… 19

思考题 ……………………………………………………………………… 36

习题 ………………………………………………………………………… 38

第 2 章　应力应变分析及应力应变关系 …………………………………… 42

2.1　应力的概念及变形体在一点处的应力状态 ………………………… 42

2.2　平面应力状态的解析法 ……………………………………………… 44

2.3　平面应力状态的图解法——应力圆（莫尔圆） …………………… 48

2.4　三向应力状态分析简介 ……………………………………………… 49

2.5　应变的概念及一点处的应变状态 …………………………………… 57

2.6　平面应力状态下的应变分析 ………………………………………… 59

2.7　应力应变关系 ………………………………………………………… 60

思考题 ……………………………………………………………………… 66

习题 ………………………………………………………………………… 68

第 3 章　轴向拉压及材料的常规力学性能 ………………………………… 72

3.1　轴向拉压杆件的应力和变形 ………………………………………… 72

3.2　常温静载下材料的基本力学性能 …………………………………… 77

3.3　材料的塑性变形机理与模型 ………………………………………… 82

3.4　复合材料的力学性能及新材料简介 ………………………………… 83

3.5　轴向拉压杆件的失效及强度条件 …………………………………… 84

3.6　轴向拉压杆件的分析和强度计算 …………………………………… 85

3.7　应力集中及其对构件强度的影响 …………………………………… 89

3.8　剪切和挤压的工程实用计算 ……………………………………………… 90

3.9　变形比较法求解简单拉压静不定问题 ……………………………… 92

思考题 ……………………………………………………………………………… 95

习题 ………………………………………………………………………………… 98

第 4 章　扭转 ………………………………………………………………… 103

4.1　圆轴扭转时的应力和变形 ………………………………………………… 103

4.2　圆轴扭转的强度与刚度 …………………………………………………… 108

4.3　非圆截面杆扭转简介 ……………………………………………………… 113

4.4　薄壁杆件扭转简介 ………………………………………………………… 114

4.5　圆轴的弹塑性扭转 ………………………………………………………… 118

思考题 ……………………………………………………………………………… 120

习题 ………………………………………………………………………………… 122

第 5 章　弯曲 ………………………………………………………………… 127

5.1　弯曲变形的基本概念与分类 ……………………………………………… 127

5.2　纯弯曲时的应力与弯曲正应力公式 ……………………………………… 128

5.3　剪切弯曲时的应力与弯曲切应力公式 …………………………………… 131

5.4　弯曲强度条件及应用 ……………………………………………………… 138

5.5　弯曲中心简介 ……………………………………………………………… 145

5.6　弯曲变形的描述与挠曲线近似微分方程 ………………………………… 147

5.7　计算弯曲位移的积分法 …………………………………………………… 149

5.8　计算弯曲位移的叠加法 …………………………………………………… 155

5.9　提高弯曲强度和刚度的主要措施 ………………………………………… 159

5.10　弯曲问题的进一步讨论 ………………………………………………… 161

思考题 ……………………………………………………………………………… 165

习题 ………………………………………………………………………………… 169

第 6 章　组合变形 …………………………………………………………… 175

6.1　组合变形的概念与分析方法 ……………………………………………… 175

6.2　复杂应力状态下的强度理论 ……………………………………………… 175

6.3　斜弯曲 ……………………………………………………………………… 182

6.4　拉(压)弯组合变形与偏心拉压 …………………………………………… 186

6.5　弯扭组合变形 ……………………………………………………………… 191

6.6　组合变形的一般情形 ……………………………………………………… 196

思考题 ……………………………………………………………………………… 198

习题 ………………………………………………………………………………… 203

第 7 章　能量法 ·· 210

7.1　弹性变形固体的外力功、应变能和功能原理 ······································ 210

7.2　互等定理 ·· 217

7.3　变形体的虚位移原理及杆件的虚功方程 ··· 219

7.4　单位载荷法 ·· 220

7.5　单位载荷法用于求解线弹性结构的位移——莫尔定理 ······················ 223

7.6　计算莫尔积分的图乘法 ··· 227

思考题 ··· 237

习题 ··· 241

第 8 章　静不定结构 ··· 246

8.1　静不定结构的概念与分类 ··· 246

8.2　力法求解静不定结构 ··· 249

8.3　利用对称性与反对称性简化静不定结构的求解 ································· 261

8.4　温度应力和装配应力问题 ··· 271

8.5　静不定结构的主要特点及其在工程中的应用 ···································· 276

思考题 ··· 276

习题 ··· 280

第 9 章　压杆稳定 ··· 286

9.1　压杆稳定的基本概念 ··· 286

9.2　理想细长压杆的临界压力 ··· 288

9.3　压杆的柔度与临界应力 ··· 299

9.4　压杆的稳定性计算 ·· 304

思考题 ··· 311

习题 ··· 315

第 10 章　动载荷 ··· 319

10.1　动载荷的基本概念 ··· 319

10.2　以恒定加速度平移或做匀速转动构件的强度计算 ·························· 319

10.3　冲击问题 ·· 322

10.4　交变应力与疲劳失效 ··· 338

思考题 ··· 347

习题 ··· 350

附录 A　平面图形的几何性质 ··· 355

A.1　静矩和形心 ··· 355

A.2 惯性矩、极惯性矩与惯性积 ·· 357

A.3 平行移轴公式 ·· 358

A.4 转轴公式、主惯性轴与主惯性矩 ···································· 360

思考题 ··· 363

习题 ·· 364

附录 B 型钢表 ··· 366

附录 C 北京理工大学 2010～2013 年攻读硕士学位研究生入学考试"材料力学"试题 ······ 369

习题参考答案 ··· 377

参考文献 ··· 392

绪　　论

材料力学是固体力学的一个分支,研究的内容是构件(主要是杆件)在外力作用下产生的内力、变形以及破坏的规律。

在工程实际中广泛应用的各类机械与结构,都是由各种零部件构成的,如机床的轴,汽车的叠板弹簧,房屋和桥梁的柱和梁,桁架结构中的直杆等,这些部件统称为**构件**。机械和结构处于工作状态时,其构件受到外力的作用,会发生形状、尺寸的变化,即产生**变形**。如果构件的变形过大,甚至产生断裂,或者结构整体丧失了稳定性,都不能保证其正常和安全地工作。通过增加构件的尺寸,尽量选用优质材料,一般来说可以提高构件承载能力和工作时的安全性,但同时也增加了成本,甚至造成了浪费。因此,在尽可能经济合理的条件下,保证机械和结构在正常工作状态下具有足够的**强度**(抵抗破坏的能力)、**刚度**(抵抗变形的能力)和**稳定性**(保持原有平衡形式的能力),就是材料力学这门学科分支的基本任务。

材料力学的研究对象是工程中的构件,制造构件的材料各不相同,有异常复杂的成分和多种多样的微观结构,但材料力学对构件进行的是宏观力学分析,只保留各种材料的主要宏观共性,将其抽象为变形固体理想模型,并对其作如下基本假设:

连续性假设——组成变形固体的物质密实地充满了其所占据的空间,内部不存在空隙。因而各类物理量均可表示为空间坐标的连续函数,并可运用数学分析工具进行微分、积分等运算,且变形固体在变形前后均保持连续性。

均匀性假设——变形固体在外力作用下产生的力学响应(即材料的力学性能)与空间位置无关。因而变形固体内任意一点处的力学性能都完全相同,可任取材料试样进行试验以测定该种材料的力学性能参数。

各向同性假设——变形固体在任意点处的宏观力学性能都与材料的空间取向无关,即各向同性材料。实际上,大多数金属材料都由无数小晶粒构成,各个晶粒本身具有微观结构,故呈现各向异性,但大量晶粒随机取向构成的材料,其宏观效果则呈现出各向同性。不过某些材料(如木材)由于其特殊的微观结构,宏观上应按各向异性处理。

小变形假设——工程实际中大多数构件的变形量与其原始尺寸相比是很小的,因而在研究构件的受力平衡时可以忽略变形引起的尺寸改变,采用变形前的原始尺寸进行简化计算,结果产生的误差仍在工程应用许可的范围内。

在工程实际中,形状多种多样的构件按其几何特点可分为具有一维尺寸的杆件、二维尺寸的板或壳和三维尺寸的块体三类。材料力学的研究对象主要是杆件及由杆件组成的简单杆系结构。其他两类构件及较为复杂的杆系结构则属于弹性力学及结构力学的研究领域。

材料力学是与工程实际有紧密联系的各类工程技术学科的基础,掌握了材料力学的基本知识和研究方法,就为进一步学习工科各领域的专业课程铺平了道路。材料力学的分析方法是在实验的基础上对问题作合理的假设,将复杂的实际问题简化并运用力学基本原理和数学运算工具,得出便于工程应用的理论结果和计算公式。依照这些结论对工程中的构件进行受力、变形和失效分析,为其选择适当的材料,设计合理的截面形状尺寸,使构件达到既安全又经济的设计目标。因此,材料力学本身与工程实际有非常紧密的联系,在航空、航天、机械、土木、交通、兵器、材料等各工程技术领域都有广泛的实际应用。

材料力学的研究方法既要用到力学的基本原理和理论结果,又要结合实验结果并考虑工程实际因素进行合理简化与假设,因此是一门实践性很强的工程技术基础课。学习材料力学应做到:深刻理解基本理论和基本概念,特别注意它们与工程实际的联系,尤其是与工程背景有关的基本假定和合理简化;灵活掌握基本研究思路和基本计算方法,熟悉并理解其工程应用背景,避免单纯死记硬背公式;注意归纳整理典型实例,触类旁通,举一反三,提高运用基本方法解决工程实际问题的能力等。

第1章 杆件在一般外力作用下的内力分析

工程实际中的机械和结构都是由各种类型的构件组成的,构件可依据其三维方向上的几何特点分为杆件、板或壳、块体等几大类。在一个方向上的尺寸远大于另外两个方向尺寸的构件,常称为**杆件**;若在一个方向上的尺寸远小于另外两个方向的尺寸,这类构件常称为**板**(各处曲率都为零)或**壳**(至少有一个方向的曲率不为零);若构件在三个方向上的尺寸量级相当,则称为**块体**。

工程中应用的许多重要构件(如传动轴、连杆、承重结构的梁和柱等)都可以视为杆件。还有某些构件(如曲轴的轴颈、连接件等)虽然不是典型的杆件,但在进行定性分析或工程近似计算中,也常常简化为杆件。

杆件的几何特征由横截面和轴线表示。垂直于杆件长度方向的截面称为**横截面**;各横截面形心的连线称为**轴线**;轴线为直线时称为**直杆**,轴线为曲线时称为**曲杆**;横截面的形状、尺寸不沿轴线变化的杆件称为**等截面杆**,否则称为**变截面杆**(图 1.1)。

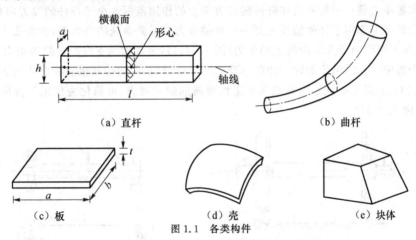

(a) 直杆 (b) 曲杆

(c) 板 (d) 壳 (e) 块体

图 1.1　各类构件

材料力学的主要研究对象就是杆件和由杆件组成的简单杆系结构。

1.1　外力与杆件横截面上的内力

工程中的构件在工作状态下会受到主动力及其他部件的作用,当以某个构件为研究对象时,主动力及其他部件对该构件的作用力均称为**外力**,也统称为**载荷**。

按照工程中常见的外力作用方式,作用于杆件上的外力可依其特点进行如下分类。

根据载荷随时间变化的特点,可分为:

静载荷——载荷的大小由零开始非常缓慢地增加到某一数值后即保持不变。将重物缓慢地放置在承重支架上时,重物对支架的作用就可视为静载荷。

动载荷——载荷随时间显著变化,或构件在载荷作用下处于运动状态,并产生不可忽略的加速度。例如,齿轮传动系统在工作时,每个齿轮的齿所受到的啮合力就是随时间周期性变化的;机床急刹车时飞轮的轴、锻造时汽锤的锤杆受到的是瞬时突然作用的外力等,都是典型的动载荷。

材料力学研究的主要内容是静载荷作用下杆件的各种响应,对动载荷作用下的情形,将以专门的章节加以讨论。

除了按其随时间变化的特点分类外,外力作用于构件上还有各种各样的作用方式。作用于物体表面的外力称为**表面力**,如两物体接触时相互作用力,液体对容器内壁的压力等。作用于物体内连续分布的各质点上的外力称为**体积力**,如物体的自重和运动过程中其各点有加速度时所加的惯性力。在材料力学中,主要涉及的是一维杆件,对作用于杆件上的表面力或体积力,则按其分布特点向杆件的轴线进行简化后,得到如下几种形式的静力等效力系:

分布力——连续地作用于杆件一段长度范围内的外力。描述分布力可用外力沿杆件轴线的分布规律表示,即作用于单位长度轴线上的外力,称为**线分布集度** q,单位为 N/m、N/mm 等。若沿轴线建立 x 坐标轴,则 $q(x)$ 称为线分布集度函数,当 $q(x)$ 为常数时称为**线均布载荷**。例如,均质材料的横梁,其自重可简化为沿轴线分布的均布载荷。挡水堤坝受到的水压力,沿水深方向为线性分布,可简化为**三角形分布载荷**(图 1.2)。

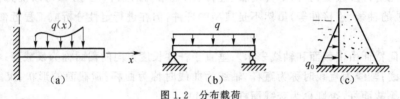

图 1.2 分布载荷

集中力和集中力偶——若外力在杆件轴线方向上的作用范围远小于杆件轴线方向长度的量级,则可将该外力简化为作用于杆件轴线上某一点处的合力或某截面处的合力偶,称为集中力或集中力偶。例如,火车车厢作用于火车轮轴上的压力(图 1.3(a)),滚珠轴承支座对轴的约束力(图 1.3(b))等都可简化为集中力。电机传动轴外伸部分受到的胶带张力,可向传动轴轴线简化成为集中力和集中力偶(图 1.3(c));开车时双手转动汽车方向盘所施加的一对力,可简化为作用于方向盘转动轴上的集中力偶(图 1.3(d))。

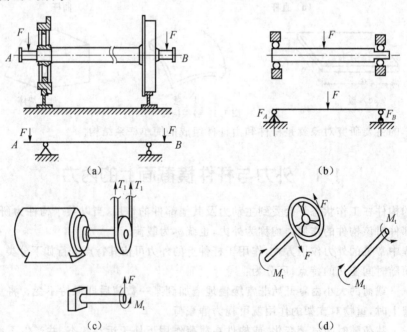

图 1.3 集中力和集中力偶实例

在外力作用下,杆件内部的任意截面上都会产生截面一侧部分对截面另一侧部分的相互作用力,称为杆件在某一截面上的**内力**。已知杆件所受的外力,求其任意截面上的内力,可采用"理论力学"课程静力学部分中曾经介绍过的"截面法"。

如图 1.4 所示,杆件 ABD(也可为曲杆)受空间一般力系作用,若讨论杆件在横截面 B 上的内力,可用一假想平面沿横截面 B 将杆件切开成为 AB 和 BD 两部分,则每一部分在切开的横截面内各点处都受到另一部分的约束力作用,横截面上各点的约束力构成一分布力系。将该分布力系向所在横截面的形心 C 处简化,得到与之等效的一个力 F 和一个力偶 M,利用杆件切开后任意一部分的静力学平衡条件就可以确定 F 和 M。F 即为该横截面上的内力矢量,而 M 即为该横截面上的内力偶矢量。

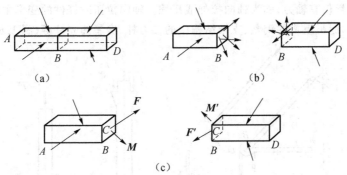

图 1.4　杆件内力

为了便于分析杆件与内力相关的变形,以杆件的轴线为 x 坐标轴,在横截面上再取相互垂直的 y、z 两坐标轴,构成杆件的直角坐标系(图 1.5(a))。将杆件横截面上的内力 F 和内力偶 M 分别沿直角坐标轴的 3 个方向分解,得到 3 个内力分量和 3 个内力偶矩分量(图 1.5(b))。这 6 个分量可归纳为 4 种类型的内力分量。

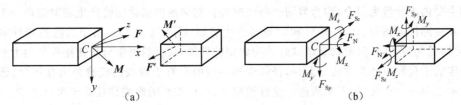

图 1.5　杆件的直角坐标系和内力分量

轴力——内力 F 沿垂直于横截面的 x 轴方向的分量,称为轴力,用 F_N 表示;

剪力——内力 F 在横截面内的分量,即沿 y 轴和 z 轴方向的内力分量 F_{Sy}、F_{Sz},两者的合力为 F_s,称为剪力;

扭矩——内力偶矩 M 沿 x 轴方向的分量称为扭矩,用 T 表示,扭矩的作用面为杆件的横截面;

弯矩——内力偶矩 M 沿 y 轴和 z 轴方向的分量 M_y、M_z,其作用面分别为 $x-z$ 平面和 $x-y$ 平面,M_y 和 M_z 的合力偶矩称为弯矩。

以上 4 种内力分量就表示了杆件在横截面上的内力,不同的内力分量,引起杆件不同类型的变形,由于材料力学中这些内力分量并不涉及矢量运算,故并不用矢量符号表示它们,只取其在自身方向上的投影大小表示,同时规定其正负号。

此外,在讨论杆件某个截面上的内力分量时,由于内力是通过截面法将该截面切开并取分离体列写平衡方程得出结果的,如果在某截面上恰好作用了集中外力,则无法通过截面法切取分离体确定该截面的内力分量。实际上,在有集中外力作用附近的截面相应的内力分量分布很复杂,无法用材料力学的简化分析方法求解(见 1.3 节例 1.1 后的注意事项中有关"圣维南原理"的解释),故作用了集中外力附近的截面不在材料力学的适用范围内。

1.2　杆件变形的基本形式

对变形体来说,外力的作用除了产生内力之外,还会引起变形体形状或尺寸的变化即变形。受不同外力作用的杆件,变形可能是多种多样的,但其基本变形形式可分为4种,即轴向拉伸或压缩、剪切、扭转和弯曲。工程实际中杆件的真实变形往往是这4种基本变形之一或由两种以上基本变形组合而成。

轴向拉伸或压缩——杆件所受外力或外力系简化后的合力,其作用线与杆件的轴线重合,杆件横截面上的内力分量仅有轴力,称为轴向拉伸或压缩。轴向拉压时杆件的变形主要是沿轴线方向的伸长或缩短。例如,起吊重物的钢索、支架结构中的二力杆、房屋的立柱等(图1.6)。

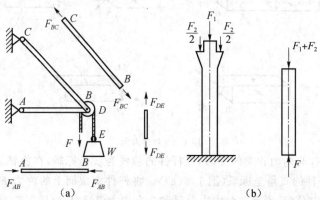

图 1.6　轴向拉伸或压缩实例

剪切——杆件相距很近的两个横截面内作用一对大小相等,方向相反的横向外力,其间的各横截面上的主要内力分量为剪力,称为剪切。剪切时杆件相邻的两横截面将产生相对错动。工程中常见的各类连接部件如销钉、螺钉、铆钉和键等都产生剪切变形(图1.7)。由于这些连接件本身尺寸较小,受力情况复杂,其几何形状又难以归纳为典型的杆件,故材料力学分析连接件的内力和变形时采用了假定的工程实用计算方法。此外,杆件受到一般的垂直于轴线的任意外力作用时,还会产生另一种基本变形——弯曲(如下文所述),这种情况下,剪切变形的影响往往处于次要地位。

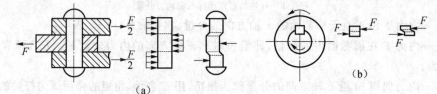

图 1.7　剪切实例

扭转——杆件的不同横截面内作用了外力偶,横截面上的内力分量仅有扭矩,称为扭转。扭转时杆件的任意两个横截面都可能发生绕杆件轴线的相对转动。变形形式主要为扭转的杆件常称为**轴**。各类机械中的传动轴、汽车方向盘的转向轴等都是产生扭转变形的例子(图1.8)。

弯曲——杆件上作用了垂直于杆件轴线的集中力、分布力或作用面位于包含杆件轴线的纵向平面内的外力偶,横截面上的内力分量有剪力和弯矩,称为弯曲。弯曲时杆件的主要变形特点是轴线的形状从直线变为曲线(或曲线的曲率发生改变)。变形形式主要为弯曲的杆件常根据其轴线的形状

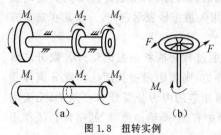

图 1.8　扭转实例

称为**梁**、**刚架**或**曲杆**。如桥式起重机的大梁、房屋结构中的横梁、框架结构及水槽等（图 1.9）。

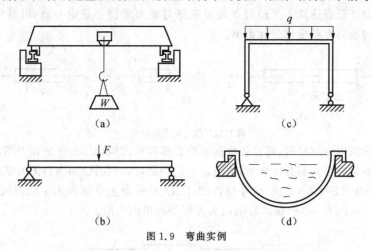

图 1.9　弯曲实例

1.3　杆件的内力方程和内力图

杆件横截面上的内力随横截面位置变化的情况，可以通过内力分量随坐标 x 变化的函数关系表示出来，称为**内力方程**。即

$$F_{\mathrm{N}} = F_{\mathrm{N}}(x), F_{\mathrm{S}} = F_{\mathrm{S}}(x), T = T(x), M = M(x) \tag{1.1}$$

通常，杆件的内力分量随坐标变化的函数关系需要分段表示，集中外力或集中外力偶的作用处以及分布外力集度函数形式变化处都是相应的内力方程的分段点。分段点所在的横截面也称为**控制面**。在各分段点之间的每一段内利用截面法可求出该段内力方程的具体表达式。

工程上还常用**内力图**更直观地描述内力随横截面位置变化的情况，即描绘出内力随 x 变化的函数图形。

若内力随 x 轴变化的图形比较简单，可先列出内力方程再根据方程绘出函数图形，例如轴力图和扭矩图的绘制。对于剪力和弯矩，由于随 x 轴变化的情况比较复杂，工程上采用直接利用剪力、弯矩与载荷分布之间的微分关系绘制剪力图和弯矩图。下面就各内力分量的内力方程列写和内力图绘制分别加以讨论。

1. 轴力的符号规定及轴力方程和轴力图

对轴向拉压的杆件，在切开的任意横截面 $m-m$ 上，轴力分量 F_{N} 的符号规定是：与横截面外法线方向一致的轴力符号为正，反之为负，即杆件在该横截面处受拉为正，受压为负（图 1.10）。

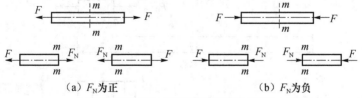

（a）F_{N} 为正　　　　　　　　　　（b）F_{N} 为负

图 1.10　轴力的符号规定

考虑变形形式为轴向拉压的杆件 AC（图 1.11(a)），沿杆件轴线建立 x 坐标轴。根据杆件的受力可知 B 截面为分段点，轴力方程可分为 AB 与 BC 两段列写。若求 AB 段的轴力方程，可在 AB 段任取坐标为 x 的截面 $m-m$，将杆件切开分为两部分，画出切开截面上的内力分量 $F_{\mathrm{N}}(x)$，任取一部分为分离体（如取右半部分）列 x 方向的力的平衡方程，即可得到 $F_{\mathrm{N}}(x)$ 的表达式（图 1.11(b)）。在

取分离体及列写平衡方程时,一般假设切开截面处的轴力 $F_N(x)$ 为正向(即设其为拉力),这样由平衡方程解出该轴力方程表达式 $F_N(x)$ 的正负号正好与轴力的符号规定一致,可避免内力的符号混乱。同理,BC 段的轴力方程也可依此得出。

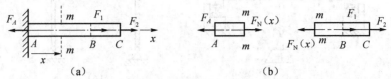

图 1.11　轴力的求解方法

分段列出各段的内力方程后,可直接根据方程的函数形式描绘出杆件的轴力图。工程上对内力图的绘制有约定俗成的格式和具体规定,通过以下的例题可以说明绘制内力图的要求。

例 1.1　阶梯杆 AE 如图(a)所示,在杆件 B、C、D、E 截面上分别作用了轴向载荷 F_1、F_2、F_3 和 F_4,且 $F_1 = F_2 = F_4 = F$,$F_3 = 3F$,试求杆的内力方程并绘出内力图。

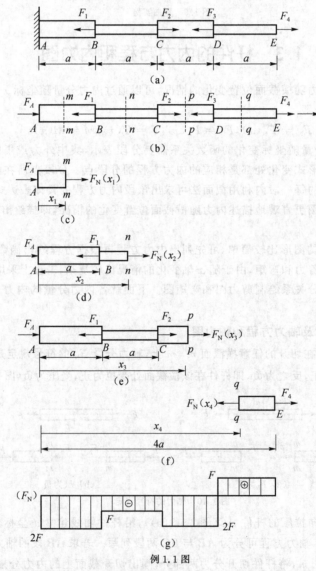

例 1.1 图

解:杆件受到的外力均为轴向力,根据整体在水平方向的平衡条件,可求出杆件左端面上的约束

力 F_A 为

$$F_A = F_1 - F_2 + F_3 - F_4 = 2F(方向如图(b)所示)$$

建立原点在 A 截面、沿杆件轴线向右为正的 x 坐标轴(图(b))。

(1)内力方程

根据杆件所受外力的作用方式可知,内力方程应分为 4 段描述。

AB 段:在 AB 段任取 x_1 截面 $m-m$ 切开,沿 x_1 面上的轴力为 $F_N(x_1)$,取左半段为分离体画出受力图(图(c)),列写分离体在 x 方向的平衡方程,有

$$\sum F_x = 0, \quad F_A + F_N(x_1) = 0, \quad F_N(x_1) = -F_A = -2F \qquad (0 < x_1 < a)$$

DC 段:在 DC 段任取 x_2 截面 $n-n$ 切开,设 x_2 面上的轴力为 $F_N(x_2)$,取左半段为分离体画出受力图(图(d)),列写分离体在 x 方向的平衡方程,有

$$\sum F_x = 0, \quad F_N(x_2) - F_1 + F_A = 0, \quad F_N(x_2) = F_1 - F_A = -F \qquad (a < x_2 < 2a)$$

CD 段:在 CD 段任取 x_3 截面 $p-p$ 切开,设 x_3 面上的轴力为 $F_N(x_3)$,取左半段为分离体画出受力图(图(e)),用相同步骤可求出

$$F_N(x_3) = F_1 - F_A - F_2 = -2F \qquad (2a < x_3 < 3a)$$

DE 段:在 DE 段任取 x_4 截面 $q-q$ 切开,设 x_4 面上的轴力为 $F_N(x_4)$,取右半段为分离体,列写分离体在 x 方向的平衡方程(受力图为图(f))有

$$F_N(x_4) = F_4 = F \qquad (3a < x_4 < 4a)$$

综合起来,内力方程为

$$\begin{cases} AB \text{ 段}: & F_N(x_1) = -2F \quad (0 < x_1 < a) \\ BC \text{ 段}: & F_N(x_2) = -F \quad (a < x_2 < 2a) \\ CD \text{ 段}: & F_N(x_3) = -2F \quad (2a < x_3 < 3a) \\ DE \text{ 段}: & F_N(x_4) = F \quad (3a < x_4 < 4a) \end{cases}$$

(2)绘制内力图

根据杆件的内力方程,可绘出其内力图(图(g))。注意工程上绘制内力图时可略去 x 坐标轴和 F_N 坐标轴的轴线和箭头,当杆件轴线为水平时,内力图与杆件受力图垂直排列,上下对齐,当杆件轴线为铅垂时,内力图与杆件受力图水平排列,左右对齐,各段内力的曲线应标明转折处内力的绝对值大小,而内力的正负号以 $\oplus\ominus$ 符号填充在图形内部,最后在图形内画上与杆的轴线垂直的直线(直线的长度即表示各截面处内力的绝对值)。

注意:(1)除了以杆件整体为研究对象列写平衡方程求支座约束力时可以对作用在杆件上的载荷引用静力等效方法进一步简化之外,在用截面法求杆件的任意截面的内力分量时,由于是以变形体为研究对象,就不可随意使用静力等效对外力加以简化了,例如,本题在求杆件的内力时,若认为 F_1 和 F_2 可以相互抵消不计则是错误的。(2)求内力时应按截面法切取分离体后对其列写平衡方程求得内力分量,初学者在并不熟悉时不要凭自己的直观感受随意对内力的特点定性而得出错误结论,例如本题中不可凭直观想象判断 BC 段两端受 F_1、F_2 的拉伸因而该段轴力一定是拉力,显然这与真实结论不符。(3)细心的读者会发现,本题中分段列内力方程时各段方程的适用区间均为开区间,即在各分段点所在的截面上,轴力是没有定义的。原因是本题的各分段点均作用有集中外力,故在分段点所在截面上轴力是无法定义的。在材料力学中,杆件上作用的集中外力或集中外力偶通常只给定了其静力等效的简化结果,而支座约束力与支座的约束方式相关,根据整体平衡方程求得的实际上也只是支座约束力系向杆件被约束点简化后的结果。在弹性力学中,由圣维南原理指出:如将作用于物体上的某一小区域内外力系用一静力等效力系来代替,对物体的力学响应(如内力分布、变形等)的影响只限于与外力作用区域的尺寸相当的范围之内,这一原理已被很多的实验与计算结

果证实。因此,对于杆件,集中载荷附近大约相当于截面横向尺寸的区域内,内力分布及变形是比较复杂的,不属于材料力学研究的范围。而这个区域之外的杆件绝大部分区域,材料力学的分析和计算结果都是适用的。

例 1.2 图(a)所示连杆由套管 AC 与螺杆 BG 组成,套管与螺杆在 BC 段螺纹咬合。螺杆由螺纹段 BD 和阶梯段 DEG 组成。连杆两端受轴向载荷 F_1 和 F_3 作用,在阶梯段 E 截面处受到合力大小为 F_2 的轴向载荷作用。试写出螺杆 $BDEG$ 的轴力方程并绘出轴力图。已知 $a = 25\text{ mm}$,$F_2 = F_3 = 200\text{ N}$。

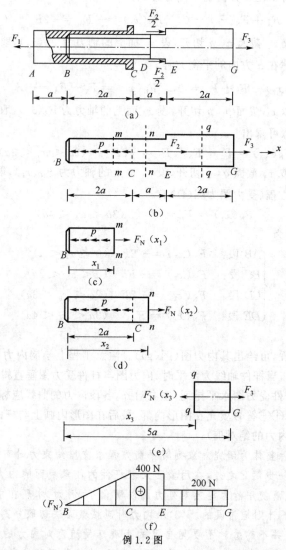

例 1.2 图

解:(1)外力分析

连杆工作时,螺杆 $BDEG$ 的 G 端受轴向载荷 F_3 的作用,E 截面处受轴向载荷 F_2 的作用,在 BC 段则受到套管 AC 施加的分布约束力的作用。设 BC 段通过螺纹咬合的约束力沿杆的 BC 段表面均匀分布且合力沿杆的轴向,则该段杆上轴向力的分布集度为

$$p = \frac{F_2 + F_3}{2a} = \frac{400}{2 \times 25}\text{ N/mm} = 8\text{ N/mm}$$

(2)轴力方程

画出螺杆 $BDEG$ 的受力简图,建立如图(b)所示的 x 坐标轴,根据所受外力,$BDEG$ 的内力方程

应分 3 段列写。

BC 段：该段作用了均布轴向外力集度为 $p=8$ N/mm。在 BC 段内，任取 x_1 截面 $m-m$ 切开，设 x_1 截面上的轴力为 $F_N(x_1)$，以左半部分为分离体（图(c)），列写 x 方向的力的平衡方程有

$$\sum F_x=0,\quad F_N(x_1)-px_1=0,\quad F_N(x_1)=px_1=8x_1\text{ N}\quad(0\leqslant x_1\leqslant 2a)$$

CE 段：任取 x_2 截面 $n-n$ 切开，设 x_2 截面上的轴力为 $F_N(x_2)$，取左半部分为分离体（图(d)），列写 x 方向力的平衡方程有

$$\sum F_x=0,\quad F_N(x_2)-p\cdot 2a=0,\quad F_N(x_2)=2pa=400\text{ N}\quad(2a\leqslant x_2<3a)$$

EG 段：任取 x_3 截面 $q-q$ 切开，设 x_3 截面上的轴力为 $F_N(x_3)$，取右半部分为分离体（图(e)），列写 x 方向力的平衡方程有

$$\sum F_x=0,\quad F_3-F_N(x_3)=0,\quad F_N(x_3)=F_3=200\text{ N}\quad(3a<x_3<5a)$$

综合起来，螺杆 $BDGE$ 的内力方程为

$$\begin{cases} BC \text{ 段：} & F_N(x_1)=8x_1\text{ N} & (0\leqslant x_1\leqslant 2a) \\ CE \text{ 段：} & F_N(x_2)=400\text{ N} & (2a\leqslant x_2<3a) \\ EG \text{ 段：} & F_N(x_3)=200\text{ N} & (3a<x_3<5a) \end{cases}$$

（3）绘制内力图

根据内力方程可分段描绘出内力图，标出图形各转折点处的绝对值，把轴力的正负号填入图内，画上竖直线。

注意：本题在列内力方程时，读者可注意到各段内力方程适用区间的两个端点有所不同，有的是开区间，有的是闭区间。对比杆件的受力图（图(b)）可知，凡有集中外力作用的截面，与该集中外力相对应的内力分量无法确定，故该分段点是开的端点（如本题的 E 截面），而无集中外力作用的分段点（如本题的 C 截面），则内力分量仍可照常定义和计算，因而该分段点是闭的端点。

例 1.3 工程中常用到变截面立柱，如图(a)所示立柱 DBC，材料为密度 γ 的均质材料，由等截面的 DB 段和截面积呈线性变化的 BC 段构成。立柱下端固定于地面。DB 段的横截面面积为 $A_1=A$，BC 段上端横截面积为 $A_1=A$，下端横截面积为 $A_2=2A$，DB 段和 BC 段的长度均为 l，试求立柱在其自重作用下的内力方程并绘出内力图。

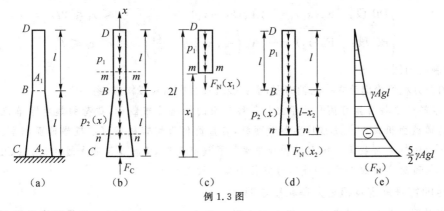

例 1.3 图

解：（1）受力分析

杆件的自重可以简化为沿杆长方向的分布载荷，在均质等截面杆 DB 段，分布载荷集度为常数，在截面积沿杆长线性变化的 BC 段，分布载荷的集度为线性函数，建立如图(b)所示的铅垂方向 x 坐标轴，分段的铅垂分布载荷集度为

DB 段均布载荷集度

$$p_1 = \gamma A_1 g = \gamma A g$$

BC 段线性分布载荷集度

$$p_2(x) = \gamma A_1 g + (\gamma A_2 g - \gamma A_1 g)\left(1 - \frac{x}{l}\right) = \gamma A g\left(2 - \frac{x}{l}\right)$$

对立柱整体列写铅垂方向的平衡方程,可求出立柱下端的地面约束力为

$$F_C = \gamma A_1 g l + \frac{\gamma}{2}(A_1 + A_2) g l = \gamma A g l + \frac{3}{2}\gamma A g l = \frac{5}{2}\gamma A g l \quad (\uparrow)$$

(2)内力方程

由于分布内力集度函数在 B 截面处有变化,故内力方程应分为两段。

DB 段:在 DB 段任取 x_1 截面 $m - m$ 切开,设 x_1 截面上的轴力为 $F_N(x_1)$,取上半部分为分离体(图(c)),列写 x 方向力的平衡方程有

$$\sum F_x = 0, \quad -F_N(x_1) - p_1(2l - x_1) = 0$$

$$F_N(x_1) = -p_1(2l - x_1) = -\gamma A g(2l - x_1) \quad (l \leqslant x_1 \leqslant 2l)$$

BC 段:在 BC 段任取 x_2 截面 $n - n$ 切开,设 x_2 截面上的轴力为 $F_N(x_2)$,取上半部分为分离体(图(d)),列写 x 方向力的平衡方程有

$$\sum F_x = 0, \quad -F_N(x_2) - p_1 l - F_{p_2} = 0$$

其中,F_{p_2} 为 B 截面至 $n - n$ 截面分布载荷的合力,即

$$F_{p_2} = \int_{x_2}^{l} p_2(x)\mathrm{d}x = \int_{x_2}^{l} \gamma A g\left(2 - \frac{x}{l}\right)\mathrm{d}x$$

$$= \gamma A g\left[2(l - x_2) - \frac{l^2 - x_2^2}{2l}\right] = \gamma A g\left[\frac{3}{2}l - 2x_2 + \frac{x_2^2}{2l}\right]$$

故

$$F_N(x_2) = -p_1 l - \gamma A g\left[\frac{3}{2}l - 2x_2 + \frac{x_2^2}{2l}\right]$$

$$= -\gamma A g\left(\frac{5}{2}l - 2x_2 + \frac{x_2^2}{2l}\right) \quad (0 < x_2 \leqslant l)$$

综合起来,立柱的内力方程为

$$\begin{cases} DB \text{ 段:} & F_N(x_1) = -\gamma A g(2l - x_1) & (l \leqslant x_1 \leqslant 2l) \\ BC \text{ 段:} & F_N(x_2) = -\gamma A g\left(\dfrac{5}{2}l - 2x_2 + \dfrac{x_2^2}{2l}\right) & (0 < x_2 \leqslant l) \end{cases}$$

(3)绘制内力图

根据内力方程可绘出该立柱的轴力图,由直线段和 2 次曲线段构成(图(e))。

注意:本题的立柱自重可简化为沿立柱轴线作用的铅垂分布载荷,载荷的集度即单位长度的自重与立柱的横截面积成正比,DB 段为等截面杆,自重简化为均布载荷,BC 段横截面积呈线性变化,故自重简化为线性分布载荷。在 B 截面处横截面积没有突变,载荷集度也是连续的,但 DB 段和 BC 段以不同的载荷集度函数表示,因此内力方程仍需分段表示。

2.扭矩的符号规定及扭矩方程和扭矩图

考虑变形形式为扭转的杆件,在切开的任意横截面 $m - m$ 上,扭矩的符号规定是:扭矩 T 依右手螺旋法则确定其矢量方向,扭矩的矢量方向与横截面外法线方向一致时,符号为正;反之则为负(图1.12)。

对于工程中主要变形形式为扭转的各种传动轴来说,作用于轴上的外力偶矩的大小常常是由传动轴绕轴线转动的转速和传递的功率决定的。若已知轴的转速是每分钟 n 转,即 n 的单位为 r/min,

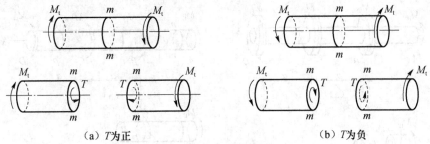

（a）T为正　　　　　　　　　　　　　（b）T为负

图 1.12　扭矩的符号规定

通过轴上某截面处的飞轮传递的功率为 P，单位为千瓦（kW），则该截面处飞轮作用于轴上的外力偶矩大小为

$$M_{\mathrm{t}} = 9549 \frac{P(\mathrm{kW})}{n(\mathrm{r/min})} \, (\mathrm{N \cdot m}) \tag{1.2}$$

在轴的输入功率处或主动轮处，外力偶矩为主动力偶矩，其转向与轴的转向一致；在轴的输出功率处或从动轮处，外力偶矩为约束力偶矩，其转向与轴的转向相反。

对受扭转的轴 AC（图 1.13（a）），沿杆件轴线建立 x 坐标轴，根据外力偶矩的作用点分段，在每一段内利用截面法可求得扭矩方程。若求 BC 段的扭矩方程，在 BC 段任取坐标为 x 的截面 $m-m$ 切开，设 $m-m$ 截面上的扭矩为 $T(x)$，任取一部分为分离体，列写对 x 轴的矩平衡方程，可求出 $T(x)$。与求轴力时相同，将待求扭矩 $T(x)$ 的转向设为正向。

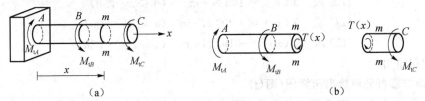

（a）　　　　　　　　　　　　　　　　　　（b）

图 1.13　扭矩的求解方法

分段列出各段的扭矩方程后，即可根据扭矩方程绘出扭矩图。绘制扭矩图的具体规定与轴力图类似，下面以例题加以说明。

例 1.4　如图（a）所示的传动轴 $ABCD$，A 端受主动力偶 $M_{\mathrm{t1}} = 100 \, \mathrm{N \cdot m}$ 作用，在 B、C、D 三处分别受到 $M_{\mathrm{t2}} = 300 \, \mathrm{N \cdot m}$，$M_{\mathrm{t3}} = M_{\mathrm{t4}} = 100 \, \mathrm{N \cdot m}$ 的约束力偶作用，试求该传动轴的扭矩方程并绘出扭矩图。

解：（1）扭矩方程

传动轴的受力简图如图（b）所示，建立沿杆件轴线的 x 坐标轴，根据外力偶矩作用的特点，轴的扭矩方程应分为 3 段表示。

AB 段：在 AB 段任取 x_1 截面 $m-m$ 切开，设 x_1 截面上的扭矩为 $T(x_1)$，取左半段为分离体（图（c）），列写对 x 轴的矩平衡方程，有

$$\sum M_x = 0, \quad T(x_1) - M_{\mathrm{t1}} = 0, \quad T(x_1) = M_{\mathrm{t1}} = 100 \, \mathrm{N \cdot m} \qquad (0 < x_1 < a)$$

BC 段：在 BC 段任取 x_2 截面 $n-n$ 切开，设 x_2 截面上的扭矩为 $T(x_2)$，取左半段为分离体（图（d）），列写对 x 轴的矩平衡方程，可得

$$T(x_2) = M_{\mathrm{t1}} - M_{\mathrm{t2}} = -200 \, \mathrm{N \cdot m} \qquad (a < x_2 < 2a)$$

CD 段：在 CD 段任取 x_3 截面 $p-p$ 切开，设 x_3 截面上的扭矩为 $T(x_3)$，取右半段为分离体（图（e）），列写对 x 轴的矩平衡方程，可得

$$T(x_3) = -M_{\mathrm{t4}} = -100 \, \mathrm{N \cdot m} \qquad (2a < x_3 < 3a)$$

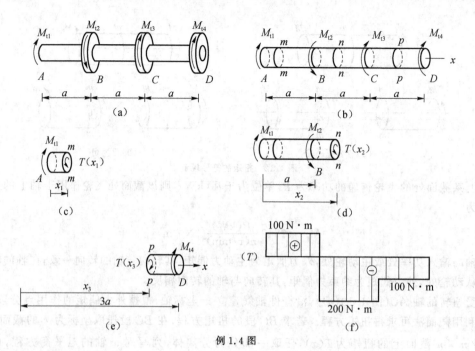

例 1.4 图

综合起来,扭矩方程为

$$\begin{cases} AB \ 段 \quad T(x_1) = 100 \ \text{N} \cdot \text{m} \quad (0 < x_1 < a) \\ BC \ 段 \quad T(x_2) = -200 \ \text{N} \cdot \text{m} \quad (a < x_2 < 2a) \\ CD \ 段 \quad T(x_3) = -100 \ \text{N} \cdot \text{m} \quad (2a < x_3 < 3a) \end{cases}$$

(2)绘制扭矩图

根据扭矩方程可分段绘出扭矩图(图(f))。

注意:由于在 A、B、C、D 截面上均作用有集中力偶,故分段点均为开的端点。

例 1.5 如图(a)所示的钻杆 $ABCD$ 左端受到主动力偶 M_t 的作用,右端钻入工件 CE 的深度为 a,假设钻杆在钻入工件内的 CD 段上,承受工件施加的摩擦阻力偶为均布扭转力偶,已知 $a = 0.5 \ \text{m}$,钻杆左端主动力偶输入功率为 10 kW,钻杆转速为 $n = 4770 \ \text{r/min}$,试求钻杆 $ABCD$ 的内力方程并绘出内力图。

解:(1)受力分析

钻杆输入端的主动力偶矩大小为

$$M_t = 9549 \ \frac{10}{4770} \ \text{N} \cdot \text{m} = 20 \ \text{N} \cdot \text{m}$$

钻杆钻入工件内的 CD 段上的约束力系可简化为均布扭转力偶,根据钻杆工作时的平衡条件,可求出 CD 段均布扭转力偶矩的集度为

$$m_0 = \frac{M_t}{a} = 40 \ \text{N} \cdot \text{m/m}$$

钻杆的受力图如图(b)所示。

(2)写内力方程

建立如图(b)所示的 x 坐标系,根据钻杆受力特点,其内力方程应分为 AC 和 CD 两段表示。

AC 段:在 AC 段任取 x_1 截面 $m-m$ 切开,设 x_1 截面上的扭矩为 $T(x_1)$,取左半部分为分离体(图(c)),列写对 x 轴的矩平衡方程,有

$$\sum M_x = 0, \quad T(x_1) - M_t = 0, \quad T(x_1) = M_t = 20 \ \text{N} \cdot \text{m} \quad (0 < x_1 \leqslant 1 \ \text{m})$$

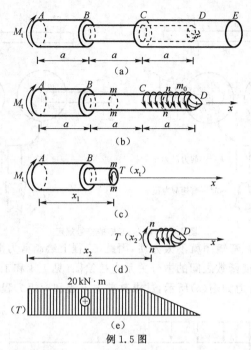

例 1.5 图

CD 段：在 *CD* 段任取 x_2 截面 *n–n* 切开，设 x_2 截面上的扭矩为 $T(x_2)$，取右半部分为分离体（图(d)），列写对 x 轴的矩平衡方程，有

$$\sum M_x = 0, \quad -T(x_2) + m_0(3a - x_2) = 0$$

$$T(x_2) = m_0(3a - x_2) = 40(1.5 - x_2)\,\text{N} \cdot \text{m} \quad (1\,\text{m} \leqslant x_2 \leqslant 1.5\,\text{m})$$

综合起来，扭矩方程为

$$\begin{cases} AC \text{ 段} \quad T(x_1) = 20\,\text{N} \cdot \text{m} & (0 < x_1 \leqslant 1\,\text{m}) \\ CD \text{ 段} \quad T(x_2) = 40(1.5 - x_2)\,\text{N} \cdot \text{m} & (1\,\text{m} \leqslant x_2 \leqslant 1.5\,\text{m}) \end{cases}$$

(3)绘制内力图

根据扭矩方程可绘出钻杆的扭矩图(图(e))。

注意：对静定结构，其特点是内力的分布只与外力作用的特点有关，而与杆件本身的几何形状和尺寸无关。本题为静定结构，钻杆的 *AC* 段在 *B* 截面处有横截面的突变并不影响杆件的内力方程和内力图。但对于静不定结构就完全不同了，在后面讨论静不定结构的章节中，读者会体会到这一点。

3. 剪力、弯矩的符号规定及剪力、弯矩方程

对变形形式为弯曲的杆件，先考虑比较简单的情形：设杆件受到垂直于杆轴的外力（通常称为横向力）或作用面垂直于杆轴的外力偶作用，且外力为作用在包含杆件轴线的平面内的平面力系。取杆件的轴线为 x 轴，y 轴位于外力系作用的平面内，则杆件横截面内上的内力分量为剪力 F_S（沿 y 轴方向作用）及弯矩 M（作用面为 x-y 平面）。

考虑在上述外力作用下弯曲的杆件，在任意 *m–m* 横截面处切开，剪力 F_S 和弯矩 M 这两个内力分量的符号规定如下：剪力 F_S 使所作用的横截面所在的杆件微段顺时针转动时为正，反之为负；弯矩 M 使所作用的横截面所在的水平杆件微段发生凹面朝上的弯曲变形时为正，反之为负(图1.14)。

在列写剪力方程和弯矩方程时，先根据外力作用的特点将杆件分段，在每段内任取一横截面切开，假设切开截面上的剪力 F_S、弯矩 M 均为正向，取切开后杆件任意一部分为分离体列出 y 方向力的平衡方程及对切开截面形心点的矩平衡方程，可求得剪力方程和弯矩方程。

杆件弯曲时，由于剪力和弯矩随 x 坐标变化的函数关系多数情形下比较复杂，按列好的剪力、弯

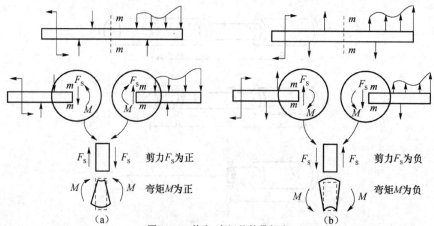

图 1.14 剪力、弯矩的符号规定

矩方程的函数形式描绘剪力、弯矩图就不太方便,因此,工程上绘制剪力图和弯矩图采用的方法是利用剪力、弯矩与载荷分布集度函数之间的微分关系直接绘图(见 1.4 和 1.5 两节的内容)。

例 1.6 直梁 $ABCD$ 受力如图(a)所示,试求其剪力方程和弯矩方程。

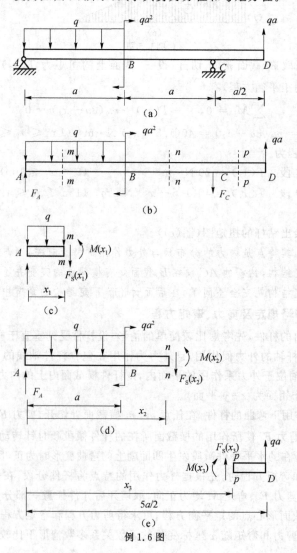

例 1.6 图

解:对直梁 $ABCD$,取整体为分离体,画出受力图(图(b)),列出平衡方程,求出支座 A、C 处的约束力。

$$\sum M_C = 0, \quad F_A \cdot 2a + qa^2 - qa \cdot \frac{3}{2}a - qa \cdot \frac{a}{2} = 0, \quad F_A = \frac{qa}{2}(\uparrow)$$

$$\sum F_y = 0, \quad F_A - F_C + qa - qa = 0, \quad F_C = \frac{qa}{2}(\downarrow)$$

根据梁 $ABCD$ 的受力特点可知,其内力方程应分为 3 段表示。

AB 段:在 AB 段任取 x_1 截面 $m-m$ 切开,设该横截面上的剪力为 $F_S(x_1)$,弯矩为 $M(x_1)$,取左半部分为分离体(图(c)),列写 y 方向力的平衡方程及对 $m-m$ 截面形心的矩平衡方程,有

$$\sum F_y = 0, \quad \frac{qa}{2} - qx_1 - F_S(x_1) = 0, \quad F_S(x_1) = \frac{qa}{2} - qx_1 \quad (0 < x_1 \leqslant a)$$

$$\sum M_m = 0, \quad \frac{qa}{2}x_1 - qx_1\frac{x_1}{2} - M(x_1) = 0, \quad M(x_1) = \frac{qa}{2}x_1 - \frac{q}{2}x_1^2 \quad (0 \leqslant x_1 < a)$$

BC 段:在 BC 段任取 x_2 截面 $n-n$ 切开,设该横截面上的剪力为 $F_S(x_2)$,弯矩为 $M(x_2)$,取左半部分为分离体(图(d)),列写 y 方向力的平衡方程及对 $n-n$ 截面形心的矩平衡方程,有

$$\sum F_y = 0, \quad \frac{qa}{2} - qa - F_S(x_2) = 0, \quad F_S(x_2) = -\frac{qa}{2} \quad (a \leqslant x_2 < 2a)$$

$$\sum M_n = 0, \quad \frac{qa}{2} \cdot x_2 - qa \cdot \left(x_2 - \frac{a}{2}\right) + qa^2 - M(x_2) = 0$$

$$M(x_2) = \frac{3}{2}qa^2 - \frac{qa}{2}x_2 \quad (a < x_2 \leqslant 2a)$$

CD 段:在 CD 段任取 x_3 截面 $p-p$ 切开,设该横截面上的剪力为 $F_S(x_3)$,弯矩为 $M(x_3)$,取右半部分为分离体(图(e)),列写 y 方向力的平衡方程及对 $p-p$ 截面形心的矩平衡方程,有

$$\sum F_y = 0, \quad F_S(x_3) + qa = 0, \quad F_S(x_3) = -qa \quad \left(2a < x_3 < \frac{5}{2}a\right)$$

$$\sum M_p = 0, \quad M(x_3) - qa\left(\frac{5}{2}a - x_3\right) = 0, \quad M(x_3) = \frac{5}{2}qa^2 - qax_3 \quad \left(2a \leqslant x_3 \leqslant \frac{5}{2}a\right)$$

综合起来,梁的剪力和弯矩方程为

$$AB \text{ 段:} \begin{cases} F_S(x_1) = \dfrac{qa}{2} - qx_1 & (0 < x_1 \leqslant a) \\[2mm] M(x_1) = \dfrac{qa}{2}x_1 - \dfrac{q}{2}x_1^2 & (0 \leqslant x_1 < a) \end{cases}$$

$$BC \text{ 段:} \begin{cases} F_S(x_2) = -\dfrac{qa}{2} & (a \leqslant x_2 < 2a) \\[2mm] M(x_2) = \dfrac{3}{2}qa^2 - \dfrac{qa}{2}x_2 & (a < x_2 \leqslant 2a) \end{cases}$$

$$CD \text{ 段:} \begin{cases} F_S(x_3) = -qa & \left(2a < x_3 < \dfrac{5}{2}a\right) \\[2mm] M(x_3) = \dfrac{5}{2}qa^2 - qax_3 & \left(2a \leqslant x_3 \leqslant \dfrac{5}{2}a\right) \end{cases}$$

注意:在 AB 段上因有均布载荷作用,对应的剪力方程是关于 x 坐标的线性变化方程,弯矩方程是关于 x 坐标的二次抛物线方程,而在 BC、CD 段上,因无分布载荷作用,对应的剪力值为常值,而弯矩是关于 x 坐标的一次函数。

1.4 直杆横截面上内力与载荷集度的微分关系

对于静定的杆件或杆系结构,在外力作用下,杆件任意横截面上的内力分量,都可通过截面法求得。杆件不同横截面上的内力分量各不相同,与杆件所受外力有关,且可表示为坐标的函数即内力方程。在集中外力或分布外力集度变化处,是内力方程的分段点,而在每一段内,各内力分量的函数变化形式就与该段上的分布外力有关,利用静力平衡方程可推导出内力分量与分布载荷集度的关

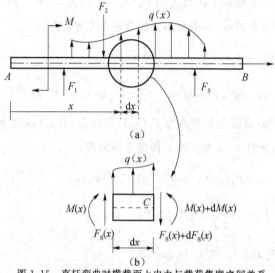

图 1.15 直杆弯曲时横截面上内力与载荷集度之间关系

系。下面以 1.3 节中讨论的平面力系作用下的弯曲情形为例,推导横截面上的剪力、弯矩与分布外力集度之间的微分关系。

考虑 1.3 节中提到的平面力系作用下产生弯曲变形的杆件 AB(图 1.15(a)),建立如图所示的 x 坐标轴(原点在最左端,向右为正),设杆件上作用了集中力、集中力偶及集度为 $q(x)$ 的分布载荷,且规定 $q(x)$ 的方向向上为正(反之则为负)。

在杆件 x 截面及 $x+dx$ 截面处切开,取出杆件一个小微段 dx 为分离体,画出小微段的受力图(图 1.15(b)),设 x 面的内力分量为 $F_s(x)$、$M(x)$,$x+dx$ 面的内力分量为 $F_s(x)+dF_s(x)$、$M(x)+dM(x)$,对小微段列出平衡方程

$$\sum F_y = 0, \quad F_s(x)+q(x)dx-F_s(x)-dF_s(x)=0, \quad dF_s(x)=q(x)dx$$

即

$$\frac{dF_s}{dx} = q(x) \tag{1.3}$$

$$\sum M_C = 0, \quad M(x)+F_s(x) \cdot dx+q(x) \cdot dx \cdot \frac{dx}{2}-M(x)-dM(x)=0$$

在上式中可略去二阶小量,故有

$$dM(x) = F_s(x)dx$$

即

$$\frac{dM}{dx} = F_s(x) \tag{1.4}$$

若对式(1.4)求导并利用式(1.3),有

$$\frac{d^2M}{dx^2} = q(x) \tag{1.5}$$

式(1.3)、式(1.4)和式(1.5)表达了平面力系作用下直杆弯曲时的剪力 F_s 与弯矩 M 之间及二者与横向分布载荷集度 $q(x)$ 之间的**微分关系**,其中式(1.5)又称为**直梁的平衡微分方程**。

注意以上结论是以 $q(x)$ 向上为正,x 坐标轴向右为正而得到的,且剪力 F_s 和弯矩 M 的符号按 1.3 节中的规定选取。如果这些正负号的选择改变,则式(1.3)～式(1.5)的表达也会发生正负号的改变,读者可自行推导之。

对于轴向拉压的杆件和扭转的轴,其轴力 F_N 与杆件受到的轴向分布外力集度 $p(x)$,扭矩 T 与轴受到的分布扭转力偶矩集度 $m(x)$ 之间,也有类似的微分关系。

如果在轴向拉压的杆件或扭转的轴中切取一个无限小微段(图1.16(a)、(b)),取 x 轴向右为正,轴向分布载荷集度 $p(x)$ 和分布扭转力偶集度 $m(x)$ 的矢量方向与 x 轴方向一致为正,则同样利用小微段的平衡条件,可得出如下微分关系。

对图1.16(a)中的轴向拉压杆件微段,有

$$\sum F_x = 0, \quad F_N(x) + dF_N(x) + p(x)dx - F_N(x) = 0, \quad dF_N(x) = -p(x)dx$$

即

$$\frac{dF_N}{dx} = -p(x) \qquad (1.6)$$

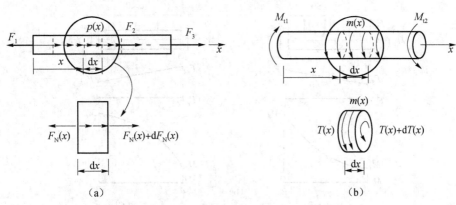

图 1.16　拉压杆件或扭转的轴的内力与载荷集度之间关系

对图1.16(b)中扭转的轴的微段,有

$$\sum M_x = 0, \quad T(x) + dT(x) + m(x) \cdot dx - T(x) = 0, \quad dT(x) = -m(x)dx$$

即

$$\frac{dT}{dx} = -m(x) \qquad (1.7)$$

式(1.6)及式(1.7)即分别为**直杆轴向拉压及扭转时的平衡微分方程**。

1.5　弯曲时内力图的绘制

相比于轴向拉压和扭转时的轴力图和扭矩图,弯曲时梁的剪力图和弯矩图一般都比较复杂,利用1.4节推导出的微分关系直接绘制会更加方便。

1. 利用微分关系绘制梁的剪力图和弯矩图

1.4节中推导出了平面力系作用下弯曲变形的梁的内力与载荷集度之间的微分关系式(1.3)、式(1.4)和式(1.5),从数学上分别表示了截面 x 处的剪力图曲线的斜率与该处载荷集度的关系、弯矩图曲线的斜率与该处截面上的剪力的关系以及弯矩图曲线的曲率与该处载荷集度之间的关系。根据这些关系,可以从已知的外力出发,分段确定各段的剪力图曲线和弯矩图曲线的线形和弯曲的凹凸方向,同时利用截面法确定各段的两端即控制面上的内力数值,即可把整个梁各段剪力和弯矩曲线完全确定下来,具体分析如下。

(1)在某段梁上,若无分布外力,即该段上处处有 $q(x)=0$,则由 $\dfrac{d^2M}{dx^2} = \dfrac{dF_S}{dx} = q(x) = 0$ 可知,在该段内:剪力 F_S 为常数,故剪力图为平行于轴线的直线;弯矩 M 则为一次函数,故弯矩图为一条斜直线,且斜率为剪力值;如果该段剪力值恰好处处为零,则弯矩图就变为平行于轴线的直线(图1.17(a))。

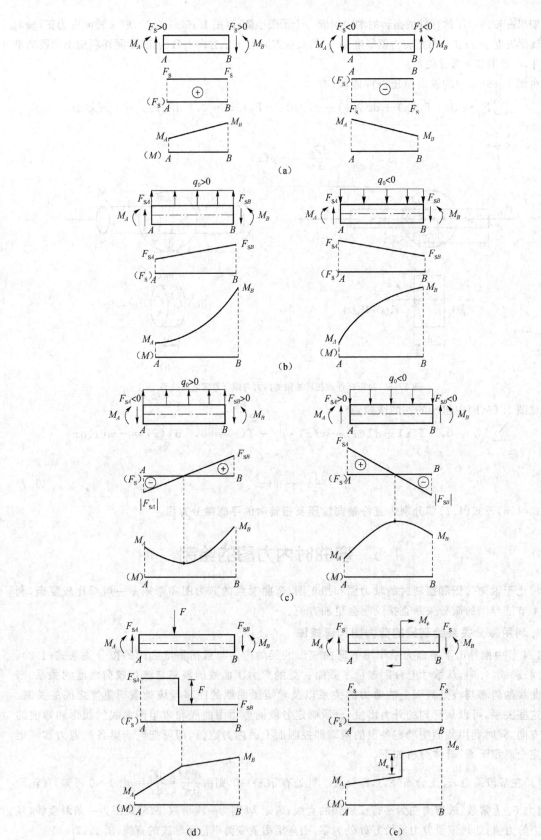

图 1.17　利用微分关系绘制梁的剪力图和弯矩图实例

(2)在某段梁上,若作用了均布外力,即 $q(x) = q_0 =$ 常数,则由 $\dfrac{\mathrm{d}^2 M}{\mathrm{d}x^2} = \dfrac{\mathrm{d}F_{\mathrm{S}}}{\mathrm{d}x} = q_0$ 可知:该段内剪力 F_{S} 为一次函数,故剪力图为斜率是 q_0 的斜直线;弯矩 M 为二次函数,故弯矩图为抛物线,且当 $q_0 > 0$（即均布外力方向向上）时 $\dfrac{\mathrm{d}^2 M}{\mathrm{d}x^2} > 0$,弯矩图曲线向下凸,当 $q_0 < 0$（即均布外力方向向下）时 $\dfrac{\mathrm{d}^2 M}{\mathrm{d}x^2} < 0$,弯矩图曲线向上凸（图 1.17(b)）。

(3)在梁的某一截面上,若恰好 $F_{\mathrm{S}}(x) = 0$,则该截面上 $\dfrac{\mathrm{d}M}{\mathrm{d}x} = F_{\mathrm{S}}(x) = 0$,故剪力为零的截面上,弯矩 M 为极值,当该截面处的均布外力方向向上时,有 $\dfrac{\mathrm{d}^2 M}{\mathrm{d}x^2} = q(x) > 0$,弯矩在该截面为极小值;当该截面处的均布外力方向向下时,有 $\dfrac{\mathrm{d}^2 M}{\mathrm{d}x^2} = q(x) < 0$,弯矩在该截面为极大值（图 1.17(c)）。

(4)梁上集中外力的作用截面左右两侧,剪力 F_{S} 不连续,有一跳跃,且跳跃值等于作用于该截面的集中外力数值,同时该截面处弯矩值是连续的,但弯矩图的斜率不连续,即弯矩图在该点会出现"尖点"（图 1.17(d)）。

(5)梁上集中外力偶的作用截面左右两侧,弯矩 M 不连续,有一跳跃,且跳跃值等于作用于该截面的集中外力偶矩数值,但是该截面处剪力图的连续性不受影响（图 1.17(e)）。

(6)梁在两端截面处作用的集中外力和集中外力偶就是该端面上的剪力和弯矩,且所取的正负号按剪力和弯矩的符号规定选取。

(7)对整个梁来说,弯矩绝对值的最大值可能发生在梁中剪力为零、集中力或集中力偶的作用点这几处截面上。

以上几点分析结果,有助于快速绘制剪力图和弯矩图。首先根据梁上载荷及支座约束力的分布方式确定 F_{S} 及 M 曲线的分段点;利用以上分析结果判断各段曲线的形状,并利用截面法给出各分段点处剪力值和弯矩值及跳跃情况,就可完整绘出梁的剪力图和弯矩图。

例 1.7 外伸梁受力如图(a)所示,试绘出该梁的剪力图和弯矩图。

解:(1)求支座约束力

以梁整体为对象画出受力图(图(b)),设支座 A 和 C 两处的约束力方向均为向上,利用整体平衡方程,有

$$\sum M_C = 0, \quad F_A \cdot 2a - qa^2 + qa \cdot \frac{a}{2} = 0, \quad F_A = \frac{1}{4}qa(\uparrow)$$

$$\sum F_y = 0, \quad F_A + F_C - qa = 0, \quad F_C = \frac{3}{4}qa(\uparrow)$$

(2)绘制内力图

绘制内力图时,可以从梁的任意一端开始依次向另一端连续画过去,也可以分别从两端开始向中间画。先对梁分段,注意利用载荷集度与剪力和弯矩之间的微分关系推出的结论,对各段曲线的形状、走向作出判断,并利用截面法求出分段点处的内力数值,将各段曲线完全确定下来。

先绘制剪力图:该梁的剪力图应分为 AC、CD 两段,从左端 A 端开始绘制剪力图。

①AC 段剪力图:A 端的端面上的剪力数值即支座 A 处的约束力 F_A 的大小为 $\frac{1}{4}qa$,且剪力符号为正;AC 段梁上无分布载荷,即 $q(x) \equiv 0$,而 B 截面上的集中力偶不会影响剪力图,故 AC 段剪力为水平直线 $F_{\mathrm{S}} = \frac{1}{4}qa$。

②C 截面剪力图的跳跃:由于 C 截面有集中外力 $\left(C\text{ 支座处方向向上的约束力 } F_C = \frac{3}{4}qa\right)$,故剪

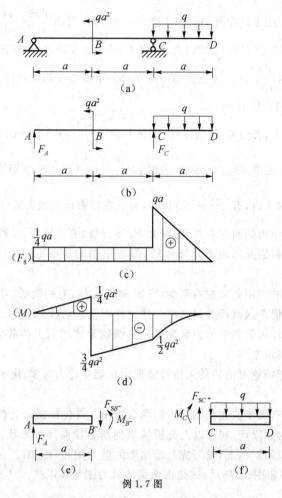

例 1.7 图

力图从 A 端画到 C 截面时在此处有一跳跃值 $\dfrac{3}{4}qa$，但如何判断这一跳跃是向上跳跃还是向下跳跃呢？一个简单的判断方法是：内力的跳跃方向视该集中外力的方向对未画梁段的作用效果而定，即只要该集中外力方向对未画梁段的作用是使之有顺时针转动趋势（正作用），则剪力图在此处应向上跳跃；反之，若集中外力方向对未画梁段的作用是使之有逆时针转动趋势（负作用），则剪力图在此处应向下跳跃，且无论向上还是向下跳跃，跳跃的绝对值即该集中外力的大小。此题 C 截面作用了向上的集中外力 $F_C = \dfrac{3}{4}qa$，使 C 截面右侧的未画部分梁段有顺时针转动趋势，故剪力在 C 截面处有一向上的跳跃，跳跃值为 $\dfrac{3}{4}qa$，即 C 截面左侧剪力为 $\dfrac{1}{4}qa$，右侧剪力为 qa。

③CD 段剪力图：由于 CD 段梁上作用了方向向下的均布载荷 q，故此段剪力图应为斜直线，且斜率为负，又因 D 截面上无集中外力，故 D 截面上的剪力为零。至此，可连接 CD 段两个端点画出斜直线。

填上 $\oplus$ 号并画上竖直线，剪力图即可完成（图(c)）。

下面绘制弯矩图：该梁的弯矩图应分为三段，从左端 A 端开始绘制弯矩图。

①AB 段弯矩图：A 端截面上无集中力偶作用，故 A 点的弯矩值为零；AB 段梁上无均布载荷，故 AB 段弯矩图应为斜直线；B 截面左侧处的弯矩值可利用截面法求得（图(e)）：

$$\sum M_{B^-} = 0, \quad F_A \cdot a - M_{B^-} = 0, \quad M_{B^-} = F_A \cdot a = \frac{1}{4}qa^2$$

②B 截面处弯矩图的跳跃:由于 B 截面上作用了一转向为逆时针的集中力偶,从 A 端向右画的弯矩图在经过 B 截面时应有一跳跃。同理,判断这一跳跃是向上跳跃还是向下跳跃的方法是根据该集中力偶的转向对未画梁段的作用效果确定,即该集中力偶的转向对未画梁段的作用是使之弯曲向下凸,则弯矩图在此处向上跳跃,若该集中力偶的转向对未画梁段的作用是使之弯曲向上凸,则弯矩图在此处向下跳跃。此题 B 截面处作用的集中力偶 qa^2 转向为逆时针,对 B 截面右侧未画梁段的作用效果是使之弯曲向上凸,故弯矩图在此处有一向下的跳跃,且跳跃值为 qa^2。因此,B 截面左侧的弯矩值为 $\frac{1}{4}qa^2$,B 截面右侧的弯矩值为 $-\frac{3}{4}qa^2$。

③BC 段弯矩图:BC 段梁上无分布载荷,弯矩图应为斜直线,C 截面上的弯矩值可用截面法求出(图(f)):

$$\sum M_C = 0, \quad M_C + qa \cdot \frac{a}{2} = 0, \quad M_C = -\frac{qa^2}{2}$$

④CD 段弯矩图:CD 段梁上作用了方向向下的均布载荷 q,故此段弯矩图应为向上凸的抛物线。D 截面上无集中力偶作用,故 D 截面弯矩值为零,再以向上凸的抛物线连接 CD 两点。

填入 ⊕⊖ 号,画上竖直线,弯矩图即可完成(图(d))。

注意:绘制弯矩图时,由于 D 截面处剪力为零,故 CD 段弯矩抛物线的斜率在趋于 D 点时应趋于零。由于 C 截面处作用了集中外力 $F_C = \frac{3}{4}qa$,故弯矩图在 C 处应有一尖点,即该点处弯矩图连续但弯矩图的导数不连续。

工程上,绘制梁的剪力图、弯矩图的规定与绘制杆的轴力图和轴的扭矩图类似。由于剪力图和弯矩图是根据微分关系式(1.3)、式(1.4)、式(1.5)并结合截面法确定各控制面内力值后绘制的,一般要求将梁的受力图(例 1.7 图(a)或图(b))、剪力图(例 1.7 图(c))和弯矩图(例 1.7 图(d))上下对齐,即三张图中相同的横截面位置处于同一条铅垂线上,这样便于观察比较各段的载荷集度、剪力和弯矩的微分关系及图线的跳跃情况,及时发现问题。

实际上,把绘制内力图的工作交给计算机完成并非难事,但是手工绘制梁的剪力、弯矩图的过程,是一个把理论付诸于实践的过程,是一个熟悉和了解杆件所受外力对内力分布的影响的过程,绘图的同时也加深了对工程结构的力学特性的直观理解。这些基本力学概念是将来学习工科各专业课程以及走上工作岗位后宝贵的专业基础素养。

例 1.8 悬臂梁 ABC 受力如图(a)所示,试绘出该梁的剪力图和弯矩图。

解:以梁整体为对象取分离体,画出受力图(图(b)),根据整体平衡条件,求出固支端 C 处的约束力为

$$F_C = qa(\uparrow), \quad M_C = \frac{1}{2}qa^2(\circlearrowleft)$$

(1)剪力图

根据该梁受力情况可知,剪力图应分为两段,从左端向右画剪力图。

①AB 段:A 截面上作用了方向向上的集中外力 qa,即 A 截面上剪力为 qa;AB 段梁上作用了方向向下的均布载荷 q,故 AB 段剪力图为斜直线,且斜率为负值;在 B 截面左侧 B^- 处用截面法(图(e)),可求出 B^- 截面处的剪力为 $F_{SB^-} = -qa$,弯矩为 $M_{B^-} = 0$,连接 A 和 B^- 截面的剪力值成一斜直线,由于该直线与 x 轴相交,出现一个 $F_S = 0$ 的点,故还应求出该剪力为零所在截面的 x 坐标,即 $x = a$,并标示于剪力图中。

②BC 段:BC 段无分布载荷,故剪力图为水平直线,在 C 端端面处有方向向上的约束力 qa,故 C 截面处的剪力为 $-qa$。

填上 ⊕⊖ 号,画上竖直线,剪力图即可完成(图(c))。

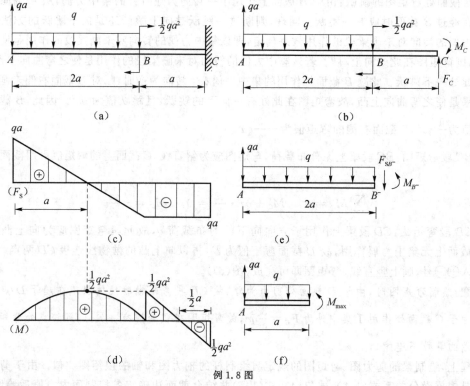

例 1.8 图

(2)弯矩图

根据受力情况,该梁的弯矩图应分为两段。

①AB 段:A 截面处无集中力偶,故 A 截面处弯矩为零;AB 段梁上作用了方向向下的均布载荷 q,此段弯矩图为向上凸的抛物线,且由于 AB 段的中点 $x=a$ 处剪力 $F_s=0$,故弯矩在此截面处应为极大值 M_{max},可用截面法在 $x=a$ 处切开(图(f)),计算出 $M_{max}=\dfrac{1}{2}qa^2$,即可画出 AB 段的抛物线。

②B 截面处弯矩图的跳跃:从 A 端开始向右端画弯矩图,在 B 截面上作用了转向为顺时针的集中力偶,该力偶的转向应使 B 截面右侧未画梁段弯曲向下凸,即弯矩图应向上跳跃,跳跃值为 $\dfrac{1}{2}qa^2$,B^+ 截面的弯矩值为 $\dfrac{1}{2}qa^2$。

③BC 段:BC 段梁上无分布载荷,弯矩图应为斜直线,C 截面上约束力偶矩为 $\dfrac{1}{2}qa^2$,方向为顺时针,即 C 截面上弯矩值为 $-\dfrac{1}{2}qa^2$,连接 B^+ 和 C 截面弯矩值成一斜直线。此段弯矩图与 x 轴相交,出现了 $M=0$ 的截面,应标明该截面的位置,显然,$M=0$ 的截面应位于距 C 端为 $\dfrac{1}{2}a$ 的位置。

填上 ⊕⊖号,画上竖直线,弯矩图即可完成(图(d))。

注意:绘制内力图时,凡是剪力为零、弯矩为零的截面位置应明确标出,除了梁的受力图中有明显的坐标位置表示之外,其他情况应直接用几何方法或用截面法求出 $F_s=0$ 或 $M=0$ 的截面的 x 坐标。

例 1.9 简支梁受力如图(a)所示,试绘制剪力图和弯矩图,并求出梁中剪力绝对值和弯矩绝对值的最大值。

解:首先以梁整体为对象取分离体,画出受力图(图(b)),根据梁的整体平衡条件求出支座约

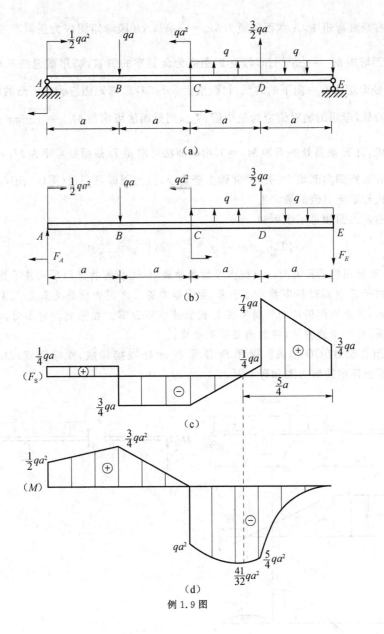

例 1.9 图

束力

$$F_A = \frac{1}{4}qa(\uparrow), \qquad F_E = \frac{3}{4}qa(\downarrow)$$

根据该梁的受力情况可知,剪力图和弯矩图均应分为 4 段。

(1)剪力图

从左端向右端画剪力图,A 截面剪力为 $F_{SA} = \frac{1}{4}qa$;AB 段剪力图应为水平直线;B 截面处剪力图有一向下的跳跃 qa;BC 段剪力图应为水平直线;CD 段剪力图应为正斜率的斜直线;CD 段有一剪力为零的位置,在距 E 端为 $\frac{5}{4}a$ 处;D 截面处有一向上的跳跃 $\frac{3}{2}qa$;DE 段为负斜率的斜直线;E 截面剪力为 $F_{SE} = \frac{3}{4}qa$。

(2)弯矩图

从左端向右端画弯矩图,A 截面弯矩为 $M_A = \frac{1}{2}qa^2$;AB 段弯矩图应为正斜率的斜直线;用截面法可求出 B 截面弯矩 $M_B = \frac{3}{4}qa^2$;BC 段弯矩图应为负斜率的斜直线;用截面法可求得 C 截面弯矩 $M_C = 0$;C 截面处弯矩图有一向下的跳跃,跳跃值为 qa^2;CD 段弯矩图应为向下凸的抛物线,且在 CD 段 $F_S = 0$ 的截面处,弯矩的绝对值应为极小值 M_{min},用截面法可求得 $M_{min} = -\frac{41}{32}qa^2$;$DE$ 段弯矩应为向上凸的抛物线,且 E 截面处的弯矩 $M_E = 0$,用截面法可求得 D 截面处弯矩为 $M_D = \frac{5}{4}qa^2$。

将剪力图和弯矩图内部填入 $\oplus\ominus$ 号并画上竖直线,内力图即可完成(图(c)、图(d))。

(3)求剪力、弯矩绝对值的最大值

从绘制好的剪力图和弯矩图可知

$$|F_S|_{max} = \frac{7}{4}qa, \qquad |M|_{max} = \frac{41}{32}qa^2$$

注意:此梁弯矩图的 DE 段为一段向上凸的抛物线,但这段抛物线的顶点并不是 E 点,即抛物线的切线在 x 趋向于 E 截面时斜率并非趋于零,由弯矩与剪力之间的微分关系式(1.4)可知,E 截面处的剪力不等于零,因此弯矩图的切线斜率在 E 截面处亦不为零。在绘制内力图时,利用微分关系可随时检查剪力图、弯矩图的特征,将其描绘得更准确。

例 1.10 组合梁 $ABCD$ 由 AB 梁和 BCD 梁在 B 处铰接构成,A 端固定,D 端简支,受力如图(a)所示,试绘出该梁的剪力图和弯矩图。

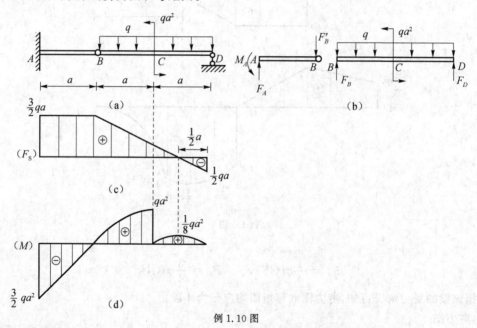

例 1.10 图

解:(1)受力分析

此组合梁由两根梁通过 B 处的"中间铰"连接而成,仍属静定结构。此梁在 B 处分离开后,可分别画出 AB 段和 BCD 段的受力图(图(b)),对 BCD 段列出平衡方程可得

$$\sum M_D = 0, \quad F_B = \frac{3}{2}qa(\uparrow); \qquad \sum F_y = 0, \quad F_D = \frac{1}{2}qa(\uparrow)$$

对 AB 段列出平衡方程可得

$$\sum M_A = 0, \quad M_A = \frac{3}{2}qa^2(\frown); \qquad \sum F_y = 0, \quad F_A = \frac{3}{2}qa(\uparrow)$$

求出组合梁的全部约束力后可知该组合梁的剪力图应分为两段：AB 段和 BCD 段，弯矩图应分为 3 段：AB 段、BC 段和 CD 段。

（2）剪力图

从左端 A 端向右画剪力图，A 截面的剪力为 $F_{SA}=\dfrac{3}{2}qa$；AB 段剪力图为水平直线；BD 段剪力图为负斜率的斜直线；D 截面的剪力为 $F_D=-\dfrac{1}{2}qa$；BD 段有一剪力 $F_s=0$ 的截面，其位置在距 D 端 $\dfrac{a}{2}$ 处。

（3）弯矩图

从左端 A 端向右画弯矩图，A 端截面上的弯矩为 $M_A=-\dfrac{3}{2}qa^2$；AB 段弯矩图为正斜率的斜直线；B 截面处有一"中间铰"，故该截面不承担弯矩即 $M_B=0$；BC 段弯矩图为向上凸的抛物线；利用截面法可求得 C^- 截面上的弯矩为 $M_{C^-}=qa^2$；在 C 截面处弯矩图有一向下的跳跃 qa^2；故 C^+ 截面的弯矩 $M_{C^+}=0$；CD 段弯矩图为向上凸的抛物线，D 截面处弯矩 $M_D=0$；CD 段抛物线的顶点位于 $F_s=0$ 处，即距 D 端 $\dfrac{a}{2}$ 处，用截面法可求得顶点处的弯矩值 $M_{\max}=\dfrac{1}{8}qa^2$。

注意： 此例中的组合梁属于带有"中间铰"的静定连续梁，这类梁在求解支座约束力时应在"中间铰"处切开，分段取分离体画出受力图并列出平衡方程。在对组合梁整体画剪力图和弯矩图时，应特别注意：（1）由于"中间铰"只能传递力，不能传递力偶，故"中间铰"的左右两侧邻域内无外力偶作用时，此截面上的弯矩必为零，但剪力一般不为零。（2）"中间铰"上可以作用集中外力，但如果作用集中外力偶，则该外力偶不可作用于"中间铰"上，应作用于"中间铰"的左侧邻域截面上或右侧邻域截面上，且这两种作用方式造成的结果完全不同，分析受力时应细心观察集中力偶的作用截面的位置。读者可比较以下两组合梁的剪力图和弯矩图，由于 M_e 作用的位置不同造成其内力图完全不同（图 1.18）。

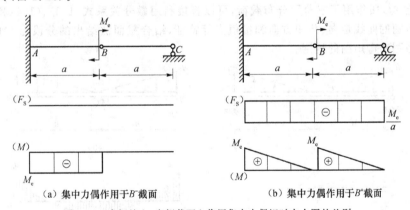

（a）集中力偶作用于 B^- 截面　　　　（b）集中力偶作用于 B^+ 截面

图 1.18　中间铰左、右侧截面上作用集中力偶矩时内力图的差别

2. 利用对称性和反对称性及叠加原理作内力图

平面杆系结构若作用了位于其轴线所在平面内的平面力系，则杆件某一截面上的内力分量一般应有轴力 F_N、剪力 F_s 和弯矩 M。由于杆件的内力是由载荷引起，内力分布的特点与载荷作用的特点相关。当杆系结构的几何和支座约束条件具有对称性时，作用了对称或反对称载荷的杆系，其约束力亦为对称或反对称，因而其内力图也相应具有对称或反对称性，具体特点如下：

（1）平面杆系若几何和约束条件关于某一截面对称，载荷对称，则弯矩 M 图关于该截面也对称，剪力 F_s 图关于该截面则反对称；

（2）平面杆系若几何和约束条件关于某一截面对称，载荷反对称，则弯矩 M 图关于该截面也反对称，剪力 F_s 图关于该截面则对称。

以上结论,可以从1.4节中得出的内力分量与载荷分布之间的微分关系式中得证。利用这一特点,可在满足以上特征的杆系结构内力图绘制中简化绘图过程。

此外,在内力图绘制中,若杆件作用了多个载荷,内力图通常会分为数段,构成复杂的几何图形,增加绘图的难度,同时,后面若需要利用内力图的几何特征(如图形面积、形心等)进行计算时也颇多不便。利用叠加原理可将形状复杂的内力图图形分解为形状相对简单的图形。注意到1.4节中给出的内力与载荷之间的微分关系式(1.3)、(1.5)及(1.6)、(1.7),可知内力与载荷分布满足的是线性方程,即多个载荷同时作用下产生的内力是单个载荷作用产生的内力的线性叠加。故对于多个载荷同时作用的杆系结构,绘制内力图时可将多个载荷加以分解,绘出单个载荷作用下的内力图(通常单个载荷作用下的内力图都比较简单),而多个载荷同时作用的内力图即这些单个载荷作用下的内力图的叠加。叠加时,各内力分量分别叠加,即相同截面处相同的内力分量作代数值叠加,就可得出最终的内力图。实际上,在后面利用内力图的几何特性进行计算时,直接利用这些单个载荷作用下的几何形状简单的内力图进行计算往往更加便捷。

例1.11 简支梁 ACB 受到如图(a)所示的三角形分布载荷作用,试绘制该梁的剪力图和弯矩图。

解:此梁的约束条件关于中点 C 对称,载荷反对称,故约束力反对称,而内力分量中剪力 F_s 图对称,弯矩 M 图反对称。

以梁整体为对象画受力图并利用平衡条件(图(b))可得

$$F_A = \frac{1}{3}q_0 a(\uparrow), \qquad F_B = \frac{1}{3}q_0 a(\downarrow)$$

利用截面法,在 AB 梁的中间截面 C 切开,可求出 C 截面上的内力(图(c))为

$$F_{SC} = -\frac{1}{6}q_0 a, \qquad M_C = 0$$

根据梁的受力特点,剪力图和弯矩图分为两段,只需考虑 AC 段的图形,CB 段可依据对称或反对称性依次绘出。

由于梁上 AC 段作用了三角形分布载荷,可以直接利用微分关系式(1.3)、(1.4)和(1.5),判断剪力图和弯矩图的曲线走向、凸凹方向和极值点等特征,结合截面法给出的分段点 C 的内力数值,就可完成剪力图和弯矩图的绘制。

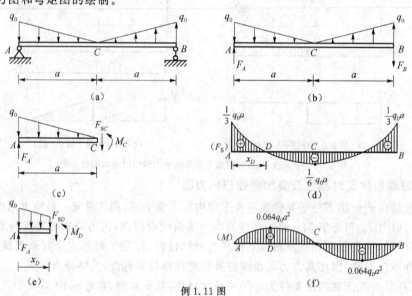

例1.11图

(1)剪力图

A 截面的剪力为 $F_{SA} = \frac{1}{3}q_0 a$;$AC$ 段作用了三角形分布载荷,集度为 $q(x) = -q_0\left(1 - \dfrac{x}{a}\right)$,由微

分关系式(1.3)即 $\dfrac{dF_{\mathrm{S}}}{dx}=q$ 可知,AC 段剪力方程为二次函数,即剪力为抛物线,且 $\dfrac{d^2 F_{\mathrm{S}}}{dx^2}=\dfrac{dq}{dx}=\dfrac{q_0}{a}>0$,故 AC 段的抛物线为向下凸,且 C 截面的剪力为 $F_{\mathrm{SC}}=-\dfrac{1}{6}q_0 a$。

由于 C 截面处载荷集度 $q=0$,故 C 点剪力图抛物线的切线为水平方向。连接 A、C 两点剪力值,绘出一条向下凸的抛物线。CB 段可依对称性画出剪力图曲线。

显然,在 AC 和 CB 段各有一剪力为零的截面,设 AC 段剪力为零的截面 D 坐标为 x_D,对 D 截面利用截面法求出剪力 F_{SD}(图(e)),可得

$$F_{SD} = \frac{1}{3}q_0 a - \int_0^{x_D} q_0\left(1-\frac{x}{a}\right)dx = \frac{q_0 a}{3} - q_0\left(x_D - \frac{x_D^2}{2a}\right)$$

令 $F_{SD}=0$,可得 $x_D=\dfrac{3-\sqrt{3}}{3}a=0.423a$。

将 $\oplus\ominus$ 号填入图中,剪力图即可完成(图(d))。

(2)弯矩图

A 截面弯矩 $M_A=0$;由微分关系式(1.5),即 $\dfrac{d^2 M}{dx^2}=q(x)=-q_0\left(1-\dfrac{x}{a}\right)$ 可知,AC 段弯矩方程为 3 次函数,故弯矩图为 3 次抛物线。根据微分关系式(1.4),即 $\dfrac{dM}{dx}=F_{\mathrm{S}}$ 可知,沿 AC 段弯矩图斜率的变化规律应为由正到零再到负值的连续变化,故弯矩图为向上凸的曲线,且在截面 D 处达到弯矩的极值。根据截面法(图(e))可求出 D 截面弯矩为

$$M_D = \frac{q_0 a}{3}\cdot x_D - \int_0^{x_D} q_0\left(1-\frac{x}{a}\right)\cdot(x_D-x)dx = 0.064 q_0 a^2$$

而 $M_C=0$,用一条向上凸的曲线连接 A、D、C 各点弯矩值,可绘出 AC 段弯矩图,再利用反对称性可绘出 CB 段弯矩图,将 $\oplus\ominus$ 号填入图中,弯矩图即可完成(图(f))。

注意: 对称性和反对称性的利用可简化求解及作内力图的过程,问题的关键是要判断准确结构的约束条件和载荷是否具有对称性或反对称性。其中支座的约束条件主要看在所受载荷作用下,支座所提供的不为零的约束力是否对称,例如,在垂直于杆轴线的横向力及轴线所在平面内的力偶这样的平面力系作用下,梁的固定铰支座和活动铰支座提供的约束力同为垂直于轴线方向,故可视为相同的约束条件,图 1.19(a)的简支梁约束条件即可视为关于中点 C 对称的例子。判断出约束条件关于某截面对称之后,再判断载荷是否关于该截面对称或反对称,图 1.19(b)、(c)、(d)是几种常见的对称或反对称情况的例子,读者可自行判断之。

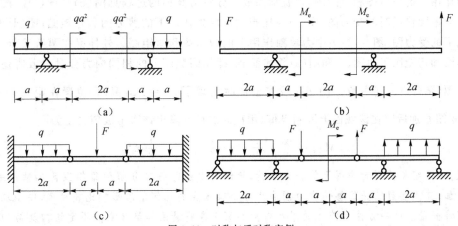

图 1.19 对称与反对称实例

例 1.12 外伸梁受力如图(a)所示,试绘制剪力图和弯矩图。

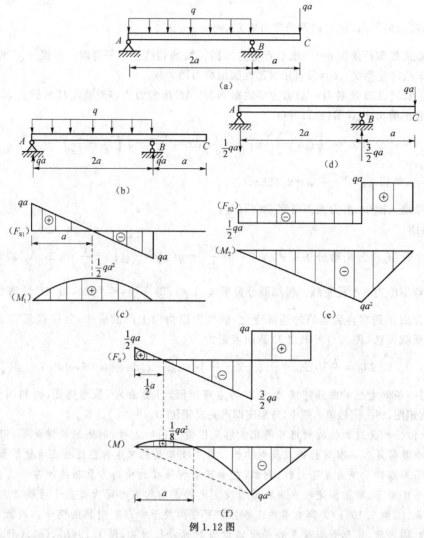

例 1.12 图

解:该外伸梁受均布载荷 q 和集中力 qa 共同作用,绘制其内力图时可将两组载荷分开,分别绘制其单独作用下的剪力图和弯矩图,再叠加而成。分解与叠加的过程见图(b)~图(f)。其中图(b)为均布载荷单独作用时的受力图,图(c)为均布载荷单独作用下的剪力图和弯矩图;图(d)为集中力单独作用下的受力图,图(e)为集中力单独作用下的剪力图和弯矩图。外伸梁在两组载荷共同作用下的剪力图和弯矩图可由图(c)和图(e)叠加而成,即相同截面上的相同内力分量代数值叠加,最终完成内力图(图(f))。其中剪力图 AB 段在叠加时出现了 $F_s = 0$ 的截面,位置在距 A 端 $\dfrac{a}{2}$ 处,故 AB 段弯矩图叠加后应在该截面上取到极值,用截面法可计算出该弯矩极值大小为

$$M_{\max} = \frac{qa}{2} \cdot \frac{a}{2} - q \cdot \frac{a}{2} \cdot \frac{a}{4} = \frac{1}{8} qa^2$$

注意:对多组载荷同时作用下的杆系结构,绘制内力图时将其分解为每组载荷单独作用下的内力图的叠加,其主要目的是能够使内力图曲线与 x 轴围成的几何图形形状比较简单,便于求面积、形心等几何特征量。这一方法的简化效果在以后的第 7 章能量法和第 8 章静不定结构及第 10 章动载荷中需要利用内力图进行几何量计算的环节中才能更充分地体现出来。

此外还应指出,叠加原理在材料力学中是一个应用很广的基本原理。在材料力学的基本假定中有"小变形"的假定,且以后章节中可以看到材料力学研究的工程结构受力变形通常限制在线弹性范围之内,因此,材料力学中构件受到的外力与内力、变形之间为线性关系,均可以采用叠加原理进行分析计算。

3. 平面刚架的内力图

在实际工程结构中,经常会遇到杆件的轴线是由几段直线构成的折线,且各折转点被连接的两部分不能相对转动。保持相互连接的二杆件轴线夹角不变的折转连接点称为**刚节点**。将直杆以刚节点连接形成的框架结构称为**刚架**。各杆轴线位于同一平面内的刚架称为**平面刚架**(图 1.20(a)),否则就称为**空间刚架**(图 1.20(b))。

若平面刚架作用了刚架平面内的平面力系,则刚架任意横截面上的内力分量一般可以有轴力 F_N,剪力 F_S 和弯矩 M。在绘制刚架的内力图时,一般应绘出轴力图、剪力图及弯矩图(特别指明绘制某一内力图者除外)。

绘制刚架的内力图时,可将刚架的各直线段视为直杆分段进行。先分析各段内力图的曲线形状及各控制面的内力数值,分析轴

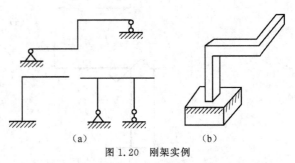

图 1.20　刚架实例

力时可将各直线段视为轴向拉压的杆,分析剪力和弯矩时可将各直线段视为梁。前面对内力图绘制所讨论得出的各项结论都可类比应用于刚架的各直线段。

刚架各段的轴线通常并不都在同一方位上,例如,轴线为铅垂方向时,画内力图时应将内力的正值图线画在铅垂轴线的左侧还是右侧呢?为统一起见,工程上对刚架的内力图绘制有如下规定(工科机械类、近机类适用):刚架的轴力和剪力的符号规定与杆对轴力和梁对剪力的符号规定完全一致,即刚架的轴力以拉为正,刚架的剪力以使所在截面杆元有顺时针转动趋势为正。画轴力图和剪力图时,可选择直线段轴线的任意一侧为轴力或剪力的正值,另一侧为负值,但必须把轴力或剪力的 ⊕⊖ 号填入图内标明其符号;刚架的弯矩,其符号规定无实际意义,绘图时可按截面法求得该直线段各截面弯矩的绝对值和弯矩的实际转向,弯矩实际转向造成杆元呈现一侧凹入另一侧凸出的弯曲变形,由此可判断出,弯曲后凸出一侧,杆元轴线方向纤维是受拉的,而弯曲后凹入一侧,杆元轴线方向纤维是受压的。绘制弯矩图时,规定弯矩图线的绝对值应画在杆件轴向纤维受压的一侧(即弯曲变形后凹入的一侧),图形内不填 ⊕⊖ 号。

如图 1.21(a),平面刚架 ABC 受集中力作用,在 BC 段任意 $m-m$ 截面处用截面法切开(图 1.21(b)),该截面的弯矩转向为逆时针方向,大小为 $M=Fx$,在 BC 段上,弯曲变形后轴线向上凸(图 1.21(c)),故弯矩图在 BC 段应画在 BC 杆的下侧(图 1.21(d))。

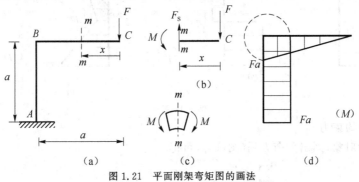

图 1.21　平面刚架弯矩图的画法

在刚架的刚节点处,若没有作用集中力偶,则弯矩数值应连续。由于刚节点两侧的杆件轴线通常不在同一方位上,故弯矩图在刚节点处的"连续"表现为"圆弧连续"(图 1.22(a));若刚节点处作用了集中力偶,则弯矩图在"圆弧连续"的基础上再产生相应的跳跃(图 1.22(b))。

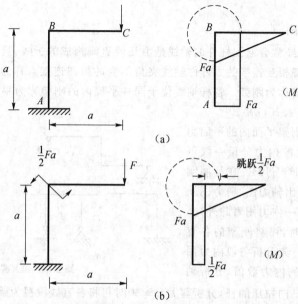

图 1.22　平面刚架的刚节点处无、有集中力偶时弯矩图对比

例 1.13　平面刚架 $ABCD$ 受力如图(a)所示,试画出该刚架的内力图,并确定刚架中轴、剪力和弯矩绝对值的最大值。

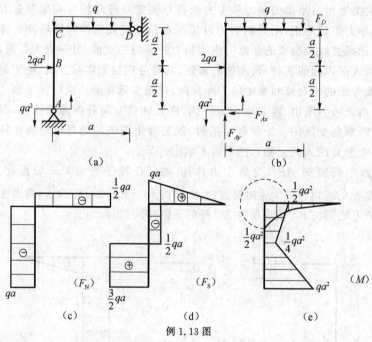

例 1.13 图

解:(1)求支座约束力

以刚架整体为对象,列出平衡方程(图(b)),可得

$$\sum M_A = 0 \quad , \quad F_D = \frac{1}{2}qa\,(\leftarrow)$$

$$\sum F_x = 0 \quad , \quad F_{Ax} = \frac{3}{2}qa(\leftarrow)$$

$$\sum F_y = 0 \quad , \quad F_{Ay} = qa(\uparrow)$$

(2)轴力图

AC 段的轴力为常数,大小为 qa(压力);CD 段的轴力为常数,大小为 $\frac{1}{2}qa$(压力)。轴力图如图(c)所示。

(3)剪力图

A 端剪力为 $F_{SA} = \frac{3}{2}qa$,AB 段剪力图为平行于轴线的直线,B 截面有一剪力的跳跃 $2qa$;BC 段剪力图为平行于轴线的直线;CD 段剪力图为斜直线,CD 段左端 C^+ 截面剪力 $F_{SC^+} = qa$,D 端剪力 $F_{SD} = 0$。剪力图如图(d)所示。

(4)弯矩图

AB 段弯矩图应为斜直线,A 端弯矩为 $M_A = qa^2$(右侧受压),B 截面弯矩为 $M_B = \frac{1}{4}qa^2$(右侧受压);BC 段弯矩图应为斜直线,BC 段的 C^- 截面弯矩为 $M_{C^-} = \frac{1}{2}qa^2$(右侧受压);$CD$ 段弯矩图应为向上凸的抛物线,折转点 C 处无集中力偶作用,C 点弯矩为圆弧连续,故 C^+ 截面弯矩 $M_{C^+} = \frac{1}{2}qa^2$(下侧受压);$D$ 截面弯矩为零。弯矩图如图(e)所示。

(5)求轴力、剪力、弯矩绝对值的最大值

从图中可见,$|F_N|_{max} = qa$,$|F_S|_{max} = \frac{3}{2}qa$,$|M|_{max} = qa^2$。

注意:绘制平面刚架的轴力图和剪力图时,即使在轴线折转点处无集中力作用,轴力和剪力在折转点处也不一定连续,这点有别于弯矩的情形。例如在图 1.23 中,若在该平面刚架的轴线折转点 C 处无集中外力和集中外力偶作用,沿折转前的 C^- 处 $m-m$ 横截面和折转后的 C^+ 处 $n-n$ 横截面切开,取折转点处杆元为分离体,则平衡条件为

$$F_{NC^+} = F_{SC^-}, \quad F_{SC^+} = -F_{NC^-}, \quad M_{C^+} = M_{C^-}$$

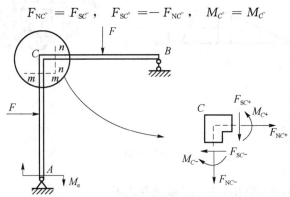

图 1.23 平面刚架在折转点处杆元的平衡

显然,根据折转点处杆元的平衡条件,折转点处即使没有作用集中外力,轴力和剪力在折转前后也不一定连续,但只要折转点没有集中力偶作用,则弯矩的数值在折转前后应相等。对折转点作用了集中力偶的情形,根据平衡条件,折转前后弯矩数值之差即可作用于折转点处集中力偶矩的大小。对折转点前后截面上的轴力、剪力,虽然不一定存在连续与否的关系,但通过折转点处杆元的平衡条件,仍可找出它们与折转点处的集中外力之间应满足的关系,读者有兴趣的话可自行推导之。

例 1.14 平面刚架受力如图(a)所示,试绘出该刚架的内力图,并求出刚架中轴力、剪力和弯矩绝对值的最大值。

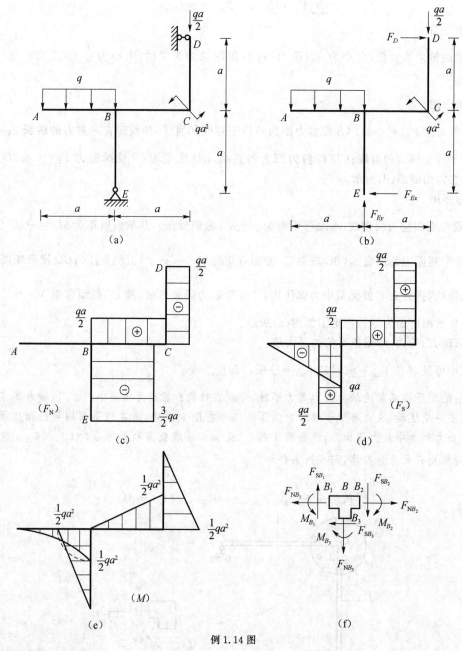

例 1.14 图

解:(1)求支座约束力

以刚架整体为研究对象(图(b)),利用平衡条件求得

$$F_D = \frac{qa}{2}(\rightarrow) \quad , \quad F_{Ex} = \frac{qa}{2}(\leftarrow) \quad , \quad F_{Ey} = \frac{3}{2}qa(\uparrow)$$

(2)轴力图

AB 段轴力为零;BE 段轴力为 $\frac{3}{2}qa$(压力);BC 段轴力为 $\frac{1}{2}qa$(拉力);CD 段轴力为 $\frac{qa}{2}$(压力)。

轴力图见图(c)。

(3)剪力图

A 端面剪力为零；AB 段剪力图为斜直线，B 节点左侧 B_1 截面剪力为 $-qa$；BE 段剪力图为平行于轴线的直线，E 截面剪力为 $\frac{1}{2}qa$；BC 段剪力图为平行于轴线的直线，B 截面右侧 B_2 截面剪力为 $\frac{1}{2}qa$；CD 段剪力图为平行于轴线的直线，D 截面剪力为 $\frac{1}{2}qa$。剪力图见图(d)。

(4)弯矩图

A 截面弯矩为零，AB 段弯矩图为向上凸的抛物线，B 点左侧 B_1 截面弯矩为 $\frac{1}{2}qa^2$（下侧受压）；BE 段弯矩图为斜直线，B 点下侧 B_3 截面弯矩为 $\frac{1}{2}qa^2$（左侧受压），E 截面弯矩为零；BC 段、CD 段弯矩图均为斜直线，B 点右侧 B_2 截面弯矩为零，C 点左侧 C^- 截面弯矩为 $\frac{1}{2}qa^2$（上侧受压），C 点上侧 C^+ 截面弯矩为 $\frac{1}{2}qa^2$（右侧受压），由于 C 节点处作用了集中力偶，C 节点弯矩不能保持圆弧连续，有数值为 qa^2 的跳跃，D 截面弯矩为零。弯矩图如图(e)所示。

(5)求轴力、剪力和弯矩绝对值的最大值

由轴力图、剪力图和弯矩图可知

$$|F_N|_{max} = \frac{3}{2}qa, \quad |F_S|_{max} = \frac{qa}{2}, \quad |M|_{max} = \frac{1}{2}qa^2$$

注意：此例中的刚架有一个 T 形节点 B，是三段轴线的汇交点，该节点有左侧 B_1、右侧 B_2 及下侧 B_3 三个截面，将此节点取出为分离体，这三个截面上的内力分量如图(f)所示，可由 AB_1 段、EB_3 段及 B_2CD 段的平衡方程求得，即

$$F_{NB_1} = 0 \quad , \quad F_{NB_2} = qa \quad , \quad F_{NB_3} = -\frac{3}{2}qa$$

$$F_{SB_1} = -qa \quad , \quad F_{SB_2} = -\frac{1}{2}qa \quad , \quad F_{SB_3} = \frac{1}{2}qa$$

$$M_{B_1} = \frac{1}{2}qa^2（下侧受压）\quad , \quad M_{B_2} = 0 \quad , \quad M_{B_3} = \frac{1}{2}qa^2（左侧受压）$$

显然，对 T 形节点这一分离体，内力图中的内力分量是满足平衡条件的。

4. 平面曲杆的内力

当杆件的轴线为平面曲线时，称之为**平面曲杆**或**平面曲梁**。平面曲杆作用了曲杆所在平面内的平面力系时，曲杆任意横截面内的内力分量一般有轴力 F_N、剪力 F_S 和弯矩 M。对曲杆来说，轴力和剪力的符号规定与直杆的规定相同，即轴力以拉为正，剪力以使该截面所在杆元有顺时针转动趋势为正。而弯矩的符号则规定为：使截面所在杆元的轴线弯曲后曲率增加的弯矩方向为正，反之为负(图 1.24)。

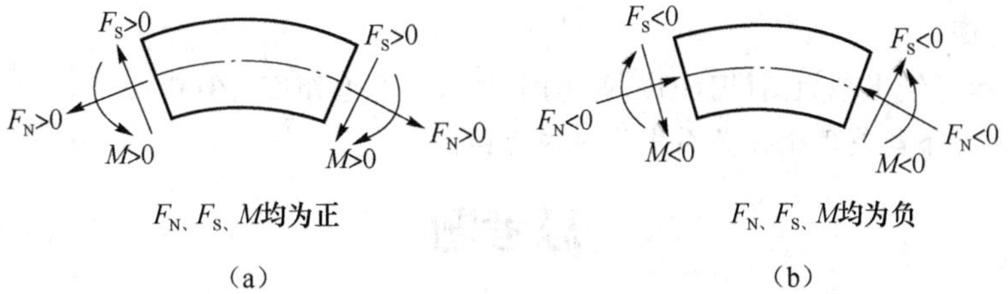

F_N、F_S、M均为正	F_N、F_S、M均为负
(a)	(b)

图 1.24　平面曲杆内力符号的规定

列曲杆内力方程的方法与直杆类似，先建立广义坐标确定各横截面的位置，再分段用截面法列出内力方程，广义坐标可选择方便的角度坐标或弧长坐标。绘制曲杆内力图的规定与刚架类似，以

曲杆的轴线为基准曲线,沿基准曲线的法线方向绘出各截面相应内力分量的绝对值大小。轴力图和剪力图可选择轴线的任意一侧为其正值而另一侧为负值,但必须在图形内填入⊕⊖号;弯矩图的绝对值应画在轴线方向纤维受压的一侧,图形内不必填入⊕⊖号。

例 1.15 如图(a)所示的平面曲杆 AB,轴线为半径为 R 的四分之一圆弧,试写出该曲杆的内力方程并绘出内力图。

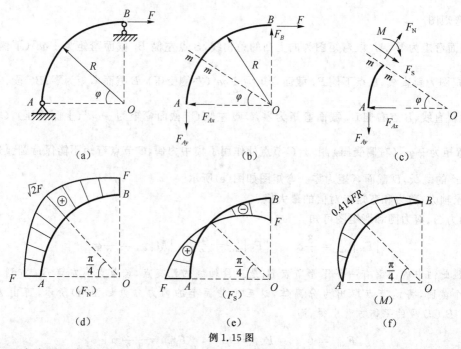

例 1.15 图

解:(1)求支座约束力

以曲杆 AB 整体为研究对象(图(b)),列出平衡方程,可得

$$F_{Ax} = F(\leftarrow), \quad F_{Ay} = F(\downarrow), \quad F_B = F(\uparrow)$$

(2)列内力方程

取曲杆轴线圆弧的任意半径与 OA 线间夹角 φ 为广义坐标,取坐标为 φ 的横截面 $m-m$ 切开,设该截面上的内力为 F_N、F_s 和 M(图(c)),利用平衡条件可得

$$
\begin{cases}
F_N(\varphi) = F(\sin\varphi + \cos\varphi) & \left(0 < \varphi < \dfrac{\pi}{2}\right) \\[2mm]
F_s(\varphi) = F(\cos\varphi - \sin\varphi) & \left(0 < \varphi < \dfrac{\pi}{2}\right) \\[2mm]
M(\varphi) = FR(1 - \cos\varphi - \sin\varphi) & \left(0 < \varphi < \dfrac{\pi}{2}\right)
\end{cases}
$$

(3)绘制内力图

根据内力方程可绘出轴力图(图(d))、剪力图(图(e))和弯矩图(图(f))。

注意:对于曲杆不能使用微分关系式绘制内力图。

思考题

1.1 材料力学的研究对象与理论力学的研究对象有什么区别和联系?

1.2 材料力学对研究对象的基本假设有哪些?为什么要有这些假设?其中"均匀性"和"各向同性"假设的区别在哪里?工程中有哪些实际情况符合这些假设?又有哪些情况不符合这些假设?

试列举一些工程中用到的各向同性和各向异性材料的实例。

1.3 结合自己所学的专业领域或以日常生活中见到的工程结构或机械为例,分析其各部件属于哪一类构件,并判断其中的杆件受力变形包括哪几种基本变形形式。

1.4 试列举一些工程中常见的静载或动载的实例。

1.5 理论力学的静力学中,"力系简化"的理论在材料力学中是否还可以应用?图(a)的受力情况在进行何种计算时可以简化为图(b)?何种计算时不能如此简化?

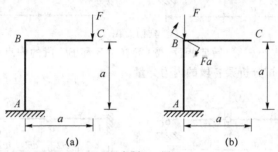

(a)   (b)

思考题 1.5 图

1.6 试用截面法分析如下各题图中虚线所标出的截面上各存在哪几种内力分量。

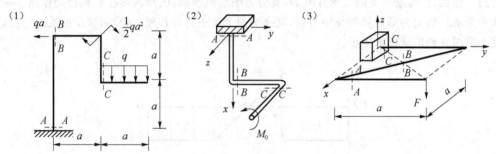

思考题 1.6 图

1.7 简支梁作用了如图所示的分布弯曲力偶,其集度为 $m_e(x)$(即 x 截面处,单位长度上作用的弯矩为 $m_e(x)$),发生弯曲变形。试推导此梁的剪力 F_S、弯矩 M 与载荷分布集度 $m_e(x)$ 之间的微分关系。

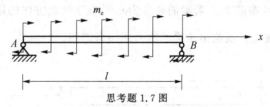

思考题 1.7 图

1.8 如图所示,简支梁 AB 受平行分布载荷作用,载荷各点的作用线相互平行、同向且与 x 轴夹角均为 θ,载荷沿 x 轴单位长度的大小为集度 $q(x)$,试推导该梁剪力、弯矩与分布载荷集度的微分关系。

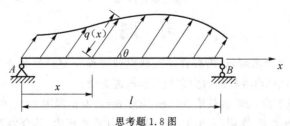

思考题 1.8 图

1.9 试判断下列两种结构的几何特征、约束条件及载荷有何特点?内力图又有何特点?

1.10 如图所示的组合梁 ABC,有两种不同的受力方式,题(1)为中间铰 B 的左右两侧各作用

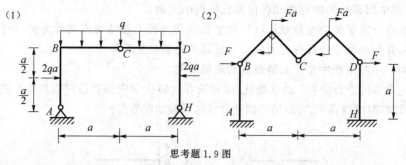

思考题 1.9 图

一个集中力偶,且力偶矩大小相等、转向相反,题(2)在 AB 和 BC 段的中点各作用一个集中力,且集中力大小相等、方向相反,试分析梁各段的内力分量。

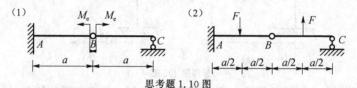

思考题 1.10 图

1.11 在 A、D 两端简支的直梁 $ABCD$,其剪力图如图所示,已知该梁在 C 截面处作用了一个力偶矩大小为 qa^2、转向为顺时针的集中力偶,其余截面无集中力偶作用,试分析该梁的受力情况,画出梁的受力简图并绘出梁的弯矩图。

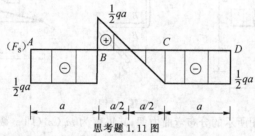

思考题 1.11 图

1.12 如图所示,等截面悬臂梁在上表面作用了沿 x 轴正方向的水平均布载荷 q,下表面也作用了沿 x 轴负方向的水平均布载荷 q,若梁的高度为 h,垂直于纸面方向的厚度为单位1,试问此时微分关系 $\dfrac{\mathrm{d}M}{\mathrm{d}x}=F_\mathrm{s}$ 是否仍然成立?试绘出该梁的剪力图和弯矩图。

思考题 1.12 图

习　题

1.1 以下各直杆受力如图所示,沿杆件轴线建立原点位于直杆左端点(或下端点)、向右(或向上)为正向的 x 坐标轴。试列出各杆的内力方程并绘出内力图。

1.2 如图所示,平板工件 ABC 的长度 $l=1$ m,宽度 $b=0.2$ m,厚度 $h=0.04$ m,AB 段置于夹头内,另一端 C 受到轴向工作压力 F_2 作用,夹头 P_1、P_2 分别施加均布压力,其合力为 F_1,夹头与工件之间有一层橡胶 H_1、H_2,橡胶与工件间静摩擦因数 $f_\mathrm{s}=0.3$。已知 $F_1=100$ N,试求工作压力 F_2 达到最大值时工件的内力方程,并绘出内力图。

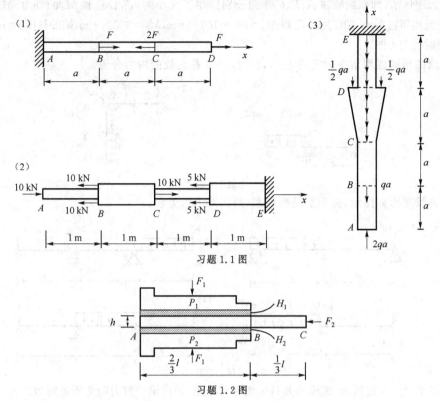

(1)

(2)

(3)

习题 1.1 图

习题 1.2 图

1.3 以下各轴受力如图所示,沿轴线建立原点位于左端点(或下端点)、向右(或向上)为正向的 x 坐标轴,试列出各轴的内力方程并绘出内力图。

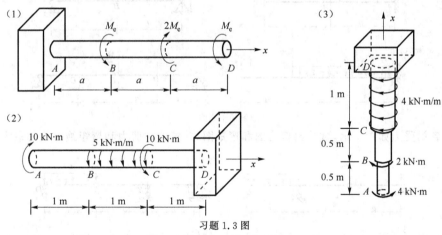

(1)

(2)

(3)

习题 1.3 图

1.4 传动轴受力如图所示,其中 B 为主动轮,输入功率为 70 kW,A 和 C 为从动轮,输出功率分别为 40 kW 和 30 kW,轴的转速为 300 r/min,试列出轴的扭矩方程并绘出扭矩图。

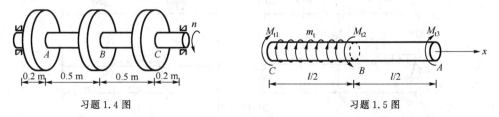

习题 1.4 图

习题 1.5 图

1.5 如图所示,圆截面轴在 A、B、C 截面分别作用了大小为 M_{t1}、M_{t2} 和 M_{t3} 的外力偶矩,轴的 CB 段表面还受到均布扭矩 m_t 的作用。已知 $M_{t1} = M_{t3} = 100\,\mathrm{N \cdot m}$,$M_{t2} = 300\,\mathrm{N \cdot m}$,轴的长度 $l = 0.8\,\mathrm{m}$,试绘出轴在平衡时的内力图。

1.6 求图示梁或刚架在指定的 $1-1,2-2,3-3$ 截面处的内力分量。

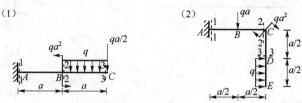

习题 1.6 图

1.7 各梁受力如图示,标明所选坐标系,列出其内力方程。

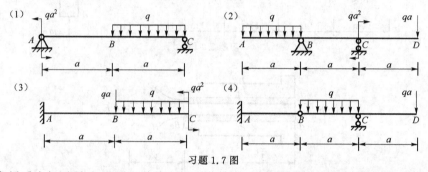

习题 1.7 图

1.8 各梁受力如图所示,试绘出其剪力图和弯矩图,并求梁中剪力和弯矩绝对值的最大值。

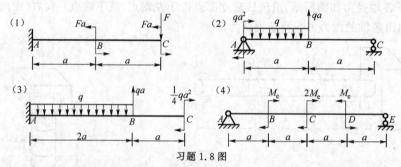

习题 1.8 图

1.9 各梁受力如图所示,试绘出剪力图和弯矩图,并求梁中剪力和弯矩绝对值的最大值。

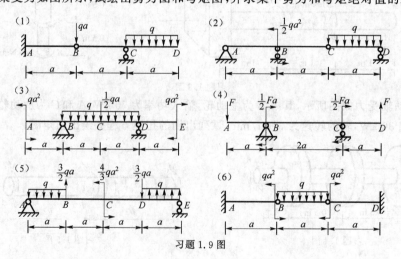

习题 1.9 图

1.10 各刚架受力如图所示,试绘出各刚架的内力图,并标出轴力、剪力和弯矩的绝对值最大值。

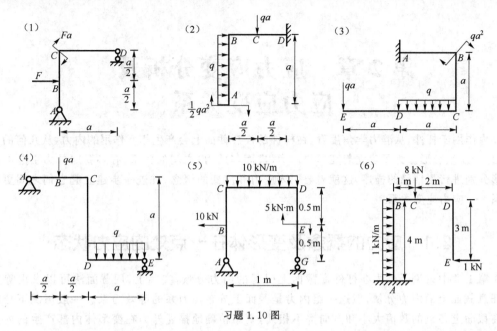

习题 1.10 图

1.11 各刚架受力如图,试绘出各刚架的内力图,并标出轴力、剪力和弯矩的绝对值最大值。

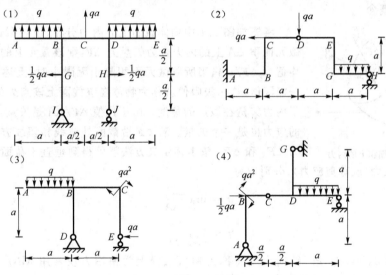

习题 1.11 图

1.12 两曲梁受力如图,试选择适当广义坐标写出其内力方程并绘出弯矩图。

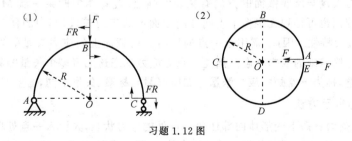

习题 1.12 图

第2章 应力应变分析及应力应变关系

外力作用于杆件,从静力学角度看,在杆件的任意截面上会产生相互作用的内力,从几何的角度看,杆件会发生变形。为了建立起变形与内力(进而与外力)之间的关系,有必要对外力引起的内力和变形分别进行更精确的描述,这就需要引入应力和应变的概念,并进一步建立起它们之间更本质的联系——应力应变关系。

2.1 应力的概念及变形体在一点处的应力状态

在第 1 章中讨论了外力在杆件横截面上引起的内力分量,实际上,用截面法可以求出静定物体在任意截面上的内力分量,但这一组内力是截面上分布内力系的等效力系。一般情况下分布内力系在截面上各点的数值大小和方向都不相同,要想精确地描述外力在变形体内部产生的内力分布,需要引入应力的概念。

1. 应力的概念

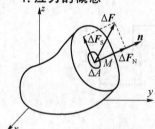

图 2.1 微元面积上的内力

考察如图 2.1 中物体截面上的内力分布,设其截面上某点 M 处微元面积 ΔA 上的内力合力矢量为 ΔF,则该微元上的内力分布的平均值为 $\Delta F/\Delta A$,当所取微元面积趋于无限小时,上述平均值便趋于一极限值,这一极限值就称为**物体在该截面上该点处的应力**,它表明了内力矢量在该点的集度。由于比值 $\Delta F/\Delta A$ 是矢量,故截面上某点的应力也是一个矢量。若 ΔF 沿截面外法线和切线方向的投影分别为 ΔF_N 和 ΔF_s,依上述定义方法就得到垂直于截面的**正应力**和平行于截面的**切应力**(或称**剪应力**),分别记为

$$\sigma = \lim_{\Delta A \to 0} \frac{\Delta F_N}{\Delta A} \tag{2.1}$$

$$\tau = \lim_{\Delta A \to 0} \frac{\Delta F_s}{\Delta A} \tag{2.2}$$

应力单位为 N/m^2,即 Pa(帕斯卡或简称为帕),工程上为使用方便常用 MN/m^2,即 MPa(兆帕),$1MPa = 10^6 Pa$,更大些的单位为 GPa(吉帕),$1GPa = 10^3 MPa = 10^9 Pa$。

上述的应力矢量及它的两个分量(正应力、切应力)是在某一个把物体截开的截面上定义的,显然,这样定义的应力矢量与所取截面的方向有关。实际上,过物体中的某一点 M,可以取无限多个不同方向的截面,因而也可得到无限多个不同方向截面上的应力矢量,其中的任意一个并不能全面描述点 M 的总体应力特性。因此,需用过一点的所有方向截面上的应力矢量的集合来描述该点的总体应力特性,称为**该点处的应力状态**。描述一点处应力状态这无穷多个矢量的集合要用一种新的物理量,即二阶张量,称为**一点处的应力张量**。二阶张量与标量、矢量不同,需要有新的表示方法。

2. 应力张量的表示方法

为了描述一般受力状态下变形体内部任意一点处的应力状态,先引入一点处单元体的概念。

科学研究的通用方法之一是"化繁为简",对复杂的实际问题,往往先建立最简单、最基本的模型

加以研究,再经过汇总、综合、推广及更进一步的深化得出一般情况下的结论。在理论力学中,研究对象的最简单最基本的模型是质点,但在材料力学中,却无法以"质点"为最基本的模型,因为既无体积也无形状的一个质点无法讨论其变形。对变形固体而言,最简单最基本的模型应该是一点处的一个**单元体**(又称**微元体**),即在某一点处的邻域内取出的一个无限小的体积元。

若取直角坐标系研究问题,则可在变形固体内某点周围,用三对分别垂直于三个坐标轴的截面切取一个边长为无限小的长方体,称为该点的**原始单元体**(图 2.2)。

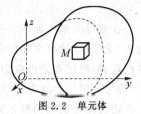

图 2.2　单元体

根据前面给出的某一截面上应力矢量的定义,单元体的各个表面上定义着该点不同方向截面上的应力矢量,且由于单元体边长无限小,相对的两个面上应力矢量大小相等,方向相反。若以直角坐标系中分量的形式来描述,则每个表面上的应力矢量可沿该表面的法线及互相正交的两个切线方向将其分解为一个正应力及两个切应力。通常,各面上的应力分量的记法如下:记单元体三对互相垂直的表面法线方向分别为 x、y、z 轴方向,其中外法线方向为坐标轴正向的表面为"正面",反之为"负面"。各个表面上的应力分量统一用字母 σ 加上两个下标来表示,其中第一个下标表示应力分量所在平面的法线方向,第二个下标表示该应力分量的指向,并规定应力分量的正负号规则为正面上与坐标轴同向的应力分量为正,负面上与坐标轴反向的应力分量为正;反之为负。各正面和负面上应力分量及正方向分别如图 2.3(a)和(b)所示。

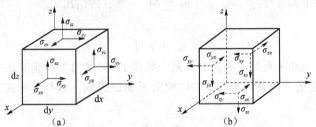

图 2.3　单元体上的应力分量

由此可见,以单元体来描述一点处的应力状态,仅需描述该点处三个互相垂直的截面上的应力状况。可以证明,对于二阶张量而言,只要知道这三个面上共 9 个应力分量,则过该点的任意方向截面上的应力矢量就可用其表示出来,即该点的应力状态是完全确定的。

一点的应力状态用二阶张量来描述时,表示方法是各种各样的。在直角坐标系中,应力分量按其所在平面及方向依次可排列成一个 3×3 的方阵

$$\begin{bmatrix} \sigma_{xx} & \sigma_{xy} & \sigma_{xz} \\ \sigma_{yx} & \sigma_{yy} & \sigma_{yz} \\ \sigma_{zx} & \sigma_{zy} & \sigma_{zz} \end{bmatrix} \tag{2.3}$$

9 个应力分量中,凡两个下标不同的分量应是切应力分量,两个下标相同的分量是正应力分量,所以常常将其写为以下形式

$$\begin{bmatrix} \sigma_{x} & \tau_{xy} & \tau_{xz} \\ \tau_{yx} & \sigma_{y} & \tau_{yz} \\ \tau_{zx} & \tau_{zy} & \sigma_{z} \end{bmatrix} \tag{2.4}$$

式(2.4)的表示方法更明确地区分了正应力分量和切应力分量。

二阶张量运算时可以借助于矩阵运算,所以有时也将应力张量写为矩阵形式

$$\boldsymbol{\sigma} = \begin{bmatrix} \sigma_{x} & \tau_{xy} & \tau_{xz} \\ \tau_{yx} & \sigma_{y} & \tau_{yz} \\ \tau_{zx} & \tau_{zy} & \sigma_{z} \end{bmatrix} \tag{2.5}$$

最简单的还是指标形式的写法，即将直角坐标系的三个轴记为 1、2、3（$x=1$，$y=2$，$z=3$），应力张量记为 $\sigma_{ij}(i,j=1,2,3)$，展开写法为

$$\sigma_{ij} = \begin{bmatrix} \sigma_{11} & \sigma_{12} & \sigma_{13} \\ \sigma_{21} & \sigma_{22} & \sigma_{23} \\ \sigma_{31} & \sigma_{32} & \sigma_{33} \end{bmatrix} \tag{2.6}$$

在实际问题中如果将任意一点处的单元体视为从物体中切出来的一个分离体，单元体边长理论上为"无限小"的要求如何满足，则取决于该点周围邻域内应力状态变化的剧烈程度及研究问题要求的精度，如果该点附近应力状态的变化较小或要求的精度较低，特别是各点的应力状态都相同的情形（称为均匀应力状态），单元体的尺寸可以取得比较大。反之，则应将尺寸取得很小。

将物体中切出的单元体视为分离体，对其可以写出全部 6 个独立平衡方程，其中三个力矩平衡方程可以给出一个十分有用的结论。

例如，图 2.3 所示的单元体，若假设所研究的物体不存在体力矩，写出力矩平衡方程之一 $\sum M_z = 0$，则有

$$(\tau_{xy}\,\mathrm{d}y\mathrm{d}z)\,\mathrm{d}x - (\tau_{yx}\,\mathrm{d}x\mathrm{d}z)\,\mathrm{d}y = 0$$

因此，可得

$$\tau_{xy} = \tau_{yx} \tag{2.7}$$

同理，另两个力矩平衡方程 $\sum M_x = 0$ 和 $\sum M_y = 0$ 分别给出

$$\left.\begin{array}{l} \tau_{yz} = \tau_{zy} \\ \tau_{zx} = \tau_{xz} \end{array}\right\} \tag{2.8}$$

由此可见，在物体内任一点处互相垂直的两个截面上，与截面交线垂直的切应力分量总是同时存在，且大小相等，二者的方向共同指向或共同背离截面的交线。这称为**切应力互等定理**。用张量指标的写法来表示，即为

$$\sigma_{ij} = \sigma_{ji} \tag{2.9}$$

同时，可知应力张量是一个二阶对称张量，9 个分量中，独立的分量个数应为 6 个。因此，一点处的应力张量应写为

$$\begin{bmatrix} \sigma_{xx} & \sigma_{xy} & \sigma_{xz} \\ & \sigma_{yy} & \sigma_{yz} \\ \text{对称} & & \sigma_{zz} \end{bmatrix} \quad \text{或} \quad \begin{bmatrix} \sigma_{x} & \tau_{xy} & \tau_{xz} \\ & \sigma_{y} & \tau_{yz} \\ \text{对称} & & \sigma_{z} \end{bmatrix} \tag{2.10}$$

或者用一个二阶对称矩阵来表示

$$\boldsymbol{\sigma} = \begin{bmatrix} \sigma_{x} & \tau_{xy} & \tau_{xz} \\ & \sigma_{y} & \tau_{yz} \\ \text{对称} & & \sigma_{z} \end{bmatrix} \tag{2.11}$$

除了选择直角坐标系外，有时为了方便还可选择其他的正交曲线坐标系。如柱坐标、球坐标等，这时单元体的形状应取为以三对坐标平面截出的边长无限小的六面体，其各面上应力分量的表示方法与直角坐标系类似。

2.2 平面应力状态的解析法

2.1 节所讨论的一点处的应力状态是最一般的情形，也称为**三向应力状态**。在工程实际中，许多杆件内各点所处的应力状态常常为一种特例，即单元体各面上的应力分量有的为零，而不为零的应力分量其矢量作用线都位于同一平面之内。如图 2.4 所示，该单元体所有不为零的应力分量作用

线都位于 xy 平面内,这种应力状态称为**平面应力状态**,也称为**二向应力状态**。对平面应力状态,单元体可采用简化的平面表示方法(图 2.5),即不为零的应力分量都可表示为 xy 平面内的分量。

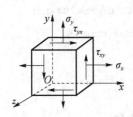

图 2.4 平面应力状态单元体

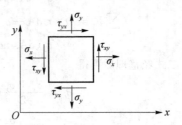

图 2.5 平面应力的表示方法

注意到切应力互等定理式(2.7),平面应力状态实际上只有三个不为零的独立分量 σ_x、σ_y、τ_{xy}。其中 σ_x、σ_y 为正应力分量,τ_{xy} 为切应力分量。已知这三个应力分量,该点的应力状态则是完全确定的。

1.斜截面应力公式

对某一点处的单元体来说,其各面上的应力分量已完全确定了该点的应力状态,则该点处任意方位的截面上应力分量也就确定了。利用单元体的平衡条件,可以得出过该点的任意斜截面上的应力分量的表达式。

为了使平面应力状态分析的更方便,工程上采用了更简单的记法,即平面应力状态(图2.5)中的正应力分量记法不变,仍为 σ_x 和 σ_y,而切应力分量 τ_{xy}、τ_{yx} 分别记为 τ_x、τ_y;正应力分量仍以拉应力为正,压应力为负,而切应力分量以使单元体有顺时针转动趋势的切应力为正,使单元体有逆时针转动趋势的为负。考虑到切应力互等定理可知,在一个单元体中 τ_x 和 τ_y 必然大小相等且使单元体转动趋势方向相反,故其值总是一个为正,另一个则为负,即 $\tau_y = -\tau_x$(图 2.6)。

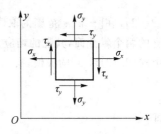

图 2.6 平面应力状态的工程记法

采用平面应力状态的工程记法后,下面来推导单元体(也即该点处)任意斜截面上的应力表达式。

在图 2.7(a)中,任意斜截面 $m-m'$ 所在的平面与纸面垂直,将其外法线方向与 x 轴正向之间的夹角记为 α,并规定 α 角是从 x 轴正方向起转动到 $m-m'$ 平面的外法线 e_n 方向时转过的角度,且逆时针转动的 α 角为正,反之为负,该斜面亦称为 α 面。沿 $m-m'$ 斜面切开将单元体分为两部分,取左半部分三角形为分离体(图 2.7(b)),设 α 斜面上的正应力分量为 σ_α,切应力分量为 τ_α,斜面上的正应力仍然以拉为正,切应力以所在斜面有顺时针转动趋势为正,反之皆为负。

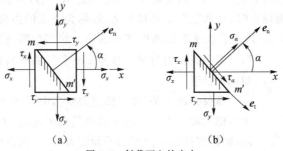

（a） （b）

图 2.7 斜截面上的应力

对三角形分离体,列出沿斜面法线 e_n 方向和沿斜面的 e_t 方向的力平衡方程,设斜面的面积为 $\mathrm{d}A$,则有

$$\sum F_n = 0 \quad \sigma_a dA - \sigma_x(dA\cos\alpha)\cos\alpha + \tau_x(dA\cos\alpha)\sin\alpha - $$
$$\sigma_y(dA\sin\alpha)\sin\alpha + \tau_y(dA\sin\alpha)\cos\alpha = 0$$

$$\sum F_t = 0 \quad \tau_a dA - \sigma_x(dA\cos\alpha)\sin\alpha - \tau_x(dA\cos\alpha)\cos\alpha + $$
$$\sigma_y(dA\sin\alpha)\cos\alpha + \tau_y(dA\sin\alpha)\sin\alpha = 0$$

由以上二式经整理后可得

$$\sigma_\alpha = \frac{\sigma_x + \sigma_y}{2} + \frac{\sigma_x - \sigma_y}{2}\cos2\alpha - \tau_x\sin2\alpha \tag{2.12}$$

$$\tau_\alpha = \frac{\sigma_x - \sigma_y}{2}\sin2\alpha + \tau_x\cos2\alpha \tag{2.13}$$

以上二式称为**平面应力状态的斜截面应力公式**。在实际应用时,式中各应力分量均用其代数值计算。

2. 主平面、主方向、主应力及最大切应力

从斜截面应力公式(2.12)、(2.13)可知,当 α 角变化时,斜面上的正应力 σ_α 和切应力 τ_α 也随之改变。对某点的单元体来说,若在某个方向的斜截面上切应力恰好为零,则这个方向的斜截面称为**主平面**,该斜面的方向角 $\alpha = \alpha_P$ 称为**主方向**。由式(2.13),令 $\tau_\alpha = 0$ 得

$$\tan2\alpha_P = -\frac{2\tau_x}{\sigma_x - \sigma_y} \tag{2.14}$$

$2\alpha_P$ 在 $[-\pi, \pi]$ 范围内取值,上式确定出的 α_P 应有两个值,这两个值相差 $90°$,即可以找到互相垂直的两个斜截面,其上的切应力都为零。若观察这两个特殊截面上的正应力,可以发现也有特殊性。由式(2.12)求 σ_α 的极值,有

$$\frac{d\sigma_\alpha}{d\alpha} = -(\sigma_x - \sigma_y)\sin2\alpha - 2\tau_x\cos2\alpha = 0$$

即

$$\tan2\alpha = -\frac{2\tau_x}{\sigma_x - \sigma_y}$$

上式解出 α 值与式(2.14)解出的 α_P 完全一致,即主平面上的正应力具有极值性质。式(2.14)确定的两个 α_P 值,一个对应于正应力极大值,另一个对应于正应力极小值。主平面上的这两个正应力极值称为**主应力**,分别记为 σ' 和 σ'',将式(2.14)求出的 α_P 值代入式(2.12),可得出这两个主应力的一般表达式为

$$\left.\begin{array}{c}\sigma'\\\sigma''\end{array}\right\} = \frac{\sigma_x + \sigma_y}{2} \pm \sqrt{\left(\frac{\sigma_x - \sigma_y}{2}\right)^2 + \tau_x^2} \tag{2.15}$$

一点的应力状态在不同的坐标系下,其应力张量的表达形式是各不相同的。如果选取该点两个相互垂直的主方向为坐标轴方向,分别记为 1 轴和 2 轴,就称为该点的**主坐标系**。主坐标系中的单元体称为**主单元体**,如图 2.8 所示。在主坐标系中该点的应力状态的表达形式最为简单,即只有 σ' 和 σ'' 两个正应力分量。且与 z 轴平行的所有斜截面上的正应力,以 σ' 和 σ'' 为极值。

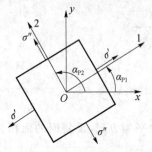

图 2.8 主单元体

需要指出的是,在平面应力状态中,与 z 轴垂直的平面上是既无正应力也无切应力的。该平面也是主平面,其上的主应力数值为零。所以,物体内任意一点若为平面应力状态,该点应有三个主应力,数值分别为 σ'、σ'' 和 0。这三个主应力按代数值大小顺序排列记为 σ_1、σ_2、σ_3,即 $\sigma_1 \geqslant \sigma_2 \geqslant \sigma_3$,分别称为第一、第二、第三主应力。

若将以上讨论推广到任意的三向应力状态,同样也可以找到相互

垂直的三个主平面及相应的三个主应力。且主应力也为过该点所有方向的截面上正应力的极值,即一点的正应力(代数值)应以该点的第一主应力 σ_1 为最大值,第三主应力 σ_3 为最小值。对任意一点的单元体来说,若该点的三个主应力数值都不为零,就称该点为**三向应力状态**;若其中的一个主应力为零,该点即**平面应力状态**,又称为**二向应力状态**;若有两个主应力都为零,则称该点为**单向应力状态**。以后在分别讨论杆件的各种基本变形及组合变形时,可看到这些情形的实际例子。

以上有关主方向和主应力的讨论,若结合线性代数及矩阵运算的知识,则会更加简捷。一点处任取一组直角坐标轴,任意平面应力状态可以以矩阵形式表示为 $\begin{bmatrix} \sigma_x & \tau_{xy} \\ \tau_{yx} & \sigma_y \end{bmatrix}$,其中切应力分量应按张量分量表示 $\tau_{xy} = -\tau_x$,$\tau_{yx} = \tau_y$,若在该点平面内的两个正交主方向上选取坐标轴构成主坐标系,则该点的应力状态矩阵可表示为对角阵 $\begin{bmatrix} \sigma' & 0 \\ 0 & \sigma'' \end{bmatrix}$,这两个矩阵之间的关系无非是不同坐标系下矩阵的转换关系。求解应力状态矩阵的主方向、主应力实质上是寻找在哪一个坐标系中,应力张量矩阵可以表示为对角阵的形式。利用矩阵的知识可知,求一点处的主应力和主方向即为求一个二阶实对称矩阵 $\begin{bmatrix} \sigma_x & \tau_{xy} \\ \tau_{yx} & \sigma_y \end{bmatrix}$ 的特征值及特征向量的问题。主应力即为应力矩阵的特征值;主方向即为该特征值对应的特征向量,也即该主应力所在平面外法线的方向余弦。

以上讨论的是一点处不同方向的斜面上正应力变化情况。同样,不同方向斜面上的切应力也是随方向不同而变化的,也可能在某一方向上取极值。将式(2.13)对 α 求导并令其等于零,得

$$\cot 2\alpha_S = \frac{2\tau_x}{\sigma_x - \sigma_y} \tag{2.16}$$

α_S 表示最大切应力所在平面的方向角,与式(2.14)比较可知

$$\cot 2\alpha_S = -\tan 2\alpha_P \tag{2.17}$$

即 $2\alpha_S$ 与 $2\alpha_P$ 相差 $90°$,故 α_S 与 α_P 相差 $45°$,也就是两个主方向 α_{P1} 和 α_{P2} 之间的角平分线方向为 α_{S1} 和 α_{S2} 的方向,如图 2.9 所示。

将求得的 α_S 值代入式(2.13),求出切应力的极值为

$$\left.\begin{array}{c} \tau' \\ \tau'' \end{array}\right\} = \pm\sqrt{\left(\frac{\sigma_x - \sigma_y}{2}\right)^2 + \tau_x^2} = \pm\frac{\sigma' - \sigma''}{2} \tag{2.18}$$

必须注意到 τ'、τ'' 是指所有平行于 z 轴的这组截面上的切应力所取的极值,这一极值所在的截面恰好位于三个主应力之中的两个,即 σ' 和 σ'' 之间的 $45°$ 方向上。同理,三个主应力 σ'、σ''、0 之中的任意两者之间的 $45°$ 方向上都可以找到这样一组切应力的极值,即平行于第三个主方向的所有截面上切应力的极值。这三组切应力极值记为**主切应力**,分别表示为

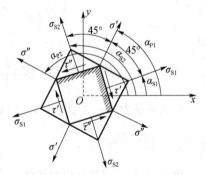

图 2.9 切应力极值所在平面

$$\begin{cases} \tau_{P3} = \dfrac{\sigma_1 - \sigma_2}{2} \\[2mm] \tau_{P1} = \dfrac{\sigma_2 - \sigma_3}{2} \\[2mm] \tau_{P2} = \dfrac{\sigma_1 - \sigma_3}{2} \end{cases} \tag{2.19}$$

而过该点的所有方向截面上切应力的最大值可从这三个主切应力中选出,比较式(2.19)中三者的最大值应为

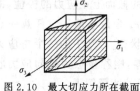

图 2.10　最大切应力所在截面

$$\tau_{\max} = \frac{\sigma_1 - \sigma_3}{2} \tag{2.20}$$

$\tau_{\max}$ 称为该点的**最大切应力**，它所在的平面为平行于主应力 σ_2 的方向，且法线方向与主应力 σ_1 和 σ_3 的方向的夹角都为 45°。图 2.10 中阴影截面就是 $\tau_{\max}$ 所在的截面。

2.3　平面应力状态的图解法——应力圆(莫尔圆)

2.2 节给出了平面应力状态下，任意斜截面上的应力分量的表达式，下面介绍一种图解方法，对平面应力状态的分析十分直观。

以水平轴为正应力轴，以铅垂轴为切应力轴，建立一个直角坐标系。某点若为 xy 平面内的平面应力状态，以该点某一平行于 z 轴方向斜截面上的正应力和切应力数值为坐标，可在 $\sigma\text{-}\tau$ 平面上得到一个代表点。所有平行于 z 轴方向截面的代表点在 $\sigma\text{-}\tau$ 平面上构成一条曲线，下面的分析可知这条曲线是一封闭的圆，称为该点的**应力圆**，也称为**莫尔圆**。

在 $\sigma\text{-}\tau$ 平面上画某点的应力圆时有如下的规定，即该点任意平行于 z 轴方向截面上的正应力 σ_α 和切应力 τ_α。在 $\sigma\text{-}\tau$ 坐标系的符号应为：正应力 σ_α 以拉为正；切应力 τ_α 以使得单元体有顺时针转动趋势为正。根据式(2.12)和(2.13)，可推导出一点处某方向截面上的正应力 σ_α 和切应力 τ_α 之间应满足的关系。

将式(2.12)右边第一项移到等号左边，两边平方得

$$\left(\sigma_\alpha - \frac{\sigma_x + \sigma_y}{2}\right)^2 = \left(\frac{\sigma_x - \sigma_y}{2}\cos 2\alpha - \tau_x \sin 2\alpha\right)^2$$

式(2.13)两边平方运算后与上式相加得

$$\left(\sigma_\alpha - \frac{\sigma_x + \sigma_y}{2}\right)^2 + \tau_\alpha^2 = \frac{(\sigma_x - \sigma_y)^2}{4} + \tau_x^2$$

即

$$\left(\sigma_\alpha - \frac{\sigma_x + \sigma_y}{2}\right)^2 + \tau_\alpha^2 = \left(\sqrt{\left(\frac{\sigma_x - \sigma_y}{2}\right)^2 + \tau_x^2}\right)^2 \tag{2.21}$$

此式可视为以 σ_α 为横坐标，τ_α 为纵坐标的平面内一个圆的方程，其圆心坐标为 $\left(\frac{\sigma_x + \sigma_y}{2}, 0\right)$，半径为 $R = \sqrt{\left(\frac{\sigma_x - \sigma_y}{2}\right)^2 + \tau_x^2}$。

因此，若某一点处的应力圆已知，则应力圆圆周上任意一点的坐标值 (σ, τ) 就表示了该点处平面应力单元体某一方向截面上的正应力和切应力值。

在实际应用中，若已知某一点单元体的应力状态为 $(\sigma_x, \sigma_y, \tau_x)$，则可按如下方法画出该点相应的应力圆图形(图 2.11)：在 $\sigma\text{-}\tau$ 平面上，先标出单元体与 x 轴垂直的 x 面上应力的坐标点 $A(\sigma_x, \tau_x)$ 及与 y 轴垂直的 y 面上应力的坐标点 $B(\sigma_y, \tau_y)$，注意到应有 $\tau_y = -\tau_x$；连接 AB 两点并与 σ 轴相交于点 C，点 C 即应力圆的圆心 $\left(\frac{\sigma_x + \sigma_y}{2}, 0\right)$；以 CA 为半径，C 为圆心即可画出该点完整的应力圆。

根据某点的单元体应力状态图 2.11(a)画出的应力圆图 2.11(b)，形象地表达了该点平面应力状态的全部特征：单元体上任意方向的一个"截面"上的应力分量即对应于应力圆圆周上的一个"点"的坐标；以应力圆任意一条直径两个端点坐标值作为两个相互垂直的截面上的应力值，都可画出该点以这两个截面为两对表面切出的单元体；应力圆圆心向圆周上任意两点引出的半径转过的角度为该圆周上两点代表的截面法线转过的角度的两倍，而转动方向是一致的。

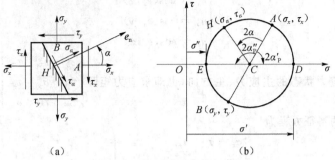

图 2.11　平面应力状态的应力圆

根据应力圆图 2.11 可知,若求单元体上法线方向由 x 面(应力圆上的 A 点)起逆时针转动 α 角后的斜面 H 上的正应力 σ_α 和切应力 τ_α,即为应力圆中点 H 的坐标 $(\sigma_\alpha, \tau_\alpha)$;而图 2.11(b)中应力圆水平直径的两端点 D、E 的切应力为零,应为该点两个主平面所在点,即点 D 横坐标为主应力之一 σ',点 E 横坐标为主应力之二 σ''。若 α_P 在 $[-90°, 90°]$ 内取值,则当 $\tau_x > 0$ 时,半径 CA 顺时针转动 $2\alpha'_P$ 后到达 CD,逆时针转动 $2\alpha''_P$ 后到达 CE,故主应力 σ' 所在的主平面方位角的大小为 α'_P(转向为顺时针,故取为负号),主应力 σ'' 所在的主平面方位角大小为 α''_P(转向为逆时针,故取为正号),图 2.12 即为该点的主应力、主方向和主单元体示意图;而当 $\tau_x < 0$ 时,α'_P 取正号,α''_P 取负号。

除了图 2.11(b)给出的一般情形的平面应力状态应力圆外,图 2.13 给出了工程中的杆件常见的三种特殊应力状态所对应的应力圆图形,其中图(a)为轴向拉伸杆件中一点的应力状态,图(b)为轴向压缩杆件中一点的应力状态,二者均为单向应力状态。图(c)为圆轴扭转时轴内一点的应力状态,称为纯剪切应力状态,是平面应力状态的一个特例。

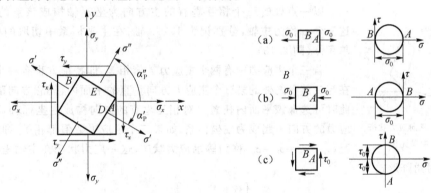

图 2.12　平面应力状态的主应力、主方向和主单元体　　图 2.13　特殊应力状态所对应的应力圆

2.4　三向应力状态分析简介

有了 2.3 节平面应力分析的结论,对于任意的三向应力状态,可将 2.3 节中平面应力状态分析的相应结论加以推广,尤其是矩阵形式的运算及表示的结论,均可以用于三向应力状态。

如图 2.14,设某点处于任意的三向应力状态,在直角坐标系下,该点的应力状态可按式(2.5)表示的矩阵形式 $\begin{bmatrix} \sigma_x & \tau_{xy} & \tau_{xz} \\ \tau_{yx} & \sigma_y & \tau_{yz} \\ \tau_{zx} & \tau_{zy} & \sigma_z \end{bmatrix}$,而过该点

的任意截面外法线 e_n 的三个方向余弦为

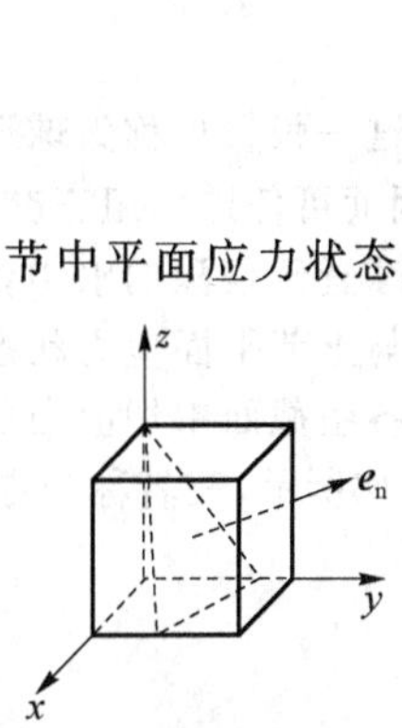

图 2.14　三向应力状态的单元体

$$\begin{cases} n_x = \cos(\boldsymbol{e}_\mathrm{n}, x) \\ n_y = \cos(\boldsymbol{e}_\mathrm{n}, y) \\ n_z = \cos(\boldsymbol{e}_\mathrm{n}, z) \end{cases} \tag{2.22}$$

若求该点三向应力状态的主应力、主方向,也即求应力矩阵$\begin{bmatrix} \sigma_x & \tau_{xy} & \tau_{xz} \\ \tau_{yx} & \sigma_y & \tau_{yz} \\ \tau_{zx} & \tau_{zy} & \sigma_z \end{bmatrix}$的特征值和特征向量。特征值应满足的特征方程为

$$\begin{vmatrix} \sigma_x - \sigma & \tau_{xy} & \tau_{xz} \\ \tau_{yx} & \sigma_y - \sigma & \tau_{yz} \\ \tau_{zx} & \tau_{zy} & \sigma_z - \sigma \end{vmatrix} = 0 \tag{2.23}$$

此式为关于σ的三次代数方程,求出的三个实根按代数值大小排列即为三个主应力$\sigma_1 \geqslant \sigma_2 \geqslant \sigma_3$,对应于每个主应力$\sigma_i (i=1,2,3)$,以下方程组确定了其主方向$[n_{xi} \ n_{yi} \ n_{zi}]^\mathrm{T} (i=1,2,3)$

$$\begin{bmatrix} \sigma_x & \tau_{xy} & \tau_{xz} \\ \tau_{yx} & \sigma_y & \tau_{yz} \\ \tau_{zx} & \tau_{zy} & \sigma_z \end{bmatrix} \begin{Bmatrix} n_{xi} \\ n_{yi} \\ n_{zi} \end{Bmatrix} = \sigma_i \begin{Bmatrix} n_{xi} \\ n_{yi} \\ n_{zi} \end{Bmatrix} \qquad (i=1,2,3) \tag{2.24}$$

$$n_{xi}^2 + n_{yi}^2 + n_{zi}^2 = 1 \qquad (i=1,2,3) \tag{2.25}$$

由于一点处的应力张量矩阵是一个3×3的实对称矩阵,根据线性代数中的理论,三维空间中3×3的实对称矩阵必存在三个实数特征值,且数值不相等的特征值所对应的特征向量相互正交。因此可得出结论,一点处必存在三个主应力,且当三个主应力数值不等时,三个主方向(也即三个主平面)是相互正交的。

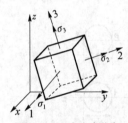

图 2.15　三向应力状态的主单元体

以一点处的三个相互垂直的主方向为坐标轴构成该点的主坐标系。这三个轴称为**主轴**,分别记为 1、2、3 轴;在主坐标系中切取的单元体为**主单元体**(图 2.15)。

若三个主应力中有两个主应力数值相等,即特征方程有一个二重根,则在与二重根之外的第三个主应力方向垂直的平面内,任意方向都是主方向,此时可选择该平面内任意一对相互垂直的方向构成主坐标轴,与第三个主应力的方向一起成为主坐标系;如果三个主应力数值都相等,即三重根的情况,$\sigma_1 = \sigma_2 = \sigma_3 = \sigma_0$,称为**静水应力状态**,这一应力状态在主轴坐标系中可表示为如下对角阵形式

$$\begin{bmatrix} \sigma_0 & 0 & 0 \\ 0 & \sigma_0 & 0 \\ 0 & 0 & \sigma_0 \end{bmatrix}$$

这一张量也称为**球形张量**,故静水应力也称为**球形应力**。球形应力状态下,任意方向都是主方向,因而可任选一组正交方向构成主坐标轴。这一特殊应力状态在实际生活中也能见到,例如将一金属球置于很深的水中,球内任意点均处于静水应力即球形应力状态。

与上节平面应力状态分析切应力最大值类似,在平行于主应力 σ_1、σ_2、σ_3 的三组截面上,分别存在着各组截面中切应力的最大值,记为 τ_{P1}、τ_{P2}、τ_{P3},作用在与任意两个主方向成 $45°$ 角的截面上,如图 2.16 所示,三者称为**主切应力**,其绝对值分别为

$$\begin{cases} \tau_{\mathrm{P1}} = \dfrac{\sigma_2 - \sigma_3}{2} \\[2mm] \tau_{\mathrm{P2}} = \dfrac{\sigma_1 - \sigma_3}{2} \\[2mm] \tau_{\mathrm{P3}} = \dfrac{\sigma_1 - \sigma_2}{2} \end{cases} \tag{2.26}$$

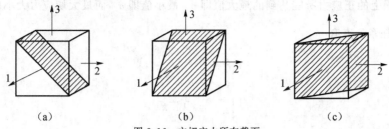

图 2.16 主切应力所在截面

三个主切应力 τ_{P1}、τ_{P2} 和 τ_{P3} 中的最大者应为该点所有方向截面上的切应力绝对值的最大值,称为该点的**最大切应力** τ_{max},即

$$\tau_{max} = \max(\tau_{P1}, \tau_{P2}, \tau_{P3}) = \frac{\sigma_1 - \sigma_3}{2} \tag{2.27}$$

工程实际中,有时还会遇到构件中某点处于一种特殊的三向应力状态,即一个主应力及相应主方向已知的情况(例如图 2.17),此时,可在与已知主应力方向垂直的平面内,按平面应力状态的分析方法求得该点的另外两个主应力及相应主方向。

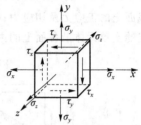

图 2.17 某个主应力已知的
三向应力状态

平面应力状态分析可以借助于应力圆(莫尔圆)进行直观的几何分析,三向应力状态下,也可画出一点处的"三向应力圆"。若已求得某点应力状态的三个主应力并画出其坐标系和主单元体(图 2.18(a)),则可在 σ-τ 坐标系中标出 σ_1、σ_2、σ_3 在 σ 轴上的位置 A、B、C,分别以 AB、BC 和 AC 为直径可画出圆心在 σ 轴上的三个圆 S_1、S_2 和 S_3,这三个圆就构成了该点的三向应力圆(图2.18(b))。

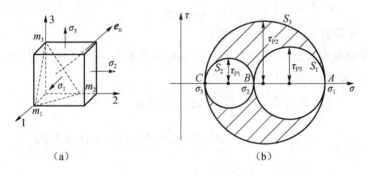

图 2.18 三向应力状态所对应的三向应力圆

从图 2.18 中可以看出,三向应力圆的三个圆心均位于 σ 轴上,与平面应力圆类似,该点某一方位截面上的正应力和切应力值就对应于应力平面上的一个点。其中,由 σ_1 和 σ_2 确定的 S_1 圆周上各点就对应于单元体平行于主轴 3 的所有截面,由 σ_2 和 σ_3 确定的 S_2 圆周上各点就对应于单元体平行于主轴 1 的所有截面,由 σ_1 和 σ_3 确定的 S_3 圆周上各点就对应于单元体平行于主轴 2 的所有截面,而该点与任一主轴不平行的斜截面的正应力和切应力所对应的点,则落在圆 S_3 内、圆 S_1 和 S_2 之外的阴影区域之中(图 2.18(b))。

若已知任意斜截面 $m_1 m_2 m_3$ 外法线 e_n 与三个主轴的方向余弦 $n_1 = \cos(e_n, 1)$、$n_2 = \cos(e_n, 2)$、$n_3 = \cos(e_n, 3)$,则该斜截面上的正应力 σ_n 和切应力 τ_n 可表示为

$$\begin{cases} \sigma_n = \sigma_1 n_1^2 + \sigma_2 n_2^2 + \sigma_3 n_3^2 \\ \tau_n = \sqrt{\sigma_1^2 n_1^2 + \sigma_2^2 n_2^2 + \sigma_3^2 n_3^2 - \sigma_n^2} \end{cases}$$

显然,某点处任意方位截面上的应力点都应落在三向应力圆阴影区域内或圆周上,因此一点处

的任意方位截面上的正应力所能达到的最大值即 σ_1，最小值即 σ_3，而最大切应力大小应为圆 S_3 的半径 $\dfrac{\sigma_1 - \sigma_3}{2}$，即对任意一点有

$$\begin{cases} \sigma_{\max} = \sigma_1 \\ \sigma_{\min} = \sigma_3 \\ \tau_{\max} = \dfrac{\sigma_1 - \sigma_3}{2} \end{cases} \tag{2.28}$$

而最大切应力所在截面的外法向与主轴 1 及主轴 3 均成 45°角。

以上结论适用于任何应力状态(包括二向应力状态和单向应力状态的情形)。

当三向应力状态其中某一个主应力为零时退化为平面应力状态,此时三向应力圆中由其余两个主应力确定的圆即为平面应力状态的应力圆(莫尔圆)。

例 2.1 已知杆件内部某一点处切出的单元体应力状态如图(a)所示。(1)试用解析法求图示 $m-m$ 截面上的正应力及切应力;(2)求该点处的主应力和相应的主方向及该点的最大切应力;(3)画出该点的主单元体及各面上的主应力并标明方位角。

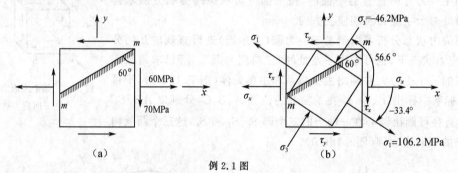

例 2.1 图

解:(1)求 $m-m$ 截面上的正应力及切应力

此单元体为平面应力状态,$\sigma_x = 60$ MPa,$\sigma_y = 0$,$\tau_x = 70$ MPa,$m-m$ 截面的方位角为 $\alpha = 120°$,根据斜截面应力公式(2.12)、式(2.13)有

$$\sigma_\alpha = \frac{\sigma_x + \sigma_y}{2} + \frac{\sigma_x - \sigma_y}{2}\cos 2\alpha - \tau_x \sin 2\alpha$$

$$= \left(\frac{60}{2} + \frac{60}{2}\cos 240° - 70\sin 240° \right) \text{MPa} = 75.6 \text{ MPa}$$

$$\tau_\alpha = \frac{\sigma_x - \sigma_y}{2}\sin 2\alpha + \tau_x \cos 2\alpha$$

$$= \left(\frac{60}{2}\sin 240° + 70\cos 240° \right) \text{MPa} = -61.0 \text{ MPa}$$

(2)求主应力、主方向及最大切应力

根据主应力公式(2.15),有

$$\left. \begin{matrix} \sigma' \\ \sigma'' \end{matrix} \right\} = \frac{\sigma_x + \sigma_y}{2} \pm \sqrt{\left(\frac{\sigma_x - \sigma_y}{2} \right)^2 + \tau_x^2}$$

$$= \left(\frac{60}{2} \pm \sqrt{\left(\frac{60}{2} \right)^2 + 70^2} \right) \text{MPa} = (30 \pm 76.2) \text{ MPa}$$

$$\sigma' = 106.2 \text{ MPa}, \sigma'' = -46.2 \text{ MPa}$$

根据主方向公式(2.14),有

$$\tan 2\alpha_P = -\frac{2\tau_x}{\sigma_x - \sigma_y} = -\frac{2 \times 70}{60 - 0} = -\frac{7}{3}$$

由上式可解得一个方位角为 $-33.4°$，另一个则为 $-33.4°+90°=56.6°$，但这两个方位角哪一个对应于 σ'，哪一个对应于 σ'' 呢？用一个简单的几何方法就可以判断。观察该应力状态单元体中 τ_x 与 τ_y 的实际指向，二者箭头所指向的象限就是主应力 σ'（即式(2.15)中取"+"号计算出的主应力）所对应的主方向，而相应于另一主应力 σ'' 的主方向应与此方位垂直。本题中 τ_x 与 τ_y 的箭头实际指向各为二、四象限，而主方向中 $\alpha_{P1}=-33.4°$ 为第四象限的，故对应于 $\sigma'=106.2\ \text{MPa}$，而另一主方向 $\alpha_{P2}=56.6°$，则对应于 $\sigma''=-46.2\ \text{MPa}$，另外平面应力状态还有一主应力为零，综合起来有

$$\sigma_1=106.2\ \text{MPa}, \quad \alpha_{P1}=-33.4°$$

$$\sigma_2=0$$

$$\sigma_3=-46.2\ \text{MPa}, \quad \alpha_{P2}=56.6°$$

而最大切应力可由式(2.20)计算：

$$\tau_{\max}=\frac{\sigma_1-\sigma_3}{2}=\frac{106.2+46.2}{2}\ \text{MPa}=76.2\ \text{MPa}$$

(3)画出该点的主单元体及各面上主应力

由 $\alpha_{P1}=-33.4°$，$\alpha_{P2}=56.6°$ 可确定主单元体的两对平面，画出其上主应力如图(b)所示。

注意：此类题目关键是找准斜截面的方位角 α，特别注意其符号规定；求主应力和主方向时应明确指出主应力及相应主方向的一一对应关系。而一点处的最大切应力 $\tau_{\max}$ 应由第 1 与第 3 主应力之差的一半来计算，对平面应力状态来说，$\tau_{\max}$ 不一定恰好是 σ' 和 σ'' 之差的一半。

例 2.2 已知受力构件中某点的单元体应力状态如图(a)所示，试：(1)作出该点的应力圆；(2)根据应力圆用图解法求出不为零的两个主应力 σ' 和 σ'' 及对应的主方向 α_{P1} 和 α_{P2}；(3)画出 $m-m$ 斜面和 $m-n$ 斜面在应力圆上的位置点；(4)求该点最大切应力 $\tau_{\max}$。

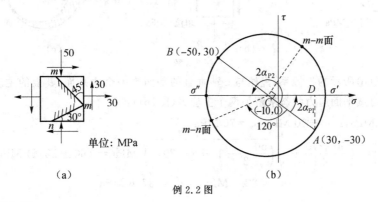

（a）　　　　　　　　　　（b）

例 2.2 图

解：(1)作应力圆

在 $\sigma-\tau$ 平面上，标出 x 面坐标为点 $A(30,-30)$，y 面坐标为点 $B(-50,30)$，连接 A、B 交 σ 轴于点 $C(-10,0)$，即为应力圆圆心；以 CA 为半径可画出应力圆(图(b))；

应力圆的半径为 $\overline{CA}=R=\sqrt{30^2+(30+10)^2}=50$

(2)求主应力 σ'、σ'' 和主方向 α_{P1}、α_{P2}

由应力圆的半径 R 和圆心 C 坐标，可得

$$\sigma'=(-10+R)\ \text{MPa}=40\ \text{MPa}$$

$$\sigma''=(-10-R)\ \text{MPa}=-60\ \text{MPa}$$

由三角形 ACD，可计算出 α_{P1} 及 α_{P2}

$$\sin2\alpha_P=\frac{30}{50}=\frac{3}{5}, \quad \alpha_{P1}=18.4°$$

$$\alpha_{P2}=\alpha_{P1}+90°=108.4°$$

显然，σ' 与 α_{P1} 对应，σ'' 与 α_{P2} 对应。

（3）画出 $m-m$、$m-n$ 斜面在应力圆上的位置

$m-m$ 斜面的方位角为 $\alpha_m=45°$，故过圆心 C 作垂线与 CA 垂直可找到 $m-m$ 点（图(b)）；

$m-n$ 斜面的方位角为 $\alpha_n=-60°$，故由 CA 半径顺时针转动 $120°$ 可找到 $m-n$ 点（图(b)）。

（4）求最大切应力 τ_{max}

此单元体的三个主应力为

$$\sigma_1=\sigma'=40\,\text{MPa},\sigma_2=0,\sigma_3=\sigma''=-60\,\text{MPa}$$

故此点处的最大切应力为

$$\tau_{max}=\frac{\sigma_1-\sigma_3}{2}=\frac{40+60}{2}\,\text{MPa}=50\,\text{MPa}$$

注意：平面应力状态下，应力圆与应力状态单元体之间的对应关系是"点"对"面"的关系，即应力圆周上的一个点，对应于应力状态单元体上一个截面。对给定的单元体应力状态，关键是确定单元体 x 面和 y 面的坐标点，这两点确定后就可找到应力圆圆心、半径并作出应力圆图形，在应力圆上就可进一步确定主应力、主方向和任意斜截面上的应力等。

例 2.3 受力构件内部某点的应力状态如图(a)所示，试求该点的三个主应力、主方向及最大切应力，并画出该点的三向应力圆。

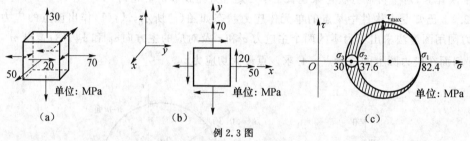

例 2.3 图

解：建立如图(b)所示的坐标系，显然与 z 轴垂直的平面为一个主平面，其上的主应力为 30 MPa，在 $x-y$ 平面内，可按平面应力状态求解另两个主应力（图(b)）：

已知 $\sigma_x=50\,\text{MPa},\tau_x=-20\,\text{MPa},\sigma_y=70\,\text{MPa}$

$$\left.\begin{array}{c}\sigma'\\\sigma''\end{array}\right\}=\left(\frac{50+70}{2}\pm\sqrt{\left(\frac{50-70}{2}\right)^2+(-20)^2}\right)\,\text{MPa}=(60\pm22.4)\,\text{MPa}$$

$$\sigma'=82.4\,\text{MPa},\quad\sigma''=37.6\,\text{MPa}$$

求主方向

$$\tan2\alpha_P=-\frac{2\times(-20)}{50-70}=-2$$

$$\alpha_{P1}=58.3°\qquad\alpha_{P2}=-31.7°$$

由 τ_x、τ_y 箭头的指向可知，σ' 的方位角位于第一、三象限，故应有 $\alpha_{P1}=58.3°$ 对应于 $\sigma'=82.4\,\text{MPa}$，$\alpha_{P2}=-31.7°$ 对应于 $\sigma''=37.6\,\text{MPa}$，排序后可得该点三个主应力为

$$\sigma_1=82.4\,\text{MPa}\qquad\alpha_{P1}=58.3°$$

$$\sigma_2=37.6\,\text{MPa}\qquad\alpha_{P2}=-31.7°$$

$$\sigma_3=30\,\text{MPa}\qquad\text{所在平面与 }z\text{ 轴垂直}$$

该点最大切应力为

$$\tau_{max}=\frac{\sigma_1-\sigma_3}{2}=\frac{82.4-30}{2}\,\text{MPa}=26.2\,\text{MPa}$$

由该点三个主应力值，可在 $\sigma-\tau$ 平面上作出该点的三向应力圆（图(c)）。

注意：本例为已知一个主平面及主应力的特殊三向应力状态，求另两个主应力时可按平面应力状态处理。计算最大切应力时，由于 σ' 和 σ'' 分别为第1和第2主应力，故此单元体的最大切应力应由 $\sigma_1 = \sigma' = 82.4\,\text{MPa}$ 与 z 方向的主应力 $\sigma_3 = 30\,\text{MPa}$ 来计算，从三向应力圆来看按平面应力状态计算时对应的应力圆是中间两个"小圆"之一，不是最大的应力圆。

例 2.4　某处于线弹性小变形的杆件受到两组载荷的共同作用，当杆件只受第一组载荷作用时，在 M 点单元体 A 上产生的应力如图(a)所示；只受第二组载荷作用时，在 M 点的单元体 B 上产生的应力如图(b)所示；已知 $\sigma_0 = 40\,\text{MPa}$，$\tau_0 = 30\,\text{MPa}$，$\theta = 30°$，求这两组载荷共同作用时 M 点的主应力、主方向和最大切应力。

解：线弹性小变形情形，叠加原理适用。设第一组载荷作用下的应力为 σ_{x1}、σ_{y1}、τ_{x1}，有

$$\sigma_{x1} = \sigma_0,\ \tau_{x1} = \tau_0,\ \sigma_{y1} = 0$$

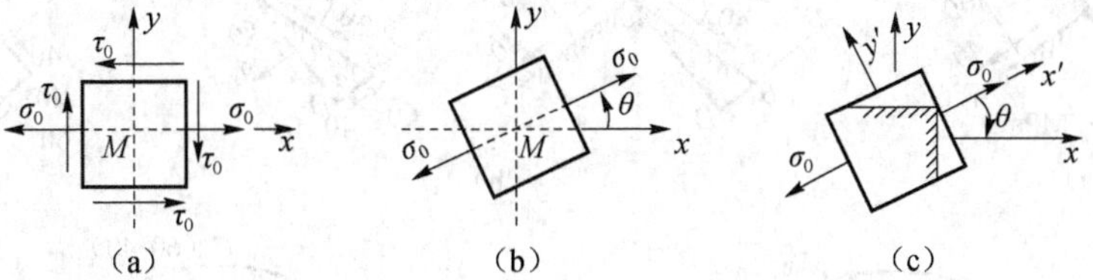

例 2.4 图

对第二组载荷作用下的应力，由图(b)的单元体方位建立 x'-y' 坐标系(图(c))，有

$$\sigma_{x'} = \sigma_0,\ \tau_{x'} = 0,\ \sigma_{y'} = 0$$

根据这一单元体 x'-y' 坐标系中的应力可求与 x 轴垂直的 x 面上的应力 σ_{x2} 和 τ_{x2} 与 y 轴垂直的 y 面上的应力 σ_{y2}，由于 x 面方位角为 $-\theta$，y 面方位角为 $90° - \theta$，故可计算得

$$\sigma_{x2} = \frac{\sigma_{x'} + \sigma_{y'}}{2} + \frac{\sigma_{x'} - \sigma_{y'}}{2}\cos 2(-\theta) - \tau_{x'}\sin 2(-\theta) = \frac{\sigma_0}{2} + \frac{\sigma_0}{2}\cos 2\theta$$

$$\tau_{x2} = \frac{\sigma_{x'} - \sigma_{y'}}{2}\sin 2(-\theta) + \tau_{x'}\cos 2(-\theta) = -\frac{\sigma_0}{2}\sin 2\theta$$

$$\sigma_{y2} = \frac{\sigma_{x'} + \sigma_{y'}}{2} + \frac{\sigma_{x'} - \sigma_{y'}}{2}\cos 2(90° - \theta) - \tau_{x'}\sin 2(90° - \theta) = \frac{\sigma_0}{2} - \frac{\sigma_0}{2}\cos 2\theta$$

两组载荷共同作用下 M 点的应力状态应为这两组应力状态的叠加，即

$$\sigma_x = \sigma_{x1} + \sigma_{x2} = \sigma_0 + \frac{\sigma_0}{2} + \frac{\sigma_0}{2}\cos 2\theta = \frac{3}{2}\sigma_0 + \frac{\sigma_0}{2}\cos 2\theta$$

$$\tau_x = \tau_{x1} + \tau_{x2} = \tau_0 - \frac{\sigma_0}{2}\sin 2\theta$$

$$\sigma_y = \sigma_{y1} + \sigma_{y2} = \frac{\sigma_0}{2} - \frac{\sigma_0}{2}\cos 2\theta$$

将 $\sigma_0 = 40\,\text{MPa}$，$\tau_0 = 30\,\text{MPa}$，$\theta = 30°$ 代入，得

$$\sigma_x = 70\,\text{MPa},\ \tau_x = 12.7\,\text{MPa},\ \sigma_y = 10\,\text{MPa}$$

再计算其主应力、主方向和最大切应力

$$\left.\begin{array}{r}\sigma' \\ \sigma''\end{array}\right\} = \left(\frac{70 + 10}{2} \pm \sqrt{\left(\frac{70 - 10}{2}\right)^2 + 12.7^2}\right)\text{MPa} = (40 \pm 32.6)\,\text{MPa}$$

$$\sigma' = 72.6\,\text{MPa},\quad \sigma'' = 7.4\,\text{MPa}$$

$$\tan 2\alpha_P = -\frac{2 \times 12.7}{70 - 10} = -0.423$$

$$\alpha_{P1} = -11.5°,\quad \alpha_{P2} = 78.5°$$

故 M 点的主应力、主方向为

$$\sigma_1 = 72.6 \text{ MPa} \qquad \alpha_{P1} = -11.5°$$
$$\sigma_2 = 7.4 \text{ MPa} \qquad \sigma_{P2} = 78.5°$$
$$\sigma_3 = 0 \qquad \text{所在平面与} z \text{轴垂直}$$

最大切应力 $\tau_{max} = \dfrac{\sigma_1 - \sigma_3}{2} = \dfrac{72.6}{2} \text{ MPa} = 36.3 \text{ MPa}$。

注意：叠加原理适用于线弹性小变形的受力状态,本例的两种应力状态进行叠加时,应将两种应力状态的单元体取为同一方位,这样才能将两组应力分量进行代数叠加。

例 2.5 已知受力构件中某点 A 处的两个斜截面 AB 和 AC 上的应力分量如图(a)所示,试求点 A 的主应力和最大切应力,并画出该点的应力圆。

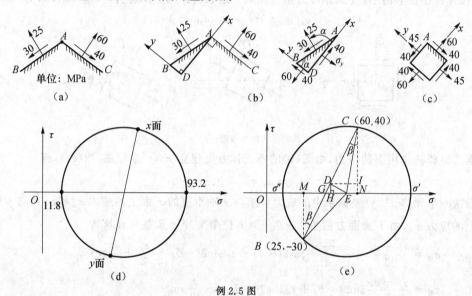

例 2.5 图

解法一：解析法

在 A 点邻域作 AD 垂直于 AC,且 BD 垂直于 AD,令 DA 为 x 轴、DB 为 y 轴建立直角坐标系,切取三角形微元 ABD(图(b)),该三角形微元的 BD 面上应力为 $\sigma_x = 60 \text{ MPa}$,$\tau_x = 40 \text{ MPa}$,而 AD 面上应力为 σ_y(未知),$\tau_y = -40 \text{ MPa}$,设 AB 面方位角为 α,$\sigma_\alpha = 25 \text{ MPa}$,$\tau_\alpha = -30 \text{ MPa}$,设 AB 面的面积为 dA,列出三角形 ABD 的平衡方程,有

$$\sum F_x = 0, \quad 40 \cdot dA \cdot \sin\alpha - 60 \cdot dA \cdot \cos\alpha + 25 \cdot dA \cdot \cos\alpha - 30 \cdot dA \cdot \sin\alpha = 0$$
$$10\sin\alpha = 35\cos\alpha, \qquad \tan\alpha = 3.5, \qquad \alpha = 74.1°$$

$$\sum F_y = 0, \quad 40 \cdot dA \cdot \cos\alpha - \sigma_y \cdot dA \cdot \sin\alpha + 25 \cdot dA \cdot \sin\alpha + 30 \cdot dA \cdot \cos\alpha = 0$$
$$\sigma_y = (70\cot\alpha + 25) \text{ MPa} = 45 \text{ MPa}$$

故 A 点应力状态为(图(c))

$$\sigma_x = 60 \text{ MPa}, \qquad \sigma_y = 45 \text{ MPa}, \qquad \tau_x = 40 \text{ MPa}$$

由此计算 A 点的主应力

$$\left.\begin{matrix} \sigma' \\ \sigma'' \end{matrix}\right\} = \left(\frac{60+45}{2} \pm \sqrt{\left(\frac{60-45}{2}\right)^2 + 40^2} \right) \text{ MPa} = (52.5 \pm 40.7) \text{ MPa}$$

即

$$\sigma' = 93.2 \text{ MPa}, \qquad \sigma'' = 11.8 \text{ MPa}$$

A 点的三个主应力为

$$\sigma_1 = 93.2 \text{ MPa}, \qquad \sigma_2 = 11.8 \text{ MPa}, \qquad \sigma_3 = 0$$

A 点的最大切应力为

$$\tau_{\max} = \frac{\sigma_1 - \sigma_3}{2} = \frac{93.2}{2}\,\text{MPa} = 46.6\,\text{MPa}$$

A 点的应力圆见图(d)。

解法二:图解法

首先根据 AB、AC 斜面上的应力确定出应力圆上的两个点,设 AB 面位于 B 点 $(25, -30)$,AC 面位于 C 点 $(60, 40)$,连接 BC 交 σ 轴于 G 点,作 BC 线段的垂直平分线 DE,交 σ 轴于 E 点,由 B、C 两点分别向 σ 轴作垂线,交 σ 轴于 M、N 两点。以 E 为圆心,EC 为半径可画出应力圆,利用三角形几何关系可求出 $GE = 12.5$,$MG = 15$,故圆心 E 的横坐标为 $\sigma_E = 52.5$,且 $ME = 27.5$,因此,应力圆半径 $R = \sqrt{30^2 + 27.5^2} = 40.7$,故

$$\sigma' = (52.5 + 40.7)\,\text{MPa} = 93.2\,\text{MPa}$$

$$\sigma'' = (52.5 - 40.7)\,\text{MPa} = 11.8\,\text{MPa}$$

$$\sigma_1 = 93.2\,\text{MPa},\ \sigma_2 = 11.8\,\text{MPa},\ \sigma_3 = 0$$

$$\tau_{\max} = \frac{\sigma_1 - \sigma_3}{2} = 46.6\,\text{MPa}$$

注意:分析构件内一点处的应力状态时,应深刻理解用单元体来表示应力状态的基本概念,在一点的无限小邻域内,单元体每一对平行的截面实际上表示的是该点某一方位截面上应力的情况,对平面应力而言,只要一点处相互正交的一对截面上的应力分量已知,该点的应力状态就完全确定了。而如何选择单元体方位并切取单元体,就需要根据点的受力特点及所求未知量灵活选择。

2.5　应变的概念及一点处的应变状态

当物体(可变形体)受到外部作用(如外力作用、温度变化或材料收缩等)时,会发生形状或尺寸的变化,称为**变形**。伴随着变形,物体中某些点的位置会发生移动,某些微元面的方位角会发生转动,统称为**位移**。

在变形体静力学中,物体发生位移时不一定有变形(如物体某一部分发生刚体位移),但物体发生变形时必然会有某些点或某些微元面产生位移。本书中所计算的位移,通常是指由于物体变形而产生的位移。

在一般的受力状态下,物体的变形是很复杂的。就整个物体而言,形状变化与尺寸改变各不相同,千变万化,且物体内不同位置处变形的剧烈程度也不同。但是,如果将整个物体划分为无数个微小单元体,就每一个单元体而言,则变形情况就比较单纯。

在直角坐标系中,描述一个单元体的变形,只需用两组物理量,一组是单元体长宽高三个方向上棱边尺寸的变化,一组是单元体相邻两棱边夹角的改变。每个单元体的变形都描述清楚了,整个物体的变形状态也就清楚了。因此,首先要导出衡量单元体变形的基本物理量,即正应变和切应变。

首先研究单元体在单向应力状态下的变形(图 2.19),设物体内部某点的单元体变形前各棱边长为 Δx、Δy、Δz,因受 x 方向的正应力 σ 作用发生变形,各棱边长度分别改变了 Δu、Δv、Δw,称为三个方向的线变形,即线段长度的绝对改变量。线变形以伸长为正,缩短为负。在图 2.19 中,Δu 为伸长变形,其值为正,而 Δv、Δw 都是缩短变形,故其值为负。但是线变形这一物理量不表示该方向线段变形的剧烈程度,因

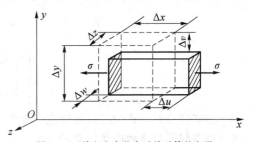

图 2.19　单向应力状态时单元体的变形

为它的大小与线段原始长度有关。描述变形程度的物理量应为平均线变形的极限值,称为**正应变**,用 ε 加以下标表示

$$\varepsilon_x = \lim_{\Delta x \to 0} \frac{\Delta u}{\Delta x} \tag{2.29}$$

$$\varepsilon_y = \lim_{\Delta y \to 0} \frac{\Delta v}{\Delta y} \tag{2.30}$$

$$\varepsilon_z = \lim_{\Delta z \to 0} \frac{\Delta w}{\Delta z} \tag{2.31}$$

正应变为无量纲量,符号与线变形的符号一致,即伸长变形时正应变为正,反之为负。

上述微小单元体的另一种变形情况是受到切应力 τ 的作用(图 2.20),其一对侧面发生相对错动而使变形前互相垂直的两棱边所夹直角减小了 γ,这一角度减小量称为**切应变**,以弧度表示。由图 2.20可以看出,切应变 γ 应为棱边 Δy 向 x 方向转过的角度 γ' 以及棱边 Δx 向 y 方向转过的角度 γ'' 之和。以下标表示这一 γ 为 Δx 和 Δy 两条棱边夹角的直角减小量,记为 γ_{xy} 或 γ_{yx},在小变形情况下有

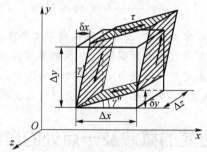

图 2.20　纯剪切时切应变

$$\gamma_{xy} = \gamma_{yx} = \frac{\delta x}{\Delta y} + \frac{\delta y}{\Delta x} \tag{2.32}$$

同理,另外两组棱边 Δy 与 Δz 及 Δz 与 Δx 所组成的直角的减小量分别为

$$\gamma_{yz} = \gamma_{zy} = \frac{\delta y}{\Delta z} + \frac{\delta z}{\Delta y} \tag{2.33}$$

$$\gamma_{zx} = \gamma_{xz} = \frac{\delta z}{\Delta x} + \frac{\delta x}{\Delta z} \tag{2.34}$$

至此,式(2.29)～式(2.31)和式(2.32)～式(2.34)给出的两组物理量统称为**一点处的应变**,它们可以用来描述某点处任意变形状态单元体的变形程度,但与该点所取微小体积元的绝对尺寸无关。一个物体是由许许多多的微小体积元组合而成的,每一点处的应变与该点处微小体积元的相应尺寸相乘可得出该微小体积元的变形。将所有微小体积元的变形累积起来就得出整个物体总的变形。因此,物体中每一点的三个方向上的正应变及三对方向上的切应变是构成物体变形的基本元素,并且这 6 个元素以下列方式排列起来就构成与应力张量类似的二阶**应变张量**,记为

$$\begin{bmatrix} \varepsilon_x & \dfrac{1}{2}\gamma_{xy} & \dfrac{1}{2}\gamma_{zx} \\ \dfrac{1}{2}\gamma_{yx} & \varepsilon_y & \dfrac{1}{2}\gamma_{yz} \\ \dfrac{1}{2}\gamma_{zx} & \dfrac{1}{2}\gamma_{zy} & \varepsilon_z \end{bmatrix} \tag{2.35}$$

由式(2.32)～式(2.34)可知应变张量也是一个二阶对称张量。这里应注意的是应变张量的非主对角线元素是相应切应变的一半。其中因数 1/2 保证了应变张量的各个分量在坐标转换时依二阶张量的变换规律而变换。因此,一点处的应变状态与应力状态一样,也是由一个二阶对称

张量来描述的。

在实际工程构件中,很多点都处于平面应力状态。这时该点的应变状态亦可只由同一平面(例如 $x-y$ 平面)内的相应应变分量来描述,即应变张量可写为二维形式的矩阵

$$\boldsymbol{\varepsilon} = \begin{bmatrix} \varepsilon_x & \dfrac{1}{2}\gamma_{xy} \\[2mm] \dfrac{1}{2}\gamma_{yx} & \varepsilon_y \end{bmatrix} \tag{2.36}$$

同样有

$$\gamma_{xy} = \gamma_{yx} \tag{2.37}$$

2.6 平面应力状态下的应变分析

当受力构件中的某点处于平面应力状态时,通常采用工程记号表示应力分量。同样,在平面应力状态下单元体的应变也采用工程记号表示。

工程上应变分量的表示方法是:正应变分量 ε_x 和 ε_y 仍然是以拉伸为正;切应变 γ_x 表示 x 正向线元与 y 正向线元构成的直角变形后的增大量,即直角变大为正,这恰好与 γ_{xy} 的正负号规定相反,故有 $\gamma_x = -\gamma_{xy}$。应变分量的工程记号与应力分量的工程记号也是一致的。

若记从 x 轴起逆时针转动 α 角方向上的正应变为 ε_α,沿 α 方向和 $\alpha+90°$ 方向的线元构成的直角变形后的增大量为切应变 γ_α,则平面应力状态下应力分析的公式,都可以作一简单的代换类比得出应变分析公式,即用 ε_x、ε_y、ε_α 代替 σ_x、σ_y、σ_α,用 $\dfrac{\gamma_x}{2}$、$\dfrac{\gamma_\alpha}{2}$ 代替 τ_x、τ_α 后,有

$$\varepsilon_\alpha = \frac{\varepsilon_x + \varepsilon_y}{2} + \frac{\varepsilon_x - \varepsilon_y}{2}\cos 2\alpha - \frac{\gamma_x}{2}\sin 2\alpha \tag{2.38}$$

$$\gamma_\alpha = (\varepsilon_x - \varepsilon_y)\sin 2\alpha + \gamma_x\cos 2\alpha \tag{2.39}$$

与应力圆对应,也可在 $\varepsilon_\alpha - \dfrac{1}{2}\gamma_\alpha$ 坐标系中画出一点的应变圆。画图方法和分析结论都和应力圆类似。

对于工程实际中很多处于平面应力状态的构件来说,经常要测定一点处的应变状态 ε_x、ε_y 和 γ_x 三个分量,其中正应变分量 ε_x、ε_y 可以用电阻应变片(通常由金属丝绕制而成)贴于该点相应方向上测出,但切应变分量很难直接测出。所以在实际测量中,一般采用只测正应变的办法,即在某点处测量三个事先选定的方向 α_1、α_2、α_3 上的正应变 ε_{α_1}、ε_{α_2}、ε_{α_3},利用式(2.38)得到三个方程式,经化简后可得

$$\begin{cases} \varepsilon_{\alpha_1} = \dfrac{\varepsilon_x + \varepsilon_y}{2} + \dfrac{\varepsilon_x - \varepsilon_y}{2}\cos 2\alpha_1 - \dfrac{1}{2}\gamma_x\sin 2\alpha_1 \\[3mm] \varepsilon_{\alpha_2} = \dfrac{\varepsilon_x + \varepsilon_y}{2} + \dfrac{\varepsilon_x - \varepsilon_y}{2}\cos 2\alpha_2 - \dfrac{1}{2}\gamma_x\sin 2\alpha_2 \\[3mm] \varepsilon_{\alpha_3} = \dfrac{\varepsilon_x + \varepsilon_y}{2} + \dfrac{\varepsilon_x - \varepsilon_y}{2}\cos 2\alpha_3 - \dfrac{1}{2}\gamma_x\sin 2\alpha_3 \end{cases} \tag{2.40}$$

解此方程组可求出 ε_x、ε_y、γ_x,这就得到了该点的应变状态。实测时,α_1、α_2 和 α_3 常选取为便于计算的角度,如分别取 α_1、α_2、α_3 为 0°、45°、90°(图 2.21)或 0°、60°、120°(图 2.22),这样一组夹角固定的应变片常称为"应变花"。

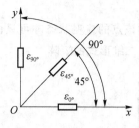

图 2.21 0°-45°-90°应变花

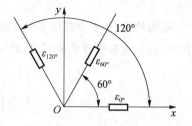

图 2.22 0°-60°-120°应变花

同样,平面应力状态所对应的这一应变状态也可求出其应变张量的特征值即**主应变**;主应变所在的主方向也是相互垂直的。主应变分别是平面内的极大和极小正应变,它们的计算可由主应力的计算公式类比导出

$$\begin{cases} \varepsilon' = \dfrac{1}{2}(\varepsilon_x + \varepsilon_y) + \dfrac{1}{2}\sqrt{(\varepsilon_x - \varepsilon_y)^2 + \gamma_x^2} \\ \varepsilon'' = \dfrac{1}{2}(\varepsilon_x + \varepsilon_y) - \dfrac{1}{2}\sqrt{(\varepsilon_x - \varepsilon_y)^2 + \gamma_x^2} \end{cases} \tag{2.41}$$

这两个主应变所在的方向由下式确定

$$\tan 2\alpha_0 = -\frac{\gamma_x}{\varepsilon_x - \varepsilon_y} \tag{2.42}$$

同样,在主应变的方向上,切应变为零。

对于各向同性材料来说,可以证明任一点处应变的主方向与应力的主方向是一致的,即 $\alpha_0 = \alpha_P$。

2.7 应力应变关系

应力和应变是研究变形体静力学的两组基本物理量,其中应力的概念是纯静力学的,而应变的概念是纯几何学的,它们对于描述任何连续介质(固体或流体)都是适用的。但是,这两组物理量之间的关系却是依不同的材料、受力变形的范围及环境因素而变化,且只能在实验的基础上建立它们之间的关系。

在材料力学中,所研究的对象仅限于线弹性的固体材料,满足这种材料特性的研究对象,其应力和应变之间的关系是线性且唯一确定的。实际上,工程中应用的大多数金属材料在小变形范围内都是线弹性材料。

材料的单向拉伸及纯剪切试验表明,对线弹性材料,当应力不超过比例极限 σ_p(或 τ_p)时,正应力 σ 与相应方向上的正应变 ε 成正比,切应力 τ 与相应的切应变 γ 成正比(图 2.23 和图 2.24),若引入材料的**弹性模量** E 和**切变模量** G 这两个比例常数,则有以下关系

$$\sigma = E\varepsilon \tag{2.43}$$
$$\tau = G\gamma \tag{2.44}$$

E 和 G 常用的单位为 GPa,它们的具体数值均由材料试验测定。此二式常称为**胡克定律**。

在单向拉伸试验中,除了在正应力 σ 方向上产生拉伸正应变 ε 外,还可观察到在垂直于正应力 σ 的方向上均会产生横向收缩正应变 ε'(图 2.23),且两者之间的比例关系为一材料常数 ν,称为**泊松比**,即

$$\varepsilon' = -\nu\varepsilon \tag{2.45}$$

式中,负号表明 ε' 和 ε 符号相反。几种常用材料的 E 和 ν 数值摘录于表 2.1 中。

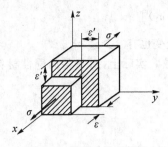

图 2.23　正应力与正应变

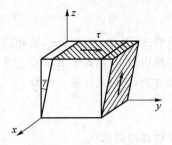

图 2.24　切应力与切应变

表 2.1　几种常用材料的 E 和 ν 数值

	E/GPa	ν
低碳钢	$196\sim216$	$0.25\sim0.33$
合金钢	$186\sim216$	$0.24\sim0.33$
灰铸铁	$78.5\sim157$	$0.23\sim0.27$
铜及其合金	$72.6\sim128$	$0.31\sim0.42$
铝合金	70	0.33

对于各向同性线弹性材料来说,处于任意应力状态下的应力应变关系可以借助于叠加原理并利用式(2.43)~式(2.45)得出。实际上,对各向同性材料而言,每一点处的正应力分量不会引起该点处的切应变分量,同时,小变形条件也保证了每一点处的切应力分量对该点处的正应变分量的影响可以忽略不计,因此,一点处的正应力与正应变、切应力与切应变之间的关系彼此无关,互不耦合,可用叠加原理。当然,在此应力和应变均指在同一直角坐标系下的分量。

以 x 方向的正应变 ε_x 为例,由式(2.43)及式(2.45)可知,ε_x 由 x 方向的正应力 σ_x 产生的正应变 $\dfrac{\sigma_x}{E}$ 及 y 方向和 z 方向的正应力 σ_y、σ_z 分别在 x 方向产生的横向应变 $-\nu\dfrac{\sigma_y}{E}$ 及 $-\nu\dfrac{\sigma_z}{E}$ 三部分构成,同理另外两个方向上的正应变 ε_y 和 ε_z 也可类似构成,综合起来,有

$$\varepsilon_x = \frac{1}{E}\left[\sigma_x - \nu(\sigma_y + \sigma_z)\right] \tag{2.46}$$

$$\varepsilon_y = \frac{1}{E}\left[\sigma_y - \nu(\sigma_z + \sigma_x)\right] \tag{2.47}$$

$$\varepsilon_z = \frac{1}{E}\left[\sigma_z - \nu(\sigma_x + \sigma_y)\right] \tag{2.48}$$

而三个平面内的切应变与切应力之间的关系可按三组纯剪切应力状态由式(2.44)分别给出为

$$\gamma_{xy} = \frac{\tau_{xy}}{G} \tag{2.49}$$

$$\gamma_{yz} = \frac{\tau_{yz}}{G} \tag{2.50}$$

$$\gamma_{zx} = \frac{\tau_{zx}}{G} \tag{2.51}$$

式(2.46)~式(2.51)综合在一起称为**广义胡克定律**。如果在某点取主轴坐标系,则广义胡克定律给出该点的三个主应力 σ_1、σ_2、σ_3 与三个主应变 ε_1、ε_2、ε_3 之间的关系为

$$\varepsilon_1 = \frac{1}{E}\left[\sigma_1 - \nu(\sigma_2 + \sigma_3)\right] \tag{2.52}$$

$$\varepsilon_2 = \frac{1}{E}\left[\sigma_2 - \nu(\sigma_3 + \sigma_1)\right] \tag{2.53}$$

$$\varepsilon_3 = \frac{1}{E}[\sigma_3 - \nu(\sigma_1 + \sigma_2)] \tag{2.54}$$

由此也可看出,因为 $\sigma_1 \geqslant \sigma_2 \geqslant \sigma_3$,故相应方向上的主应变也有 $\varepsilon_1 \geqslant \varepsilon_2 \geqslant \varepsilon_3$。

在广义胡克定律中,出现了 E、ν、G 三个材料弹性常数。实际上,对于各向同性材料来说,这三个常数不是独立的,它们之间的关系为

$$G = \frac{E}{2(1+\nu)} \tag{2.55}$$

证明可见后面的例 2.6。

在平面应力状态下,广义胡克定律转化为

$$\varepsilon_x = \frac{1}{E}[\sigma_x - \nu\sigma_y] \tag{2.56}$$

$$\varepsilon_y = \frac{1}{E}[\sigma_y - \nu\sigma_x] \tag{2.57}$$

$$\gamma_x = \frac{\tau_x}{G} \tag{2.58}$$

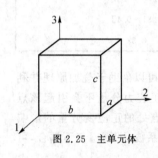

图 2.25 主单元体

弹性变形往往伴随着体积的变化,如图 2.25,某点处主轴方向为 1-2-3,在该点切取一主单元体,变形前各边长为 a、b、c,变形前体积为 $V = abc$,变形后,该点的主单元体各边长变为 $a+\Delta a$、$b+\Delta b$、$c+\Delta c$,变形后的体积为 $\Delta + \Delta V$,则有 $V + \Delta V = (a+\Delta a)(b+\Delta b)(c+\Delta c) = abc(1+\varepsilon_1)(1+\varepsilon_2)(1+\varepsilon_3)$,略去高阶小量,上式可展开为

$$V + \Delta V = abc(1 + \varepsilon_1 + \varepsilon_2 + \varepsilon_3)$$

即

$$\Delta V = abc(\varepsilon_1 + \varepsilon_2 + \varepsilon_3)$$

某点处单元体的单位体积改变量称为**体应变**,用 θ 表示,即

$$\theta = \lim_{V \to 0} \frac{\Delta V}{V} = \varepsilon_1 + \varepsilon_2 + \varepsilon_3 \tag{2.59}$$

若将式(2.52)~式(2.54)代入式(2.59),则

$$\theta = \frac{1-2\nu}{E}(\sigma_1 + \sigma_2 + \sigma_3) \tag{2.60}$$

若记三个主应力的平均值为 σ_m,称为**平均应力**,即

$$\sigma_m = \frac{1}{3}(\sigma_1 + \sigma_2 + \sigma_3) \tag{2.61}$$

则体应变 θ 仅与 σ_m 成正比,且

$$\theta = \frac{3(1-2\nu)}{E}\sigma_m \tag{2.62}$$

例 2.6 试证明各向同性线弹性材料三个弹性常数 E、ν、G 之间的关系。

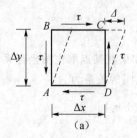
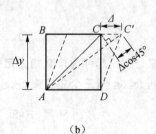

例 2.6 图

解:从物体中切取一微小体积元,设其应力状态为图(a)所示的纯剪切应力状态,在切应力τ的作用下,该微小体积元产生剪切变形,设微元体上下两个面产生的相对位移为Δ,微元体的切应变为γ,小变形时,Δ与γ之间的关系为

$$\gamma = \frac{\Delta}{\Delta y} \tag{1}$$

同时,由平面应力状态下的主应力公式(2.15)可求出该微元体的两个非零主应力为

$$\sigma' = \sqrt{\tau^2} = \tau, \sigma'' = -\sqrt{\tau^2} = -\tau$$

即三个主应力为$\sigma_1 = \tau, \sigma_2 = 0, \sigma_3 = -\tau$。

由式(2.14)求出主方向,即

$$\tan 2\alpha_P \to \infty$$

故

$$\alpha_{P1} = 45°, \alpha_{P2} = 135°$$

即原始微元体的对角线方向就是主方向,如图(b)所示,对角线AC方向上产生的正应变为

$$\varepsilon = \frac{\overline{AC'} - \overline{AC}}{\overline{AC}} = \frac{\Delta\cos 45°}{\dfrac{\Delta y}{\cos 45°}} = \frac{\Delta}{2\Delta y}$$

将式(1)代入,有

$$\varepsilon = \frac{\gamma}{2} \tag{2}$$

根据主轴方向上的广义胡克定律,即式(2.52),有

$$\varepsilon = \varepsilon_1 = \frac{\sigma_1 - \nu(\sigma_2 + \sigma_3)}{E} = \frac{1}{E}[\tau - \nu(0 - \tau)] = \frac{1+\nu}{E}\tau \tag{3}$$

而纯剪切状态下,根据剪切胡克定律,即式(2.44),有

$$\tau = G\gamma \tag{4}$$

将式(2)和(3)代入式(4),有

$$\frac{\gamma}{2} = \frac{1+\nu}{E} \cdot G\gamma$$

即

$$G = \frac{E}{2(1+\nu)}$$

注意:该例说明E、G、ν中只有两个是独立的,其中一个可由另外两个求出。

例2.7 一处于平面应力状态的受力杆件中某点由应变花测得0°、60°、120°三个方向上的正应变分别是$\varepsilon_{0°} = 4.4 \times 10^{-4}$,$\varepsilon_{60°} = -3.2 \times 10^{-4}$,$\varepsilon_{120°} = 2.8 \times 10^{-4}$,试确定被测点的主应变和应变主方向,若构件的材料是各向同性线弹性材料,$E = 200$ GPa,$\nu = 0.25$,试求被测点处的主应力和应力主方向。

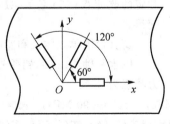

例2.7图

解:(1)求主应变和应变主方向

设在图示坐标下,测点单元体的应变分量为 ε_x、ε_y、γ_x,利用应变分析公式(2.38),有

$$\varepsilon_x = \varepsilon_{0^\circ} = 4.4 \times 10^{-4} \tag{1}$$

$$\varepsilon_{60^\circ} = -3.2 \times 10^{-4} = \frac{\varepsilon_x + \varepsilon_y}{2} + \frac{\varepsilon_x - \varepsilon_y}{2}\cos120^\circ - \frac{\gamma_x}{2}\sin120^\circ \tag{2}$$

$$\varepsilon_{120^\circ} = 2.8 \times 10^{-4} = \frac{\varepsilon_x + \varepsilon_y}{2} + \frac{\varepsilon_x - \varepsilon_y}{2}\cos240^\circ - \frac{\gamma_x}{2}\sin240^\circ \tag{3}$$

联立式(1)、(2)、(3)求得

$$\varepsilon_x = 4.4 \times 10^{-4}, \varepsilon_y = -1.7 \times 10^{-4}, \gamma_x = 6.9 \times 10^{-4}$$

再利用式(2.41)可计算测点的主应变为

$$\left.\begin{matrix} \varepsilon' \\ \varepsilon'' \end{matrix}\right\} = \frac{1}{2}\left[4.4 - 1.7 \pm \sqrt{(4.4 + 1.7)^2 + 6.9^2}\right] \times 10^{-4}$$

$$\varepsilon' = 5.96 \times 10^{-4}, \varepsilon'' = -3.26 \times 10^{-4}$$

由式(2.42)计算应变主方向为

$$\tan2\alpha_0 = -\frac{\gamma_x}{\varepsilon_x - \varepsilon_y} = -\frac{6.9}{4.4 + 1.7} = -1.131$$

解得

$$\alpha_{01} = -24.3^\circ \text{ 对应于 } \varepsilon', \alpha_{02} = 65.7^\circ \text{ 对应于 } \varepsilon''$$

(2)求测点主应力和应力主方向

将 ε'、ε'' 代入广义胡克定律,即在 α_{01} 方向上的主应力 σ' 和 α_{02} 方向上的主应力 σ'' 应满足以下两式

$$5.96 \times 10^{-4} = \frac{1}{200 \times 10^3}(\sigma' - 0.25\sigma'') \tag{4}$$

$$-3.26 \times 10^{-4} = \frac{1}{200 \times 10^3}(\sigma'' - 0.25\sigma') \tag{5}$$

以上两式联立,解出主应力 σ'、σ'' 为

$$\sigma' = 109.8 \text{ MPa}, \sigma'' = -37.8 \text{ MPa}$$

故测点处三个主应力为 $\sigma_1 = 109.8$ MPa, $\sigma_2 = 0$ $\sigma_3 = -37.8$ MPa,由于是各向同性材料,应力主方向与应变主方向一致,即 σ_1 对应于 $\alpha_{P1} = -24.3^\circ$,$\sigma_3$ 对应于 $\alpha_{P2} = 65.7^\circ$。

注意: 在实验室以及工程实际中,常常需要测定构件表面某点的应力状态及主应力,可采用电阻应变片及应变花进行测定。即使该点的主方向完全未知,用一组三个应变片构成的应变花也可测出主应力及主方向。有时采用四个一组的应变片进行测定,其中第四个应变片的测量值可用于校核及改进数据测量精度用。

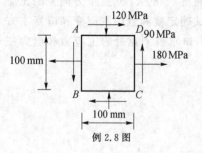

例 2.8 图

例 2.8 从一厚度为 $h = 10$ mm 的大型薄板受力构件中切取一个尺寸为 100 mm × 100mm 的单元体,其应力状态如图所示,已知该合金材料 $E = 120$GPa,$\nu = 0.30$,试求:(1)该单元体长和宽的改变量;(2)直角 ABC 的改变量;(3)单元体厚度的改变量。

解: (1)求单元体长和宽的改变量

以水平轴为 x 轴,铅垂轴为 y 轴,建立坐标系,该单元体应力状态为

$$\sigma_x = 180 \text{ MPa}, \quad \tau_x = -90 \text{ MPa}, \quad \sigma_y = -120 \text{ MPa}$$

根据平面应力状态的广义胡克定律式(2.56)、式(2.57)、式(2.58)有

$$\varepsilon_x = \frac{\sigma_x - \nu\sigma_y}{E} = \frac{180 - 0.30 \times (-120)}{120 \times 10^3} = 1.80 \times 10^{-3}$$

$$\varepsilon_y = \frac{\sigma_y - \nu \sigma_x}{E} = \frac{-120 - 0.30 \times 180}{120 \times 10^3} = -1.45 \times 10^{-3}$$

$$\gamma_x = \frac{\tau_x}{G} = \frac{2(1+\nu)}{E}\tau_x = \frac{2 \times (1+0.3)}{120 \times 10^3} \times (-90) = -1.95 \times 10^{-3}$$

故单元体尺寸改变为

$$\Delta l_x = l \cdot \varepsilon_x = 100 \times 1.80 \times 10^{-3}\ \text{mm} = 0.18\ \text{mm}$$

$$\Delta l_y = l \cdot \varepsilon_y = -100 \times 1.45 \times 10^{-3}\ \text{mm} = -0.145\ \text{mm}$$

正号表示 x 方向尺寸伸长,负号表示 y 方向尺寸缩短。

(2)求直角 ABC 的改变量

由单元体的切应变 $\gamma_x = -1.95 \times 10^{-3}$ 可知,直角 ABC 变形后小于 $90°$,减小量 $\Delta = 1.95 \times 10^{-3} \times$

$\frac{180°}{\pi} = 0.112°$

(3)求单元体厚度的改变量

对于平面应力状态的单元体,由广义胡克定律式(2.48)可知,尽管有 $\sigma_z = 0$,但 ε_z 不一定为零,本题有

$$\varepsilon_z = \frac{\sigma_z - \nu(\sigma_x + \sigma_y)}{E} = -\nu\frac{\sigma_x + \sigma_y}{E} = -\frac{0.30 \times (180 - 120)}{120 \times 10^3} = -1.50 \times 10^{-4}$$

故厚度的改变量为

$$\Delta h = h \cdot \varepsilon_z = -10 \times 1.5 \times 10^{-4}\ \text{mm} = -0.0015\ \text{mm}$$

即单元体的厚度减少了 $0.0015\ \text{mm}$。

注意:本题中单元体的应力状态是平面应力状态,前面讨论到平面应力状态单元体的应变时重点分析了受力平面内的应变分量 ε_x、ε_y 和 γ_x,但应注意到,一般情形下,平面应力状态的应变分量却不一定是"平面"的,因为虽然此时 $\sigma_z = 0$,但根据广义胡克定律,有 $\varepsilon_z = \frac{\sigma_z - \nu(\sigma_x + \sigma_y)}{E} = -\frac{\nu}{E}(\sigma_x + \sigma_y)$,显然,除非 $\sigma_x + \sigma_y$ 恰好为零,否则 ε_z 将不为零,也即平面应力状态下,垂直于应力作用线方向的线元长度会有变化,本题即为一例。

例 2.9 将一边长尺寸为 $a \times b \times c$ 的长方形金属微元体,放入两固定光滑刚性平板之间的夹缝中,微元体上下表面受均布法向压应力 σ_0 作用,已知金属材料的弹性模量 $E = 200\ \text{GPa}$,泊松比 $\nu = 0.25$,且 $a = b = 20\ \text{mm}$,$c = 40\ \text{mm}$,$\sigma_0 = 200\ \text{MPa}$,试求微元体的主应力及微元体尺寸和体积的改变量。

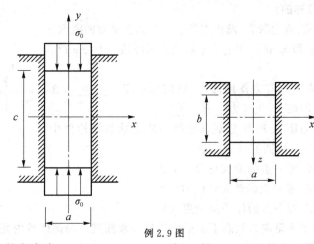

例 2.9 图

解:(1)求微元体的主应力

在图示坐标系下,单元体的应力状态为

$$\sigma_y = -\sigma_0, \quad \sigma_z = 0$$

由于 y 方向的压应力作用，x 方向必有伸长的趋势，而刚性平板的约束使得微元体在 x 方向上无伸长，故 $\varepsilon_x = 0$，且必有 σ_x 存在，利用广义胡克定律，有

$$\varepsilon_x = \frac{\sigma_x - \nu(\sigma_y + \sigma_z)}{E} = 0$$

$$\sigma_x = \nu\sigma_y = 0.25 \times (-200) \text{ MPa} = -50 \text{ MPa}$$

因此，该单元体的主应力为

$$\sigma_1 = 0, \quad \sigma_2 = -50 \text{ MPa}, \quad \sigma_3 = -200 \text{ MPa}$$

（2）求微元体尺寸和体积的改变量

根据广义胡克定律，可求出 y、z 方向上的正应变：

$$\varepsilon_y = \frac{\sigma_y - \nu(\sigma_z + \sigma_x)}{E} = \frac{-200 - 0.25(-50)}{200 \times 10^3} = -9.38 \times 10^{-4}$$

$$\varepsilon_z = -\frac{\nu}{E}(\sigma_x + \sigma_y) = -\frac{0.25}{200 \times 10^3} \times (-200 - 50) = 3.13 \times 10^{-4}$$

故微元体 x、y、z 三个方向上尺寸的改变量为

$$\Delta l_x = a \cdot \varepsilon_x = 0$$

$$\Delta l_y = c \cdot \varepsilon_y = -9.38 \times 10^{-4} \times 40 \text{ mm} = -0.0375 \text{ mm}$$

$$\Delta l_z = b \cdot \varepsilon_z = 3.13 \times 10^{-4} \times 20 \text{ mm} = 0.0063 \text{ mm}$$

即 y 方向缩短了 0.0375 mm，z 方向伸长了 0.0063 mm。

而微元体体积改变量为

$$\Delta V = \theta \cdot V = (\varepsilon_x + \varepsilon_y + \varepsilon_z) \cdot V$$

$$= (-9.38 + 3.13) \times 10^{-4} \times 20 \times 20 \times 40 \text{ mm}^3 = -10.0 \text{ mm}^3$$

即微元体体积减小了 10 mm^3。

注意：此例说明正应力不为零的方向上，对应的正应变可以为零；正应力等于零的方向上，对应的正应变可以不为零。

思考题

2.1 "构件中 A 点的应力等于 100 MPa"，这一说法是否恰当？描述构件内部一点处的受力情况，确切的描述方法是怎样的？

2.2 图示某点为平面应力状态，设该点任意一对相互垂直的截面 α 和 β 上的正应力分别为 σ_α 和 σ_β，试证明 $\sigma_\alpha + \sigma_\beta$ 对该点来说是一个与 α 或 β 角无关的常数。

2.3 在单元体的最大正应力作用面上，切应力一定 _____；在单元体的最大切应力作用面上，正应力一定 _____。

2.4 如图所示，应力圆 A 和 B 分别表示平面应力状态下构件中的 A 点和 B 点的应力状态，试回答以下问题：

（a）A 点和 B 点比较，哪一点的最大正应力更大？

（b）A 点和 B 点比较，哪一点的最大切应力更大？

（c）A 点和 B 点比较，哪一点的体积应变更大？

2.5 如图所示，处于平面应力状态下的受力构件在表面某一局部区域内光滑无外力作用，区域内有一小突起 A，试证明 A 点处的应力分量全部为零。

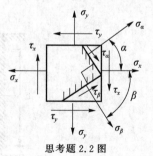

思考题 2.2 图

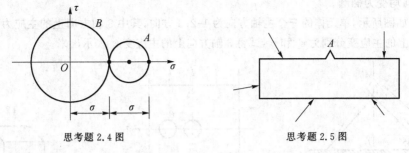

思考题 2.4 图　　　　　　思考题 2.5 图

2.6　构件中某两点 A、B 的应力状态如图所示,试比较这两点处的以下各量:

(a)两点的最大正应力;

(b)两点的最大切应力;

(c)两点的平均应力 σ_m。

2.7　单元体应力状态如图所示,试从以下选项中选择正确的结论。

(a)单元体为二向应力状态,$\tau_{max} = \tau$;

(b)单元体为二向应力状态,$\tau_{max} = \sqrt{2}\tau$;

(c)单元体为三向应力状态,$\tau_{max} = \tau$;

(d)单元体为三向应力状态,$\tau_{max} = \sqrt{2}\tau$。

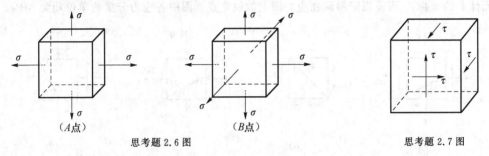

思考题 2.6 图　　　　　　　　　思考题 2.7 图

2.8　图示单元体的最大切应力作用在图_____所示的阴影截面上。

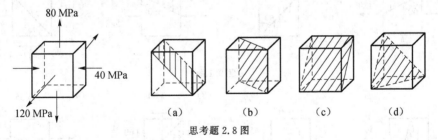

思考题 2.8 图

2.9　如图所示,等腰直角三角板 ABC,两等边长度为 a,底边固定于水平面上,顶点 A 受力作用产生向上的位移 $\dfrac{a}{100}$,试给出三角板中以下各量:(1)顶点 A 处的切应变 γ_A;(2)AB 边平均线应变 $\bar{\varepsilon}_x$;(3)AD 线段的平均线应变 $\bar{\varepsilon}_{x'}$。

2.10　图示为正方形薄板受力图,受力前在板面上画上 A、B 两个圆,在均布载荷作用下,这两个圆的变化为_____。

(a)圆 A 仍为圆,圆 B 变为椭圆;

(b)圆 B 仍为圆,圆 A 变为椭圆;

(c)两圆均保持为圆;

(d)两圆均变为椭圆。

2.11 如图所示,单元体的三个主轴方向为 1-2-3 方向,其中 3 轴方向上的主应力 $\sigma_3 = 0$,而 1 轴和 2 轴方向上的主应变分别为 ε_1 和 ε_2,试将 3 轴方向上的主应变 ε_3 表示出来。

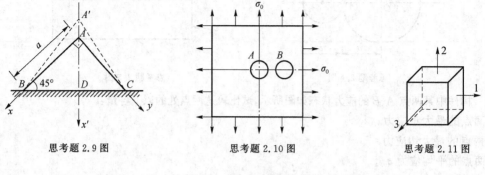

思考题 2.9 图   思考题 2.10 图   思考题 2.11 图

习 题

2.1 处于平面应力状态的各单元体如图所示,试用解析法求出指定斜截面上的应力分量、单元体的主应力和相应主方向以及最大切应力。图中各应力分量的单位均为 MPa。

2.2 处于平面应力状态的各单元体如图所示,试画出各单元体对应的应力圆,并在应力圆上标出单元体上的 x 面、y 面及指定斜面在应力圆上的位置点。图中各应力分量的单位均为 MPa。

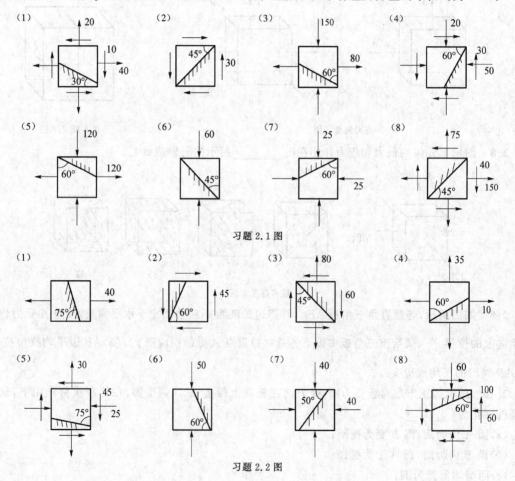

习题 2.1 图

习题 2.2 图

2.3 某点的应力圆如图所示,试以应力圆的 A、B 点为直角坐标系下原始单元体的 x 面和 y 面,画出原始单元体应力状态,标出主平面的方位角,求出主应力,并画出 D 点所对应的单元体斜截面的方位角,求出 D 截面上的应力分量。图中各应力分量的单位均为 MPa。

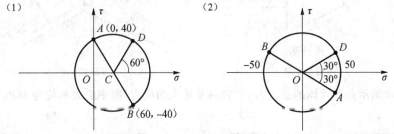

习题 2.3 图

2.4 从受力构件边界处某点切取的三角形单元体如图所示,设其斜面上无应力,试求该点的主应力。

2.5 从受力构件边界某角点处切取如图所示的三角形单元体,已知边界 AB 面上作用了法向压应力 σ_0 及切应力 τ_0,边界 AC 面上作用了法向压应力 σ_{AC},已知 σ_0,且 $\tau_0 = \dfrac{\sigma_0}{2}$,试求该点 BC 面上的正应力与切应力。

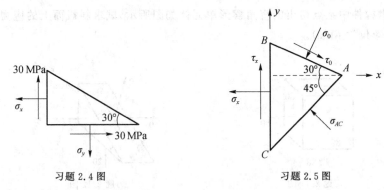

习题 2.4 图　　　　　　　　　　习题 2.5 图

2.6 从平面应力状态的受力构件中某点切取一个如图所示的菱形微元体,各面上的切应力均为 τ_0。试画出该点的应力圆,并确定该点的主应力。

2.7 某受力构件中切取一单元体,应力状态如图所示,若要求该点处的最大切应力为 80 MPa,则该点处应力状态的切应力分量 τ 应为多大?

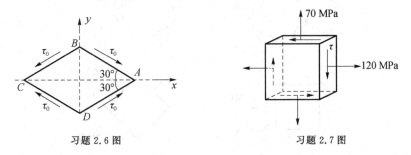

习题 2.6 图　　　　　　　　　　习题 2.7 图

2.8 构件中切出某点的单元体如图所示,其两对边分别平行,各面上不为零的应力分量如图所示,试求斜面上的切应力 τ 及该点的主应力并画出该点的应力圆。

2.9 处于平面应力状态的构件内某点 A 的两斜截面上应力分量如图所示,试求点 A 处的主应力和主方向(已知 $90° < \angle BAC < 180°$,各应力分量的单位为 MPa)。

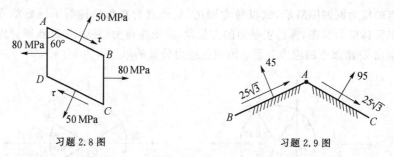

习题 2.8 图   习题 2.9 图

2.10 试求图示各单元体的主应力、主方向及最大切应力(图中应力单位为 MPa)。

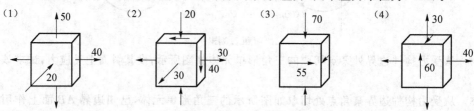

习题 2.10 图

2.11 受力构件中某点单元体的应力状态如图所示,试判断该点的应力状态属于单向、双向还是三向应力状态(图中应力单位为 MPa)。

2.12 受力构件中某点切出的直角楔形单元体如图所示,试求斜截面上的应力 σ 和 τ 及该点主应力(图中应力单位为 MPa)。

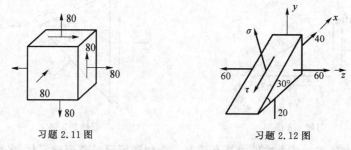

习题 2.11 图   习题 2.12 图

2.13 构件中某点受到两组载荷分别作用时的应力状态如图所示,试求两组载荷共同作用时该点的主应力和最大切应力。

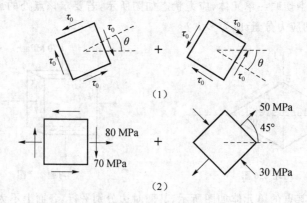

习题 2.13 图

2.14 从一大型钢制压力容器上截取一个边长为 30 mm×30 mm,厚度为 1 mm 的微元,应力状态如图所示,已知 $\sigma_x = 40$ MPa,$\sigma_y = 80$ MPa,材料的弹性模量 $E = 200$ GPa,泊松比 $\nu = 0.30$,试求:

(1)微元体 AB 边长度的改变量;(2)微元体 BC 边长度的改变量;(3)微元体 AC 对角线长度的改变量。

2.15 在某受力构件表面一点用直角应变花测得 $\varepsilon_{0°}=2.5\times10^{-5}$,$\varepsilon_{45°}=1.4\times10^{-4}$,$\varepsilon_{90°}=8.2\times10^{-6}$,已知材料的 $E=210\,\text{GPa}$,$\nu=0.28$,试求该单元体上的 σ_x、σ_y 和 τ_x,并求出该点的主应力和最大切应力。

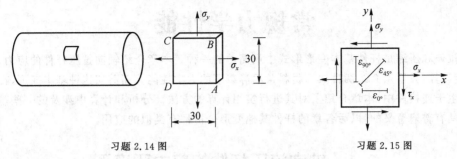

习题 2.14 图   习题 2.15 图

2.16 如图所示,一边长为 10 mm 的正方体钢块,顶面受均布压力,其合力 $F=10\,\text{kN}$,材料的 $E=200\,\text{GPa}$,$\nu=0.33$,试分别就下列情况,求钢块内任意点的主应力:(1)钢块置放于刚性平面 xz 上(图(a));(2)钢块置于光滑刚性槽形模内,两侧面与槽壁之间无间隙(图(b));(3)钢块置于光滑刚性方形模内,四侧面与槽壁之间无间隙(图(c))。

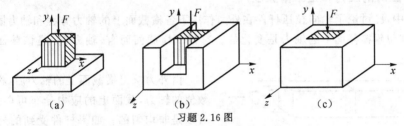

(a)   (b)   (c)

习题 2.16 图

2.17 一正方形薄板在板边上作用了拉压均布应力,如图所示,已知 $\sigma_x=120\,\text{MPa}$,$\sigma_y=-40\,\text{MPa}$,材料的弹性模量 $E=210\,\text{GPa}$,泊松比 $\nu=0.30$。在板中心处画一半径为 100 mm 的圆,试求变形后该圆的面积。

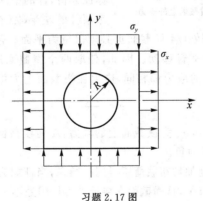

习题 2.17 图

第3章 轴向拉压及材料的常规力学性能

轴向拉伸和压缩是杆件基本变形形式中最简单的一种。本章介绍轴向拉压杆件的应力、变形和强度、刚度计算,并重点介绍两种典型材料常温静载下的力学性能。而剪切这种基本变形,在工程实际中常发生于连接件中,本章介绍了对其进行实用计算的方法。分析和计算中涉及的一些基本原理和方法是具有普遍意义的,以后各章的杆件其他变形分析都有类似的应用。

3.1 轴向拉压杆件的应力和变形

对于横截面形状任意的直杆(等截面或变截面),如果作用于其上的载荷可以简化为沿杆的轴线方向作用的外力,则横截面上的内力分量只有一个沿轴线方向的轴力,这就是**轴向拉压**。

1. 轴向拉压时的应力和圣维南原理

在第1章中,已讨论了轴向拉压杆件在外力作用下各横截面上的轴力方程和轴力图。一般情况下,沿轴线不同位置横截面上的轴力是变化的。对某个横截面而言,轴力 F_N 是该截面上所有正应力分量的合力。

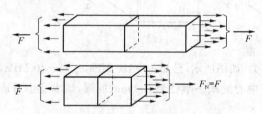

图 3.1　两端受均布拉力的直杆横截面上的应力

由外力求得横截面上的轴力后,相对于同一个数值的轴力,截面上的应力分布可以是均匀的,也可以是非均匀的。如果杆件受到的外载荷是杆件两端面上沿杆件轴线方向的均布载荷(其合力为轴向外力),对于图3.1所示的等截面直杆,则根据对称性分析,杆的中间截面必须保持为平面。若继续考察杆的左半段(右半段亦然),可知左半段关于1/4处截面又同样满足对称性,故1/4处截面也必须保持为平面。依此类推,杆上所有横截面变形后都保持为平面,只是发生相对平行移动。因此,任取两个横截面所截取的杆的纵向纤维的变形量都是相同的,即横截面上各点的应力都相同,应力在横截面上为均匀分布,故其数值为

$$\sigma = \frac{F_N}{A} \tag{3.1}$$

式中,σ 为横截面上的均布正应力,F_N 为横截面上的轴力,A 为横截面面积。σ 的符号规定与轴力的符号规定是相同的,即拉为正,压为负。

式(3.1)是轴向拉压时杆端施加均布载荷所得到的结果,当杆端为非均布载荷但合力仍为轴向外力时,显然杆内变形与载荷形式有关,且横截面在接近外力作用处不一定保持为平面。如图3.2(a)的橡皮模型,侧面画有小方格,当通过刚性平板(图3.2(b))及直接施加(图3.2(c))集中力 F 时,两种加载方法引起的变形是不一样的。但是,加在杆端的任何形式的载荷,只要其静力等效的合力为轴向力 F 时,变形的不均匀性只发生在加载点附近的局部区域中,而距加载点稍远的中间大部分区域内,轴向变形依然是均匀的,各横截面变形后仍保持为平面。也就是说,杆端外载荷的作用方式只影响杆端附近的局部区域内的应力分布,而对其他大部分区域没有影响。这一思想最早是由法国力学家圣维南(A. J. C. B. de Saint-Venant)在1855年提出的,后人推广了这一思想,并称之为**圣维南原理**。

通过以上分析可知,无论载荷的作用形式如何,只要载荷的静力等效合力为只沿杆件轴向的外力,除加载处局部的其他大部分区域内,轴向拉压产生的变形在横截面上的分布是均匀的,横截面变形后仍保持为平面,且彼此平行。这一结论称为轴向拉压的**平截面假定**。在满足这一假定的区域内,横截面上的应力为均匀分布的正应力,数值可由式(3.1)计算。

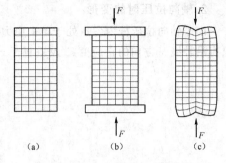

图 3.2 加载方式对拉压杆变形的影响

轴向拉压杆件横截面上的正应力公式(3.1)亦可推广到轴力或杆的横截面积沿杆轴变化的情形。此时,应力在沿杆轴方向上不同位置的横截面上是不同的,即

$$\sigma(x) = \frac{F_{\mathrm{N}}(x)}{A(x)} \tag{3.2}$$

只要除去集中外力作用点或横截面形状尺寸有突变处附近的区域,且横截面积连续变化的锥形直杆的锥度不太大时(必须小于 20°),式(3.2)计算的结果都有足够的精度。

此外,本章中轴向拉伸和轴向压缩的差别只是相差一个符号,但实际上这两种受力状态造成的破坏有更深刻的差别。直杆受压有可能产生新的破坏现象——失稳,这将在第 9 章中专门进行讨论。直杆受拉则不会产生失稳现象,因此,本章中凡是直杆受压的情况均假定其不会出现失稳。

综上所述,对轴向拉压的直杆,除去加载点附近及横截面形状尺寸有变化的局部区域,其他大部分区域内的各点都处于单向应力状态,如图 3.3 所示。从图 3.3(a)轴向拉压的直杆中任意一点所取的单元体即为图 3.3(b)所示的应力状态。根据第 2 章中应力分析的方法可得出任意 α 方向斜截面上的应力 σ_α 和 τ_α(见式(2.12)、式(2.13))。由此可得轴向拉压杆件与轴线夹角为 α 斜截面上的正应力和切应力为

$$\sigma_\alpha = \frac{\sigma}{2} + \frac{\sigma}{2}\cos 2\alpha = \sigma\cos^2\alpha = \frac{F}{A}\cos^2\alpha$$

$$\tau_\alpha = \frac{\sigma}{2}\sin 2\alpha = \frac{F}{2A}\sin 2\alpha$$

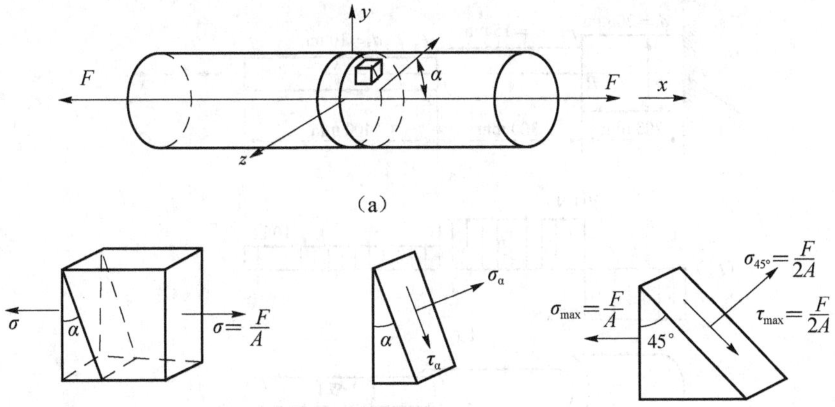

（a）

（b）   （c）   （d）

图 3.3 拉压直杆的应力

显然,$\alpha = 0$ 的横截面上,正应力 σ_α 取最大值 $\sigma_{\max} = \sigma = \frac{F}{A}$;$\alpha = 45°$时,切应力 τ_α 取最大值 $\tau_{\max} = \frac{\sigma}{2} = \frac{F}{2A}$。

根据第 2 章中主应力、主方向的定义可知,轴向拉压时杆内任意一点的主方向就是杆的轴线方向及垂直于轴线的横截面内任意的方向。而三个主应力分别为 $\sigma = \frac{F_{\mathrm{N}}}{A}$、0、0,按代数值大小排列为 σ_1、σ_2、σ_3。

2.轴向拉压时的变形

由于轴向拉压杆内各点处于单向应力状态,根据第 2 章中的广义胡克定律,各点的应变分量也只有沿轴线 x 方向的正应变 ε_x 及垂直于 x 方向的 y、z 方向的正应变 ε_y、ε_z,它们为

$$\varepsilon_x = \frac{\sigma_x}{E} \tag{3.3}$$

$$\varepsilon_y = -\nu\frac{\sigma_x}{E} \tag{3.4}$$

$$\varepsilon_z = -\nu\frac{\sigma_x}{E} \tag{3.5}$$

而直杆沿 x 轴方向的纵向绝对变形量 Δl 可由单位长度的变形 ε_x 计算,一般情形下,考虑到正应变 ε_x 可以是沿 x 轴变化的,将杆件沿 x 轴方向细分为无数长为 $\mathrm{d}x$ 的小段,则每段内的 ε_x 可视为常数,且该小段的纵向变形量 $\mathrm{d}(\Delta l) \approx \varepsilon_x \mathrm{d}x$,整个杆件的纵向变形可由以下积分计算:

$$\Delta l = \int_l \mathrm{d}(\Delta l) = \int_l \varepsilon_x \mathrm{d}x = \int_l \frac{F_N(x)}{EA(x)}\mathrm{d}x \tag{3.6}$$

如果杆内的轴力 $F_N(x)$ 和横截面面积 $A(x)$ 沿轴线为常数,则有

$$\Delta l = \frac{F_N l}{EA} \tag{3.7}$$

显然,根据轴力的正负,可知绝对变形量 Δl 也有正有负,即分别为杆件变形后的伸长量和缩短量。式中 EA 称为杆的**拉压刚度**。

若轴力或横截面面积沿 x 方向分段为常数,或杆件分段材料不同,求总变形量时式(3.6)简化为分段求和形式

$$\Delta l = \sum_{i=1}^{n} \frac{F_{Ni}l_i}{E_i A_i} \tag{3.8}$$

例 3.1 图(a)为一阶梯形变截面圆杆,各段的直径如图所示,材料的弹性模量 $E=200\,\mathrm{GPa}$,已知 $F_1=40\,\mathrm{kN}$,$F_2=10\,\mathrm{kN}$,$F_3=10\,\mathrm{kN}$。试求杆内各段横截面上的正应力,画出杆 CD 段内任意一点的应力圆,并求出杆件的总伸长量。

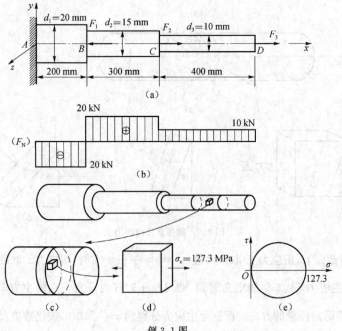

例 3.1 图

解:本题为变截面阶梯杆受轴向外力作用,变形形式为轴向拉压。

(1)求各段轴力,画轴力图

利用截面法可求出各段轴力并画出轴力图(图(b))。

(2)求各段应力

$$\sigma_{AB} = \frac{F_{NAB}}{A_{AB}} = -\frac{20 \times 10^3}{\frac{\pi}{4} \times 20^2} \text{MPa} = -63.7 \text{ MPa}$$

$$\sigma_{BC} = \frac{F_{NBC}}{A_{BC}} = \frac{20 \times 10^3}{\frac{\pi}{4} \times 15^2} \text{MPa} = 113.2 \text{ MPa}$$

$$\sigma_{CD} = \frac{F_{NCD}}{A_{CD}} = \frac{10 \times 10^3}{\frac{\pi}{4} \times 10^2} \text{MPa} = 127.3 \text{ MPa}$$

CD 段内各点均为单向应力状态,应力圆为图(e)。

(3)求杆件的总伸长量

将阶梯杆各段的变形量分别计算并叠加起来,得到杆件的总伸长量 Δl 为

$$\Delta l = \Delta l_{AB} + \Delta l_{BC} + \Delta l_{CD} = \frac{F_{NAB} l_{AB}}{EA_{AB}} + \frac{F_{NBC} l_{BC}}{EA_{BC}} + \frac{F_{NCD} l_{CD}}{EA_{CD}}$$

$$= \left(-\frac{63.7 \times 200}{200 \times 10^3} + \frac{113.2 \times 300}{200 \times 10^3} + \frac{127.3 \times 400}{200 \times 10^3} \right) \text{mm}$$

$$= (-0.064 + 0.170 + 0.255) \text{ mm} = 0.361 \text{ mm}$$

注意:杆件的总伸长量为各段变形量的代数和。

例 3.2 长度为 l、重量为 W 的直杆 OB,上端固定,杆的弹性模量 E 和横截面积 A 已知。试求在自重作用下杆中的最大正应力及下端 B 点的位移。

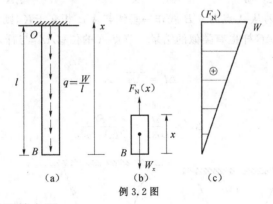

例 3.2 图

解:(1)列轴力方程并画轴力图

将杆件的自重视为均布载荷 $q = \frac{W}{l}$,利用截面法(图(b)),可得轴力方程为

$$F_N(x) = W_x = qx = \frac{Wx}{l} \qquad (0 \leqslant x < l)$$

轴力图如图(c)所示,杆中最大轴力为 $F_{Nmax} = W$。

(2)求杆中应力

$$\sigma(x) = \frac{F_N(x)}{A} = \frac{Wx}{Al} \qquad (0 \leqslant x < l)$$

显然,在杆的接近上端的横截面处,应力达到最大值 $\sigma_{max} = \frac{W}{A}$。

(3)求下端 B 点的位移

杆的总伸长量为

$$\Delta l = \int_0^l \frac{F_N(x)\,\mathrm{d}x}{EA} = \int_0^l \frac{Wx\,\mathrm{d}x}{EAl} = \frac{Wl}{2EA}$$

故杆的下端 B 点的位移为 $\Delta_B = \Delta l = \dfrac{Wl}{2EA}(\downarrow)$。

注意: 从本题可以看出,杆件的自重造成的应力最大值与 $\dfrac{W}{A}$ 有关。取工程上常见的一个实例计算:长 $l=1$ m、横截面积 $A=100$ mm^2 的普通钢制杆,单位体积重量约为 $\gamma=7.8\times10^{-5}$ N/mm^3,则杆的自重为 $W=\gamma Al$。根据本题结果,杆中最大正应力 $\sigma_{max}=\dfrac{W}{A}=\gamma l=0.078$ MPa。比较一下,若在杆的 B 端加一向下的轴向力 $F=1$ kN,则杆中应力为 $\sigma=\dfrac{F}{A}=\dfrac{10^3}{100}$ MPa $=10$ MPa,这说明,一般情形下杆件自重产生的应力是很小的量,可以忽略不计。但对长度很长的起重绳索、长杆或自重较大、强度较低的砖石立柱等,则应考虑其自重的影响。

3. 杆件变形引起的桁架结构节点位移

桁架是由二力直杆铰接形成的杆系结构。桁架中各杆在轴向拉压时会发生伸长缩短,因此造成桁架中的节点发生相应的位移。根据杆件轴向拉压变形计算的结果,利用小变形的基本假设,可方便地计算出桁架结构节点的位移。

在小变形的假设下,各杆件的伸长或缩短量与杆件原长相比是一个很小的量。工程中常采用"以切代弧"的方法确定桁架节点变形后的新位置,并可用简化的几何关系计算节点的位移。如图 3.4 的两杆支架所示,设两杆材料和几何尺寸完全相同,在节点 A 处作用一铅垂向下外力 F,两杆中的轴力相同,均为 $F_N=\dfrac{F}{2\cos\alpha}$,且两杆的变形相同,伸长量均为 $\Delta l=\dfrac{F_N l}{EA}=\dfrac{Fl}{2EA\cos\alpha}$。设两杆变形后,$A$ 点的位置变成 A'。若从 A 点向 $A'B$ 线作一垂线与 $A'B$ 相交于 K,则 KA' 可近似为杆 AB 的伸长量,即 $KA'=\Delta l$。同理 AC 杆也有类似的结果。节点 A 的位移 $\overline{AA'}$ 与杆 AB 的伸长量之间有一简单的几何关系,即

$$\Delta l = \overline{AA'}\cos\alpha \tag{3.9}$$

故节点 A 的位移为

$$\Delta_A = \frac{\Delta l}{\cos\alpha} = \frac{Fl}{2EA\cos^2\alpha}$$

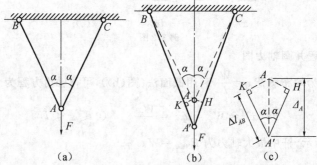

图 3.4 节点位移的简化计算

由于杆 AB 发生的转角很小,所以可认为 BK 即为杆 AB 变形前长度,这就是"以切代弧"的近似计算。此外,图 3.4 在"以切代弧"的近似计算中,是以变形后的位置为基础计算的,当然也可利用变形前的位置进行计算,因为小变形条件下,变形后的位置近似等于变形前的位置。读者可自行练

习并加以比较。

例 3.3　如图所示三角架 ABC,若已知杆 AB 长 $l_1 = 1\,\mathrm{m}$,横截面积 $A_1 = 100\,\mathrm{mm}^2$,材料的弹性模量 $E_1 = 200\,\mathrm{GPa}$,杆 BC 横截面积 $A_2 = 400\,\mathrm{mm}^2$,材料的弹性模量 $E_2 = 10\,\mathrm{GPa}$,点 B 作用了一个铅垂向下的力 $F = 10\,\mathrm{kN}$,试求变形后节点 B 的位移。

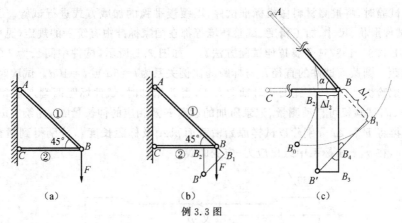

例 3.3 图

解:(1)求各杆轴力

由节点 B 的平衡条件求出 AB、BC 两杆的轴力分别为

$$F_{N1} = \sqrt{2}F \quad , \quad F_{N2} = -F$$

(2)求各杆的变形量

杆 AB 受拉,伸长量为

$$\Delta l_1 = \frac{F_{N1} l_1}{E_1 A_1} = \frac{\sqrt{2} \times 10 \times 10^3 \times 10^3}{200 \times 10^3 \times 100}\,\mathrm{mm} = 0.707\,\mathrm{mm}$$

杆 BC 受压,缩短量为

$$\Delta l_2 = \left| \frac{F_{N2} l_2}{E_2 A_2} \right| = \frac{10 \times 10^3 \times \frac{\sqrt{2}}{2} \times 10^3}{10 \times 10^3 \times 400}\,\mathrm{mm} = 1.77\,\mathrm{mm}$$

(3)求节点 B 的位移

由于杆 AB 伸长,杆 BC 缩短,设杆 AB 伸长后为 AB_1,杆 BC 缩短为 B_2C。过 B_1 作垂线垂直于 AB,过 B_2 作垂线垂直于 BC,两垂线相交于点 B',点 B' 即为节点 B 变形后的新位置(图(b))。点 B 的位移可分解为铅垂位移和水平位移两个分量,根据图(c)中的几何关系,有

$$\Delta_{By} = BB_3 = BB_4 + B_4 B_3 = \sqrt{2}\Delta l_1 + \Delta l_2 = 2.77\,\mathrm{mm}(\downarrow)$$

$$\Delta_{Bx} = B_3 B' = \Delta l_2 = 1.77\,\mathrm{mm}(\leftarrow)$$

注意:本题采用“以切代弧”求桁架节点位移,这是工程中常用的简化计算方法之一。从本例的图(c)中可以看到,节点 B 变形后的更准确位置应为 B_0,但由于是小变形,B_0 与 B' 之间的位置差是高阶小量,故可以忽略。这种近似可以大大简化位移与变形之间的几何关系,结果的精度在工程上也是可以接受的。

3.2　常温静载下材料的基本力学性能

材料的力学性能(或称机械性能)是指材料在受力后表现出的力与变形之间的关系及材料破坏的特征。这些性能特征必须通过各种试验得出。在不同的加载范围和环境条件下,材料具有不同的力学性能。例如,在弹性范围内与超出弹性范围的加载力度下的力学性能,常温、静载下与高温、冲

击载荷下的力学性能等等,都是完全不同的。因此,需要分别进行不同项目的材料试验。最基本、最常见的是材料在常温、静载下的拉伸试验及压缩试验。由此可以得到材料在受力时的应力-应变曲线这一重要的力学特征。

1. 材料拉伸及压缩试验

材料拉伸试验时,将被测材料做成标准试件,以缓慢平稳的加载方式进行试验。为使试验结果具有可比性,试件形状、尺寸、加工精度、试验环境等都在国家标准中有统一的规定(见中华人民共和国国家标准(GB 228—1987)《金属拉伸试验方法》)。如图 3.5 所示,试件中间长为 l 的一段作为试验段,l 称为标距。圆截面试件的直径 d 与标距的比例关系为 $l=5d$ 或 $l=10d$。试验时,将试件两端用夹具安装于试验机上,对试件施加一对轴向力 F,当 F 增加时,试件标距两端产生相对位移,标距由 l 伸长为 $l+\Delta l$,试验机可自动测量、记录所加的载荷 F 及相应的伸长量 Δl,并绘出 $F-\Delta l$ 曲线,称为**拉伸曲线**。再将 F 和 Δl 分别除以试样原始横截面积 A 及标距长度 l,分别得到横截面上的正应力 σ 及正应变 ε,在 $\sigma-\varepsilon$ 坐标系中绘出应力-应变曲线。

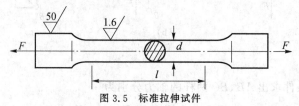

图 3.5 标准拉伸试件

进行压缩试验时,试件一般为圆柱体,高度为直径的 $1\sim3$ 倍。同样也可获得压缩时的应力-应变曲线。

不同材料的应力-应变曲线有很大差异。通过曲线的某些共同特征可将材料区分为**塑性材料**和**脆性材料**两大类型。图 3.6 中(a)、(b)分别为塑性及脆性材料拉伸时的应力-应变曲线,图 3.7 中(a)、(b)分别为塑性及脆性材料压缩时的应力-应变曲线。这两类材料以低碳钢和铸铁为典型代表,下面分别讨论它们各自拉伸和压缩时的力学特征。

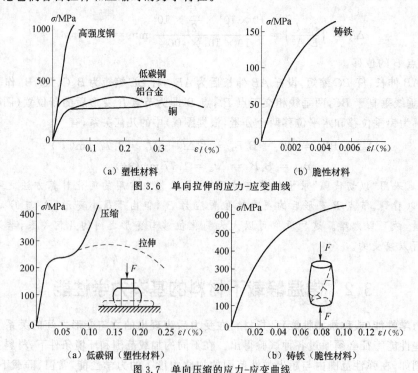

（a）塑性材料   （b）脆性材料

图 3.6 单向拉伸的应力-应变曲线

（a）低碳钢（塑性材料）   （b）铸铁（脆性材料）

图 3.7 单向压缩的应力-应变曲线

2. 低碳钢应力-应变曲线

低碳钢是指含碳量在 0.3% 以下的碳钢,广泛应用于工程实际中,是典型的塑性材料。

低碳钢拉伸时典型的应力-应变曲线形状如图 3.8 所示。从试样开始受力(点 O)至试样被拉断(点 E),整个拉伸过程可通过 3 个重要的特征点将其分为 4 个阶段。

弹性阶段 OB——从开始加载的点 O 至点 B。在 OB 段内材料的变形是完全弹性的、可逆的,即如果在 OB 段内某一点停止加载并卸载至零,则试样产生的变形也将全部消失。这一阶段内的 OA 部分是直线段,应力与应变成正比,也即胡克定律所给出的应力-应变关系

$$\sigma = \tan\alpha \cdot \varepsilon = E\varepsilon \qquad (3.10)$$

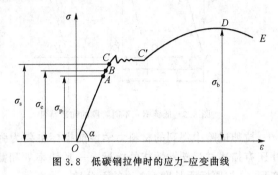

图 3.8　低碳钢拉伸时的应力-应变曲线

直线段 OA 的最高点 A 所对应的应力值称为材料的**比例极限**,用 σ_p 表示。超过点 A 后的曲线不再为直线,应力与应变不再保持正比关系,但变形仍是弹性的。点 B 所对应的应力值为**弹性极限**,用 σ_e 表示。但通常 σ_p 与 σ_e 的数值十分接近,故工程上不予严格区别。

屈服阶段 BC'——当应力超过弹性极限 σ_e 后,试样中就会出现塑性变形,即变形中包含不能完全恢复的部分,也称残余变形。从点 B 至点 C' 这一段内,曲线出现了一段水平线段(有微小波动而成锯齿状)。表明这时应力虽不增加,但应变却急剧增加,这一现象称为**屈服**或**流动**。对应于此锯齿状曲线的最低点 C 的应力值称为**屈服极限**,用 σ_s 表示。当应力达到 σ_s 后,试样会产生显著的塑性变形。在试样加载过程中,达到屈服状态的明显标志是可在抛光的试样表面上观察到与杆轴成 45°方向的一系列条纹,称为**滑移线**。滑移线的出现是由于拉伸时与杆轴成 45°方向的斜截面上切应力最大,造成材料内部晶格相对滑移而形成的。

强化阶段 $C'D$——屈服阶段之后,曲线从点 C' 又继续上升至最高点 D,说明材料屈服之后又恢复了抵抗变形的能力,必须增加应力才可继续变形。这一现象称为材料的**强化**。点 D 所对应的应力值是材料所能承受的最大应力值,称为**强度极限**,用 σ_b 表示。

局部收缩阶段 DE——曲线到达点 D 之前的变形沿轴线方向是均匀的,从点 D 开始往后,变形将集中发生于某一局部长度范围之内。此处横截面积显著缩小,称为**缩颈现象**。由于缩颈使得横截面面积变小,试样变形所需的拉力 F 减小,因而使图中纵坐标 $\sigma = \dfrac{F}{A}$(此处 A 为杆的原始横截面面积)也减小,曲线下降,直至点 E,试样在缩颈处最终被拉断。

如果在拉伸过程中的不同阶段处卸载,将有不同的结果。如图 3.9,若在弹性极限 σ_e 以下卸载,应力和应变按原关系减小至零,OB 段既是加载曲线也是卸载曲线。若在超过弹性阶段的任意一点卸载(如图 3.9 中的点 K),则卸载曲线为直线 KO_1,且 KO_1 几乎与 OA 平行,点 O_1 的应力为零但应变不为零,这部分应变 OO_1 就称为**塑性应变**或**残余应变**,用 ε_p 表示。而卸载过程中消失的应变 O_1O_2 称为弹性应变,用 ε_e 表示,这部分应变与应力成正比关系,二者之和为 K 点处的总应变,用 ε_t 表示。试样在点 E 被拉断后,总残余应变为 ε_0(图 3.9 中的 OH)。

如果在超过弹性极限 σ_e 后的任意点 K 卸载之后随即在点 O_1 重新加载,则应力应变重新按正比关系增加,即重新加载曲线仍为 O_1K,过 K 点后仍按原曲线变化至最高点 D 并下降到点 E(图 3.10),此时比例极限就会由原来的 σ_p 升高至现在的 K 点对应的应力值 σ'_p,而拉断时总残余应变 ε'_0(图 3.10 中的 O_1H)也减小。这一现象在工程上称为冷作硬化,可以用来提高构件的比例极限。

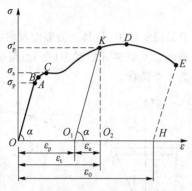

图 3.9 低碳钢在不同阶段的卸载特性

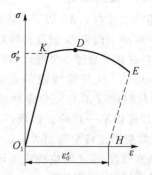

图 3.10 低碳钢的冷作硬化现象

拉伸试验中得到的材料力学性能指标主要为弹性模量 $E = \tan\alpha$，屈服极限 σ_s 和强度极限 σ_b，另外还有描述材料塑性性能的指标——延伸率 δ 和截面收缩率 ψ。**延伸率**即试样拉断后标距段的总变形 Δl 与原标距长度 l 之比的百分数

$$\delta = \frac{\Delta l}{l} \times 100\% \tag{3.11}$$

δ 越大，材料的塑性越好，工程中一般以 $\delta = 5\%$ 为脆性材料与塑性材料的分界线。

截面收缩率定义为

$$\psi = \frac{A_0 - A}{A_0} \times 100\% \tag{3.12}$$

式中，A_0 为横截面原始面积，A 为试件拉断后断口处的横截面面积。ψ 也是材料塑性的指标，ψ 越大，材料的塑性越好。

低碳钢压缩时的应力-应变曲线如图 3.7(a)所示。与拉伸的曲线(图中虚线)比较可知，在屈服阶段之前两者几乎重合。因此，压缩时的弹性模量 E，比例极限 σ_p，屈服极限 σ_s 与拉伸时的相同，即弹性范围内低碳钢为拉压同性材料。在强化阶段的后部，两曲线逐渐分离，压缩曲线一直上扬，且不存在压缩强度极限。这是由于低碳钢塑性较好，压力加大时产生很大塑性变形而不断裂，试样越压越扁，横截面积不断增加，因而能够承受的压力也增大。

3. 铸铁应力-应变曲线

铸铁是典型的脆性材料，其力学性能特点为：拉伸时，从受力直至被拉断，变形总量很小，断口垂直于轴线(沿横截面断开)，表明试样是由于横截面上正应力过大被拉断的。无屈服阶段及缩颈现象。唯一的特征点应力值为拉断时的最大应力，即抗拉强度极限 σ_{bt}。在应力很小时，应力与应变之间也不是严格的正比关系，而是一条曲线(图 3.6(b))。但由于该曲线曲率很小，常以割线代替，认为应力应变近似符合胡克定律，弹性模量 E 则用割线斜率代替。

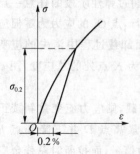

图 3.11 名义屈服极限 $\sigma_{0.2}$

铸铁在压缩时，抗压强度极限 σ_{bc} 远高于抗拉强度极限 σ_{bt}(为 3～4 倍)。压缩试样破坏时断口与轴线约成 45°角，这表明压缩时铸铁破坏是由于 45°方向上的最大切应力过大而被剪断的(图 3.7(b))。

4. 其他材料的应力-应变曲线

图 3.6(a)中还给出了其他一些材料在拉伸时的应力-应变曲线。与低碳钢比较，除了有各自的比例极限 σ_p 和强度极限 σ_b 外，有一些材料没有明显的屈服阶段，这给确定屈服极限 σ_s 带来困难。为此，国标规定可以取试件卸载后残留 0.2% 的塑性应变时对应的卸载开始点应力值为名义屈服极限，用 $\sigma_{0.2}$ 表示(图 3.11)。对工程中常见的各种塑性、脆性材料的力学性能指标可参考表 3.1。

表 3.1 常温静载下几种常用材料的力学性能

材料名称	牌号	σ_s/MPa	σ_b/MPa	δ_5/(%)
普通碳素钢	Q216	186～216	333～412	31
	Q235	216～235	373～461	25～27
	Q274	255～274	490～608	19～21
优质碳素结构钢	15	225	373	27
	40	333	569	19
	45	353	598	16
普通低合金结构钢	12Mn	274～294	432～441	19～21
	16Mn	274～343	471～510	19～21
	15MnV	333～412	490～549	17～19
	18MnMoNb	441～510	588～637	16～17
合金结构钢	40Cr	785	981	9
	50Mn2	785	932	9
碳素铸钢	ZG15	196	392	25
	ZG35	274	490	16
可锻铸铁	KTZA5－5	274	441	5
	KTZ70－2	539	687	2
球墨铸铁	QT40－10	294	392	10
	QT45－5	324	441	5
	QT60－2	412	588	2
灰铸铁	HT15－33		98.1～274(拉) 637(压)	
	HT20－40		240(拉) 850(压)	

注：表中 δ_5 是指 $l=5d$ 的标准试样的延伸率。

5. 温度与加载速度对材料力学性能的影响

前面讨论的是在常温、静载下的材料力学性能。但是，试验表明，温度及加载速度对其影响是很大的。在高温环境下进行静载拉伸试验（加载速度保持在标准的应变速度范围之内，即 $d\varepsilon/dt=0.01～3.00\ \text{min}^{-1}$），可得到不同温度范围内的弹性模量 E、屈服极限 σ_s、强度极限 σ_b 及延伸率 δ、截面收缩率 ψ 等指标与温度之间的关系曲线。图 3.12 为低碳钢的实验曲线，可以看出，低碳钢的弹性模量、屈服极限在低温情况下变化不大，但强度极限随温度降低而降低，延伸率、截面收缩率随温度降低而升高，在 300℃ 左右时分别出现一个峰值。表明在 300℃ 以下，低碳钢表现出脆性（称为蓝脆），而温度高于 300℃ 时，延伸率、截面收缩率升高而强度极限下降。除了低碳钢之外，其他大多数金属和合金钢在温度升高时都有 δ 单调增加而 σ_s、σ_b 单调降低的现象。

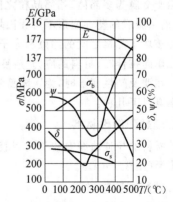

图 3.12 不同温度下低碳钢的实验曲线

而加载速度对材料力学性能的影响通常表现为加载速度越快，材料表现越趋于脆性。原因在于极短的加载时间内，塑性变形来不及形成。尤其是高温条件下，加载速度的影响更为显著。

3.3　材料的塑性变形机理与模型

工程中常用的材料大部分是金属,一般都具有晶体的构造形式,即由随机排列方向的微小晶粒——单晶体所构成的多晶体。在每一个单晶体晶粒中,金属原子按一定次序排列,构成规则的晶格空间。从固体物理学中知道,晶格上的各个原子间存在相互作用力,使之处于稳定平衡状态,而外力的作用破坏了这种平衡,晶格中的原子发生相对移动,因而使相互作用力变化,达到新的平衡。在小变形的范围内,宏观上物体各点表现为某一确定的宏观位移,且这一位移与外力呈线性关系,这便是胡克定律。一旦外力除去,原子又回到原有位置,物体恢复原来的形状与尺寸,这种变形即弹性变形(图 3.13(a))。

如果外力过大,宏观变形在外力除去后将不能完全恢复,即产生了塑性变形(图 3.13(b))。塑性变形的产生与晶格内的剪切错动有关。在拉伸试验中,出现在屈服阶段的滑移线即是这种滑移的宏观表现。图 3.14 是滑移机理的简单模型。沿 45°方向的滑移线表明滑移发生在最大切应力作用面的切线方向。实际上,金属中随机沿各个方向排列的晶粒中有些取向不利的在载荷很小时就会发生滑移。但这种局部的微观塑性变形在弹性阶段并未表现为宏观的塑性变形,当载荷较大时,足够多的晶粒产生滑移形成滑移带,才表现为宏观塑性变形,即产生屈服现象。

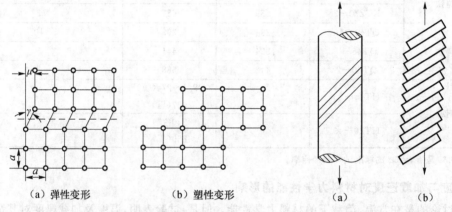

（a）弹性变形　　　　　（b）塑性变形

图 3.13　金属的变形　　　　　　　图 3.14　滑移机理的简单模型

由于金属为多晶体,相邻晶粒之间的相互作用使得一个晶粒内的塑性滑移受到相邻晶粒的阻碍,因而屈服后的塑性变形不可无限增加,宏观表现为应变硬化现象。如果载荷继续加大,塑性变形的增加破坏了晶格之间的约束和原子之间的束缚,最后导致断裂。

在单向拉伸时,材料的应力-应变曲线在达到屈服之后是非线性的。不同材料的曲线也有很大区别。在涉及塑性变形时,为了降低复杂性,通常把应力-应变关系进行必要的简化,常见的几种简化方案有以下几种:

1. 理想弹塑性材料

若材料的拉伸曲线有较长的屈服流动阶段,或材料的强化程度不明显,都可简化成理想弹塑性材料模型(图 3.15(a))。

2. 理想刚塑性材料

如果理想弹塑性材料的塑性变形较大,致使应变中的弹性部分可以略去,则可简化为理想刚塑性材料模型(图 3.15(b))。

3. 线性强化弹塑性材料

对强化比较明显的材料,如果可用斜直线表示强化阶段,则可简化成线性强化弹塑性材料模型

（图 3.15(c)）。

4.线性强化刚塑性材料

在上一种模型中如果再省略应变中的弹性部分,则成为线性强化刚塑性材料模型(图 3.15(d))。

5.幂强化材料

对于某些材料,应力-应变曲线没有明显的弹性阶段和屈服阶段,也可将应力与应变关系近似表为幂函数 $\sigma = c\varepsilon^n$(图 3.15(e))。

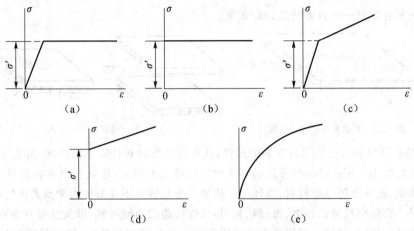

图 3.15　单向应力时材料的塑性变形模型

以上是单向应力的情况。在复杂应力状态下,塑性变形的应力-应变关系要更为复杂,读者可参考塑性力学的有关著作。

3.4　复合材料的力学性能及新材料简介

复合材料通常是指两种或两种以上互不相溶(熔)的材料通过一定方式组成的新型材料。古代加入植物秸秆的泥土,近代的钢筋混凝土都是早期的复合材料。20 世纪 30 年代出现的树脂基长纤维增强型复合材料,标志着现代复合材料的诞生,并逐步在军事及民用各领域得到了广泛的应用。航天、航空器、机械与车辆部件、建筑与桥梁、化工设备、体育器材及生活用品,都可见到复合材料的身影。

复合材料作为结构材料应用时最大的优势是具有较高的比强度和比刚度(比强度或比刚度＝强度或刚度/单位质量),还有抗疲劳、抗腐蚀性能好等优点。

在工程中已有广泛应用的长纤维增强复合材料一般是以韧性好的材料(如金属、塑料)作为基体,将强度高的长纤维(玻璃、碳、硼等)与之牢固粘结成为一体的材料。长纤维增强复合材料的力学性能与传统金属相比较,明显的不同是它具有"各向异性"。在纤维方向上,复合材料的弹性模量和强度的增强效果明显,而在垂直于纤维方向上则改变不显著。

考虑图 3.16 的单向长纤维增强复合材料,x 为纤维方向,y 为垂直于纤维方向,用 V_f、E_f 表示纤维材料的体积百分比和弹性模量,V_m、E_m 表示基体材料的体积百分比和弹性模量,则两者复合后的材料整体沿纤维和垂直于纤维方向的弹性模量可表示为

$$E_x = V_m E_m + V_f E_f \tag{3.13}$$

$$E_y = \left(\frac{V_m}{E_m} + \frac{V_f}{E_f} \right)^{-1} \tag{3.14}$$

以玻璃纤维增强环氧树脂为例,取 $V_f = 0.7$, $E_f = 85$ GPa, $E_m = 5$ GPa,这时 $E_x = 61$ GPa, $E_y = 14.6$ GPa。

可见,沿纤维方向复合材料的弹性模量有显著的增强。

由于单向长纤维增强复合材料在垂直于纤维方向上的力学性能没有得到明显增强,可采用构造叠层材料加以解决。如图 3.17 所示,取层 1 的纤维方向与层 2 的纤维方向垂直,将两层材料黏结起来形成叠层材料,就使两个方向上的材料力学性能都得到了增强。

除了长纤维增强型复合材料,还有短纤维增强型、颗粒增强型及编织复合材料。作为复合材料的基体,除了树脂类及高分子基体外,还有金属基、陶瓷基等复合材料。无论采用何种复合方法,不仅单一材料的力学性能可以得到提高和增强,材料的其他特性如热、电、磁及光学特性等,都可以通过类似的方法复合出单一材料无法达到的效果。

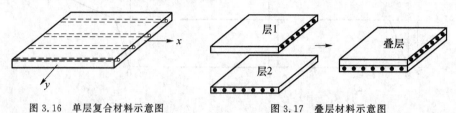

图 3.16　单层复合材料示意图　　　　　　图 3.17　叠层材料示意图

21 世纪是材料科学与技术飞速发展的时代,具有超性能的新材料不断涌现,并在工程各领域发挥着日益重要的作用。正在研制与开发的零维纳米级微粒材料,一维高强度有机纤维、光导纤维及二维金刚石薄膜、超导薄膜等新材料,都体现了传统三维材料所不具备的力学及其他性能,显示了广阔的应用前景。而各类具有优异电、磁、声、光、热特殊性能的功能材料,以及具有自检测、自识别、自调节和自修复功能的智能材料,正逐步进入应用阶段。这些新型的功能、智能材料在投入工程实际应用时也不可避免地涉及它们自身的力学性能。因此,材料的力学性能的研究与检测是一个仍需投入极大精力进行广泛研究与深入探讨的前沿领域。

3.5　轴向拉压杆件的失效及强度条件

工程构件由于各种原因丧失其正常工作的能力称为**失效**。失效的原因有很多,其中因强度不足而引起的称为强度失效。强度不足可以表现为构件的断裂,也可以表现为产生很大的塑性变形。判断构件强度是否足够,需要有一个强度准则,据此设计构件以保证其安全正常地工作。

目前大多数工程部门采用的常规设计概念是基于"一点处失效"的准则,即构件中任意一点处的失效都使得构件整体不能正常工作。对于轴向拉压的变形形式,即要求构件上任意横截面上的正应力都不超过材料的某一个**极限应力** σ_u。对于塑性材料,为了保证不出现塑性变形,极限应力 σ_u 应取为材料的屈服极限 σ_s;对于脆性材料,则可取为材料的强度极限 σ_b。考虑到一定的**安全因数** n(即为了确保构件安全而规定的强度储备),故最终构件中允许达到的最大应力值记为**许用应力**$[\sigma]$,为

$$[\sigma] = \frac{\sigma_u}{n} \tag{3.15}$$

因此,对于轴向拉压的杆件,其强度条件为

$$\sigma_{max} \leqslant [\sigma] \tag{3.16}$$

一般情况下,塑性材料(如低碳钢)的拉伸、压缩许用应力相同,故上式中 σ_{max} 应取为轴向拉压杆件工作时横截面上正应力的最大绝对值;而脆性材料(如铸铁)拉伸许用应力则远低于压缩许用应力,故脆性材料通常需要分别校核拉伸强度和压缩强度,即强度条件为

$$\sigma_{max}^+ \leqslant [\sigma_+] \quad , \quad \sigma_{max}^- \leqslant [\sigma_-] \tag{3.17}$$

式中,σ_{max}^+、σ_{max}^- 分别为杆件工作时横截面上的最大拉伸正应力和最大压缩正应力绝对值,$[\sigma_+]$、$[\sigma_-]$ 分别表示材料的许用拉应力和许用压应力绝对值。

式(3.15)中安全因数 n 的大小需综合考虑各种因素后加以选择,如材料性能的差异、载荷变化的差异、分析方法的差异、各种隐含的破坏因素及构件本身在整个结构中的重要性等,本着既安全又经济的原则并参考有关部门的规范而选定。一般情况下,塑性材料取 $n=1.2\sim2.5$,脆性材料取 $n=2.0\sim3.5$,甚至更高。

3.6 轴向拉压杆件的分析和强度计算

杆件在轴向拉压时的分析和强度计算包括以下内容。

(1)工作状态下杆件的应力分析。

①根据构件及结构的受力和约束条件确定各轴向拉压杆件的轴力分布,必要时画出轴力图;

②综合杆件的轴力、横截面尺寸及材料的许用应力,判断杆的危险截面及最大应力,还可根据轴力分布计算杆中各横截面应力、应变及杆件总变形量;

(2)利用轴向拉压强度条件进行强度计算。

(3)对于某些对刚度有要求的杆系结构,还应对杆的变形量或杆系节点位移等参数进行刚度计算。

对于轴向拉压的杆件,主要进行的是强度计算,利用强度条件式(3.16)或式(3.17),可以解决以下三类强度问题:

(1)强度校核

已知外力、杆件的几何形状与尺寸及材料的许用应力,验证杆件内最大工作应力是否满足强度条件式(3.16)或式(3.17)。

(2)截面设计

已知外力及杆件材料的许用应力,利用强度条件确定能够保证杆件安全的最小横截面积,从而设计横截面几何尺寸。

(3)确定许可载荷

已知杆件的横截面尺寸及材料的许用应力,利用强度条件确定杆件能安全承担的最大载荷。

例3.4 支架结构如图(a)所示,OAC 和 DGH 为刚性横梁,杆 AB 和杆 CD 的材料相同,横截面积分别为 A_1 和 A_2。已知 $F=10\ \text{kN}$,$A_1=160\ \text{mm}^2$,$A_2=120\ \text{mm}^2$,材料的许用应力 $[\sigma]=150\ \text{MPa}$,试校核该结构的强度。

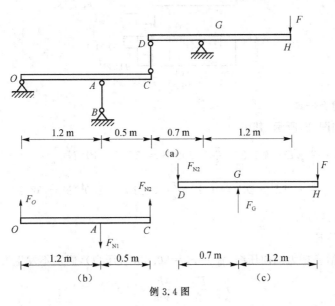

例3.4 图

解:结构中的杆 AB、CD 都是二力杆,为轴向拉压变形。

(1)求各杆的轴力

取刚性横梁 DGH 为分离体(图(c)),可求出杆 CD 的轴力为

$$F_{N2} = \frac{1.2}{0.7}F = \frac{12}{7}F = 17.14 \text{ kN}$$

取刚性横梁 OAC 为分离体(图(b)),可求出杆 AB 的轴力为

$$F_{N1} = \frac{1.7}{1.2}F_{N2} = \frac{17}{7}F = 24.29 \text{ kN}$$

(2)求各杆应力并校核

$$\sigma_1 = \frac{F_{N1}}{A_1} = \frac{24.29 \times 10^3}{160} \text{MPa} = 151.8 \text{ MPa}$$

$$\sigma_2 = \frac{F_{N2}}{A_2} = \frac{17.14 \times 10^3}{120} \text{MPa} = 142.8 \text{ MPa}$$

显然,杆 CD 的应力 $\sigma_2 = 142.8$ MPa$<[\sigma] = 150$ MPa,故杆 CD 安全,而杆 AB 的应力 $\sigma_1 = 151.8$ MPa$>[\sigma]=150$ MPa,但工程上一般规定:工作应力超出许用应力的部分在 5% 之内,仍然是安全的,$\frac{151.8-150}{150}=1.2\%<5\%$,故杆 AB 仍为安全的。

注意:工程实际问题简化为计算模型以及确定材料的许用应力时,都有偏于安全的近似,故工程上一般都规定在校核强度条件时,如果工作应力超过许用应力,只要超过的部分在 5% 之内,仍可认为是安全的。今后遇到校核强度或刚度的问题时,都可按照这一工程原则处理。

例 3.5 某空气压缩机的汽缸如图(a)所示,压气时活塞的一端受到外力 F_1 的作用,汽缸内气体的压力为 $p=1.2$ MPa,已知活塞材料的许用应力$[\sigma]=40$ MPa,试设计活塞杆的直径 d。

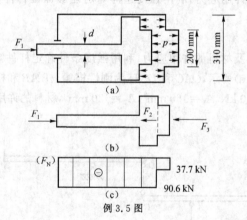

例 3.5 图

解:(1)活塞的轴力计算

活塞的受力图如图(b)所示,其中

$$F_3 = p \cdot \frac{\pi}{4} \cdot D_2^2 = 1.2 \times \frac{\pi}{4} \times 200^2 \text{N} = 37.7 \times 10^3 \text{ N}$$

$$F_2 = p \cdot \frac{\pi}{4} \cdot (D_1^2 - D_2^2) = 1.2 \times \frac{\pi}{4} \times (310^2 - 200^2) \text{N} = 52.9 \times 10^3 \text{ N}$$

活塞的轴力图如图(c)所示。

(2)活塞杆直径设计

由轴力图可知,活塞杆为轴向压缩,轴力 $F_N = 90.6$ kN(压力),假定不发生失稳,由强度条件

$$\sigma = \frac{F_N}{A} = \frac{4F_N}{\pi d^2} \leqslant [\sigma]$$

得

$$d \geqslant \sqrt{\frac{4F_N}{\pi[\sigma]}} = \sqrt{\frac{4 \times 90.6 \times 10^3}{\pi \times 40}} \text{ mm} = 53.7 \text{ mm}$$

故可取活塞杆的直径为 54 mm。

注意:本题讨论的是根据强度条件设计杆件的截面几何尺寸。活塞杆由于是轴向压缩,这里是在假定其不发生失稳的条件下进行的强度设计,受轴向压缩的杆件的稳定性分析见第 9 章压杆稳定。

例 3.6 两杆三角支架如图(a)所示,杆 AB 和杆 AC 的材料相同,杆 AB 为圆截面,直径 $d = 20$ mm,杆 AC 为矩形截面 $a \times b = 16$ mm $\times 18$ mm,材料的许用应力为 $[\sigma] = 140$ MPa,试确定结构的许用载荷 $[F]$。

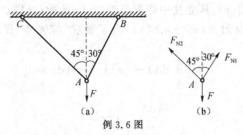

例 3.6 图

解:(1)求各杆轴力表达式

对节点 A(图(b))列写平衡方程,求得

$$F_{N1} = \frac{2F}{1+\sqrt{3}} = 0.732F, \quad F_{N2} = \frac{\sqrt{2}F}{1+\sqrt{3}} = 0.518F$$

(2)根据各杆的强度条件确定许用载荷

对杆 AB,有

$$\sigma_{AB} = \frac{F_{N1}}{A_1} = \frac{0.732F}{\frac{\pi}{4}d^2} \leqslant [\sigma]$$

故保证杆 AB 安全的载荷允许值为

$$[F]_1 = \frac{\frac{\pi}{4}d^2[\sigma]}{0.732} = \frac{\pi \times 20^2 \times 140}{4 \times 0.732}\text{N} = 60.1 \text{ kN}$$

对杆 AC,有

$$\sigma_{AC} = \frac{F_{N2}}{A_2} = \frac{0.518F}{ab} \leqslant [\sigma]$$

故保证杆 AC 安全的载荷允许值为

$$[F]_2 = \frac{a \times b \times [\sigma]}{0.518} = \frac{16 \times 18 \times 140}{0.518}\text{N} = 77.8 \text{ kN}$$

综合起来,保证两杆均安全的允许载荷应取 $[F] = \min\{[F]_1, [F]_2\} = 60.1$ kN。

注意:本题是根据强度条件确定许用载荷的例子,结构的安全要求意味着结构中各个部分均为安全的,求解时应根据每根杆件达到的极限状态来确定一个载荷允许值,再从中选择最小者为结构的最终许用载荷。特别要指出的是,一般在载荷作用下,结构中的各杆不会恰好同时达到各自的极限状态。结构中的各杆同时达到极限状态,即结构为"等强度结构",是结构在设计上最为合理的一种理想状态。对比较复杂的实际工程结构,通过设计上的优化可以尽量接近这个理想状态。

例 3.7 图(a)所示水塔,上端水箱 DB 部分的重力合力为 W,塔身 BC 段材料密度为 ρ,设计为变截面立柱,要求立柱为"等强度结构",即立柱任意截面上的正应力均等于材料的许用应力 $[\sigma]$。试确定立柱的横截面积沿立柱轴线 x 轴方向的变化规律 $A(x)$。

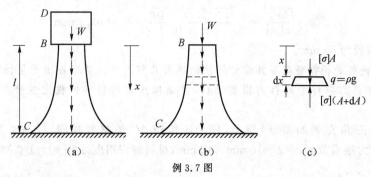

例 3.7 图

解: 立柱的受力简图见图(b)，从立柱中切取长度为 $\mathrm{d}x$ 的微段(图(c))，设 x 截面的横截面积为 $A(x)$，$x+\mathrm{d}x$ 截面的横截面积为 $A(x)+\mathrm{d}A(x)$，由于要求"等强度"设计，则各截面上的应力均为 $[\sigma]$，故微段的平衡方程为

$$[\sigma](A+\mathrm{d}A)-[\sigma]A-\rho gA\mathrm{d}x=0$$

即

$$\frac{\mathrm{d}A}{A}=\frac{\rho g}{[\sigma]}\mathrm{d}x$$

上式为关于函数 $A(x)$ 的常微分方程，通解为 $\ln A=\frac{\rho gx}{[\sigma]}+\ln C$，即

$$A=Ce^{\frac{\rho gx}{[\sigma]}}$$

C 为待定常数，注意到应有 $x=0$ 时，$A_0=C$，A_0 为 $x=0$ 处的横截面积。在 $x=0$ 处，强度条件为 $\frac{W}{A_0}=[\sigma]$，故 $C=A_0=\frac{W}{[\sigma]}$，横截面积沿 x 轴变化规律为

$$A(x)=\frac{W}{[\sigma]}e^{\frac{\rho gx}{[\sigma]}}$$

当 $x=l$ 时，立柱下端的横截面积为 $A_C=\frac{W}{[\sigma]}e^{\frac{\rho gl}{[\sigma]}}$，依此设计可保证立柱各横截面上的应力均恰好达到许用应力 $[\sigma]$，最大限度地保证了结构的合理性。

注意: 本题涉及"等强度结构"的概念，这种设计思想强调了在安全的前提下，结构整体上的合理性，这是工程上很重要的概念。今后在其他基本变形形式下还可以看到"等强度结构"的许多工程实例。

例 3.8 图(a)所示支架结构，杆 AB 沿铅垂方向，长度为 l，杆 AC 与铅垂方向的夹角为 θ(θ 可变)，节点 A 受水平力 F 作用。已知两杆材料的密度相同，杆 AB 的许用应力为 $[\sigma]_1$，杆 AC 的许用应力为 $[\sigma]_2$，且 $[\sigma]_2=\frac{1}{2}[\sigma]_1$，试求保证结构安全并使结构重量最轻的 θ 角数值。

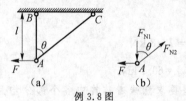

例 3.8 图

解: 设两杆的轴力分别为 F_{N1}(压力)、F_{N2}(拉力)，取节点 A 画出受力图(图(b))，由平衡条件得

$$F_{N1}=\frac{F}{\tan\theta}, \quad F_{N2}=\frac{F}{\sin\theta}$$

根据强度条件，两杆横截面积最小值分别为

$$A_1=\frac{F_{N1}}{[\sigma]_1}=\frac{F}{[\sigma]_1\tan\theta}$$

$$A_2 = \frac{F_{N2}}{[\sigma]_2} = \frac{F}{[\sigma]_2 \sin\theta} = \frac{2F}{[\sigma]_1 \sin\theta}$$

由此得结构的总体积为

$$V = A_1 l_1 + A_2 l_2 = \frac{Fl}{[\sigma]_1 \tan\theta} + \frac{2Fl}{[\sigma]_1 \sin\theta\cos\theta} = \frac{Fl}{[\sigma]_1}\left[\frac{1}{\tan\theta} + \frac{4}{\sin 2\theta}\right]$$

要使 V 有极小值，令 $\dfrac{dV}{d\theta}=0$，得 $\sin^2\theta = \dfrac{3}{5}$，即 $\theta = 50.8°$ 为使结构最轻的最佳角度。

注意：本题是结构优化设计的一个简单例子。在保证安全的前提下使结构重量最轻(即使其体积最小)，是工程实际中一个很常见又很有意义的课题。重量最轻在杆件受力分析时并不是说需考虑杆件自重，因为杆件自重比其承受载荷要小许多，通常忽略不计。

工程中，除了满足杆件的强度条件外，对杆件的变形或结构中节点的位移往往还有刚度条件的要求，即要求其变形或位移不超过某个允许值。可类比于强度计算进行相应的刚度计算。

3.7　应力集中及其对构件强度的影响

3.1 节中曾经指出，杆端受非均布的外载荷作用时，加载点附近区域内变形是非均匀的，故应力分布也是非均匀的。尤其是外载荷为集中载荷时，集中力作用点附近应力值远远高于杆件中的平均应力(图 3.18)。除此之外，构件几何形状的突变如开孔、螺纹或截面大小突然变化等，都会对杆内应力分布产生局部的影响，即在突变的区域附近产生很高的局部应力。图 3.19 为开孔板条在开孔处截面上的应力分布。这种集中载荷作用处或由于构件外形及尺寸突变引起局部应力急剧增高的现象称为**应力集中**。若发生应力集中的截面上最大应力为 σ_{max}，同一截面上的平均应力为 σ，则

$$K = \frac{\sigma_{max}}{\sigma} \tag{3.18}$$

式中，K 称为**应力集中因数**。它表明了应力突变的剧烈程度。

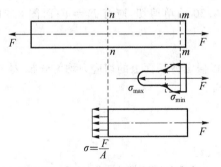

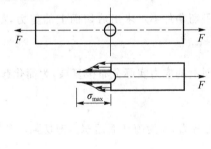

图 3.18　集中力作用点附近的应力集中　　　　图 3.19　开孔处的应力集中

实验结果表明，应力集中的程度与几何尺寸变化的比值有关。尺寸变化越剧烈，应力集中的程度越严重。而且不同类型的材料对应力集中的敏感程度也不同。塑性材料一般有屈服阶段，当应力集中处的最大应力达到屈服极限 σ_s 时，应力不再加大而由截面上其他尚未屈服的部分继续承担增加的载荷，使屈服区域逐渐扩大。这就降低了应力不均匀程度，限制了最大应力的数值。而脆性材料不出现屈服，应力集中处的最大应力一路领先增加到了材料的强度极限，使应力集中处最先破坏。所以，对于脆性材料构件，应特别注意避免应力集中造成的危害。例如，尽可能避免带尖角的孔、槽，在阶梯轴的轴肩处以圆角过渡，圆角半径越大越好。

至于构件受周期性变化的应力作用时，不论塑性、脆性材料，应力集中都会产生严重的影响，这将在"10.4 交变应力与疲劳失效"中详细讨论。

3.8 剪切和挤压的工程实用计算

剪切也是四种基本变形中的一种,常发生在螺栓、铆钉、销钉、键块等连接件中。这些零件通常尺寸较小,有些形状又不属于杆件,工作状态下连接件与被连接件之间相互作用造成的受力和变形十分复杂,除了剪切变形外,还有挤压变形,而且往往还伴随着其他的基本变形形式,很难作出精确的分析。工程中大都采用实用的"假定"计算方法,即将连接件的应力分布假定为简单的形式,由此计算出应力,另外根据实物试验或模拟试验,测出连接件破坏时按假定计算的应力数值大小,以此建立设计准则。

1. 剪切实用计算

当连接件承受大小相等、方向相反、作用线相互平行的一组力作用时,结果在某一截面上发生相对错动,破坏是沿剪切面发生的剪切破坏。剪切可以是发生在某一个剪切面上的单剪切(图 3.20),也可以是同时发生在不同剪切面上的双剪切(图 3.21)。

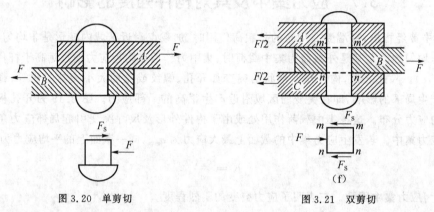

图 3.20 单剪切   图 3.21 双剪切

根据平衡条件不难求出剪切面上的剪力,如图 3.20 的单剪切,应有 $F_s = F$;而图 3.21 的双剪切,应有 $F_s = \dfrac{F}{2}$。

剪切面上的应力实际分布很复杂,为简化起见,可假定剪切面上的切应力均匀分布,故有

$$\tau = \frac{F_s}{A} \tag{3.19}$$

式中,F_s 为剪力,A 为剪切面面积。剪切强度条件为

$$\tau = \frac{F_s}{A} \leqslant [\tau] \tag{3.20}$$

式中,$[\tau]$ 称为**剪切许用应力**,是通过实验的方式,使试件在尽可能接近实际连接件的情况下进行实际或模拟剪切破坏试验,并测出破坏时的剪力 F_{sb},按式(3.19)计算出切应力τ_b,再考虑一定的安全因数得出的,即

$$[\tau] = \frac{\tau_b}{n_b} = \frac{F_{sb}}{A n_b} \tag{3.21}$$

2. 挤压实用计算

承载时,连接件与被连接件在相互接触面上是压紧的。在两者接触面的局部地区会产生较大的接触压力,称为**挤压应力** σ_{bs}。它是垂直于接触面的正应力。如果挤压应力过大,接触面的局部地区产生过大的塑性变形,从而导致不能维持正常工作状态。

接触应力的分布也是十分复杂的。工程中对挤压应力的计算也是采用假定计算的简化方法,即

认为挤压应力在挤压面上均匀分布,挤压面是指实际相互接触面积在垂直于挤压力方向的平面上的投影面积,如图 3.22 所示。故挤压应力为

$$\sigma_{bs} = \frac{F}{A_{bs}} \qquad (3.22)$$

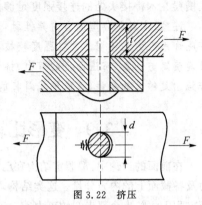

当连接件与被连接件的接触面为平面时,A_{bs} 为接触面面积;当接触面为圆柱面时,$A_{bs} = td$。

挤压强度条件为

$$\sigma_{bs} \leqslant [\sigma_{bs}] \qquad (3.23)$$

式中,$[\sigma_{bs}]$ 为**挤压许用应力**,也由实验实际测定。

图 3.22 挤压

例 3.9 木制三角形屋架是木杆用榫连接而成,其端部连接方式如图(a)所示。斜杆通过榫头接触面 abc 与固定的水平横梁(水平方向为木材顺纹方向)连接。已知斜杆所受的轴向力 $F = 50$ kN,水平横梁的木材顺纹方向剪切许用应力 $[\tau] = 1.2$ MPa,顺纹方向挤压许用应力 $[\sigma_{bs}]_1 = 8$ MPa,垂直于木纹方向的挤压许用应力 $[\sigma_{bs}]_2 = 2$ MPa,试校核横梁在木榫接头处的连接强度(忽略两杆接触面上的切向相互作用力)。

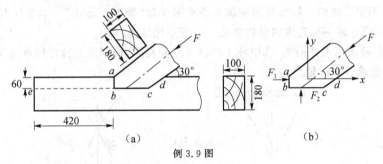

例 3.9 图

解: 取屋架的斜杆为分离体(图(b)),由平衡方程可求得

$$F_1 = F\cos 30° = 50 \times \frac{\sqrt{3}}{2} \text{kN} = 43.3 \text{ kN}$$

$$F_2 = F\sin 30° = 50 \times \frac{1}{2} \text{kN} = 25 \text{ kN}$$

横梁在木榫接头处应校核顺纹剪切强度(剪切面为 eb)、顺纹方向挤压强度(挤压面为 ab)及垂直木纹方向的挤压强度(挤压面为 bc)。

(1)eb 面上的剪切强度

剪切面 eb 上的剪力 $F_s = F_1$,剪切面积 $A = 420 \times 100$ mm²,剪切强度条件为

$$\tau = \frac{F_1}{A} = \frac{43.3 \times 10^3}{420 \times 100} \text{MPa} = 1.03 \text{ MPa} < [\tau] = 1.2 \text{ MPa}$$

(2)ab 面上的挤压强度

顺纹方向的挤压力为 F_1,挤压面积 $A_{bs1} = 60 \times 100$ mm²,挤压强度条件为

$$\sigma_{bs1} = \frac{F_1}{A_{bs1}} = \frac{43.3 \times 10^3}{60 \times 100} \text{MPa} = 7.22 \text{ MPa} < [\sigma_{bs}]_1 = 8 \text{ MPa}$$

(3)bc 面上的挤压强度

垂直于木纹方向的挤压力为 F_2,挤压面积 $A_{bs2} = \left(\frac{180}{\sin 30°} - \frac{60}{\tan 30°} \right) \times 100$ mm² $= 2.56 \times 10^4$ mm²,挤压强度条件为

$$\sigma_{bs2} = \frac{F_2}{A_{bs2}} = \frac{25 \times 10^3}{2.56 \times 10^4} \text{MPa} = 0.977 \text{ MPa} < [\sigma_{bs}]_2 = 2 \text{ MPa}$$

故横梁在木榫接头处的连接强度足够。

注意：木材是典型的各向异性材料，其顺纹与垂直木纹方向上的拉压许用应力、剪切许用应力及挤压许用应力均不同。故在强度校核中应仔细分辨材料的纹理方向。校核连接部分强度时应注意正确确定剪切面、挤压面上的剪力、挤压力及剪切面积和挤压面积。本题仅校核了横梁的连接强度，若给出足够已知条件，还应校核斜杆的连接强度。

3.9 变形比较法求解简单拉压静不定问题

在前面的讨论中，都假定结构在已知外力作用下，可以通过静力平衡方程求出全部未知支座约束力及各截面上的内力分量。这类结构均属于静定结构。但工程实际中还有很多结构，仅通过静力平衡方程无法解出全部未知约束力或全部内力，即独立静力平衡方程个数少于未知力所包含未知量的个数，称为**静不定(超静定)结构**。未知力所包含未知量的个数与独立平衡方程个数之差称为**静不定次数**。

求解静不定结构，必须在静力平衡方程之外增加补充方程。对静不定结构来说，考虑到结构中各部分变形的相互协调条件和变形与力之间的物理关系，就可以给出补充方程，与静力平衡方程联立进行求解。静不定结构的一般分析和求解方法见第 8 章"静不定结构"。本节针对简单的拉压静不定问题，通过例题介绍一种直观的求解方法——变形比较法。

例 3.10 图(a)所示三杆桁架，其中杆 1 和杆 2 完全相同，长度为 l，拉压刚度为 E_1A_1，杆 3 的拉压刚度为 E_3A_3，试求各杆的轴力。

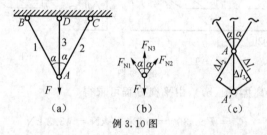

例 3.10 图

解：此桁架未知的轴力有 3 个，但对节点 A 只能列出两个独立的平衡方程。即结构为一次静不定结构。

设各杆的轴力分别为 F_{N1}、F_{N2}、F_{N3}，对节点 A(图(b))列出平衡方程，有

$$\sum F_x = 0, \quad F_{N2}\sin\alpha - F_{N1}\sin\alpha = 0 \tag{1}$$

$$\sum F_y = 0, \quad F_{N1}\cos\alpha + F_{N2}\cos\alpha + F_{N3} - F = 0 \tag{2}$$

本题的求解还需一个补充方程。考虑三杆的变形，在轴力 F_{N1}、F_{N2}、F_{N3} 的作用下，三杆分别有伸长量 Δl_1、Δl_2、Δl_3，由式(1)得 $F_{N1} = F_{N2}$，且杆 1 和杆 2 完全相同，故有同样的伸长量，即

$$\Delta l_1 = \Delta l_2 = \frac{F_{N1}l}{E_1A_1} \tag{3}$$

而杆 3 伸长量为

$$\Delta l_3 = \frac{F_{N3}l\cos\alpha}{E_3A_3} \tag{4}$$

以上两式为物理条件。变形后三杆仍铰接于一点，故变形后点 A 移至点 A'(图(c))，考虑到小变形以切代弧加以简化，则有

$$\Delta l_1 = \Delta l_3\cos\alpha \tag{5}$$

将式(3)、(4)代入式(5)，有

$$F_{N1} = \frac{E_1 A_1}{E_3 A_3} \cos^2 \alpha \cdot F_{N3} \tag{6}$$

上式即静不定结构求解所需的补充方程。将式(6)与式(1)、(2)联立,可解出

$$F_{N1} = F_{N2} = \frac{F \cos^2 \alpha}{\dfrac{E_3 A_3}{E_1 A_1} + 2\cos^3 \alpha} \quad , \quad F_{N3} = \frac{F}{1 + 2\dfrac{E_1 A_1}{E_3 A_3} \cos^3 \alpha}$$

注意:本例采用的变形比较法其本质是在静不定结构中找到各部分变形之间应该满足的几何关系,也就是变形协调条件,同时将变形与力之间的物理关系代入,即可得到关于未知力的补充方程。将补充方程与静力平衡方程联立,就可将静不定结构的全部未知力解出。从本例的结果可见,三杆的轴力不仅与载荷有关,还与杆件的拉压刚度之比有关,改变一根杆的拉压刚度,所有杆的轴力都会改变。这也是所有静不定结构都具有的特征,与静定结构是完全不同的。

综合起来,静不定结构具有多于独立平衡方程个数的未知量,但同时结构也存在着变形应满足的几何协调关系,而变形与力又满足物理关系,这就给出了未知力应满足的补充方程。与之不同的是,静定结构的变形不需要满足几何上的协调条件,也即各杆件的变形只决定于其内力,而内力完全由静力平衡方程确定。从几何上找出结构中各杆件变形之间的协调关系是求解静不定结构的关键。

例 3.11　如图(a)所示,钢制螺栓 1 外部套有一铜套筒 2,两侧有刚性垫片 3。螺栓的横截面积为 $A_1 = 201 \text{ mm}^2$,钢材的弹性模量为 $E_1 = 200 \text{ GPa}$,铜套筒的横截面积为 $A_2 = 217 \text{ mm}^2$,铜的弹性模量 $E_2 = 110 \text{ GPa}$,螺杆与套筒原始长度 $l = 200 \text{ mm}$,螺栓的螺距 $s = 0.5 \text{ mm}$。试求螺母拧紧 $\dfrac{1}{4}$ 圈后,螺栓和套筒中的应力。

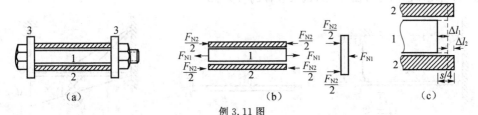

例 3.11 图

解:本题是螺栓与套筒的配合问题,按原始长度装配好之后,螺栓与套筒均为原始无应力自然状态。当螺母拧紧 $\dfrac{1}{4}$ 圈后,右边垫片向左移动了 $\dfrac{s}{4}$,相当于螺栓的螺杆部分长度缩短了 $\dfrac{s}{4}$,仍为原长的套筒就受到垫片施加的压力 F_{N2} 作用,为维持垫片的平衡,螺杆受到拉力 F_{N1} 的作用(图(b)),由垫片的平衡条件得

$$F_{N1} = F_{N2} \tag{1}$$

而螺栓和套筒变形后的平衡位置如图(c)中虚线所示,由于螺母拧紧 $\dfrac{1}{4}$ 圈后,螺杆与套筒未变形时长度相差了 $\dfrac{s}{4}$,变形后螺杆伸长 Δl_1,套筒缩短 Δl_2,故几何协调条件为

$$\Delta l_1 + \Delta l_2 = \frac{s}{4} \tag{2}$$

螺杆、套筒的变形量与所受轴力之间关系即物理条件,有

$$\Delta l_1 = \frac{F_{N1} l}{E_1 A_1} \qquad \Delta l_2 = \frac{F_{N2} l}{E_2 A_2} \tag{3}$$

将物理条件代入几何协调条件式(2),得到轴力的补充方程,为

$$\frac{F_{N1}l}{E_1A_1} + \frac{F_{N2}l}{E_2A_2} = \frac{s}{4} \tag{4}$$

式(1)与式(4)联立,可解出轴力为

$$F_{N1} = F_{N2} = \frac{E_1A_1E_2A_2}{E_1A_1 + E_2A_2} \cdot \frac{s}{4l}$$

故螺柱与套筒中的应力为

$$\sigma_1 = \frac{F_{N1}}{A_1} = \frac{E_1E_2A_2}{E_1A_1 + E_2A_2} \cdot \frac{s}{4l}$$

$$= \frac{200 \times 10^3 \times 110 \times 10^3 \times 217}{200 \times 10^3 \times 201 + 110 \times 10^3 \times 217} \times \frac{0.5}{4 \times 200}\text{MPa} = 46.6\text{ MPa}$$

$$\sigma_2 = \frac{F_{N2}}{A_2} = \frac{E_1E_2A_1}{E_1A_1 + E_2A_2} \cdot \frac{s}{4l} = \frac{A_1}{A_2}\sigma_1 = \frac{201}{217} \times 46.6\text{MPa} = 43.2\text{ MPa}$$

注意:螺栓与套筒的配合问题是典型的拉压静不定问题,与本题类似的还有桁架结构中的杆件原始长度因某种原因产生变化,从而造成几何上不能恰好配合,需通过变形达到几何上的协调,均属于配合问题。本例题造成内杆与外筒长度不能协调的原因是"螺母拧紧$\frac{1}{4}$圈"。其实对于静不定结构,任何其他造成几何关系不能协调的原因,如当温度变化因各杆热胀系数不同造成的长度改变,加工或装配时的尺寸误差等,都会在静不定结构中产生相应的"温度应力"和"装配应力"。这也是静不定结构的另一重要特征,而在静定结构中,是不会出现这些应力的。

例 3.12 如图(a)所示结构,ABC 为刚性横梁,杆 BD 和杆 CG 的材料弹性模量为 $E = 200$ GPa,热胀系数为 $\alpha_l = 12.5 \times 10^{-6}/℃$,杆 BD 的横截面积为 $A_1 = 160$ mm^2,杆 CG 的横截面积为 $A_2 = 100$ mm^2;若杆 CG 的温度升高 $30℃$,试求各杆的应力。

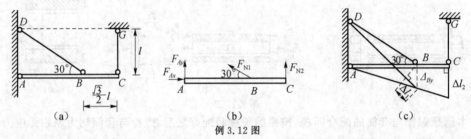

例 3.12 图

解:本题结构是 1 次静不定结构,若无杆 BD,则杆 CG 因升温而伸长后会使 C 点向下自由位移,刚性梁 ABC 则以 A 为转轴转动一个微小角度。但由于杆 BD 的约束,梁 ABC 的转角应使两杆的变形量满足几何协调条件,如图(c)所示,杆 BD 受力伸长 Δl_1 与杆 CG 温升及受力的总变形量 Δl_2 应满足

$$\Delta l_2 = \frac{3}{2}\Delta_{By}, \quad \Delta l_1 = \Delta_{By}\sin30°$$

即

$$\Delta l_2 = \frac{3}{2} \cdot \frac{\Delta l_1}{\frac{1}{2}} = 3\Delta l_1 \tag{1}$$

设杆 BD 的轴力为 F_{N1}(拉),杆 CG 的轴力为 F_{N2}(拉),对刚性梁 ABC(图(b)),平衡方程之一为

$$\sum M_A = 0 , \quad F_{N1}\sin30° \cdot \sqrt{3}l + F_{N2} \cdot \frac{3}{2}\sqrt{3}l = 0$$

$$F_{N1} = -3F_{N2} \tag{2}$$

物理条件为

$$\Delta l_1 = \frac{F_{N1} \cdot 2l}{EA_1} \quad , \quad \Delta l_2 = \alpha_l \cdot l\Delta T + \frac{F_{N2}l}{EA_2} \tag{3}$$

将式(3)代入式(1),有

$$\alpha_l \cdot l\Delta T + \frac{F_{N2}l}{EA_2} = 3 \cdot \frac{2F_{N1}l}{EA_1}$$

$$6\frac{A_2}{A_1}F_{N1} - F_{N2} = EA_2\alpha_l \cdot \Delta T \tag{4}$$

将式(2)、式(4)联立,得

$$F_{N2} = -\frac{EA_2\alpha_l\Delta T}{1+6\cdot3\cdot\frac{A_2}{A_1}} = -\frac{200\times10^3\times100\times12.5\times10^{-6}\times90}{1+18\cdot\frac{100}{160}}\text{N} = -612.2\text{ N}$$

$$F_{N1} = -3F_{N2} = 1837\text{ N}$$

故两杆应力分别为

$$\sigma_1 = \frac{1837}{160}\text{MPa} = 11.48\text{ MPa(拉应力)}, \quad \sigma_2 = \frac{612.2}{100}\text{MPa} = 6.12\text{ MPa(压应力)}$$

注意:轴向拉压杆系静不定结构的求解关键是正确分析变形几何关系,通过变形比较法给出变形协调条件,并结合物理条件得出与静力平衡方程联立求解的补充方程。寻找变形协调条件时,应充分利用小变形条件简化计算。通过本例可知,静不定结构中,由于温度变化出现"温度应力",其数量级往往是相当可观的,因而在工程实际中是一个不容忽视的问题。此外,构件的尺寸误差造成的"装配应力"与之情况类似。另外,工程中也利用这一原理,在加工或装配构件时,人为制造出未加外力时就已存在的"预应力",用于提高某些构件的承载能力(如预应力混凝土)或用于零件之间的紧配合连接(如轮圈装配于轮毂上)。

思考题

3.1 图示受力杆件中,哪些虚线所切截面上的正应力可用轴向拉压正应力公式 $\sigma = \dfrac{F_N}{A}$ 来计算?

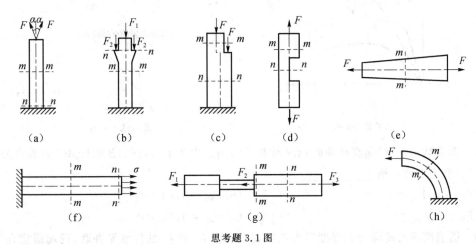

思考题 3.1 图

3.2 图示变截面板厚度为 δ,顶角为 2α,受到轴向力 F 作用,试给出 $a-a$ 截面上的正应力分布。若从板的边缘切出一块如图(b)所示的 abc 三角微元,试分析该三角微元的平衡条件,并由此得出变截面杆拉伸时横截面应力分布的特点与等截面杆有何不同?

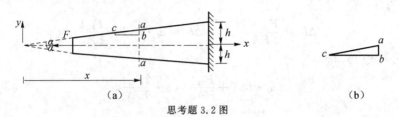

（a）

（b）

思考题 3.2 图

3.3 图示正方形截面的直杆两端受均布拉力 σ 作用,变形前在表面上画两个正方形 a 和 b,变形后各变为何种形状? 若变形前在杆的横截面上画两个圆 c 和 d（圆 d 在横截面的中心处）,变形后各变为何种形状?

3.4 如图所示,作为建筑物地下基础的地桩是由混凝土立柱打入土壤中构建的。设沿地桩单位长度的摩擦力为 q,实验测得 q 与深度 x 的关系为 $q = q_0 + \dfrac{2q_0}{h}x$,桩的横截面积为 A,试分析地桩任意横截面上的应力和应变。

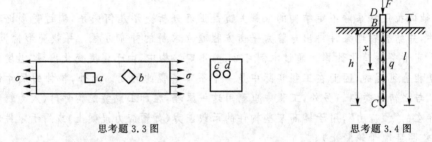

思考题 3.3 图

思考题 3.4 图

3.5 三种不同材料的拉伸应力—应变曲线如图中 A、B、C 所示,试问用 A、B、C 三种材料制成相同长度、相同横截面积的三根杆,强度最高的是_____,刚度最大的是_____,塑性最好的是_____。

3.6 图示桁架作用了沿 AC 杆方向的外力,试问 A 点的位移方向是否沿 AC 方向?

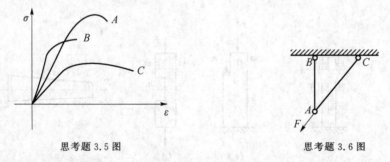

思考题 3.5 图

思考题 3.6 图

3.7 图示结构,设铅垂刚性墙面 MN 对轮子的约束力为 F_{MN},杆 AB 和杆 AC 的轴力为 F_{N1} 和 F_{N2},则以下表述正确的是_____。

(a)$F_{MN} = 0, F_{N2} = 0$ (b)$F_{MN} = 0, F_{N2} \neq 0$

(c)$F_{N1} \neq 0, F_{N2} \neq 0$ (d)$F_{MN} \neq 0, F_{N2} = 0$

3.8 图示两根长度同为 l、厚度同为 δ、宽度分别为 h_1 和 h_2 的杆水平并联,两端固接在铅垂放置的一对平行刚性板中间,两杆的弹性模量分别为 E_1、E_2。在载荷 F 作用下,两侧刚性板仍保持铅垂方向且相互平行,则两杆的拉伸应变是否相同? 两杆横截面上的正应力是否相同? 能分别求出这两杆横截面上的正应力 $\sigma^{(1)}$ 和 $\sigma^{(2)}$ 吗?

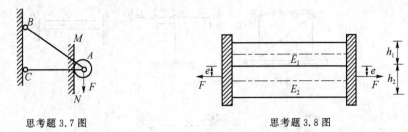

思考题 3.7 图   思考题 3.8 图

3.9 欲制作一个三角支架如图所示,手头有两种杆材:钢杆和铸铁杆,从承载能力合理性考虑,应如何选择 AB 和 AC 两杆的材料?

3.10 图(a)所示支架,两杆几何形状尺寸相同,杆长为 l,横截面积为 A,测得其材料的应力-应变关系为 $\sigma = c\sqrt[n]{\varepsilon}$(图(b)),其中 n、c 均为实验测得的常数。试求节点 H 的水平位移。

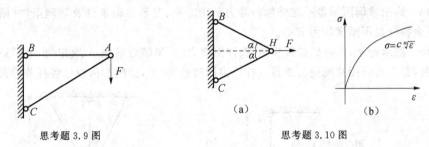

思考题 3.9 图   思考题 3.10 图

3.11 图示五块脆性材料矩形薄板,受到同样的轴向拉伸应力 σ 作用,在板的中央分别开有椭圆孔(其中 $b < a$)、圆孔、横向裂纹及纵向裂纹。试分析这几块板的承载能力哪个最强?哪个最弱?

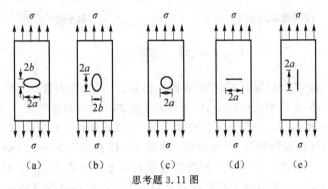

思考题 3.11 图

3.12 图示由铆钉连接两块钢板的接头部分,如果铆钉和钢板材料不同,分别为材料 1 和材料 2,试分析应该校核该连接部分的哪些强度条件。

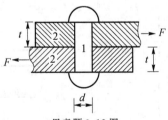

思考题 3.12 图

3.13 图示杆系结构中,哪些是静定结构?哪些是静不定结构?指出静不定结构的次数(图(a)中的杆 AB 视为刚体)。

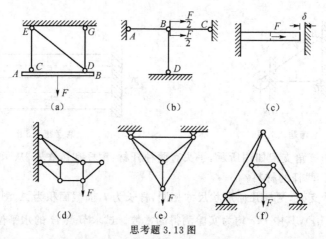

(a)   (b)   (c)

(d)   (e)   (f)

思考题 3.13 图

3.14　给出求解图示静不定结构的静力平衡方程、变形协调条件及物理条件(图中杆 *HB* 视为刚体,其余各杆拉压刚度均为 *EA*)。

3.15　图示桁架,三杆的弹性模量 *E*、许用应力[*σ*]和横截面积 *A* 均相同,为了最大限度地合理利用材料,有人提议用装配应力使得三杆应力同时达到[*σ*],试问如何设计各杆装配前的长度关系?

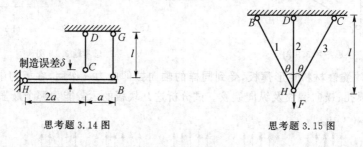

思考题 3.14 图　　　　　思考题 3.15 图

习　题

3.1　一矩形截面板,在 *BC* 段开槽,受力如图。已知:*F*=100 kN,杆的几何参数为 *h*=120 mm,*δ*=24 mm。试求 *a*-*a*,*b*-*b* 截面上的应力、杆中最大正应力及危险截面位置。在 *b*-*b* 截面上切取相互垂直的两个斜面 *km* 和 *kn*(*km* 与铅垂方向夹角为 60°),试求斜面上的应力分量。

3.2　一端固定的圆截面阶梯杆,受力如图。已知 *AC* 段直径为 d_1=30 mm,*CD* 段直径为 d_2=24 mm,F_1=40 kN,F_2=60 kN。试求:(1)杆内各段横截面上的正应力;(2)杆中最大正应力及危险截面位置;(3)*CD* 段内 *m*—*m* 斜截面上的正应力及切应力;(4)阶梯杆的总伸长量(材料的弹性模量 *E*=200 GPa)。

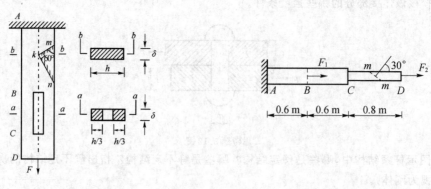

习题 3.1 图　　　　　　习题 3.2 图

3.3 图示左端面受到均布拉应力 p 作用的变截面圆杆,沿杆件轴线方向还作用了分布轴向载荷 q_0,且 $p=\dfrac{4l}{\pi d^2}q_0$,圆杆左端面直径为 $d_1=d$,右端面直径为 $d_2=\dfrac{d}{2}$。试求该杆的总变形量及各横截面直径的改变量(已知材料的 E 和 ν)。

3.4 图示结构中,$OBCD$ 为刚性横梁,在 B、D 两点用钢索 $BGHD$ 悬挂于无摩擦的定滑轮 G、H 上。已知钢索材料的 $E=200$ GPa,横截面积为 $A=100$ mm²,$F=20$ kN,试求钢索中的应力及点 C 位移。

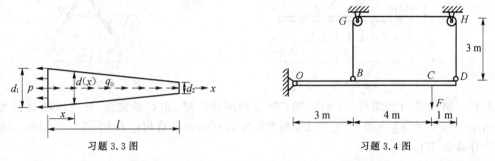

习题 3.3 图　　　　　　　　　　习题 3.4 图

3.5 边长为 a 的正方形桁架位于水平面内,如图所示。各杆横截面积均为 A,弹性模量均为 E,试求各杆的应力及节点 C 的位移。

3.6 如图所示结构,HB 为刚性横梁,1、2、3 为材料相同横截面积相同的杆,$E=210$ GPa,$A=100$ mm²。点 C 作用了铅垂方向集中外力 $F=20$ kN,试求各杆的应力、应变及点 C 的位移。

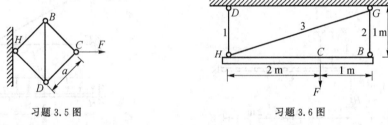

习题 3.5 图　　　　　　　　　　习题 3.6 图

3.7 两杆支架如图所示,杆 1 和杆 2 的材料相同,横截面积的关系为 $A_1=2A_2$。节点 A 施加了一个与铅垂方向夹角为 θ 的外力 F,问角 θ 为多少时节点 A 的位移恰好为水平方向?

3.8 某种材料经拉伸试验测得曲线如图所示,试样为圆截面杆,$d=10$ mm,标距 $l_0=100$ mm。试求:(1)该材料的延伸率是多少?(2)若取安全因数 $n=2$,该材料制成的杆件承受轴向拉压时,拉力 $F=40$ kN 所需最小横截面积是多少?

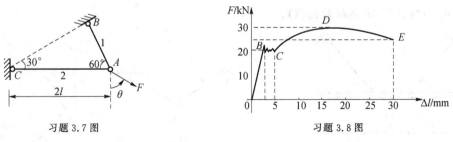

习题 3.7 图　　　　　　　　　　习题 3.8 图

3.9 某简易活动平板结构如图所示,HB 为刚性梁,受均布载荷 q 作用,杆 CD 为直径 $d=20$ mm 的圆截面杆,材料的许用应力 $[\sigma]=100$ MPa,已知 $q=15$ kN/m,试校核该结构的强度。

3.10 如图所示为起吊重物的支架,水平横梁 OBC 和斜杆 CGD、CHE 为刚性杆,两斜杆中点 G 和 H 拉有一条钢索 GH,钢索的 $E=200$ GPa,$[\sigma]=80$ MPa,起吊的重物 $W=10$ kN,为保证安全

地用力 F 匀速起吊重物,试求钢索 GH 的最小直径应为多少?

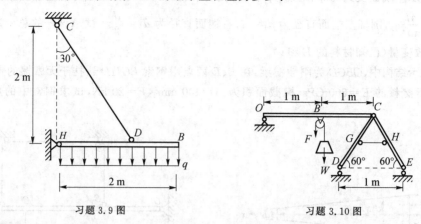

习题 3.9 图

习题 3.10 图

3.11 结构受力如图所示,ABC 和 CD 为两刚性横梁,在 C 处铰接,杆 AH 的直径为 $d_1 = 20$ mm,许用应力为 $[\sigma]_1 = 80$ MPa,杆 BG 的直径为 $d_2 = 30$ mm,许用应力为 $[\sigma]_2 = 60$ MPa,试确定结构的允许载荷 $[F]$。

3.12 如图所示结构,HD 为刚性横梁,受到均布载荷 q 作用,AB、BC、BD 三根圆杆材料相同,$[\sigma] = 70$ MPa,$E = 200$ GPa,横截面直径分别为 d_1、d_2、d_3。已知 $a = 1$ m,$q = 20$ kN/m,$d_1 = 28$ mm,$d_2 = 25$ mm,$d_3 = 20$ mm,试校核该结构的强度,并求点 D 铅垂位移。

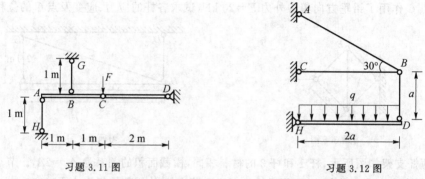

习题 3.11 图

习题 3.12 图

3.13 悬吊结构如图所示,两根相同的斜拉杆 OB、CD 的材料容重为 γ,许用应力为 $[\sigma]$,GH 为刚性横梁,其中点处作用了铅垂力 F。若各铰接点 O、B、C、D 的位置不变,试求使结构重量最轻的 θ 角。

3.14 图(a)所示两相同的杆 AB、AC 的铰接点 A 受到铅垂外力 F 作用,$\alpha = 30°$,材料具有图(b)所示的"双线性"应力-应变曲线,试求出 F 与点 A 位移 δ_A 之间的关系,并求加载至 $F = 3A_0\sigma_s$ 时的 δ_A(A_0 为杆 AB、AC 的横截面积)。

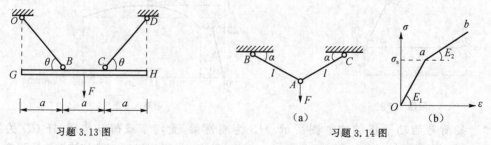

习题 3.13 图

习题 3.14 图
(a)　　(b)

3.15 圆截面阶梯形立柱固定于地基上,各段的直径如图所示,已知立柱材料的容重为 γ,材料的许用应力为 $[\sigma]$,若地基的许用压强为 $\dfrac{2}{3}[\sigma]$,试求各段的高度 h_1、h_2 和 h_3 的最大值。

3.16 结构如图所示，$ABCD$ 与 GHI 为刚性横梁，杆 GB、GC 和 HJD 材料相同，许用应力为 $[\sigma]$，J 为杆 DH 的中点。GB、GC 两杆的直径为 d_1，杆 HJD 的直径为 d_2。已知 $[\sigma] = 100$ MPa，$d_1 = 22$ mm，$d_2 = 40$ mm，$F = 50$ kN，试校核结构的强度。

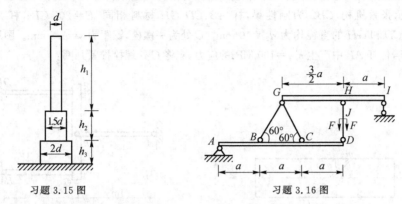

习题 3.15 图　　　　　　习题 3.16 图

3.17 螺栓连接钢板如图所示，已知 $F = 20$ kN，$t = 20$ mm，螺栓材料的剪切许用应力 $[\tau] = 80$ MPa，挤压许用应力 $[\sigma_{bs}]_1 = 200$ MPa，钢板的挤压许用应力为 $[\sigma_{bs}]_2 = 180$ MPa，试确定螺栓的直径。

3.18 传动轴与飞轮之间常以键为连接件。如图所示，轴转动时施加的主动力偶矩 $M_t = 2$ kN·m，轴的直径 $d = 70$ mm，轴与飞轮间以键连接，键的尺寸为 $b \times h \times l = 20$ mm × 12 mm × 100 mm，键的材料与轴和飞轮相同，剪切许用应力为 $[\tau] = 60$ MPa，挤压许用力 $[\sigma_{bs}] = 100$ MPa。试校核键的强度。

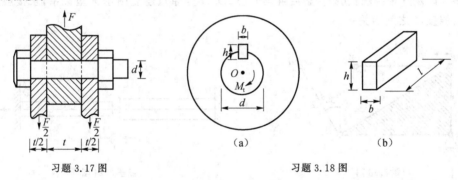

习题 3.17 图　　　　　　　　　　习题 3.18 图

3.19 两根正方形截面的木杆，以木榫接头连接。已知 $a = 12$ cm，$c = 4.5$ cm，$h = 7$ cm，木材的剪切许用应力 $[\tau] = 3.5$ MPa，挤压许用应力 $[\sigma_{bs}] = 2$ MPa，试确定木杆的允许载荷 $[F]$。

3.20 矩形钢板由铆钉 A、B 固定于基础板上，已知 $F = 5$ kN，$a = 80$ mm，$b = 160$ mm，板与铆钉材料相同，剪切许用应力为 $[\tau] = 60$ MPa，挤压许用应力为 $[\sigma_{bs}] = 100$ MPa。钢板与基础板厚度均为 $\delta = 16$ mm，试确定两铆钉的直径。

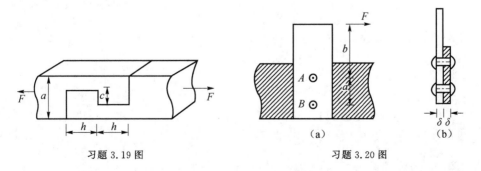

习题 3.19 图　　　　　　　习题 3.20 图

3.21 图示木杆由两部分粘接而成,设胶接面 $m-m$ 的许用拉应力与剪切许用应力的关系为 $[\sigma]_{\text{胶}}=3[\tau]_{\text{胶}}$,若不考虑木杆本身的拉伸强度,试求 α 多大时可使允许载荷 $[F]$ 最大,并求允许载荷 $[F]$ 的最大值(假定 α 角取值范围 为 $45°\leqslant\alpha\leqslant90°$)。

3.22 图示张紧机构,CBG 为刚性梁,杆 AB、CD、GH 材料相同,$E=200$ GPa,杆 AB 的直径为 $d_1=16$ mm,杆 CD 和 GH 的直径均为 $d_2=10$ mm。C 处为一螺栓,螺距为 $s=1.5$ mm。图示状态为初始无变形状态,现若使杆 AB 中产生 $\sigma_{AB}=100$ MPa 的应力,应将 C 处螺栓拧紧几圈?

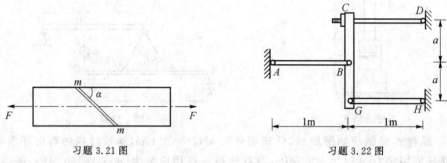

习题 3.21 图　　　　　　　　　习题 3.22 图

3.23 如图所示的结构,已知三角板 HBC 为刚性板,杆 1 和杆 2 长度均为 l,拉压刚度同为 EA。求将 H 与 H' 铰接到一起后各杆中出现的轴力。

3.24 图示两杆 HB 和 CD 的长度均为 l,材料相同,热胀系数均为 α_1,杆 HB 的横截面积为 $A_1=A$,杆 CD 的横截面积为 $A_2=\dfrac{2}{3}A$,二杆之间有一缝隙 Δ,当两杆同时均匀升温时,试分析:(1)它们在升温多少时刚好相接触?(2)接触后继续升温,以 H 为原点建立图示 x 坐标系,求接触面的位置与升高的温度 T 之间的关系。

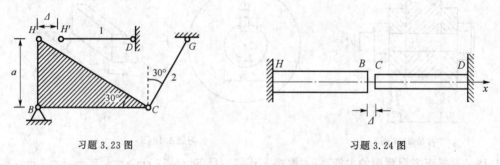

习题 3.23 图　　　　　　　　　习题 3.24 图

第4章 扭 转

杆件受外力作用,若杆件任意横截面上只有作用在横截面内的力偶这一个内力分量,则杆件发生扭转变形。工程上常见的各类传动轴,扭转就是其主要变形形式。本章主要讨论圆截面轴的扭转,并简单介绍非圆截面杆件的扭转问题。

4.1 圆轴扭转时的应力和变形

圆截面直杆在横截面内的外力偶作用下产生扭转变形时,各横截面上的内力分量只有扭矩,用 T 表示。利用截面法可求出任意横截面上的扭矩、写出扭矩方程并绘出扭矩图。现进一步讨论各横截面上的应力分布,需综合变形几何、物理关系及静力等效关系得出结论。

1.圆轴扭转时的变形几何关系

在轴的表面画上相互平行的若干条圆周线和纵向线。受扭后,轴表面的变形如图 4.1 所示。纵向线长短不变,仍为直线,只是都倾斜了一个相同的角度 γ;圆周线大小、形状不变,只是绕轴线旋转;变形前表面的矩形格,变形后变成了平行四边形。

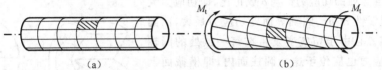

图 4.1 圆轴扭转时表面的变形

根据这一观察的结果,可作出圆轴扭转时的变形假定:变形前为平面的横截面,变形后仍为平面,其形状大小不变,只是绕轴线刚性地转动了一个角度。这称为**圆轴扭转的平面假定**。根据这一假定导出的应力和变形计算公式符合实验结果,且与弹性力学的结论一致。

以相距为 $\mathrm{d}x$ 的两个横截面 $m-m$ 和 $n-n$ 及两个过轴线的径向平面 O_1O_2BA 和 O_1O_2CD 从图 4.2(a)所示的圆轴中切取一块楔体,如图 4.2(b)所示。设圆轴受扭后两个端面之间的相对转角为 φ,称为**扭转角**,以弧度度量。相邻为 $\mathrm{d}x$ 的横截面 $m-m$ 和 $n-n$ 之间的相对转角为 $\mathrm{d}\varphi$。半径 O_2B 转到了 O_2B',位于圆轴表面一层的矩形 $ABCD$ 变为平行四边形 $AB'C'D$。而位于半径为 ρ 处的一层圆柱面上的矩形 $abcd$ 变为平行四边形 $ab'c'd$。若讨论轴内不同半径的圆柱面上矩形的切应变大小,从图 4.2(b)中可以看出,具有以下几何关系

$$BB' = R\mathrm{d}\varphi \tag{4.1}$$

$$bb' = \rho\mathrm{d}\varphi \tag{4.2}$$

根据切应变的定义,γ 应为直角的改变量,因此,有

$$\gamma = \frac{BB'}{AB} = R\frac{\mathrm{d}\varphi}{\mathrm{d}x} \tag{4.3}$$

$$\gamma_\rho = \frac{bb'}{ab} = \rho\frac{\mathrm{d}\varphi}{\mathrm{d}x} \tag{4.4}$$

上面两式中,$\dfrac{\mathrm{d}\varphi}{\mathrm{d}x}$ 为扭转角 φ 沿杆轴方向的变化率,用 φ' 表示,称为**单位长度扭转角**。对某一给

定横截面，$\dfrac{\mathrm{d}\varphi}{\mathrm{d}x}$即 φ' 为一常数。因此，在同一横截面上，不同点的切应变大小与该点距圆心的半径 ρ 成正比，式(4.4)即为圆轴扭转时的变形几何关系。

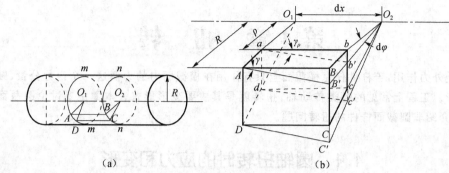

图 4.2　受扭圆轴中楔块的变形

2. 物理关系

由于圆轴扭转时，圆周线大小形状不变，纵向线长度不变，横截面上各点因而只存在切应变，处于纯剪切应力状态。根据剪切胡克定律，任意点处的切应力 τ_ρ 应与该点处切应变 γ_ρ 成正比，即

$$\tau_\rho = G\gamma_\rho \tag{4.5}$$

将式(4.4)代入上式有

$$\tau_\rho = \rho G \frac{\mathrm{d}\varphi}{\mathrm{d}x} \tag{4.6}$$

因此，横截面上各点处的切应力 τ_ρ 与 ρ 成正比，即切应力大小沿半径方向呈线性分布。圆轴表面处切应力最大，而圆心处切应力为零。且由于切应变发生在每一点处的同轴圆柱面内，故切应力也应位于这一圆柱面内，即横截面上每一点处的切应力方向与半径垂直，如图 4.3 所示。

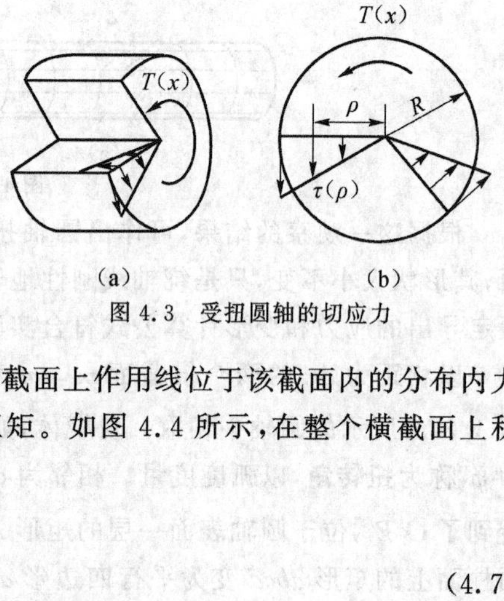

3. 力系等效关系

在式(4.6)中，$\dfrac{\mathrm{d}\varphi}{\mathrm{d}x}$仍为未知数，故无法计算 τ_ρ。现在考

图 4.3　受扭圆轴的切应力

虑任一横截面上的分布内力系应满足的力系等效关系，即横截面上作用线位于该截面内的分布内力系可简化为一个合力偶，其合力偶矩就是该截面上的内力扭矩。如图 4.4 所示，在整个横截面上积分求出扭矩为

$$T = \int_A \rho \, \tau_\rho \mathrm{d}A \tag{4.7}$$

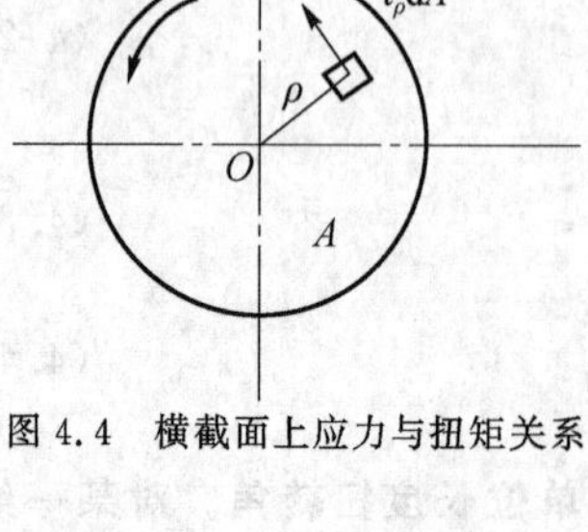

将这一力系等效关系与式(4.6)联立，有

$$T = \int_A \rho^2 G \frac{\mathrm{d}\varphi}{\mathrm{d}x} \mathrm{d}A$$

对某一横截面而言，$G\dfrac{\mathrm{d}\varphi}{\mathrm{d}x}$为一常量，可提到积分号外，得

$$\frac{\mathrm{d}\varphi}{\mathrm{d}x} = \frac{T}{GI_\mathrm{p}} \tag{4.8}$$

图 4.4　横截面上应力与扭矩关系

式中

$$I_\mathrm{p} = \int_A \rho^2 \mathrm{d}A \tag{4.9}$$

这是一个仅与截面形状和尺寸有关的几何量,称为圆截面对其圆心的**极惯性矩**(又称**截面二次极矩**)。常用单位为 m^4 及 mm^4。单位长度扭转角 $\dfrac{d\varphi}{dx}$ 的常用单位为 m^{-1}。故有

$$\varphi' = \frac{T}{GI_p} \tag{4.10}$$

将式(4.8)代入式(4.6),可得圆轴扭转横截面上的切应力计算公式

$$\tau_\rho = \frac{T\rho}{I_p} \tag{4.11}$$

因此,在 $\rho = R$ 即圆轴横截面最外缘处,切应力有最大值 τ_{max},为

$$\tau_{max} = \frac{TR}{I_p} \tag{4.12}$$

将上式右边的几何量合并,记为

$$W_p = \frac{I_p}{R} \tag{4.13}$$

W_p 称为**扭转截面系数**,常用单位有 m^3 及 mm^3。于是,有

$$\tau_{max} = \frac{T}{W_p} \tag{4.14}$$

必须指出的是,式(4.11)和式(4.14)都是在平面假设的基础上导出的。实验表明,只有圆截面轴的扭转,平面假设才是正确的。故这两个公式仅适用于实心、空心圆轴及直径变化不大的圆锥形轴的扭转,且要求轴的变形较小,保证材料处于线弹性范围之内。公式中涉及的截面几何量 I_p 和 W_p 的计算,可参考附录 A,对于实心及空心圆截面,这里只给出以下结果。

对于直径为 D 的实心圆轴,有

$$I_p = \frac{\pi D^4}{32} \tag{4.15}$$

$$W_p = \frac{\pi D^3}{16} \tag{4.16}$$

对于内径为 d、外径为 D 的空心圆轴,有

$$I_p = \frac{\pi}{32}(D^4 - d^4) = \frac{\pi D^4}{32}(1 - \alpha^4) \tag{4.17}$$

$$W_p = \frac{\pi D^3}{16}(1 - \alpha^4) \tag{4.18}$$

式中,$\alpha = d/D$。

4. 圆轴扭转时轴内各点的应力状态

由于圆轴扭转时横截面上只有方向垂直于半径且与距圆心距离 ρ 成正比的切应力分量,因此,若在轴内任意一点以相距为 dx 的两横截面、夹角为 $d\theta$ 的两纵截面及相距为 $d\rho$ 的两同心圆柱面从轴内切取一单元体,该单元体上的应力分量为:左右两截面上作用有切应力 τ_ρ,而上下两截面上也作用有相同大小的切应力 τ_ρ(根据切应力互等定理),即纯剪切应力状态。如图 4.5(a)、(b)所示。利用 2.2 节、2.3 节中所介绍的方法,不难确定圆轴扭转时轴内各点的主应力、主方向。如图 4.5(c)、(d)所示,三个主应力分别为

$$\sigma_1 = \tau_\rho, \qquad \sigma_2 = 0, \qquad \sigma_3 = -\tau_\rho \tag{4.19}$$

可见,纯剪切应力状态等价于二向等值拉压应力状态,其中二个非零主应力的方向与圆柱面母线夹角为 $45°$ 和 $135°$,而该点处不同方向截面上的切应力最大值为

$$\tau_{\rho,max} = \frac{\sigma_1 - \sigma_3}{2} = \tau_\rho \tag{4.20}$$

即圆轴的横截面及过轴线的纵向截面都是该点的最大切应力作用面。因此，为了控制轴的强度，只需控制横截面上的切应力最大值即可。任意点处的应力圆图形为图4.5(e)所示。

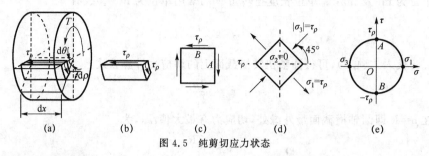

(a)　　　(b)　　　(c)　　　(d)　　　(e)

图 4.5　纯剪切应力状态

5. 圆轴扭转时的变形

圆轴扭转时的变形表现为任意两个横截面之间发生相对转动，以相对扭转角描述变形的大小。由式(4.8)得相邻为 dx 的两个横截面之间相对扭转角为

$$d\varphi = \frac{T}{GI_p}dx \tag{4.21}$$

将上式沿 x 轴积分，可得相距为 l 的两个横截面的相对扭转角 φ 为

$$\varphi = \int_l d\varphi = \int_0^l \frac{T}{GI_p}dx \tag{4.22}$$

若圆轴为等截面杆，且在长度 l 范围内扭矩 T 为常数，则有

$$\varphi = \frac{Tl}{GI_p} \tag{4.23}$$

式中，GI_p 称为圆轴的**扭转刚度**。显然，圆轴的 GI_p 越大，轴的扭转角就越小。扭转角 φ 的转向与扭矩 T 的转向相同。

若圆轴为连续变化的变截面轴，或扭矩沿轴线变化，可直接按式(4.22)积分计算扭转角。若圆轴为阶梯轴，I_p 为分段常数，或扭矩 T 为分段常数，均可分段计算各段的相对扭转角，再代数叠加得出轴两端截面的相对扭转角，即

$$\varphi = \sum_i \frac{T_i l_i}{GI_{pi}} \tag{4.24}$$

6. 薄壁圆管扭转时的应力与变形

薄壁圆管是工程中常用的一种型材。空心圆截面杆件的壁厚 δ 远小于平均半径 R_0（一般指 $\delta \leqslant R_0/10$）时，可视为薄壁圆管。

薄壁圆管扭转时，可按空心圆轴进行分析和计算。由于管壁很薄，扭转切应力沿壁厚方向的变化不大，也可近似认为沿壁厚均匀分布（图4.6）。利用静力等效关系，横截面上分布切应力对圆心的合力矩应等于该截面上的扭矩 T，即

$$\tau = \frac{T}{2\pi R_0^2 \delta} \tag{4.25}$$

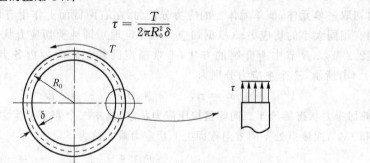

图 4.6　薄壁圆管横截面上的切应力

式中，R_0 为横截面的平均半径，δ 为壁厚。若按圆轴扭转公式(4.11)计算，对空心圆轴，计算 I_p 时忽略高阶小量，则 $I_p \approx 2\pi R_0^3 \delta, \rho \approx R_0$，也可得出式(4.25)。对 $\delta < R_0/10$ 的情形，式(4.25)的误差可在 5% 之内。

对薄壁圆管的变形，仍可利用式(4.23)计算，有

$$\varphi = \frac{Tl}{2\pi GR_0^3 \delta} \tag{4.26}$$

例 4.1 实心轴和空心轴通过牙嵌式离合器相连接传递功率。轴的转速为 $n = 200$ r/min，传递的功率为 $P = 40$ kW。已知空心圆轴的外径 $D_1 = 48$ mm，内径 $d_1 = 32$ mm，实心圆轴直径 $D_2 = 44$ mm，两轴长度相同，均为 $l = 500$ mm，材料相同，切变模量 $G = 80$ GPa，试求该轴空心部分和实心部分的最大切应力及轴两端面的相对扭转角。

解： 根据轴的转速及传递的功率，可得轴两端的外力偶矩为

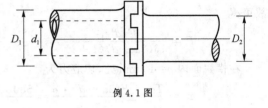

例 4.1 图

$$M_t = 9549\frac{P}{n} = 9549 \times \frac{40}{200} \text{ N} \cdot \text{m} = 1910 \text{ N} \cdot \text{m}$$

轴任意横截面上的扭矩为

$$T = M_t = 1910 \text{ N} \cdot \text{m}$$

空心轴的最大切应力为

$$\tau_{1max} = \frac{T}{W_{p1}} = \frac{1910 \times 10^3}{\frac{\pi}{16} \times 48^3 \times \left[1 - \left(\frac{32}{48}\right)^4\right]} \text{ MPa} = 109.6 \text{ MPa}$$

实心轴的最大切应力为

$$\tau_{2max} = \frac{T}{W_{p2}} = \frac{1910 \times 10^3}{\frac{\pi}{16} \times 44^3} \text{ MPa} = 114.2 \text{ MPa}$$

轴两端面的相对扭转角为

$$\varphi = \frac{Tl}{GI_{p1}} + \frac{Tl}{GI_{p2}} = \frac{1910 \times 10^3 \times 500}{80 \times 10^3} \times \left[\frac{1}{\frac{\pi}{32}\left(48^4 - 32^4\right)} + \frac{1}{\frac{\pi}{32} \times 44^4}\right] \text{rad}$$

$$= 0.061 \text{rad} = 3.5°$$

注意： 工程中各类传动轴经常会采用空心圆轴的形式。从受扭圆轴的应力分布公式可知 $\tau_\rho \propto \rho$，所以在横截面的中心附近应力很小，实心圆轴中心处的材料并不能充分发挥作用，从刚度来看，轴的扭转角公式与横截面的极惯性矩 I_p 成反比，在横截面积一定的情况下，有效面积分布在离形心较远之处时，极惯性矩更大。因此在轴的长度不变、重量不变情形下，空心圆轴比实心圆轴对材料的利用更合理。但空心轴也有外形尺寸大，以及轴壁薄造成的稳定性差、不易加工等实际问题。

例 4.2 如图(a)所示，直径 $d = 40$ mm 的圆截面轴一端固定，另一端通过焊接的长度 $a = 60$ mm 的刚性臂 CD 和 GH 施加一对铅垂方向的力 F，在轴表面点 K 与轴线成 45° 的方向上粘贴应变片，并测得应变为 $\varepsilon_{45°} = 4.8 \times 10^{-5}$，已知材料的弹性模量 $E = 200$ GPa，泊松比 $\nu = 0.3$，试求：(1)力 F 的大小；(2)横截面上距圆心 $\rho = 10$ mm 处的切应力。

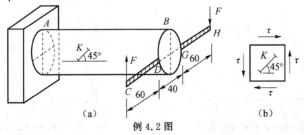

例 4.2 图

解:圆轴在 B 截面上承受的外力偶矩为

$$M_t = F(2a + d)$$

在点 K 处切取一原始单元体如图(b)所示,单元体为纯剪切应力状态,主应力为 τ、0、$-\tau$,主方向沿 $\pm 45°$ 方向,由扭转切应力公式得

$$\tau = \frac{T}{W_p} = \frac{F(2a + d)}{\frac{\pi}{16}d^3} = \frac{16F(2a + d)}{\pi d^3}$$

利用平面应力状态下的广义胡克定律,有

$$\varepsilon_{45°} = \frac{\tau - \nu(-\tau)}{E} = \frac{1+\nu}{E}\tau = \frac{1+\nu}{E} \cdot \frac{16F(2a + d)}{\pi d^3}$$

故可得

$$F = \frac{E\pi d^3 \varepsilon_{45°}}{16(2a + d)(1+\nu)} = \frac{200 \times 100^3 \times \pi \times 40^3 \times 4.8 \times 10^{-5}}{16 \times (2 \times 60 + 40)(1 + 0.3)} \text{ N} = 580 \text{ N}$$

在横截面内 $\rho = 10 \text{ mm}$ 处,切应力为

$$\tau_\rho = \frac{T\rho}{I_p} = \frac{F(2a + d) \cdot \rho}{\frac{\pi}{32}d^4} = \frac{580 \times (2 \times 60 + 40) \times 10}{\frac{\pi}{32} \times 40^4} \text{ MPa} = 3.69 \text{ MPa}$$

注意:利用应变片测出应变,再利用广义胡克定律确定应力及外力,是工程中常用的检测方式。本题注意贴应变片的 K 点应力状态为纯剪切,已知该点的应力主方向与轴线方向成 $\pm 45°$,若对任意的平面应力状态,则需用三个应变片构成的应变花来测定(参见 2.6 节)。

4.2　圆轴扭转的强度与刚度

圆轴扭转时的应力可用式(4.11)计算,但为了判断轴的强度是否足够,还要了解材料在扭转时的力学性能,这就要通过扭转破坏试验得出。

1. 材料扭转时的力学性能

圆截面轴在扭转时横截面上各点的扭转切应力 τ_ρ 与距圆心的半径 ρ 成正比,为了使试验中的材料各点的扭转切应力尽量处于一个比较均匀的状态,扭转破坏试验采用薄壁圆管试件在扭转试验机上进行。

分别对低碳钢(塑性材料)和铸铁(脆性材料)的试件进行试验。结果表明,对于低碳钢试件,受扭过程先是线弹性阶段,随后进入屈服阶段,这时在试件表面出现沿杆轴的纵向及沿圆周的横向滑移线,最终试件沿横截面断开。τ_s 和 τ_b 分别为其**剪切屈服极限**和**剪切强度极限**。低碳钢的剪切应力-应变曲线如图 4.7 所示。对于铸铁试件,受扭时的变形始终很小,没有明显的线弹性及塑性阶段,因而只有剪切强度极限 τ_b,最终在与轴线约成 $45°$ 倾角的螺旋面上破断。铸铁的剪切应力-应变曲线如图 4.8 所示。因此,塑性材料和脆性材料在扭转破坏时断口有明显的区别。根据扭转时轴内各点的应力状态分析可知,横截面上的切应力最大,而与轴线成 $\pm 45°$ 夹角的斜面上正应力(拉或压)

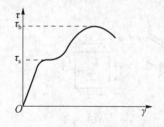

图 4.7　低碳钢剪切应力-应变曲线

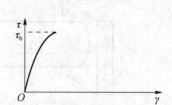

图 4.8　铸铁剪切应力-应变曲线

的绝对值最大。故低碳钢扭转破坏时的断面为最大切应力作用面,即低碳钢是被切应力"剪断"的;而铸铁扭转破坏时的断面为最大拉应力($\sigma_1 = \tau$)作用面,即铸铁是被"拉断"的。

2.圆轴扭转时的强度与刚度条件

圆轴扭转时的破坏仍表现为屈服或断裂,通过扭转破坏试验可以确定各种材料屈服或断裂时的τ_s或τ_b,统称为**扭转极限应力**τ_u,将其除以安全因数 n,即得材料的许用切应力为

$$[\tau] = \frac{\tau_u}{n} \tag{4.27}$$

为了保证圆轴受扭时的强度,应要求轴内各横截面上的最大切应力不超过材料的许用切应力$[\tau]$,即圆轴扭转的强度条件为

$$\tau_{max} = \left(\frac{T}{W_p}\right)_{max} \leqslant [\tau] \tag{4.28}$$

圆轴扭转的强度计算应先由轴的受力情况画出扭矩图,对于等截面轴,最大扭矩 T_{max} 所在的截面为危险截面。危险截面上的危险点为圆轴截面周边上的各点,要求危险点处的最大切应力$\tau_{max} = \frac{T_{max}}{W_p}$不超过材料的许用切应力$[\tau]$。对于变截面轴,由于 W_p 不是常量,故τ_{max}不一定发生于 T_{max} 所在的截面上,这时应综合考虑,找出$\frac{T}{W_p}$的极值。

工程实际中,大部分的轴类构件还对扭转变形有较严格的限制。例如,某些机床轴的扭转角过大会降低其加工精度。因此,轴类构件常需进行刚度计算。轴的刚度条件是限制单位长度的扭转角在某个范围之内,即

$$\varphi' = \frac{T}{GI_p}\frac{180°}{\pi} \leqslant [\varphi'] \tag{4.29}$$

式中,$[\varphi']$为**单位长度许用扭转角**,常以"°/m"表示。其具体数值由轴的工作条件要求而定,一般精密机械的轴取$[\varphi'] = (0.25 \sim 0.5)°/m$,一般传动轴$[\varphi'] = (0.5 \sim 1.0)°/m$,刚度要求不高的轴,可取$[\varphi'] = 2°/m$。

刚度条件式(4.29)中,不等号左边的$\frac{T}{GI_p}$计算出的数值是以单位长度的弧度为单位,而不等式右端的量常以单位长度的角度为单位,进行比较时应先作一下转换,故通常将左端计算量乘以$\frac{180°}{\pi}$再进行比较。

例 4.3 如图所示空心圆截面轴,长度 $l = 500$ mm,外径 $D = 50$ mm。此轴的内径分为两段,一段为 $d_1 = 25$ mm,长 l_1;另一段为 $d_2 = 38$ mm,长 l_2。材料的许用应力$[\tau] = 70$ MPa,试求:(1)轴两端的扭转力偶矩 M_0 的最大允许值;(2)若使轴 AB 段的相对扭转角与 BC 段的相对扭转角相等,这两段的长度 l_1 和 l_2 分别取何值?

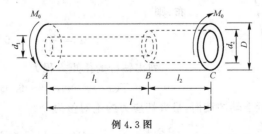

例 4.3 图

解:(1)求 M_0 的最大允许值

在 M_0 作用下各横截面的扭矩为 $T = M_0$,轴的左半段和右半段抗扭截面模量 W_p 不同,有

$$W_{p1} = \frac{\pi D^3}{16}\left[1 - \left(\frac{d_1}{D}\right)^4\right] = \frac{\pi}{16} \times 50^3 \times \left[1 - \left(\frac{25}{50}\right)^4\right] \text{mm}^3 = 2.30 \times 10^4 \text{ mm}^3$$

$$W_{p2} = \frac{\pi D^3}{16}\left[1 - \left(\frac{d_2}{D}\right)^4\right] = \frac{\pi}{16} \times 50^3 \times \left[1 - \left(\frac{38}{50}\right)^4\right] \text{mm}^3 = 1.64 \times 10^4 \text{ mm}^3$$

根据扭转强度条件,应有

$$\tau_{1\max} = \frac{M_0}{W_{p1}} \leqslant [\tau], \tau_{2\max} = \frac{M_0}{W_{p2}} \leqslant [\tau]$$

即

$$[M_0]_1 = W_{p1}[\tau], [M_0]_2 = W_{p2}[\tau]$$

显然,两者中较小的为 $[M_0]_2$,故 M_0 的最大允许值为

$$[M_0] = W_{p2}[\tau] = 1.64 \times 10^4 \times 70 \text{ N} \cdot \text{mm} = 1.15 \text{ kN} \cdot \text{m}$$

(2)求 l_1 和 l_2

根据题意的要求,应有 $\varphi_{BA} = \varphi_{CB}$,即

$$\frac{M_0 l_1}{GI_{p1}} = \frac{M_0 l_2}{GI_{p2}} \tag{1}$$

且

$$l_1 + l_2 = l \tag{2}$$

将 $I_{p1} = \frac{\pi}{32}D^4\left[1 - \left(\frac{d_1}{D}\right)^4\right]$, $I_{p2} = \frac{\pi}{32}D^4\left[1 - \left(\frac{d_2}{D}\right)^4\right]$ 代入式(1),得

$$l_1 = \frac{I_{p1}}{I_{p2}}l_2 = \frac{D^4 - d_1^4}{D^4 - d_2^4}l_2 = 1.407 l_2 \tag{3}$$

式(3)与(2)联立得

$$l_1 = 292.3 \text{ mm}, \quad l_2 = 207.7 \text{ mm}$$

注意:与轴向拉压杆件的强度计算类似,利用圆轴扭转的强度条件同样也可解决三种类型的强度计算问题,即强度校核、截面设计及允许载荷的确定。除此之外,工程中各类承受扭转变形的传动轴,为保证正常工作,对刚度的要求也比较严格,往往需要同时满足强度条件和刚度条件。

例 4.4 如图(a)所示钻探机的钻杆为空心圆轴,外径 $D = 66$ mm,内径 $d = 46$ mm,钻杆的功率 $P = 10$kW,转速 $n = 200$ r/min,材料的许用切应力为 $[\tau] = 40$ MPa,钻杆入土深度 $h = 50$ m,$l = 1$m,设钻探时土壤对钻杆的阻力偶矩沿长度方向均匀分布,试校核钻杆的强度并计算钻杆的总扭转角。

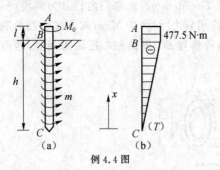

例 4.4 图

解:根据钻杆的转速及功率,钻杆 A 端的外力偶矩为

$$M_0 = 9549 \frac{P}{n} = 9549 \times \frac{10}{200} \text{ N} \cdot \text{m} = 477.5 \text{ N} \cdot \text{m}$$

钻入土壤后,土壤对钻杆的阻力偶矩沿钻杆均匀分布,则

$$m = \frac{M_0}{h} = 9.6 \text{ N} \cdot \text{m/m}$$

列出钻杆的扭矩方程为

$$T(x) = -mx = -9.6x \quad (0 \leqslant x \leqslant h)$$

扭矩最大的截面为靠近上端的截面,最大切应力的绝对值为

$$\tau_{\max} = \frac{M_0}{W_p} = \frac{477.5 \times 10^3}{\frac{\pi}{16} \times 66^3 \times \left[1 - \left(\frac{46}{66}\right)^4\right]} \text{MPa} = 11.1 \text{ MPa} < [\tau]$$

故钻杆强度足够。

计算钻杆的总扭转角,在 BC 段有

$$\varphi' = \frac{\mathrm{d}\varphi}{\mathrm{d}x} = \frac{T}{GI_\mathrm{p}} = -\frac{mx}{GI_\mathrm{p}}$$

故 A 端相对于 C 端的总扭转角为

$$\varphi_{AC} = \int_0^h \frac{(-mx)\mathrm{d}x}{GI_\mathrm{p}} - \frac{M_0 l}{GI_\mathrm{p}} = -\frac{mh^2}{2GI_\mathrm{p}} - \frac{M_0 l}{GI_\mathrm{p}}$$

$$= -\left[\frac{9.6 \times (50 \times 10^3)^2}{2} + 477.5 \times 10^3 \times 10^3\right] \times \frac{32}{80 \times 10^3 \times \pi \times (66^4 - 46^4)}\mathrm{rad}$$

$$= -0.11\mathrm{rad} = -6.30°$$

注意:钻杆转动时,其钻入土层部分的表面与土壤之间存在摩擦形成阻力偶矩,可将其简化为分布在钻杆表面的分布扭矩。与此例类似,机械系统为了传递扭矩,将实心圆轴与空心圆轴嵌套在一起,以紧配合的方式连接时,所能传递的最大扭矩也与两轴紧配合时交界面所能提供的分布摩擦力偶矩有关。

3. 扭转静不定问题

与轴向拉压杆系结构类似,扭转时也有静不定问题,而求解思路也是利用变形比较法,建立变形协调条件作为补充方程。

例 4.5 如图(a)所示,以齿轮啮合的两圆轴 AB 和 CD,轴 AB 长 $l_1 = 0.5$ m,轴的直径 $d_1 = 40$ mm;轴 CD 长 $l_2 = 0.7$ m,轴的直径 $d_2 = 32$ mm。齿轮 B 和 C 的直径分别为 $D_1 = 120$ mm,$D_2 = 110$ mm。两轴材料相同,切变模量 $G = 80$ GPa,许用切应力 $[\tau] = 50$ MPa,轴的单位长度扭转角许用值为 $[\varphi'] = 2°/$m。若在齿轮 B 上施加主动力偶矩 $M_0 = 400$ N·m,试校核轴的强度和刚度。

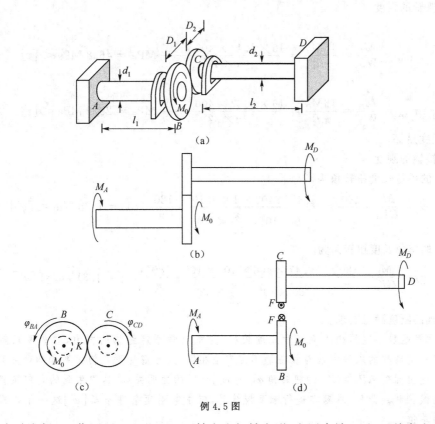

例 4.5 图

解:在主动力偶 M_0 作用下,AB 和 CD 两轴发生扭转变形,在固支端 A 和 D 处产生未知约束力

偶 M_A 和 M_D（图(b)），仅有一个独立的力偶平衡方程，故为一次静不定。在校核强度和刚度前，先求解静不定问题。

(1)求解静不定问题

对整体（图(b)），静力平衡方程为

$$M_A - M_D = M_0 \tag{1}$$

在齿轮的啮合点 K，应有唯一的线位移（图(c)），故两轴的相对扭转角 φ_{BA} 和 φ_{CD} 应有以下关系

$$\varphi_{BA} D_1 = \varphi_{CD} D_2 \tag{2}$$

由图(d)，对两轴分别列出扭转角与扭矩之间的物理关系，即

$$\varphi_{BA} = \frac{M_A l_1}{GI_{p1}}, \quad \varphi_{CD} = \frac{M_D l_2}{GI_{p2}}$$

代入协调条件式(2)中，有

$$\frac{M_A l_1}{GI_{p1}} D_1 = \frac{M_D l_2}{GI_{p2}} D_2$$

代入数值，有

$$M_A = \frac{I_{p1} l_2 D_2}{I_{p2} l_1 D_1} M_D = \frac{d_1^4 D_2 l_2}{d_2^4 D_1 l_1} M_D = \left(\frac{40}{32}\right)^4 \cdot \left(\frac{110}{120}\right) \cdot \frac{0.7}{0.5} \cdot M_D$$

即

$$M_A = 3.13 M_D \tag{3}$$

将式(1)与式(3)联立，解得

$$M_A = 1.47 M_0, \quad M_D = 0.47 M_0$$

(2)校核轴的强度

轴 AB

$$\tau_{1\max} = \frac{M_A}{W_{p1}} = \frac{16 M_A}{\pi d_1^3} = \frac{16 \times 1.47 \times 400 \times 10^3}{\pi \times 40^3} \text{ MPa} = 46.8 \text{ MPa} < [\tau]$$

轴 CD

$$\tau_{2\max} = \frac{M_D}{W_{p2}} = \frac{16 M_D}{\pi d_2^3} = \frac{16 \times 0.47 \times 400 \times 10^3}{\pi \times 32^3} \text{ MPa} = 29.2 \text{ MPa} < [\tau]$$

故该轴的强度足够。

(3)校核轴的刚度

轴 AB 的单位长度扭转角为

$$\varphi_1' = \frac{M_A}{GI_{p1}} \cdot \frac{180°}{\pi} = \frac{1.47 \times 400 \times 10^3 \times 10^3}{80 \times 10^3 \times \frac{\pi}{32} \times 40^4} \cdot \frac{180°}{\pi} °/\text{m} = 1.68 °/\text{m} < [\varphi']$$

轴 CD 的单位长度扭转角为

$$\varphi_2' = \frac{M_D}{GI_{p2}} \cdot \frac{180°}{\pi} = \frac{0.47 \times 400 \times 10^3 \times 10^3}{80 \times 10^3 \times \frac{\pi}{32} \times 32^4} \cdot \frac{180°}{\pi} °/\text{m} = 1.31°/\text{m} < [\varphi']$$

显然，轴的刚度满足要求。

注意：本题是静不定结构的强度和刚度校核，为求出静不定结构的内力，首先要求解静不定问题。扭转静不定结构的求解方法与拉压静不定完全相同，应考虑变形几何关系和物理关系。本题的关键是找出受扭圆轴 AB 和 CD 的扭转角 φ_{BA} 与 φ_{CD} 之间的协调关系，这里用到的几何条件是啮合点 K 有唯一的线位移。此外，本题在进行刚度校核时，应注意刚度条件 $\varphi' \leqslant [\varphi']$ 这一不等式两边的量应取相同的单位。

4.3 非圆截面杆扭转简介

实验结果表明,非圆截面杆扭转时,横截面外周线将改变原来的形状,且由平面曲线变为空间曲线(图 4.9)。这说明变形后的杆横截面不再保持为平面。这种现象称为**翘曲**。由于平面假定对非圆截面杆的扭转已不再适用,因而基于这一假定得到的圆轴扭转切应力扭转变形公式(4.11)及式(4.23)都不能用于非圆截面杆。

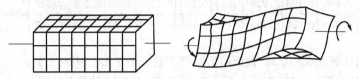

图 4.9 非圆截面杆扭转

非圆截面杆的扭转分为自由扭转和约束扭转。等直杆两端受轴向外力偶矩作用且翘曲不受任何限制的情况属于**自由扭转**。这时杆件各横截面的翘曲程度相同,杆件纵向变形不受限制。故可以认为横截面上无正应力,只有切应力。若由于约束条件使杆件纵向变形受到限制,各个横截面翘曲程度不同,则横截面上除切应力外,必存在正应力,这称为**约束扭转**。尤其是工程上一些薄壁杆件如槽钢、工字钢等,约束扭转时往往横截面上有很大的正应力存在。而截面为矩形或椭圆形等实体杆件时,约束扭转时引起的正应力很小。

可以证明,杆件扭转时,横截面周边上各点的切应力方向都与截面周边相切。因为周边上各点的切应力方向如不沿周边的切线方向,总可以分解为沿周边切线方向的分量 τ_t 和沿周边法线向方向的分量 τ_n。根据切应力互等定理,杆件表面上必有与 τ_n 大小相等的切应力 τ_n'。但杆件扭转时表面为自由表面,即 $\tau_n' = 0$,故必有 $\tau_n = 0$,所以横截面周边上切应力方向必沿周边切线方向。横截面的凸角点处,如果有切应力,则同样可分解为沿 ab 边及 ac 边法线方向的分量 τ_{n1} 和 τ_{n2},再根据切应力互等定理及表面自由的条件也可推知 $\tau_{n1} = \tau_{n2} = 0$,故横截面上凸角点处的切应力等于零(参见图 4.10)。

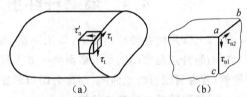

(a)   (b)

图 4.10 非圆截面杆件扭转时的切应力特点

对于非圆截面杆扭转的讨论可参阅弹性力学有关论著。这里针对矩形截面杆给出一些结果。如图 4.11 所示,横截面边缘处切应力方向形成与边相切的顺流。4 个角点处切应力为零。最大切应力发生于矩形长边中点,大小为

$$\tau_{\max} = \frac{T}{\alpha h b^2} \tag{4.30}$$

矩形短边中点处的切应力 τ_1 也比较大,是长边中点处切应力大小的 ν 倍,即

$$\tau_1 = \nu \tau_{\max} \tag{4.31}$$

杆两端的相对扭转角 φ 则为

$$\varphi = \frac{Tl}{G\beta h b^3} = \frac{Tl}{G I_t} \tag{4.32}$$

式中

$$I_t = \beta h b^3 \tag{4.33}$$

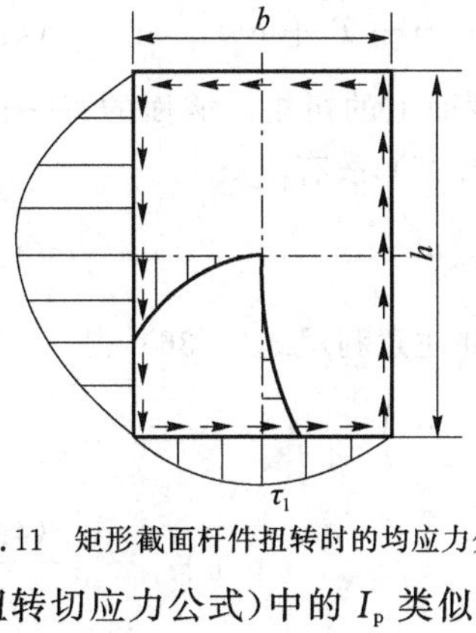

图 4.11 矩形截面杆件扭转时的均应力分布

这里要指出,I_t 在式(4.32)中的作用虽与式(4.23)(即圆轴扭转切应力公式)中的 I_p 类似,但 I_t 与 I_p 定义不同,I_t 并不是极惯性矩,它不是由式(4.9)右端所

定义的积分求得的。

以上公式中，T 为横截面上的扭矩，α、β 和 ν 都是与截面尺寸的比值 h/b 有关的因数。具体数值见表 4.1。

表 4.1　矩形截面杆扭转时的因数 α、β、ν

h/b	1.0	1.2	1.5	2.0	2.5	3.0	4.0	6.0	8.0	10.0	∞
α	0.208	0.219	0.231	0.246	0.258	0.267	0.282	0.299	0.307	0.313	0.333
β	0.141	0.166	0.196	0.229	0.249	0.263	0.281	0.299	0.307	0.313	0.333
ν	1.000	0.930	0.858	0.796	0.767	0.753	0.745	0.743	0.743	0.743	0.743

当截面尺寸的比值 $h/b>10$ 时，截面的形状趋于狭长的矩形。从表 4.1 中的数值变化趋势知，当 $h/b\to\infty$ 时，$\alpha=\beta\to1/3$，故对于 $h/b>10$ 的狭长矩形截面，式（4.30）、式（4.32）可化为

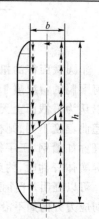

$$\tau_{\max}=\frac{3T}{hb^2}\qquad(4.34)$$

$$\varphi=\frac{3Tl}{Ghb^3}\qquad(4.35)$$

如图 4.12 所示，对于狭长矩形截面扭转，沿狭长矩形长边上的各点切应力实际上变化并不大，各点的切应力数值与长边中点处的最大切应力数值相近。

图 4.12　狭长矩形截面杆件
扭转时的切应力

4.4　薄壁杆件扭转简介

工程上常用的各种轧制型钢，如工字钢、槽钢及各种形状的空心薄壁管状杆件，都称为**薄壁杆件**。它们的特点是壁厚远小于截面另一方向尺寸。若截面中线为不封闭的折线或曲线，称为**开口薄壁杆件**；若为封闭折线或曲线，则称为**闭口薄壁杆件**。这里只简单讨论薄壁杆件的自由扭转。

1. 开口薄壁杆件的自由扭转

开口薄壁杆件如工字钢、槽钢等，截面可以视为若干个狭长矩形组合而成。中线若为曲线或折线，也可展开近似作为狭长矩形处理。

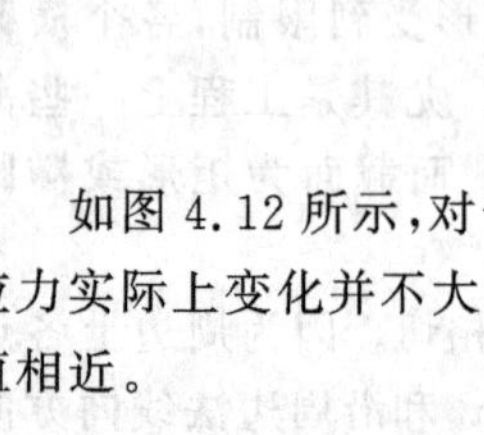

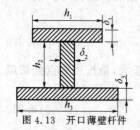

如图 4.13，设截面划分为若干部分之后，第 i 部分为长 h_i，宽 δ_i 的狭长矩形。其扭转角为 φ_i，该部分截面上的扭矩为 T_i，则应有

$$\varphi=\varphi_1=\varphi_2=\cdots\qquad(4.36)$$

$$T=\sum_i T_i=T_1+T_2+\cdots+T_i+\cdots\qquad(4.37)$$

图 4.13　开口薄壁杆件

式中，φ 为整个截面的扭转角，T 为整个截面上的扭矩。截面的每一部分都可利用上节狭长矩形截面的计算公式（4.35），故有

$$\varphi_1=\frac{3T_1l}{Gh_1\delta_1^3},\varphi_2=\frac{3T_2l}{Gh_2\delta_2^3},\cdots,\varphi_i=\frac{3T_il}{Gh_i\delta_i^3},\cdots\qquad(4.38)$$

以上各式可分别解出 T_1、T_2、$\cdots$、T_i、$\cdots$，将它们代入式（4.37），并注意利用式（4.36），得

$$T=\varphi\frac{G}{l}\left(\frac{1}{3}h_1\delta_1^3+\frac{1}{3}h_2\delta_2^3+\cdots+\frac{1}{3}h_i\delta_i^3+\cdots\right)$$

$$=\varphi\frac{G}{l}\sum_i\frac{1}{3}h_i\delta_i^3\qquad(4.39)$$

若记

$$I_t = \sum_i \frac{1}{3} h_i \delta_i^3 \tag{4.40}$$

则有

$$T = \varphi \frac{G}{l} I_t \tag{4.41}$$

故得到开口薄壁杆件自由扭转时扭转角与截面上的扭矩之间的关系为

$$\varphi = \frac{Tl}{GI_t} \tag{4.42}$$

式中，$GI_t = G \sum_i \frac{1}{3} h_i \delta_i^3$ 为组合截面的扭转刚度。在截面的任一个狭长矩形上，可利用式(4.34)计算各个长边中点的切应力τ_i，即

$$\tau_i = \frac{3T_i}{h_i \delta_i^2} \tag{4.43}$$

由式(4.38)及式(4.42)，并注意式(4.36)，可得

$$\frac{3T_i l}{Gh_i \delta_i^3} = \frac{Tl}{GI_t} \tag{4.44}$$

由式(4.44)解出 T_i，再代入式(4.43)，可得

$$\tau_i = \frac{T\delta_i}{I_t} \tag{4.45}$$

从式(4.45)可看出，开口薄壁杆件自由扭转时，在横截面上宽度最大的狭长矩形长边中点处达到横截面切应力的最大值τ_{max}，即

$$\tau_{max} = \frac{T\delta_{max}}{I_t} \tag{4.46}$$

在横截面的边界处，切应力的方向与边界相切，且沿着边界各点的切线方向连续变化，与该截面的扭矩转向一致，形成顺流。例如截面上扭矩为逆时针转向时，3 种薄壁杆件横截面边界上各点切应力方向如图 4.14 所示。

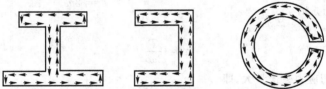

图 4.14　扭矩为逆时针转向时薄壁杆件横截面边界上各点切应力方向

实际上，工程中常用的各类型钢在利用式(4.40)计算 I_t 时，应对公式加以修正。因为型钢截面上各狭长矩形连接处有圆角，且某些部分并非严格的直线边界。式(4.40)的修正形式为

$$I_t = \eta \cdot \frac{1}{3} \sum_i h_i \delta_i^3 \tag{4.47}$$

式中，η 为修正因数，对角钢、槽钢、T 字钢、工字钢分别取为 $\eta=1.00$、1.12、1.15、1.20。

2. 闭口薄壁杆件的自由扭转

这里只讨论由内、外两条封闭曲线构成的单孔闭口薄壁管(图 4.15(a))。杆件的壁厚为 δ，且沿截面中线 s(横截面上沿壁厚方向中点的连线)是可以变化的。

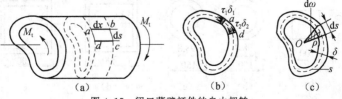

图 4.15　闭口薄壁杆件的自由扭转

因为只讨论薄壁管，可以认为截面上沿壁厚 δ 的方向切应力是均匀分布的，大小为 τ。则沿截面中线每单位长度上的剪力为 $\tau\delta$，且剪力方向与中线相切。但截面上中线位置不同处 τ 不同，即 $\tau = \tau(s)$。设截面上任意两点 a、d 处的切应力、壁厚分别为 τ_1、δ_1 和 τ_2、δ_2，则利用相距为 dx 的两个横截面和过 a、d 两点的纵向截面从杆中切取一个分离体 $abcd$（图 4.15(a)、(b)）。自由扭转时横截面上无正应力，利用切应力互等定理，分离体各侧面上的切应力如图 4.16 所示。ab、cd 两个纵向侧面上沿杆轴方向的剪力分别为

$$F_{S1} = \tau_1 \delta_1 \, dx, \quad F_{S2} = \tau_2 \delta_2 \, dx$$

对分离体写出其沿杆轴方向力的平衡方程，有

$$F_{S1} = F_{S2}$$

故

$$\tau_1 \delta_1 = \tau_2 \delta_2 \tag{4.48}$$

推导时，a、d 是截面上的任意两点。故式(4.48)说明，沿横截面的中线 s，切应力 τ 与壁厚 δ 的乘积为一个常量，用 t 表示这一乘积，称为剪力流。剪力流的物理意义为横截面上沿中线 s 方向上单位长度的剪力。即

$$t = \tau(s)\delta(s) = 常数 \tag{4.49}$$

若令截面上的分布的内力系对截面的形心 O 取矩，则这一内力矩即为截面上的扭矩 T，故有

$$T = \oint_s t \cdot ds \cdot \rho = t \oint_s \rho ds \tag{4.50}$$

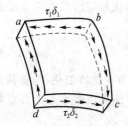

图 4.16　微元体切应力分布

式中，ρ 为点 O 到截面中线的切线垂直距离。积分沿截面中线 s 进行。将常数 t 提出来后，ρds 为 ds 弧元对点 O 所张的中心角部分（图 4.15(c) 中阴影部分），显然 ρds 等于以 ds 为底、ρ 为高的这一微元三角形面积 $d\omega$ 的 2 倍。当积分遍及整个中线时，$\oint_s \rho ds$ 即为中线 s 包围的面积 ω 的两倍。于是有

$$T = 2t\omega \tag{4.51}$$

故有

$$\tau = \frac{T}{2\omega\delta} \tag{4.52}$$

在壁厚最薄处，切应力数值最大，即

$$\tau_{max} = \frac{T}{2\omega\delta_{min}} \tag{4.53}$$

闭口薄杆件两端受扭矩 T 作用下自由扭转的变形，即扭转角 φ 的计算公式如下：

$$\varphi = \frac{Tl}{4G\omega^2} \oint_s \frac{ds}{\delta(s)} \tag{4.54}$$

式(4.54)的推导可以利用能量方法，具体可见第 7 章。

例 4.6　现有相同材料、相同长度、横截面形状不同但横截面面积相同的 5 根杆，各杆的横截面形状尺寸如图所示，材料的许可切应力 $[\tau] = 50$ MPa，试根据强度条件求各杆的最大允许扭矩，并比较各杆的抗扭强度。

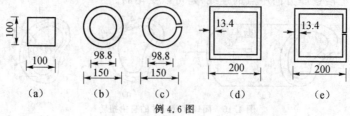

例 4.6 图

解:这 5 根杆中(a)为实心正方形截面,(b)、(c)分别为空心圆截面和狭长条截面,(d)、(e)分别为闭口薄壁杆和开口薄壁杆,分别选择适当的切应力公式计算。

(1)实心正方形截面(图(a))

由矩形截面扭转切应力公式(4.30),此时 $h/b=1$,查表 4.1 得 $\alpha=0.208$,故由强度条件 $\tau_{max}=\dfrac{T}{\alpha hb^2}\leqslant[\tau]$ 得

$$T_1\leqslant\alpha hb^2[\tau]=0.208\times100\times100^2\times50\text{ N}\cdot\text{mm}=10.4\text{ kN}\cdot\text{m}$$

(2)空心圆轴(图(b))

由圆轴扭转切应力公式(4.14),有 $\tau_{max}=\dfrac{T}{W_p}=\dfrac{T}{\dfrac{\pi}{16}D^3(1-\alpha^4)}<[\tau]$,得

$$T_2\leqslant\frac{\pi}{16}D^3(1-\alpha^4)[\tau]=\frac{\pi}{16}\times150^3\left(1-\frac{98.8^4}{150^4}\right)\times50\text{ N}\cdot\text{mm}=26.9\text{ kN}\cdot\text{m}$$

(3)狭长条截面(图(c))

由狭长矩形截面扭转切应力公式(4.34),有 $\tau_{max}=\dfrac{3T}{hb^2}\leqslant[\tau]$,得

$$T_3\leqslant\frac{1}{3}hb^2[\tau]=\frac{1}{3}\times\pi\times\frac{150+98.8}{2}\cdot\left(\frac{150-98.8}{2}\right)^2\times50\text{ N}\cdot\text{mm}$$
$$=4.27\text{ kN}\cdot\text{m}$$

(4)闭口薄壁正方形(图(d))

由闭口薄壁杆扭转切应力公式(4.53),有 $\tau_{max}=\dfrac{T}{2\delta\omega}\leqslant[\tau]$,得

$$T_4\leqslant2\delta\omega[\tau]=2\times13.4\times(200-13.4)^2\times50\text{ N}\cdot\text{mm}=46.7\text{ kN}\cdot\text{m}$$

(5)开口薄壁正方形(图(e))

由狭长矩形扭转切应力公式(4.34),有 $\tau_{max}=\dfrac{3T}{hb^2}\leqslant[\tau]$,得

$$T_5\leqslant\frac{1}{3}hb^2[\tau]=\frac{1}{3}\times(200-13.4)\times4\times13.4^2\times50\text{ N}\cdot\text{mm}=2.23\text{ kN}\cdot\text{m}$$

根据以上计算结果可知,图(d)闭口薄壁杆的抗扭强度最高,图(e)开口薄壁杆抗扭强度最低,按抗扭强度从高到低排列,依次为(d)、(b)、(a)、(c)、(e)。

注意:从本题结果可见,5 根杆所用材料相同,重量相同,但抗扭强度变化很大,承载能力相差 20 倍。一般来说,闭口薄壁杆件是较为合理的抗扭结构形式,而开口薄壁杆件抵抗扭转变形的能力最差。空心圆轴的抗扭能力好于实心杆。例如自行车的大梁,前叉等部位的结构采用的是薄壁空心圆管,如果换用实心圆截面杆,在强度相同的情况下,重量将会大大增加。不过闭口薄壁管在壁厚较薄的情况下易出现稳定性差的问题,也是应当避免的。

例 4.7 图示结构,AB 是直径 $d=44$ mm 的圆轴,CD 为薄壁圆管,平均半径 $R_0=40$ mm,壁厚 $\delta=4$ mm。两者在下端用刚性平板 E 焊接为一体。CD 的另一端固定,AB 的 A 端施加了一力偶矩为 $M_0=1$ kN·m 的扭转外力偶。两轴的材料相同,$G=80$ GPa,$[\tau]=60$ MPa。已知 $l=1$ m,试校核该结构的强度,并求 A 端截面的扭转角。

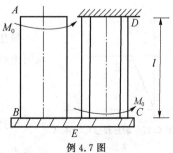

例 4.7 图

解:(1)强度校核

由结构整体平衡条件可求得 D 端的约束力偶矩 $M_D=2M_0$。

轴 AB 的最大扭矩为 $T_1=M_0$,根据圆轴扭转切应力公式,有

$$\tau_{1max} = \frac{T_1}{W_{P1}} = \frac{M_0}{\frac{\pi}{16}d^3} = \frac{1 \times 10^6}{\frac{\pi}{16} \times 44^3}\ \text{MPa} = 59.8\ \text{MPa} < [\tau]$$

轴 CD 的最大扭矩为 $T_2 = M_D = 2M_0$，根据薄壁圆管切应力公式，有

$$\tau_{2max} = \frac{T_2}{2\pi R_0^2 \delta} = \frac{2 \times 10^6}{2\pi \times 40^2 \times 4}\ \text{MPa} = 49.7\ \text{MPa} < [\tau]$$

故结构的强度满足要求。

（2）扭转角计算

对轴 CD，截面 C 相对于截面 D 的扭转角为

$$\varphi_{CD} = \frac{T_2 l}{2\pi G R_0^3 \delta} = \frac{M_0 l}{\pi G R_0^3 \delta}\text{（转向与 } M_0 \text{ 相同）}$$

对轴 AB，截面 A 相对于截面 B 的扭转角为

$$\varphi_{AB} = \frac{T_1 l}{G I_{p1}} = \frac{32 M_0 l}{\pi G d^4}\text{（转向与 } M_0 \text{ 相同）}$$

故截面 A 相对于截面 D 的扭转角为

$$\varphi_{AD} = \varphi_{AB} + \varphi_{CD} = \frac{M_0 l}{\pi G}\left(\frac{32}{d^4} + \frac{1}{R_0^3 \delta}\right)$$

$$= \frac{10^6 \times 10^3}{\pi \times 80 \times 10^3} \times \left(\frac{32}{44^4} + \frac{1}{40^3 \times 4}\right)\text{rad}$$

$$= 0.05\text{rad} = 2.86°\text{（转向与 } M_0 \text{ 相同）}$$

注意：本题在求扭转角时，注意轴 AB 与轴 CD 在 B、C 端与刚性板 BEC 固连为一体，故截面 C 与截面 B 有相同的角位移。

4.5　圆轴的弹塑性扭转

在线弹性状态下，圆轴扭转时横截面上的切应力大小与半径 ρ 成正比，故当圆轴外缘处的最大切应力 τ_{max} 达到屈服极限 τ_s 时，圆轴内部各点的切应力仍小于 τ_s。因此基于最大切应力建立的强度条件 $\tau_{max} \leqslant [\tau]$ 对于圆轴扭转强度计算是偏于保守的，实际上，圆轴在扭转时的承载能力还可以有一定的提高。

1. 圆轴扭转时的屈服扭矩和极限扭矩

若圆轴的材料为理想弹塑性材料，其应力—应变关系如图 4.17 所示。圆轴扭转时，扭矩 T 从零开始增加，在扭矩较小时，材料全部处于线弹性阶段，按照弹性扭转分析，切应力沿半径为线性分布，由式（4.11）计算，即

$$\tau_\rho = \frac{T\rho}{I_p} \tag{4.55}$$

$$\tau_{max} = \frac{T}{W_p} \tag{4.56}$$

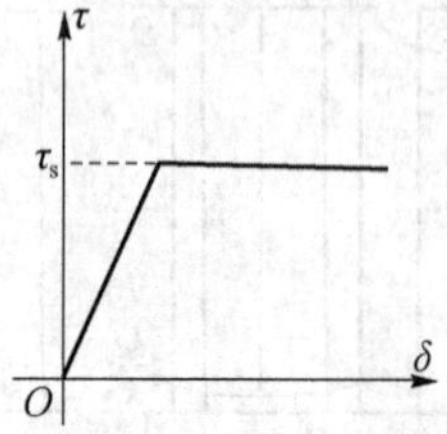

扭矩 T 逐渐增加，当截面外缘处的最大切应力 τ_{max} 达到屈服应力 τ_s 时，截面上的扭矩称为**屈服扭矩** T_s（图 4.18（a）），由式（4.56）可得

$$T_s = \tau_s W_p = \frac{\pi}{16}D^3 \tau_s \tag{4.57}$$

图 4.17　理想弹塑性材料的应力-应变关系

到达屈服扭矩 T_s 的数值后，如果扭矩 T 继续增加，则半径 ρ 小于 $\frac{D}{2}$ 处的各点切应力值逐渐增加达到 τ_s，横截面上的塑性区从外缘开始逐步向内

部发展,外部为塑性区而内部仍为弹性区(图 4.18(b))。

如果扭矩继续增加到最终的极限值 T_u,此扭矩作用下,横截面上各点的切应力均达到屈服应力 τ_s,横截面中心部分的弹性区消失,截面全部进入塑性区,即为塑性极限状态(图 4.18(c)),此时的扭矩 T_u 称为**极限扭矩**,其值应为

$$T_u = \int_0^{\frac{D}{2}} \tau_s \cdot 2\pi\rho d\rho \cdot \rho = \frac{\pi}{12} D^3 \tau_s \tag{4.58}$$

显然,极限扭矩 T_u 与屈服扭矩 T_s 之比为

$$\frac{T_u}{T_s} = \frac{\frac{\pi}{12} D^3 \tau_s}{\frac{\pi}{16} D^3 \tau_s} = \frac{4}{3}$$

即极限扭矩比屈服扭矩提高了三分之一。达到极限扭矩后,圆轴才完全丧失了承载能力。因此,考虑到材料的塑性性能,圆轴的承载能力比完全弹性的计算提高了 33%。

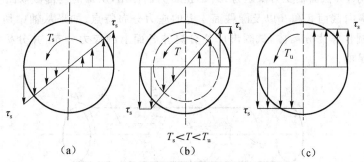

图 4.18 扭矩逐渐增大时横截面上的切应力

2. 圆轴扭转的残余应力

圆轴扭转加载时的扭矩超过屈服扭矩 T_s 后,圆轴的外缘部分区域进入塑性状态。对理想弹塑性材料而言,进入塑性的各点应力不再增加,但应变可以持续增加。若在此阶段卸载,由于卸载过程中,应力与应变总是按照弹性的规律成正比减小,因此,圆轴内各点加载时产生的应力不可能完全消失,这部分剩余的应力称为**残余应力**,记为 τ_r。

例如,当扭矩增加至极限扭矩 T_u 时(图 4.19(a)),各点的切应力均为

$$\tau_{\rho 1} = \tau_s \tag{4.59}$$

此时再卸载至零。由于卸载是完全弹性的,可将卸载过程视为在圆轴上施加一反向扭矩 T_u,且该反向扭矩在圆轴内各点产生的切应力为线性分布,按弹性公式计算(图 4.19(b)),即

$$\tau_{\rho 2} = \frac{T_u \rho}{I_P} = \frac{\frac{\pi}{12} D^3 \tau_s \rho}{\frac{\pi}{32} D^4} = \frac{8\rho}{3D} \tau_s \tag{4.60}$$

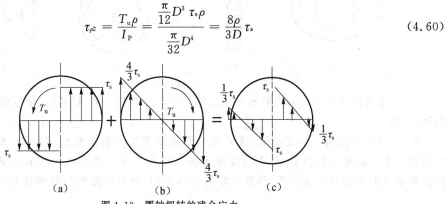

图 4.19 圆轴扭转的残余应力

式(4.59)、式(4.60)切应力叠加，即为卸载后的残余切应力τ_{rp}，即

$$\tau_{rp} = \tau_{\rho 1} - \tau_{\rho 2} = \tau_s(1 - \frac{8\rho}{3D}) \tag{4.61}$$

当$\rho = 0$时，$\tau_r = \tau_s$；当$\rho = \dfrac{D}{2}$时，$\tau_r = -\dfrac{1}{3}\tau_s$。

残余切应力τ_r沿半径的分布如图4.19(c)所示。若对圆轴再次施加扭矩T进行正向加载，横截面上的切应力将为残余切应力与T产生的相应的切应力叠加。

因此，圆轴扭转加载到局部屈服时卸载，再重新施加与原加载方向相同的载荷时，由于残余应力抵消，可使圆轴的屈服扭矩得以提高，达到提高承载能力的目的。工程上对各种圆柱形弹簧进行"强压立定处理"，就是使簧杆内产生局部塑性变形从而提高其承载能力。

思考题

4.1 如图所示，圆截面轴受力偶矩为M_0的扭转力偶作用，从轴的内部截取图中虚线所示形状，试画出横截面1、纵向截面2和3以及圆柱面4上的应力分布特点；如果从轴中切取如图所示的长为l的$abcdef$半圆柱体为分离体，试画出所切分离体各面上的应力分布，并分析该半圆柱体的平衡条件是如何满足的。

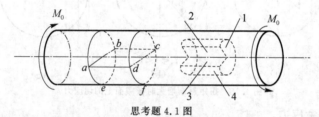

思考题4.1图

4.2 判断以下受扭的轴横截面上的应力分布图是否正确。

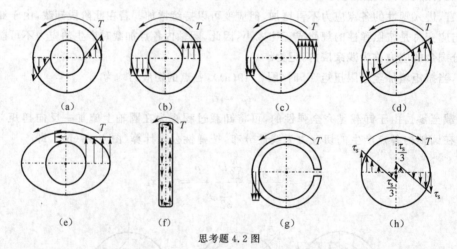

思考题4.2图

4.3 组合圆轴由外面的铝管和中间的钢芯牢固结合为一体，扭转时，横截面正确的切应力分布为哪张图？

4.4 你的手边若有一支粉笔，试着在它两端用手加力偶使其扭转断裂，看看它的断口方向。生活中经常可以看到的竹子，在受扭时最容易在哪个方向出现裂纹？现有低碳钢、铸铁和木材三种材料制作的圆轴受扭转破坏，裂纹或断口方向如图，试分析图中的轴各是哪种材料。

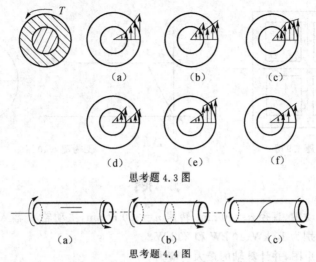

(a)　　　　(b)　　　　(c)

(d)　　　　(e)　　　　(f)

思考题 4.3 图

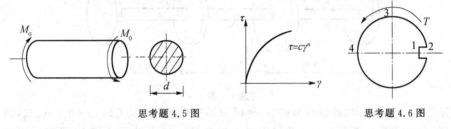

（a）　　　　（b）　　　　（c）

思考题 4.4 图

4.5 受扭圆轴,材料的应力应变关系为 $\tau = c\gamma^n$,c 与 n 为实验测得的材料常数。设该圆轴扭转时平面假设仍成立,试建立该圆轴横截面上扭转切应力公式。

4.6 图示受扭的圆轴有一键槽,在键槽所在的横截面上选定 1、2、3、4 四点,哪一点的切应力应为零?

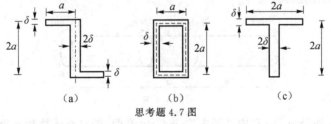

思考题 4.5 图　　　　　　思考题 4.6 图

4.7 试比较图示受扭薄壁杆件的最大切应力。

（a）　　　　（b）　　　　（c）

思考题 4.7 图

4.8 图示长为 l 的圆轴两端固定,在距 A 端为 $\dfrac{l}{3}$ 处受力偶矩为 M_0 的扭转力偶作用,试用最简捷的思路分析轴的 AC、CB 两段的最大切应力之比为多少。

4.9 图示一对称薄壁盒形截面杆,当杆发生纯扭转变形时,试分析中间的腹板 AB、CD 上有无切应力存在,为什么?

4.10 图示直径为 d 的理想弹塑性材料圆轴,横截面上受扭矩作用,当扭矩增加至局部屈服时,测得横截面上的弹塑性区分界线为 $r_s = \dfrac{d}{4}$,试求出此时施加的扭矩 T。若此时将载荷卸载至零,试求出残余应力沿半径的分布并画图示意。

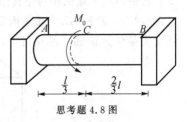

思考题 4.8 图

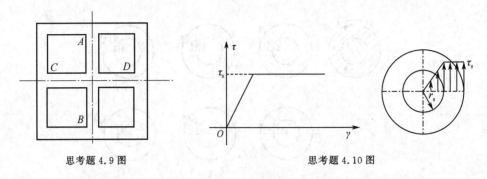

思考题 4.9 图　　　　　　　　　　　　　思考题 4.10 图

习　题

4.1　如图所示传动轴,直径 $d=40$ mm,转速 $n=300$ r/min,主动轮 A 输入功率为 40 kW,从动轮 B、C、D 输出功率分别为 10 kW、10 kW 和 20 kW。

(1)试绘出轴的扭矩图,并计算轴的最大切应力;

(2)此轴的主动轮和从动轮的位置安排是否合理?可否重新安排一下,使轴中的最大切应力下降?

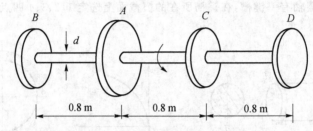

习题 4.1 图

4.2　直径 $d=100$ mm 的圆轴受力如图,材料的切变模量 $G=80$ GPa,$a=0.5$ m,试:(1)画出轴的扭矩图;(2)求轴中最大切应力 τ_{max},并指出发生于何处;(3)求轴中 C、D 两截面的相对扭转角;(4)求轴两端面之间的总扭转角。

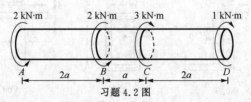

习题 4.2 图

4.3　内径为 d_1、外径为 D_1(且内外径之比 $\dfrac{d_1}{D_1}=\beta=$ 常数)的空心圆轴和直径为 D_2 的实心圆轴,两轴长度相等,材料相同,受同样的扭矩 T 作用,若使两轴中最大切应力相同,则两轴重量之比为多少?若使两轴两端的相对扭转角相等,则重量之比又是多少?(以 β 表示)

4.4　一圆轴 ABC,A 端固定,BC 段表面有集度为 m 的分布力偶,如图中几何尺寸 a、d 和轴的切变模量 G 及该轴 C 端相对于 A 端的扭转角 φ_C 已知,试求轴中最大切应力。

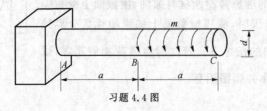

习题 4.4 图

4.5 已知空心圆轴长 $l=1$ m，外径 $D=40$ mm，内径线性变化，左端为 $d_1=24$ mm，右端为 $d_2=16$ mm，材料的切变模量 $G=80$ GPa，所受外力偶如图所示。试求轴中最大切应力及所在位置。若在轴的表面任选一点粘贴应变片测量正应变，应在何处沿何方向粘贴可有最大的拉应变读数？这一拉应变应为多少？

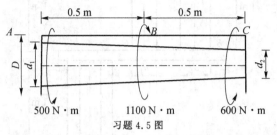

习题 4.5 图

4.6 图示一圆轴外径 $D=30$ mm，内径 $d=20$ mm，材料的弹性模量 $E=100$ GPa，泊松比 $\nu=0.35$，圆轴一端固定，另一端施加力偶矩为 M_0 的扭转力偶。变形前在表面画上平行的纵向线，变形后纵向线皆倾斜一个角度，B 端截面边缘的点切向线位移为 $\Delta=1.5$ mm，试求主动力偶矩 M_0 的大小。

4.7 图示阶梯形圆轴，AB 段的直径为 d_1，BC 段的直径为 d_2，且要求 $d_1=\dfrac{3}{4}d_2$，已知 $M_0=1$ kN·m，材料的切变模量 $G=80$ GPa，许用切应力 $[\tau]=80$ MPa，试设计轴的直径 d_1 和 d_2。

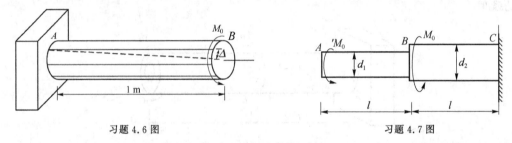

习题 4.6 图　　　　　　　　　　　习题 4.7 图

4.8 图示组合轴由直径为 d 的实心圆截面内轴 1 与内径为 d、外径为 D 的空心圆截面外轴 2 的 BC 段嵌套并在交界面上牢固粘结为一体构成。已知内轴材料 1 的切变模量为 G_1，外轴材料 2 的切变模量为 G_2，且 $G_2=\dfrac{1}{2}G_1$，轴各段的单位长度许用扭转角相同，使组合轴的刚度设计最为合理的 d 与 D 的比值应为多少？

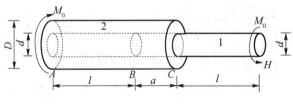

习题 4.8 图

4.9 一实心圆轴在转速 $n=300$ r/min 时传递的功率为 $P=300$ kW，已知轴的许用切应力 $[\tau]=50$ MPa，且要求轴长 $l=2$ m 时最大扭转角不超过 $1°$，$G=80$ GPa，试设计轴的直径 d。

4.10 图示结构，AB 和 OC 是圆截面轴，直径分别为 d_1 和 d_2，EF 为内径 d_3、外径 D 的空心圆轴，OC 的上端固定，AB 的 B 端、OC 的 C 端和 EF 的 E 端与一刚性板 BCE 固连为一体。在 A 端横截面内施加主动力偶 M_0，在 F 端横截面内施加主动力偶 $3M_0$，转向如图。各轴材料相同，$[\tau]=65$ MPa，$G=80$ GPa，$[\varphi']=2°/$m。已知 $d_1=40$ mm，$d_2=48$ mm，$d_3=28$ mm，$D=56$ mm，

$M_0 = 700$ N·m。试校核结构的强度和刚度。

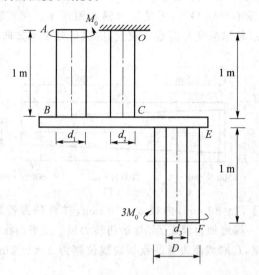

习题 4.10 图

4.11 一端固定、内径为 d、外径为 D 的空心圆轴，受图示外力偶作用。在轴的外表面 AB 段贴应变片，测得与轴线成 45°方向上的正应变 $\varepsilon_{45°} = 2.3 \times 10^{-4}$。已知材料 $[\tau] = 80$ MPa，$G = 80$ GPa，试校核此轴的强度。

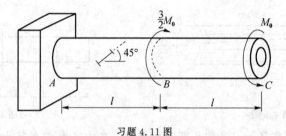

习题 4.11 图

4.12 如图所示结构，A 端固定，AB 段为长度为 l 的空心圆轴，其内径为 d，外径为 D，其上作用力偶矩集度为 m 的均布扭矩，BC 段为长度为 l 的小锥度锥形圆杆，两端的直径分别为 D 和 d，C 端作用了力偶矩为 M_0 的集中力偶，材料的切变模量 $G = 80$ GPa，许用切应力 $[\tau] = 50$ MPa。已知 $d = 20$ mm，$D = 40$ mm，$l = 1$ m，$m = 400$ N·m/m，$M_0 = 80$ N·m，试校核轴的强度并计算 C 端的扭转角。

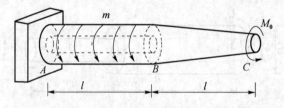

习题 4.12 图

4.13 工程中需要一薄壁空心圆管如图，两端承受的外力偶矩为 $M_0 = 48$ kN·m，现有厚度为 $\delta = 10$ mm，宽度为 $b = 200$ mm 的带状钢板，以 45°方向螺旋角缠绕焊制而成，若焊缝的许用正应力为 $[\sigma] = 80$ MPa，试求绕制成的薄壁空心圆筒的最小平均直径为多少？

4.14 如图所示，厚度为 δ 的薄钢板，折成长度为 l，横截面形状为边长为 a 的正方形的薄壁筒，受外力偶 M_0 作用，材料的切变模量为 G。（1）若折成筒后，交界面处不固连，求筒中最大切应力与两端的扭转角；（2）若折成筒后接头搭接并用 n 个铆钉铆接，试求筒中最大切应力及两端的扭转角（不计搭接处尺寸的变化);(3)铆接后若每个铆钉的剪切许用应力为$[\tau]_1$,试确定铆钉的最小直径。

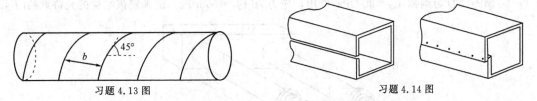

习题 4.13 图   习题 4.14 图

4.15 如图所示,闭口薄壁管的横截面形状有圆形、正方形和矩形三种,若三种截面的横截面积A,壁厚δ,材料均相同,三杆所受的扭转外力偶矩也相同,试求三杆的最大切应力之比及单位长度扭转角之比。

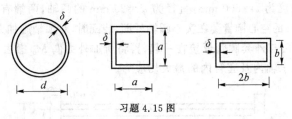

习题 4.15 图

4.16 图示椭圆截面薄壁杆的横截面是由两个同心椭圆构成的(尺寸的单位为 mm),受扭矩T作用,材料的许用切应力$[\tau]=80$ MPa,试求扭矩T的允许值。

4.17 如图所示,材料 1 的切变模量为G_1,材料 2 的切变模量为G_2,且$G_2 < G_1$,材料 1 制作的圆截面杆中间有一锥形空心,材料 2 制作的锥形圆杆恰好可放入,二者在圆锥形界面处牢固粘接为一体,组合轴两端受外力偶M_0作用,试求材料 1 和材料 2 中的最大切应力。

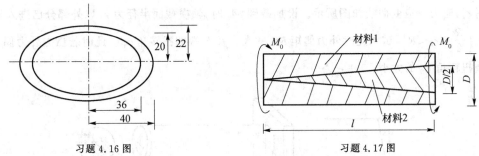

习题 4.16 图   习题 4.17 图

4.18 如图所示圆轴,两端固定,在轴左半段表面受力偶矩集度为m的均布力偶作用,圆轴直径为d,长度为$2a$,材料的切变模量为G,试求轴中最大切应力及中间截面相对于固支端A转过的扭转角。

4.19 直径为d,两端固定的圆轴AB如图所示,在截面D上有一抗扭刚度系数为k的扭转约束弹簧(弹簧提供扭转约束力偶,力偶矩M_D的大小与D截面的扭转角成正比,即$M_D = k\varphi_D$),设$k = \dfrac{GI_p}{2a}$,I_p为杆的截面极惯性矩,试校核轴的强度,已知$M_0 = 200$ N·m,轴的直径$d = 20$ mm,材料的许用切应力$[\tau] = 80$ MPa。

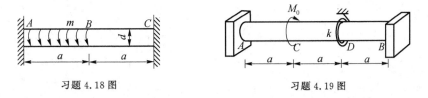

习题 4.18 图   习题 4.19 图

4.20 如图所示,AB和CD为同样长度同样横截面尺寸的圆轴,直径$d = 30$ mm,一端固定,另一端各通过固接的刚性横梁 BE 和 ED 施加集中力 F。AB 为铝轴，$G_A = 24$ GPa，许用切应力为 $[\tau]_A = 50$ MPa，CD 为钢轴，$G_s = 80$ GPa，许用切应力为 $[\tau]_s = 80$ MPa。试确定该结构的允许载荷 $[F]$。

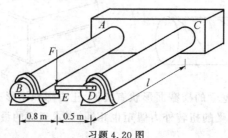

习题 4.20 图

4.21 如图所示，长度为 $l = 600$ mm，直径为 $d = 25$ mm 的圆轴，两端有刚性突缘 A 和 B，外径 $D = 40$ mm，壁厚 $\delta = 4$ mm 的空心圆管套在实心圆轴外面，装配时，对圆轴施加力偶矩为 $M_0 = 200$ N·m 的外力偶，使实心轴扭转后与外套圆管焊接在一起，再将所加力偶 M_0 撤去。已知轴及套管的材料相同，切变模量为 G。试求轴内及套管内的最大切应力。

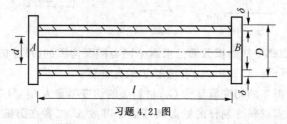

习题 4.21 图

4.22 外半径为 R、内半径为 $\dfrac{R}{2}$ 的圆轴一端固定。另一端受扭转力偶矩 M_0 作用。轴为理想弹塑性材料，应力—应变曲线如图所示。设加载到 M_0 时，轴横截面半径为 r_s 以外部分已进入塑性，若已知 $r_s\left(\dfrac{R}{2} < r_s < R\right)$，试求此时外力偶矩 M_0 的大小及 B 端的扭转角 φ_B。此时若撤去外力偶，试求 B 端残余扭转角 φ_{Br} 的大小。

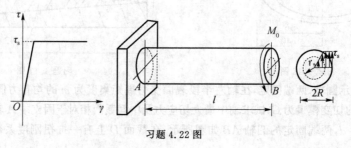

习题 4.22 图

第5章 弯 曲

弯曲变形是工程实际中最常见且最重要的一种基本变形。工程中许多结构或构件都处于弯曲变形状态或包含弯曲变形的成分。如轮轴、辊轴、起重机大梁、镗床刀杆、楼板梁和阳台挑梁等。本章重点讨论常见的直梁在对称弯曲时横截面上的正应力、切应力、强度和刚度计算及梁变形的挠曲线微分方程和梁的位移的基本计算方法,并简单介绍了梁的弯曲中心概念及梁的塑性弯曲问题。

5.1 弯曲变形的基本概念与分类

在1.2节中曾定义了弯曲这一基本变形形式。当杆件作用了垂直于轴线方向的外力或作用面包含杆轴的纵向平面内的力偶,杆件横截面上存在剪力和弯矩时,常称这类杆件为梁、刚架或曲杆。弯曲时变形的特点是轴线由直线变为曲线(或轴线的曲率发生变化)。

如果作用的全部外力系仅为变形前轴线所在平面内的平面力系,且变形后的轴线也为该平面内的平面曲线,这样的弯曲称为**平面弯曲**。

工程上常见的大部分受弯杆件在横截面内都有一根纵向对称轴,从而整个杆件有一包含杆件轴线的纵向对称面。当作用于杆件上的全部外力系都作用在纵向对称面内时,横截面上的内力只有位于这一纵向对称面内的剪力和弯矩(图5.1),而弯曲变形后的轴线也是位于这一对称面内的平面曲线,这类弯曲称为**对称弯曲**。对称弯曲是工程中最常见的一种弯曲,本章主要针对对称弯曲加以详细讨论。

在一般受力情况下,梁横截面上的内力既有剪力也有弯矩。剪力是平行于横截面的内力系的合力,即横截面上的切向微元内力$\tau\,\mathrm{d}A$合成为剪力F_s;而弯矩是垂直于横截面的内力系的合力偶矩,即横截面上的法向微元内力$\sigma\mathrm{d}A$的合力偶矩为弯矩M(图5.2)。梁弯曲时横截面上的正应力和切应力分别称为弯曲正应力和弯曲切应力。

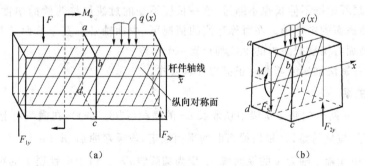

图 5.1 对称弯曲

如果梁在某一段的横截面上只有弯矩而无剪力,这一段梁的变形称为**纯弯曲**。纯弯曲时梁的横截面上只有正应力,无切应力。而横截面上既有剪力也有弯矩时梁的变形称为**剪切弯曲**或**横力弯曲**。这时横截面上既有正应力也有切应力。图5.3中梁的CD段就是纯弯曲,而梁的其余部分为剪切弯曲。

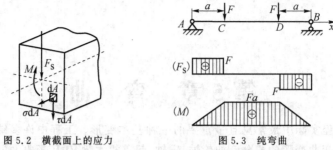

图 5.2　横截面上的应力　　　　　图 5.3　纯弯曲

为了详细讨论弯曲时横截面上的应力分布,先以纯弯曲为例进行分析。

5.2　纯弯曲时的应力与弯曲正应力公式

观察一根纯弯曲变形的矩形截面梁,在梁的表面画上纵线和横线(图 5.4(a))后,在梁的两端沿纵向对称面施加一对大小相等、转向相反的力偶,使梁处于纯弯曲状态。变形后可观察到(图 5.4(b)):

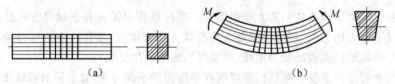

图 5.4　纯弯曲的变形特点

(1)表面垂直于梁轴线方向的横线仍为直线,只是横线之间有相对转动,但仍与变形后的纵向线正交。

(2)表面沿梁轴线方向的纵向线变为弧线,且靠近梁顶面的纵线长度缩短,靠近底面的纵线长度伸长。

(3)在纵线伸长区,梁横截面的宽度减小;在纵线缩短区,梁横截面的宽度增大。

根据以上现象,可作出如下假定:

(1)变形后的梁的横截面仍保持平面且与梁轴线正交,这称为梁弯曲的**平面假定**。

(2)梁内与轴线平行的各纵向纤维之间无相互挤压,这称为**单向受力假定**。

由此可见,梁在弯曲变形时,上部纤维缩短,下部纤维伸长,考虑到变形的连续性,从缩短区到伸长区,中间必有一层纤维既不伸长也不缩短,这一长度不变的过渡层称为梁的**中性层**。中性层与横截面的交线称为横截面的**中性轴**。在对称弯曲的情况下,中性轴必垂直于截面的对称轴。显然,弯曲变形时梁的横截面将绕横截面内的中性轴转动一个角度。

下面,根据三关系法推导纯弯曲时正应力计算公式。

1. 变形几何关系

用 $m-m$ 和 $n-n$ 两个横截面从梁中切取长 $\mathrm{d}x$ 的微段(图 5.5(a)),在横截面上取截面对称轴为 y 轴,中性轴为 z 轴(位置待定)。根据梁弯曲的平面假定,设梁弯曲后 $m-m$ 和 $n-n$ 两截面的相对夹角为 $\mathrm{d}\theta$,使得距中性轴 z 轴为 y 的纵向线 aa 变为圆弧线 $\overparen{a'a'}$。由于中性层上的纵向线 O_1O_2 长度不变,只是由直线变为圆弧线 $\overparen{O_1O_2}$,其弧线的曲率半径为 ρ,则有

$$\mathrm{d}x = \rho\mathrm{d}\theta$$

而弧线 $\overparen{a'a'}$ 的长度为 $(\rho+y)\mathrm{d}\theta$,因此线段 aa 的正应变为

$$\varepsilon = \frac{(\rho+y)\mathrm{d}\theta - \rho\mathrm{d}\theta}{\mathrm{d}x} = \frac{(\rho+y)\mathrm{d}\theta - \rho\mathrm{d}\theta}{\rho\mathrm{d}\theta} = \frac{y}{\rho} \tag{a}$$

可见,梁的横截面上任意一点处的线应变 ε 与该点距中性层的距离 y 成正比。

2. 物理关系

根据单向受力假定,横截面上各点均处于单向应力状态,在弹性范围内,各点的应力与应变满足胡克定律,即

$$\sigma = E\varepsilon = E\frac{y}{\rho} \tag{b}$$

上式表明横截面上的正应力沿横截面高度方向线性变化,中性轴上各点($y=0$)的正应力 σ 应为零(图 5.5(b))。

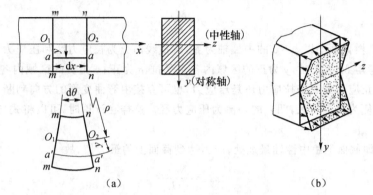

图 5.5　变形几何关系

3. 力系等效关系

如图 5.6 所示,截面上微元 dA 上作用着垂直于截面的微内力 σdA,在整个横截面上所有微元的微内力构成一个空间平行力系,其合力只能构成三个内力分量,即沿 x 轴的轴力 F_N,对 y 轴的力偶矩 M_y 和对 z 轴的力偶矩 M_z。而梁在 x-y 平面内纯弯曲时截面上的内力分量只有 M_z 即弯矩 M,故有

$$F_N = \int_A \sigma dA = 0 \tag{c}$$

$$M_y = \int_A z\sigma dA = 0 \tag{d}$$

$$M_z = -\int_A y\sigma dA = -M \tag{e}$$

以上三式为横截面上的力系等效关系。若将式(b)代入式(c),在截面上进行积分时,E、ρ 不变,故有

$$F_N = \int_A E\frac{y}{\rho}dA = \frac{E}{\rho}\int_A ydA = \frac{E}{\rho}S_z = 0 \tag{f}$$

式中,$S_z = \int_A ydA$ 是截面对中性轴 z 的静矩(又称一次轴矩)。上式表明只有 $S_z = 0$ 才能满足式(c)。由平面图形的几何性质(见附录 A)可知,若 $S_z = 0$,z 轴必是截面的形心轴,即中性轴必过截面形心。由此,中性轴位置已定。

若将式(b)代入式(d),可得

$$M_y = \int_A \frac{Ey}{\rho}z dA = \frac{E}{\rho}\int_A yz dA = \frac{E}{\rho}I_{yz} = 0 \tag{g}$$

式中,$I_{yz} = \int_A yz dA$ 是截面的惯性积,上式要求 $I_{yz} = 0$,因为 y 轴是对称轴,此条件自动满足。

以上两个结论表明,截面的 y、z 坐标轴必是形心惯性主轴(见附录 A)。

最后,式(b)再代入式(e),得

图 5.6　横截面上的正应力力系

$$M = \int_A \frac{E}{\rho} y^2 \, \mathrm{d}A = \frac{E}{\rho} \int_A y^2 \, \mathrm{d}A = \frac{E}{\rho} I_z \tag{h}$$

式中，$I_z = \int_A y^2 \, \mathrm{d}A$ 是截面对中性轴 z 轴的惯性矩（又称二次轴矩）。由此得出梁纯弯曲变形与截面弯矩的关系为

$$\frac{1}{\rho} = \frac{M}{EI_z} \tag{5.1}$$

式中，EI_z 称为梁的**弯曲刚度**，它表明梁抵抗弯曲变形的能力。

将式（5.1）代入式（b），可得梁纯弯曲时横截面上的**弯曲正应力公式**

$$\sigma = \frac{My}{I_z} \tag{5.2}$$

由上式可见，横截面上以 $y=0$ 的中性轴为界，将横线面分为拉应力区和压应力区。在图 5.6 所取的坐标系中，弯矩 M 为正时，y 为正的区域内各点受拉，σ 为正；y 为负的区域内各点受压，σ 为负。横截面上某点的正应力到底是拉应力还是压应力，也可直接由弯曲变形的方向判断，以中性轴为界，弯曲后凸出的一侧为拉应力区，凹入的一侧为压应力区。这样在计算时，可以将式（5.2）中的 M 和 y 都取为绝对值。

当 $y = y_{\max}$，即截面上距中性轴最远处，应力达到截面上的最大值，故

$$\sigma_{\max} = \frac{M y_{\max}}{I_z} \tag{5.3}$$

令

$$W_z = \frac{I_z}{y_{\max}} \tag{5.4}$$

W_z 称为**弯曲截面系数**，则截面最大正应力为

$$\sigma_{\max} = \frac{M}{W_z} \tag{5.5}$$

显然，在同一横截面上，横截面形状若关于中性轴 z 上下对称（如矩形截面），则最大拉应力和最大压应力绝对值相同，有 $\sigma_{\max}^+ = \sigma_{\max}^- = \dfrac{M}{W_z}$，如果横截面形状关于 z 轴上下不对称（如 T 形截面），则有 $\sigma_{\max}^+ \neq \sigma_{\max}^-$，此时应分别计算 $\sigma_{\max}^+ = \dfrac{M}{W_{z_1}}$，$\sigma_{\max}^- = \dfrac{M}{W_{z_2}}$，其中 $W_{z_1} = \dfrac{I_z}{y_{\max}^+}$，$W_{z_2} = \dfrac{I_z}{y_{\max}^-}$。

从附录 A 中可以查出常见的几种形状截面（图 5.7）的几何参数 I_z 和 W_z 分别为

（1）矩形截面，宽为 b，高为 h

$$I_z = \frac{1}{12} bh^3, \quad W_z = \frac{1}{6} bh^2 \tag{5.6}$$

（2）实心圆截面，直径为 D

$$I_z = \frac{1}{64} \pi D^4, \quad W_z = \frac{1}{32} \pi D^3 \tag{5.7}$$

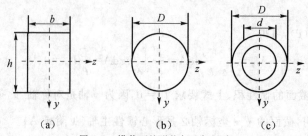

图 5.7　横截面的形状与几何尺寸

(3)空心圆截面,外径为 D,内径为 d,$\alpha=\dfrac{d}{D}$

$$I_z=\frac{1}{64}\pi(D^4-d^4)=\frac{\pi}{64}D^4(1-\alpha^4),W_z=\frac{1}{32}\pi D^3(1-\alpha^4) \tag{5.8}$$

5.3 剪切弯曲时的应力与弯曲切应力公式

弯曲正应力公式(5.2)和(5.5)是在纯弯曲情况下,依赖于弯曲变形的两个假定而导出的。而根据弹性理论的分析,可以证明弯曲变形的两个假定对于纯弯曲来说是正确的。

但是常见的弯曲多为剪切弯曲(也称为一般弯曲),此时横截面上的内力分量既有弯矩,也有剪力,故横截面上既有正应力,又有切应力,而切应力的存在使得前述的两个假定不再成立,造成弯曲正应力公式(5.2)和(5.5)用于剪切弯曲的正应力计算时会产生一定的误差。进一步的分析可知,在多数情况下,这一误差并不大,能够满足一般工程问题的精度要求。因此,对于剪切弯曲的梁,也可应用式(5.2)、式(5.5)计算横截面上的正应力。不过,剪切弯曲时不同的横截面上的弯矩各不相同,故计算不同横截面上的应力分布时,应取不同的弯矩值,即

$$\sigma(x)=\frac{M(x)y}{I_z} \tag{5.9}$$

$$\sigma_{max}(x)=\frac{M(x)}{W_z} \tag{5.10}$$

对整个梁来说,等截面情形下,梁内最大正应力发生于弯矩绝对值最大的截面上与中性轴距离最远处,即

$$\sigma_{max}=\frac{M_{max}y_{max}}{I_z}=\frac{M_{max}}{W_z} \tag{5.11}$$

而对变截面梁来说,最大正应力则由 $M(x)$ 与 $W_z(x)$ 之比的最大值确定。

在剪切弯曲情况下,横截面上除了弯矩,还有剪力,因而横截面上必然存在切应力。但切应力的分布比较复杂,截面形状不同,切应力的分布特点也不同。下面就分析几种常见截面的切应力分布。

1. 矩形截面梁

在图 5.8(a)所示的矩形截面梁剪切弯曲的情形下,任意横截面上的剪力 F_S 作用线与截面对称轴 y 轴重合。对横截面上的切应力分布,作以下两个假定:

①横截面上各点的切应力方向都与剪力 F_S 方向平行;②切应力沿截面宽度均匀分布(图 5.8(b))。实际上,在截面矩形的高度 h 大于宽度 b 的情形下,以上假定是有足够精确度的。

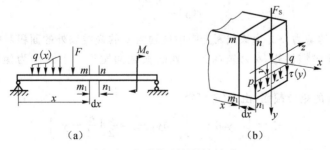

（a）　　　　　　　　　　　（b）

图 5.8　矩形截面梁的剪切弯曲

根据这两个假定,横截面上各点的切应力应沿 y 方向,并且仅为坐标 y 的函数,在横截面上坐标为 y 的横线 pq 处,设切应力为 $\tau=\tau(y)$,从该横线处沿梁纵向切开,由切应力互等定理可知,在这一平行于中性层的平面上也必然有与 $\tau(y)$ 相等的切应力 $\tau'(y)$,且沿宽度 b 的方向上 τ' 也是均匀分布的(图 5.9)。

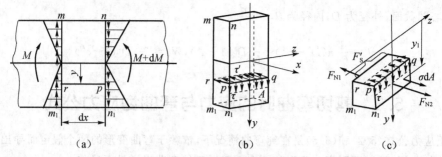

图 5.9　矩形截面梁的切应力

如果以平行于中性层,且距中性层为 y 的 rp 平面从图 5.9(a)中的梁段 $\mathrm{d}x$ 上切取 rpn_1m_1 一部分为分离体(图 5.9(c)),则在这一部分的左侧面 rm_1 上作用着弯矩 M 引起的正应力,而在右侧面 pn_1 上作用着弯矩 $M+\mathrm{d}M$ 引起的正应力,这两部分正应力及顶面 rp 上的切应力 $\tau'=\tau(y)$ 都平行于 x 轴方向,相应的内力系应满足 x 方向的平衡方程,即

$$F_{N2}-F_{N1}-F'_{s}=0 \tag{a}$$

其中

$$F_{N2}=\int_{A_1}\sigma\mathrm{d}A=\int_{A_1}\frac{(M+\mathrm{d}M)y_1}{I_z}\mathrm{d}A=\frac{M+\mathrm{d}M}{I_z}\int_{A_1}y_1\mathrm{d}A=\frac{M+\mathrm{d}M}{I_z}S_z^* \tag{b}$$

$$F_{N1}=\int_{A_1}\sigma\mathrm{d}A=\int_{A_1}\frac{My_1}{I_z}\mathrm{d}A=\frac{M}{I_z}\int_{A_1}y_1\mathrm{d}A=\frac{M}{I_z}S_z^* \tag{c}$$

$$F'_{s}=\tau'b\mathrm{d}x=\tau(y)b\mathrm{d}x \tag{d}$$

$$S_z^*=\int_{A_1}y_1\mathrm{d}A=S_z^*(y) \tag{e}$$

式中,积分面积 A_1 是指截面上坐标为 y 的水平线 pq 以外的横截面面积。由式(e)可见,S_z^* 是横截面上距中性轴为 y 的横线以外的面积 A_1 对中性轴的静矩。将式(b)、式(c)、式(d)代入式(a),有

$$\frac{M+\mathrm{d}M}{I_z}S_z^*-\frac{M}{I_z}S_z^*-\tau(y)b\mathrm{d}x=0$$

故

$$\tau(y)=\frac{S_z^*}{I_zb}\frac{\mathrm{d}M}{\mathrm{d}x} \tag{f}$$

由 1.4 节中梁的剪力与弯矩之间的微分关系式(1.4)可知,$\dfrac{\mathrm{d}M}{\mathrm{d}x}=F_s$,因此,截面上坐标为 y 处的切应力为

$$\tau(y)=\frac{F_sS_z^*}{I_zb} \tag{5.12}$$

式中,F_s 为该截面上的剪力,S_z^* 为该截面上距中性轴为 y 的横线以外的面积对中性轴的静矩,I_z 为整个横截面对中性轴的惯性矩,b 为坐标为 y 处的横截面宽度。上式即为**矩形截面弯曲切应力公式**。

对宽为 b,高为 h 的矩形截面,由式(e)可得

$$S_z^*=\int_{A_1}y_1\mathrm{d}A=\int_y^{h/2}by_1\mathrm{d}y_1=\frac{b}{2}\left(\frac{h^2}{4}-y^2\right) \tag{5.13}$$

故式(5.12)可写为

$$\tau(y)=\frac{F_s}{2I_z}\left(\frac{h^2}{4}-y^2\right) \tag{5.14}$$

可见,沿截面高度方向,切应力 τ 按抛物线规律变化。当 $y=\pm\dfrac{h}{2}$ 时,$\tau=0$;当 $y=0$ 时,$\tau=\tau_{\max}=$

$\dfrac{F_S h^2}{8I_z}$。即切应力的最大值发生于中性轴处,而梁的上、下边缘处,切应力为零(图5.10)。若将梁的

$I_z = \dfrac{bh^3}{12}$代入,可得

$$\tau_{\max} = \frac{3F_S}{2bh} = \frac{3}{2}\tau_m \tag{5.15}$$

式中,τ_m 为横截面上的平均切应力,即

$$\tau_m = \frac{F_S}{A} \tag{5.16}$$

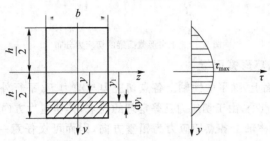

图 5.10　矩形截面梁的切应力分布

从以上分析可知,弯曲切应力沿截面高度方向分布是不均匀的。根据切应力与切应变应满足的剪切胡克定律可知,切应变 γ 沿高度方向分布也不均匀。在中性层处,切应变最大;而在上下边缘处,切应变为零。这就造成变形后的横截面不再是平面而发生了翘曲(图5.11),图中的虚直线为变形前的横截面,而实曲线为变形后的横截面。但是,在相邻截面上如果剪力相同,则它们的翘曲程度也相同,此时弯矩引起的纤维纵向变形不受剪切变形的影响,所以按照平面假定推导出的弯曲正应力公式(5.2)仍成立。至于剪力在不同的截面上有变化的情形(如有分布载荷作用的梁段),则弯曲正应力会受到影响。不过弹性力学的精确分析表明,只要梁是细长的,例如梁的跨长 l 与梁横截面的高度 h 满足 $l > 5h$,应用弯曲正应力公式(5.2)计算仍是相当精确的。

图 5.11　横截面的翘曲

另外,可以比较一下一般常用的细长非薄壁截面梁中的最大弯曲正应力与最大弯曲切应力数值,例如简支矩形截面梁受均布载荷时,最大弯曲正应力为 $\sigma_{\max} = \dfrac{M_{\max}}{W_z} = \dfrac{ql^2}{8} \Big/ \dfrac{bh^2}{6} = \dfrac{3ql^2}{4bh^2}$,最大弯曲切应力为 $\tau_{\max} = \dfrac{3}{2}\dfrac{F_{S\max}}{bh} = \dfrac{3ql}{4bh}$,二者之比为 $\dfrac{\sigma_{\max}}{\tau_{\max}} = l/h$。由此可见,一般细长的非薄壁截面梁中,主要的应力是弯曲正应力。

2. 工字形截面梁

工字形截面由中间的腹板和上、下的翼缘构成。腹板和翼缘都可视为矩形。因而各部分的弯曲切应力分布仍可采用与矩形截面相似的假定。

如图5.12(a)所示,工字形截面腹板和翼缘的宽度相差很大,从矩形截面切应力公式(5.12)可知,切应力的大小与矩形截面的宽度成反比,故腹板上的切应力数值远大于翼缘上的。实际上,工字形截面的弯曲切应力主要分布在腹板上,翼缘上与剪力同方向的切应力数值很小,如图5.12(b)所示。腹板上的最大切应力应在中性轴上达到,即

$$\tau_{\max} = \frac{F_S S^*_{z\max}}{I_z b} = \frac{F_S}{b(I_z / S^*_{z\max})} \tag{5.17}$$

式中,b 为腹板的宽度。对于轧制的标准工字钢,在附录 B 型钢表中可直接查到各种型号工字钢的 b

及比值 $I_z/S_{z\,max}^*$。此外,翼缘上还存在平行于翼缘宽度 B 方向上的切应力分量。但与腹板内的切应力比较,一般也是次要的,可以不计。但翼缘的全部面积都位于远离中性轴处,其上各点都有较大的弯曲正应力,因而工字形截面上的弯矩,绝大部分是由翼缘承担的。

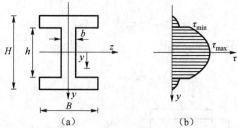

图 5.12 工字形截面梁的切应力分布

3. 圆形截面和薄壁圆环形截面梁

在圆形截面梁的横截面上,除了中性轴上各点切应力与剪力 F_S 平行外,其他各点的切应力并不平行于 F_S。在截面边缘各点处,由于切应力互等定理的要求,其切应力方向必与圆周相切(图 5.13)。由于对称性,截面的铅垂对称轴上各点切应力为铅垂方向,因而可设任意一弦 KK' 上的各点切应力作用线相交于 y 轴上某点 P。若假定该弦上各点切应力的 y 分量 τ_y 是相等的,于是 τ_y 可以直接利用公式(5.12)计算,即

$$\tau_y = \frac{F_S S_z^*}{I_z b} \tag{5.18}$$

式中,b 为弦 KK' 的长度,S_z^* 为弦 KK' 以外的横截面面积对 z 轴的静矩。

在中性轴上,切应力方向都为铅垂方向,且切应力数值最大,此时 $b = 2R$,$S_z^* = \dfrac{\pi R^2}{2} \cdot \dfrac{4R}{3\pi}$,故有

$$\tau_{max} = \frac{4}{3}\frac{F_S}{\pi R^2} = \frac{4}{3}\frac{F_S}{A} = \frac{4}{3}\tau_m \tag{5.19}$$

至于薄壁圆环形截面,最大弯曲切应力也发生于中性轴上,也可以认为沿中性轴均布,其值则为

$$\tau_{max} = \frac{2F_S}{A} = 2\,\tau_m \tag{5.20}$$

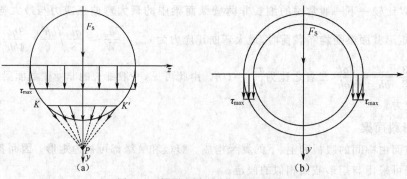

图 5.13 圆形和圆环形截面梁切应力

本节讨论的弯曲正应力及弯曲切应力分布,均是对称弯曲的情形,即梁有一纵向对称面,载荷也作用于该对称面内。对称弯曲时截面的中性轴总垂直于加载的载荷方向,故对称弯曲属于平面弯曲的一种。更一般的弯曲则是非对称弯曲,即截面无纵向对称面或载荷作用线不在其对称面内。非对称弯曲时,当弯矩矢量平行于截面的任一形心主惯性轴(见附录 A)时,截面的中性轴垂直于加载方向,因而仍为平面弯曲,反之则称为斜弯曲。对平面弯曲,对称弯曲的全部结论都有效,而斜弯曲的分析和计算见第 6 章"组合变形"中的讨论。

例 5.1　如图所示,直径为 d 的圆截面梁两端简支,有一载重为 P 的小车,可在梁上水平移动,试求梁何处的正应力数值达到最大值? 最大值为多少? 梁何处的切应力数值达到最大值? 最大值为多少? 已知 $d=60$ mm,$P=2$ kN,$l=2$ m。

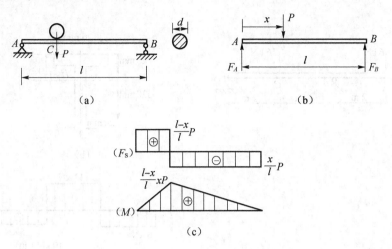

例 5.1 图

解:小车在梁上水平移动至不同位置时,梁中各横截面上的剪力和弯矩不同,因而各截面上的正应力和切应力也不同。设小车 C 距 A 端的距离为 x,以梁整体为分离体(图(b))列平衡条件,求得 A、B 支座的约束力为

$$F_A=\frac{l-x}{l}P(\uparrow)\qquad F_B=\frac{x}{l}P(\uparrow)$$

可作出梁的内力图如图(c)所示。显然,小车水平移动到最左端即 $x\rightarrow 0$ 时,在 A^+ 截面剪力达到最大值 $F_{S\,max}=P$,当小车移动到梁的最右端即 $x\rightarrow l$ 时,在 B^- 截面剪力绝对值达到最大 $|F_S|_{max}=P$,从弯矩图可知,小车作用点处弯矩最大,即

$$M_C=P\frac{l-x}{l}x$$

令 $\dfrac{\mathrm{d}M}{\mathrm{d}x}=0$,可得 $l-2x=0$,即 $x=\dfrac{l}{2}$ 处,M_C 取得极值,且

$$M_{max}=M_C=P\frac{l-\dfrac{l}{2}}{l}\ \frac{l}{2}=\frac{Pl}{4}$$

综上可知,梁中最大剪力为 $F_{S\,max}=P$,最大弯矩为 $M_{max}=\dfrac{Pl}{4}$。

根据弯曲正应力公式(5.5),可得梁中最大正应力数值为

$$\sigma_{max}=\frac{M_{max}}{W_z}=\frac{Pl}{4W_z}=\frac{32\times 2\times 10^3\times 2\times 10^3}{4\times\pi\times 60^3}\ \text{MPa}=47.2\ \text{MPa}$$

梁中最大正应力应在小车移动到梁的中点位置时,在梁的中间截面上、下缘达到。

根据圆截面梁的最大弯曲切应力公式(5.19),有

$$\tau_{max}=\frac{4}{3}\frac{F_S}{A}=\frac{4\times 4\times 2\times 10^3}{3\times\pi\times 60^2}\ \text{MPa}=0.94\ \text{MPa}$$

最大切应力应在小车移动至左右两端位置时在左端或右端截面的中性轴上达到。显然,本题的实心圆截面梁,最大切应力数值仅为最大正应力数值的 2% 左右。

注意:本题为移动载荷,梁中最大的正应力和最大的切应力应分别发生于弯矩和剪力最大的截面处,当小车移动时,应先确定小车在何位置时梁有最大弯矩及最大剪力。另外,本题梁的横截面形

状关于中性轴上下对称,故任意截面上拉应力与压应力的最大绝对值相同。

例 5.2 一外伸梁受力如图(a)所示,梁的横截面为图(b)所示的 T 形。试求:(1)梁中最大拉应力、最大压应力和最大切应力,并指出其所在位置;(2)B 点右侧横截面上 EH 水平线上的正应力和切应力。

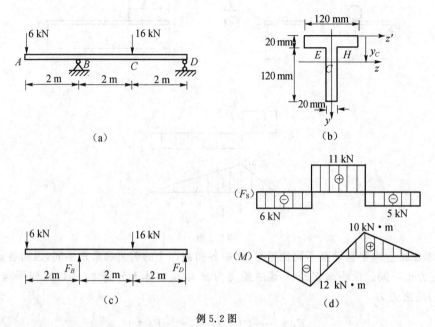

例 5.2 图

解:(1)横截面几何参数计算

为确定弯曲时的中性轴位置,需根据给定截面尺寸计算其形心坐标及截面的 I_z。为此建立过形心 C 的坐标系 yz(z 轴为中性轴)及参考坐标轴 y 和 z'(图(b)),设形心 C 坐标为(y_C,0)

$$y_C = \frac{120 \times 20 \times 10 + 120 \times 20 \times (20+60)}{120 \times 20 \times 2} \text{ mm} = 45 \text{ mm}$$

$$I_z = \left[\frac{120 \times 20^3}{12} + 120 \times 20 \times (45-10)^2 + \frac{20 \times 120^3}{12} + 120 \times 20 \times (20+60-45)^2 \right] \text{ mm}^4$$
$$= 8.84 \times 10^6 \text{ mm}^4$$

(2)画出剪力图和弯矩图

根据梁的整体平衡条件(图(c)),可求出支座约束力为

$$F_B = 17 \text{ kN}(\uparrow), \quad F_D = 5 \text{ kN}(\uparrow)$$

画出梁的剪力图和弯矩图(图(d)),从图中可知在 BC 段各截面上,$|F_s|_{max} = 11$ kN,在 B 截面上,$M_{max}^- = 12$ kN·m,在 C 截面上,$M_{max}^+ = 10$ kN·m。

(3)求最大拉应力、最大压应力及最大切应力

梁中最大负弯矩为 $M_B^- = 12$ kN·m,B 截面上的最大拉、压应力分别为

$$\sigma_B^+ = \frac{M_B^- y_C}{I_z} = \frac{12 \times 10^6 \times 45}{8.84 \times 10^6} \text{ MPa} = 61.1 \text{ MPa}$$

$$\sigma_B^- = \frac{M_B^- (h+b-y_C)}{I_z} = \frac{12 \times 10^6 \times (120+20-45)}{8.84 \times 10^6} \text{ MPa} = 129.0 \text{ MPa}$$

梁中最大正弯矩为 $M_C^+ = 10$ kN·m,C 截面上的最大拉、压应力分别为

$$\sigma_C^- = \frac{M_C^+ y_C}{I_z} = \frac{10 \times 10^6 \times 45}{8.84 \times 10^6} \text{ MPa} = 50.9 \text{ MPa}$$

$$\sigma_C^+ = \frac{M_C^+ (h+b-y_C)}{I_z} = \frac{10 \times 10^6 \times (120+20-45)}{8.84 \times 10^6} \text{ MPa} = 107.5 \text{ MPa}$$

比较后可知，梁中最大拉应力为 $\sigma_{\max}^+ = 107.5$ MPa，在 C 截面的下缘处达到；梁中最大压应力为 $\sigma_{\max}^- = 129.0$ MPa，在 B 截面的下缘处达到。

梁中最大剪力为 $F_{S\max} = 11$ kN，计算 T 形截面中性轴下侧（或上侧）的截面对中性轴的静矩，有

$$S_{z\max}^* = 20 \times (140-45) \times \frac{(140-45)}{2} \ \text{mm}^3 = 9.025 \times 10^4 \ \text{mm}^3$$

故梁中最大切应力为

$$\tau_{\max} = \frac{F_{S\max} S_{z\max}^*}{I_z b} = \frac{11 \times 10^3 \times 9.025 \times 10^4}{8.84 \times 10^6 \times 20} \ \text{MPa} = 5.6 \ \text{MPa}$$

最大切应力应发生在梁 BC 段横截面的中性轴上。

(4) 求 B^+ 截面上 EH 水平线处的正应力和切应力

$$\sigma_{EH} = \frac{M_B y_{EH}}{I_z} = \frac{12 \times 10^6 \times (45-20)}{8.84 \times 10^6} \ \text{MPa} = 33.9 \ \text{MPa（拉应力）}$$

$$\tau_{EH} = \frac{F_{S\max} S_z^*}{I_z b} = \frac{11 \times 10^3 \times 120 \times 20 \times (45-20)}{8.84 \times 10^6 \times 20} \ \text{MPa} = 5.2 \ \text{MPa}$$

可见，在 T 形截面的 EH 水平线处，正应力为拉应力 $\sigma_{EH} = 33.9$ MPa，切应力为 $\tau_{EH} = 5.2$ MPa，与正应力相比，切应力也有比较大的量级。

注意：本题的梁横截面为 T 形，关于中性轴上、下不对称，且载荷作用下梁的弯矩分布存在一个正弯矩的最大值 $M_C^+ = 10$ kN·m 及一个负弯矩的最大值 $M_B^- = 12$ kN·m，因此在确定梁中拉、压应力最大值时，必须分别计算 B、C 两截面上的最大拉、压应力后，经比较才能确定。

此外，由本题的计算应注意到，T 形截面在 EH 水平线处正应力和切应力的数值有相近的量级。对于薄壁型横截面，如 T 形、工字形等，应特别注意腹板与翼缘交界的位置，往往正应力和切应力数值都比较大且不可忽略某一个，因此这些点都处于平面应力状态。

例 5.3　如图所示，用外力将直径为 d 的圆截面电缆缠绕在直径为 D 的滚轮轴上，电缆材料的弹性模量 E 为已知，试求缠绕后电缆中产生的最大正应力和最大正应变。

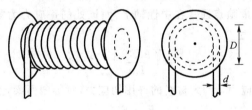

例 5.3 图

解：电缆的轴线由直线的自然状态变为弯曲的缠绕状态，缆线产生弯曲变形，弯曲后轴线成为圆弧，各点的曲率半径均为 $\rho = \dfrac{D+d}{2}$，根据弯曲变形几何关系式(5.1)，即 $\dfrac{1}{\rho} = \dfrac{M}{EI}$，故缆线各横截面上都会存在弯矩 M，且

$$M = \frac{EI}{\rho} = \frac{E \dfrac{\pi}{64} d^4}{\dfrac{D}{2} + \dfrac{d}{2}} = \frac{\pi E d^4}{32(D+d)}$$

根据弯曲正应力公式(5.5)，电缆中产生的最大正应力为

$$\sigma_{\max} = \frac{M}{W} = \frac{\pi E d^4}{32(D+d) \cdot \dfrac{\pi}{32} d^3} = \frac{Ed}{D+d}$$

而最大正应变则为

$$\varepsilon_{\max} = \frac{\sigma_{\max}}{E} = \frac{d}{D+d}$$

注意：本题直接利用了弯曲变形几何关系 $\frac{1}{\rho} = \frac{M}{EI}$，此关系式是在弯曲变形的两个假定——平面假定和单向受力假定下，利用几何关系和单向胡克定律得出的，是弯曲中很重要的基本关系式，在涉及已知变形状态求应力应变的题目中都有应用。

5.4 弯曲强度条件及应用

前面的分析表明，在一般的剪切弯曲情况下，梁的横截面上同时存在着弯曲正应力和弯曲切应力。最大弯曲正应力发生在截面上离中性轴最远的各点；最大弯曲切应力则发生在中性轴处。因此，针对上述这两种危险点可建立相应的强度条件。

最大弯曲正应力所在的危险点，通常切应力为零或很小，因而可视为单向应力状态。故梁的弯曲正应力强度条件为

$$\sigma_{\max} = \left(\frac{M}{W_z} \right)_{\max} \leqslant [\sigma] \tag{5.21}$$

式中，$\sigma_{\max}$ 为梁的最大弯曲正应力，$[\sigma]$ 为材料的许用应力。对等截面梁，上式成为

$$\sigma_{\max} = \frac{M_{\max}}{W_z} \leqslant [\sigma] \tag{5.22}$$

对于许用拉应力和许用压应力相同的材料，计算最大弯曲正应力时只取绝对值。而某些脆性材料（如铸铁）的许用压应力远高于许用拉应力，则应分别校核拉伸强度与压缩强度，即要求

$$\begin{cases} \sigma_{\max}^{+} \leqslant [\sigma_t] \\ \sigma_{\max}^{-} \leqslant [\sigma_c] \end{cases} \tag{5.23}$$

式中，$\sigma_{\max}^{+}$、$\sigma_{\max}^{-}$ 分别表示梁的最大弯曲拉应力和最大弯曲压应力。

最大弯曲切应力所在的危险点通常在中性轴上，而该处的正应力为零，因此处于纯剪切应力状态。故弯曲切应力强度条件为

$$\tau_{\max} = \left(\frac{F_S S_z^*}{I_z b} \right)_{\max} \leqslant [\tau] \tag{5.24}$$

式中，$\tau_{\max}$ 为梁的最大弯曲切应力，$[\tau]$ 为材料的许用切应力，对等截面梁，上式成为

$$\tau_{\max} = \frac{F_{S\max} S_{z\max}^*}{I_z b} \leqslant [\tau] \tag{5.25}$$

如前所述，在一般的细长非薄壁截面梁中，最大弯曲正应力远大于最大弯曲切应力，因此进行强度校核时，只需按正应力强度条件进行计算即可，弯曲切应力强度条件必然自动满足。但是，对于薄壁截面梁或某些受力形式较特殊的梁，如跨度小而梁较高，集中载荷作用点距支座很近（造成剪力较大）等情形，则有必要同时用弯曲切应力强度条件加以校核，某些经焊接、铆接或胶合而成的组合梁，对其焊缝、铆钉及胶接面一般要进行剪切强度校核。

此外，在某些薄壁截面梁的特殊点上（如工字梁腹板和翼缘交界处），弯曲正应力和弯曲切应力有时均有相当大数值。此类危险点属于二向应力状态，其强度条件将在第 6 章中讨论。

梁的强度计算包括三类问题：强度校核、截面设计及确定许用载荷。首先，必须正确画出梁的剪力图、弯矩图；然后根据梁的受力、结构形式、截面形状及材料的力学性能来确定可能的危险截面和危险点，并选择适当的强度条件。

对于强度校核的问题，只需对可能的危险点验证弯曲正应力强度条件或弯曲切应力强度条件是否满足。

对于截面设计的问题,若材料拉压同性,可先按照最大正应力点的强度条件设计其最小弯曲截面系数:$W_{\min} \geqslant \dfrac{M_{\max}}{[\sigma]}$。若材料拉压不同性,则按式(5.23)分别计算,再根据截面形状确定其尺寸。确定截面尺寸后,若有必要,再对其切应力强度加以校核。如不满足,则改变截面尺寸直至切应力强度条件满足为止。

确定许用载荷问题,也是先从正应力强度条件式(5.22)或式(5.23)出发,计算出许用载荷后,若有必要,再对其切应力强度条件加以校核。

例 5.4 图示槽形截面外伸梁,横截面形状尺寸如图(a)(单位为 mm),受均布载荷 q 作用,梁的材料为铸铁,许用拉应力 $[\sigma_t]=60$ MPa,许用压应力 $[\sigma_c]=100$ MPa,许用切应力 $[\tau]=30$ MPa。已知 $q=2.5$ kN/m,试校核梁的强度。

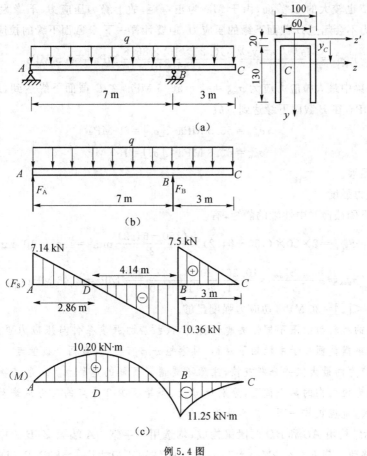

例 5.4 图

解:(1)计算横截面几何参数

如图(a)所示建立参考坐标系 yz',设形心坐标为 $C(y_C,0)$,则有

$$y_C = \frac{100 \times 150 \times 75 - 60 \times 130 \times (20+65)}{100 \times 150 - 60 \times 130} \text{ mm} = 64.2 \text{ mm}$$

$$I_z = \left[\frac{100 \times 150^3}{12} + 100 \times 150 \times (75-64.2)^2 - \frac{60 \times 130^3}{12} - 60 \times 130 \times \right.$$

$$\left. (20+65-64.2)^2 \right] \text{ mm}^4 = 1.55 \times 10^7 \text{ mm}^4$$

(2)画内力图

由整体平衡条件(图(b)),可求出支座约束力

$$F_A = 7.14 \text{ kN}(\uparrow), \quad F_B = 17.86 \text{ kN}(\uparrow)$$

画出梁的内力图(图(c)),从图(c)中可知,梁中最大剪力和最大正、负弯矩分别为

$$F_{S\,max} = 10.36 \text{ kN}, \quad M_{max}^+ = M_D^+ = 10.20 \text{ kN} \cdot \text{m}, \quad M_{max}^- = M_B^- = 11.25 \text{ kN} \cdot \text{m}$$

(3)校核正应力强度

首先计算弯矩绝对值最大的截面即 B 截面上的应力,由 $M_B^- = 11.25 \text{ kN} \cdot \text{m}$ 得

上缘:$\sigma_B^+ = \dfrac{M_B^- y_C}{I_z} = \dfrac{11.25 \times 10^6 \times 64.2}{1.55 \times 10^7} \text{ MPa} = 46.6 \text{ MPa}$

下缘:$\sigma_B^- = \dfrac{M_B^-(150 - y_C)}{I_z} = \dfrac{11.25 \times 10^6 \times 85.8}{1.55 \times 10^7} \text{ MPa} = 62.3 \text{ MPa}$

再计算绝对值也较大的 D 截面,由于 M_D^+ 为正弯矩,故上缘为压应力、下缘为拉应力,显然,D 截面上缘的压应力不会超过 B 截面下缘的压应力,但要计算一下 D 截面下缘的拉应力进行比较

$$\sigma_D^+ = \frac{M_D^+(150 - y_C)}{I_z} = \frac{10.20 \times 10^6 \times 85.8}{1.55 \times 10^7} \text{ MPa} = 56.5 \text{ MPa}$$

经比较可知,梁中最大拉应力应为 $\sigma_{max}^+ = \sigma_D^+ = 56.5 \text{ MPa}$,在 D 截面下缘达到,最大压应力应为 $\sigma_{max}^- = \sigma_B^- = 62.3 \text{ MPa}$,在 B 截面下缘达到。故

$$\sigma_{max}^+ = 56.5 \text{ MPa} < [\sigma_t] = 60 \text{ MPa}$$

$$\sigma_{max}^- = 62.3 \text{ MPa} < [\sigma_c] = 100 \text{ MPa}$$

梁的正应力强度足够。

(4)校核切应力强度

计算中性轴下侧截面对中性轴的静矩,有

$$S_{z\,max}^* = 2 \times 20 \times (150 - 64.2) \times \frac{(150 - 64.2)}{2} \text{ mm}^3 = 1.47 \times 10^5 \text{ mm}^3$$

$$\tau_{max} = \frac{F_{S\,max} S_{z\,max}^*}{I_z b} = \frac{10.36 \times 10^3 \times 1.47 \times 10^5}{1.55 \times 10^7 \times 40} \text{ MPa} = 2.46 \text{ MPa}$$

故 $\tau_{max} = 2.46 \text{ MPa} < [\tau] = 30 \text{ MPa}$,切应力强度足够。

注意:本题梁的材料为拉压不同性的脆性材料,故拉应力强度条件与压应力强度条件应分别校核。同时,本题的梁横截面关于中性轴不对称,且弯矩分布存在正、负两个极值点。因而应正确找出梁中拉应力和压应力的最大值并分别校核,注意不要遗漏可能的危险点。一般情况下,此类题目应找到正、负矩极大值所在的两个截面,分别计算上、下缘至少 3 个点的应力后进行比较。此外,本题属薄壁形式的梁,也应校核一下切应力强度条件。

例 5.5 图示结构由 AB 和 BD 两段梁构成,均选用工字钢。A 端固支,B 为中间铰,铅垂集中力可在 BD 段上移动。若 $F = 20 \text{ kN}$,$a = 2 \text{ m}$,材料的许用正应力 $[\sigma] = 80 \text{ MPa}$,许用切应力 $[\tau] = 40 \text{ MPa}$,试为该结构选择工字钢型号。

解:(1)受力分析

铅垂力 F 可在 BD 段上移动,分析结构的受力可知,当 F 移动至 D 点时,结构中的剪力和弯矩最大,在此受力状态下取分离体,求出支座约束力(图(b))

$$F_A = F(\downarrow), \quad M_A = Fa(\curvearrowright), \quad F_C = 2F(\uparrow)$$

画出剪力图和弯矩图(图(c)),从图中可见,AB 和 BD 梁中均有

$$F_{S\,max} = F, \quad M_{max} = Fa$$

(2)根据正应力强度条件选择工字钢

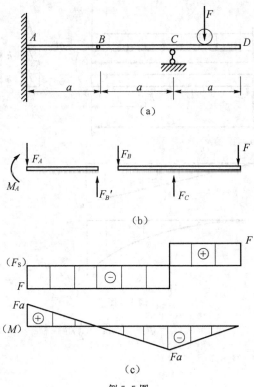

例 5.5 图

$$\sigma_{max} = \frac{M_{max}}{W_z} = \frac{Fa}{W_z} \leqslant [\sigma], W_z \geqslant \frac{Fa}{[\sigma]} = \frac{20 \times 10^3 \times 2 \times 10^3}{80} \text{ mm}^3 = 500 \text{ cm}^3$$

查附录 B 工字钢型号表,可知 No.28a 的工字钢 $W_z = 508 \text{ cm}^3$,符合要求。

(3)校核切应力强度条件

若选择 No.28a 工字钢,查表知其 $I_z / S_{zmax} = 24.6 \text{ cm} = 246 \text{ mm}$,腹板宽度 $b = 8.5 \text{ mm}$,则有

$$\tau_{max} = \frac{F_{Smax}}{\frac{I_z}{S_{zmax}} b} = \frac{20 \times 10^3}{246 \times 8.5} \text{ MPa} = 9.56 \text{ MPa} < [\tau]$$

切应力强度足够,故 AB、BD 梁均可选择 No.28a 工字钢。

注意:本题属于根据强度条件设计横截面尺寸的类型。对于薄壁结构形式的梁,通常情形下可先按正应力强度条件选择截面尺寸,再按切应力强度进行校核。某些情况下,如果按正应力强度条件选择的型号经切应力强度校核不满足的话,就应重新选择截面尺寸,再进行校核,直至切应力强度满足为止。

例 5.6 如图所示悬臂梁,受均布载荷 q 及自由端的集中力 ql 和集中力偶矩 $\frac{1}{2}ql^2$ 作用。梁是由三根完全相同的矩形截面杆粘接而成,每根杆截面尺寸为 $b = 100 \text{ mm}$,$h = 50 \text{ mm}$,长度为 $l = 2 \text{ m}$,材料的许用应力为 $[\sigma] = 40 \text{ MPa}$,粘接面胶的标称许用切应力为 $[\tau] = 2 \text{ MPa}$。(1)试求该梁的允许载荷 $[q]$;(2)若施加允许载荷 $[q]$ 后发现,梁的自由端开始长度为 $a = \frac{1}{3}l$ 的 KB 段,梁中的二层胶接面均完全开胶,试问胶的实际许用切应力应为多少(不计开胶后梁各层间的接触摩擦)?

解:(1)求允许载荷

悬臂梁在均布载荷、集中力和集中力偶作用下的剪力图和弯矩图见图(b),故剪力和弯矩的最大绝对值为

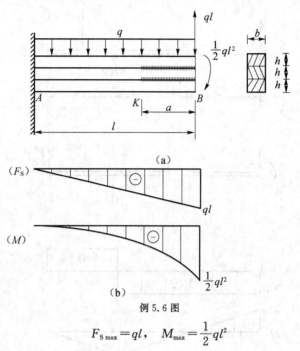

例 5.6 图

$$F_{S\,max} = ql, \quad M_{max} = \frac{1}{2}ql^2$$

由梁中正应力强度条件,有

$$\sigma_{max} = \frac{M_{max}}{W_z} = \frac{\frac{1}{2}ql^2}{\frac{b}{6}(3h)^2} = \frac{ql^2}{3bh^2} \leqslant [\sigma]$$

故有

$$q \leqslant \frac{3bh^2[\sigma]}{l^2}$$

得

$$[q]_1 = \frac{3bh^2[\sigma]}{l^2} = \frac{3 \times 100 \times 50^2 \times 40}{(2 \times 10^3)^2} \text{ kN/m} = 7.50 \text{ kN/m}$$

由胶接面的切应力强度条件,有

$$\tau_{\text{胶}} = \tau \Big|_{y=\frac{h}{2}} = \frac{F_{S\,max}S_z^*}{I_z b} = \frac{ql \cdot bh^2}{\frac{b}{12} \cdot (3h)^3 \cdot b} = \frac{4ql}{9bh} \leqslant [\tau]$$

故有

$$q \leqslant \frac{9bh[\tau]}{4l}$$

得

$$[q]_2 = \frac{9bh[\tau]}{4l} = \frac{9 \times 100 \times 50 \times 2}{4 \times 2 \times 10^3} \text{ kN/m} = 11.25 \text{ kN/m}$$

因此,取$[q] = 7.5$ kN/m,结构安全。

(2)当加载至$[q]$,若梁出现$a = l/3$的脱胶时

显然,此时仍粘结的胶接面处的最大切应力为 K 截面处胶接面上的切应力

$$\tau_K = \frac{F_{SK}S_z^*}{I_z b} = \frac{[q]l \cdot \frac{l-a}{l} \cdot bh \cdot h}{\frac{b \cdot (3h)^3}{12} \cdot b} = \frac{4[q]l}{9bh} \cdot \frac{l - \frac{1}{3}l}{l} = \frac{8[q]l}{27bh}$$

此时,胶接面的实际许用切应力$[\tau]'=\tau_K$,即

$$[\tau]'=\frac{8}{27}\frac{[q]l}{bh}=\frac{8h}{9l}[\sigma]\text{MPa}=0.889\text{ MPa}$$

注意:本题为组合梁的一个例子,组合梁是指由若干相同或不同材料的部分组合起来承受同一组载荷的梁。组合梁的组合形式可以在交界面上经胶接、铆接等方式构成为一整体,也有在交界面并未粘接的叠层形式,两种组合形式的弯曲变形不同之处在于:粘接为一体的梁弯曲时横截面如一整体,绕同一根中性轴方向转动,而叠层形式下,横截面各部分绕各自的中性轴方向转动发生弯曲。对于组合梁,弯曲变形的两个假定仍然成立,故有关弯曲变形的几何关系及单向胡克定律都适用。

例 5.7 如图所示的移动送料结构,送料小车 K 可在矩形截面横梁 BCD 上移动,梁 BCD 的截面尺寸为 $b\times h$,HB 是直径为 d 的圆截面杆。杆与横梁材料相同,许用应力$[\sigma]=80$ MPa,已知 $d=20$ mm,$b=50$ mm,$h=75$ mm,$l=2$ m,$a=0.3$ m。(1)试求结构允许的料车重量 P;(2)若结构的 C 支座可在 BD 的中点与点 D 之间移动,能否改变其位置使料车重量最大?(3)在(2)中所得结果下,可否重新选择杆 HB 的直径使结构强度更合理?

解:(1)求结构允许载荷

当小车在 BC 间移动时,杆 HB 为轴向拉伸,显然小车向左移动至点 B 右侧时,杆 HB 中轴力 F_N 最大,$F_{N,max}=P$,当小车移动至 BC 的中点时,梁中弯矩最大为$M_{max1}=\frac{P}{4}(l-a)$;当小车在 CD 段移动时,杆 HB 为轴向压缩,小车移至点 D 时,杆 HB 中轴力绝

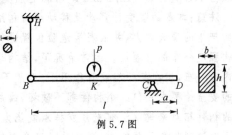

例 5.7 图

对值最大,$F_{N,max}=\frac{a}{l-a}P=\frac{3}{17}P$,梁中弯矩绝对值最大为 M_{max2},$M_{max2}=Pa<M_{max1}$。

故小车在 BD 之间移动时,杆中最大轴力绝对值为 $F_N=P$,梁中最大弯矩绝对值为 $M_{max}=\frac{P}{4}(l-a)$。

由梁的弯曲正应力强度条件

$$\sigma_{max}=\frac{M_{max}}{W_z}=\frac{\frac{P}{4}(l-a)}{\frac{bh^2}{6}}=\frac{3(l-a)}{2bh^2}P\leqslant[\sigma]$$

得

$$P\leqslant\frac{2bh^2[\sigma]}{3(l-a)}=\frac{2\times50\times75^2\times80}{3\times1700}\text{ N}=8.824\text{ kN}$$

由杆的强度条件

$$\sigma_{max}=\frac{F_{N\,max}}{A}=\frac{P}{\frac{\pi}{4}d^2}\leqslant[\sigma]$$

得

$$P\leqslant\frac{\pi}{4}d^2[\sigma]=\frac{\pi}{4}\times20^2\times80\text{ N}=25.1\text{ kN}$$

故应取$[P]=8.824$ kN。

(2)移动 C 支座使允许载荷最大

显然,当 a 变化时,小车在 BC 段时梁中最大弯矩与小车在 CD 段时梁中最大弯矩不相等,按强度条件计算时只能按最危险截面的弯矩确定允许载荷,当 a 取值满足$Pa=\frac{P}{4}(l-a)$时,这一允许载荷可达最大,即$a=\frac{l}{5}$,故此时最大允许载荷为

$$[P]=\frac{bh^2[\sigma]}{6a}=\frac{50\times75^2\times80}{6\times\frac{1}{5}\times2\times10^3}\text{ N}=9.38\text{ kN}$$

显然,当 C 支座在 BD 的中点与点 D 之间移动时,杆 HB 中的最大轴力仍为 P,即取 $P=[P]=9.38$ kN 时,杆 HB 强度仍足够。

(3)在最大允许载荷 $[P]=9.38$ kN 时,重选杆 HB 的直径

按上面的结果,当 $P=9.38$ kN 时杆 HB 强度有富余,故可重选其直径,令 $F_{Nmax}=9.38$ kN,有

$$\sigma_{max}=\frac{F_{Nmax}}{A}=\frac{F_{Nmax}}{\frac{\pi}{4}d^2}\leqslant[\sigma]$$

即

$$d\geqslant\sqrt{\frac{4F_{Nmax}}{\pi[\sigma]}}=\sqrt{\frac{4\times9.38\times10^3}{\pi\times80}}\text{ mm}=12.2\text{ mm}$$

故取杆 HB 直径 $d=12.2$ mm 即可满足强度要求。

注意:本题的强度计算涉及移动载荷作用下的结构,应正确找出载荷移动范围内的最危险位置及所产生的最大内力,并依据最危险位置进行强度校核与计算。另外,本题涉及的另一工程概念是结构强度分布的合理性。通常情况下,结构是由若干不同的构件组成,在载荷作用下,各构件有不同的内力分布,但在某一组载荷作用下,一般不会恰好使各构件都达到其承载能力的临界值,而结构整体的安全是要求任何一个构件都不破坏,故往往是最"弱"的构件决定了整体的承载能力,而强度较高的构件相对来说就没有充分发挥承载能力,即强度上有"浪费"。在加载时,若结构各部分的设计能同时达到临界承载能力,则是最经济合理的理想设计,即"等强度结构"。对复杂的大型结构,"等强度设计"是一个复杂的优化过程,而对简单的结构,可以用比较简单的步骤达到或近似达到"等强度"的设计标准,在后面的例题中,还会看到这一概念的直接应用。

例 5.8 已知 T 形截面的尺寸及中性轴位置,其截面惯性矩 $I_z=8.84\times10^6$ mm^4,受力如图(a)所示,测得梁的 AB 段中性轴处侧表面上点 k 沿 $-45°$ 方向的正应变为 $\varepsilon_{-45°}=2.25\times10^{-5}$,若材料的 $E=100$ GPa,$\nu=0.25$,许用拉应力 $[\sigma_t]=26$ MPa,许用压应力 $[\sigma_c]=55$ MPa,试校核梁的强度。

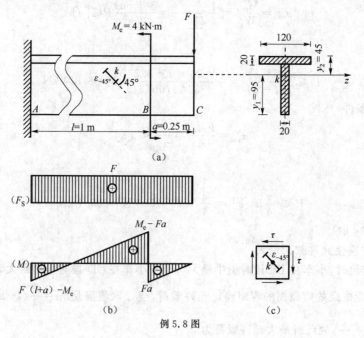

例 5.8 图

解:(1)受力分析

此梁为在 M_e 和 F 共同作用下的弯曲,设力 F 的单位为 N,根据梁的平衡方程可求出支座约束力并画出内力图(图(b))。

(2)由点 k 的变形求力 F

根据广义胡克定律,由中性轴上的点 k 测得的应变可求出该点处有关的应力。由于横截面上中性轴处只有弯曲切应力 τ,故该点的单元体为纯剪切应力状态(图(c)),与轴线成 $\pm45°$ 的方向为主方向,主应力为 $\sigma_1=\tau$、$\sigma_2=0$、$\sigma_3=-\tau$,利用式(2.52),有

$$\varepsilon_{-45°}=\frac{1}{E}[\tau-\nu(-\tau)]=\frac{1+\nu}{E}\tau$$

故可计算出点 k 的切应力 τ 为

$$\tau=\frac{E}{1+\nu}\varepsilon_{-45°}=\frac{100\times10^3}{1+0.25}\times2.25\times10^{-5}\ \text{MPa}$$
$$=1.8\ \text{MPa}$$

根据弯曲切应力公式(5.12)可计算力 F,由 $\tau=\dfrac{FS_{z,\max}}{I_z b}$,故

$$F=\frac{\tau I_z b}{S_{z\max}}=\frac{1.8\times8.84\times10^6\times20}{20\times95\times95\times0.5}\ \text{N}=3.53\ \text{kN}$$

(3)校核梁的强度

求出力 F 后,可算出 A、B^- 及 B^+ 截面处的弯矩绝对值分别为

$$M_A=F(l+a)-M_e=0.41\ \text{kN}\cdot\text{m}$$
$$M_{B^-}=M_e-Fa=3.12\ \text{kN}\cdot\text{m},\ M_{B^+}=Fa=0.88\ \text{kN}\cdot\text{m}$$

因此,梁中最大正弯矩为 $M^+_{\max}=3.12\ \text{kN}\cdot\text{m}$,位于截面 B^-;最大负弯矩为 $M^-_{\max}=0.88\ \text{kN}\cdot\text{m}$,位于截面 B^+,应分别校核梁的拉压强度。

对截面 B^-,计算其最大拉压力及压应力分别为

$$\sigma^+_{B^-}=\frac{M^+_{\max}y_1}{I_z}=\frac{3.12\times10^6\times95}{8.84\times10^6}\ \text{MPa}=33.5\ \text{MPa}$$

$$\sigma^-_{B^-}=\frac{M^+_{\max}y_2}{I_z}=\frac{3.12\times10^6\times45}{8.84\times10^6}\ \text{MPa}=15.9\ \text{MPa}$$

对截面 B^+,该截面处的最大压应力为

$$\sigma^-_{B^+}=\frac{M^-_{\max}y_1}{I_z}=\frac{0.88\times10^6\times95}{8.84\times10^6}\ \text{MPa}=9.5\ \text{MPa}$$

因此,梁中最大拉应力为 $\sigma^+_{\max}=33.5\ \text{MPa}>[\sigma_t]$,且远大于 5%;最大压应力为 $\sigma^-_{\max}=15.9\ \text{MPa}<[\sigma_c]$,故该梁的抗拉强度不够。

注意:本题利用中性轴处为纯剪切应力状态,通过在此贴应变片测量应变可以求出横向外力。最终校核结果,强度不够,读者可思考一下,若梁的截面尺寸及外力不变,如何用最简单的方法使梁的强度足够?

5.5 弯曲中心简介

若梁的横截面所在平面内存在一个具有如下特性的点:当横截面内的剪力通过该点时,该截面与邻近截面间无相对扭转,则该点称为截面的弯曲中心(简称弯心)。

当开口薄壁截面杆受横向力作用发生剪切弯曲时,横截面上的弯曲切应力有两个显著的特征:一是根据切应力互等定理,截面上的切应力方向应沿着截面周边的切线方向;二是由于薄壁截

面沿壁厚方向的尺寸很小,切应力的大小沿壁厚方向可视为均布。因此,在开口薄壁截面杆横截面上的弯曲切应力在横截面上就形成了"切应力流",图 5.14 为几种典型的开口薄壁截面杆弯曲切应力分布示意图,图中各杆横截面上的剪力 F_S 方向如图所示,且都沿横截面的惯性主轴方向(惯性主轴的定义见附录 A)。

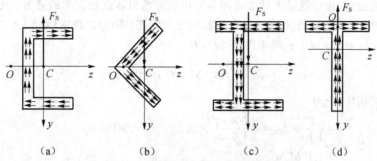

图 5.14 典型薄壁截面上的弯曲切应力

若将截面上的弯曲切应力构成的内力系 $\tau\,dA$ 向截面上的任意一点简化,由于截面切应力是截面内的平面力系,当截面上的剪力不为零时,该平面力系简化后的最简形式必为一个合力(即该截面上的剪力 F_S),因此,一定存在截面内的某点,切应力分布力系向该点简化为一个合力而无合力偶。能够使横截面内切应力分布力系的简化结果为一个合力的这一简化中心,称为该截面的**剪切中心**(也称为剪心)。图 5.14 中,各截面的形心为点 C,而点 O 即为各截面的剪切中心。

当杆件作用了横向外力时,若横向外力的作用线不通过横截面的剪切中心,则截面上的切应力构成的合力即剪力 F_S 是作用于简切中心的,这使得横截面上必须出现附加的扭矩才能维持平衡条件。这时杆件不仅产生弯曲,同时还有扭转。因此,为了使杆件在横向外力作用下只发生弯曲变形,不发生扭转变形,横向外力的作用线就必须通过横截面的剪切中心,这样才能保证横截面上不出现附加的扭矩。即对开口薄壁杆件,横截面的剪切中心即弯曲中心。

对于开口薄壁杆件,由于其扭转刚度较小,如果横向外力不通过弯曲中心,则会引起较大的扭转切应力及比较严重的扭转变形,使得杆件失去承载能力。工程上,确定开口薄壁杆件的弯曲中心位置是有很大的实际意义的。

对于实体截面或闭口薄壁截面杆件,由于这两类截面的扭转刚度较大,且弯曲中心与截面形心的位置重合或十分接近,故横向外力不通过弯曲中心造成的扭转切应力及扭转变形都很小,通常可以忽略。

截面的弯曲中心位置,只决定于截面的几何特征(形状与尺寸),有以下规律:

(1)具有两个对称轴的截面,两对称轴的交点为弯曲中心。

(2)具有一个对称轴的截面,弯曲中心一定位于对称轴上。

(3)开口薄壁截面当其各直线段中线交于一点时,该点为弯曲中心。

表 5.1 列出了若干常见开口薄壁截面弯曲中心 O 的位置。

表 5.1 常见开口薄壁截面的弯曲中心

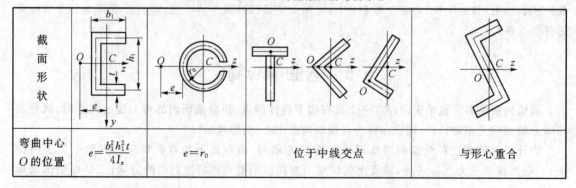

截面形状				
弯曲中心 O 的位置	$e=\dfrac{b_1^2 h_1^2 t}{4I_z}$	$e=r_0$	位于中线交点	与形心重合

薄壁截面杆横截面的弯曲中心位置可由截面切应力公式进行分析计算得到。以表中左起第一个图形为例(图 5.15(a)),先利用矩形截面弯曲切应力公式(5.12)分别计算槽形截面的翼缘和腹板上的切应力分量τ_1和τ_2(图 5.15(b)、(c)),再积分求出翼缘上的切应力系的合力F_1及腹板上切应力系的合力F_2,将这些合力分量向截面所在平面内的某一点O简化,使简化后只有主矢F_R而主矩M_O为零(图 5.15(d))。平面上这一点就是弯曲中心。设弯曲中心与形心之间距离为e,形心与腹板中线的距离为e',则有

$$e - e' = \frac{F_1 h_1}{F_2}$$

计算结果为$e = \dfrac{b_1^2 h_1^2 t}{4 I_z}$,读者可自行验证之。

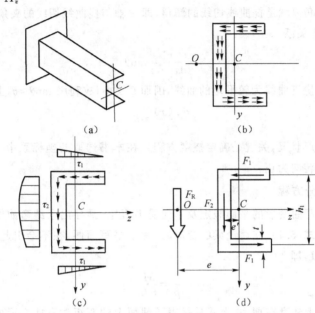

(a)   (b)

(c)   (d)

图 5.15 弯曲中心的确定

5.6 弯曲变形的描述与挠曲线近似微分方程

工程实际中的受弯构件除了强度要求外,往往还有刚度要求。例如机床的主轴在工作状态下的弯曲变形就不能过大。某些用于减振、储能或用于测量的受弯构件,又要求有足够大的变形才能正常工作。此外,静不定系统的求解(见第 8 章"静不定结构")也依赖于变形的计算。

1. 弯曲变形的描述

以梁的变形为例,考察图 5.16 所示简支梁变形的描述。首先建立坐标系,通常以梁的左端为原点,变形前梁的轴线为x轴,垂直于轴线向上的轴为w轴。从梁发生弯曲变形后的状态可知,梁产生弯曲变形后其横截面位置一般都发生变化,包括以下三部分:一为横截面形心的铅垂位移,称为**挠度**,用w表示;二为横截面相对于变形前的方位绕中性轴发生的转动,称为**转角**,用θ表示;第三部分是横截面形心的水平位移。在小变形条件下,水平位移为高阶小量,与前面两项相比可略去

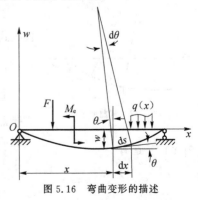

图 5.16 弯曲变形的描述

不计。因此,描述梁的变形需要用挠度 w 和转角 θ 这两个物理量,统称为**梁的位移**。

梁的挠度过大或转角过大都可能影响其正常工作。因此,将梁的最大挠度和最大转角加以限制,称为梁的刚度条件

$$w_{max} \leqslant [w] \tag{5.26a}$$

$$\theta_{max} \leqslant [\theta] \tag{5.26b}$$

式中,$[w]$ 和 $[\theta]$ 分别为**许用挠度**和**许用转角**,依不同的构件及工艺要求而定。

在平面弯曲的情况下,变形后梁的轴线成为 $x-w$ 平面内的一条连续光滑曲线,称为**挠曲线**,可用方程 $w=w(x)$ 描述,称为**挠度方程**。挠曲线 $w=w(x)$ 上任意一点的纵坐标 $w(x)$ 即为坐标为 x 处截面的挠度。根据弯曲变形时梁的平面假定,变形前垂直于轴线(x 轴)的截面,变形后仍垂直于挠曲线的切线,故截面转角 θ 就是挠曲线切线的倾角,即 x 轴与挠曲线切线的夹角。因此,任意一点处的挠度与转角满足以下关系

$$\frac{\mathrm{d}w(x)}{\mathrm{d}x} = \tan\theta$$

在小挠度条件下,挠度曲线为较平坦的曲线,因而 θ 较小,故利用 $\tan\theta \approx \theta$,上式近似为

$$\frac{\mathrm{d}w(x)}{\mathrm{d}x} = \theta \tag{5.27}$$

可见,确定梁的变形状况,关键是确定挠度方程。在本书选取的坐标系中,w 向上为正,故挠度向上为正,转角逆时针转向为正。

2. 挠曲线近似微分方程

在 5.2 节中,根据弯曲变形的平面假定及单向受力假定,推导出了纯弯曲梁轴线的曲率与截面上弯矩之间的关系,即式(5.1),在讨论梁的变形时,为了书写简便,在不会引起误会的情况下,常常将该式中的 I_z 简记为 I,即

$$\frac{1}{\rho} = \frac{M}{EI}$$

剪切弯曲时,截面上还存在剪力,上式只代表了截面上的弯矩对弯曲变形的贡献。但对常见的细长梁,剪力对弯曲变形的影响远小于弯矩,上式近似作为剪切弯曲时变形的基本方程,其精度能满足工程需要。这时式中 M 和 ρ 皆为 x 的函数,即

$$\frac{1}{\rho(x)} = \frac{M(x)}{EI} \tag{5.28}$$

考察图 5.16 中位于 x 处的微元梁 $\mathrm{d}s$,将之放大为图 5.17。根据微积分学中关于平面曲线的基本知识,曲线 $w(x)$ 的曲率 $k(x)$ 为

$$k(x) = \frac{1}{\rho(x)} = \pm \frac{w''}{(1+w'^2)^{3/2}}$$

代入式(5.28),得

$$\pm \frac{w''}{(1+w'^2)^{3/2}} = \frac{M(x)}{EI}$$

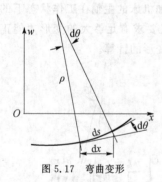

图 5.17 弯曲变形

上式即为不计剪力影响时梁的**挠曲线微分方程**,它是一个二阶非线性常微分方程。对小挠度情形,上式还可进一步简化,利用 $\left| \dfrac{\mathrm{d}w}{\mathrm{d}x} \right| = |\theta| \ll 1$,于是有

$$\pm \frac{\mathrm{d}^2 w}{\mathrm{d}x^2} = \frac{M(x)}{EI} \tag{5.29}$$

式中,EI 为梁的**弯曲刚度**。对等截面梁,EI 为常数,对变截面梁,EI 沿轴线 x 为分段常数或为 x 的函数。

式(5.29)适用于线弹性范围内的小挠度平面弯曲问题。式中左边的正负号选择与 w 轴的取向及弯矩 M 的符号规定有关,在图 5.18 所示的坐标系中,根据本书对 M 的符号规定可知,正的弯矩 M 对应于使挠曲线 $w(x)$ 凹向 w 轴的正向,即 $\dfrac{\mathrm{d}^2 w}{\mathrm{d}x^2}$ 为正值,故应在上式中取正号,即

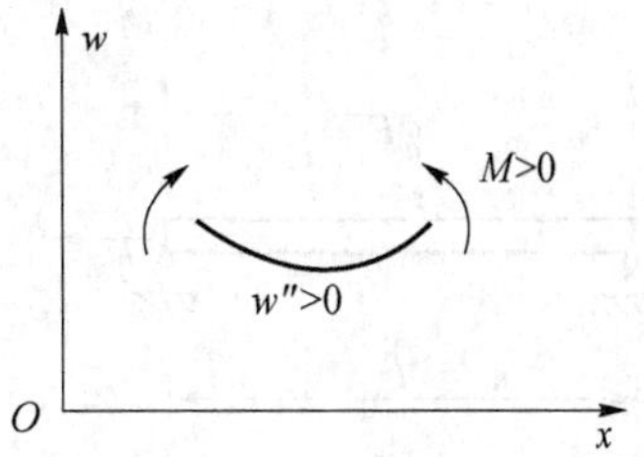

图 5.18　w'' 的符号选择

$$\frac{\mathrm{d}^2 w}{\mathrm{d}x^2} = \frac{M(x)}{EI} \tag{5.30}$$

式(5.30)即为**小挠度梁的近似微分方程**。

5.7　计算弯曲位移的积分法

从梁的挠曲线近似微分方程(5.30)出发,分别对 x 积分一次和二次,就可得到梁的转角和挠度方程

$$\theta(x) = \frac{\mathrm{d}w(x)}{\mathrm{d}x} = \int \frac{M(x)}{EI}\mathrm{d}x + C \tag{5.31}$$

$$w(x) = \int \left(\int \frac{M(x)}{EI}\mathrm{d}x \right)\mathrm{d}x + Cx + D \tag{5.32}$$

式中,C、D 为积分常数。对于载荷无突变的情形,梁上的弯矩 $M(x)$ 为连续函数,则式(5.31)、式(5.32)中仅有两个积分常数,它们可由梁的支承处的约束条件即支承对挠度、转角的限制条件而定。对于梁上载荷有突变的情形(如集中力、集中力偶、分布力不连续等),梁上弯矩 $M(x)$ 为分段连续函数,对各段分别按式(5.31)、式(5.32)积分,每一段都有两个积分常数。若梁分为 n 段积分,共有 $2n$ 个积分常数。弹性变形范围内梁的挠曲线为一连续光滑曲线,在 $n-1$ 个分段点处,相邻两段积分后的挠度和转角必须分别相等,因而每个分段点提供两个确定积分常数的条件,称为连续条件。共有 $2(n-1)$ 个连续条件,再加上梁在支承处的约束条件,可以完全确定 $2n$ 个积分常数。梁在支承处的约束条件和分段点上的连续条件统称为**定解条件**。

常见的支座约束条件有以下几类。

(1)铰支座——挠度为零。例如,图 5.19 的简支梁,左、右两端的约束条件分别为

$$x=0:\quad w=0\quad;\quad x=l:\quad w=0$$

(2)固支端——挠度为零,转角为零。例如,图 5.20 的悬臂梁,左端的约束条件为

$$x=0:\quad w=0,\quad \theta=\frac{\mathrm{d}w}{\mathrm{d}x}=0$$

(3)弹簧铰支座——若已知弹簧的刚度系数为 k,则支座处弹簧受到的力 F_T 与该处的位移 w 造成的弹簧变形 δ_T 应满足弹簧的弹性变形关系 $F_\mathrm{T}=k\delta_\mathrm{T}$。例如,图 5.21 的简支梁,右端弹簧铰支座的弹性关系为 $F_\mathrm{T}=\dfrac{F}{2}=k|w_B|$,故

$$w_B = -\frac{F}{2k}\text{(负号表示 }B\text{ 点挠度向下)}$$

梁在左右两端的约束条件为

$$x=0: \quad w=0 \quad ; \quad x=2l: \quad w=-\frac{F}{2k}$$

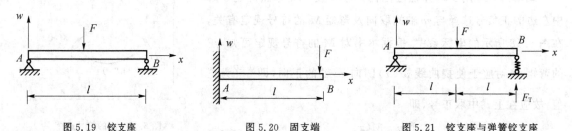

图 5.19　铰支座　　　　　　图 5.20　固支端　　　　　　图 5.21　铰支座与弹簧铰支座

常见的分段点连续条件有以下两类。

(1)连续的挠曲轴上的分段点——挠度连续,转角连续。对于梁在中间的集中外力作用点、集中力偶作用处或分布外力不连续点处的分段点,由于梁的挠曲轴是一条连续的曲线,任意一点都只有唯一的挠度和转角。例如图 5.22 中,梁的第 i 个分段点处,该点左、右侧的两段挠度方程分别为 $w_i(x)$ 和 $w_{i+1}(x)$,则在 i 点处连续条件为挠度连续和转角连续,即

$$x=x_i: \quad w_i=w_{i+1} \quad , \quad \frac{\mathrm{d}w_i}{\mathrm{d}x}=\frac{\mathrm{d}w_{i+1}}{\mathrm{d}x}$$

(2)中间铰——仅挠度连续。例如,图 5.23 的梁,B 为中间铰,B 点左侧的挠度方程为 $w_1(x)$,B 点右侧的挠度方程为 $w_2(x)$,则中间铰 B 处的连续条件为

$$x=l: \quad w_1=w_2$$

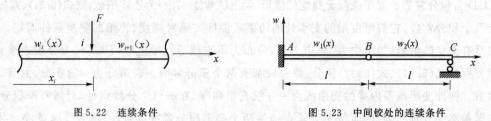

图 5.22　连续条件　　　　　　　　　图 5.23　中间铰处的连续条件

例 5.9　试指出图 (a) 和图 (b) 的梁在求解挠度方程时共有几个积分常数,并写出全部定解条件。题中弹簧的刚度系数为 k。

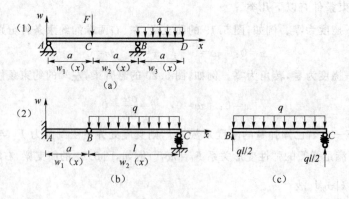

例 5.9 图

解：(1)图(a)的梁应分为3段积分，共6个常数。

定解条件为：两个铰支座共2个约束条件；两个分段点共4个连续条件，即

$$x=0：\quad w_1=0$$

$$x=a：\quad w_1=w_2，\quad \frac{\mathrm{d}w_1}{\mathrm{d}x}=\frac{\mathrm{d}w_2}{\mathrm{d}x}$$

$$x=2a：\quad w_2=w_3=0，\quad \frac{\mathrm{d}w_2}{\mathrm{d}x}=\frac{\mathrm{d}w_3}{\mathrm{d}x}$$

(2)图(b)的梁应分为2段积分，共4个常数。

取中间铰右侧梁为分离体(图(c))，可求出弹簧铰支座处的约束力为$ql/2$。

定解条件为：两个支座共3个约束条件；1个分段点(中间铰处)有1个连续条件，即

$$x=0：\quad w_1=0,\frac{\mathrm{d}w_1}{\mathrm{d}x}=0$$

$$x=a：\quad w_1=w_2$$

$$x=a+l：\quad w_2=-\frac{ql}{2k}$$

注意：用积分法求解梁的位移时，边界条件和连续条件必须正确给定，特别是其符号(例如，本题图(b)的弹簧铰支座处)。

例5.10 图示简支梁受力如图(a)所示，试求梁的挠曲线方程和转角方程，并找出梁的最大挠度$|w|_{\max}$和最大转角$|\theta|_{\max}$及所在位置(设$a>b$)。

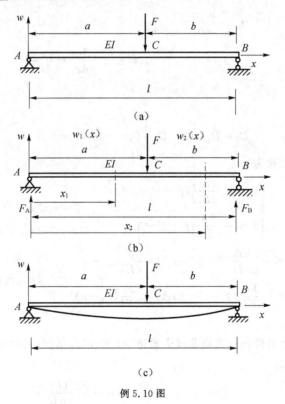

例5.10图

解：(1)列内力方程

由整体平衡条件(图(b))，求出支座约束力为

$$F_A=\frac{b}{l}F(\uparrow)，\qquad F_B=\frac{a}{l}F(\uparrow)$$

该梁应分为两段,内力方程为

AC 段：
$$M_1(x_1) = \frac{b}{l}Fx_1 \qquad (0 \leqslant x_1 \leqslant a)$$

CB 段：
$$M_2(x_2) = \frac{bF}{l}x_2 - F(x_2 - a) \qquad (a \leqslant x_2 \leqslant l)$$

(2)分段积分求挠度方程和转角方程

AC 段：
$$EI\frac{d^2 w_1}{dx_1^2} = M_1(x_1) = \frac{b}{l}Fx_1$$

故
$$EI\frac{dw_1}{dx_1} = \frac{b}{2l}Fx_1^2 + C_1$$

$$EIw_1 = \frac{b}{6l}Fx_1^3 + C_1 x_1 + D_1$$

CB 段：
$$EI\frac{d^2 w_2}{dx_2^2} = M_2(x_2) = \frac{bF}{l}x_2 - F(x_2 - a)$$

故
$$EI\frac{dw_2}{dx_2} = \frac{b}{2l}Fx_2^2 - \frac{1}{2}F(x_2 - a)^2 + C_2$$

$$EIw_2 = \frac{b}{6l}Fx_2^3 - \frac{1}{6}F(x_2 - a)^3 + C_2 x_2 + D_2$$

(3)定解条件
$$x_1 = 0: \quad w_1 = 0$$

$$x_1 = x_2 = a: \quad w_1 = w_2, \quad \frac{dw_1}{dx_1} = \frac{dw_2}{dx_2}$$

$$x_2 = l: \quad w_2 = 0$$

解得积分常数分别为
$$D_1 = D_2 = 0, \quad C_1 = C_2 = -\frac{bF}{6l}(l^2 - b^2)$$

故梁的挠度方程和转角方程为
$$\begin{cases} w_1 = -\frac{Fbx_1}{6EIl}(l^2 - b^2 - x_1^2) \\ \theta_1 = -\frac{Fb}{6EIl}(l^2 - b^2 - 3x_1^2) \end{cases} \qquad (0 \leqslant x_1 \leqslant a)$$

$$\begin{cases} w_2 = -\frac{Fbx_2}{6EIl}(l^2 - b^2 - x_2^2) - \frac{F}{6EI}(x_2 - a)^3 \\ \theta_2 = -\frac{Fb}{6EIl}(l^2 - b^2 - 3x_2^2) - \frac{F}{2EI}(x_2 - a)^2 \end{cases} \qquad (a \leqslant x_2 \leqslant l)$$

(4)求最大转角 $|\theta|_{max}$

根据梁的约束和受力条件画出其挠曲线大致形状(图(c)),从图(c)中可见,左端和右端分别是两段中转角最大的截面,有

$$x_1 = 0: \quad \theta_A = w'_1(0) = -\frac{Fab(l+b)}{6EIl}$$

$$x_2 = l: \quad \theta_B = w'_2(l) = \frac{Fab(l+a)}{6EIl}$$

显然,当 $a > b$ 时, $|\theta|_{max} = \theta_B = \frac{Fab(l+a)}{6EIl}$。

(5)求最大挠度$|w|_{max}$

当$a>b$时，最大挠度的绝对值应该出现在AC段内，令$\dfrac{\mathrm{d}w_1}{\mathrm{d}x_1}=0$，求得$x_0=\sqrt{\dfrac{l^2-b^2}{3}}$，此时有

$$\left|w\right|_{max}=\left|w_1(x_0)\right|=\frac{Fb(l^2-b^2)^{3/2}}{9\sqrt{3}\,EIl}$$

注意: 若计算一下该梁跨度中点处的挠度，有

$$w_1\left(\frac{l}{2}\right)=-\frac{Fb(3l^2-4b^2)}{48EI}$$

例如，当$b=\dfrac{1}{3}l$时，$\left|w\right|_{max}$与$\left|w_1\left(\dfrac{l}{2}\right)\right|$分别为

$$\left|w\right|_{max}=\frac{Fbl^2\left(1-\dfrac{b^2}{l^2}\right)^{3/2}}{9\sqrt{3}\,EI}\approx0.05376\,\frac{Fbl^2}{EI}$$

$$\left|w_1\left(\frac{l}{2}\right)\right|=\frac{Fbl^2\left(3-4\dfrac{b^2}{l^2}\right)}{48EI}\approx0.05324\,\frac{Fbl^2}{EI}$$

比较可见，中点处的挠度与梁中最大挠度值十分接近，当$b=\dfrac{1}{3}l$时，误差约为0.9%。在工程中当梁的跨度中无挠曲线的拐点时，也常用跨度中点的挠度代替梁中最大挠度值，误差是在工程允许的范围之内的。

另外，用积分法计算梁的位移时，应特别注意正确列出各段弯矩方程，并正确给出约束条件和连续条件。本题在计算时，梁中任意截面都以梁的左端点A为原点计算其坐标，建立弯矩方程时都以所切截面左半部分为分离体列平衡方程。同时在积分运算中，凡遇$(x-a)$的因子均不将括号打开而是直接对$(x-a)$积分。这样运算的优点是:利用连续条件时可得到$C_1=C_2$，$D_1=D_2$的简单结果，不易出错。

用积分法求解梁的转角和挠度是最基本的求解方法，该方法的优点是可以得到转角和挠度方程。但如果只需求解梁上某些特定截面上的转角或挠度时，积分法就显得过于烦琐。为此，将常见的梁在某些典型载荷作用下的变形结果列入表中(见表5.2)，以便直接查用。另一方面，利用表中的结果，采取下节介绍的叠加法，还可方便地求解一些复杂载荷作用和不同约束情况下梁的弯曲变形问题。

表5.2 梁在简单载荷作用下的变形

(原点位于A端，x轴指向右方为正)

序号	梁的简图	挠曲线方程	端截面转角	最大挠度
1		$w=-\dfrac{M_e x^2}{2EI}$	$\theta_B=-\dfrac{M_e l}{EI}$	$w_B=-\dfrac{M_e l^2}{2EI}$
2		$w=-\dfrac{Fx^2}{6EI}(3l-x)$	$\theta_B=-\dfrac{Fl^2}{2EI}$	$w_B=-\dfrac{Fl^3}{3EI}$

序号	梁的简图	挠曲线方程	端截面转角	最大挠度
3		$w=-\dfrac{Fx^2}{6EI}(3a-x)$ $(0\leqslant x\leqslant a)$ $w=-\dfrac{Fa^2}{6EI}(3x-a)$ $(a\leqslant x\leqslant l)$	$\theta_B=-\dfrac{Fa^2}{2EI}$	$w_B=-\dfrac{Fa^2}{6EI}(3l-a)$
4		$w=-\dfrac{qx^2}{24EI}(x^2-4lx+6l^2)$	$\theta_B=-\dfrac{ql^3}{6EI}$	$w_B=-\dfrac{ql^4}{8EI}$
5		$w=\dfrac{M_ex}{6EIl}(l-x)(2l-x)$	$\theta_A=-\dfrac{M_el}{3EI}$ $\theta_B=\dfrac{M_el}{6EI}$	$x=\left(1-\dfrac{1}{\sqrt{3}}\right)l,$ $w_{max}=-\dfrac{M_el^2}{9\sqrt{3}EI}$ $x=\dfrac{l}{2},w=-\dfrac{M_el^2}{16EI}$
6		$w=-\dfrac{M_ex}{6EIl}(l^2-x^2)$	$\theta_A=-\dfrac{M_el}{6EI}$ $\theta_B=\dfrac{M_el}{3EI}$	$x=\dfrac{l}{\sqrt{3}},$ $w_{max}=-\dfrac{M_el^2}{9\sqrt{3}EI}$ $x=\dfrac{l}{2},w=-\dfrac{M_el^2}{16EI}$
7		$w=\dfrac{M_ex}{6EIl}(l^2-3b^2-x^2)$ $(0\leqslant x\leqslant a)$ $w=\dfrac{M_e}{6EIl}[-x^3+3l(x-a)^2+(l^2-3b^2)x]$ $(a\leqslant x\leqslant l)$	$\theta_A=\dfrac{M_e}{6EIl}(l^2-3b^2)$ $\theta_B=\dfrac{M_e}{6EIl}(l^2-3a^2)$	
8		$w=-\dfrac{Fx}{48EI}(3l^2-4x^2)$ $\left(0\leqslant x\leqslant\dfrac{l}{2}\right)$	$\theta_A=-\theta_B=-\dfrac{Fl^2}{16EI}$	$w=-\dfrac{Fl^3}{48EI}$
9		$w=-\dfrac{Fbx}{6EIl}(l^2-x^2-b^2)$ $(0\leqslant x\leqslant a)$ $w=-\dfrac{Fb}{6EIl}\Big[\dfrac{l}{b}(x-a)^3+(l^2-b^2)x-x^3\Big]$ $(a\leqslant x\leqslant l)$	$\theta_A=-\dfrac{Fab(l+b)}{6EIl}$ $\theta_B=\dfrac{Fab(l+a)}{6EIl}$	设 $a>b$,在 $x=\sqrt{\dfrac{l^2-b^2}{3}}$ 处, $w_{max}=-\dfrac{Fb(l^2-b^2)^{3/2}}{9\sqrt{3}EIl}$ $x=\dfrac{l}{2}$ 处, $w=-\dfrac{Fb(3l^2-4b^2)}{48EI}$
10		$w=-\dfrac{qx}{24EI}(l^3-2lx^2+x^3)$	$\theta_A=-\theta_B=-\dfrac{ql^3}{24EI}$	$w=-\dfrac{5ql^4}{384EI}$

5.8 计算弯曲位移的叠加法

在小挠度弹性弯曲变形范围内,挠曲线微分方程(5.30)是线性的。同时,小变形使得弯矩与载荷的关系也是线性的。因而对应于几种不同的载荷,弯矩可以叠加,挠曲线微分方程的解也可以叠加。更广泛地说,不仅梁的位移可以叠加,梁的支座约束力、内力、应力也都可以叠加;不仅可用于梁、杆、轴和其他结构也可以用。一般来说,当构件或结构上同时作用几个载荷时,如果各载荷产生的响应(包括支座约束力、内力、应力和位移等)互不影响(或影响之小可以忽略),则它们产生的总响应等于各载荷单独作用产生的响应之总和(依物理量本身性质可为代数和或矢量和),这称为**叠加原理**。

求梁在某些特定截面上的位移时,如果能正确分析各个载荷单独作用时梁的变形状况,并利用表 5.2 中梁在基本载荷作用下变形的已知结果,则可以采用叠加法方便地计算出所需结果。能够把多个载荷分开并直接利用表 5.2 中的基本变形结果进行叠加的方法,称为**载荷叠加法**。此外,若梁不是表 5.2 中的简支梁或悬臂梁,或者单个载荷的作用方式不是表中所列出的,则需利用变形的叠加,即逐段变形效果叠加法,当只分为两段时也称为**逐段刚化法**。下面通过例题给出叠加法的具体应用。

例 5.11　悬臂梁受力如图(a),试求梁 B 截面的挠度及转角,已知梁的弯曲刚度为 EI。

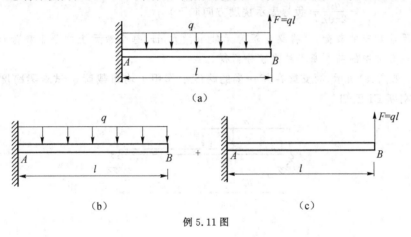

例 5.11 图

解:将均布载荷与集中力分开后(图(b)、(c)),可利用表 5.2 中第 2、4 两项的结果。

均布载荷 q 作用下

$$w_{B1} = -\frac{ql^4}{8EI}, \quad \theta_{B1} = -\frac{ql^3}{6EI}$$

集中力 $F = ql$ 作用下

$$w_{B2} = \frac{ql \cdot l^3}{3EI}, \quad \theta_{B2} = \frac{ql \cdot l^2}{2EI}$$

叠加后得

$$w_B = -\frac{ql^4}{8EI} + \frac{ql^4}{3EI} = \frac{5ql^4}{24EI}, \quad \theta_B = -\frac{ql^3}{6EI} + \frac{ql^3}{2EI} = \frac{ql^3}{3EI}$$

注意:用叠加法求解时应注意参与叠加的各项挠度的方向和转角的转向。本题是直接以正负号表示挠度的方向及转角的转向进行代数叠加。若分解查表后各项均取绝对值,则叠加时应按挠度的实际方向和转角的实际转向代入正负号进行叠加。

例 5.12　简支梁的左半部分上作用了如图(a)所示的三角形载荷,试求该梁中点处的挠度,已知梁的弯曲刚度为 EI。

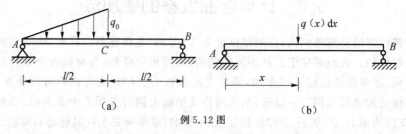

例 5.12 图

解:在梁的 x 截面处,分布载荷的集度为

$$q(x) = \frac{x}{l/2} q_0 = \frac{2q_0}{l} x$$

在 x 截面处取长度为 $\mathrm{d}x$ 的一段梁的微元,其上分布载荷的合力为 $q(x)\mathrm{d}x$(图(b)),根据表 5.2 中第 9 项的结果,在 x 截面处作用一集中力 $q(x)\mathrm{d}x$,使得梁的中点产生挠度 $\mathrm{d}w_C = -\dfrac{q(x)\mathrm{d}x \cdot x}{48EI}(3l^2 - 4x^2)$。

故 AC 段分布载荷作用下,有

$$w_C = -\int_0^{\frac{l}{2}} \frac{q(x) \cdot x}{48EI}(3l^2 - 4x^2)\mathrm{d}x = -\int_0^{\frac{l}{2}} \frac{q_0 x^2}{24EIl}(3l^2 - 4x^2)\mathrm{d}x$$

$$= -\frac{q_0 l^4}{240EI}(\text{负号表示挠度方向向下})$$

注意:对于非均布的载荷,可将梁分解为无数个微元 $\mathrm{d}x$,每个微元上的分布载荷可视为一个集中力,再利用表 5.2 中的基本变形结果积分而得。

例 5.13　如图(a)所示,简支梁在其一半的跨度上作用了均布载荷 q,试求梁跨度中点 C 的挠度,梁的弯曲刚度 EI 已知。

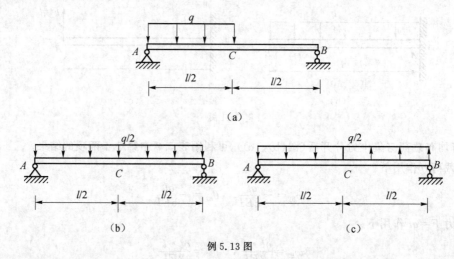

例 5.13 图

解:本题的分布载荷可以按例 5.12 的方法进行积分求解,但还有更简便的方法。将图(a)的原载荷分解为图(b)和图(c)两种情形的叠加。注意到图(b)即可直接利用表 5.2 中第 10 项的结果,而图(c)的受力和约束关于中点 C 反对称,图(c)的中点 C 的挠度应为零。故图(a)的中点挠度等于图(b)的中点挠度,即

$$w_C = \frac{5 \cdot \frac{q}{2} \cdot l^4}{384EI} = \frac{5ql^4}{768EI}(\downarrow)$$

注意:用叠加法求解梁的位移时,还可充分利用对称性或反对称性的特点,结合载荷的分解与合成方便的求得结果。读者可以思考一下图 5.24 中的简支梁,如何用最简便的方法求出梁中点 C 的挠度。

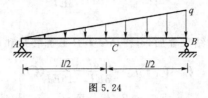

图 5.24

例 5.14 车床主轴的计算简图如图(a)所示,其中 F_1 为切削力,F_2 为齿轮传动力。若近似将外伸梁视为等截面梁,求截面 B 的转角和端点 C 的挠度。

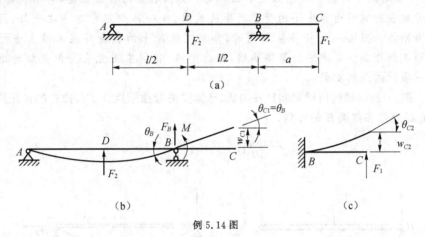

例 5.14 图

解:该梁为外伸梁,将两个载荷分开单独作用也无法直接利用表 5.2 的结果。因此,将梁分为 AB、BC 两部分,分别计算其在 F_1,F_2 共同作用下的变形,即先计算 AB 部分的变形在 B 处产生的转角和 C 处产生的挠度(此时 BC 部分视为刚体),再计算 BC 部分变形在 B 处产生的转角和 C 处产生的挠度(此时 AB 部分视为刚体)。最后将两者分别叠加,具体计算如下。

(1)AB 段变形,BC 段视为刚体

此时,AB 段成为简支梁,中点作用了集中力 F_2,BC 段为刚体,作用于其上的 F_1 对 AB 段的影响可将 F_1 平移至 B 截面后计算。因此,在 AB 梁的 B 端作用了集中力 $F_B=F_1$ 及集中力偶 $M=F_1a$(图(b))。其中集中力 F_B 直接传递于支座,不影响 AB 的变形。

在集中力 F_2 作用下

$$\theta_{B1}=-\frac{F_2l^2}{16EI}$$

而力偶矩 $M=F_1a$ 在 B 端引起的转角为

$$\theta_{B2}=\frac{Ml}{3EI}=\frac{F_1al}{3EI}$$

两者叠加后得截面 B 转角为

$$\theta_B=\theta_{B1}+\theta_{B2}=\frac{F_1al}{3EI}-\frac{F_2l^2}{16EI}$$

由于 BC 段被视为刚体,这时 C 端的挠度也即 B 处转角在 C 端引起的刚体位移,故有

$$w_{C1}=a\cdot\theta_B=\frac{F_1a^2l}{3EI}-\frac{F_2al^2}{16EI}$$

(2)BC 段变形,AB 段视为刚体

由于 AB 段被视为刚体不变形,故 BC 段的变形相当于 B 端固支的悬臂梁(图(c))。作用于 AB 段的集中力 F_2 对 BC 段不产生影响,仅 F_1 对 BC 段有影响。故此时有

$$\theta_{B3}=0, \quad w_{C2}=\frac{F_1 a^3}{3EI}$$

(3)最终叠加结果

将 AB,BC 分别变形产生的结果叠加,可得 AC 梁 B 截面转角和 C 端挠度分别为

$$\theta_B=\theta_{B1}+\theta_{B2}=\frac{F_1 al}{3EI}-\frac{F_2 l^2}{16EI}(\circlearrowright)$$

$$w_c=w_{C1}+w_{C2}=\frac{F_1 a^2 l}{3EI}-\frac{F_2 al^2}{16EI}+\frac{F_1 a^3}{3EI}(\uparrow)$$

注意:本题采用的是逐段变形效果叠加法。这一方法在应用时应注意,将结构分为几部分,每一部分均考虑在所有载荷作用下的变形产生的效果,每一部分仅考虑一次变形,且在其他部分变形时视为刚体。当某一段杆件被刚化时,作用在此段上的载荷可在此段上进行平移和简化。逐段变形效果叠加法要求求解思路明确,概念清晰,特别应避免在变形叠加时遗漏或者重复计算了某一项对结果的贡献。

例 5.15 图(a)所示结构由横梁和拉杆构成,已知梁的弯曲刚度为 EI,拉杆的拉压刚度为 EA,试求结构点 C 的挠度和截面 B 的转角。

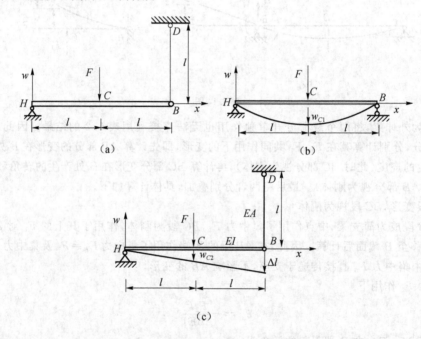

例 5.15 图

解:该结构由梁 HB 和拉杆 BD 组成。在载荷作用下,梁发生弯曲,杆发生轴向拉压,两者的变形对点 C 的挠度均有贡献,而截面 B 的转角也是梁 HB 的弯曲在截面 B 产生的转角及杆 BD 伸长引起梁 HB 的刚性转动在截面 B 产生的转角的叠加。

(1)杆 BD 刚化,仅梁 HB 弯曲变形

杆 BD 刚化后不发生变形,即点 B 的挠度为零,此时梁 HB 发生弯曲变形,点 B 相当于一固定铰支座(图(b)),故在力 F 作用下,点 C 的挠度和截面 B 的转角分别为

$$w_{C1}=-\frac{F(2l)^3}{48EI}=-\frac{Fl^3}{6EI}, \quad \theta_{B1}=\frac{F(2l)^2}{16EI}=\frac{Fl^2}{4EI}$$

（2）梁 HB 刚化，仅杆 BD 拉伸变形

此时 HB 为一刚性梁，根据梁 HB 的平衡条件可求得杆 BD 的轴力为 $F_N = F/2$（拉力），此时结构的变形如图（c）所示，杆 BD 受拉伸长量为 Δl，即点 B 产生向下的位移 Δl，故梁 HB 中点 C 的挠度为

$$w_{C2} = -\frac{\Delta l}{2} = -\frac{F_N l}{2EA} = -\frac{Fl}{4EA}, \qquad \theta_{B2} = -\frac{\Delta l}{2l} = -\frac{F_N l}{2EAl} = -\frac{F}{4EA}$$

叠加后，点 C 挠度和截面 B 的转角为

$$w_C = -\frac{Fl^3}{6EI} - \frac{Fl}{4EA}（负号表示挠度方向向下），\qquad \theta_B = \frac{Fl^2}{4EI} - \frac{F}{4EA}（\circlearrowleft）$$

注意：利用逐段变形叠加法求解结构位移是一个适用性很广的方法，本题的结构就包括了梁的弯曲和杆的轴向拉伸。求解时需要对结构的变形构成有清晰的概念，读者可通过习题的练习逐步熟悉并正确掌握该求解方法。

5.9　提高弯曲强度和刚度的主要措施

梁在正常工作状态下必须保证具有足够的强度和刚度。根据已有的知识，采取一定的措施，可以在不增加或少增加材料成本的前提下使梁承受更大的载荷而不发生强度或刚度的失效。

1. 提高弯曲强度的主要措施

梁的强度设计主要依据正应力强度条件，即 $\sigma_{\max} = \dfrac{M_{\max}}{W_z} \leqslant [\sigma]$，因此，以下两种途径可以使梁的承载能力得到提高：一是合理安排梁的受力情况（如改变支承与加力点的位置或增加辅助构件），使梁中的 $M_{\max}$ 降低；另一方面是采用合理的截面形状，提高 W_z 的数值，以充分利用材料。

例如，图 5.25（a）所示的集中载荷作用下的简支梁，其 $M_{\max} = \dfrac{Fl}{4}$。若在主梁上增加一个副梁（图 5.25（b）），则主梁上的加力点发生变化，此时梁中 $M_{\max} = \dfrac{Fl}{6}$。若将集中载荷分散为遍布全梁的均布载荷 $q = \dfrac{F}{l}$（图 5.25（c）），则 $M_{\max} = \dfrac{ql^2}{8} = \dfrac{Fl}{8}$。最后，若将两支座向中间移动，使支座处截面上弯矩与中间截面上的弯矩的绝对值数值相近时（图 5.25（d）所示的支座位置），则最大弯矩可降至 $M_{\max} = \dfrac{ql^2}{40} = \dfrac{Fl}{40}$。

由此可见，在条件允许的情况下，尽可能把作用于跨长中点的集中力分散为若干个较小的力，或改变为分布载荷，并将支座位置进行合理的布置，都可提高梁的承载能力。读者可进一步思考，图 5.25（d）中的两个支座的位置在何处时，可使梁中的弯矩最大值达到极小。

另外，截面的形状、尺寸不同使得 W_z 不同。合理的截面形状应该是截面面积 A 较小而弯曲截面系数 W_z 较大，比值 W_z/A 可以衡量截面的合理性，该比值越大越合理。例如，矩形截面梁，截面高度 h 大于宽度 b，立放时（加载沿长边 h 的方向），则 $W_z/A = \dfrac{h}{6}$；若平放（加载沿短边 b 的方向），则 $W_z/A = \dfrac{b}{6} < \dfrac{h}{6}$，故立放更为合理。圆形截面 $W_z/A = \dfrac{D}{8}$，而空心圆形截面的内外径之比 $\alpha = d/D$ 时，

$W_z/A = (1+\alpha^2)\dfrac{D}{8}$，当 $\alpha=0.8$ 时，$W_z/A = 1.64\dfrac{D}{8}$，即空心圆管比 $\alpha=0$ 的实心圆管更合理。可见，截面上材料分布位置尽量远离中性轴必然会提高材料的利用率。工程中常采用的工字钢、槽钢等型钢，截面形状也是如此，这就提高了抗弯强度。常见几种截面形状的 W_z/A 值列于表 5.3 中。

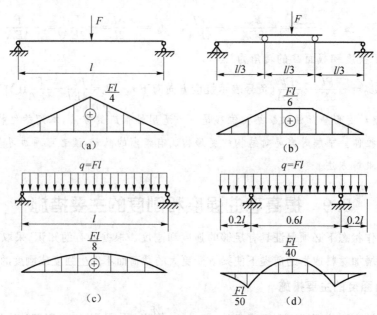

图 5.25　提高弯曲强度的措施

表 5.3　常见截面的 W_z/A

截面形状	矩形	圆形	槽钢	工字钢
W_z/A	$0.167\,h$	$0.125\,D$	$(0.27\sim0.31)h$	$(0.27\sim0.31)h$

此外，对抗拉、抗压许用应力相等的材料（如碳钢），宜采用关于中性轴对称的截面形状，使得载荷增大时截面上、下缘处同时达到拉、压许用应力。而拉、压许用应力不等的材料（如铸铁），宜采用中性轴偏于拉压许用应力中数值较小一边的截面，使得截面上的最大拉应力与最大压应力尽量同时接近各自的许用应力。这样使得材料性能得以充分利用。

前面讨论的是等截面梁的情况。但按照最大弯矩设计的截面尺寸，除了最大弯矩所在截面之外，其余截面上的材料都未充分利用。为了节约材料，减轻自重，可以改变截面尺寸，使 W_z 随弯矩变化，在弯矩较大处 W_z 较大，在弯矩较小处 W_z 也较小。若使梁在所有截面上的最大正应力都相等且都达到许用应力，这样设计出的变截面梁称为**等强度梁**。即要求等强度梁应满足

$$\sigma_{\max} = \frac{M(x)}{W_z(x)} = [\sigma]$$

即

$$W_z(x) = \frac{M(x)}{[\sigma]} \tag{5.33}$$

以上条件是基于弯曲正应力的强度条件提出的，当某些截面上的弯矩很小（或为零）但剪力很大时，则应根据切应力强度条件进行设计。

2. 提高弯曲刚度的主要措施

提高梁的弯曲刚度，主要是减小其弹性位移。由挠曲线微分方程及其积分可见，弯曲变形与弯

矩大小、跨长长短、支座约束条件、截面惯性矩 I 和材料弹性模量 E 有关。

首先可以从减小弯矩入手,这与前面所述提高弯曲强度的措施类似。另外,由挠曲线微分方程的形式可以看出,跨长 l 的大小对弯曲位移影响较大,如集中力作用下,挠度与 l 的三次方成正比,转角与 l 的平方成正比。所以在条件许可时,尽量减小跨长,或者增加中间支座,都可以显著提高刚度。当然增加支座的结果也使静定梁变为静不定梁。

此外,截面形状是否合理对截面惯性矩 I 影响较大,在横截面积相同时选取工字形、槽形或 T 形等截面形状,比矩形截面有更大的截面惯性矩。一般来说,提高 I 的同时,也增加了抗弯强度。但是从刚度问题的角度来考虑,由于弯曲变形与梁的全长范围内各部分的刚度都有关,提高弯曲刚度就不仅仅是某个截面局部的问题,而是整个梁都应增加截面惯性矩 I 的整体问题。

最后,弹性模量 E 对弯曲变形也有影响,选用 E 值较高的材料也可提高弯曲刚度。但是,对于工程中常用的各种钢材来说,其弹性模量数值相差很小,因此从这一角度出发,选择高强度钢材来提高弯曲刚度收效甚微。

5.10　弯曲问题的进一步讨论

1. 梁的非弹性弯曲

当材料的应力应变关系不服从胡克定律时,梁的弯曲称为**非弹性弯曲**。例如,弹塑性材料的梁,当弯曲应力最大值超过其弹性极限后,就产生非弹性弯曲。

非弹性弯曲的分析仍基于纯弯曲梁的横截面保持为平面这一实验事实。因此,对于非线性非弹性材料的梁,仍可沿用弯曲变形的平面假定。这一概念使得梁的横截面上沿高度方向的应变是线性变化的推论仍成立。同样,利用应力应变关系和静力等效关系,就可得出梁横截面上的应力分布及应力与截面上的弯矩之间的关系。进一步也可计算梁弯曲的曲率及梁的位移。

弹性分析时,梁的承载能力是依据梁中最大正应力确定的(即梁中任意点应力不超过比例极限),由于弯曲时梁横截面上的正应力并非均匀分布,故这一承载能力实际上还可大大提高。借以梁的非弹性分析,可确定其承载的极限能力。通过这一最大极限载荷的分析,可以更清楚的确定防止结构破坏应保证的安全因数。工程中也可通过非弹性弯曲的分析,更合理地设计结构。

根据弯曲的平面假定,对平面弯曲的纯弯曲梁(图 5.26),在非弹性弯曲时,仍有以下结论,即

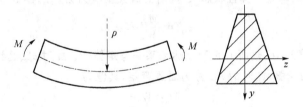

图 5.26　纯弯曲梁

(1)变形几何关系

$$\varepsilon = \frac{y}{\rho} \tag{5.34}$$

式中,ρ 为中性轴弯曲后的曲率半径。

(2)应力应变关系

$$\varepsilon = f(\sigma) \tag{5.35}$$

(3)静力等效关系

$$\int_A \sigma \, dA = 0 \tag{5.36}$$

$$\int_A \sigma y \, \mathrm{d}A = M \tag{5.37}$$

以上方程联立即可确定中性轴的位置及曲率 ρ。同理,对于剪切弯曲的梁,其正应力分布仍可近似用纯弯曲梁的结果。

在小变形假定下,可令 $\dfrac{1}{\rho} \approx \dfrac{\mathrm{d}^2 w}{\mathrm{d}x^2}$,即可对梁的弯曲变形进行积分求解,求出其挠度。

2. 理想弹塑性梁的塑性分析

若梁的材料为理想弹塑性材料,应力-应变关系如图 5.27 所示,下面以图 5.28 所示的梯形截面简支梁为例,分析其弯曲变形的过程(图 5.29)。

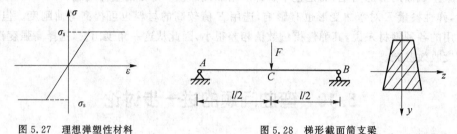

图 5.27 理想弹塑性材料   图 5.28 梯形截面简支梁

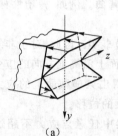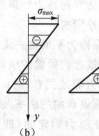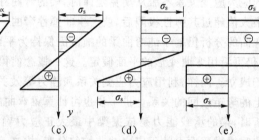

图 5.29 弹塑性弯曲过程

显然,梁的中间截面 C 为危险截面,在该截面上,载荷 F 的增加使梁陆续经历以下三种状态。

(1)弹性状态

当 F 较小时,整个梁均处于弹性状态,C 截面上最大正应力为 $\sigma_{\max}$(图 5.29(b)),且

$$\sigma_{\max} = \frac{M_{\max}}{W_z} < \sigma_s \tag{5.38}$$

当 F 增大至某一值 F_s,C 截面上的 $M_{\max}$ 达到某一弯矩值 M_s,此时 $\sigma_{\max}$ 达到 σ_s(图 5.29(c)),危险截面上缘各点材料开始屈服,此时的 M_s 称为**屈服弯矩**,其值为

$$M_s = W_z \sigma_s \tag{5.39}$$

(2)弹塑性状态

载荷 F 继续增大,上缘及附近的材料、下缘及附近的材料相继进入屈服,形成塑性区并不断向中性轴处扩大。塑性区内的应力均为 σ_s,此时,横截面内分为中性轴附近的弹性区及上下缘附近的塑性区(图 5.29(d))。

(3)塑性极限状态

当载荷 F 增大至某一值 F_u,使 C 截面的弯矩值达到某一值 M_u。此时梁中塑性区已扩至整个截面,使截面上各点的应力均达到 σ_s(图 5.29(e))。这时的弯矩 M_u 称为**极限弯矩**,也即梁所能承受的最大弯矩。到达极限弯矩后,载荷不再增大,但该截面上的各点应变都可继续增大,梁在此截面处表现为在 M_u 的弯矩作用下可绕中性轴转动(图 5.30(b)),如同梁的该截面上有一"中间铰"一样。故

截面出现塑性极限状态时,称之为"塑性铰"。塑性铰类似于铰链,但不同之处在于:塑性铰是单向铰,反向加载时不起铰链的作用,同时塑性铰可以承受极限弯矩 M_u 的作用,相当于在塑性铰两侧施加了一对集中力偶 M_u(图 5.30(c))。

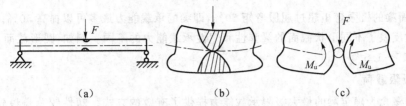

（a） （b） （c）

图 5.30 塑性铰示意图

对静定梁来说,塑性铰的出现使结构变为几何可变的"机构",不再具有承载能力。为确定 M_u,截面上还应满足静力等效关系式(5.36)、式(5.37)二式。

如图 5.31(a)所示,设 A_1、A_2 分别为中性轴以下和以上部分的面积,应有

$$\int_A \sigma \mathrm{d}A = \sigma_s A_1 - \sigma_s A_2 = 0$$

即

$$A_1 = A_2$$

由于 $A_1 + A_2 = A$,故有

$$A_1 = A_2 = \frac{A}{2} \tag{5.40}$$

即在塑性极限状态时,中性轴应把截面分为两个相等的面积。这一结果与材料均处于弹性状态时的结论不同,故横截面为上下对称的截面形状(如矩形、圆形、工字形等),加载过程中中性轴的位置是不变的,均为过截面形心的轴;但对于上下不对称的情形(如 T 形、梯形等),则塑性极限状态下的中性轴位置与弹性状态时不同。

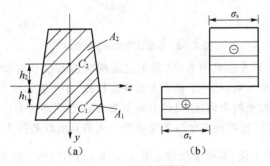

（a） （b）

图 5.31 塑性极限状态

根据式(5.37),可得极限弯矩 M_u 为

$$M_u = \sigma_s A_1 h_1 + \sigma_s A_2 h_2 = \frac{\sigma_s A}{2}(h_1 + h_2) = W_u \sigma_s \tag{5.41}$$

式中,h_1 和 h_2 分别为中性轴以下及以上面积的形心距中性轴的距离,$W_u = \dfrac{A}{2}(h_1 + h_2)$ 称为**塑性弯曲截面系数**。

梁的极限弯矩 M_u 与屈服弯矩 M_s 之比是截面形状的函数,称为**形状因数**,用 λ 表示

$$\lambda = \frac{M_u}{M_s} = \frac{W_u}{W_z} \tag{5.42}$$

对矩形截面梁(宽为 b,高为 h),则有 $h_1 = h_2 = \dfrac{h}{4}$,$A = bh$,$W_u = \dfrac{bh^2}{4}$,而弹性弯曲时有 $W_z =$

$\dfrac{bh^2}{6}$，故

$$\lambda = \frac{W_u}{W_z} = 1.5$$

因此，矩形截面梁的极限弯矩超过屈服弯矩 50%，即梁的承载能力最多可以提高 50%。

形状因数反映了不同形状截面的梁弹性和塑性承载能力的不同。例如，圆形截面 $\lambda=1.7$，工字形截面 $\lambda=1.17\sim1.5$ 等。

3. 梁的极限载荷

塑性铰的概念为确定梁的最大极限承载能力提供了有效的方式。塑性铰总是最先出现在梁中弯矩最大的截面处。对静定梁来说，单个塑性铰的出现即意味着梁的完全破坏，根据静力学关系即可由此确定梁所承受的最大极限载荷。例如，图 5.32(a) 所示的梁，若横截面为 $b\times h$ 的矩形，由其弯矩图（图 5.32(b)）可知，$M_{max}=\dfrac{Fl}{2}$，当 M_{max} 达到极限弯矩 M_u 时，梁在 A 截面就会出现塑性铰而使梁失去承载能力，此时的载荷即为梁的最大极限载荷 F_u，即

$$M_{max} = \frac{F_u l}{2} = M_u = W_u \sigma_s = \frac{bh^2}{4}\sigma_s$$

故得

$$F_u = \frac{2}{l}M_u = \frac{bh^2\sigma_s}{2l}$$

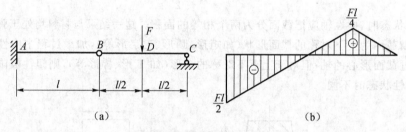

图 5.32　塑性极限状态下的弯矩

对静不定梁，其弹性分析方法见第 8 章"静不定结构"，但若仅分析其塑性极限状态，则较为简单。考虑到静不定梁有多余约束，某一个截面上出现塑性铰，并不表示整个结构达到极限状态，需根据静不定梁多余约束的个数及约束情况，具体分析其塑性铰出现的位置。为求极限载荷，一般无需研究塑性铰出现的先后次序，直接画出使静不定梁变为机构且极限载荷为最小的状态即可。下面以图 5.33(a) 所示矩形截面梁为例，其极限状态见图 5.33(b)，由右边部分的平衡方程可求得 $F_{By}=\dfrac{2M_u}{l}$。再由整个梁的平衡方程 $\sum M_A=0$ 得

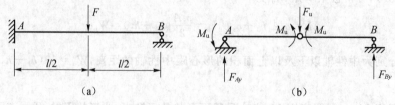

图 5.33　塑性极限载荷

$$F_{By}l - F_u\frac{l}{2} + M_u = 0$$

将 F_{By} 的值代入上式，解出

$$F_u = \frac{6M_u}{l} = \frac{6}{l} \times \frac{bh^2}{4}\sigma_s = \frac{3bh^2\sigma_s}{2l}$$

实际上,这样求静不定梁的塑性极限载荷比在弹性范围内求许可载荷要容易得多。

此外,梁加载到进入塑性状态后再卸载,也会留下残余应力,残余应力的计算方法与圆轴塑性扭转时的计算类似,将加载时进入塑性的应力分布与卸载时按线性规律求得的应力相减即可。工程上也可利用残余应力提高屈服弯矩的数值。

思考题

5.1 图示各梁受力状态完全相同,横截面形状分别为正方形、圆形和长方形,各图形横截面积相同。试分析各梁中的最大弯曲正应力的大小,并给出各梁最大弯曲正应力之比。

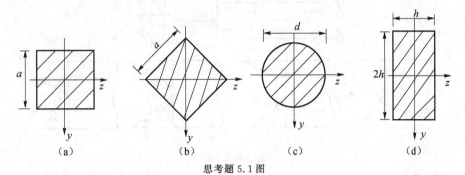

思考题 5.1 图

5.2 图示截面上剪力为 F,求该截面 $1-1$ 线上的弯曲切应力 τ_1 和该截面上最大弯曲切应力 τ_{max},两者之比为多少?

5.3 图示截面形状的梁发生剪切弯曲,已知截面上的剪力为 F,试分析截面上位于 af 线上的 ab、cd、ef 三段的弯曲切应力各为多少?

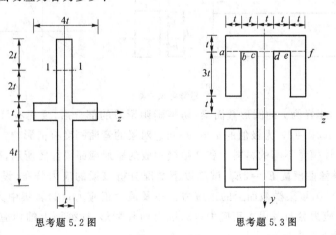

思考题 5.2 图　　　　　　思考题 5.3 图

5.4 图示圆截面梁由内芯 A 和外管 B 套合粘接而成。已知弹性模量满足关系式 $E_A = 2E_B$,设弯曲时平面假设仍成立,试分析截面内芯 A 和外管 B 中的最大弯曲正应力之比是多少?

5.5 将圆木锯成矩形截面梁,其几何尺寸及受力如图所示。求下列两种情形下 h 与 b 之比:
(1)横截面上的正应力尽可能小;(2)中性层半径尽可能大。

5.6 图示梁由外层和内层两种材料粘接而成,外层材料的弹性模量为 E_1,内层材料的弹性模量为 E_2,且 $E_1 > E_2$,图中(a)、(b)、(c)、(d)所绘为横截面上弯曲正应力分布,试判断正确的应为哪种?

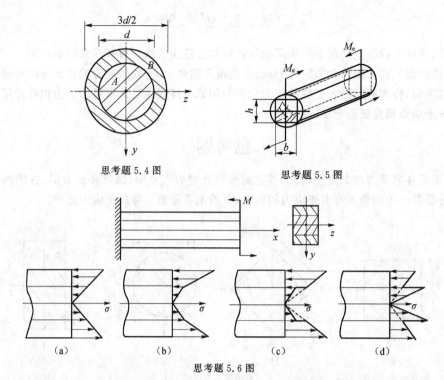

思考题 5.4 图

思考题 5.5 图

思考题 5.6 图

5.7 某矩形截面梁受力如图(a)所示,材料的应力-应变曲线如图(b)所示,且拉压弹性模量之比为 $E_t:E_c=2:1$。试分析此梁弯曲时:(1)中性轴的位置;(2)梁中最大拉应力和最大压应力。设梁中应力均在材料比例极限之下。

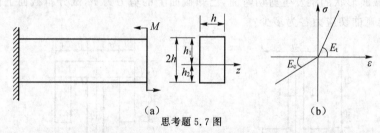

思考题 5.7 图

5.8 如图所示,半径为 r 的圆形截面梁,切掉画阴影线的部分后,反而有可能使弯曲截面系数 W 增大(为什么?)。试求使 W 为极值的 α 角,并问这对梁的弯曲刚度有何影响?

5.9 由两种弹性模量不等的材料 1 和 2 粘接构成的矩形截面梁如图所示,载荷 M 和 F 均作用在 Oxy 平面内,材料弹性模量 $E_1=2E_2$,试就以下情况分析该梁的应力分布(设应力未超过比例极限):(1)若集中力 $F=0$,该梁横截面上的正应力分布及最大正应力;(2)若集中力偶 $M=Fl/2$,在最危险截面上,梁的正应力分布及最大正应力;(3)以上两种情形,横截面上的切应力是否存在? 如果存在的话应如何计算?

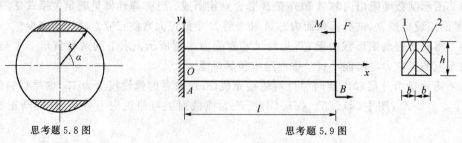

思考题 5.8 图　　　　　　思考题 5.9 图

5.10 如图所示均布载荷作用下的矩形截面简支梁,现从梁中假想截取 $abcd-a'b'c'd'$ 长方形单元体,试分析并画出截出部分各表面上的应力分布,说明该分离体是如何平衡的。

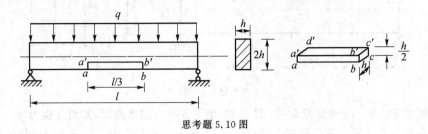

思考题 5.10 图

5.11 如图所示,两矩形截面梁,材料的弹性模量分别为 E_1 和 E_2,且 $E_1=\dfrac{9}{4}E_2$,叠放后交界面未粘接,叠合梁一端固支,另一端受集中力偶 M 作用。材料 1 和材料 2 的许用应力均为 $[\sigma]$,不计交界面的摩擦,试求梁的最大允许载荷;在最大允许载荷作用下,两梁交界面处的纵向长度之差为多少?

思考题 5.11 图

5.12 如图所示组合梁,由工字形截面和两个矩形截面套合后在两端用刚性平板牢固联结而成。已知工字形部分材料的弹性模量为 E_1,矩形部分材料的弹性模量为 E_2,且 $E_2=3E_1$。组合梁两端受弯矩作用,设梁中应力在比例极限内,试求两种材料中最大正应力之比 $\sigma_{\max}^{(1)}/\sigma_{\max}^{(2)}$。

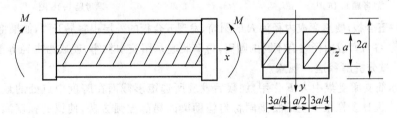

思考题 5.12 图

5.13 如图所示,某种材料拉压同性,为幂强化材料,其应力应变的绝对值满足应力应变关系 $\sigma=B\varepsilon^n$,其中材料常数 $B>0$、$0<n<1$。若弯曲时的平面假设仍成立,试推导纯弯曲时该材料制成的梁横截面上的弯曲正应力公式。

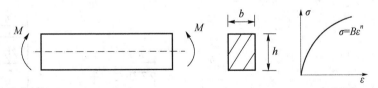

思考题 5.13 图

5.14 如图所示,受集中力 F 作用的简支梁,横截面为矩形,$b=48\,\text{mm}$,$h=100\,\text{mm}$,材料的弹性模量 $E=200\,\text{GPa}$,已知 $F=20\,\text{kN}$,$l=2\,\text{m}$。(1)试给出梁中 A、B、C 各点的单元体应力状态及主应力;(2)若 A、C 两点各贴一沿水平方向的应变片,在 B 点贴沿与水平轴夹角 45°方向的应变片,试给出 ε_A、ε_B 和 ε_C 的读数。

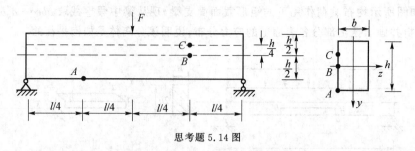

思考题 5.14 图

5.15 图示 BC 为一等截面悬臂梁，EI 已知，梁下方有一刚性曲面，曲面方程为 $y=-Ax^3$（A 为常数），若使梁变形后恰好与该曲面密合（但梁与刚性曲面无相互作用力），梁上需施加何种载荷？数值多大？

5.16 如图所示，一单位长度重量为 q、弯曲刚度为 EI 的悬臂梁初始不受力时，轴线为弯曲的曲线，方程为 $w_0=kx^3$（k 为常数）。现在梁的 B 端施加一向下的集中力 F，使梁靠近固支端附近长度为 l_0 的一段梁与梁下方一刚性水平面密合，已知 l_0，求在 B 端施加集中力 F 的大小及变形后 B 端与刚性平面之间的距离 δ_B。

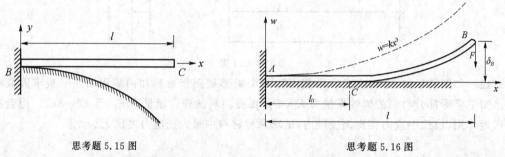

思考题 5.15 图　　　　　　　　　　　思考题 5.16 图

5.17 一块五合板，要想弯成内径为 R 的圆筒，发现五合板的外层很容易开裂，如果将五合板各层分开成为五块薄板，各自弯成内径略有不同的圆筒，再套装起来用胶水粘牢，就成为内径等于 R 的圆筒，这样就不易开裂。试分析解释这一现象。

5.18 图示简支梁受集中力 F 作用，加载后发现所选矩形截面在跨度中点处的最大正应力将超出许用应力 $1/3$，设计者拟采用上下粘接同材料辅助梁的局部加强方法，使梁的强度满足要求。试计算需要辅助梁的长度 a 为多少。如果跨度中点的挠度也超过了允许值 $1/3$，这一办法是否也可使中点挠度满足要求？

5.19 如图所示，一纯弯曲矩形截面梁，$b=30$ mm，$h=80$ mm，材料为理想弹塑性，$\sigma_s=240$ MPa，加载至梁进入塑性，当塑性区深度为 $\delta=20$ mm 时，卸载至零。试求残余应力的分布和其最大绝对值。

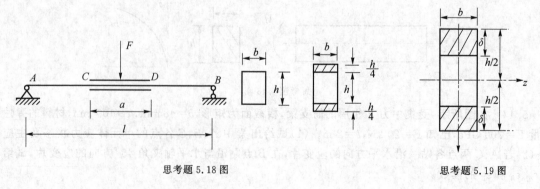

思考题 5.18 图　　　　　　　　　　　思考题 5.19 图

习 题

5.1 图(a)所示简支梁,受均布载荷 q 和集中力 F 作用,已知 $q=1\,\mathrm{kN/m}$,$F=5\,\mathrm{kN}$,梁的横截面形状有圆形和矩形两种(尺寸见图(b)),试分别求圆形截面梁和矩形截面梁中的最大弯曲正应力。

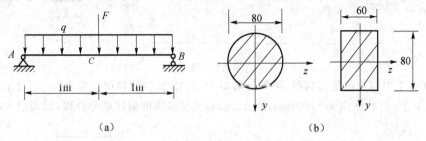

（a）　　　　　　　　　　　（b）

习题 5.1 图

5.2 图示悬臂梁横截面为如图所示形状,载荷 M_0 与 F 均作用于 xy 平面内,已知 $F=12\,\mathrm{kN}$,$M_0=15\,\mathrm{kN\cdot m}$,$a=0.6\,\mathrm{m}$,试求梁中最大拉应力和最大压应力,并指出危险点位置。

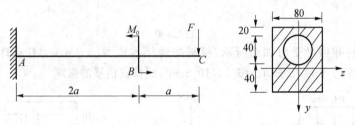

习题 5.2 图

5.3 变截面悬臂梁受力如图所示,$F=100\,\mathrm{N}$,梁的横截面为边长连续变化的正方形,试求梁中最大正应力及所在截面的位置。

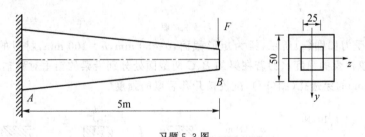

习题 5.3 图

5.4 图示槽形薄壁截面外伸梁受力如图,已知 $q=4\,\mathrm{kN/m}$,$a=1\,\mathrm{m}$,$h=100\,\mathrm{mm}$,$t=8\,\mathrm{mm}$,$I_z=4.0\times10^6\,\mathrm{mm}^4$,试计算梁中最大拉、压正应力及最大切应力。

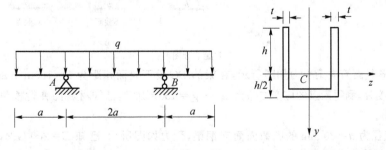

习题 5.4 图

5.5 矩形截面等宽变高阶梯梁如图所示,若令 B、C、D 各截面上的最大正应力均为许用应力

$[\sigma]$,试求使梁的体积最小时的 a 与 l 之比。

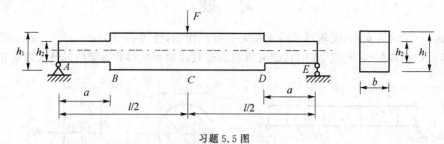

习题 5.5 图

5.6 图示 T 形截面脆性材料梁,两端受弯矩 M 作用,材料的许用拉应力 $[\sigma_t]$ 与许用压应力 $[\sigma_c]$ 之比为 $[\sigma_t]:[\sigma_c]=1:3$,已知 $h=160$ mm,$\delta=20$ mm,欲使该梁的强度最为合理,试确定 b 的尺寸。

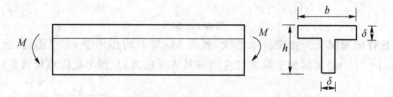

习题 5.6 图

5.7 脆性材料外伸梁受力如图所示,材料的许用拉应力 $[\sigma_t]=30$ MPa,许用压应力 $[\sigma_c]=60$ MPa,梁的横截面为 T 形,已知 $I_z=6.0\times10^7$ mm^4,试校核该梁的强度。

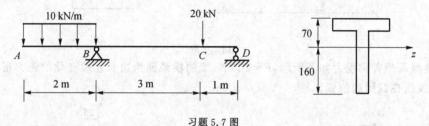

习题 5.7 图

5.8 外伸梁受力如图(a)所示,梁为矩形截面,$b=50$ mm,$h=100$ mm,材料的许用应力 $[\sigma]=100$ MPa。(1)试校核梁的强度;(2)若在梁的 B、C 两截面处分别沿梁的铅垂对称轴和水平对称轴开一个直径 $d=10$ mm 的穿透孔(图(b)),试校核开孔后梁的强度。

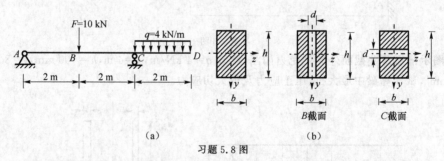

习题 5.8 图

5.9 一矩形截面简支梁受力如图所示,在梁的 BC 段下表面相距为 $a=100$ mm 的 K_1、K_2 两点,沿轴向贴两枚应变片,测得两点的应变之差为 $\varepsilon_{K_1}-\varepsilon_{K_2}=150\times10^{-6}$,已知材料的弹性模量 $E=200$ GPa,试求力 F 的大小。

5.10 一直径为 $d=30$ mm 的圆截面简支钢梁,受力如图所示,已知 $E=200$ GPa,$a=0.4$ m。若想令梁 BC 段的轴线弯曲后成为曲率半径 $\rho=20$ m 的圆弧,试求施加的集中力 F 应为多大?此时梁中最大正应力为多少?

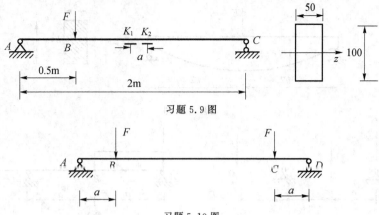

习题 5.9 图

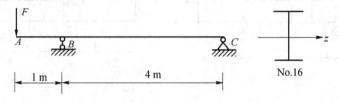

习题 5.10 图

5.11 图示外伸梁,已知材料的许用正应力$[\sigma]=160$ MPa,许用切应力$[\tau]=90$ MPa,梁为 No. 16 工字钢,试确定该梁的最大允许载荷$[F]$。

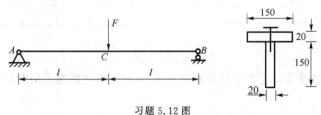

习题 5.11 图

5.12 如图所示,一简支梁由两块狭长矩形木板用均匀分布的 n 个螺钉连接而成,已知 $F=10$ kN,$l=2$ m,螺钉的直径 $d=10$ mm,许用切应力为$[\tau]=35$ MPa,试计算至少需要用多少个螺钉?

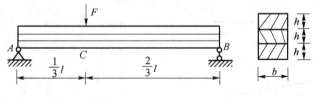

习题 5.12 图

5.13 图示梁由三块相同的矩形截面木板粘接而成,已知木板的许用正应力$[\sigma]=12$ MPa,粘接面胶的许用切应力$[\tau]=1.5$ MPa,$l=1$ m,$b=100$ mm,$h=50$ mm,试确定梁的最大允许载荷$[F]$。

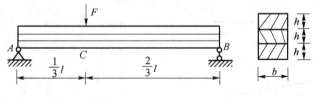

习题 5.13 图

5.14 如图所示,受集中力 F 作用的矩形截面简支梁,截面为宽度 b 不变、高度 $h=h(x)$ 的变截面梁,已知材料的许用正应力为$[\sigma]$,许用切应力为$[\tau]$,在保证正应力强度条件和切应力强度条件都满足的情况下,试根据等强度条件确定截面高度$h(x)$的变化规律。

5.15 以下各梁在用积分法求挠曲线方程时,应各分几段进行积分?共几个积分常数?给出各梁求解挠曲线方程的全部边界约束条件及连续条件。

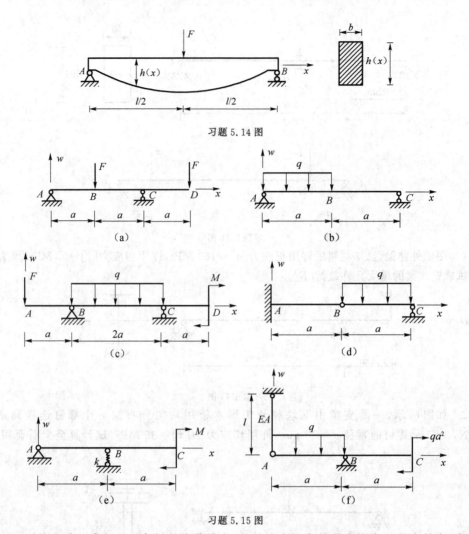

习题 5.14 图

(a)

(b)

(c)

(d)

(e)

(f)

习题 5.15 图

5.16 试用积分法求解以下各梁的挠曲线方程,并给出梁中的最大挠度和最大转角,各梁的 EI 为已知常数。

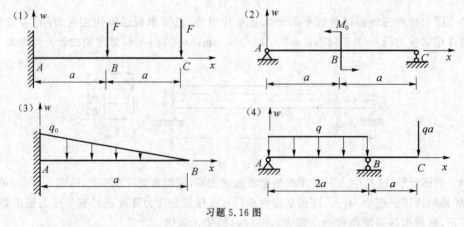

(1)

(2)

(3)

(4)

习题 5.16 图

5.17 试用叠加法求图示各梁截面 A 的挠度和截面 B 的转角。图(6)中弹簧的刚度系数 $k = \dfrac{12EI}{a^3}$,各梁的弯曲刚度见图中标示。

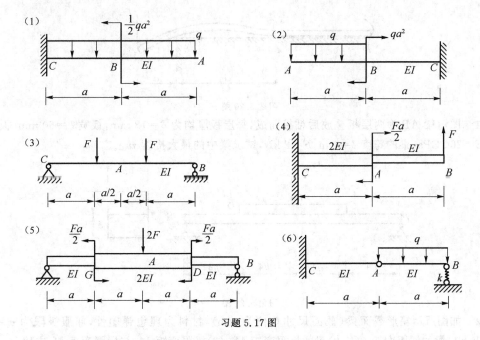

习题 5.17 图

5.18 试用叠加法求图示刚架截面 A 的挠度及截面 B 的转角。已知图中各段杆的弯曲刚度 EI 为常数。

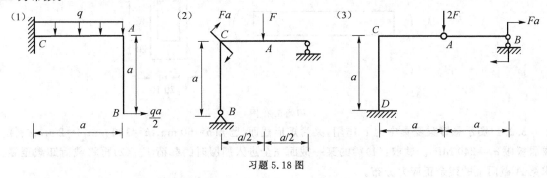

习题 5.18 图

5.19 如图所示，一矩形截面钢条长 l，横截面尺寸宽度为 b，高度为 h，钢条总重量为 P，放置于刚性水平面上。现在钢条一端 B 施加一铅垂向上的力 F，求钢条右端被提起离开地面的长度 $a=l/3$ 时，F 应为多大？并求此时钢条中的最大正应力。

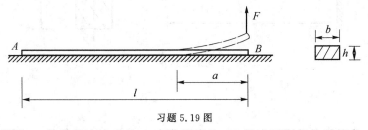

习题 5.19 图

5.20 如图所示，一单位长度自重为 q，弯曲刚度为 EI 的半无限长均质钢条，放置于刚性平面上，右端伸出水平面的长度为 a，在伸出段上作用了集中力 $F=\dfrac{qa}{2}$，试求钢条在力 F 作用下被抬离水平面的长度 l，并求此时钢条 C 端的挠度。

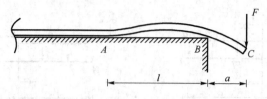

习题 5.20 图

5.21 图示梁 AB 为两层板叠放后粘接而成,每层板厚均为 $\delta=18$ mm,板宽 $b=60$ mm,板的弹性模量 $E=200$ GPa,梁的跨度 $l=1$ m,$F=2$ kN,试求梁中的最大挠度 $w_{\max}$。

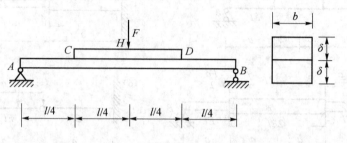

习题 5.21 图

5.22 如图所示箱形截面梁(截面尺寸单位为 mm),材料为理想弹塑性,屈服极限为 $\sigma_{\mathrm{s}}=200$ MPa,试求:(1)梁的屈服弯矩 M_{s};(2)梁的极限弯矩 M_{u};(3)极限弯矩 M_{u} 与屈服弯矩 M_{s} 之比。

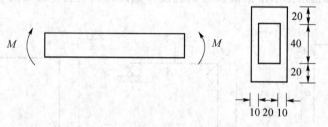

习题 5.22 图

5.23 图示悬臂梁受集中力 F 作用,梁为矩形截面,已知 $b=50$ mm,$h=100$ mm,$l=2$ m,材料的屈服极限 $\sigma_{\mathrm{s}}=240$ MPa。试求:(1)梁的某一截面完全进入屈服时的载荷 F_{u};(2)再将载荷卸载至零,求梁 A 截面上的残余正应力分布。

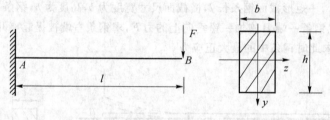

习题 5.23 图

第6章 组合变形

构件中同时存在两种或两种以上的基本变形且其影响皆不可忽略的情况称为组合变形。构件在组合变形情况下，某些危险点常处于二向应力甚至三向应力状态。对处于复杂应力状态的危险点，需要建立适当的强度理论来判断该点的强度是否足够。本章介绍常见的几种强度理论，并给出了工程中几种典型的组合变形形式，如斜弯曲、拉(压)弯组合、偏心拉(压)、弯扭组合的分析方法及强度计算。

6.1 组合变形的概念与分析方法

轴向拉压、剪切、扭转和弯曲是杆件的四种基本变形形式。但工程实际中的结构受力比较复杂，某些构件往往同时存在几种基本变形。例如，小型压力机框架受力如图 6.1 所示，外力 F 的作用线

并不通过框架立柱的轴线，将 F 力向立柱的轴线简化后，可看出立柱承受了由 F 引起的拉伸和力偶矩 $M=Fa$ 引起的弯曲。又如图 6.2 所示的传动轴，皮带两个大小不等的拉力 F_{T1} 和 F_{T2} 的作用使得轴同时产生扭转和弯曲。构件在外力作用下同时产生两种或两种以上基本变形的情况就称为**组合变形**。

构件发生组合变形时，受力和变形虽然比较复杂，但只要构件的材料处于线弹性范围之内，且变形很小，就可将全部载荷分解为静力等效的几组载荷，使每组

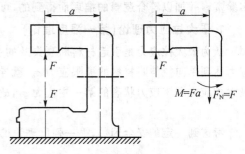

图 6.1 压力机框架立柱的受力

载荷对应产生一种基本变形。在小变形条件下，由于不同的基本变形互不耦合，故每种基本变形所产生的内力、应力和变形可各自独立计算，最后将各种基本变形引起的应力、应变和位移叠加起来，就得到构件在组合变形时的应力、应变和位移。实际上，组合变形的分析和计算就是叠加原理的一个具体应用。

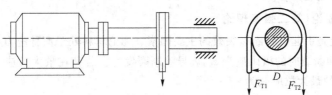

图 6.2 传动轴的受力

6.2 复杂应力状态下的强度理论

构件为单独一种基本变形时(第 3~5 章)，其危险点都处于单向应力或纯剪切应力状态，这时，材料出现失效现象(如屈服或断裂)时的极限应力可由实验测定，再考虑到一定的安全因数，就得到强度条件 $\sigma \leqslant [\sigma]$ 或 $\tau \leqslant [\tau]$。因此，对于危险点为单向应力或纯剪切应力状态的情况，都可以应用以上形式的以实验为基础的强度条件。但是，构件如果处于组合变形的情形，构件内的危险点多为二向应力甚

至三向应力状态,复杂的应力状态往往使得依靠实验来测定各种各样应力状态下的失效应力并建立强度条件难以实现。因此,危险点二向或三向应力状态下的强度条件,常常是依据部分实验结果提出假说,推测材料失效的原因,从而建立起强度理论。强度理论可适用于任意应力状态下的危险点。

各种材料因强度不足引起的失效现象是不同的,但主要表现为屈服和断裂两类。同时,衡量构件受力变形程度的量又有应力、应变、能量等。根据对材料破坏现象的分析和大量的实验资料,人们对强度的失效提出了各种假说,就称为**强度理论**。不同的强度理论认为,材料之所以按某种方式(屈服或断裂)失效,是由于应力、应变、能量等因素中的某一个达到了其极限状态,且失效的原因与应力状态无关。

强度理论既然是假说,它是否正确及适用于什么情况,就必须由实践来检验。通常适用于某一种材料的强度理论并不适用于另一种材料,而在某种条件下适用的理论却不适用于另一种条件。下面介绍 4 种常用的强度理论以及莫尔强度理论,在常温静载条件下,它们都适用于均匀、连续的各向同性材料。此外,强度理论还有很多,但仍不能完满解决所有的强度问题,还有待于进一步发展和完善。

由于强度不足引起的失效表现出断裂和屈服两种不同的现象,因而不同的强度理论基于不同的失效现象提出假说。如最大拉应力理论和最大拉应变理论(也称最大伸长线应变理论)是解释断裂失效的,而最大切应力理论和畸变能密度理论是解释屈服失效的。另外,莫尔理论则是综合了各种实验资料并加以符合逻辑的推理而得到的,可适用于任何形式的失效。下面分别加以介绍。

1. 最大拉应力理论(第一强度理论)

认为最大拉应力是引起材料断裂失效的主要因素。无论材料处于何种应力状态,只要其最大拉应力达到单向拉伸时材料的极限应力 σ_b,就导致断裂发生。任意应力状态下,只要存在最大拉应力,最大拉应力即该应力状态的第一主应力 σ_1,故断裂准则为

$$\sigma_1 = \sigma_b \tag{6.1}$$

考虑到一定的安全因数,第一强度理论的强度条件为

$$\sigma_1 \leqslant [\sigma] \tag{6.2}$$

式中,$[\sigma]$ 为拉伸许用应力。铸铁等脆性材料拉伸时断裂发生于拉应力最大的横截面,而扭转时断裂也是沿着拉应力最大的斜面发生。进一步的试验表明,脆性材料在二向受拉、三向受拉或有压应力但最大压应力绝对值不超过最大拉应力的复杂应力状态下断裂,其试验结果与这一理论基本相符。

但是,最大拉应力理论没有考虑其他两个主应力数值的影响,且对于没有拉应力的状态(如单向压缩、二向压缩等)也无法解释。

2. 最大拉应变理论(第二强度理论)

认为最大拉应变是引起材料断裂失效的主要因素。无论材料处于何种应力状态,只要其最大拉应变 ε_1 达到单向拉伸断裂时的极限应变 ε_b,就导致断裂发生。若存在最大拉应变,根据广义胡克定律,任意应力状态下的最大拉应变为

$$\varepsilon_1 = \frac{1}{E}[\sigma_1 - \nu(\sigma_2 + \sigma_3)]$$

脆性材料单向拉伸时直到断裂仍基本符合胡克定律,故极限应变 $\varepsilon_b = \dfrac{\sigma_b}{E}$,因此,断裂准则为

$$\varepsilon_1 = \frac{1}{E}[\sigma_1 - \nu(\sigma_2 + \sigma_3)] = \varepsilon_b = \frac{\sigma_b}{E}$$

即

$$\sigma_1 - \nu(\sigma_2 + \sigma_3) = \sigma_b \tag{6.3}$$

所以,第二强度理论的强度条件为

$$\sigma_1 - \nu(\sigma_2 + \sigma_3) \leqslant [\sigma] \qquad (6.4)$$

脆性材料在拉-压二向应力时,如果压应力绝对值大于拉应力,试验结果与这一理论比较接近。但按照这一理论,单向受压与二向受压的强度不同,可是混凝土、花岗岩等材料的试验资料表明,两种情况下强度并无明显差别。类似地,按照这一理论,二向拉伸应比单向拉伸安全,但铸铁材料的试验结果并不能证实这一点。这时还是第一强度理论更接近试验结果。

3. 最大切应力理论(第三强度理论)

认为最大切应力是引起材料屈服因而出现塑性变形的主要因素。无论材料处于何种应力状态,只要其最大切应力 τ_{max} 达到单向拉伸屈服时的最大切应力极限值 τ_s,材料就出现屈服失效。任意应力状态下最大切应力 τ_{max} 为

$$\tau_{max} = \frac{\sigma_1 - \sigma_3}{2}$$

而单向拉伸时的塑性材料达到屈服时的最大切应力极限值 $\tau_s = \dfrac{\sigma_s}{2}$,故屈服准则为

$$\tau_{max} = \frac{\sigma_1 - \sigma_3}{2} = \tau_s = \frac{\sigma_s}{2}$$

即

$$\sigma_1 - \sigma_3 = \sigma_s \qquad (6.5)$$

因此,第三强度理论的强度条件为

$$\sigma_1 - \sigma_3 \leqslant [\sigma] \qquad (6.6)$$

最大切应力理论较好地解释了塑性材料的屈服失效。例如,低碳钢拉伸时,沿与轴线成45°的方向上出现滑移线,表明屈服发生于切应力最大的45°斜面上。二向应力状态下的试验结果也比较接近这一理论。但是这一理论没有考虑到中间主应力 σ_2 对材料破坏的影响。

4. 畸变能密度理论(第四强度理论)

弹性体在静载作用下产生弹性变形,载荷作用点随之产生位移,因此,在变形过程中载荷在相应位移上作功。根据能量守恒定律,静载所作之功全部转化为弹性体内的势能,即应变能。对弹性体内任一微元体来说,外力作用使其形状和体积一般都发生改变,故应变能又可分为畸变能(即形状改变能)和体积改变能。单位体积内的能量称为应变能密度。在任意应力状态下,畸变能密度(或形状改变能密度)的表达式(推导见 7.1 节)为

$$u_d = \frac{1+\nu}{6E}\left[(\sigma_1 - \sigma_2)^2 + (\sigma_2 - \sigma_3)^2 + (\sigma_3 - \sigma_1)^2\right] \qquad (6.7)$$

畸变能密度理论认为引起材料屈服的主要因素为畸变能密度,不论材料处于何种应力状态,只要其畸变能密度 u_d 达到材料单向拉伸屈服时的畸变能密度极限值 u_{ds},就会发生屈服。单向拉伸时,材料的畸变能密度由式(6.7)计算,达到屈服时应为

$$u_{ds} = \frac{1+\nu}{6E}\left[(\sigma_s - 0)^2 + (0 - 0)^2 + (0 - \sigma_s)^2\right] = \frac{1+\nu}{3E}\sigma_s^2$$

故屈服准则为

$$\sqrt{\frac{(\sigma_1 - \sigma_2)^2 + (\sigma_2 - \sigma_3)^2 + (\sigma_3 - \sigma_1)^2}{2}} = \sigma_s \qquad (6.8)$$

因此,第四强度理论的强度条件为

$$\sqrt{\frac{1}{2}\left[(\sigma_1 - \sigma_2)^2 + (\sigma_2 - \sigma_3)^2 + (\sigma_3 - \sigma_1)^2\right]} \leqslant [\sigma] \qquad (6.9)$$

几种塑性材料如钢、铜、铝的试验资料表明与此理论相当吻合,它比第三强度理论更接近实际。

任一点为三向应力状态时,该点与三个主应力方向夹角都相等的斜面上的切应力称为八面体切

应力,其数值为

$$\tau_8 = \frac{1}{3}\sqrt{(\sigma_1 - \sigma_2)^2 + (\sigma_2 - \sigma_3)^2 + (\sigma_3 - \sigma_1)^2} \tag{6.10}$$

而单向拉伸屈服时八面体切应力极限值为

$$\tau_{8s} = \frac{1}{3}\sqrt{(\sigma_s - 0)^2 + (0 - 0)^2 + (0 - \sigma_s)^2} = \frac{\sqrt{2}}{3}\sigma_s$$

若认为任意应力状态的八面体切应力 τ_8 达到单向拉伸屈服时的八面体切应力极限值 τ_{8s} 时,就产生屈服,则有

$$\sqrt{\frac{1}{2}\left[(\sigma_1 - \sigma_2)^2 + (\sigma_2 - \sigma_3)^2 + (\sigma_3 - \sigma_1)^2\right]} = \sigma_s \tag{6.11}$$

这与畸变能密度理论的结果一样。故第四强度理论也称为八面体切应力强度理论。

综合四个强度理论,可写出以下统一形式的强度条件

$$\sigma_{ri} \leqslant [\sigma] \tag{6.12}$$

式中,σ_{ri} 称为**相当应力**,是由三个主应力组合而成的,按照从第一强度理论到第四强度理论的顺序,相当应力分别为

$$
\begin{cases}
\sigma_{r1} = \sigma_1 \\
\sigma_{r2} = \sigma_1 - \nu(\sigma_2 + \sigma_3) \\
\sigma_{r3} = \sigma_1 - \sigma_3 \\
\sigma_{r4} = \sqrt{\frac{1}{2}\left[(\sigma_1 - \sigma_2)^2 + (\sigma_2 - \sigma_3)^2 + (\sigma_3 - \sigma_1)^2\right]}
\end{cases} \tag{6.13}
$$

以上 4 个常用的强度理论,在应用时要注意针对失效的具体形式(屈服还是断裂)来选择。铸铁、石料、混凝土、玻璃等脆性材料,通常以断裂的形式失效,宜采用第一、第二强度理论。碳钢、铜、铝等塑性材料,通常发生的是屈服失效,故多采用第三、第四强度理论。

另外还应注意,失效的形式虽与材料有关,但即使是同一种材料,在不同的应力状态下,也可能出现不同形式的失效。例如,低碳钢在单向拉伸时以屈服的形式失效,但在三向拉伸且三个主应力数值相近时,就会发生断裂。因为此时,显然屈服准则式(6.5)或式(6.8)很难满足。又如,铸铁在三向受压的状态下也会出现明显的屈服现象。因此,在选择强度理论时,还应考虑到应力状态对失效形式的影响。

5. 莫尔强度理论

实验结果表明,一些拉、压强度不等的脆性材料在某些应力状态下也可能发生屈服,莫尔强度理论就是针对这一类情况提出了新的失效假说。这一理论是通过图解(莫尔圆)的形式表述的。它综合了各种应力状态下失效的试验结果。

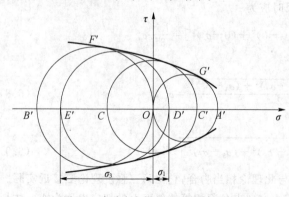

图 6.3 各种应力状态下的极限应力圆

单向拉伸时失效应力为屈服极限 σ_s 或强度极限 σ_b,在 σ-τ 平面内,可作出失效时的应力圆 OA'(图 6.3)。而单向压缩时,也可确定一个极限应力圆 OB'。同样,纯剪切状态下的极限应力圆为 CC'。此外,其他任意应力状态下的失效也都可由其第一、第三主应力 σ_1 和 σ_3 在水平坐标轴上的位置为直径的两个端点确定出一个极限应力圆(例如 $E'D'$)(此圆即该任意三向应力状态下的三向应力圆中的最大者)。如此可在 σ-τ 平面内获得一系列极限

应力圆。作这些应力圆的包络线 $F'G'$，得到的曲线称为**极限曲线**。极限曲线与材料有关，但对同一种材料，则认为它的极限曲线是唯一的。对于任意一个已知的应力状态，如由其主应力 σ_1 和 σ_3 确定的应力圆在极限曲线之内，则这一应力状态不会引起失效。如恰与极限曲线相切，表明这一应力状态已达到失效状态。

在实际应用中，为了利用有限的试验数据近似确定极限曲线，常以单向拉伸和单向压缩两个极限应力圆的公切线代替包络线作为极限曲线。再将失效应力除以安全因数，便得到如图 6.4 所示的两条"许用极限曲线"。图中 $[\sigma_t]$ 和 $[\sigma_c]$ 为材料的拉伸和压缩许用应力。

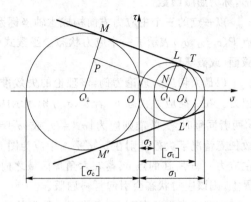

图 6.4　许用极限曲线

任意应力状态下，若由其主应力 σ_1 和 σ_3 确定的应力圆在公切线 ML 和 $M'L'$ 之内，则该应力状态是安全的。若该应力圆与公切线相切，便是允许的极限状态。此时，从图 6.4 中可以看出，三角形 O_1O_3N 与三角形 O_2O_3P 相似，故有

$$\frac{\overline{O_1N}}{\overline{O_2P}}=\frac{\overline{O_1O_3}}{\overline{O_2O_3}} \tag{a}$$

而且，有

$$\overline{O_1N}=\overline{O_1L}-\overline{O_3T}=\frac{[\sigma_t]}{2}-\frac{\sigma_1-\sigma_3}{2}$$

$$\overline{O_2P}=\overline{O_2M}-\overline{O_3T}=\frac{[\sigma_c]}{2}-\frac{\sigma_1-\sigma_3}{2}$$

$$\overline{O_1O_3}=\overline{OO_3}-\overline{OO_1}=\frac{\sigma_1+\sigma_3}{2}-\frac{[\sigma_t]}{2}$$

$$\overline{O_2O_3}=\overline{OO_3}+\overline{OO_2}=\frac{\sigma_1+\sigma_3}{2}-\frac{[\sigma_c]}{2}$$

以上四式代入式（a）后，可得

$$\sigma_1-\frac{[\sigma_t]}{[\sigma_c]}\sigma_3=[\sigma_t] \tag{6.14}$$

或

$$\frac{\sigma_1}{[\sigma_t]}-\frac{\sigma_3}{[\sigma_c]}=1 \tag{6.15}$$

以上二式为莫尔强度理论的极限准则。因此莫尔强度理论的强度条件为

$$\sigma_1-\frac{[\sigma_t]}{[\sigma_c]}\sigma_3\leqslant[\sigma_t] \tag{6.16}$$

仿照相当应力表达的统一形式，为

$$\sigma_{rM}=\sigma_1-\frac{[\sigma_t]}{[\sigma_c]}\sigma_3\leqslant[\sigma_t] \tag{6.17}$$

式中，σ_{rM} 为莫尔理论的相当应力。对于拉压同性的材料，莫尔强度条件化为 $\sigma_1-\sigma_3\leqslant[\sigma]$，这也就是最大切应力强度条件。

以上分析表明，莫尔强度理论对于处理拉压强度不等的脆性材料失效有独到之处。并且综合了许多实验结果，经合乎逻辑的推导得出，与许多材料的工程实际结果吻合得很好。

6. 失效准则的几何表示及屈服面（破坏面）的概念

根据不同的强度理论提出的失效假说，可以给出各种失效准则，即物体在载荷作用下内部某点

开始产生屈服或发生断裂时必须满足的应力条件。各种失效准则可统一表示为主应力的函数

$$f(\sigma_1,\sigma_2,\sigma_3)=C \tag{6.18}$$

式中，C 为与材料性能有关的常数。上式若对于脆性断裂情形，称为**破坏函数**；若对于塑性变形情形，称为**屈服函数**。

以一点的三个主应力方向构成主轴坐标系，三个主应力的集合构成主应力空间。空间中任意一点 $P(\sigma_1,\sigma_2,\sigma_3)$ 表示了一个应力状态。函数式（6.18）在主应力空间中构成了一个几何曲面，称为**屈服面（或破坏面）**。

以最大切应力理论为例，该理论的失效准则为 $\sigma_1-\sigma_3=\sigma_s$，这里已知 σ_1、σ_3 分别为最大、最小主应力。在二向应力状态下，若 σ'、σ'' 分别表示两个非零主应力，在 $\sigma'-\sigma''$ 平面坐标系中（图6.5），当 σ'、σ'' 两者同号时，失效准则应为 $|\sigma'|=\sigma_s$ 或 $|\sigma''|=\sigma_s$，而当 σ'、σ'' 两者异号时，失效准则为 $|\sigma'-\sigma''|=\sigma_s$。故任意情况下失效准则在 $\sigma'-\sigma''$ 平面中应为图6.5所示的六角形。若某一平面应力状态其两个非零主应力 σ'、σ'' 所在的点 M 落在六角形区域之内，则该应力状态不会引起屈服。若点 M 落在六角形边界上，则该应力状态会引起材料屈服。

在二向应力状态下，畸变能理论的失效准则式（6.8）化为以两个非零主应力 σ'、σ'' 表示的式子

$$\sigma'^2-\sigma'\sigma''+\sigma''^2=\sigma_s^2$$

上式在 $\sigma'-\sigma''$ 平面上是图6.5中六角形的外接椭圆。按照该理论判断，点 M 在椭圆内部不发生屈服，而落在椭圆上则发生屈服。

在一般的三向应力状态下，失效准则为 σ_1、σ_2、σ_3 三维空间中的曲面（图6.6），例如最大切应力准则为一轴线与 σ_1、σ_2、σ_3 三轴倾角相等的正六棱柱面，称为特雷斯卡（Tresca）屈服面。而畸变能准则为外接于该正六棱柱面的一个正圆柱面，称为米泽斯（Mises）屈服面。这两个空间曲面在有一个主应力为零时就退化为图6.5所示的轨迹。

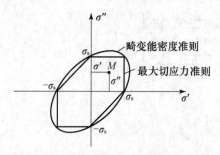

图6.5 二向应力状态下的屈服面

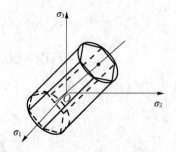

图6.6 三向应力状态下的屈服面

在工程实际中，可根据构件受力情况、变形形式及材料特性选择适当的强度理论。进行强度计算时，首先要分析受力构件的危险点及危险点应力状态，常见的构件危险点应力状态有以下三种典型情况。

（1）第一类危险点：受力构件中危险点为单向应力状态（图6.7（a）），这时的危险点主应力为 $\sigma_1=\sigma,\sigma_2=\sigma_3=0$，此时无论选用哪一种强度理论，都得到相同的强度条件，即

$$\sigma\leqslant[\sigma] \tag{6.19}$$

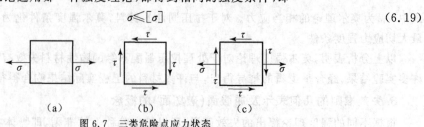

（a）　　　　　（b）　　　　　（c）

图6.7 三类危险点应力状态

若危险点为单向压缩应力状态（图 6.7(a) 中的 σ 为负值），也可归于第一类危险点，此时式(6.19)应理解为 $|\sigma|\leqslant[\sigma_c]$。

（2）第二类危险点：受力构件中危险点为纯剪切应力状态（图 6.7(b)），这时的危险点主应力为 $\sigma_1=\tau,\sigma_2=0,\sigma_3=-\tau$，此时选用不同的强度理论，则有不同的强度条件：

$$
\begin{cases}
用第一强度理论时，为 \tau\leqslant[\sigma]\\
用第二强度理论时，为 \tau\leqslant[\sigma]/(1+\nu)\\
用第三强度理论时，为 \tau\leqslant[\sigma]/2\\
用第四强度理论时，为 \tau\leqslant[\sigma]/\sqrt{3}\\
用莫尔强度理论时，为 \tau\leqslant\dfrac{[\sigma_t][\sigma_c]}{[\sigma_t]+[\sigma_c]}
\end{cases}
\tag{6.20}
$$

若统一写为

$$\tau\leqslant[\tau_i] \tag{6.21}$$

则 $[\tau_i]$ 可理解为不同的强度理论给出的许用切应力，其值与许用正应力 $[\sigma]$ 的关系在不同的强度理论中是不同的。但其范围可以确定为

$$[\tau_i]\approx(0.5\sim1.0)[\sigma] \tag{6.22}$$

（3）第三类危险点：受力构件中危险点为单向应力状态与纯剪切应力状态的叠加（图 6.7(c)），这时的危险点主应力为

$$
\begin{cases}
\sigma_1=\dfrac{\sigma}{2}+\sqrt{\left(\dfrac{\sigma}{2}\right)^2+\tau^2}\\[2mm]
\sigma_2=0\\[2mm]
\sigma_3=\dfrac{\sigma}{2}-\sqrt{\left(\dfrac{\sigma}{2}\right)^2+\tau^2}
\end{cases}
\tag{6.23}
$$

选用不同的强度理论代入上式，同样有相应的强度条件，以第三和第四强度理论为例，强度条件分别如下：

$$
\begin{cases}
用第三强度理论时，为 \sqrt{\sigma^2+4\tau^2}\leqslant[\sigma]\\
用第四强度理论时，为 \sqrt{\sigma^2+3\tau^2}\leqslant[\sigma]
\end{cases}
\tag{6.24}
$$

在实际计算中，只要分析出该危险点为第三类危险点，选用第三或第四强度理论时，就可直接用上式进行强度计算。

例 6.1 已知某受力构件中有两个危险点 A 和 B，其单元体分别为如图所示的二向应力状态（图中单位为 MPa），材料的许用应力 $[\sigma]=100$ MPa，试分别采用第三和第四强度理论判断这两处危险点是否强度失效。

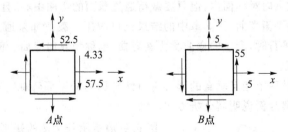

例 6.1 图

解：A,B 两点均为一般的二向应力状态，应先求出各点的主应力，再代入第三或第四强度理论的相当应力表达式进行判断。

（1）点 A、B 的主应力

点 A：

$$\begin{Bmatrix}\sigma'\\\sigma''\end{Bmatrix}=\left(\frac{57.5+52.5}{2}\pm\sqrt{\left(\frac{57.5-52.5}{2}\right)^2+4.33^2}\right)\text{MPa}=\begin{Bmatrix}60\\50\end{Bmatrix}\text{ MPa}$$

故点 A 的主应力为 $\sigma_1=60$ MPa、$\sigma_2=50$ MPa、$\sigma_3=0$。

点 B：

$$\begin{Bmatrix}\sigma'\\\sigma''\end{Bmatrix}=\left(\frac{5+5}{2}\pm\sqrt{\left(\frac{5-5}{2}\right)^2+55^2}\right)\text{MPa}=\begin{Bmatrix}60\\-50\end{Bmatrix}\text{ MPa}$$

故点 B 的主应力为 $\sigma_1=60$ MPa、$\sigma_2=0$、$\sigma_3=-50$ MPa。

（2）根据第三强度理论判断

点 A、B 的相当应力分别为

$$\sigma_{r3A}=(60-0)\text{ MPa}=60\text{ MPa}<[\sigma]$$

$$\sigma_{r3B}=(60+50)\text{ MPa}=110\text{ MPa}>[\sigma]$$

故按第三强度理论的判断，点 A 安全，点 B 强度失效。

（3）根据第四强度理论判断

点 A、B 的相当应力分别为

$$\sigma_{r4A}=\sqrt{\frac{1}{2}\left[(60-50)^2+(50-0)^2+(0-60)^2\right]}\text{ MPa}=55.7\text{ MPa}<[\sigma]$$

$$\sigma_{r4B}=\sqrt{\frac{1}{2}\left[(60-0)^2+(0+50)^2+(-50-60)^2\right]}\text{ MPa}=95.4\text{ MPa}<[\sigma]$$

故按第四强度理论的判断，点 A 和点 B 均是安全的。

注意：对同一个危险点，由于其应力状态的特点不同，用不同的强度理论判断可能得出不同的结论。相比较而言，第三强度理论仅涉及危险点的第一和第三主应力，比较粗略一些。而第四强度理论则更精确地考虑了危险点的全部三个主应力的影响。从判断结果来看，第三强度理论对危险点应力强度的估计偏大一些，故判断的结论安全因数更大一些。第四强度理论对危险点应力强度的估计则更精确一些，判断的结论安全因数则小一些。在工程实际中，塑性材料的构件常采用这两个强度理论，并考虑实际情况下其他因素加以适当选择。

6.3　斜弯曲

在第 5 章梁的弯曲中已经讨论了梁的平面弯曲特例——对称弯曲。对称弯曲要求梁的横截面有一纵向对称轴且载荷作用在纵向对称面内。在更一般的情况下，梁的横截面可能没有纵向对称轴，或者载荷没有作用在纵向对称面内，但只要载荷通过截面的弯曲中心，且作用面与任一形心主惯性平面平行时，仍可产生平面弯曲，第 5 章中的结果仍可应用。载荷如果通过弯曲中心但作用面不与任一形心主惯性平面平行时，产生的弯曲称为**斜弯曲**，也称为**双向弯曲**。例如，屋架结构上的檩条（图 6.8）就属于这一情况。

斜弯曲可分解为在其两个相互垂直的形心主惯性平面内的平面弯曲，分别计算后再叠加而成。下面以一矩形截面悬臂梁为例说明其分析方法。

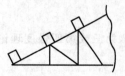

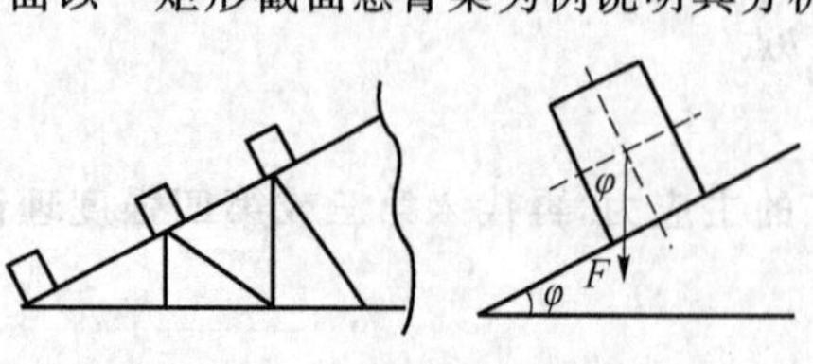

图 6.9(a)所示长为 l 的矩形截面悬臂梁，自由端作用了集中力 F。力 F 位于 y-z 平面内且与 y 轴正向夹角为 φ（面对 x 轴正向，逆时针转向为正），显然 y、z 轴为截面形心主轴。若求距固定端为 x 处截面上任意点处的应力，可将自由端作用的力 F 沿 y 轴和 z 轴分解为 F_y 和 F_z

图 6.8　屋架檩条的受力

两个分量,即

$$F_y = F\cos\varphi, \quad F_z = F\sin\varphi$$

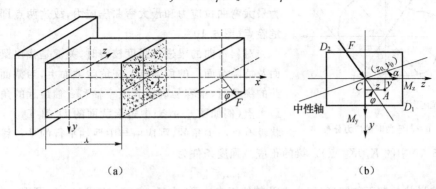

（a）　　　　　　　　　　　　　　（b）

图 6.9　矩形截面梁的斜弯曲

F_y 单独作用使梁在 x-y 平面内弯曲,而 F_z 单独作用使梁在 x-z 平面内弯曲。两者可分别按平面弯曲的公式计算,再将结果叠加起来。故在坐标为 x 的横截面上,将弯矩沿 y 轴和 z 轴分解为 M_y 和 M_z 两个分量(图 6.9(b)),由于 y-z 平面内的弯曲在点 $A(y,z)$ 产生的正应力为

$$\sigma' = -\frac{M_z y}{I_z} = -\frac{F_y(l-x)y}{I_z} = -\frac{F\cos\varphi(l-x)y}{I_z} \tag{a}$$

而在 x-z 平面内的弯曲在点 A 产生的正应力为

$$\sigma'' = \frac{M_y z}{I_y} = \frac{-F_z(l-x)z}{I_y} = -\frac{F\sin\varphi(l-x)z}{I_y} \tag{b}$$

故点 A 的总正应力为

$$\sigma = \sigma' + \sigma'' = -\frac{M_z}{I_z}y + \frac{M_y}{I_y}z = -F(l-x)\left(\frac{\cos\varphi}{I_z}y + \frac{\sin\varphi}{I_y}z\right) = -M\left(\frac{\cos\varphi}{I_z}y + \frac{\sin\varphi}{I_y}z\right) \tag{6.25}$$

式中,$M = F(l-x)$ 是横截面上的总弯矩的大小,总弯矩的矢量方向即为力 F 对该截面形心之矩的方向。上式计算结果的符号就表明了叠加后总正应力的正负。式(a)和(b)中的 σ' 和 σ'' 也可直接计算其绝对值大小,而其符号再根据弯矩 M_y, M_z 的方向直观判定,如该弯矩分量使此点产生拉应力则取正号,反之则取负号。式(6.25)表明,σ 是 y, z 的一次函数,即正应力在横截面上的分布为一斜平面。

在斜弯曲的情况下,中性轴的位置可由正应力为零的条件定出。

设 (y_0, z_0) 为中性轴上任意一点的坐标,则有

$$\sigma = -\frac{M_z}{I_z}y_0 + \frac{M_y}{I_y}z_0 = -M\left\{\frac{\cos\varphi}{I_z}y_0 + \frac{\sin\varphi}{I_y}z_0\right\} = 0$$

即中性轴方程为

$$\frac{\cos\varphi}{I_z}y_0 + \frac{\sin\varphi}{I_y}z_0 = 0 \tag{6.26}$$

上式为过原点 $(0,0)$ 的一根直线(图 6.9(b))。设中性轴与 z 轴正向的夹角为 α,则

$$\tan\alpha = -\frac{y_0}{z_0} = \frac{I_z}{I_y}\tan\varphi \tag{6.27}$$

式(6.27)表明斜弯曲的中性轴位置有以下几个特点。

(1)当 $I_y \ne I_z$ 时,$\alpha \ne \varphi$,说明这种横截面形式的梁斜弯曲时,中性轴与载荷平面不垂直,也即"斜弯曲"的含义所在。

(2)横截面上的中性轴把横截面划分为拉应力区和压应力区,从这两个区的截面周边上分别作

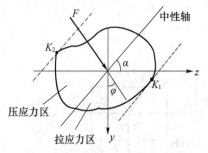

图 6.10 斜弯曲时的应力分布

平行于中性轴的切线(或与截面只有一个交点的直线),所得的两个切点(或交点)距中性轴的距离最远,这两点的应力即为最大弯曲拉应力和最大弯曲压应力,故这两点即截面上的危险点(图 6.10)。

对斜弯曲的梁进行强度校核时,关键是找出梁的危险截面及危险截面上的危险点。在危险截面上,当截面形状有外凸的尖角时,很容易确定其距 y 轴和 z 轴最远的角点为应力最大点(例如图 6.9(b)中矩形截面的 D_1 和 D_2)。而截面形状没有外凸尖角的,则应由与中性轴平行的平行线确定危险点(例如图 6.10 中的 K_1、K_2 点)。梁的正应力强度条件为

$$|\sigma|_{\max} \leqslant [\sigma] \tag{6.28}$$

(3)某些形状的截面如圆形、正方形及其他正多边形,由于 $I_y = I_z$,由式(6.27)可得 $\alpha = \varphi$,即中性轴与载荷平面垂直。实际上,对于圆形及正多边形截面,由于它们对任意过其形心的轴的惯性矩都相等,故无论载荷作用在过截面形心的哪个纵向平面内,中性轴都与载荷平面垂直,也即产生的总是平面弯曲。因此对于这类截面的斜弯曲,可在危险截面上将两正交方向上的弯矩求出其合力矩,并按合力矩 $M_{合} = \sqrt{M_z^2 + M_y^2}$ 作用下的平面弯曲求其最大正应力。例如,图 6.11 所示的圆截面梁双向弯曲,危险点为 K_1 和 K_2,且有

$$|\sigma|_{\max} = \frac{M_{合}}{W} = \frac{\sqrt{M_z^2 + M_y^2}}{W} \tag{6.29}$$

斜弯曲时梁的挠度也可由叠加法计算,如图 6.12 所示,在 x-y 平面和 x-z 平面内的挠度分别为

$$\begin{cases} w_y = \dfrac{F_y l^3}{3EI_z} = \dfrac{Fl^3 \cos\varphi}{3EI_z} \\[2mm] w_z = \dfrac{F_z l^3}{3EI_y} = \dfrac{Fl^3 \sin\varphi}{3EI_y} \end{cases} \tag{6.30}$$

两个方向的挠度叠加后得到总挠度 w 为

$$w = \sqrt{w_y^2 + w_z^2} \tag{6.31}$$

总挠度 w 与 y 轴夹角为 β,则有

$$\tan\beta = \frac{w_z}{w_y} = \frac{I_z}{I_y} \tan\varphi \tag{6.32}$$

同样,对于 $I_y \neq I_z$ 的截面,$\beta \neq \varphi$,说明斜弯曲时梁的挠曲线不在载荷平面内,这也是斜弯曲的另一特点。比较式(6.27)和式(6.32),即 α 与 β 数值相等,但位于不同的象限。说明斜弯曲时,挠曲线所在平面仍与中性层垂直。

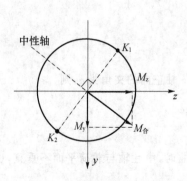

图 6.11　圆截面梁的双向弯曲

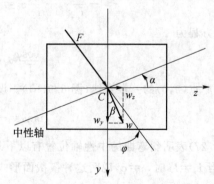

图 6.12　斜弯曲时的挠度

例 6.2 如图(a)和(b)所示,屋架上的木檩,长度为 $l=3$ m,承受铅垂方向的均布载荷 q 的作用,木檩的横截面为 $b=100$ mm,$h=150$ mm 的矩形。已知 $q=1.5$ kN/m,$\beta=30°$。(1)试计算木檩的最大拉应力和最大压应力及在横截面上的位置,并确定横截面上的中性轴位置;(2)若木檩横截面形状为直径 $d=100$ mm 的圆形,试计算最大拉应力和最大压应力及在横截面上的位置。

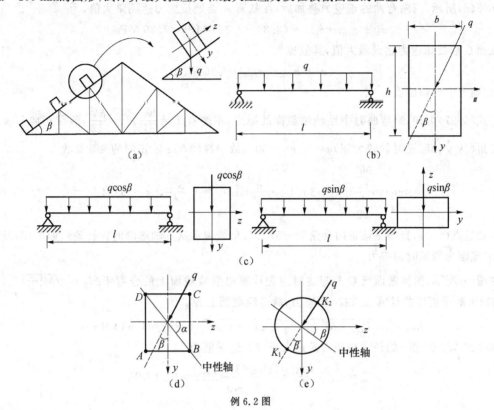

例 6.2 图

解:(1)受力分析

木檩条受到的均布载荷作用线过矩形截面的形心(也即矩形截面的弯曲中心),但载荷作用线与形心主惯性轴 y 轴有一夹角 $\beta=30°$,故木檩应为斜弯曲。可将该均布载荷分解为沿两个形心主惯性轴 z、y 方向的分量,计算木檩分别以 z 和 y 为中性轴的对称弯曲,再将其应力叠加。分解后在两个相互正交的平面内的弯曲的计算模型见图(c)。

(2)分别计算双向弯曲的弯曲应力

沿 y 轴正向的分量 $q\cos\beta$ 使木梁产生以 z 为中性轴的弯曲,沿 z 轴负向的分量 $q\sin\beta$ 使木梁产生以 y 为中性轴的弯曲,在梁的中点处截面上,双向弯曲均达到其最大弯矩,弯矩的绝对值分别为

$$M_{z\max}=\frac{q}{8}l^2\cos\beta=\frac{1.5}{8}\times3^2\cos30°\text{kN}\cdot\text{m}=1.46\text{ kN}\cdot\text{m}$$

$$M_{y\max}=\frac{q}{8}l^2\sin\beta=\frac{1.5}{8}\times3^2\sin30°\text{kN}\cdot\text{m}=0.84\text{ kN}\cdot\text{m}$$

由 $M_{z\max}$ 造成的以 z 为中性轴的弯曲,应在 DC 直线上达到压应力最大值,在 AB 直线上达到拉应力最大值,其绝对值相同,为

$$\sigma_{1\max}=\frac{M_{z\max}}{W_z}=\frac{1.46\times10^6}{\dfrac{100\times150^2}{6}}\text{ MPa}=3.89\text{ MPa}$$

由 $M_{y\max}$ 造成的以 y 为中性轴的弯曲,应在 CB 直线上达到压应力最大值,在 AD 直线上达到拉应力最大值,其绝对值相同,为

$$\sigma_{2max}=\frac{M_{ymax}}{W_y}=\frac{0.84\times10^6}{\dfrac{150\times100^2}{6}}\ \text{MPa}=3.36\ \text{MPa}$$

（3）应力的叠加

如图（d）所示，双向弯曲的正应力叠加后，在截面 A 点处拉应力达到最大值，为

$$\sigma_A^+=\sigma_{1max}+\sigma_{2max}=(3.89+3.36)\ \text{MPa}=7.25\ \text{MPa}$$

而在截面 C 点处压应力达到最大值，其值也为

$$\sigma_C^-=\sigma_{1max}+\sigma_{2max}=7.25\ \text{MPa}$$

（4）确定中性轴位置

由式（6.27）可知，斜弯曲时中性轴过截面的原点，本题有 $I_z=\dfrac{bh^3}{12}$，$I_y=\dfrac{hb^3}{12}$，载荷正向与 y 轴正向的夹角（从 y 轴起逆时针转为正）$\varphi=-\beta=-30°$，故中性轴与 z 轴正向的夹角 α 为

$$\tan\alpha=\frac{\dfrac{bh^3}{12}}{\dfrac{hb^3}{12}}\tan(-30°)=-\frac{h^2}{b^2}\tan30°=-\frac{3\sqrt3}{4},\ \alpha=-52.4°$$

即中性轴过点 $(0,0)$，且与 z 轴正向夹角为 $-52.4°$（负号表示从 z 轴起顺时针转动），如图（d）所示。

（5）截面为圆形时的应力

如图（e）所示，圆形截面梁双向弯曲时应先计算出危险截面上的合弯矩 $M_合=\sqrt{M_z^2+M_y^2}$，再按 $M_合$ 作用下的平面弯曲计算最大拉、压应力，故危险截面上 $M_合$ 为

$$M_合=\sqrt{M_{zmax}^2+M_{ymax}^2}=\sqrt{1.46^2+0.84^2}\ \text{kN·m}=1.68\ \text{kN·m}$$

则圆截面在 $M_合$ 作用下的最大拉应力及最大压应力绝对值为

$$\sigma_{max}^+=\sigma_{max}^-=\frac{M_合}{W}=\frac{1.68\times10^6}{\dfrac{\pi}{32}\times100^3}\ \text{MPa}=17.1\ \text{MPa}$$

此时的中性轴与载荷 q 的作用线垂直，故危险点为沿载荷作用线方向的直径的端点 K_1 和 K_2，点 K_1 为最大拉应力点，点 K_2 为最大压应力点（图（e））。

注意：本题是斜弯曲的计算实例，求斜弯曲的最大拉、压正应力，应首先确定危险点，注意叠加时应为同一点由两个方向弯曲所产生的正应力的代数和。对矩形截面可由两个方向弯曲计算的最大正应力叠加而成，而圆形截面（或其他正多边形截面）则应先计算出危险截面上的合弯矩后，再按合弯矩作用下的平面弯曲确定危险点及最大正应力。

6.4 拉（压）弯组合变形与偏心拉压

杆件在轴向力和横向力及作用面为轴线所在平面内的力偶共同作用下就产生**拉（压）弯组合变形**；若杆件作用的轴向力作用线与杆件的轴线平行但不重合时，杆件产生的组合变形称为**偏心拉压**。偏心拉压实际上也是轴向拉压与弯曲的组合。在轴向拉压与弯曲同时存在时，只要杆件的弯曲刚度比较大，弯曲变形比较小，使得轴向载荷因弯曲变形引起的附加弯矩可以忽略不计，同时由于弯曲变形造成的杆件轴向变形也可略去时，就可以采用叠加原理。先将全部载荷分解为引起拉压和引起弯曲的两组载荷，分别计算再将结果叠加起来。

1. 拉伸（压缩）与弯曲组合变形

若杆件上作用的全部载荷可分解为两组：一组载荷为沿杆件轴向的轴向力，使杆件产生轴向拉

压,另一组载荷包括横向力及作用于杆件轴线所在平面内的力偶矩,使得杆件产生弯曲(为简单计假定横向力和力偶矩均作用于杆件纵向对称面内),如图 6.13 所示的杆件。在一般情况下,此时杆的任意横截面上有轴力 F_N、剪力 F_S 和弯矩 M,则杆件横截面上任意一点的正应力为

$$\sigma = \sigma_N + \sigma_M = \frac{F_N}{A} + \frac{My}{I_z} \tag{6.33}$$

式中,$\sigma_N = \dfrac{F_N}{A}$ 为轴向拉压正应力,$\sigma_M = \dfrac{My}{I_z}$ 为弯曲正应力。叠加时应注意根据轴力 F_N 和弯矩 M 的方向正确判断其产生的正应力实际正负号后再代数叠加。而杆的强度条件应由叠加后的正应力最大绝对值不超过材料的许用应力给出,即 $|\sigma| \leqslant [\sigma]$。同时,拉、压不同性的材料还应分别校核其拉伸强度和压缩强度。

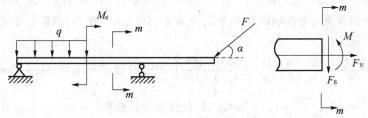

图 6.13　轴向拉压与弯曲组合

例 6.3　图(a)所示支架结构(长度单位为 mm),受载荷 F 作用,试校核该横梁 HC 的强度。已知 $F = 8.5$ kN,横梁 HC 横截面为如图所示的工字形,材料的许用正应力 $[\sigma] = 90$ MPa。

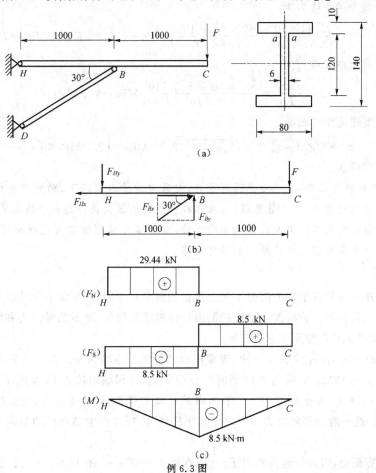

例 6.3 图

解：（1）受力分析

横梁 HC 受力如图（b）所示，B 点处的约束力可分解为 F_{By} 和 F_{Bx} 分量，根据平衡条件可得

$$F_{Bx} = 29.44 \text{ kN}, \quad F_{By} = 17 \text{ kN} \quad ; \quad F_{Hx} = 29.44 \text{ kN}, \quad F_{Hy} = 8.5 \text{ kN}$$

（2）杆 HC 的内力图

轴向力 F_{Hx}，F_{Hx} 使杆 HC 的 HB 段产生轴向拉伸，F_{Hy}，F_{Hy} 和 F 使杆 HC 产生弯曲。轴力图、剪力图和弯矩图如图（c）所示。显然，杆 HC 为拉弯组合变形。

（3）应力计算及强度校核

由内力图可知，B 截面左侧即 B^- 截面上轴力和弯矩达到最大，故为危险截面。由截面尺寸可计算出截面几何参数为

$$A = 2.32 \times 10^3 \text{ mm}^2, \quad I_z = 7.6 \times 10^6 \text{ mm}^4, \quad W_z = 1.09 \times 10^5 \text{ mm}^3$$

截面翼缘部分的面积对中性轴的静矩为 $S_z^* = 5.2 \times 10^4 \text{ mm}^3$，在 B^- 截面上缘处，正应力达到最大值，为

$$\sigma_{max} = \frac{F_N}{A} + \frac{M_B}{W_z} = \left(\frac{29.44 \times 10^3}{2.32 \times 10^3} + \frac{8.5 \times 10^6}{1.09 \times 10^5} \right) \text{ MPa} = (12.7 + 78.0) \text{ MPa} = 90.7 \text{ MPa}$$

显然，$\dfrac{\sigma_{max} - [\sigma]}{[\sigma]} = \dfrac{90.7 - 90}{90} = 0.78\% < 5\%$，故强度满足要求。

此外，对于薄壁结构的梁，在截面的一些特殊点，如腹板与翼缘交界线（图（a）中 a-a 线）上，因为同时存在较大的弯曲正应力和弯曲切应力，属于第三类危险点，也应进行校核。

B^- 截面 a-a 线上的正应力为

$$\sigma_a = \frac{F_N}{A} + \frac{M_B y_a}{I_z} = \left(\frac{29.44 \times 10^3}{2.32 \times 10^3} + \frac{60 \times 8.5 \times 10^6}{7.6 \times 10^6} \right) \text{ MPa} = (12.7 + 67.1) \text{ MPa} = 79.8 \text{ MPa}$$

B^- 截面 a-a 线上的切应力为

$$\tau_a = \frac{F_S S_z^*}{I_z b} = \frac{8.5 \times 10^3 \times 5.2 \times 10^4}{7.6 \times 10^6 \times 6} \text{ MPa} = 9.7 \text{ MPa}$$

若用第三强度理论校核该点

$$\sigma_{r3} = \sqrt{\sigma_a^2 + 4 \tau_a^2} = \sqrt{79.8^2 + 4 \times 9.7^2} \text{ MPa} = 82.1 \text{ MPa} < [\sigma]$$

故该点也满足强度要求。

注意： 在拉弯组合变形中，对实心截面杆而言，在通常的受力状态下，轴力产生的正应力一般比弯曲产生的正应力低大约 $1 \sim 2$ 个数量级，故除非杆件受到的轴向载荷远大于横向载荷，工程上常把梁和刚架中轴力的影响忽略。但对薄壁结构的杆件，由于其弯曲刚度较大而横截面积较小，因而轴力产生的正应力与弯曲正应力相比就可能不可忽略。

2. 偏心拉压

杆件受到作用线沿杆件轴线方向但不与之重合的载荷作用时，产生偏心拉伸或压缩。偏心拉压也属于拉（压）弯组合变形。若将偏心轴向载荷向杆件轴线处简化，即成为轴向力和附加力偶矩共同作用，使杆件分别产生轴向拉压和弯曲变形。

如图 6.14（a）所示，杆件轴线为 x 轴，横截面的两个形心主轴为 y、z 轴。设偏心拉力 F 的作用点位于坐标为 (y_F, z_F) 的点 A，将力 F 向截面形心 O 简化，得到轴向拉力 F，作用面为 x-y 平面内的弯曲力偶矩 $M_z = F \cdot y_F$ 及作用面为 x-z 平面内的弯曲力偶矩 $M_y = F \cdot z_F$，它们的方向或转向如图 6.14（b）所示。这一静力等效的力系同时作用于杆件，使杆件产生轴向拉伸与两个平面内的弯曲的组合变形。

在杆件任意截面上，内力分量为轴力 $F_N = F$、弯矩 $M_y = F \cdot z_F$ 和 $M_z = F \cdot y_F$。截面上任意一点

$C(y,z)$的正应力为三项的叠加,即

$$\begin{cases} \sigma_N = \dfrac{F_N}{A} = \dfrac{F}{A} \\[2mm] \sigma_{My} = \dfrac{M_y}{I_y}z = \dfrac{F \cdot z_F}{I_y}z \\[2mm] \sigma_{Mz} = \dfrac{M_z}{I_z}y = \dfrac{F \cdot y_F}{I_z}y \end{cases} \qquad (6.34)$$

叠加后总应力为

$$\sigma = \sigma_N + \sigma_{My} + \sigma_{Mz} = \frac{F}{A} + \frac{F \cdot z_F}{I_y}z + \frac{F \cdot y_F}{I_z}y \qquad (6.35)$$

若利用惯性半径的表示方法(见附录 A),有

$$i_y = \sqrt{I_y/A}, \quad i_z = \sqrt{I_z/A}$$

则

$$\sigma = \frac{F}{A}\left(1 + \frac{z_F z}{i_y^2} + \frac{y_F y}{i_z^2}\right) \qquad (6.36)$$

从上式可见,横截面上正应力的分布是 y、z 的线性函数,令上式中的正应力 σ 为零,可得中性轴方程

$$1 + \frac{z_F z}{i_y^2} + \frac{y_F y}{i_z^2} = 0 \qquad (6.37)$$

可见,中性轴是一不过原点(截面形心)的直线,该直线在 y、z 轴上的截距分别为

$$a_y = -\frac{i_z^2}{y_F}, \quad a_z = -\frac{i_y^2}{z_F} \qquad (6.38)$$

式中,a_y、a_z 分别与 y_F、z_F 的符号相反,说明中性轴与载荷作用点分别位于横截面形心的两侧,如图 6.15所示。

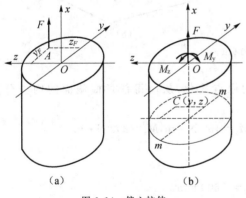

图 6.14　偏心拉伸

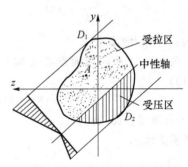

图 6.15　横截面上的中性轴

中性轴将横截面分为受拉区和受压区。在两个区内的截面周边上分别作平行于中性轴的切线(或只有一个交点的直线),所得切点或交点 D_1 和 D_2 则为最大拉应力和最大压应力的危险点,而强度条件则要求危险点应力不超过许用应力,即

$$\sigma_{max} \leqslant [\sigma] \qquad (6.39)$$

值得提出的是,工程上常见的一些用脆性材料制成的构件(如砖石、混凝土等),多用于承受压力。由于其材料抗拉能力较差,在承受偏心压缩时,应设法使横截面上不出现拉应力区,从式(6.38)中可见,当偏心压力 F 的作用点(y_F,z_F)向形心靠近时,中性轴则远离形心。因此,若想横截面上只有压应力区,只需把偏心压力的作用点控制在一定范围之内,使中性轴不与横截面相交即可。这个载荷作用的范围是围绕横截面形心的一个区域,称为**截面核心**。图 6.16 中阴影部

分所示的为圆形及矩形截面的截面核心。确定截面核心的方法是使中性轴不断与横截面周边相切,对应的偏心压力作用点的轨迹就是截面核心的边界。

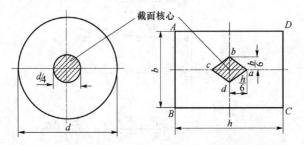

图 6.16　圆形和矩形截面的截面核心

例 6.4　如图(a)所示矩形横截面木柱,承受偏心载荷 $F = 5\ \mathrm{kN}$ 作用,试确定任意横截面上 H、B、D、E 四角点的正应力,并确定中性轴的位置。

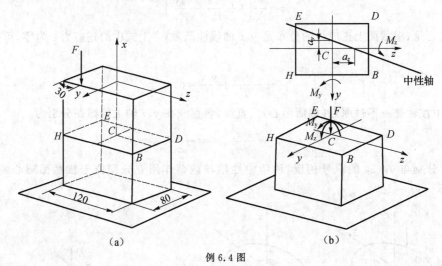

例 6.4 图

解:(1)外力的简化

首先将外力 F 向截面形心主轴坐标系的原点简化,从而得任意横截面的内力分量为(参见图(b))

$$F_{\mathrm{N}} = F = 5\ \mathrm{kN}(压), M_y = 150\ \mathrm{N \cdot m}, M_z = 200\ \mathrm{N \cdot m}$$

(2)计算横截面几何参数

横截面面积

$$A = bh = 9600\ \mathrm{mm}^2$$

惯性矩

$$I_y = \frac{bh^3}{12} = 11.52 \times 10^6\ \mathrm{mm}^4, I_z = \frac{hb^3}{12} = 5.12 \times 10^6\ \mathrm{mm}^4$$

(3)计算各角点的正应力

根据各角点的位置及内力的方向,H、B、D、E 各点的正应力分别为

$$\sigma_H = -\frac{F_{\mathrm{N}}}{A} - \frac{M_y}{I_y} \cdot \frac{h}{2} - \frac{M_z}{I_z} \cdot \frac{b}{2}, \qquad \sigma_B = -\frac{F_{\mathrm{N}}}{A} + \frac{M_y}{I_y} \cdot \frac{h}{2} - \frac{M_z}{I_z} \cdot \frac{b}{2}$$

$$\sigma_D = -\frac{F_{\mathrm{N}}}{A} + \frac{M_y}{I_y} \cdot \frac{h}{2} + \frac{M_z}{I_z} \cdot \frac{b}{2}, \qquad \sigma_E = -\frac{F_{\mathrm{N}}}{A} - \frac{M_y}{I_y} \cdot \frac{h}{2} + \frac{M_z}{I_z} \cdot \frac{b}{2}$$

式中　　$\dfrac{F_{\mathrm{N}}}{A} = 0.521\ \mathrm{MPa}, \qquad \dfrac{M_y}{I_y} \cdot \dfrac{h}{2} = 0.781\ \mathrm{MPa}, \qquad \dfrac{M_z}{I_z} \cdot \dfrac{b}{2} = 1.563\ \mathrm{MPa}$

故

$$\sigma_H = (-0.521-0.781-1.563)\ \text{MPa} = -2.865\ \text{MPa}$$

$$\sigma_B = (-0.521+0.781-1.563)\ \text{MPa} = -1.303\ \text{MPa}$$

$$\sigma_D = (-0.521+0.781+1.563)\ \text{MPa} = 1.823\ \text{MPa}$$

$$\sigma_E = (-0.521-0.781+1.563)\ \text{MPa} = 0.261\ \text{MPa}$$

(4)确定中性轴的位置

横截面上任意点(y,z)的正应力为

$$\sigma = -\frac{F_N}{A} + \frac{M_y}{I_y}z - \frac{M_z}{I_z}y = (-0.521+0.013z-0.039y)\ \text{MPa}$$

令$\sigma=0$,得中性轴方程为

$$0.013z - 0.039y - 0.521 = 0$$

其在y、z两轴上的截距分别为

$$a_y = -\frac{0.521}{0.039}\ \text{mm} = -13.36\ \text{mm}, \qquad a_z = \frac{0.521}{0.013}\ \text{mm} = 40.08\ \text{mm}$$

或者利用式(6.38)也可得到相同结果。

注意: 偏心拉压在求解时应注意判断清楚其弯曲变形部分产生的最大正应力及位置(特别是弯曲部分为斜弯曲的情形,见斜弯曲的计算),以及与轴向拉压产生的正应力进行代数叠加后的危险点应力及其位置。

6.5　弯扭组合变形

在实际工程结构中,有些构件同时承受了横向载荷、作用面位于轴向所在平面内的外力偶及作用面位于横截面内的外力偶的共同作用。此时构件产生**弯扭组合变形**。例如,机器的传动部件中的传动轴、曲柄等都受到横向力及扭矩的共同作用而产生弯扭组合变形。在小变形条件下,此类问题仍可按叠加法处理,即弯曲和扭转分别计算应力或变形,再将结果叠加起来。

以图6.17(a)所示的电机传动轴为例,电机轴外伸部分AB的轴B端装有直径为D的带轮。皮带的紧边和松边的张力分别为$F_T^{(1)}$和$F_T^{(2)}$,且$F_T^{(1)} > F_T^{(2)}$。讨论轴AB的强度计算时,可视其为A端固支的悬臂梁。外力$F_T^{(1)}$和$F_T^{(2)}$向轴AB的横截面形心处简化,得到一个横向力$F = F_T^{(1)} + F_T^{(2)}$和一个力偶矩$M_t = (F_T^{(1)} - F_T^{(2)})\dfrac{D}{2}$。可见轴$AB$在横向力$F$作用下在水平面内弯曲,而力偶矩$M_t$使轴$AB$扭转,如图6.17(b)所示。弯矩图和扭矩图分别画在图6.17(c)和(d)中。显然A端的弯矩、扭矩都达到最大值,故A端横截面为危险截面。该截面上的弯矩为$M_{max} = Fl$,产生的弯曲正应力在水平直径的两端点达到最大,其值为

$$\sigma = \frac{M_{max}}{W} \tag{a}$$

而该截面上的扭矩$T = M_t$,产生的扭转切应力在截面外缘处达到最大,其值为

$$\tau = \frac{T}{W_p} \tag{b}$$

式(a)、(b)中的W、W_p在圆轴情况下有以下关系:

$$W_p = 2W = \frac{\pi}{16}d^3 \tag{c}$$

如图6.18(a)所示,危险截面上水平直径两端点a、b处同时存在最大弯曲正应力和最大扭转切应力。故a、b两点为危险点,其应力状态如图6.18(b)所示,属二向应力状态。若按第三强度理论,

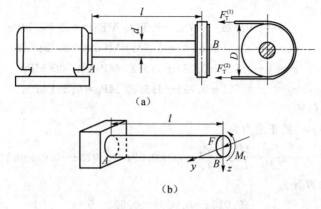

（a）

（b）

（c）   （d）

图 6.17　电机传动轴的弯扭组合变形

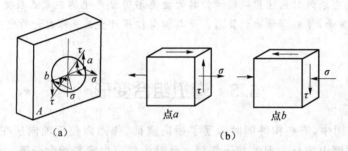

点 a   点 b

（a）   （b）

图 6.18　弯扭组合变形的危险点

强度条件应为

$$\sigma_{r3} = \sqrt{\sigma^2 + 4\tau^2} = \sqrt{\left(\frac{M_{max}}{W}\right)^2 + 4\left(\frac{T}{W_p}\right)^2} \leqslant [\sigma] \tag{6.40}$$

若按第四强度理论,则强度条件为

$$\sigma_{r4} = \sqrt{\sigma^2 + 3\tau^2} = \sqrt{\left(\frac{M_{max}}{W}\right)^2 + 3\left(\frac{T}{W_p}\right)^2} \leqslant [\sigma] \tag{6.41}$$

在圆轴的情况下,考虑到式(c),以上两个强度条件还可表示为

$$\sigma_{r3} = \frac{\sqrt{M_{max}^2 + T^2}}{W} \leqslant [\sigma] \tag{6.42}$$

$$\sigma_{r4} = \frac{\sqrt{M_{max}^2 + 0.75T^2}}{W} \leqslant [\sigma] \tag{6.43}$$

式中,$W = \frac{\pi}{32}d^3$,为圆轴弯曲截面系数。

　　工程实际中,还有很多情况下轴的变形是两个平面内的弯曲和扭转的组合。分析时按两个平面内的弯曲及扭转分别计算后加以叠加。而对于圆截面轴,在两个平面内弯曲时的最大弯曲正应力可按危险截面上最大合成弯矩 $M_{合} = \sqrt{M_y^2 + M_z^2}$ 进行计算。

　　例 6.5　如图(a)所示的传动轴 AB 上,C 处带轮传递水平方向的力,D 处带轮传递铅垂方向的力。已知 C 轮皮带张力 $F_{T1} = 3$ kN,D 轮皮带张力 $F_{T2} = 2$ kN,C 处带轮自重 $P_1 = 200$ N,D 处带轮自重 $P_2 = 300$ N,轴 AB 的直径 $d = 76$ mm,许用应力$[\sigma] = 80$ MPa,试按第三强度理论校核轴的强度。

解:(1)外力简化

将皮带张力向轮心处简化,得 C 处横截面上作用有水平方向的力 $3F_{T1}$ 和铅垂方向的力 P_1;D 处横截面上作用有铅垂方向的力 P_2+3F_{T2},C、D 两横截面上作用有其力偶矩为 M_t(它们的大小相等、方向相反)的力偶,且

$$M_t = (2F_{T1} - F_{T1})\frac{D_1}{2} = 600 \text{ N} \cdot \text{m}$$

画出轴 AB 的受力简图如图(b)所示。

(2)画内力图

此时轴 AB 为 x-y 和 x-z 两个平面内的弯曲及扭转的组合变形,分别画出扭矩图及两个平面内的弯矩图(图(c)、(d)、(e)),将两个平面内的弯矩合成为总弯矩,其总弯矩图见图(f)。

(3)危险截面、危险点判定及校核

对圆截面杆,应将双向弯曲的弯矩 M_z、M_y 合成为总弯矩 $M_合 = \sqrt{M_z^2 + M_y^2}$ 后按平面弯曲计算,如图(f)所示,横截面 C 和 D 为可能的危险截面,比较其总弯矩值有

$$M_{合C} = 3.2 \times 10^3 \text{ N} \cdot \text{m}, \quad M_{合D} = 2.61 \times 10^3 \text{ N} \cdot \text{m}$$

显然,轴的截面 C 应为危险截面,该截面上

$$M_C = 3.2 \times 10^3 \text{ N} \cdot \text{m}, \quad T_C = 600 \text{ N} \cdot \text{m}$$

代入第三强度理论,有

$$\sigma_{r3} = \frac{\sqrt{M_C^2 + T_C^2}}{W} = 75.5 \text{ MPa} < [\sigma] = 80 \text{ MPa}$$

故该轴强度满足要求。

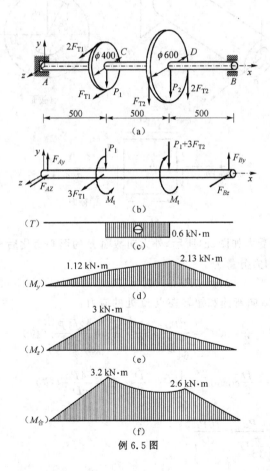

例 6.5 图

注意：本题的传动轴是双向弯曲与扭转的组合变形。对圆截面杆，分别作用于两个平面内的弯矩应按矢量合成为总弯矩后按平面弯曲计算弯曲应力，从图(d)和图(e)可见，轴的 CD 段，M_z 与 M_y 分别为斜率为正和为负的线性函数，若求出其总弯矩 $M_总 = \sqrt{M_z^2 + M_y^2}$ 的函数关系式，可以证明在 CD 段中间是不存在极大值的。因此可比较 C 截面和 D 截面的总弯矩 $M_{总C}$ 和 $M_{总D}$，从而确定轴中最大弯矩值 M_{max}。

例 6.6   直角折杆 ABC 放置在水平面内，A 端固支，C 端截面受到如图(a)所示的铅垂和水平方向集中力作用，AB 段是直径为 D 的圆形截面。试求截面 A 周边上点 K 处的主应力。

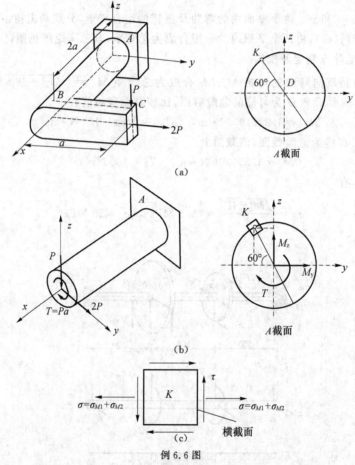

例 6.6 图

解：直角折杆 AB 段的受力如图(b)所示，外力向截面 B 的形心简化后得到铅垂力 P、水平力 $2P$ 及扭矩 $T = Pa$，截面 A 的内力分量为

$$M_y = 2Pa, \quad M_z = 4Pa, \quad T = Pa$$

在截面 A 上分别计算双向弯曲和扭转在点 K 处的应力：

$$\sigma_{M1} = \frac{M_y}{I_y} \cdot \frac{D}{2} \sin 60° = \frac{2Pa}{\frac{\pi}{64}D^4} \cdot \frac{D}{2} \cdot \frac{\sqrt{3}}{2} = \frac{32\sqrt{3}\,Pa}{\pi D^3} \text{（拉）}$$

$$\sigma_{M2} = \frac{M_z}{I_z} \cdot \frac{D}{2} \cos 60° = \frac{4Pa}{\frac{\pi}{64}D^4} \cdot \frac{D}{2} \cdot \frac{1}{2} = \frac{64Pa}{\pi D^3} \text{（拉）}$$

$$\tau = \frac{T}{W_p} = \frac{Pa}{\frac{\pi}{16}D^3} = \frac{16Pa}{\pi D^3}$$

叠加后,点 K 处单元体应力状态应为如图(c)所示的二向应力状态,其中

$$\sigma=\sigma_{M1}+\sigma_{M2}=\frac{32Pa}{\pi D^3}(2+\sqrt{3}),\quad \tau=\frac{16Pa}{\pi D^3}$$

故点 K 的主应力为

$$\left.\begin{array}{c}\sigma'\\\sigma''\end{array}\right\}=\frac{\sigma}{2}\pm\sqrt{\left(\frac{\sigma}{2}\right)^2+\tau^2}=\begin{cases}38.7\dfrac{Pa}{D^3}\\[2mm]-0.672\dfrac{Pa}{D^3}\end{cases}$$

即 $\sigma_1=38.7\dfrac{Pa}{D^3},\sigma_2=0,\sigma_3=-0.672\dfrac{Pa}{D^3}$

注意:弯扭组合变形时,弯曲产生的正应力与扭转产生的切应力共同作用,使得危险点的应力状态为二向应力状态,此时应力的叠加应注意按单元体的应力状态正确地叠加。

例 6.7 实心圆轴 AB 的直径 $d=50$ mm,长度 $l=1$ m,一端固支,受力如图(a)所示。在圆轴上表面点 K 处沿与 x 轴成 45°方向上贴一应变片,测得其应变值为 $\varepsilon_{45°}=5.0\times10^{-4}$。已知 $F=500$ N,轴的许用应力 $[\sigma]=160$ MPa,材料的 $E=200$ GPa,$\nu=0.3$,试按第三强度理论校核该轴的强度。

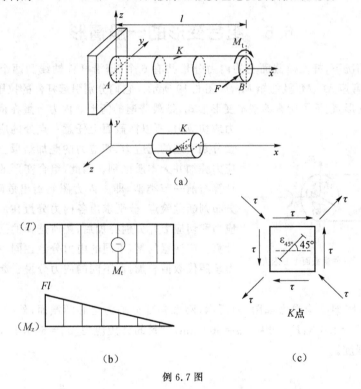

例 6.7 图

解:AB 轴为弯扭组合变形,其扭矩图和弯矩图如图(b)所示。显然,固支端 A 截面为危险截面。危险截面上的内力为 $M_A=Fl$,$T_A=M_t$。

根据已知条件,点 K 所在位置位于弯曲的中性轴上,故点 K 弯曲正应力为零,仅有扭转切应力,为

$$\tau=\frac{M_t}{W_p}=\frac{16M_t}{\pi d^3}$$

即点 K 为纯剪切应力状态(图(c)),在与 x 轴方向成 $\pm45°$ 的方向上,有 $\sigma_1=\tau$,$\sigma_3=-\tau$,由点 K 的广义胡克定律,得

$$\varepsilon_{45°}=\frac{\sigma_1-\nu\sigma_3}{E}=\frac{1+\nu}{E}\tau=\frac{1+\nu}{E}\cdot\frac{16M_t}{\pi d^3}$$

故 $M_t = \dfrac{\pi d^3}{16} \cdot \dfrac{E\varepsilon_{45°}}{1+\nu} = \dfrac{\pi \times 50^3}{16} \cdot \dfrac{200 \times 10^3 \times 5.0 \times 10^{-4}}{1+0.3}$ N·mm $= 1888$ N·m。

因此，危险截面 A 处的内力为

$$M_A = Fl = 500 \text{ N·m} \quad, \quad T_A = 1888 \text{ N·m}$$

由第三强度理论，得

$$\sigma_{r3} = \dfrac{\sqrt{{M_A}^2 + {T_A}^2}}{W} = \dfrac{32 \times \sqrt{(500 \times 10^3)^2 + (1888 \times 10^3)^2}}{\pi \times 50^3} \text{ MPa}$$

$$= 159.2 \text{ MPa} < [\sigma] = 160 \text{ MPa}$$

轴 AB 的强度满足要求。

注意： 本题轴 AB 所受载荷 M_t 未知，利用广义胡克定律，通过在点 K 处的应变片测得应变值可计算出轴 AB 受到的扭矩 M_t 的大小，从而进一步对轴 AB 的危险截面进行强度校核。注意点 K 所在位置恰好位于弯曲变形的中性轴上，因而测得的应变与弯曲变形无关。利用应变测量技术检测结构的变形，从而判断其强度是否满足要求，是工程中常用的实验手段。此类题目应注意判断清楚测点在组合变形下的应力状态，并利用广义胡克定律找出所测方向正应变与应力或载荷之间的关系。

6.6 组合变形的一般情形

在最一般的情况下，杆件横截面上的内力分量共有 6 个，即沿杆件轴线和两个形心主轴的轴力 F_N、剪力 F_{Sy}、F_{Sz}，弯矩 M_y、M_z 及扭矩 M_x，如图 6.19 所示。它们分别引起杆件的拉压变形、剪切变形、弯曲变形和扭转变形，包括了所有的基本变形形式，是最普遍的情形。内力分量在横截面上引起正应力或切应力，所以横截面上任意一点处的应力应为各内力分量分别引起的正应力、切应力的叠加结果。这与弯扭组合的应力叠加并无本质区别。因此，组合变形的普遍情况下强度计算与前一节类似，即由内力图判断出危险截面，根据应力分布判断危险点，分别求出各内力分量在危险点处引起的正应力和切应力并分别叠加后，按所选择的强度理论进行强度计算。应注意的是，不同的内力分量在同一点处引起的正应力按照代数值叠加，而不同的内力分量引起的切应力应视其方向按矢量叠加。

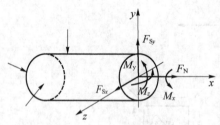

图 6.19 组合变形杆件横截面上的内力

例 6.8 空间刚架结构受力如图（a）所示，刚架各部分均为空心圆截面，外径 $D=40$ mm，内径 $d=20$ mm，已知 $F_1=200$ N，$F_2=6$ kN，$a=500$ mm，材料的许用应力 $[\sigma]=60$ MPa，试按第三强度理论校核该结构的强度。

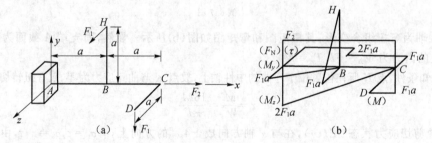

例 6.8 图

解： 刚架 CD 和 HB 段为弯曲，CB 段为拉弯扭组合，而 AB 段为拉、双向弯曲和扭转的组合，内力图见图（b），显然，危险截面为固支端截面 A。截面 A 上的内力分量为

$$M_A = \sqrt{(2F_1 a)^2 + (F_1 a)^2} = \sqrt{5}\,F_1 a, \quad T_A = 2F_1 a, \quad F_N = F_2$$

$$\sigma = \frac{M_A}{W} + \frac{F_2}{\dfrac{\pi(D^2 - d^2)}{4}} = \frac{\sqrt{5}\,F_1 a}{\dfrac{\pi}{32}D^3(1 - \alpha^4)} + \frac{F_2}{\dfrac{\pi}{4}(D^2 - d^2)}$$

$$= \left(\frac{32\sqrt{5} \times 200 \times 500}{\pi \cdot 40^3 \left(1 - \dfrac{1}{16}\right)} + \frac{4 \times 6 \times 10^3}{\pi(1600 - 400)} \right) \text{MPa} = (38.0 + 6.4)\,\text{MPa} = 44.4\,\text{MPa}$$

$$\tau = \frac{T_A}{W_p} = \frac{2F_1 a}{\dfrac{\pi}{16}D^3(1 - \alpha^4)} = 17.0\,\text{MPa}$$

代入第三强度理论进行比较,有

$$\sigma_{r3} = \sqrt{\sigma^2 + 4\tau^2} = 55.9\,\text{MPa} < [\sigma] = 60\,\text{MPa}$$

注意:一般情形下,空间刚架受空间力系作用,通常会产生拉弯扭组合变形。应注意判断各段的组合变形形式,正确找出可能的危险截面及内力分量,若某些情形下,由各截面上的内力不能直观判断哪个截面最危险,则应对可能的危险截面逐一加以校核,以保证不漏掉真正的危险截面。此外,拉、弯、扭分别产生的应力在叠加时,应将危险截面上的危险点正应力进行代数叠加(有拉应力和压应力的区别),切应力应在截面上依作用方向不同矢量叠加,最后将叠加后的正应力和切应力共同作用于危险点的单元体上。组合变形的计算中,除非特别的需要,通常略去弯曲切应力的影响。

例 6.9 如图(a)所示,壁厚为 $\delta = 10$ mm 的薄壁圆筒,两端封闭,筒壁内径为 D,内部充满压力为 p 的气体,圆筒外部两端作用了扭矩 T。已知 $D = 500$ mm,$p = 2$ MPa,$T = 80$ kN·m,材料的许用应力 $[\sigma] = 65$ MPa,试根据第三强度理论校核该压力容器的强度。

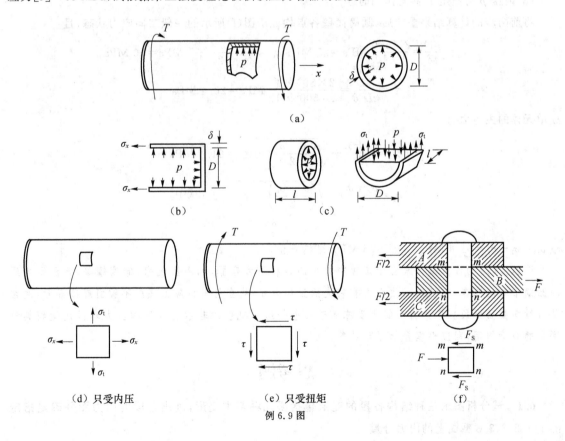

（a）

（b）　（c）

（d）只受内压　　　（e）只受扭矩　　　（f）

例 6.9 图

解: 圆筒受内压 p 和扭矩 T 共同作用,可将这两组载荷分开分别计算后再叠加。

(1)先考虑圆筒仅受内压 p 作用

圆筒内部的气体对圆筒端面作用了均布压力 p,若将圆筒沿任意横截面切开,考虑其中任意一部分,筒的横截面上作用了均匀分布的轴向正应力 σ_x(图(b)),由平衡条件得

$$\sigma_x = \frac{\pi D^2}{4} p \Big/ (\pi D \delta) = \frac{pD}{4\delta} \tag{6.44}$$

而作用于圆筒筒壁一周的压力使得圆筒在径向纵截面上产生周向正应力 σ_t。切取轴向为单位长度的一段圆筒,并在横截面上沿其直径切为两半,取一半圆筒及筒中气体为研究对象,受力图如图(c)所示,设径向纵截面上的正应力为 σ_t,有 $2\sigma_t \cdot \delta \cdot 1 = p \cdot D \cdot 1$,即

$$\sigma_t = \frac{pD}{2\delta} \tag{6.45}$$

当壁厚 δ 很小时,可以忽略由于内压 p 产生的径向压应力。故圆筒仅受内压 p 时,筒壁各点处于二向应力状态,即双向拉伸应力状态,如图(d)所示。

(2)圆筒仅受两端扭矩 T 作用

薄壁圆筒仅受外部两端扭矩 T 作用时,筒壁各点均处于纯剪切应力状态,可按薄壁圆筒扭转计算其横截面切应力(图(e)),即

$$\tau = \frac{T}{\pi D \cdot \delta \cdot \dfrac{D}{2}} = \frac{2T}{\pi D^2 \delta}$$

(3)内压 p 与扭矩 T 共同作用时

将前两步的计算结果叠加后,圆筒筒壁各点均处于图(f)所示的一般二向应力状态,且

$$\sigma_x = \frac{pD}{4\delta} = \frac{2 \times 500}{4 \times 10} \text{ MPa} = 25 \text{ MPa}, \sigma_t = \frac{pD}{2\delta} = \frac{2 \times 500}{2 \times 10} \text{ MPa} = 50 \text{ MPa}$$

$$\tau = \frac{2T}{\pi D^2 \delta} = \frac{2 \times 80 \times 10^6}{\pi \times 500^2 \times 10} \text{ MPa} = 20.4 \text{ MPa}$$

故单元体的主应力为

$$\sigma_1 = \frac{\sigma_x + \sigma_t}{2} + \sqrt{\left(\frac{\sigma_x - \sigma_t}{2}\right)^2 + \tau^2} = 61.4 \text{ MPa}$$

$$\sigma_2 = \frac{\sigma_x + \sigma_t}{2} - \sqrt{\left(\frac{\sigma_x - \sigma_t}{2}\right)^2 + \tau^2} = 13.6 \text{ MPa}$$

$$\sigma_3 = 0$$

故 $\sigma_{r3} = \sigma_1 - \sigma_3 = 61.4 \text{ MPa} < [\sigma] = 65 \text{ MPa}$,结构安全。

注意: 本题的计算模型来自于工程中常见的各种压力容器,如高压气瓶、储液罐等,只承受内压的圆筒形封闭容器,在径向纵截面内有较大的正应力 σ_t,故在材料拉应力强度不够引起破坏时,通常是沿纵向截面开裂。冬天的水管因受冻而破裂也是这一机理。若承受内压的压力容器还受到其他形式的载荷作用,则应根据叠加原理计算。

思考题

6.1 试分析图示三种结构各段的变形包括哪几种基本变形,画出各段的内力图并确定指定的 1-1、2-2、3-3 截面上的内力分量。

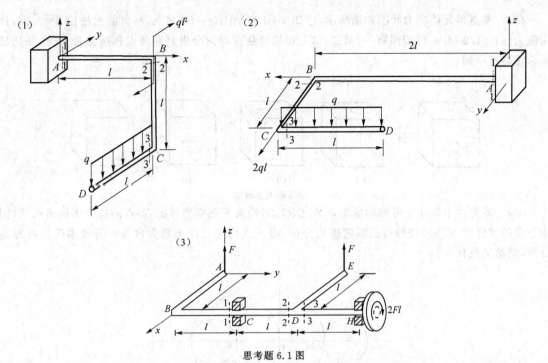

思考题 6.1 图

6.2 试画出图示各结构的内力图,指出可能的危险截面,并考虑采用不同强度理论时是否有相同结论。

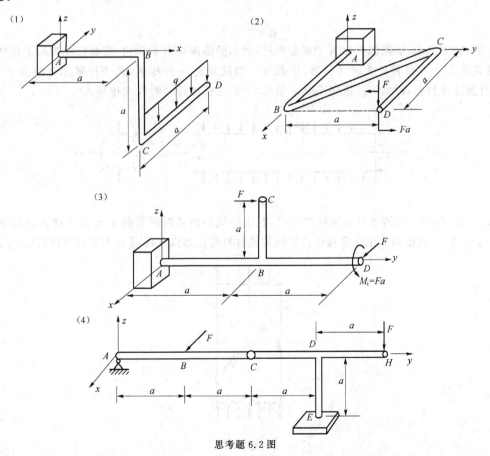

思考题 6.2 图

6.3 各点单元体应力状态如图所示,已知 $\sigma=100$ MPa,$\tau=50$ MPa,材料的泊松比 $\nu=0.25$,许用应力 $[\sigma]=120$ MPa,试按照第一、第二、第三和第四强度理论分别判断各点强度是否安全,并比较其结论有何不同。

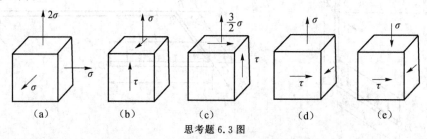

思考题 6.3 图

6.4 某构件中有 4 个可能的危险点 A、B、C、D,均为平面应力状态,各点的应力圆如图所示(图中各量的单位为 MPa),按照第三强度理论分析,哪一点的应力状态最为危险?若按第四强度理论分析,结论又是什么?

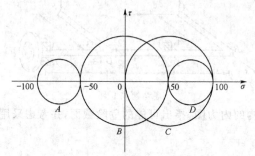

思考题 6.4 图

6.5 如图所示,横截面积为 A 的圆截面杆,两端受轴向拉力 F 作用,在圆杆外表面上还作用了均布法向压力 q。(1)若杆为脆性材料,根据第一强度理论,q 值越大,是否杆破坏时的力 F 越大?(2)若杆为塑性材料,根据第三强度理论,q 值越大,是否杆破坏时的力 F 也越大?

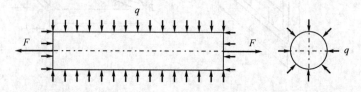

思考题 6.5 图

6.6 如图所示,某铸铁材料圆柱体试样,在压缩试验破坏时断裂面 m-m 的法线方向与轴线方向夹角 $\alpha=55°$。试根据莫尔强度理论估算该铸铁材料的压缩强度极限 σ_{bc} 与拉伸强度极限 σ_{bt} 之比。

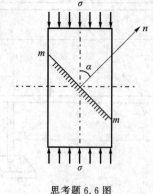

思考题 6.6 图

6.7 图示为一菱形截面梁,建立 z,y 坐标轴如图所示,若截面上的弯矩分量为 M_y、M_z(方向如图),且 $M_y = M$,$M_z = 2M$,则该截面上任意点 $K(z,y)$ 处的正应力 σ_K 为多少?该截面上的最大正应力 σ_{max} 为多少?

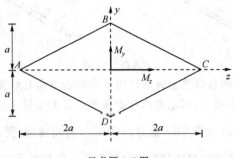

思考题 6.7 图

6.8 如图所示,设受力杆件在 A、B 两截面之间的变形形式为分别以 z、y 为中性轴的双向弯曲,且 AB 段的 M_z、M_y 图均为直线,若计算 AB 段任意截面的总弯矩 $M(x) = \sqrt{M_y^2 + M_z^2}$,试证明 $M(x)$ 必在 A 或 B 点取到最大值 M_{max}。

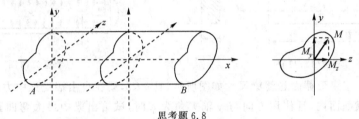

思考题 6.8

6.9 如图所示,一矩形截面悬臂梁在自由端截面上受到作用线通过截面形心 C 且与水平方向夹角为 α 的横向力 F 作用,试求悬臂梁自由端截面形心 C 的位移。若该力作用线在其作用平面内绕点 C 旋转一周,试分析点 C 的位移矢量端点将画出何种曲线?

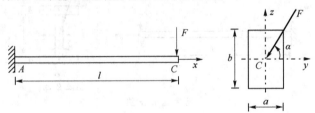

思考题 6.9 图

6.10 比较各图中的两种结构,试分析其各段的变形形式有何不同。

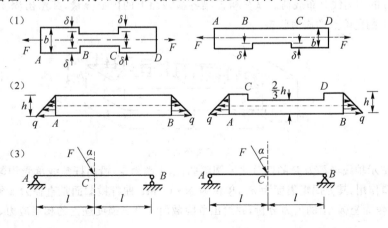

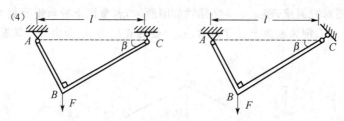

思考题 6.10 图

6.11 如图所示,短形截面悬臂梁上表面作用了沿轴线方向且线集度为三角形分布的切向力。已知 l、q_0、b、h 及材料的弹性模量 E,试求自由端截面形心 B 的位移。

6.12 如图所示,薄壁圆筒内径为 D,壁厚为 $\delta=\dfrac{D}{50}$,两端密封,受内压 p 及弯矩 $M=pD^3$ 的作用。试按第三强度理论和第四强度理论分析该容器危险点的位置及危险点的相当应力 σ_{r3} 和 σ_{r4},比较用这两个强度理论判断,所得结论相差百分之多少?

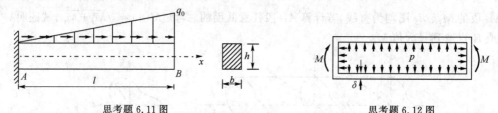

思考题 6.11 图   思考题 6.12 图

6.13 已知一工字形截面悬臂梁尺寸如图所示,且 $\delta \ll b$,梁在自由端受集中力 F 的作用。(1)当力 F 作用线位于横截面内,且作用方向与 y 轴夹角为 φ 时,试给出梁中最大弯曲正应力的表达式。(2)若力 F 的作用线为铅垂方向,但梁在安装时由于安装误差,使梁的横截面绕形心 C 转动了一个小角度 $\varphi=2°$,试分析这一安装误差所引起危险点的弯曲正应力增大的百分比。

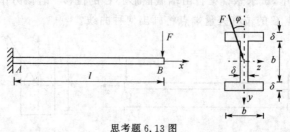

思考题 6.13 图

6.14 图示悬臂梁,其横截面是宽度为 b,高度为 $\dfrac{b}{4}$ 的矩形,梁长为 l。在梁的顶面沿对角线 mn 作用了集度为 q 的均匀线分布载荷。试分析该梁各横截面上的内力分量,并给出固支端 A 截面及梁中点处 B 截面上的危险点的应力状态。

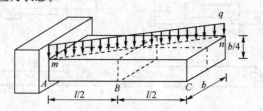

思考题 6.14 图

6.15 图示轴线半径为 R 的四分之一圆弧曲杆,A 端固定,沿曲杆轴线承受均匀分布的绕轴线作用的分布力偶作用,其力偶矩集度为 m_0,单位为 N·m/m。曲杆横截面是直径为 d 的圆形。试求任一横截面(取 φ 角为坐标)上的内力分量,并给出危险截面上第三强度理论的相当应力。

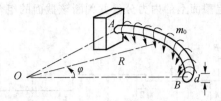

思考题 6.15 图

6.16 如图所示,一直径为 $d=20$ mm 的圆截面杆,受到偏心轴向拉力 F 及扭转力偶 M_t 的作用,在过力 F 作用点的直径两侧母线 AD 和 BC 上,沿杆的轴线方向测得线应变分别为 $\varepsilon_a=5.2\times 10^{-4}$,$\varepsilon_b=-9.5\times 10^{-5}$,在水平直径的一侧母线 GH 上沿与母线 GH 成 $-45°$ 夹角方向上测得线应变 $\varepsilon_c=2.0\times 10^{-4}$。材料的 $E=200$ GPa,$\nu=0.3$,许用应力 $[\sigma]=120$ MPa,试求:(1)力 F 的大小及偏心距 e;(2)扭矩 T 的大小;(3)按第三强度理论校核杆的强度。

6.17 如图所示,一封闭薄壁圆筒容器受扭转力偶 M_t 作用,容器内径为 D,壁厚为 δ,若因扭矩 T 的作用使得构件内各点出现过大的压应力,则会出现失稳现象(参见"第9章压杆稳定")。因此常在容器内施加内压 p,以防止各点的压应力过大。试求圆筒在内压 p 和扭转力偶 M_t 共同作用下,危险点第四强度理论的相当应力。

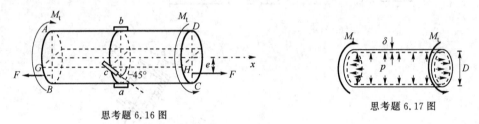

思考题 6.16 图   思考题 6.17 图

习 题

6.1 试分析图示各结构中各段包括哪些基本变形形式,并求出固支端截面上的内力分量。

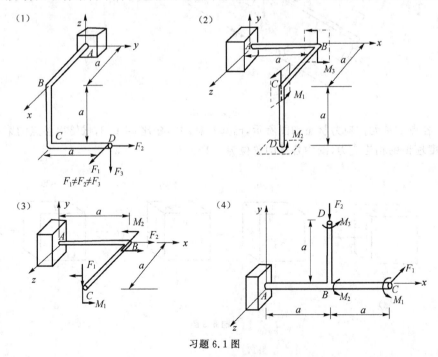

习题 6.1 图

6.2 试求图示各构件指定截面上的内力分量并判断该截面的组合变形形式。

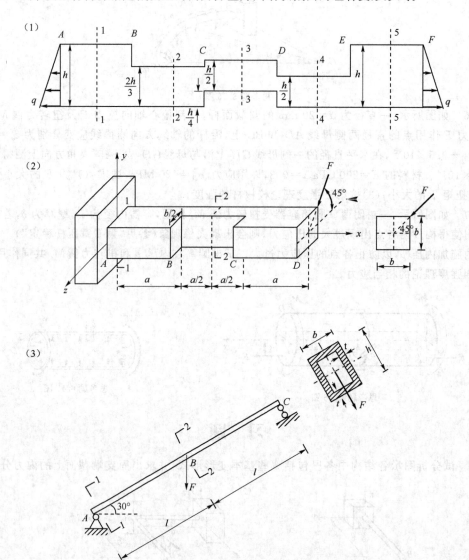

习题 6.2 图

6.3 各点的单元体应力状态如图所示,已知材料的泊松比 $\nu=0.3$,试给出各点的第一强度理论和第二强度理论的相当应力(图中各量的单位为 MPa)。

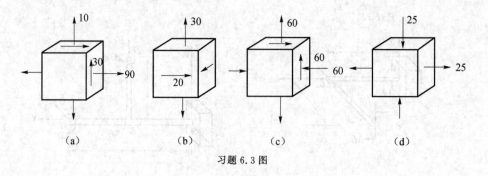

习题 6.3 图

6.4 各点的单元体应力状态如图所示,试给出各点的第三强度理论和第四强度理论的相当应力(图中各量的单位为 MPa)。

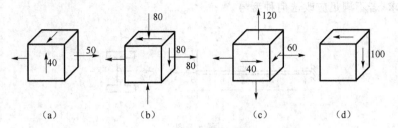

习题 6.4 图

6.5 某拉压不同性材料制成的构件中 a,b 两点的单元体应力状态分别如图所示,且已知 $\sigma=40$ MPa,$\tau=30$ MPa。若材料的 $[\sigma_{\text{t}}]=90$ MPa,$[\sigma_{\text{c}}]=45$ MPa,试按莫尔强度理论,判断这两点哪一点更为危险?并校核这两点的强度。

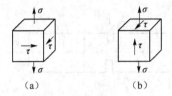

习题 6.5 图

6.6 悬臂梁受力如图所示,已知 $F_1=12$ kN,$F_2=16$ kN,$l=2$ m,材料的许用应力 $[\sigma]=80$ MPa。若梁的横截面形状有两种:(1)矩形截面,$h=180$ mm,$b=100$ mm;(2)圆形截面,$d=140$ mm;试校核这两种截面的梁是否安全。

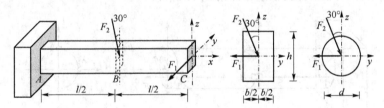

习题 6.6 图

6.7 一矩形截面悬臂梁,横截面尺寸 $h=100$ mm,$b=50$ mm,在自由端截面的两个角点 m、n 处受到图示方向的轴向集中力作用。已知材料的许用应用 $[\sigma]=12$ MPa,试确定这两个集中力 F 的最大值。

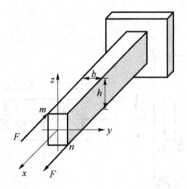

习题 6.7 图

6.8 工字形截面悬臂梁如图所示,集中力 F 与铅垂面夹角为 θ。已知 $F = 10\,\text{kN}$,$l = 2\,\text{m}$,材料的许用应力 $[\sigma] = 65\,\text{MPa}$。(1)若 $\theta = 0°$,试选择工字钢的型号;(2)若 $\theta = 3°$,试校核所选工字钢是否仍满足强度要求,若不满足应改选何种型号。

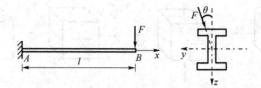

习题 6.8 图

6.9 如图所示,边长为 h 的正方形截面杆作用了沿轴线方向的拉力 F,杆的中间 I-I 截面处,在上侧开了一个深度为 $\dfrac{h}{4}$ 的槽,在中间的 II-II 截面处,则上、下两侧均开了深度为 $\dfrac{h}{4}$ 的槽。试求该杆的最大正应力及所在位置。

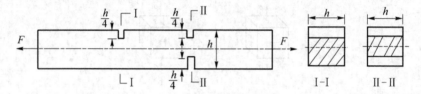

习题 6.9 图

6.10 直径为 d 的圆截面杆,一端固定,另一端受到截面上 a 和 b 两点处的轴向外力 F_1 和 F_2 的作用,在圆杆表面图示位置 K_1 和 K_2 两点沿轴线方向各贴一枚应变片,测得 K_1 和 K_2 两点的线应变分别为 ε_1 和 ε_2,已知材料的弹性模量 E,试求外力 F_1 和 F_2。

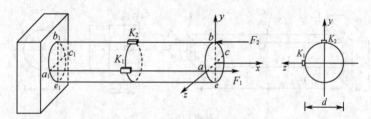

习题 6.10 图

6.11 图示下端固定的矩形截面直杆,中间部分有一沿 z 方向穿透的槽,在顶面右侧边界与 y 轴交点处作用了沿 x 轴负方向的集中力 $F = 20\,\text{kN}$,若材料的许用应力 $[\sigma] = 8\,\text{MPa}$,$h = 40\,\text{mm}$,试指出杆件危险点的位置并校核其强度。

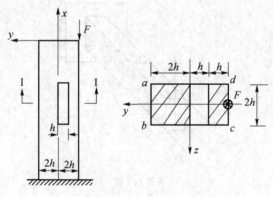

习题 6.11 图

6.12 如图所示，矩形截面外伸梁，受偏心轴向力 F_1 和横向力 F_2 作用，已知 $h=100$ mm，$b=50$ mm，$l=1$ m，$e=10$ mm，材料的弹性模量 $E=200$ GPa，许用应力 $[\sigma]=180$ MPa，$F_2=10$ kN。在截面 B 水平对称轴上点 D 处沿杆件轴向贴一应变片，测得 $\varepsilon_D=2.0\times10^{-4}$，试校核该杆的强度。

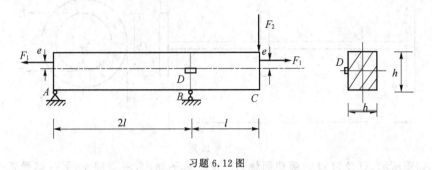

习题 6.12 图

6.13 如图所示，一水平放置的开口直角折杆，$l=50$ mm，杆的横截面为 $a=6$ mm 的正方形，开口处受一对铅垂方向集中力 F 作用。若材料的许用应力 $[\sigma]=80$ MPa，试分别根据第三强度理论和第四强度理论确定 F 的最大允许值（不计转折处的应力集中）。

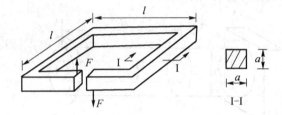

习题 6.13 图

6.14 如图所示，水平放置的直角折杆一端固支，另一端受铅垂集中力 F 作用，折杆 C 处，在 OC 段的横截面内还作用了方向如图的一个集中力偶 M_0。杆的 OC 段横截面为直径 $d=40$ mm 的圆形，CD 段横截面为 $b\times h=20$ mm$\times40$ mm 的矩形。在 OC 段的中间截面铅垂直径顶点 A 处沿杆的轴向测出正应变 ε_A，在该截面水平直径顶点 B 处沿与轴线成 $45°$ 夹角的方向测出正应变 ε_B。已知材料的 $E=200$ GPa，$\nu=0.3$，$[\sigma]=100$ MPa，$a=500$ mm，$\varepsilon_A=2.0\times10^{-4}$，$\varepsilon_B=1.4\times10^{-4}$，若不计剪力对变形的影响，试按第三强度理论校核该结构的强度。

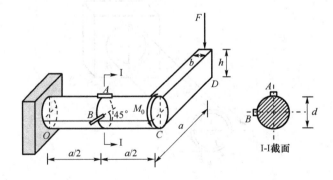

习题 6.14 图

6.15 转速 $n=500$ r/min 的传动轴 $ABCD$ 受力如图所示，Ⅲ轮处输入功率 $P_3=40$ kW，带轮Ⅰ、Ⅱ处输出功率分别为 $P_1=30$ kW，$P_2=10$ kW。带轮Ⅰ直径 $D_1=400$ mm，胶带张力 $T_2=2T_1$，带轮Ⅱ直径 $D_2=300$ mm，胶带张力 $T_4=2T_3$，$a=0.5$ m，传动轴的许用应力 $[\sigma]=120$ MPa，试按第三强

度理论设计轴的直径 d。

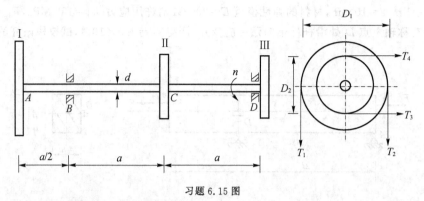

习题 6.15 图

6.16 如图所示,直径为 D 的圆截面轴 AB 位于水平面内,一端固支,另一端受铅垂集中力 F 及横截面内的力偶 $M_t = \frac{1}{2}Fl$ 作用。为了减轻轴的自重,现考虑将圆轴的 CB 段加工成为 $\alpha = \frac{2}{3}$ 的空心圆截面,即外径 D 不变,内径 $d = \alpha D$,且 $CB = kl$,k 为小于 1 的因子。如果希望该轴的强度最为合理,按照第三强度理论,设计时应取 k 为多少?

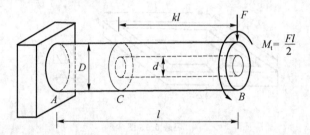

习题 6.16 图

6.17 如图所示,铸铁薄壁圆筒的平均直径 $D = 40 \text{ mm}$,壁厚 $t = 4 \text{ mm}$,长度 $l = 300 \text{ mm}$,A 端固定,B 端横截面的铅垂直径上端点作用了一集中力 F,该集中力位于水平面内,作用线与 x 轴正方向夹角为 $30°$。若材料的许用拉应力 $[\sigma_t] = 50 \text{ MPa}$,许用压应力 $[\sigma_c] = 120 \text{ MPa}$。(1)试按第一强度理论和莫尔强度理论分别确定集中力 F 的最大允许值;(2)若集中力 F 逐渐增加至圆管断裂破坏,按照第一强度理论分析,断裂面的法线与圆管母线的夹角为多少?

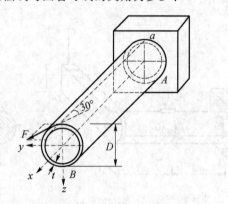

习题 6.17 图

6.18 图示平面刚架,由 4 根直径为 d 的圆截面杆成直角焊接而成,放置在水平面内,A 端固支,B、C 两点作用了铅垂向上的集中力 F,点 H 作用了铅垂向下的集中力 $2F$,已知材料的许用应力为 $[\sigma] = 80 \text{ MPa}$,$d = 40 \text{ mm}$,$a = 0.5 \text{ m}$,试按第三强度理论确定 F 的允许数值。

6.19 如图所示，直径 $d=100$ mm 的圆截面杆，受作用点位于铅垂直径上的偏心拉力 F 及力偶矩为 T 的扭转力偶作用，在杆的表面图示 a、b、c 位置测出三个正应变值，其中 a、b 分别位于铅垂直径端点，ε_a 与 ε_b 沿杆件轴向，c 位于水平直径端点，ε_c 沿与轴线成 $-45°$ 的方向。已知 $\varepsilon_a=3.0\times10^{-4}$，$\varepsilon_b=-8.8\times10^{-5}$，$\varepsilon_c=2.97\times10^{-4}$，材料的 $E=200$ GPa，$\nu=0.3$，许用应力 $[\sigma]=100$ MPa，试求：(1)力 F 的大小及偏心距 e；(2)a 点的主应力；(3)校核该杆的强度。

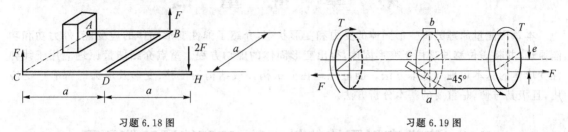

习题 6.18 图　　　　　　　　习题 6.19 图

6.20 如图所示，直径 $d=80$ mm，长度 $l=1$m 的圆截面直杆，放置在水平面内，A 端固定，B 端截面周边上作用了三个集中力，其中 F_1、F_3 作用于水平直径两端，分别沿 x，y 方向，F_2 作用于铅垂直径下端沿 z 方向。已知 $F_1=15$ kN，$F_2=5$ kN，$F_3=4$ kN，材料的许用应力 $[\sigma]=145$ MPa，试按第四强度理论校核该杆的强度。

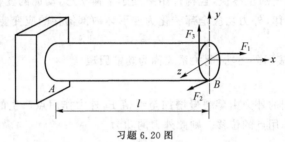

习题 6.20 图

6.21 如图所示，两根直径为 d、长为 l 的圆截面杆与一长度为 $b=\dfrac{1}{5}l$ 的刚性杆 BC 焊接为一体，成为直角 U 形刚架，放置于水平面内，A、D 端固支，点 B、C 各作用一方向相反的铅垂集中力 F。已知 AB 和 CD 两杆的弹性模量为 E，切变模量为 G，且 $E=\dfrac{5}{2}G$，许用应力为 $[\sigma]$，设杆 BC 在结构受力变形后仍在铅垂平面内，试：(1)分析确定结构的危险截面及危险截面上的内力分量；(2)按第三强度理论确定 F 的最大允许值；(3)求刚性杆 BC 在铅垂平面内转过的角度。

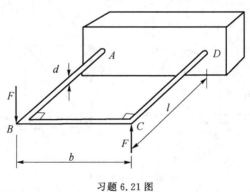

习题 6.21 图

第7章 能 量 法

本章用能量原理分析变形固体的受力和变形状态,介绍了弹性变形固体的应变能、外力功和功能原理,并将虚位移原理用于变形固体,得出变形固体的虚功方程。重点介绍能量原理应用于线弹性变形体的基本定理和基本方法。能量原理在分析构件或结构的位移、变形及应力时都有广泛应用,且极其方便,是重要的基本分析方法。

7.1 弹性变形固体的外力功、应变能和功能原理

当构件受力发生弹性变形时,外力作用点位置发生变化,外力作功,构件由于发生了弹性变形而储存能量。这种因弹性变形而储存的能量称为**弹性变形势能**,简称**变形能**或**应变能**。若变形过程中,外力由零开始缓慢增加至终值,且构件始终处于平衡状态,动能的变化及其他能量损耗可忽略不计,根据能量守恒定律,外力功应全部转化为变形体内部储存的应变能,即

$$V_\varepsilon = W \tag{7.1}$$

式中,V_ε 表示应变能,W 表示外力功,此关系式称为**功能原理**。

1. 外力功的计算

设构件或结构上作用的外力由零缓慢增加至终值 F,外力作用点产生的位移为 Δ,若记 f、δ 为任意瞬时的外力及外力作用点的位移。则此外力的功为

$$W = \int_0^\Delta f \mathrm{d}\delta \tag{7.2}$$

图 7.1(a)表示外力作用下的 $\delta\text{-}f$ 曲线,力的功即曲线与 δ 轴所包围的面积。

若材料服从胡克定律,受力结构的变形和结构中各点的位移均很小,且可按其原始几何形状与尺寸分析内力与变形的关系,满足这三点的结构称为**线弹性结构**。此时力与位移的关系曲线为直线(图 7.1(b)),外力功即 $\delta\text{-}f$ 直线与 δ 轴之间三角形的面积,故

$$W = \frac{1}{2} F\Delta \tag{7.3}$$

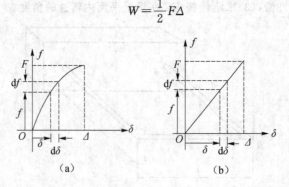

图 7.1 $\delta\text{-}f$ 曲线

这里所说的力与位移都是广义的,外力可以是力,也可以是力偶,相应的广义位移则分别为线位移或角位移。

若线弹性的构件或结构上同时作用了多个外力,例如图 7.2 所示,在结构的点 1 作用了力 F_1,

在点 2 作用了 F_2，二力作用下在点 1 产生的位移为 Δ_1，在点 2 产生的位移为 Δ_2。在加载过程中若 F_1 与 F_2 始终保持一定的比例关系(称为比例加载)，则点 1 和点 2 的位移亦以相同的比例关系增加到终值。外力所作的总功为

$$W = \int_0^{\Delta_1} f_1 \, \mathrm{d}\delta_1 + \int_0^{\Delta_2} f_2 \, \mathrm{d}\delta_2 = \frac{1}{2} F_1 \Delta_1 + \frac{1}{2} F_2 \Delta_2 \tag{7.4}$$

图 7.2　线弹性结构的外力与相应位移

若加载过程是非比例加载，例如 F_1 与 F_2 是一个先加载一个后加载的，由叠加原理知，点 1 和点 2 的位移仍为 Δ_1 和 Δ_2。在线弹性变形范围内，若将二外力卸去，则变形应全部恢复，可采用在点 1 和点 2 施加与 F_1、F_2 方向相反的比例加载外力，即卸载过程为比例加载，则卸载过程所作的总功亦为

$$W = \frac{1}{2} F_1 \Delta_1 + \frac{1}{2} F_2 \Delta_2$$

此功也就是 F_1、F_2 两个外力在非比例加载过程中所作的总功。故无论按何种方式加载，在线弹性变形体上的广义力 $F_1, F_2, \cdots, F_n$ 在其作用点相应位移 $\Delta_1, \Delta_2, \cdots, \Delta_n$ 上所作的总功恒为

$$W = \sum_{i=1}^{n} \frac{1}{2} F_i \Delta_i \tag{7.5}$$

注意上式中各点的位移 $\Delta_1, \Delta_2, \cdots, \Delta_n$ 应为在所有外力 $F_1, F_2, \cdots, F_n$ 共同作用下各点的位移。式(7.5)称为**克拉比隆原理**。

2. 应变能的计算

根据功能原理，变形体在外力作用下发生弹性变形时储存的应变能可以通过外力功的计算求得。在线弹性范围内，有

$$V_\varepsilon = W = \sum_{i=1}^{n} \frac{1}{2} F_i \Delta_i \tag{7.6}$$

构件在外力作用下产生的主要基本变形形式为轴向拉压、扭转和弯曲。下面分别计算其应变能。

(1)轴向拉压的应变能

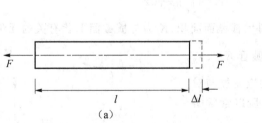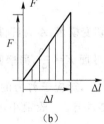

图 7.3　轴向拉压的应变能

若杆件在轴向外力 F 的作用下，轴向变形量为 Δl(图 7.3(a))，且 Δl 与 F 成正比(图 7.3(b))，则 $V_\varepsilon = \frac{1}{2} F \Delta l$，由于轴力 $F_\mathrm{N} = F$，$\Delta l = \dfrac{F_\mathrm{N} l}{EA}$，故

$$V_\varepsilon = \frac{F_\mathrm{N}^2 l}{2EA}$$

若杆件的轴力 F_N 沿轴线为一变量 $F_N(x)$，则杆件的应变能为

$$V_\varepsilon = \int_l \frac{F_N^2(x)}{2EA} \mathrm{d}x$$

若结构为 n 根直杆组成的桁架，整个结构的应变能为

$$V_\varepsilon = \sum_{i=1}^n \frac{F_{Ni}^2 l_i}{2E_i A_i}$$

式中，F_{Ni}、l_i、E_i 和 A_i 分别为第 i 根杆的轴力、长度、弹性模量和横截面面积。

（2）圆轴扭转的应变能

若圆轴在扭转力偶矩 M_t 的作用下，端面扭转角为 φ（图 7.4(a)），且 φ 与 M_t 成正比（图 7.4(b)），

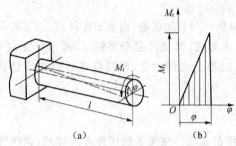

则 $V_\varepsilon = \frac{1}{2} M_t \varphi$，由于扭矩 $T = M_t$，$\varphi = \dfrac{Tl}{GI_p}$，所以

$$V_\varepsilon = \frac{T^2 l}{2GI_p}$$

若扭矩 T 沿轴线为一变量 $T(x)$，则有应变能的一般表达式为

$$V_\varepsilon = \int_l \frac{T^2(x)}{2GI_p} \mathrm{d}x$$

图 7.4 圆轴扭转的应变能

（3）梁弯曲的应变能

梁 AB 纯弯曲如图 7.5(a)所示，用第 5 章求弯曲变形的方法，可以求出 A 和 B 两个端截面的相对转角为

$$\theta = \frac{M_e l}{EI}$$

可见，θ 与 M_e 也是成正比的（图 7.5(b)），则 $V_\varepsilon = \frac{1}{2} M_e \theta$，由于弯矩 $M = M_e$，$\theta = \dfrac{M_e l}{EI}$，所以

$$V_\varepsilon = \frac{M^2 l}{2EI}$$

若弯矩 M 沿轴线为一变量 $M(x)$，则有应变能的一般表达式

$$V_\varepsilon = \int_l \frac{M^2(x)}{2EI} \mathrm{d}x$$

剪切弯曲时，梁的横截面上除了弯矩还有剪力，应分别计算与弯矩和剪力相对应的应变能。剪切应变能的表达式为

$$V_\varepsilon = \int_l \frac{KF_S^2}{2GA} \mathrm{d}x$$

式中，G 为材料的切变模量，A 为杆件的横截面面积，K 为与横截面形状有关的无量纲因数（矩形截面 $K = \dfrac{6}{5}$，实心圆截面 $K = \dfrac{10}{9}$，薄壁圆管 $K = 2$）。

但在细长梁的情况下，对应于剪力的应变能与对应于弯矩的应变能相比，一般很小，所以常常略去不计。

（4）组合变形杆件的应变能

在线弹性、小变形情形下，组合变形的构件可分解为三种基本变形的叠加。内力分量轴力 F_N、扭矩 T 和弯矩 M 分别引起轴向变形 Δl、扭转角 φ 和弯曲转角 θ，且一种内力分量不会引起

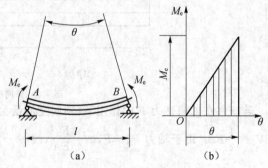

图 7.5 梁弯曲的应变能

另一种内力分量相应的变形,即各内力分量引起的变形相互之间是不耦合的。故组合变形时的总应变能可按各基本变形分别计算后叠加而成,即

$$V_\varepsilon = \int_l \frac{F_N^2}{2EA}\mathrm{d}x + \int_l \frac{T^2}{2GI_p}\mathrm{d}x + \int_l \frac{M^2}{2EI}\mathrm{d}x \tag{7.7}$$

上式中第 2 项是针对圆截面杆的,若截面非圆形,可将 I_p 换为 I_t。式中未计入剪力的影响。

应注意的是:(1)应变能是恒为正的标量,且与坐标系的选择无关,计算时各杆可独立选取方便的坐标系进行计算;(2)应变能为内力的二次函数,故两组外力作用效果相互耦合时,不可用叠加原理计算总应变能。

3. 应变能密度

变形体单位体积的应变能称为**应变能密度**,用 v_ε 表示。取线弹性变形体内某一点的体积为单位 1 的单元体,若单元体处于仅有一个主应力不为零的单向应力状态(图 7.6(a)),正应力 σ 与产生的正应变 ε 之间为线性关系(图 7.6(b)),则应变能密度为

$$v_\varepsilon = \int_0^\varepsilon \sigma \mathrm{d}\varepsilon = \frac{1}{2}\sigma\varepsilon \tag{7.8}$$

同理,若单元体为纯剪切应力状态(图 7.7(a)),切应力 τ 与切应变 γ 之间也是线性关系(图 7.7(b)),则应变能密度为

$$v_\varepsilon = \int_0^\gamma \tau \,\mathrm{d}\gamma = \frac{1}{2}\tau\gamma \tag{7.9}$$

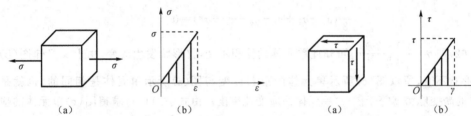

图 7.6　单向应力状态单元体的应变能密度　　　　图 7.7　纯剪切应力状态单元体的应变能密度

对线弹性体,可利用叠加原理,3 个主应力均不为零的复杂应力状态(图 7.8)下的应变能密度为

$$v_\varepsilon = \frac{1}{2}(\sigma_1\varepsilon_1 + \sigma_2\varepsilon_2 + \sigma_3\varepsilon_3) \tag{7.10}$$

式中,σ_1、σ_2、σ_3 是三向应力状态下某点的主应力,ε_1、ε_2、ε_3 是相应的主应变。利用广义胡克定律,上式又可写为

$$v_\varepsilon = \frac{1}{2E}[\sigma_1^2 + \sigma_2^2 + \sigma_3^2 - 2\nu(\sigma_1\sigma_2 + \sigma_2\sigma_3 + \sigma_3\sigma_1)] \tag{7.11}$$

图 7.8　三向应力状态单元体

而构件的总应变能可由应变能密度积分求出

$$V_\varepsilon = \int_V \mathrm{d}V_\varepsilon = \int_V v_\varepsilon \mathrm{d}V \tag{7.12}$$

4. 体积改变能密度和形状改变能密度

一般情况下,三向应力状态的单元体将同时发生体积改变和形状改变,下面证明应变能密度也可以相应地分为两部分:一部分是由体积改变而形状不变所引起的,称为**体积改变能密度**,用 v_v 表示;另一部分是由形状改变而体积不变所引起的,称为**形状改变能密度**,用 v_d 表示。二者也简称为**体变能密度和畸变能密度**。

设任意三向应力状态的单元体如图 7.9(a)所示,三个主应力 σ_1、σ_2 和 σ_3 的数值不等,则单元体的应力可表达为图 7.9(b)及(c)所示的两组应力分量之和。

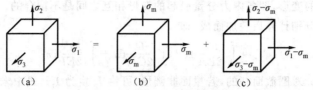

图 7.9　体变能密度和畸变能密度

图中 σ_m 为三个主应力的平均值,即

$$\sigma_m = \frac{1}{3}(\sigma_1 + \sigma_2 + \sigma_3) \tag{7.13}$$

(1)体变能密度　图(b)所示单元体由于三个主应力相等,所以其形状不变,只发生体积改变,由于下文又知图(c)所示的单元体的体积不变,所以图(b)所示单元体的体积改变与图(a)所示单元体是相同的,也就是说图(a)单元体的体变能密度等于图(b)单元体的应变能密度。由式(7.11)可求得图(b)单元体的应变能密度为

$$v_e^{(b)} = \frac{1}{2E}\left[3\sigma_m^2 - 2\nu(3\sigma_m^2)\right] = \frac{1-2\nu}{2E}(3\sigma_m^2) = \frac{1-2\nu}{6E}(\sigma_1 + \sigma_2 + \sigma_3)^2$$

所以,在任意三向应力状态下的体积改变能密度为

$$v_v = \frac{1-2\nu}{6E}(\sigma_1 + \sigma_2 + \sigma_3)^2 \tag{7.14}$$

(2)畸变能密度　图(c)所示单元体,其相应平均应力为

$$\frac{1}{3}(\sigma_1 - \sigma_m + \sigma_2 - \sigma_m + \sigma_3 - \sigma_m) = 0$$

由式(2.62)即 $\theta = \frac{3(1-2\nu)}{E}\sigma_m$ 可知此单元体的体积不变,仅形状发生改变,由上文又知图(b)所示单元体的形状不变,所以图(c)所示单元体的形状改变与图(a)所示单元体是相同的,也就是说图(a)单元体的畸变能密度等于图(c)单元体的应变能密度。由式(7.11)可求得图(c)单元体的应变能密度为

$$v_e^{(c)} = \frac{1}{2E}\{(\sigma_1 - \sigma_m)^2 + (\sigma_2 - \sigma_m)^2 + (\sigma_3 - \sigma_m)^2 - 2\nu[(\sigma_1 - \sigma_m)(\sigma_2 - \sigma_m) +$$

$$(\sigma_2 - \sigma_m)(\sigma_3 - \sigma_m) + (\sigma_3 - \sigma_m)(\sigma_1 - \sigma_m)]\}$$

$$= \frac{1}{2E}\{\sigma_1^2 + \sigma_2^2 + \sigma_3^2 + 3\sigma_m^2 - 2\sigma_m(\sigma_1 + \sigma_2 + \sigma_3) - 2\nu[\sigma_1\sigma_2 + \sigma_2\sigma_3 + \sigma_3\sigma_1 +$$

$$3\sigma_m^2 - 2\sigma_m(\sigma_1 + \sigma_2 + \sigma_3)]\}$$

$$= \frac{1+\nu}{3E}(\sigma_1^2 + \sigma_2^2 + \sigma_3^2 - \sigma_1\sigma_2 - \sigma_2\sigma_3 - \sigma_3\sigma_1)$$

所以,在任意三向应力状态下的畸变能密度为

$$v_d = \frac{1+\nu}{3E}(\sigma_1^2 + \sigma_2^2 + \sigma_3^2 - \sigma_1\sigma_2 - \sigma_2\sigma_3 - \sigma_3\sigma_1)$$

$$= \frac{1+\nu}{6E}\left[(\sigma_1 - \sigma_2)^2 + (\sigma_2 - \sigma_3)^2 + (\sigma_3 - \sigma_1)^2\right] \tag{7.15}$$

比较式(7.11)、式(7.14)和式(7.15)可验证

$$v_e = v_v + v_d$$

由于物体内储存的应变能与加载顺序无关,所以可设想单元体先承受图(b)所示应力,此时储存的应变能密度为 v_v;在此基础上再加上图(c)所示的应力,上式表明图(b)所示状态的力在图(c)所示状态的位移上所作的总功为零,故后一过程储存的应变能密度为 v_d。或者将加载顺序颠倒过来也有类似结论。但必须注意,将图(a)所示主应力任意分解成不同于图(b)和图(c)的两组主应力之和,则

其所对应的应变能密度之和不等于图(a)所示单元体的应变能密度。

例 7.1 试用能量原理推导:(1)各向同性材料的弹性常数 E、ν、G 之间的关系;(2)闭口薄壁杆件自由扭转时的扭转角计算公式。

解:(1)E、G、ν 之间的关系

纯剪切时的应变能密度为

$$v_\varepsilon=\frac{1}{2}\tau\,\gamma=\frac{\tau^2}{2G}$$

另外,纯剪切时的主应力 $\sigma_1=\tau$,$\sigma_2=0$,$\sigma_3=-\tau$,代入式(7.11),可得应变能密度为

$$v_\varepsilon=\frac{(1+\nu)}{E}\tau^2$$

令上两式相等,即可求出三个弹性常数间的关系为

$$G=\frac{E}{2(1+\nu)}$$

此关系式与例 2.6 中所得结果相同,但用能量法推导却简单很多。

(2)闭口薄壁杆件自由扭转时的扭转角

两端受外加扭转力偶矩 M_t 作用的长为 l 的闭口薄壁杆件,其壁厚为 δ,截面中线所围面积为 ω(图 4.15),则由式(4.52)可知,截面上的切应力为

$$\tau=\frac{T}{2\omega\delta}=\frac{M_t}{2\omega\delta}$$

扭转时,应变能密度为

$$v_\varepsilon=\frac{\tau^2}{2G}=\frac{M_t^2}{8G\omega^2\delta^2}$$

在杆件内取 $\mathrm{d}V=\delta\mathrm{d}x\mathrm{d}s$ 的体积元,$\mathrm{d}V$ 内的应变能为

$$\mathrm{d}V_\varepsilon=v_\varepsilon\mathrm{d}V=\frac{M_t^2}{8G\omega^2\delta}\mathrm{d}x\mathrm{d}s$$

整个闭口薄壁杆件的应变能为

$$V_\varepsilon=\int_l\left[\oint\frac{M_t^2}{8G\omega^2\delta}\mathrm{d}s\right]\mathrm{d}x=\frac{M_t^2l}{8G\omega^2}\oint\frac{\mathrm{d}s}{\delta}$$

而外加力偶矩 M_t 在扭转角 φ 上作功,在线弹性范围内,M_t 与 φ 成正比,所以 $W=\frac{1}{2}M_t\varphi$,由功能原理 $V_\varepsilon=W$ 可得

$$\varphi=\frac{M_tl}{4G\omega^2}\oint\frac{\mathrm{d}s}{\delta}$$

若沿截面一周的壁厚 δ 为常数,上式可简化为

$$\varphi=\frac{M_tls}{4G\omega^2\delta}$$

式中,$s=\oint\mathrm{d}s$,为截面中线的长度。

注意:本题中推导的材料 E、ν、G 之间关系曾在第 2 章中利用广义胡克定律及单元体变形的几何关系推导过,但此处的能量方法更加简便。闭口薄壁杆件的自由扭转,其扭转角的计算在第 4 章中却无法利用简单的变形几何关系和应力应变关系得出,此处的能量方法则可使问题迎刃而解。

例 7.2 试利用功能原理,直接求解图示悬臂梁自由端的挠度,已知梁的弯曲刚度为 EI。

解:设自由端 A 的挠度为 Δ,方向为向下,则外力功为 $W=\frac{1}{2}F\Delta$。

梁的弯矩方程为

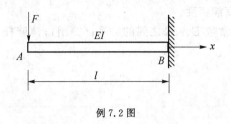

例 7.2 图

$$M(x) = -Fx \quad (0 \leqslant x < l)$$

而梁的应变能为

$$V_\varepsilon = \int_0^l \frac{M^2}{2EI} dx = \int_0^l \frac{F^2 x^2}{2EI} dx = \frac{F^2 l^3}{6EI}$$

根据功能原理,有 $V_\varepsilon = W$,即 $\dfrac{F^2 l^3}{6EI} = \dfrac{1}{2} F\Delta$,故

$$\Delta = \frac{Fl^3}{3EI} \quad (\downarrow)$$

注意:此题所求的自由端位移,恰好为某个外力作用点的相应位移,可以出现在外力功的表达式中,故可直接利用功能原理简便地计算出位移。但若想求该梁 A 端截面的转角或梁中间截面的挠度,则无法利用功能原理直接求得,需采用其他办法。

例 7.3 如图(a)所示二杆铰接结构,HC 与 CB 为相同材料和横截面积的等截面直杆。铰 C 处受到铅垂集中力 F 作用,已知二杆长度 l、截面积 A、弹性模量 E,试求:(1)铰 C 的位移 δ 与集中力 F 的关系;(2)当 F 从 0 增加至 $F_{\max}$,铰 C 位移达到的最大值 Δ;(3)外力所作的总功。

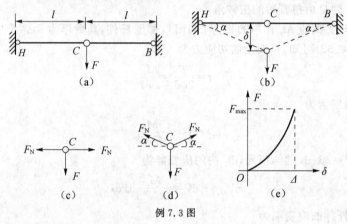

例 7.3 图

解:(1)求铰 C 的位移 δ 与力 F 之间关系

由图(a)原始受力状态可知,铰 C 的受力若如图(c)所示,显然无法平衡。实际上,一旦结构受力后二杆就产生轴力 F_N 并发生变形,使铰 C 有了向下的位移 δ。在变形后的某一位置(图(b)),铰 C 的受力如图(d),有

$$\sum F_y = 0, \quad 2F_N \sin\alpha - F = 0$$

故

$$F_N = \frac{F}{2\sin\alpha} \tag{a}$$

当杆件变形很小时,α 角也很小,即

$$\sin\alpha \approx \alpha \approx \tan\alpha = \frac{\delta}{l} \tag{b}$$

结构受力变形过程中,杆的轴力为

$$F_N = \frac{Fl}{2\delta} \tag{c}$$

根据胡克定律,杆的轴向伸长为

$$\Delta l = \frac{F_N l}{EA} = \frac{Fl^2}{2EA\delta} \tag{d}$$

而此时结构的几何关系为

$$\Delta l = \sqrt{l^2 + \delta^2} - l = l\sqrt{1 + \left(\frac{\delta}{l}\right)^2} - l$$

若只保留至 2 阶小量,则有

$$\Delta l \approx l\left[1 + \frac{1}{2}\left(\frac{\delta}{l}\right)^2\right] - l = \frac{\delta^2}{2l} \tag{e}$$

代入式(d),得到载荷 F 与位移 δ 之间的关系为

$$F = \frac{EA}{l^3}\delta^3 \tag{f}$$

再将式(f)代入式(c),得到杆的轴力与载荷之间的关系为

$$F_N = \frac{EA\delta^3}{l^3}\frac{l}{2\delta} = \frac{EA}{2l^2}\delta^2 = \frac{EA}{2}\left(\frac{F}{EA}\right)^{\frac{2}{3}} = \frac{(EA)^{\frac{1}{3}}}{2}(F)^{\frac{2}{3}} \tag{g}$$

显然,内力与外力、位移与外力之间均为非线性关系。

(2)求当力达到终值 F_{max} 时的节点 C 位移 Δ

由式(f)得 $F_{max} = \dfrac{EA}{l^3}\Delta^3$,故

$$\Delta = \left(\frac{F_{max}}{EA}\right)^{\frac{1}{3}}l \tag{h}$$

(3)求外力作的总功

$$W = \int_0^\Delta F \mathrm{d}\delta = \int_0^\Delta \frac{EA}{l^3}\delta^3 \mathrm{d}\delta = \frac{EA\Delta^4}{4l^3} = \frac{F_{max}\Delta}{4}$$

注意:本题中,材料服从胡克定律,结构本身的变形也很小,但由于结构约束条件的特殊性,必须考虑变形后的位置才能满足平衡条件,使得结构的内力与外力、位移与外力之间均呈现非线性关系。因此,构成线弹性结构的三个条件:材料服从胡克定律,结构的变形为小变形,可按变形前的位置分析平衡关系都不可缺少。如果因材料为非线性,不满足胡克定律而产生非线性结果,称为物理非线性。如果因变形较大或变形虽很小但不能按变形前的位置分析平衡关系造成的非线性结果,称为几何非线性。本题就是一例典型的几何非线性问题。

7.2 互等定理

对线弹性及小变形情形,可以导出两个很有用的互等定理。

1. 功互等定理

在任意受力结构中,以 F_i、F_j 表示作用于点 i、点 j 的广义力,以 Δ_{ij} 表示作用于点 j 的广义力 F_j 引起的点 i 沿广义力 F_i 方向上的广义位移。下面以简支梁为例,说明功互等定理。

若梁上仅在点 1 作用了广义力 F_1,记 F_1 在点 1、点 2 引起的广义位移分别为 Δ_{11} 及 Δ_{21}(图 7.10(a));若梁上仅在点 2 作用了广义力 F_2,记 F_2 在点 1、点 2 引起的广义位移分别为 Δ_{12} 及 Δ_{22}(图 7.10(b))。

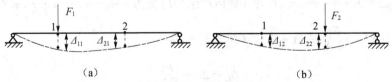

| (a) | (b) |

图 7.10 功互等定理图示

若考虑 F_1 和 F_2 的两种不同的加载次序,一是先在点 1 加载至终值 F_1 后保持不变,再在点 2 加载至终值 F_2,此过程中外力作功为

$$W_1 = \frac{1}{2}F_1\Delta_{11} + \frac{1}{2}F_2\Delta_{22} + F_1\Delta_{12} \tag{a}$$

另一种加载方式为先在点 2 加载至终值 F_2 后保持不变,再在点 1 加载至终值 F_1,此过程中外力作功为

$$W_2 = \frac{1}{2}F_2\Delta_{22} + \frac{1}{2}F_1\Delta_{11} + F_2\Delta_{21} \tag{b}$$

如上所述,外力所作的总功与加载次序无关,故有

$$F_1\Delta_{12} = F_2\Delta_{21} \tag{7.16}$$

上式表明,广义力 F_1 在 F_2 引起的广义位移 Δ_{12} 上所作的功等于广义力 F_2 在 F_1 引起的广义位移 Δ_{21} 上所作的功,称为**功互等定理**。

以上推导虽针对简支梁进行,但结论也可推广到任意形式的受力结构,且 F_1 和 F_2 均可推广为一组力系,即功互等定理最一般的表述为:第一组广义力系在第二组广义力系引起的相应广义位移上所作的功,等于第二组广义力系在第一组广义力系引起的相应广义位移上所作的功。

式(7.16)在具体应用时,应特别注意式中各量的物理意义。该式等号左、右两边均表示力的功,即等号左、右两边相乘的力与位移应为同一点的广义力与该广义力相应的广义位移(但该广义位移并非由该广义力自身引起)。

2. 位移互等定理

在功互等定理中,若令两组广义力 F_1 与 F_2 在数值上相等,则由式(7.16)可得

$$\Delta_{12} = \Delta_{21} \tag{7.17}$$

上式表明,若广义力 F_1 与 F_2 数值相等,则广义力 F_1 在 F_2 作用点处沿 F_2 方向引起的广义位移 Δ_{21} 在数值上等于广义力 F_2 在 F_1 作用点处沿 F_1 方向引起的广义位移 Δ_{12},称为**位移互等定理**。

再次强调,式(7.17)中,$\Delta_{12} = \Delta_{21}$ 的含义仅为两个广义位移的数值相等,但 Δ_{12} 与 Δ_{21} 的量纲可以是不同的,因为 F_1 与 F_2 可以是不同形式的广义力,例如 F_1 是集中力,而 F_2 却是集中力偶。

功互等定理和位移互等定理在工程中常可以巧妙地求解某些变形或位移问题。

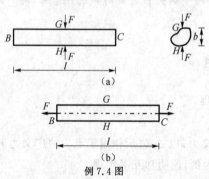

例 7.4 图

例 7.4 如图所示,一等截面直杆 BC,在杆的中间截面作用了大小相等、方向相反的一对横向力 F。若杆长为 l,横截面积为 A,力的作用点 G、H 两点间的距离为 b,材料的弹性模量为 E,泊松比为 ν。试求这一对外力作用下,杆的 BC 两端产生的轴向相对位移。

解:设杆在这一对力 F 作用下轴向相对位移为 Δ_{BC},由于在一对横向力 F 作用下杆并非典型的轴向拉压,无法直接利用轴向拉压公式。

设原受力状态为第一组力系(图(a)),再取杆 BC 的另一受力状态为第二组力系:即令一对轴向力 F 作用于杆 BC 的两端(图(b)),则图(b)所示的情形为轴向拉伸,轴向应变为 $\varepsilon = \dfrac{\Delta l}{l} = \dfrac{F}{EA}$,杆件在横向产生的应变为 $\varepsilon' = -\nu\varepsilon = -\nu\dfrac{F}{EA}$,故 G,H 两点的相对位移为 $\Delta_{12} = |\varepsilon' b| = \nu\dfrac{Fb}{EA}$(靠近),由位移互等定理,有

$$\Delta_{21} = \Delta_{12} = \frac{\nu Fb}{EA}$$

而 Δ_{21} 即表示在原力系作用下在 B、C 两端产生的轴向相对位移,方向为 B、C 相互远离,故

$$\Delta_{BC} = \frac{\nu Fb}{EA}(相互远离)$$

注意：本题利用位移互等定理简便地求得了结构在非基本变形状态下的某些位移，此类题目的关键是根据构件的受力和所求变形或位移，构造出该构件的另一组受力状态，使构件产生基本变形并可计算出其在原载荷方向上的相应位移，再利用功互等或位移互等定理求得所需变形或位移。

例 7.5 如图（a）所示的平面桁架是某机械臂的简化模型。在点 A 施加一铅垂力 $F=100$ N，测得杆 BC 在平面内顺时针方向转过的角度为 $\theta=1°$。若只能在桁架的 B、C 两点施加外力，试问应如何加力可使结构在点 A 产生 $\Delta=5$ mm 的铅垂向下位移？

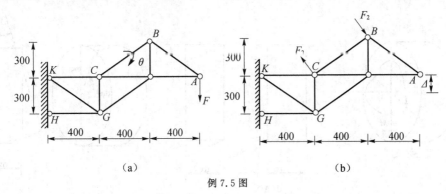

例 7.5 图

解：将原载荷视为第一组外力 F（图（a）），将施加于 B、C 两点的外力视为第二组外力，而 Δ 应为第二组外力在第一组外力（载荷 F）方向上引起的广义位移，根据功互等定理，θ 为角位移，作为第一组外力引起在第二组外力方向上的广义位移，故第二组外力应为一力偶，可在 B、C 两点施加一对大小相等方向相反、与 BC 杆垂直的外力 F_2（图（b）），故有

$$F \cdot \Delta = F_2 \cdot l_{BC} \cdot \theta$$

$$F_2 = \frac{F \cdot \Delta}{l_{BC} \cdot \theta} = \frac{100 \times 5}{\sqrt{300^2 + 400^2} \times \frac{\pi}{180}} \text{N} = 57.3 \text{ N}$$

即在 B、C 两点施加垂直于杆 BC、方向相反的一对力 $F_2=57.3$ N（这一对力构成力偶的力偶矩为顺时针转向），可使点 A 产生 $\Delta=5$ mm 的铅垂向下位移。

注意：此题为功互等定理的应用，与例 7.4 类似，问题的关键亦是构造结构的第二组外力，由于原载荷在 BC 杆处引起转角 θ，故应在杆 BC 上施加的第二组外力为一力偶，即在 B、C 两点施加一对大小相等，方向相反且与杆垂直的集中力来实现。

7.3　变形体的虚位移原理及杆件的虚功方程

1. 虚位移原理用于变形体

虚位移原理是分析静力学的基本原理。若将其应用于变形体，则虚功应包括外力的虚功和内力的虚功，一般外力在虚位移上所作功用 $\delta'W_e$ 表示；内力在虚变形上所作功用 $\delta'W_i$ 表示。**变形体的虚位移原理**表述为：变形固体平衡的充要条件是作用于其上的外力系和内力系在任意一组虚位移和相应虚变形上所作虚功之和等于零，即

$$\delta'W_e + \delta'W_i = 0 \tag{7.18}$$

此处所述的虚位移，是相对于结构所受的原载荷的，即除了原载荷作用下结构产生的真实位移之外，由于任何其他原因（包括其他外力系的作用、温度的变化或支座的移动等）产生的满足全部约束条件和变形连续条件的无限小位移以及真实位移的无限小增量，都可视为相应于原载荷的虚位移。虚位移原理中，外力虚功和内力虚功均为原载荷及其引起的内力在其他原因产生的虚位移及相

应虚变形上所作的功,且原载荷及引起的和内力与虚位移和虚变形之间无任何关系,材料的应力应变关系也与之无关。故式(7.18)可用于任意变形固体,包括非线性情形。

2. 杆件的虚功方程

对杆件而言,其受力变形状态可分解为 4 种基本变形形式的叠加,即轴向拉压、剪切、扭转和弯曲。任取结构中某杆件的一个微段 dx,横截面上的内力分量为 F_N、F_s、T、M(图 7.11(a)),而相应的虚变形分别为 $d(\Delta l)^*$、$d\lambda^*$、$d\varphi^*$、$d\theta^*$(图 7.11(b))。

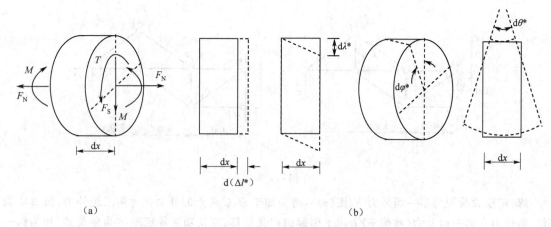

(a)   (b)

图 7.11　杆件的虚功计算

对杆件的微段 dx,F_N、F_s、T、M 应视为该微段的外力,该微段的外力虚功为

$$d(\delta' W_e) = F_N d(\Delta l)^* + F_s d\lambda^* + T d\varphi^* + M d\theta^*$$

对该微段应用虚位移原理,即式(7.18)得该微段的内力虚功为

$$d(\delta' W_i) = -d(\delta' W_e) = -\left[F_N d(\Delta l)^* + F_s d\lambda^* + T d\varphi^* + M d\theta^* \right]$$

对整个杆件,可由上式沿杆长积求得杆件的内力总虚功,再对各杆求和得出整个结构的内力总虚功为

$$\delta' W_i = -\left(\sum \int F_N d(\Delta l)^* + \sum \int F_s d\lambda^* + \sum \int T d\varphi^* + \sum \int M d\theta^* \right)$$

式中,求和符号遍及结构中所有杆件。

设结构所受外力系为 $F_i(i=1,2,\cdots)$,相应于各外力作用点的虚位移为 $\Delta_i^*(i=1,2,\cdots)$,结构的外力总虚功为 $\delta W_e = \sum F_i \Delta_i^*$,对整个结构应用虚位移原理,即式(7.18)得

$$\sum F_i \Delta_i^* = \sum \int F_N d(\Delta l)^* + \sum \int F_s d\lambda^* + \sum \int T d\varphi^* + \sum \int M d\theta^* \qquad (7.19)$$

上式即杆件的虚功方程。式中 F_i 为作用于原结构的广义外力,Δ_i^* 是 F_i 的作用点 i 处沿 F_i 方向的广义虚位移,而 $d(\Delta l)^*$、$d\lambda^*$、$d\varphi^*$、$d\theta^*$ 为相应于各内力分量 F_N、F_s、T、M 的广义虚变形,且各虚位移、虚变形分别与广义外力 F_i 及内力分量 F_N、F_s、T、M 的方向一致时为正,反之为负。

7.4　单位载荷法

在前面的例 7.2 中,直接利用功能原理可以方便地求得某些情形下结构中的位移,现在,利用杆件的虚功方程,即式(7.19),可得到计算结构中位移的一种普遍方法——**单位载荷法**。

以图 7.12(a)所示的悬臂梁为例,梁上作用了任意的一组载荷,现求梁上任意一点 K 沿任意方向 aa 的位移 Δ。

以原结构所受的力系为力系 1，再取一根与原梁完全相同的梁，仅在其上 K 点作用一沿 aa 方向的单位力 $\overline{F}=1$，此为力系 2，如图 7.12(b) 所示。

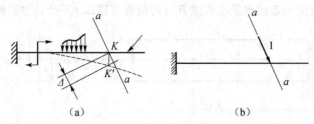

图 7.12　单位载荷法图示

在力系 2(即单位力 $\overline{F}=1$)作用下，结构中的内力为 $\overline{F}_N$、$\overline{F}_s$、$\overline{T}$、$\overline{M}$，而结构在原来的力系 1 作用下产生的位移及变形增量即可视为单位力 $\overline{F}=1$ 的虚位移及虚变形。故根据杆件的虚功方程，即式(7.19)，单位力 $\overline{F}=1$ 及其引起的内力 $\overline{F}_N$、$\overline{F}_s$、$\overline{T}$、$\overline{M}$ 所作的外力虚功和内力虚功应满足

$$1 \cdot \Delta = \sum \int_l \overline{F}_N \mathrm{d}(\Delta l) + \sum \int_l \overline{F}_s \mathrm{d}\lambda + \sum \int_l \overline{T} \mathrm{d}\varphi + \sum \int_l \overline{M} \mathrm{d}\theta$$

即

$$\Delta = \sum \int_l \overline{F}_N \mathrm{d}(\Delta l) + \sum \int_l \overline{F}_s \mathrm{d}\lambda + \sum \int_l \overline{T} \mathrm{d}\varphi + \sum \int_l \overline{M} \mathrm{d}\theta \tag{7.20}$$

式中，Δ、$\mathrm{d}(\Delta l)$、$\mathrm{d}\lambda$、$\mathrm{d}\varphi$、$\mathrm{d}\theta$ 分别为原载荷在结构中 K 点产生的沿 aa 方向的位移及各变形增量；而 $\overline{F}_N$、$\overline{F}_s$、$\overline{T}$、$\overline{M}$ 分别表示结构仅受单位力 $\overline{F}=1$ 作用时的内力分量。

此式可用于求解结构中任意点的任意位移，故 Δ 为广义位移。求某一广义位移时，所施加的单位力 $\overline{F}$ 也是广义力，即 $\overline{F}$ 与所求位移是相对应的。因此求某点的线位移应在该点沿所求位移方向施加单位力 $\overline{F}=1$；求某截面的角位移应在该截面施加一单位力偶 $\overline{M}=1$；若求结构中两点的相对线位移、两截面的相对角位移，则应分别在这两点处沿相对线位移方向施加一对方向相反的单位力、在两截面处施加一对转向相反的单位力偶。

式(7.20)在应用时，还应注意以下几点：

(1)式中左端 Δ 是广义单位力所作的虚功 $1 \cdot \Delta$ 的简写，故式子左右两边的各项，其量纲均为功或能量的量纲，例如力·位移(N·m)或焦耳(J)。

(2)式中 Δ 的结果由右端的积分计算而得，若结果为正，说明 Δ 与所加单位力的方向一致，若结果为负，说明 Δ 与所加单位力的方向相反。

(3)在对由杆件构成的结构进行计算时，由于通常的情况下，剪力造成的影响远小于其他三项，常可略去不计。实际计算时，可根据各杆的内力分量确定各项积分的计算区域，例如对桁架结构，各杆仅产生轴力 $\overline{F}_{Ni}$，故式(7.20)简化为

$$\Delta = \sum_{i=1}^n \overline{F}_{Ni} \Delta l_i \tag{7.21}$$

对于在平面力系作用下的平面刚架结构，仅有轴力、剪力和弯矩，式(7.20)可简化为

$$\Delta = \sum \int_l \overline{F}_N \mathrm{d}(\Delta l) + \sum \int_l \overline{M} \mathrm{d}\theta \tag{7.22}$$

上式中已忽略了剪力的影响，实际上，有些情况下轴力的影响也远小于弯矩的影响，轴力的影响也可略去，即简化为

$$\Delta = \sum \int_l \overline{M} \mathrm{d}\theta \tag{7.23}$$

(4)单位载荷法在推导中未要求材料的应力应变关系为线性，故可用于解决线弹性、非线性弹性及非弹性材料的结构在小变形下的位移计算问题，具体可见下面的例子。

例 7.6 图(a)所示一矩形截面悬臂梁,已知材料的线膨胀系数为 α,设环境温度与初始温度相比产生了 ΔT 的温变,且沿梁的高度方向温变 ΔT 呈线性分布,底面处为 ΔT_1,顶面处为 ΔT_2,且 $\Delta T_2 < \Delta T_1$,试求该温度变化造成的梁在截面 B 处的铅垂位移 Δ_B(不计轴力和剪力对变形的影响)。

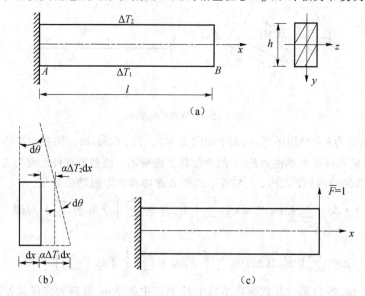

例 7.6 图

解: 由于温变沿梁的高度方向呈线性分布,故梁的纵向纤维的伸长沿高度方向也为线性分布,任取一小微段梁元 $\mathrm{d}x$(图(b)),其两端截面的相对转角 $\mathrm{d}\theta$ 为

$$\mathrm{d}\theta = \frac{\alpha(\Delta T_1 - \Delta T_2)\mathrm{d}x}{h}$$

利用单位载荷法求 B 端铅垂位移,可在 B 端加一铅垂向上的单位力 $\overline{F} = 1$(图(c)),在单位力 $\overline{F} = 1$ 的作用下,梁中的弯矩方程为

$$\overline{M}(x) = l - x \quad (0 < x \leqslant l)$$

代入单位载荷法公式(7.23),有

$$\Delta_B = \int_0^l \overline{M}(x)\mathrm{d}\theta = \int_0^l (l-x)\frac{\alpha(\Delta T_1 - \Delta T_2)}{h}\mathrm{d}x = \frac{\alpha(\Delta T_1 - \Delta T_2)l^2}{2h} \quad (\uparrow)$$

注意: 本题利用单位载荷法求得温度不均匀变化造成杆件变形引起的位移,求解时将温变产生的杆件变形及位移视为虚变形及虚位移,再构造原结构上只作用一单位力 $\overline{F} = 1$ 时,并求出其内力 $\overline{M}(x)$,代入公式(7.23)计算而得结果。本题的关键是将温度变化引起的变形 $\mathrm{d}\theta$ 通过变形几何关系用温度分布函数表示出来。

例 7.7 图示受均布载荷作用的悬臂梁,材料拉伸及压缩时的应力应变关系均为 $\varepsilon = c\sigma^3$,c 为材料常数,试求点 A 的挠度。

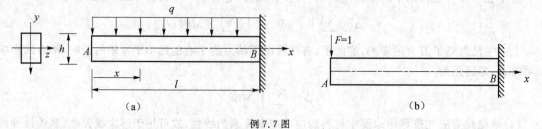

例 7.7 图

解: 此梁为平面弯曲,若求点 A 铅垂位移,应在点 A 施加一铅垂方向单位力 $\overline{F} = 1$(图(b)),单位

载荷法公式为

$$\Delta_A = \int_l \overline{M} \mathrm{d}\theta$$

下面求均布载荷 q 作用下梁中的变形增量 $\mathrm{d}\theta$。图(a)中，设中性层曲率半径为 ρ，距中性层距离为 y 处的变形几何关系为

$$\varepsilon = \frac{y}{\rho}, \qquad \frac{1}{\rho} = \frac{\mathrm{d}\theta}{\mathrm{d}x}$$

将材料的非线性应力应变关系代入，有

$$\sigma = \left(\frac{\varepsilon}{c}\right)^{\frac{1}{3}} = \left(\frac{y}{c\rho}\right)^{\frac{1}{3}}$$

横截面上的内力分量 M 为

$$M = \int_A \sigma y \mathrm{d}A = \left(\frac{1}{c\rho}\right)^{\frac{1}{3}} \int_A y^{\frac{4}{3}} \mathrm{d}A$$

上式中，记 $J = \displaystyle\int_A y^{\frac{4}{3}} \mathrm{d}A$，是横截面的几何参数，仅与横截面形状尺寸有关，故

$$M = \left(\frac{1}{c\rho}\right)^{\frac{1}{3}} J = -\frac{1}{2}qx^2$$

$$\frac{1}{\rho} = -\frac{cq^3}{8J^3}x^6$$

所以，得出

$$\mathrm{d}\theta = \frac{\mathrm{d}x}{\rho} = -\frac{cq^3}{8J^3}x^6 \mathrm{d}x$$

在 A 点施加的单位力 $\overline{F} = 1$ 引起的内力为

$$\overline{M}(x) = -x \qquad (0 \leqslant x < l)$$

代入式(7.23)得

$$\Delta_A = \int_0^l x \cdot \frac{cq^3}{8J^3}x^6 \mathrm{d}x = \frac{cq^3 l^8}{64J^3}(\downarrow)$$

注意: 本题是因材料非线性应力应变关系造成的非线性问题，在求解这类结构的位移时，单位载荷法是一有效工具。此时，小变形时的变形几何关系及在初始状态下的平衡条件仍可应用，唯一不同的就是应力应变关系变为非线性关系。

7.5 单位载荷法用于求解线弹性结构的 位移——莫尔定理

若结构的受力变形是线弹性的，则单位载荷法得到的积分公式(7.20)可进一步表示为如下形式。

对线弹性杆件，原载荷作用下的内力产生的主要基本变形增量为

$$\mathrm{d}(\Delta l) = \frac{F_N}{EA}\mathrm{d}x, \qquad \mathrm{d}\varphi = \frac{T}{GI_p}\mathrm{d}x, \qquad \mathrm{d}\theta = \frac{1}{\rho}\mathrm{d}x = \frac{M}{EI}\mathrm{d}x$$

故式(7.20)可进一步得到如下形式:

$$\Delta = \sum \int_l \frac{\overline{F}_N F_N}{EA}\mathrm{d}x + \sum \int_l \frac{\overline{T}T}{GI_p}\mathrm{d}x + \sum \int_l \frac{\overline{M}M}{EI}\mathrm{d}x \qquad (7.24)$$

上式常称为**莫尔定理**或**莫尔积分**。

对于桁架结构，式(7.24)简化为

$$\Delta = \sum_i \frac{\overline{F}_{Ni} F_{Ni} l_i}{E_i A_i} \tag{7.25}$$

对平面弯曲的梁或可忽略轴力影响的平面弯曲刚架,式(7.24)简化为

$$\Delta = \int_l \frac{\overline{M} M}{EI} \mathrm{d}x \tag{7.26}$$

莫尔积分公式对于截面高度远小于轴线曲率半径的线弹性小变形平面曲杆也是适用的。

应用莫尔定理时还应注意:

(1)由于应用了线弹性、小变形下杆件受力产生变形的计算结果,莫尔定理仅适用于线弹性、小变形的结构。

(2)计算时,每一项积分中的两个内力方程,应取相同的坐标系;不同的积分项,可取不同的坐标系以方便计算。

例 7.8 如图(a)所示外伸梁受均布载荷 q 及集中力偶矩 $\frac{1}{2}qa^2$ 作用,已知梁 AB 段的横截面形状为等高变宽的矩形,宽度 $b(x) = b_0 \dfrac{x}{a}$,高度为 h,梁的 BC 段为等截面矩形,宽度为 b_0,高度为 h,试求梁截面 A 的挠度和截面 C 的转角。

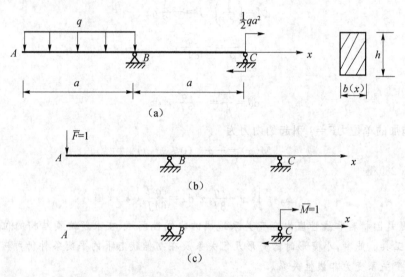

例 7.8 图

解:建立如图所示 x 坐标系,梁在原载荷作用下的弯矩方程为

$$M(x) = \begin{cases} -\dfrac{1}{2}qx^2 & (0 \leqslant x \leqslant a) \\[2mm] -\dfrac{1}{2}qa^2 & (a \leqslant x \leqslant 2a) \end{cases}$$

AB 段为变截面梁,故 I 为 x 的函数,即

$$I(x) = \frac{b(x) h^3}{12} = \frac{b_0 x h^3}{12a}$$

BC 段为等截面梁,$I = \dfrac{b_0 h^3}{12}$。

(1)求截面 A 的挠度,在截面 A 施加铅垂向下的单位力 $\overline{F} = 1$(图(b))

在 $\overline{F} = 1$ 作用下的弯矩方程 $\overline{M}_1(x)$ 为

$$\overline{M}_1(x) = \begin{cases} -x & (0 \leqslant x \leqslant a) \\ -(2a - x) & (a \leqslant x \leqslant 2a) \end{cases}$$

故截面 A 的挠度为

$$\Delta_A = \int_0^a \frac{\frac{1}{2}qx^2 \cdot x}{E \cdot \frac{b_0 x h^3}{12a}}\mathrm{d}x + \int_a^{2a} \frac{\frac{1}{2}qa^2(2a-x)}{E \cdot \frac{b_0 h^3}{12}}\mathrm{d}x$$

$$= \int_0^a \frac{6qax^2}{Eb_0 h^3}\mathrm{d}x + \int_a^{2a} \frac{6qa^2(2a-x)}{Eb_0 h^3}\mathrm{d}x = \frac{5qa^4}{Eb_0 h^3}(\downarrow)$$

（2）求截面 C 的转角，在截面 C 施加一单位力偶 $\overline{M}=1$（图（c））

在 $\overline{M}=1$ 作用下梁中弯矩方程为 $\overline{M}_2(x)$，即

$$\overline{M}_2(x) = \begin{cases} 0 & (0 \leqslant x \leqslant a) \\ -\frac{1}{a}(x-a) & (a \leqslant x \leqslant 2a) \end{cases}$$

则截面 C 的转角为

$$\theta_C = \int_a^{2a} \frac{\frac{1}{2}qa^2 \cdot \frac{1}{a}(x-a)}{E \cdot \frac{b_0 h^3}{12}}\mathrm{d}x = \int_a^{2a} \frac{6qa(x-a)}{Eb_0 h^3}\mathrm{d}x = \frac{3qa^3}{Eb_0 h^3}(\circlearrowleft)$$

注意：本题的梁在 AB 段为变截面梁，在 BC 段为等截面梁，应用莫尔积分公式时，应注意分段表示 BC 段梁的惯性矩 $I(x)$。

例 7.9 平面桁架受力如图（a）所示，各杆的拉压刚度均为 EA，试求点 B 的水平位移及杆 2 在平面内的转角。

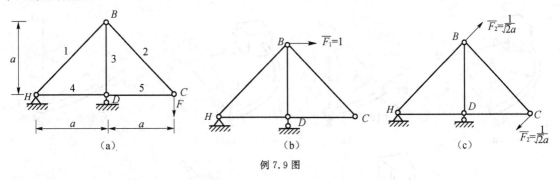

例 7.9 图

解：桁架在原载荷作用下各杆的轴力可用节点法求得，列于下表中：

原载荷下的内力	杆号	1	2	3	4	5
	轴力	$\sqrt{2}F$	$\sqrt{2}F$	$-2F$	$-F$	$-F$

（1）求点 B 的水平位移，在点 B 施加一水平方向单位力 $\overline{F}_1=1$（图（b）），在单位力 $\overline{F}_1=1$ 作用下各杆的轴力列于下表中：

$\overline{F}_1=1$ 作用下的内力	杆号	1	2	3	4	5
	轴力	$\sqrt{2}$	0	-1	0	0

$$\Delta_{Bx} = \frac{1}{EA} \sum \overline{F}_{Ni} F_{Ni} l_i$$

$$= \frac{1}{EA}[\sqrt{2}F \cdot \sqrt{2} \cdot \sqrt{2}a + (-2F)(-1) \cdot a] = \frac{2\sqrt{2}+2}{EA}Fa \quad (\rightarrow)$$

(2)求杆 2 的转角,在 B、C 两点施加方向垂直于杆 2 且方向相反的一对单位力 $\overline{F}_2 = \dfrac{1}{\sqrt{2}a}$（图(c)）,

在一对单位力 $\overline{F}_2 = \dfrac{1}{\sqrt{2}a}$ 作用下,各杆的轴力列于下表中:

$\overline{F}_2 = \dfrac{1}{\sqrt{2}a}$ 作用下的内力	杆号	1	2	3	4	5
	轴力	$\dfrac{\sqrt{2}}{a}$	$\dfrac{1}{\sqrt{2}a}$	$-\dfrac{1}{a}$	$-\dfrac{1}{a}$	$-\dfrac{1}{a}$

$$\theta_2 = \frac{1}{EA} \sum \overline{F}_{Ni} F_{Ni} l_i$$

$$= \frac{1}{EA}\left[\sqrt{2}F \cdot \frac{\sqrt{2}}{a} \cdot \sqrt{2}a + \sqrt{2}F \cdot \frac{1}{\sqrt{2}a} \cdot \sqrt{2}a + (-2F) \cdot \left(-\frac{1}{a}\right) \cdot a + (-F) \cdot \left(-\frac{1}{a}\right) \cdot a + \right.$$

$$\left. (-F) \cdot \left(-\frac{1}{a}\right) \cdot a\right] = \frac{3+3\sqrt{2}}{EA}F \quad (\circlearrowleft)$$

注意:利用能量法求解桁架的节点位移,仅需要通过桁架在原始位置的平衡条件求解各杆轴力,不必考虑各杆的变形及变形后复杂的几何关系,对杆件较多、结构复杂的大型桁架,能量法的优势更明显。

例 7.10 半径为 R 的四分之一圆弧曲杆,水平放置,一端固定,另一端受铅垂集中力 F 作用(图(a)),曲杆横截面是直径为 $d(d \ll R)$ 的圆形,材料的弹性模量为 E,切变模量为 G,且 $G = \dfrac{2}{5}E$。试求 B 截面形心的铅垂位移及 B 截面在横截面内绕形心转过的扭转角。

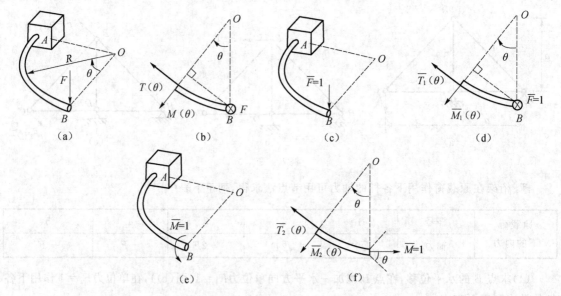

例 7.10 图

解:(1)曲杆在原载荷 F 作用下的内力方程为(图(b))

$$\begin{cases} T(\theta) = -FR(1-\cos\theta) \\ M(\theta) = FR\sin\theta \end{cases} \quad \left(0 \leqslant \theta < \frac{\pi}{2}\right)$$

(2)若求 B 点铅垂位移,在 B 点施加一铅垂方向单位力 $\overline{F} = 1$(图(c)),根据图(d),内力方程为

$$\begin{cases} \overline{T}_1(\theta) = -R(1-\cos\theta) \\ \overline{M}_1(\theta) = R\sin\theta \end{cases} \quad \left(0 \leqslant \theta < \frac{\pi}{2}\right)$$

$$\Delta_{Bz} = \int_0^{\frac{\pi}{2}} \frac{FR^2(1-\cos\theta)^2}{GI_\mathrm{p}} R\mathrm{d}\theta + \int_0^{\frac{\pi}{2}} \frac{FR^2\sin^2\theta}{EI} R\mathrm{d}\theta$$

$$= \frac{FR^3}{GI_\mathrm{p}} \left(\frac{3}{4}\pi - 2 \right) + \frac{\pi FR^3}{4EI} = \frac{FR^3}{EI} \left(\frac{19}{16}\pi - \frac{5}{2} \right) = 1.23 \frac{FR^3}{EI} \quad (\downarrow)$$

（3）若求截面 B 在横截面内的扭转角，在 B 端横截面内施加一单位力偶 $\overline{M}=1$（图(e)），根据图(f)，内力方程为

$$\begin{cases} \overline{T}_2(\theta) = \cos\theta \\ \overline{M}_2(\theta) = \sin\theta \end{cases} \qquad \left(0 \leqslant \theta < \frac{\pi}{2} \right)$$

$$\theta_B = \int_0^{\frac{\pi}{2}} \frac{-FR(1-\cos\theta)\cos\theta}{GI_\mathrm{p}} R\mathrm{d}\theta + \int_0^{\frac{\pi}{2}} \frac{FR\sin^2\theta}{EI} R\mathrm{d}\theta = \frac{FR^2}{GI_\mathrm{p}} \left(\frac{\pi}{4} - 1 \right) + \frac{\pi FR^2}{4EI}$$

$$= \frac{FR^2}{4EI} \left(\frac{9}{4}\pi - 5 \right) = -0.517 \frac{FR^2}{EI}$$

注意： 曲杆的受力变形多数情况下为组合变形，计算莫尔积分时应注意遍及所有内力分量，积分时的微元应为曲杆轴线的线元。

7.6　计算莫尔积分的图乘法

在等截面直杆情况下，莫尔积分中的 EA、EI、GI_p 均为常量，都可以移到积分号外面，这就只需要计算积分

$$\int F_\mathrm{N} \overline{F}_\mathrm{N} \mathrm{d}x, \quad \int M\overline{M} \mathrm{d}x, \quad \int T\overline{T} \mathrm{d}x$$

而这些积分都可以采用图形相乘的方法进行计算。现以 $\int M\overline{M}\mathrm{d}x$ 为例说明图乘法的原理和应用。

设梁在载荷作用下的 M 图为任意形状（图 7.13(a)），而单位力作用下的 $\overline{M}$ 图（图 7.13(b)）只能是直线或折线。不失一般性，现设其长为 l 的一段为斜直线，它的斜度角为 α，与 x 轴交点 O 取为原点，则 $\overline{M}$ 图中任意点的纵坐标为

$$\overline{M}(x) = x\tan\alpha \tag{a}$$

则有

$$\int_l M(x)\overline{M}(x)\mathrm{d}x = \tan\alpha \int_l xM(x)\mathrm{d}x \tag{b}$$

式中，$M(x)\mathrm{d}x$ 是 M 图中阴影线的微分面积，而此微分面积对 M 轴的静矩则为 $xM(x)\mathrm{d}x$，因此积分 $\int_l xM(x)\mathrm{d}x$ 就是 M 图的面积对 M 轴的静矩。设 M 图的面积为 ω，M 图的形心到 M 轴的距离为 x_C，则有

$$\int_l xM(x)\mathrm{d}x = \omega \cdot x_C$$

因此式(b)可表示为

$$\int_l M(x)\overline{M}(x)\mathrm{d}x = \omega x_C \tan\alpha = \omega \overline{M}_C \tag{c}$$

式中，$\overline{M}_C$ 是 $\overline{M}$ 图中与 M 图形心 C 对应的纵坐标值。于是莫尔积分可以写成

$$\Delta = \int_l \frac{M(x)\overline{M}(x)}{EI} \mathrm{d}x = \frac{\omega \overline{M}_C}{EI} \tag{7.27}$$

当然，对于轴力项或扭矩项也可得到类似的公式。

用图乘法计算莫尔积分时，应注意以下几点：

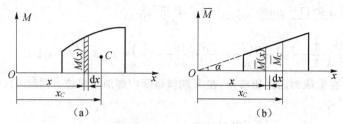

图 7.13 图乘法图示

（1）用图乘法计算时，绘制原载荷及单位力作用下的内力图时应按相同的正负号规则绘制，式中的面积 ω 和纵坐标 $\overline{M}_C$ 均有正负之分。当 M 图与 $\overline{M}$ 图位于坐标轴同侧时，ω 与 $\overline{M}_C$ 互乘的结果为正，当 M 图与 $\overline{M}$ 图位于坐标轴异侧时，ω 与 $\overline{M}_C$ 互乘的结果为负。

（2）图乘法的计算要求作图乘的一段杆件的 $\overline{M}$ 图为一段直线（即 α 值为常数）。若一段 $\overline{M}$ 图为折线时，应在折点处将 M 图及 $\overline{M}$ 图分段，分别图乘再代数叠加。实际上，当 M 与 $\overline{M}$ 图均为直线时，图乘法在具体计算中可对任一图取面积和形心位置，另一图取坐标值。

（3）当 EI 有变化时，需分段图乘。

（4）根据内力可叠加的原理，可将形状复杂的内力图划分为几个形状简单的部分后与另一图图乘。例如，梯形内力图可分为一个矩形加一个三角形或分为两个三角形，每一部分与另一图图乘后再叠加起来。

（5）当结构上作用的载荷较多时，可将其分解为若干简单载荷单独作用的情形，分别画内力图并与单位力作用下的内力图互乘，然后再将结果叠加起来。简单载荷单独作用下的内力图通常形状简单，其面积及形心的计算方便。

（6）只有同种内力图才可图乘，例如，对于双向弯曲的梁，只有同一平面内的 M 图与 $\overline{M}$ 图才可互乘。

应用图乘法计算莫尔积分，可将复杂的积分计算转化为比较简单的几何运算。常见的几种几何形状的内力图面积与形心位置如图 7.14 所示，其中抛物线图形的计算公式要求该段抛物线顶点的切线必须平行于基线或与基线重合。

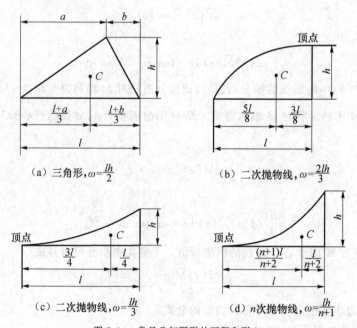

图 7.14 常见几何图形的面积和形心

例 7.11 外伸梁受力如图（a）所示，梁的 EI 已知，试求截面 C 的挠度及转角。

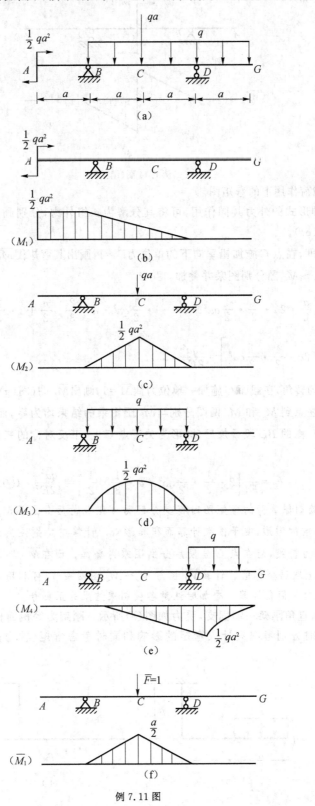

例 7.11 图

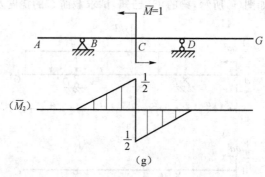

例 7.11 图(续)

解:(1)画原载荷作用下的弯矩图

结构受到三种形式的外力共同作用,可将其分解为 4 组外力,分别画出其弯矩图 M_1、M_2、M_3、M_4 图(图(b)~图(e))。

(2)求点 C 挠度,在点 C 施加铅垂向下的单位力 $\overline{F}=1$,画出其弯矩图 $\overline{M}_1$ 图(图(f))。

将 $\overline{M}_1$ 图与 $M_1 \sim M_4$ 图分别图乘并叠加,得

$$\Delta_C = \frac{1}{EI}\left[\frac{1}{2}\cdot\frac{a}{2}\cdot 2a\cdot\frac{1}{2}\cdot\frac{1}{2}qa^2 + 2\cdot\frac{1}{2}\cdot\frac{1}{2}qa^2\cdot a\cdot\frac{2}{3}\cdot\frac{a}{2} + 2\cdot\frac{2}{3}\cdot\frac{1}{2}qa^2\cdot a\cdot\frac{5}{8}\cdot\frac{a}{2} - \right.$$

$$\left.\frac{1}{2}\cdot\frac{a}{2}\cdot 2a\cdot\frac{1}{2}\cdot\frac{1}{2}qa^2\right] = \frac{3qa^4}{8EI}\ (\downarrow)$$

(3)求截面 C 的转角,在截面 C 施加一单位力偶 $\overline{M}=1$,画出 $\overline{M}_2$ 图(图(g)),将 $\overline{M}_2$ 图与 $M_1 \sim M_4$ 图分别图乘并叠加,注意到 M_2 和 M_3 两图分别与 $\overline{M}_2$ 图图乘的结果均为零,而 M_1 和 M_4 两图与 $\overline{M}_2$ 图图乘时可将 M_1、M_4 图的 BD 段叠加后(图形为关于点 C 上、下反对称的三角形)再与 $\overline{M}_2$ 图图乘,结果为

$$\theta_C = \frac{1}{EI}\left[2\cdot\frac{1}{2}\cdot\frac{1}{2}qa^2\cdot a\cdot\frac{1}{3}\cdot\frac{1}{2}\right] = \frac{qa^3}{12EI}\quad(\circlearrowleft)$$

注意:本题在绘制原载荷的弯矩图时将其分解为 4 组载荷后分别画 $M_1 \sim M_4$ 图,此时各图均为几何形状简单且标准的图形,便于图乘计算面积和形心。计算中特别注意 $\overline{M}_1$ 图与 M_2 图互乘时,由于二图在 BD 段均为折线,应在点 C 分段后分别图乘再叠加。而在 $\overline{M}_1$ 与 M_1 图图乘时,可将 $\overline{M}_1$ 图取面积而在 M_1 图上取纵坐标值。计算 $\overline{M}_2$ 图与 $M_1 \sim M_4$ 图图乘时,可利用 $M_1 \sim M_4$ 图在 BD 段上关于点 C 的对称与反对称简化计算。叠加时注意各段图乘结果的正负号。

例 7.12 平面直角刚架一端固支,受力如图(a)所示。刚架为等截面杆,E、I、A 均已知。试求 H 端的挠度,计算时分别考虑只计入弯矩的影响和同时考虑弯矩、轴力的影响两种情形并加以比较。

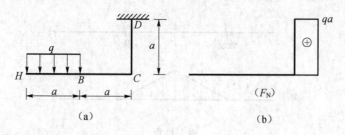

例 7.12 图

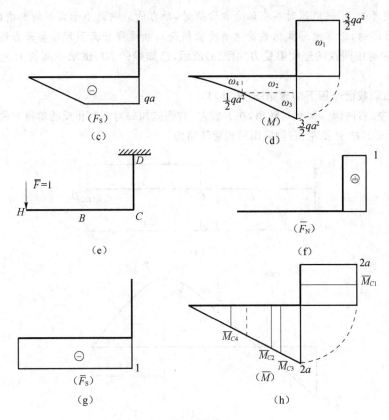

例 7.12 图(续)

解:(1)画原载荷作用下的内力图(图(b)～图(d))

(2)求 H 端挠度,在 H 端加一铅垂方向集中力 $\overline{F}=1$(图(e)),画出内力图(图(f)～图(h))

(3)只计弯矩的影响,求 H 端挠度 Δ_{H1}

$$\Delta_{H1}=\frac{1}{EI}\sum_{i=1}^{4}\omega_i\overline{M}_{Ci}$$

$$=\frac{1}{EI}\left[\frac{3}{2}qa^2\cdot a\cdot 2a+\frac{1}{2}qa^2\cdot a\cdot\left(a+\frac{1}{2}a\right)+\frac{1}{2}\cdot qa^2\cdot a\cdot\left(a+\frac{2}{3}a\right)+\right.$$

$$\left.\frac{1}{3}\cdot\frac{1}{2}qa^2\cdot a\cdot\frac{3}{4}a\right]=\frac{113qa^4}{24EI}\quad(\downarrow)$$

(4)计入弯矩、轴力的影响,求 H 端挠度 Δ_{H2}

$$\Delta_{H2}=\frac{113qa^4}{24EI}+\frac{qa\cdot a\cdot 1}{EA}=\frac{113qa^4}{24EI}+\frac{qa^2}{EA}\quad(\downarrow)$$

比较 Δ_{H1} 与 Δ_{H2}:

$$\frac{\Delta_{H2}-\Delta_{H1}}{\Delta_{H1}}=\frac{\dfrac{qa^2}{EA}}{\dfrac{113qa^4}{24EI}}=\frac{24I}{113a^2A}$$

对边长为 b 的正方形截面,$I=\dfrac{b^4}{12}$,$A=b^2$,$\dfrac{24I}{113a^2A}=\dfrac{2}{113}\left(\dfrac{b}{a}\right)^2$,对细长杆件,有 $\dfrac{b}{a}<\dfrac{1}{10}$,故轴力对结果的影响一般情况下是很小的,通常可以忽略。

注意:本题在计算时将 BC 段的 M 图(梯形)分解为矩形加三角形后分别与 $\overline{M}$ 图图乘再叠加。另外通过计算比较可知,刚架中同时存在轴力和弯矩时,轴力的影响远小于弯矩的影响(本题虽然是针对均布横向力计算的,但其他形式的载荷也有类似结论),故通常情况下可略去轴力的影响。

例 7.13 带有中间铰的连续梁受力如图(a)所示,已知梁的 EI,求中间铰 B 左右两侧截面的相对转角。

解:(1)画出原载荷作用下的弯矩图(图(b))

(2)求点 B 左、右两侧截面相对转角,在 B 铰左、右施加一对方向相反的单位力偶 $\overline{M}=1$(图(c)),画出弯矩图(图(d)),故 B 铰左、右侧截面的相对转角为

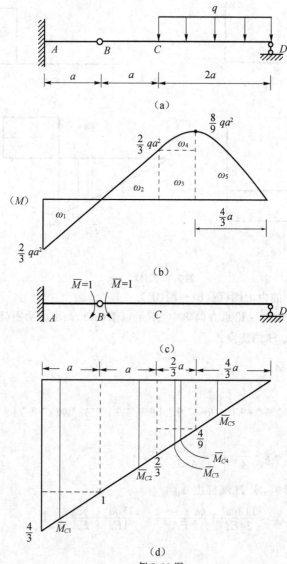

例 7.13 图

$$\Delta\theta = \theta_{B^+} - \theta_{B^-} = \sum_{i=1}^{5} \frac{\omega_i \overline{M}_{Ci}}{EI}$$

$$= \frac{1}{EI}\left[\frac{1}{2} \cdot \frac{2}{3}qa^2 \cdot a \cdot \left(1 + \frac{2}{3} \cdot \frac{1}{3}\right) - \frac{1}{2} \cdot \frac{2}{3}qa^2 \cdot a \cdot \left(\frac{2}{3} + \frac{1}{3} \cdot \frac{1}{3}\right) - \right.$$

$$\frac{2}{3}qa^2 \cdot \frac{2}{3}a \cdot \left(\frac{4}{9} + \frac{1}{2} \cdot \frac{2}{9}\right) - \frac{2}{3} \cdot \frac{2}{9}qa^2 \cdot \frac{2}{3}a \cdot \left(\frac{4}{9} + \frac{3}{8} \cdot \frac{2}{9}\right) -$$

$$\frac{2}{3} \cdot \frac{8}{9}qa^2 \cdot \frac{4}{3}a \cdot \frac{5}{8} \cdot \frac{4}{9} \Big]$$

$$= -\frac{10qa^3}{27EI}(负号表示与一对\overline{M}转向相反)$$

注意: 本题原载荷作用下的弯矩图图形比较复杂,CD 段抛物线形弯矩图可沿弯矩图极值点处铅垂线及点 C 的弯矩值水平线分为三部分,其中 ω_4、ω_5 均为包含极值点的抛物线面积,直接利用几何公式计算。结果为负值,表明 B^+ 截面相对于 B^- 截面顺时针转动 $\frac{10qa^3}{27EI}$。

例 7.14 平面直角刚架 ABC,水平放置,A 端固支,受力如图(a)所示。刚架横截面是直径为 d 的圆形,已知 a、E,且 $G = \frac{2}{5}E$。试求截面 C 形心的线位移及截面 C 在 xz 平面内的角位移(不计轴力及剪力的影响)。

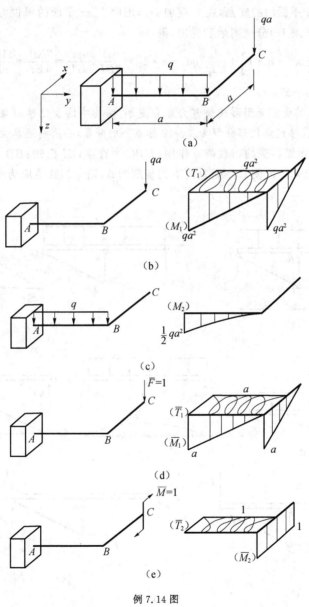

例 7.14 图

解: (1)原载荷作用下的内力图

将原载荷的集中力与均布力分开,分别画出内力图(图(b),图(c))。

(2)求截面 C 形心的线位移

设点 C 线位移在 x、y、z 三个方向的分量分别为 Δ_{Cx}、Δ_{Cy}、Δ_{Cz},可分别在点 C 施加 x 方向、y 方向、z 方向的单位力求解。显然,当在点 C 加 $\overline{F}_x=1$ 时,BC 段仅有轴力 $\overline{F}_N$,AB 段仅有弯矩 $\overline{M}_z$,当在点 C 加 $\overline{F}_y=1$ 时,刚架仅有弯矩 $\overline{M}_y$,故与原载荷内力图图乘结果为零,即 $\Delta_{Cx}=0$、$\Delta_{Cy}=0$,在点 C 加一铅垂单位力 $\overline{F}=1$,画出内力图(图(d)),将图(d)与图(b),图(c)分别图乘后叠加,得

$$\Delta_{Cz}=\frac{1}{EI}\left[\frac{1}{2}\cdot qa^2\cdot a\cdot\frac{2}{3}\cdot a\cdot 2+\frac{1}{3}\cdot\frac{1}{2}qa^2\cdot a\cdot\frac{3}{4}\cdot a\right]+\frac{1}{GI_p}\left[qa^2\cdot a\cdot a\right]$$

$$=\frac{19qa^4}{24EI}+\frac{qa^4}{GI_p}=\frac{49qa^4}{24EI}=\frac{392qa^4}{3\pi Ed^4}\quad(\downarrow)$$

(3)求截面 C 在 xz 平面内的转角,在 C 端加一作用面为 xz 平面的单位力偶 $\overline{M}=1$,画出内力图(图(e)),图(e)与图(b)、图(c)分别图乘后叠加,得

$$\theta_C=\frac{1}{EI}\left[\frac{1}{2}qa^2\cdot a\cdot 1\right]+\frac{1}{GI_p}\left[qa^2\cdot a\cdot 1\right]=\frac{qa^3}{2EI}+\frac{qa^3}{GI_p}=\frac{7qa^3}{4EI}=\frac{112qa^3}{\pi Ed^4}\quad(\circlearrowleft)$$

θ_C 的转向与 $\overline{M}$ 转向一致。

注意: 对空间刚架,其受力变形形式通常为组合变形,结构中的线位移与角位移往往也为空间三维矢量,求解时可将线位移或角位移分解为 xyz 坐标系下的分量,分别利用单位载荷法求解。

例 7.15 图(a)所示结构受均布载荷 q 作用,HBC 为直梁,EI 已知;BD、DC、DG 为截面相同、材料相同的直杆,EA 已知。欲使 C 点铅垂向下的挠度为 Δ,则 q 的数值应为多大(梁可不计轴力的影响)?

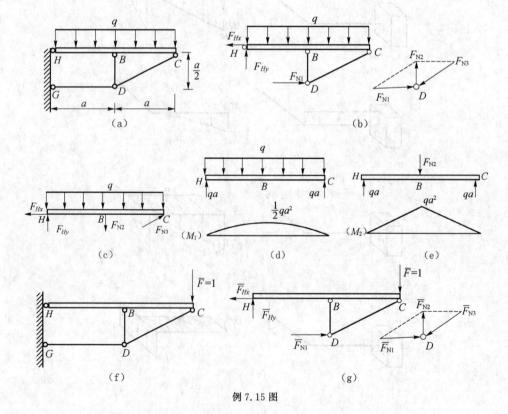

例 7.15 图

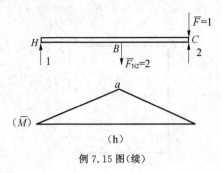

例 7.15 图(续)

解:(1)原载荷作用下的内力

原结构为梁与杆系混合结构,取分离体如图(b)所示,求出各杆轴力,并将梁 HC 上的载荷(图(c))分解为两组分别画出弯矩图 M_1 和 M_2 图(图(d)和图(e))。

求得各杆轴力为

$$F_{N1}=4qa(压),\quad F_{N2}=2qa(拉),\quad F_{N3}=2\sqrt{5}qa(压)$$

(2)求点 C 挠度,在点 C 施加一铅垂单位力 $\overline{F}=1$(图(f)),求出各杆轴力(图(g))并画出梁的弯矩图 $\overline{M}$ 图(图(h))。

求得各杆的轴力为

$$\overline{F}_{N1}=4(压),\quad \overline{F}_{N2}=2(拉),\quad \overline{F}_{N3}=2\sqrt{5}(压)$$

$$\Delta_C=\frac{1}{EI}\Big[2\cdot\frac{2}{3}\cdot\frac{qa^2}{2}\cdot a\cdot\frac{5}{8}\cdot a+2\cdot\frac{1}{2}\cdot qa^2\cdot a\cdot\frac{2}{3}\cdot a\Big]+$$

$$\frac{1}{EA}\Big[4qa\cdot 4\cdot a+2\sqrt{5}qa\cdot 2\sqrt{5}\cdot\frac{\sqrt{5}}{2}a+2qa\cdot 2\cdot\frac{a}{2}\Big]=\frac{13qa^4}{12EI}+\frac{18+10\sqrt{5}}{EA}qa^2=\Delta$$

$$q=\frac{12EIA\Delta}{13Aa^4+24(9+5\sqrt{5})Ia^2}$$

注意:本题属于梁与杆系的混合结构,求解时略去了梁中轴力的影响,但对结构中的三根二力杆,必须计算杆中轴力的影响。

例 7.16 一直角平面刚架受力如图(a)所示,已知刚架各部分 EI,试求集中力 F 的作用线与水平方向夹角 α 为何值时可使点 C 位移方向恰好也沿力 F 的方向(不计刚架中轴力和剪力对变形的影响)?

解:根据原题的条件,可利用图乘法求出点 C 沿垂直于力 F 方向的线位移 Δ_C,并令其为零,解出 α 值的大小。

(1)画出刚架在力 F 作用下(图(b))的弯矩图 M 图(图(c))。

(2)求点 C 垂直于力 F 方向的线位移 Δ_C。加一垂直于力 F 的单位力 $\overline{F}=1$(图(d)),画出弯矩图 $\overline{M}$ 图(图(e))。

$$\Delta_C=-\frac{1}{EI}\Big[\frac{1}{2}Fa\sin\alpha\cdot a\cdot\frac{2}{3}a\cos\alpha+Fa(\sin\alpha-\cos\alpha)\cdot a\cdot\Big(a\cos\alpha+$$

$$\frac{1}{2}a\sin\alpha\Big)+\frac{1}{2}Fa\cos\alpha\cdot a\cdot\Big(a\cos\alpha+\frac{1}{3}a\sin\alpha\Big)\Big]=\frac{Fa^3}{2EI}(\cos 2\alpha-\sin 2\alpha)=0$$

即 $\tan 2\alpha=1$,求得

$$\alpha=\frac{\pi}{8}$$

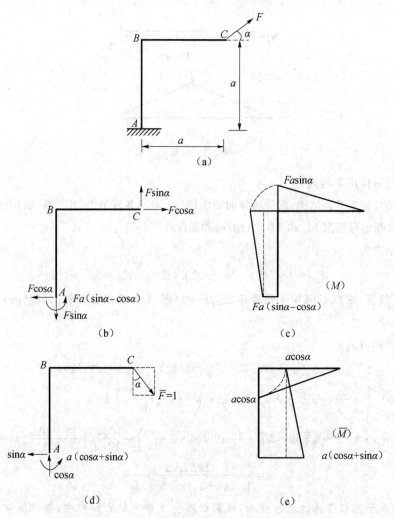

例 7.16 图

注意: 本题通过分析题目中的条件,使之转化为利用单位载荷法及图乘法求结构中点的线位移的问题,这也是单位载荷法的进一步推广应用。

例 7.17 图(a)所示边长为 a 的正方形平面刚架,在其一边中点处被截去了长度为 δ 很小的一段,刚架的 EI 已知,向在缺口处两侧的端截面上施加何种及多大的外载荷,才可使缺口恰好闭合?

解: 设在缺口处作用一对外力 F 及一对外力偶 M 使之闭合(图(b)),即在这组外力作用下,A、B 二截面的相对线位移为 $\Delta_{AB} = \delta$,相对角位移为 $\Delta\theta_{AB} = 0$。

(1)画外力作用下的弯矩图,将一对力 F 和一对力偶 M 分开分别画 M_1 图、M_2 图(图(c),图(d))

(2)在 A、B 两截面加一对单位力 $\overline{F} = 1$ 及一对单位力偶 $\overline{M} = 1$,分别画出弯矩图 $\overline{M}_1$ 图、$\overline{M}_2$ 图(图(e)、图(f))

$$\Delta_{AB} = \frac{1}{EI}\left[2 \cdot \frac{1}{2} \cdot Fa \cdot a \cdot \frac{2}{3} \cdot a + Fa \cdot a \cdot a - 2 \cdot \frac{1}{2} \cdot a \cdot a \cdot M - a \cdot a \cdot M\right]$$

$$= \frac{1}{EI}\left[\frac{5}{3}Fa^3 - 2Ma^2\right] = \delta$$

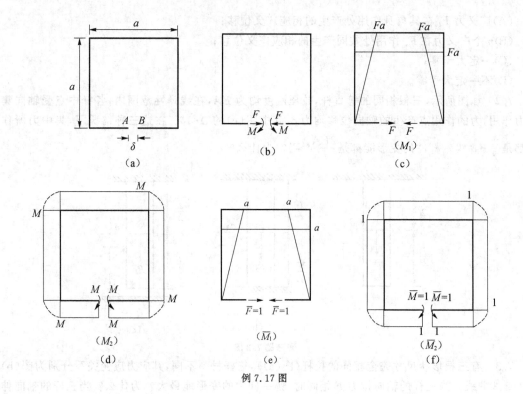

例 7.17 图

即

$$\frac{5}{3}Fa - 2M = \frac{EI\delta}{a^2} \tag{1}$$

$$\Delta\theta_{AB} = \frac{1}{EI}\left[4 \cdot M \cdot a \cdot 1 - 2 \cdot \frac{1}{2} \cdot Fa \cdot a \cdot 1 - Fa \cdot a \cdot 1\right] = \frac{1}{EI}\left[4Ma - 2Fa^2\right] = 0$$

即

$$M = \frac{Fa}{2} \tag{2}$$

代入式(1),得

$$F = \frac{3EI\delta}{2a^3}, \quad M = \frac{3EI\delta}{4a^2}$$

故在 A、B 两端施加方向如图(b)所示、大小为 $\frac{3EI\delta}{2a^3}$ 的一对集中力以及转向如图(b)所示、力偶矩大小

为 $\frac{3EI\delta}{4a^2}$ 的一对力偶,可使缺口闭合。

注意:本题的本质仍是求受力结构中的位移。根据题目要求,外力应使 A、B 两端端面恰好闭合,即两截面仅有相对靠近的线位移 δ。若仅施加一对集中力 F,会在产生相对线位移的同时使 A、B 两截面产生相对转角。故同时施加一对集中力 F 与一对集中力偶 M 两组外力,才有可能满足 $\Delta_{AB} = \delta$ 及 $\Delta\theta_{AB} = 0$。

思考题

7.1 设一简支梁在跨中受几个广义力 $F_1, F_2, \cdots, F_n$ 的共同作用,若求其总外力功,有 $W = \frac{1}{2}\sum_{i=1}^{n} F_i\Delta_i$,其中 Δ_i 的含义为_____;而 W 的值_____;$F_i\Delta_i$ 的值_____。

(A)广义力 F_i 在其自身作用处产生的相应广义位移；

(B)n 个广义力在 F_i 作用处共同产生的相应广义位移；

(C)一定大于零；

(D)不一定大于零。

7.2 如图所示,三根相同的等直杆,拉压刚度均为 EA,在线弹性范围内,各杆中点受轴向集中外力作用,力的作用点产生的轴向位移均为 δ,其中图(c)的 $\Delta < \delta$。在这三种情况下,集中力所作的功都是 $\frac{1}{2}F_i\delta$ 吗? 杆件的变形能都是 $\frac{2EA}{l}\delta^2$ 吗? 为什么?

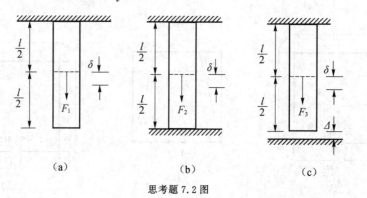

思考题 7.2 图

7.3 有三根形状尺寸完全相同的拉杆(图(a)),三杆材料不同,其应力应变关系分别为图(b)中的 1、2、3 曲线。当三杆的轴向拉力 F 相同时,哪一杆中的变形能最大? 为什么? 当三杆的轴向伸长 Δl 相同时,结果又如何?

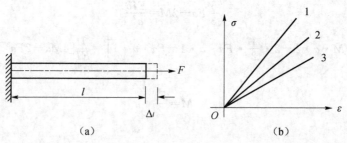

思考题 7.3 图

7.4 比较图示两个桁架(图(a)和图(b)),各杆材料和横截面积相同,哪个桁架的总应变能比较大?

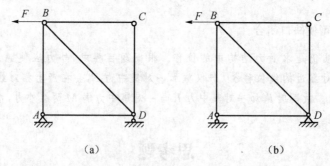

思考题 7.4 图

7.5 一平面直角刚架,有两种受力变形状态(图(a)和图(b)),若集中力 F 与集中力偶 M 数值相等,则图中 θ_{B1}、δ_{C1}、θ_{B2}、δ_{C2} 四项广义位移中,哪二者的数值相等?

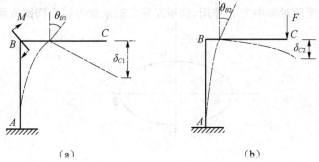

（a） （b）

思考题 7.5 图

7.6 如图所示，一悬臂梁上作用了沿 x 方向可移动的铅垂力 F，在自由端安置一挠度计测定 B 端的挠度值 w，当 F 力沿 x 轴移动时，挠度计读数随 x 变化，即 $w=w(x)$，试说明此函数 $w=w(x)$ 的物理意义。

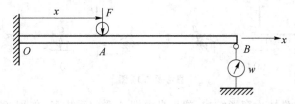

思考题 7.6 图

7.7 边长为 h 的正方形截面平面刚架如图所示，已知刚架的 EI 和几何尺寸 a、b，设 AB 杆上侧和 BC 杆的右侧温度升高为 T_1，AB 杆的下侧和 BC 杆的左侧温度升高为 T_2，且 $T_2 > T_1$，温度在截面内为线性变化。材料的线膨胀系数为 α，试求截面 A 的铅垂位移 Δ_{Ay}、水平位移 Δ_{Ax} 和转角 θ_A。

7.8 矩形截面简支梁在中间截面 C 受到集中力偶 M_0 的作用，已知梁的材料应力应变关系为 $\sigma = c\sqrt{\varepsilon}$，且拉压同性。试用虚功原理求解梁中间截面 C 的转角（不计剪力对变形的影响）。

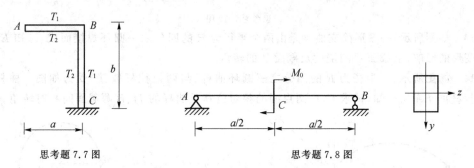

思考题 7.7 图　　　　　　　　　　思考题 7.8 图

7.9 如图所示，图（a）中的简支梁，受到三个同样大小的集中力 F 作用，集中力作用点的位移分别为 Δ_1、Δ_2、Δ_3，图（b）中的简支梁受均布载荷 q 作用，梁的挠曲线为 $w(x)$。试说明，若将图（a）的三个力视为一个广义力，则它对应的广义位移是什么？若将图（b）的均布载荷视为广义力，则它对应的广义位移又是什么？

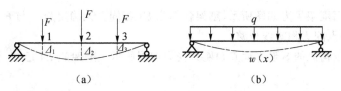

（a） （b）

思考题 7.9 图

7.10 如图所示,一单位厚度的椭圆形薄板,长、短半轴尺寸 a、b 已知,弹性模量为 E,泊松比为 ν。在其两对称轴端点受两对集中力 F 作用,试用互等定理求受力前后椭圆板面积的改变量。

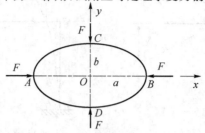

思考题 7.10 图

7.11 如图所示,一简支梁 AB,跨度为 l,弯曲刚度为 EI,在中间截面 C 处作用了集中力 F,试用单位载荷法求任意 x 处截面的挠度 $w(x)$。若相同的梁作用了可沿 x 轴移动的集中力 F,那么该梁中点 C 处的挠度 w_C 随集中力 F 的作用点位置 b 变化的函数关系 $w_C(b)$ 还有何物理意义?

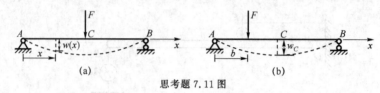

思考题 7.11 图

7.12 如图所示,线弹性小变形结构,如果自由端 A 受铅垂力 F_1 作用,测得 A、B 两点的挠度分别为 δ_A、δ_B。若将 A 端用铰支座固定,在 B 端加一铅垂力 F_2,则铰支座 A 的约束力是多少?

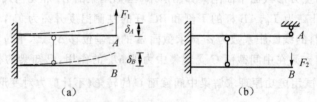

思考题 7.12 图

7.13 如图所示,一 S 形简支曲梁是由两个半径为 R 的四分之一圆环焊接而成,已知 EI,不计轴力对变形的影响,求截面 C 的挠度及截面 B 的转角。

7.14 如图所示,一半径为 R 的四分之三圆环曲杆,与两根拉杆铰接,受力如图。曲杆的 EI 和两根拉杆的 EA 均已知,试求 C、D 两点间的相对位移及曲杆的 H、B 两截面间相对转角。

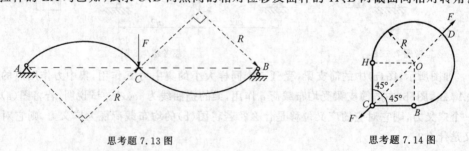

思考题 7.13 图   思考题 7.14 图

7.15 U 形平面刚架受力如图所示,刚架各部分 EI 相同。试确定当 F 与 P 的数值之间有何种关系时可使 A、D 两点间无相对线位移。

7.16 由直线段构成的 S 形平面直角刚架受力如图所示。刚架的 EI 已知,试分别求点 A 和点 J 的铅垂位移。

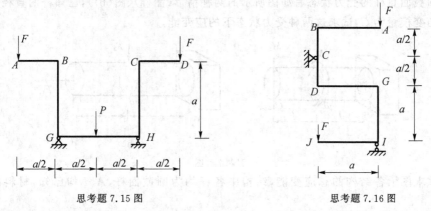

思考题 7.15 图   思考题 7.16 图

7.17 如图所示,受集中力 F 作用的等截面外伸梁 AC,在中间截面铰支座 B 处安装一转角弹簧,该弹簧产生的约束力偶矩 M_B 与该截面的转角 θ_B 成正比,即 $M_B = k\theta_B$,且 M_B 与 θ_B 转向相反,若 $k = \dfrac{EI}{2a}$,试求截面 C 的挠度。

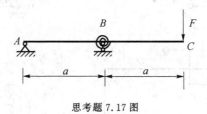

思考题 7.17 图

7.18 图示平面刚架各段的 EI 相同,载荷 F 可在 AB 段水平平移。若希望点 C 的挠度为零,试确定力 F 的作用点 K 的位置。

7.19 如图所示,弯曲刚度为 $E_1 I$ 的平面刚架 $HBCDG$ 在点 H 与直杆 HO 铰接,杆的 EA 已知。当 $E_1 = \infty$ 和 $E_1 \neq \infty$ 时,试求集中力 F 的作用点 H 的铅垂位移。

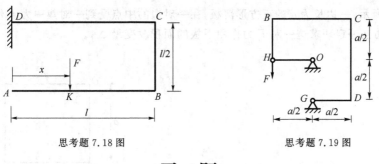

思考题 7.18 图   思考题 7.19 图

习　题

7.1 等截面直杆 HBC,受力有如图所示的两种情形(图(a)、图(b)),已知杆的 EA 和 EI,试求这两种受力状态下的应变能。

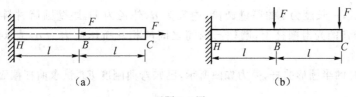

（a）   （b）

习题 7.1 图

7.2 圆截面直杆的受力状态有如图所示的两种情形（图(a)、图(b)），已知杆的直径为 d，弹性模量为 E，切变模量为 G，试求这两种受力状态下的应变能。

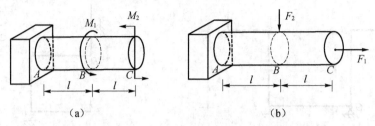

习题 7.2 图

7.3 试求图示各结构的总应变能，结构中各杆均为圆截面杆，A、I 均已知，材料的 E、G 也已知。

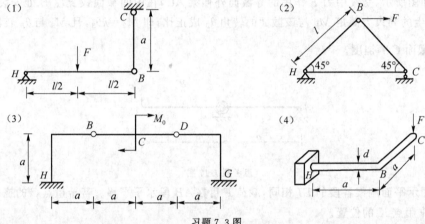

习题 7.3 图

7.4 图示外伸梁，若在截面 1 处受集中力 $F_1 = 6$ kN 作用时，在端面 3 处测得转角为 $\theta_{31} = 0.012$ rad，试问若梁在截面 2 处施加什么载荷能在截面 1 处产生向下的挠度 $w_{12} = 2$ mm？

7.5 如图所示，一边长为 a 的正方形薄板，在一对边的中点受到一对集中力 F 作用。已知材料常数 E、ν，试用功互等定理求这一对 F 力作用下板的面积改变量 ΔA。

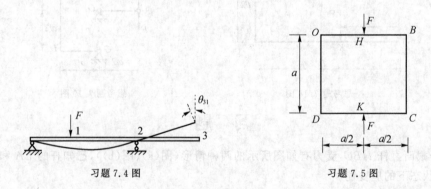

习题 7.4 图   习题 7.5 图

7.6 如图所示，一长度为 l 的厚壁圆筒，内径为 d，外径为 D，厚壁圆筒材料的 E、ν 已知。将其套在一直径大于 d 的光滑圆柱上，圆柱与圆筒之间的相互挤压应力为 q，试求圆筒的轴向变形量 Δl。

7.7 半径为 R 的半圆形曲杆，受力如图所示，已知弯曲刚度 EI，试求曲杆截面 B 的水平位移。

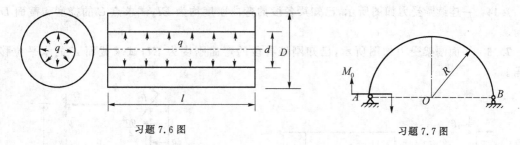

习题 7.6 图   习题 7.7 图

7.8 如图所示,半径为 R 的半圆曲杆,放置在 xy 平面内,一端固支,另一端受到作用面平行于 yz 平面内的集中力偶 M_0 作用。已知材料的 E、G,曲杆横截面是直径为 d 的圆形,试求截面 C 的 z 方向位移。

7.9 如图所示,直杆 AB 与半圆曲杆 BCD 焊接为一体,一端固支,AB 段受均布载荷 q 作用,D 端受集中力 qR 作用,各段的 EI 相同,试求点 D 的铅垂位移及截面 D 的转角。

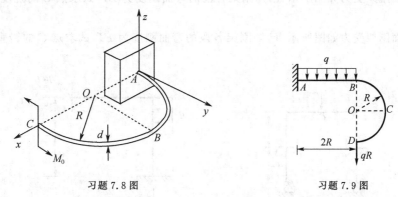

习题 7.8 图   习题 7.9 图

7.10 图示桁架,各杆的横截面积均为 A,杆的材料拉压应力应变关系为非线性,拉伸时为 $\sigma = B\varepsilon^{\frac{1}{2}}$,压缩时为 $\sigma = -B(-\varepsilon)^{\frac{1}{2}}$,$B$ 为常数,试用单位载荷法求点 C 的铅垂位移。

7.11 简支梁受力如图所示,已知梁的 EI 及 l,试求点 C 的挠度和截面 A 的转角。

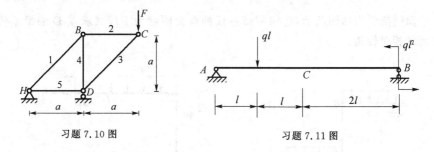

习题 7.10 图   习题 7.11 图

7.12 悬臂梁受力如图所示,已知梁的 EI 及 l,试求点 C 的挠度和截面 B 的转角。

7.13 外伸梁受力如图所示,已知梁的弯曲刚度 EI 及 l,试求截面 C 的挠度和截面 B 的转角。

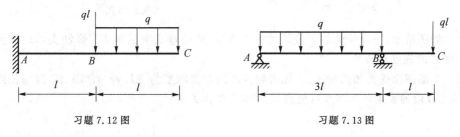

习题 7.12 图   习题 7.13 图

7.14 一连续梁受力如图所示,已知梁各段的弯曲刚度均为 EI,试求点 C 的挠度和截面 D 的转角。

7.15 平面刚架受力如图所示,已知刚架各段的弯曲刚度为 EI,试求截面 A 的水平位移和转角。

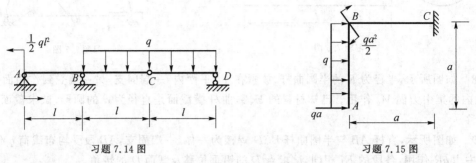

习题 7.14 图　　　　　　　习题 7.15 图

7.16 平面刚架受力如图所示,已知刚架各段的弯曲刚度为 EI,试求点 C 的挠度及 A、B 两截面的相对转角。

7.17 平面刚架受力如图所示,已知刚架各段的弯曲刚度为 EI,试求点 C 的铅垂和水平方向位移。

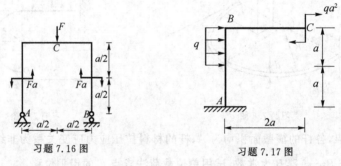

习题 7.16 图　　　　　　　习题 7.17 图

7.18 平面刚架受力如图所示,已知刚架各段的弯曲刚度为 EI,试求截面 C 的铅垂位移和截面 D 的转角。

7.19 平面刚架受力如图所示,已知刚架各段的弯曲刚度为 EI,试求点 D 的铅垂位移及点 D 左右两侧截面的相对转角。

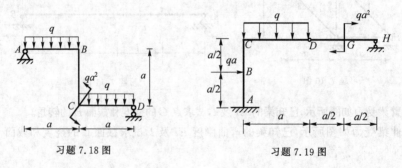

习题 7.18 图　　　　　　　习题 7.19 图

7.20 如图所示,一外伸梁的 B 支座为弹性支承,梁的弯曲刚度为 EI,弹性支承的刚度系数为 k,试求截面 C 的挠度和转角。

7.21 平面刚架受力如图所示,已知刚架各段的弯曲刚度为 EI,若 AB 和 BC 段的长度保持不变,试确定 CD 段的长度 a 为多大可使点 D 的水平位移为零?

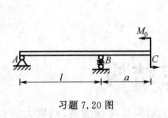

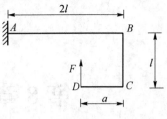

习题 7.20 图   习题 7.21 图

7.22 结构受力如图所示，AB 是长度为 R 的水平直梁，CB 与 BD 是半径为 R 的四分之一圆弧曲梁，直梁和曲梁弯曲刚度均为 EI，试求截面 A 的转角。

7.23 结构受力如图所示，已知刚架 HBC 的弯曲刚度为 EI，杆 HD、DB 的拉压刚度为 EA，不计刚架中轴力、剪力对变形的影响，试求点 D 的铅垂位移及刚架 HBC 截面 B 的转角。

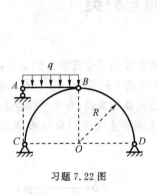

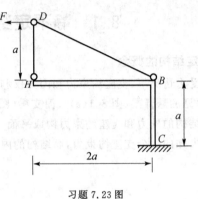

习题 7.22 图   习题 7.23 图

7.24 两直角刚架在点 C 铰接并在 H、G 两点与一根拉杆铰接，受力如图所示，刚架 HBC 及 CDG 各段弯曲刚度均为 EI，杆 HG 的拉压刚度为 EA，不计刚架中剪力与轴力对变形的影响，试求点 C 的铅垂位移及 H、C 两点间的相对位移。

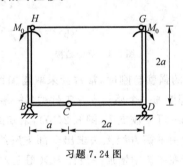

习题 7.24 图

第8章 静不定结构

静不定结构也称为超静定结构。与静定结构相比,静不定结构具有强度高、刚度大等优点,因此工程实际中的结构大多是静不定结构。在第3章轴向拉压和第4章扭转中,曾介绍了简单的拉压静不定和扭转静不定问题。本章介绍一般静不定结构的概念及求解方法,重点介绍用力法求解静不定结构。

8.1 静不定结构的概念与分类

1. 静不定结构的概念

在各种受力情况下,支座约束力和内力仅利用静力学平衡方程就可全部求出的结构称为**静定结构**。例如,常见的悬臂梁(图 8.1(a))、简支梁(图 8.1(b))及简支的 5 杆桁架(图 8.1(c))都是静定结构。这几组结构的外力和支座约束力构成平面一般力系,对结构整体来说,有 3 个独立的平衡方程,恰好可解出未知的 3 个支座约束力,而结构的内力可由截面法或节点法逐步取分离体,然后列平衡方程求出。

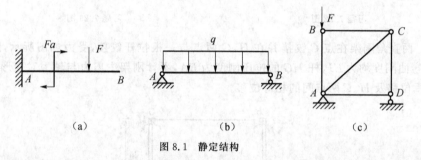

(a)　　　　　　　　(b)　　　　　　　　(c)

图 8.1　静定结构

在工程实际中,为了提高结构的强度与刚度,常常会采取增加约束条件的办法。例如,车床车削工件时,为提高精度,常在工件尾部增加一个尾架支撑工件的另一端,使工件的变形减小(图 8.2(a))。这时工件可简化为悬臂梁右端增加一可动铰支座(图 8.2(b)),未知的支座约束力为 4 个,而整体仍只有 3 个独立的平衡方程。这类仅利用平衡方程无法求出全部支座约束力的结构称为**外静不定结构**。又如,图 8.1(c)的 5 杆静定桁架,若在系统中增加一根杆 BD(图 8.2(c)),虽然这时桁架的支座约束力仍为 3 个,可由整体平衡方程解出,但桁架各杆的内力却无法通过平衡方程全部解出。图 8.2(d)也是无法用平衡方程求出构件截面上内力的例子。这类仅利用平衡方程无法求出全部内力的结构称为**内静不定结构**。此外,还有的结构既是外静不定的,又是内静不定的,如图 8.3 所示。凡是仅用静力学平衡方程无法求出全部支座约束力或内力的结构,统称为**静不定结构**或**超静定结构**。

在图 8.1 的静定结构中,所有的内部和外部约束条件对维持结构的平衡都是必要的、充分的。由于各种原因在静定结构上增加的约束,对于结构的平衡来说则是"多余"的,因此称之为"**多余约束**"。例如,图 8.2(a)中的尾架 B,图 8.2(c)中的杆 BD,以及图 8.2(d)中闭合框架的截面内部约束,都可视为"多余约束"。"多余约束"所提供的约束力或内力则称为"**多余力**"。当然,这里的"多余"二字对工程实际问题来说并非多余无用,而是提高结构强度或刚度的有效措施。

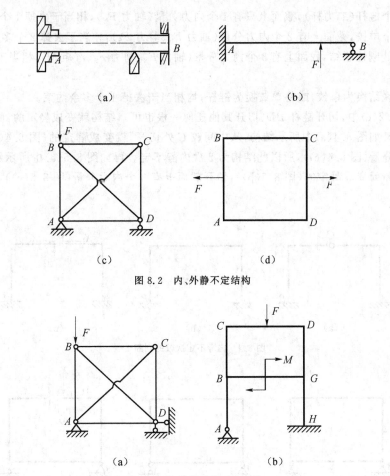

图 8.2　内、外静不定结构

图 8.3　内、外混合静不定结构

2. 静不定次数及判断方法

根据静不定结构的定义,静不定结构的特点就是存在未知的"多余力",而"多余力"所含未知量个数就表明了静不定结构的重要特征,一个静不定结构的"多余力"所含未知量个数称为该结构的**静不定次数**。即

$$静不定次数="多余力"所含未知量个数="多余约束"个数$$
$$=全部未知力所含未知量个数-独立平衡方程个数$$

根据静不定结构的受力及约束特点,判断其静不定次数,是求解静不定结构最基本的步骤。

(1)外静不定结构

首先由约束的性质确定支座约束力所含未知量的数目,再根据结构所受到的力系的性质确定独立平衡方程的数目,二者之差即为结构的静不定次数。例如,图 8.2(b)中,A 端为固定端,支座约束力有 3 个未知量,B 端可动铰支座有 1 个支座约束力,支座约束力共 4 个未知量;结构受平面一般力系作用,有 3 个独立的平衡方程。支座约束力未知量数与平衡方程数之差为 1,所以此结构为 1 次外静不定。

(2)内静不定结构

用截面法将结构切开一个或几个截面(即去掉内部多余约束),使它变成静定的,那么切开截面上的内力分量的总数(即原结构内部多余约束数目)就是静不定次数。

在平面结构(结构轴线与载荷均在同一平面内)中:

①切开一个链杆(二力杆)，截面上只有 1 个内力分量(轴力 F_N)，相当于去掉 1 个多余约束。

②切开一个单铰，截面上有 2 个内力分量(轴力 F_N、剪力 F_s)，相当于去掉 2 个多余约束。

③切开一处刚性联结，截面上有 3 个内力分量(轴力 F_N、剪力 F_s、弯矩 M)，相当于去掉 3 个多余约束。

④将刚性联结换为单铰，或将单铰换为链杆，均相当于去掉 1 个多余约束。

例如，图 8.2(c)中，切开链杆 BD(切开其他任何一根也可)，结构就变成静定的，所以此结构为 1 次内静不定。又如图 8.4(a)中所示结构，从中间铰 C 处切开，就变成静定的(图 8.4(b))，切开截面上有 2 个内力分量(图 8.4(c))，所以此结构为 2 次内静不定。再如图 8.5(a)中所示结构，将任何一处刚性联结切断就变成静定的(图 8.5(b))，切开截面上有 3 个内力分量(图 8.5(c))，所以此结构为 3 次内静不定。

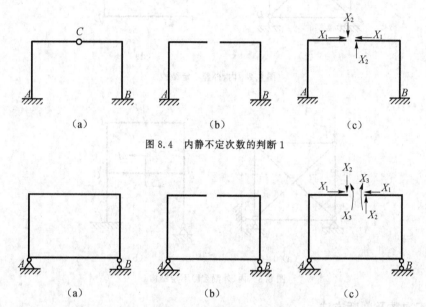

图 8.4　内静不定次数的判断 1

图 8.5　内静不定次数的判断 2

(3)既是外静不定又是内静不定的结构

首先判断其外静不定次数，再判断其内静不定次数，二者之和即为结构的总静不定次数。例如，图 8.3(a)的结构，结构整体看，外静不定次数为 1，而仅看结构本身，该桁架有一根多余的二力杆，为 1 次内静不定，故该结构应为 2 次静不定结构。而图 8.3(b)则是 2 次外静不定加上 3 次内静不定，为 5 次静不定结构。

此外，求解静不定结构时，结构本身几何特征、约束条件的对称与反对称性，载荷作用方式及对称与反对称性，以及对次要变形因素的忽略都对求解时静不定次数的判断有很大影响。例如，图 8.6(a)和图 8.6(b)是同样的杆件，所受载荷不同，求解时静不定次数分别为 1 次和 2 次，在求解静不定结构时应根据具体情况分析判断其静不定次数。

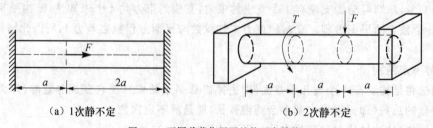

(a) 1 次静不定　　　　　　　　(b) 2 次静不定

图 8.6　不同载荷作用下的静不定结构

3.求解静不定结构的方法

由于静不定结构有内、外多余约束,使得未知力所含未知量的数目超过了独立平衡方程的数目,所以求解静不定结构必须综合考虑静力平衡、变形几何和物理关系(即力与变形之间关系)三方面的条件,这就是求解静不定结构的基本方法。利用这三组条件联立求解,也是材料力学基本研究方法和特点的集中体现。

求解静不定结构的具体研究方法很多,主要可分为两大类:一类为**力法**,是以多余未知力为基本未知量,将变形或位移表示为未知力的函数,然后列出变形或位移协调条件作为补充方程,解出多余未知力;另一类为**位移法**,是以位移为基本未知量,将多余未知力表示为位移的函数,再按平衡条件列出方程,解得未知位移,再求出多余未知力。本章重点介绍用力法求解静不定结构。

8.2　力法求解静不定结构

1.基本静定系和相当系统

去掉静不定结构上原有载荷,只考虑结构本身,那么解除多余约束后得到的静定结构,称为原静不定结构的**基本静定系**(简称**静定基**)。在基本静定系上,用相应的多余未知力代替被解除的多余约束,并加上原有载荷,则称为原静不定结构的**相当系统**。

基本静定系可以有不同的选择,并不是唯一的,与之相应的相当系统也随基本静定系的选择而不同。例如,如图 8.7(a)所示结构,可以选取 B 端的可动铰支座为多余约束,基本静定系是一个悬臂梁(图 8.7(b)),相应的相当系统表示在图 8.7(c)中;也可以选取 A 端阻止该截面转动的约束为多余约束,基本静定系是一个简支梁(图 8.7(d)),相应的相当系统表示在图 8.7(e)中。又如图 8.8(a)所示的 3 次静不定结构,其相当系统可以选取多种形式,分别表示在图 8.8(b)、(c)、(d)、(e)及(f)中。选取不同的相当系统所得的最终结果是一样的,但计算过程却有繁简之分,所以选择相当系统也是很重要的。

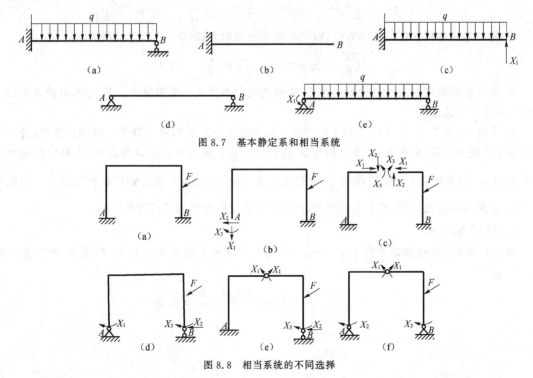

图 8.7　基本静定系和相当系统

图 8.8　相当系统的不同选择

2. 力法求解简单静不定结构

下面以图 8.9(a)所示静不定梁为例,说明力法的思路和步骤。

(1)判断静不定次数:该梁为 1 次静不定。

(2)选定基本静定系及相当系统,分别如图 8.9(b)及图 8.9(c)所示。

(3)建立位移协调条件,以保证相当系统的位移(及变形)与原静不定结构完全相同。本例中原静不定结构在多余约束 B 处是可动铰,上下不能移动,应有 $w_B = 0$,所以相当系统中点 B 的挠度也应为零,即

$$w_B = w_{BF} + w_{BX_1} = 0$$

式中,w_{BF} 为原载荷 F 在点 B 处引起的挠度,w_{BX_1} 为多余约束力 X_1 在点 B 处引起的挠度,分别如图 8.9(d)和图 8.9(e)所示。

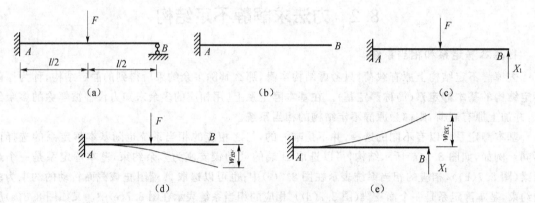

图 8.9　力法求解简单静不定结构

(4)建立物理条件,将位移表达为力的函数,本例中梁的挠度以向上为正,有

$$w_{BF} = -\frac{F\left(\frac{l}{2}\right)^3}{3EI} - \frac{F\left(\frac{l}{2}\right)^2}{2EI} \cdot \frac{l}{2} = -\frac{5Fl^3}{48EI} \quad , \quad w_{BX_1} = \frac{X_1 l^3}{3EI}$$

(5)将物理条件代入位移协调方程,即可求解多余未知力,故有

$$-\frac{5Fl^3}{48EI} + \frac{X_1 l^3}{3EI} = 0 \quad , \quad X_1 = \frac{5}{16}F \quad (\uparrow)$$

X_1 即原静不定结构 B 端的支座约束力,A 端约束力所含 3 个未知量 F_{Ax}、F_{Ay}、M_A 可由 3 个独立的静力平衡方程求出。

X_1 求出后,在 F 和 X_1 共同作用下的相当系统与原静不定结构完全等价。对相当系统,进一步可按静定梁画剪力图、弯矩图,求应力和变形,进行强度和刚度计算。经计算可知,本例中的梁中最大弯矩 $|M|_{max}$ 仅为相应静定悬臂梁的 $\frac{3}{8}$,而挠度的最大值 $|w|_{max}$ 仅为相应静定悬臂梁的 $\frac{1}{33}$。由此可见,静不定结构具有强度高、刚度大的优点,因而在工程实际中得到了广泛的应用。

3. 力法正则方程

研究上例中的位移协调方程 $w_{BX_1} + w_{BF} = w_B$,因为 B 处是多余未知力 X_1 作用处,所以将 B 改写为1,则有

$$w_{BX_1} \xrightarrow{\text{改写}} \delta_{1X_1} \xrightarrow{\text{力与位移为线性关系}} \delta_{11} X_1$$

$$w_{BF} \xrightarrow{\text{改写}} \Delta_{1F}$$

$$w_B \xrightarrow{\text{改写}} \Delta_1$$

所以，位移协调方程改写为

$$\delta_{11}X_1 + \Delta_{1F} = \Delta_1 \tag{8.1}$$

上式称为**力法正则方程**，式中凡是有两个下标的地方，第一个下标表示位移发生的地点和方向，第二个下标表示位移发生的原因，即位移是由哪个力引起的。下面进一步阐明各项的确切含义。

X_1——多余未知力，这里的 X_1 指广义力，它可以是力，也可以是力偶矩，可以是外约束力，也可以是内约束力。

Δ_1——原静不定结构在 X_1 作用处沿 X_1 方向的位移，这里的位移也指广义位移，它可以是线位移，也可以是角位移，可以是绝对位移，也可以是相对位移。

δ_{11}——在相当系统中，只保留 X_1 并使 $X_1 = 1$，由它引起的 X_1 作用处沿 X_1 方向的位移（广义位移）。

Δ_{1F}——在相当系统上，只保留所有原已知载荷 F（广义力），由所有原已知载荷引起的在 X_1 作用处沿 X_1 方向的位移（广义位移）。

在式(8.1)中，第一项 $\delta_{11}X_1$ 表示在相当系统上，只考虑 X_1 的作用，X_1 在自身作用点和方向上引起的位移；第二项 Δ_{1F} 表示在相当系统上，不考虑 X_1，只考虑原有载荷，所有原已知载荷在 X_1 作用点沿 X_1 方向引起的位移；由叠加原理，二者之和应等于原结构在 X_1 作用点沿 X_1 方向的位移。

对于高次静不定结构，一般都采用规范化了的正则方程求解。n 次静不定结构的力法正则方程为

$$\begin{cases} \delta_{11}X_1 + \delta_{12}X_2 + \cdots + \delta_{1n}X_n + \Delta_{1F} = \Delta_1 \\ \delta_{21}X_1 + \delta_{22}X_2 + \cdots + \delta_{2n}X_n + \Delta_{2F} = \Delta_2 \\ \cdots\cdots \\ \delta_{n1}X_1 + \delta_{n2}X_2 + \cdots + \delta_{nn}X_n + \Delta_{nF} = \Delta_n \end{cases} \tag{8.2}$$

上式即为力法正则方程的标准形式，也可表达为矩阵形式

$$\begin{pmatrix} \delta_{11} & \cdots & \delta_{1n} \\ \vdots & & \vdots \\ \delta_{n1} & \cdots & \delta_{nn} \end{pmatrix} \begin{pmatrix} X_1 \\ \vdots \\ X_n \end{pmatrix} + \begin{pmatrix} \Delta_{1F} \\ \vdots \\ \Delta_{nF} \end{pmatrix} = \begin{pmatrix} \Delta_1 \\ \vdots \\ \Delta_n \end{pmatrix}$$

很多情况下，原静不定结构在 n 个多余约束处的位移均为零，那么力法正则方程可写为

$$\begin{pmatrix} \delta_{11} & \cdots & \delta_{1n} \\ \vdots & & \vdots \\ \delta_{n1} & \cdots & \delta_{nn} \end{pmatrix} \begin{pmatrix} X_1 \\ \vdots \\ X_n \end{pmatrix} + \begin{pmatrix} \Delta_{1F} \\ \vdots \\ \Delta_{nF} \end{pmatrix} = 0$$

为了正确理解和运用正则方程，特进行以下几点说明：

(1)方程组中第 i 个方程的物理意义是：在原已知载荷和全部 n 个多余未知力共同作用下的相当系统中，在 X_i 作用点处，沿 X_i 方向的位移应与原静不定结构在 X_i 作用点处沿 X_i 方向的位移相等。故对 n 次静不定结构，n 个方程即 n 个位移协调条件。

(2)方程组中多余未知力 X_j 前的系统数 δ_{ij} 组成一个 $n \times n$ 的方阵。方阵的主对角线上的系数 $\delta_{ii}(i=1,2,\cdots,n)$ 称为**主系数**，其物理意义是：在相当系统上只保留 X_i，并令 $X_i = 1$ 时，在其自身作用点处沿自身方向上的位移。由于 δ_{ii} 与 X_i 方向一致，故 δ_{ii} 恒为正。对角线以外的其他系数 $\delta_{ij}(i \neq j)$ 称为**副系数**，其物理意义是：在相当系统中只保留 X_j 且令 $X_j = 1$，在 X_i 作用点处沿 X_i 方向上的位移。由于 X_j 的作用在 X_i 作用点处产生的位移并不一定与 X_i 方向相同，故 δ_{ij} 可正可负亦可为零。根据位移互等定理，必有 $\delta_{ij} = \delta_{ji}$，所以系数组成的方阵为一对称方阵。

(3)方程组各式中的自由项 Δ_{iF} 的物理意义是：在相当系统上，去掉所有多余未知力，只保留原已知载荷，在 X_i 作用点沿 X_i 方向引起的位移。由于 Δ_{iF} 方向与 X_i 方向不一定相同，故 Δ_{iF} 可正可负亦可为零。

（4）方程组中 Δ_i 表示原静不定结构在 X_i 作用点处沿 X_i 方向的位移。Δ_i 与 X_i 方向相同时取正号，反之取负号，若原静不定结构在 X_i 作用点处沿 X_i 方向的位移为零，则 $\Delta_i = 0$，所以 Δ_i 可正可负亦可为零，在很多情况下 $\Delta_i = 0$。

从力法正则方程（8.2）可以看出，只要求出方程组中全部系数 δ_{ij} 及 Δ_{iF}，就可解出全部多余未知力 X_i。实际上，求解静不定结构就是在相当系统上求一系列位移 δ_{ij}、Δ_{iF}。而这些位移可以用第 3～5 章中基本变形下位移的求解及第 7 章中的单位载荷法或图乘法求得。

对于静不定结构来说，只要求出了全部多余未知力，则静不定结构的求解就已经全部完成，这时相当系统已完全可以代替原来的静不定结构。若想进一步求解该静不定结构的全部约束力、内力、应力、变形、位移及对其进行强度、刚度的分析计算，就可在相当系统上完成。

例如，原静不定结构的弯矩方程或弯矩图，即可在相当系统上用叠加法求得

$$M = M_F + \sum_i X_i \overline{M}_i \tag{8.3}$$

式中，M_F 为相当系统上只保留原载荷作用时的弯矩，$\overline{M}_i$ 为相当系统上只保留多余力 $X_i = 1$ 作用时的弯矩。除弯矩外，其他内力分量、应力分量及位移分量都可类似进行叠加计算，而强度、刚度的校核就可在相当系统上完成。其中特别要提到的一点是，求解原静不定结构中某点 K 的广义位移时，可以采用单位载荷法，而且单位力既可以加在原静不定结构上，也可以加在相当系统上，一般来说后者比前者要简便一些。

例 8.1 连续梁受力及尺寸如图（a）所示，梁各段的弯曲刚度均为 EI，试求各支座的约束力。

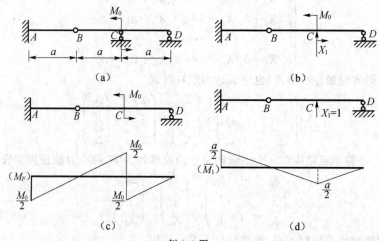

例 8.1 图

解: 此结构应为 1 次静不定。

（1）取 C 支座的约束为多余约束，相当系统为图（b），设多余未知力 X_1 方向如图所示。

（2）力法正则方程为

$$\delta_{11} X_1 + \Delta_{1F} = 0$$

此处 $\Delta_1 = 0$ 是因为原静不定结构在 C 支座处的铅垂位移为零。

（3）画内力图

相当系统上只作用原载荷时的弯矩图 M_F 图为图（c）；相当系统上只作用 $X_1 = 1$ 时的弯矩图 $\overline{M}_1$ 图为图（d）。

（4）计算系数 δ_{11} 和 Δ_{1F}

δ_{11} 由 $\overline{M}_1$ 图自乘求得

$$\delta_{11} = \frac{3}{EI} \cdot \frac{1}{2} \cdot \frac{a}{2} \cdot a \cdot \frac{2}{3} \cdot \frac{a}{2} = \frac{a^3}{4EI}$$

Δ_{1F} 由 $\overline{M}_1$ 图与 M_F 图互乘求得

$$\Delta_{1F}=\frac{1}{EI}\left[-2\cdot\frac{1}{2}\cdot\frac{M_0}{2}\cdot a\cdot\frac{2}{3}\cdot\frac{a}{2}+\frac{1}{2}\cdot\frac{M_0}{2}\cdot a\cdot\frac{2}{3}\cdot\frac{a}{2}\right]=-\frac{M_0 a^2}{12EI}$$

代入正则方程可求得

$$X_1=-\frac{\Delta_{1F}}{\delta_{11}}=\frac{M_0}{3a}\ (\uparrow)$$

(5)求各支座约束力

在相当系统上,利用平衡方程,可求出其余各支座的约束力为

$$F_{Ax}=0,\quad F_{Ay}=\frac{M_0}{3a}\ (\uparrow),\quad M_A=\frac{M_0}{3}\ (\circlearrowleft),\quad F_{Cy}=\frac{M_0}{3a}(\uparrow),\quad F_{Dy}=\frac{2M_0}{3a}\ (\downarrow)$$

注意:本题相当系统的选取可以有几种不同的方案,除上面的选择外,还可选取图8.10中的几种相当系统:图8.10(a)选取中间铰 B 处传递的内力为多余约束力;图8.10(b)选取 D 支座的约束力为多余约束力;图8.10(c)选取 A 端的约束力偶为多余未知力;图8.10(d)选取 A 端铅垂方向约束力为多余未知力(将固支端 A 解除铅垂方向位移的约束,保留其水平方向位移和转动的约束)。应注意原静不定结构中并不是任意一个约束都可选为多余约束,如果将 A 端的水平约束视为多余约束并解除掉(图8.10(e))则无法成为可用的相当系统,因为此系统并不是一个静定系统。这点在静不定结构的求解中应特别注意。

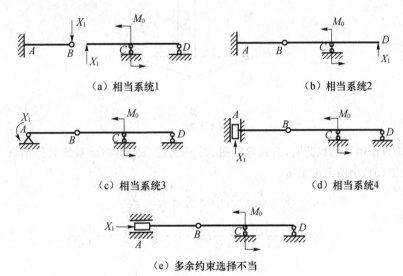

(a) 相当系统1　　　　　　(b) 相当系统2

(c) 相当系统3　　　　　　(d) 相当系统4

(e) 多余约束选择不当

图8.10　例8.1相当系统的多种选择

例8.2　结构受力及尺寸如图(a)所示,已知梁 HB 的弯曲刚度为 EI,杆 CD 的拉压刚度为 EA,且 $\dfrac{EA}{l}=\dfrac{12EI}{a^3}$,试求杆 CD 的轴力 F_N。

解:此结构为1次静不定,若相当系统的选择不同,则正则方程的形式也不同。

解法一:

(1)取相当系统为图(b)所示,从 C 处切开杆 CD 与梁 HB 的联系,取掉杆 CD,以梁 HB 为基本静定系统建立相当系统,设杆 CD 对梁 HB 的约束力 X_1 为多余未知力。

(2)对此相当系统,正则方程为

$$\delta_{11}X_1+\Delta_{1F}=-\frac{X_1 l}{EA}$$

(3)求系数 δ_{11} 和 Δ_{1F}

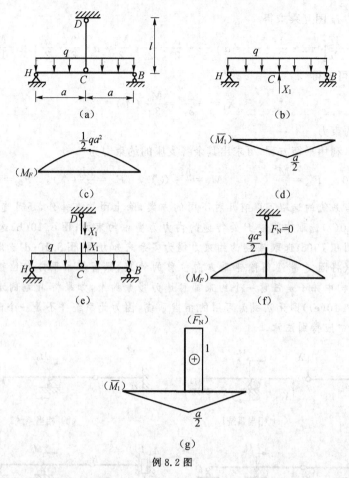

例 8.2 图

当相当系统只作用了原载荷时,梁的弯矩图 M_F 图为图(c),当相当系统只作用 $X_1=1$ 时,梁的弯矩图 $\overline{M}_1$ 图为图(d),用图乘法求得

$$\delta_{11}=\frac{2}{EI}\cdot\frac{1}{2}\cdot\frac{a}{2}\cdot a\cdot\frac{2}{3}\cdot\frac{a}{2}=\frac{a^3}{6EI}$$

$$\Delta_{1F}=-\frac{2}{EI}\cdot\frac{2}{3}\cdot\frac{1}{2}qa^2\cdot a\cdot\frac{5}{8}\cdot\frac{a}{2}=-\frac{5qa^4}{24EI}$$

$$X_1=-\frac{\Delta_{1F}}{\delta_{11}+\dfrac{l}{EA}}=\frac{\dfrac{5qa^4}{24EI}}{\dfrac{a^3}{6EI}+\dfrac{a^3}{12EI}}=\frac{5}{6}qa\ (\uparrow)$$

即

$$F_N=\frac{5}{6}qa(拉力)$$

解法二:

(1)取相当系统为图(e)所示,将杆 CD 从中间切断,取切断的杆 CD 和梁 HB 为基本静定系统,设杆 CD 的轴力 X_1 为多余未知力,建立相当系统。

(2)对此相当系统,正则方程为

$$\delta_{11}X_1+\Delta_{1F}=0$$

(3)计算系数 δ_{11} 和 Δ_{1F}

相当系统仅作用原载荷时的弯矩图 M_F 图为图(f);相当系统仅作用 $X_1=1$ 时的弯矩图 $\overline{M}_1$ 图为

图(g),用图乘法求得

$$\delta_{11}=\frac{2}{EI}\cdot\frac{1}{2}\cdot\frac{a}{2}\cdot a\cdot\frac{2}{3}\cdot\frac{a}{2}+\frac{1\cdot l\cdot 1}{EA}=\frac{a^3}{6EI}+\frac{l}{EA}=\frac{a^3}{4EI}$$

$$\Delta_{1F}=-\frac{2}{EI}\cdot\frac{2}{3}\cdot\frac{1}{2}qa^2\cdot a\cdot\frac{5}{8}\cdot\frac{a}{2}=-\frac{5qa^4}{24EI}$$

$$X_1=-\frac{\Delta_{1F}}{\delta_{11}}=\frac{5}{6}qa\;(\uparrow)$$

即

$$F_N=\frac{5}{6}qa(拉力)$$

注意: 从本例可见,求解静不定结构时,选取不同的相当系统,正则方程中的各项系数不完全相同,但最终的结果却是相同的。尤其是正则方程右端项 Δ_1,对某些相当系统为零,而选择另一些相当系统则不为零。本题解法一的基本静定系统为在点 C 切去了杆 CD 的梁 HB,Δ_1 的物理意义为原静不定结构在点 C 的位移,即杆 CD 的变形量 $\Delta l=\dfrac{X_1 l}{EA}$,且由于所设 X_1 的方向使杆 CD 伸长,故点 C 位移方向向下,与相当系统中的 X_1(方向向上)方向相反,故 Δ_1 为负,即 $\Delta_1=-\dfrac{X_1 l}{EA}$。而本题解法二的基本静定系统是切断杆 CD 后的梁 HB 及杆 CD,Δ_1 的物理意义为杆 CD 切开截面在原静不定结构中(未切开杆 CD 时)的相对位移,故 $\Delta_1=0$。

例 8.3 平面刚架受力如图(a)所示,刚架的弯曲刚度为 EI,支座 D 为一刚度系数为 k 的弹簧铰支座,且 $k=\dfrac{EI}{a^3}$。试求点 C 的铅垂位移(不计刚架中轴力、剪力对变形的影响)。

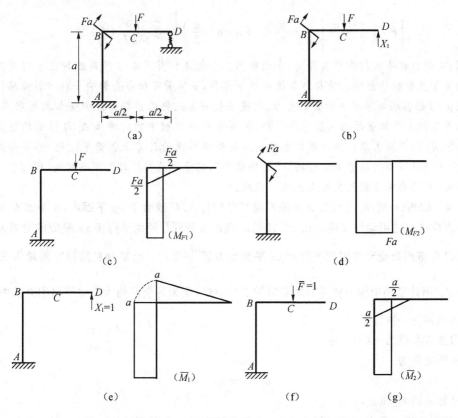

例 8.3 图

解：此刚架为一次静不定。

(1)取相当系统为图(b)

(2)正则方程为

$$\delta_{11} X_1 + \Delta_{1F} = -\frac{X_1}{k}$$

(3)求系数 δ_{11} 和 Δ_{1F}

画相当系统仅有原载荷作用时的弯矩图，可将集中力 F 和集中力偶 Fa 分开，分别画出 M_{F1} 图（图(c)）和 M_{F2} 图（图(d)）；

画相当系统仅有 $X_1 = 1$ 作用时的弯矩图 $\overline{M}_1$ 图（图(e)）。用图乘法计算可得

$$\delta_{11} = \frac{1}{EI}\left[\frac{1}{2} \cdot a \cdot a \cdot \frac{2}{3} \cdot a + a \cdot a \cdot a\right] = \frac{4a^3}{3EI}$$

$$\Delta_{1F} = -\frac{1}{EI}\left[\frac{1}{2} \cdot \frac{Fa}{2} \cdot \frac{a}{2} \cdot \frac{5}{6} \cdot a + \frac{Fa}{2} \cdot a \cdot a + Fa \cdot a \cdot a\right] = -\frac{77Fa^3}{48EI}$$

$$X_1 = -\frac{\Delta_{1F}}{\delta_{11} + \frac{1}{k}} = -\frac{\Delta_{1F}}{\left(\frac{4}{3}+1\right)\dfrac{a^3}{EI}} = \frac{11}{16}F \ (\uparrow)$$

(4)求原结构在点 C 的铅垂位移 Δ_C

在相当系统的点 C 施加一铅垂向下的单位力 $\overline{F} = 1$（图(f)），画出其 $\overline{M}_2$ 图（图(g)），利用图乘法，$\overline{M}_2$ 图(g)分别与图(c)、图(d)、图(e)图乘并叠加，有

$$\Delta_C = \frac{1}{EI}\left[\frac{1}{2} \cdot \frac{Fa}{2} \cdot \frac{a}{2} \cdot \frac{2}{3} \cdot \frac{a}{2} + \frac{Fa}{2} \cdot a \cdot \frac{a}{2} + Fa \cdot a \cdot \frac{a}{2} - \right.$$

$$\left. \frac{11}{16}F \cdot \left(\frac{1}{2} \cdot \frac{a}{2} \cdot \frac{a}{2} \cdot \frac{5}{6} \cdot a + a \cdot a \cdot \frac{a}{2}\right)\right] = \frac{289Fa^3}{768EI} \ (\downarrow)$$

注意：本题的静不定结构中有弹簧，在选取相当系统及计算正则方程系数时应考虑到弹簧的存在对结构变形及位移的影响。若相当系统中包含弹簧，则弹簧变形将会影响正则方程左端的各项系数 δ_{ij} 和 Δ_{iF}，可根据相当系统中弹簧的受力、刚度系数 k 及几何关系将其影响叠加到各项系数中，本题所取相当系统是将弹簧的约束解除而得到，故仅有正则方程中的右端项 Δ_i 与弹簧的变形引起的结构位移有关，且不再为零。如此取相当系统的好处是系数的计算比较简单。此外，多余未知力求出后，相当系统就可视为原静不定结构的"等价结构"，其受力及变形与之完全相同，因而在求点 C 的铅垂位移时，可用单位载荷法在相当系统上完成。

例 8.4 如图(a)所示，直径为 d 的圆截面直角折杆 ABC 放置于 xy 平面内，A 端固支，C 端为一仅约束 z 方向位移的可动铰支座。在 BC 段的 C 截面处受到作用面平行于 xz 平面的力偶 M_0 作用，在 AB 段的 B 截面处受到作用面平行于 yz 平面的力偶 $\dfrac{M_0}{2}$ 作用。已知材料的弹性模量为 E，切变模量 $G = \dfrac{4}{5}E$。不计刚架中轴力和剪力对变形的影响，试求刚架的全部约束力并作出刚架的内力图。

解：该结构为一次静不定。

(1)取相当系统为图(b)所示

(2)正则方程为

$$\delta_{11} X_1 + \Delta_{1F} = 0$$

(3)计算系数 δ_{11} 和 Δ_{1F}

画原载荷作用下的内力图（图(c)）及 $X_1 = 1$ 作用下的内力图（图(d)），有

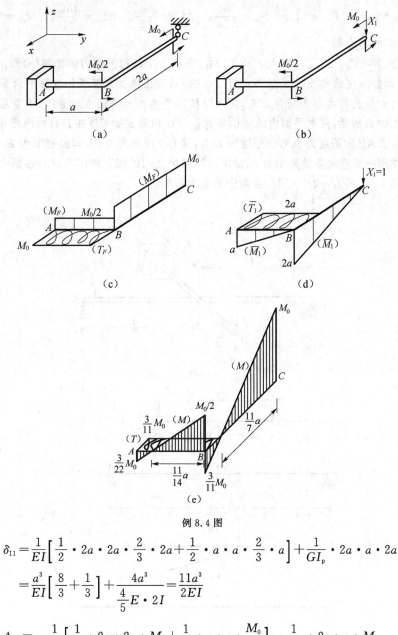

例 8.4 图

$$\delta_{11} = \frac{1}{EI} \Big[\frac{1}{2} \cdot 2a \cdot 2a \cdot \frac{2}{3} \cdot 2a + \frac{1}{2} \cdot a \cdot a \cdot \frac{2}{3} \cdot a \Big] + \frac{1}{GI_{\mathrm{p}}} \cdot 2a \cdot a \cdot 2a$$

$$= \frac{a^3}{EI} \Big[\frac{8}{3} + \frac{1}{3} \Big] + \frac{4a^3}{\frac{4}{5}E \cdot 2I} = \frac{11a^3}{2EI}$$

$$\Delta_{1F} = -\frac{1}{EI} \Big[\frac{1}{2} \cdot 2a \cdot 2a \cdot M_0 + \frac{1}{2} \cdot a \cdot a \cdot \frac{M_0}{2} \Big] - \frac{1}{GI_{\mathrm{p}}} \cdot 2a \cdot a \cdot M_0$$

$$= -\frac{9M_0 a^2}{4EI} - \frac{2M_0 a^2}{\frac{4}{5}E \cdot 2I} = -\frac{7M_0 a^2}{2EI}$$

$$X_1 = -\frac{\Delta_{1F}}{\delta_{11}} = \frac{7M_0}{11a} \ (\downarrow)$$

即

$$F_{Cz} = \frac{7M_0}{11a} \ (\downarrow)$$

(4) 求 A 端约束力

在相当系统中由整体平衡方程求得

$$F_{Ax}=0, \qquad F_{Ay}=0, \qquad F_{Az}=\frac{7M_0}{11a}, \qquad M_{Ax}=\frac{3M_0}{22}, \qquad M_{Ay}=\frac{3M_0}{11}, \qquad M_{Az}=0$$

(5)画出刚架的内力图

利用叠加法：$T=T_F+X_1\overline{T}_1$，$M=M_F+X_1\overline{M}_1$，原静不定结构的内力图如图(e)所示。

注意：本题的静不定结构受力变形形式为组合变形，用图乘法计算正则方程中的系数时，应将结构各部分主要内力分量的内力图绘制出来，图乘时按同类内力分别图乘后叠加，不要漏项。

例8.5 如图(a)所示，在水平面内放置的悬臂梁 AB 和简支梁 CD 在各自的跨度中点 K 处十字交叉光滑接触。梁 AB 的跨度为 l，弯曲刚度为 E_1I_1，梁 CD 的跨度为 $2l$，弯曲刚度为 E_2I_2。在悬臂梁的自由端 A 处作用一铅垂向下的集中力 F，试求：(1)两梁之间的相互作用力；(2)各梁中的最大弯矩；(3)当 $E_2I_2=4E_1I_1$ 和 $E_2I_2=2E_1I_1$ 时，各梁中的最大弯矩。

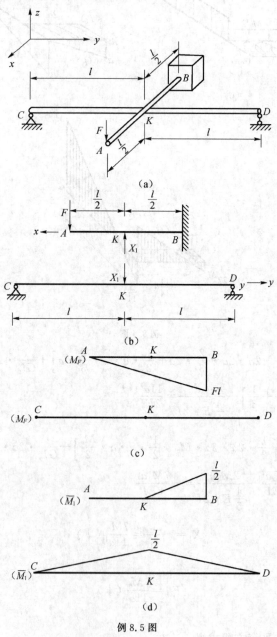

例 8.5 图

解:此结构为 1 次静不定。

(1)取相当系统如图(b)所示

(2)正则方程为

$$\delta_{11}X_1 + \Delta_{1F} = 0$$

(3)求系数 δ_{11} 和 Δ_{1F}

画出原载荷及 $X_1 = 1$ 作用下的弯矩图 M_F 图及 $\overline{M}_1$ 图(图(c)、图(d)),用图乘法计算得

$$\delta_{11} = \frac{1}{E_1 I_1}\left(\frac{1}{2} \cdot \frac{l}{2} \cdot \frac{l}{2} \cdot \frac{2}{3} \cdot \frac{l}{2}\right) + \frac{1}{E_2 I_2}\left(2 \cdot \frac{1}{2} \cdot \frac{l}{2} \cdot l \cdot \frac{2}{3} \cdot \frac{l}{2}\right)$$

$$= \frac{l^3}{24 E_1 I_1} + \frac{l^3}{6 E_2 I_2} = \frac{l^3}{24 E_1 I_1}\left(1 + 4\frac{E_1 I_1}{E_2 I_2}\right)$$

$$\Delta_{1F} = -\frac{1}{E_1 I_1} \cdot \frac{1}{2} \cdot \frac{l}{2} \cdot \frac{l}{2} \cdot \frac{5}{6} \cdot Fl = -\frac{5Fl^3}{48 E_1 I_1}$$

$$X_1 = -\frac{\Delta_{1F}}{\delta_{11}} = \frac{5F}{2(1 + 4E_1 I_1 / E_2 I_2)} \text{(方向如图)}$$

即两梁之间的相互作用力为 $\dfrac{5F}{2(1 + 4E_1 I_1 / E_2 I_2)}$(压力)。

(4)求各梁中最大弯矩

对梁 AB:中点 K 处弯矩为 $M_{1K} = \dfrac{Fl}{2}$,B 端弯矩为 $M_{1B} = Fl - X_1 \dfrac{l}{2} = Fl\dfrac{16 E_1 I_1 - E_2 I_2}{16 E_1 I_1 + 4 E_2 I_2}$。

当 $\dfrac{16 E_1 I_1 - E_2 I_2}{16 E_1 I_1 + 4 E_2 I_2} > \dfrac{1}{2}$,即 $E_1 I_1 > \dfrac{3}{8} E_2 I_2$ 时,$M_{1\max} = M_{1B} = Fl\dfrac{16 E_1 I_1 - E_2 I_2}{16 E_1 I_1 + 4 E_2 I_2}$。

当 $E_1 I_1 < \dfrac{3}{8} E_2 I_2$ 时,$M_{1\max} = M_{1K} = \dfrac{Fl}{2}$。

对梁 CD:中点 K 处弯矩最大,即

$$M_{2\max} = M_{2K} = \frac{X_1 l}{2} = \frac{5Fl E_2 I_2}{4(E_2 I_2 + 4 E_1 I_1)}$$

(5)当 $E_2 I_2 = 4 E_1 I_1$ 和 $E_2 I_2 = 2 E_1 I_1$ 时,求各梁最大弯矩值

当 $E_2 I_2 = 4 E_1 I_1$ 时,

$$M_{1\max} = M_{1K} = \frac{Fl}{2}, \qquad M_{2\max} = M_{2K} = \frac{5Fl \cdot 4}{4(4+4)} = \frac{5}{8}Fl$$

当 $E_2 I_2 = 2 E_1 I_1$ 时,

$$M_{1\max} = M_{1B} = Fl\frac{16-2}{16+4 \cdot 2} = \frac{7}{12}Fl, \qquad M_{2\max} = M_{2K} = \frac{5Fl \cdot 2}{4(2+4)} = \frac{5}{12}Fl$$

注意:由本题所求结果可见,静不定结构中的多余未知力及相应的全部约束力和内力分布,不仅与外力作用有关,还与结构各部分的刚度之比有关。这正是静不定结构与静定结构完全不同之处。对静不定结构来说,即使只改变结构中某根杆的刚度,但由于引起了各部分的刚度之比发生改变,就使得结构中各杆的内力分布均发生改变。本题中,当两梁的刚度之比从 $E_1 I_1 > \dfrac{3}{8} E_2 I_2$ 变为 $E_1 I_1 < \dfrac{3}{8} E_2 I_2$ 时,不仅内力分布改变,而且梁 AB 的最大弯矩所在的截面位置也由固支端 B 变为跨度中点 K,而梁 CD 在两梁刚度之比变化时,仅最大弯矩数值改变,其所在位置为跨度中点 K 不变。

例 8.6 平面刚架受力如图(a)所示,各部分的弯曲刚度均为 EI,试求各支座全部约束力并绘出刚架的弯矩图。

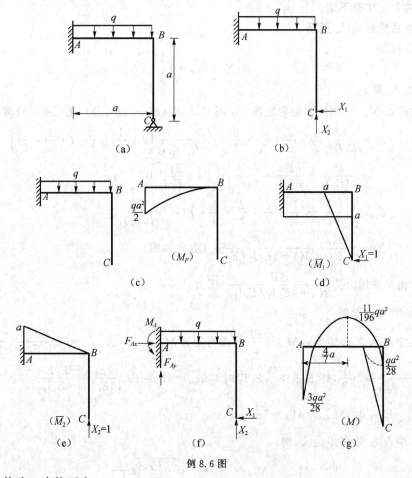

例 8.6 图

解:此结构为 2 次静不定。

(1)选取相当系统如图(b)所示

(2)正则方程组为

$$\begin{cases} \delta_{11}X_1 + \delta_{12}X_2 + \Delta_{1F} = 0 \\ \delta_{21}X_1 + \delta_{22}X_2 + \Delta_{2F} = 0 \end{cases}$$

(3)求各项系数

仅有原载荷作用的弯矩图 M_F 图为图(c);仅有 $X_1 = 1$ 作用的弯矩图 $\overline{M}_1$ 图为图(d);仅有 $X_2 = 1$ 作用的弯矩图 $\overline{M}_2$ 图为图(e);

利用图乘法得

$$\delta_{11} = \frac{1}{EI}\left(a \cdot a \cdot a + \frac{1}{2} \cdot a \cdot a \cdot \frac{2}{3} \cdot a\right) = \frac{4a^3}{3EI}$$

$$\delta_{22} = \frac{1}{EI}\left(\frac{1}{2} \cdot a \cdot a \cdot \frac{2}{3} \cdot a\right) = \frac{a^3}{3EI}$$

$$\delta_{12} = \delta_{21} = -\frac{1}{EI}\left(a \cdot a \cdot \frac{a}{2}\right) = -\frac{a^3}{2EI}$$

$$\Delta_{1F} = \frac{1}{EI}\left(\frac{1}{3} \cdot \frac{1}{2}qa^2 \cdot a \cdot a\right) = \frac{qa^4}{6EI}$$

$$\Delta_{2F} = -\frac{1}{EI}\left(\frac{1}{3} \cdot \frac{1}{2}qa^2 \cdot a \cdot \frac{3}{4} \cdot a\right) = -\frac{qa^4}{8EI}$$

（4）联立求解正则方程组

$$\begin{cases} \dfrac{4a^3}{3EI}X_1 - \dfrac{a^3}{2EI}X_2 + \dfrac{qa^4}{6EI} = 0 \\ \dfrac{a^3}{2EI}X_1 - \dfrac{a^3}{3EI}X_2 + \dfrac{qa^4}{8EI} = 0 \end{cases}$$

得

$$X_1 = \frac{qa}{28}(\leftarrow), \quad X_2 = \frac{3}{7}qa\ (\uparrow)$$

即

$$F_{Cx} = \frac{qa}{28}(\leftarrow), \quad F_{Cy} = \frac{3}{7}qa\ (\uparrow)$$

（5）求 A 端约束力

由整体平衡条件（图(f)）可得

$$F_{Ax} = \frac{qa}{28}(\rightarrow), \quad F_{Ay} = \frac{4}{7}qa\ (\uparrow), \quad M_A = \frac{3}{28}qa^2(\curvearrowright)$$

（6）画出刚架的弯矩图

利用叠加法 $M = M_F + X_1\overline{M}_1 + X_2\overline{M}_2$ 绘成图(g)。

注意：本题为 2 次静不定结构求解的例子。利用正则方程组求解 2 次静不定，基本步骤与 1 次静不定类似，只是需要计算的系数为 5 个，计算量远大于 1 次静不定。若静不定次数更高，正则方程组系数的个数和计算量更会急剧增加。此外，求解出全部多余未知力 X_1 和 X_2 后，在相当系统上进行内力、应力及强度、刚度计算时，可将原载荷与 X_1、X_2 分解为三组载荷，分别计算并叠加而成。

8.3　利用对称性与反对称性简化静不定结构的求解

　　静不定次数在求解静不定时是一个十分重要的特征参数，用力法正则方程求解高次静不定结构，未知力个数随静不定次数增加，而方程的系数计算量更会极大增加。实际上，高次静不定结构在工程实际中是很常见的，而很多情形下实际工程结构的几何、材料、约束及受力形式往往具有对称或反对称性，利用这一特点，可以使静不定结构的求解过程大大简化。

　　平面结构的对称是指结构的几何形状、杆件的截面尺寸、材料的弹性模量等均对称于某一轴线，该轴线称为对称轴。若将结构沿对称轴对折，两侧部分的结构将完全重合。

　　如果平面结构沿对称轴对折后，其上作用载荷的分布、大小和方向或转向均完全重合，则称此种载荷为对称载荷。图 8.11(a)中所示的即为对称结构承受对称载荷的情况。如果结构对折后，载荷的分布及大小相同，但方向或转向相反，则称为反对称载荷。图 8.12(a)中所示的即为对称结构承受反对称载荷的情况。

　　具有对称与反对称性的结构，有以下特点：

　　结构对称，载荷也对称，其内力和变形必然也对称于对称轴；

　　结构对称，载荷反对称，其内力和变形必然反对称于对称轴。

　　注意，此处的内力对称与反对称是指截面上各内力分量的代数值，并非指内力图的几何图像的对称与反对称。如剪力分量，由于其符号的规定，关于某一轴对称的剪力分量，画出的剪力图关于该轴是反对称的。

　　下面分为 5 种情况来讨论。

　　（1）结构对称，载荷也对称的奇数跨结构

　　以图 8.11(a)所示的 3 次静不定刚架为例。由于内力是对称的，所以在对称轴处的横截面 C 处，只可能有轴力和弯矩,不可能存在剪力;由于结构的变形和位移是对称的,如图中虚线所示,所以 C 处不可能产生水平方向位移和转角,只可能有铅垂方向位移。从以上两方面分析可知,在截面 C 处将结构切开,取其一半进行计算即可,在切口处用一个可提供约束力偶的滑动固连支座来代替原有的刚性连接(图 8.11(b))。这样,图 8.11(a)所示的 3 次静不定刚架的半边结构就等效为图 8.11(b)所示的 2 次静不定结构。

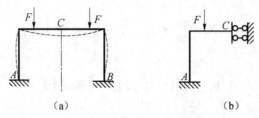

图 8.11　载荷对称的奇数跨结构

(2)结构对称,载荷反对称的奇数跨结构

以图 8.12(a)所示的 3 次静不定刚架为例,由于内力是反对称的,所以在横截面 C 处,只可能存在剪力,不可能有轴力和弯矩;由于结构的变形和位移是反对称的,如图中虚线所示,所以 C 处不可能产生铅垂方向位移,只可能有水平方向位移和转角。从以上分析可知,在截面 C 处将刚架切开,取其一半进行计算即可,在切口处用一个可动铰支座来代替原有的刚性连接(图 8.12(b))。这样图 8.12(a)所示的 3 次静不定刚架的半边结构就等效为图 8.12(b)所示的 1 次静不定结构。

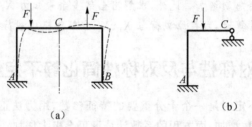

图 8.12　载荷反对称的奇数跨结构

(3)结构对称,载荷也对称的偶数跨结构

以图 8.13(a)所示的 6 次静不定刚架为例,将此结构和图 8.11(a)所示结构相比较,再考虑到中间竖杆 CD 的长度变化可以忽略不计(由对称性知 CD 上只有轴力,刚架中轴力引起的变形可忽略),所以在 C 处只需用固支端代替图 8.11(b)中含有约束力偶矩的滑动固连支座即可(图 8.13(b))。这样图 8.13(a)所示的 6 次静不定刚架的半边结构就等效为图 8.13(b)所示的 3 次静不定结构。

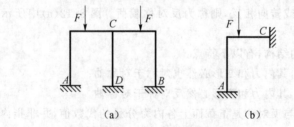

图 8.13　载荷对称的偶数跨结构

(4)结构对称,载荷反对称的偶数跨结构

以图 8.14(a)所示结构为例,设想中间竖杆 CD 由两根惯性矩各为 $I/2$ 的竖杆组成(图 8.14(b)),这种情况显然与原结构等效。若从此两竖杆中间横梁的中点 C 处切开,由于结构对称载荷是反对称的,所以切口处只存在剪力 F_{SC}(图 8.14(c))。这一对剪力只能使两竖杆分别产生等值反号的轴力,而不影响其他杆的内力。而原有中间竖杆的内力等于此两竖杆的内力之和,故剪力 F_{SC} 对原结构的内力和变形均无影响,可将 F_{SC} 略去不计。只取刚架的半边结构进行计算(图 8.14(d))。这样图 8.14(a)所示的 6 次静不定刚架的半边结构就等效为图 8.14(d)所示的 3 次静不定结构。

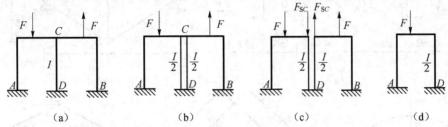

图 8.14　载荷反对称的偶数跨结构

(5)双对称结构及多重对称结构

结构和载荷对两个互相垂直的轴都对称,就称为双对称结构,例如图 8.15(a)所示即为一双对称结构。可将结构在横截面 C 和 D 处切开,取四分之一结构进行计算,并在 C、D 两个截面处均采用可提供约束力偶矩的滑动固连支座(图 8.15(b))。这样图 8.15(a)所示的 3 次静不定刚架的四分之一结构就等效为图 8.15(b)所示的 1 次静不定结构。

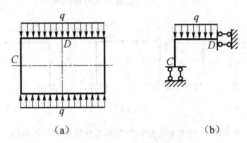

图 8.15　双对称结构

如图 8.16(a)所示的受力圆环则为三重对称结构,利用对称性取三分之一圆环,则结构简化为 1 次静不定。

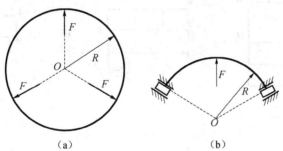

图 8.16　三重对称结构

在利用对称性与反对称性时,此处所说的"跨"其实并不仅限于直角刚架结构。例如,图 8.17 中的结构均可利用对称性(图(a)、(d))与反对称性(图(b)、(c)、(e)),沿结构的对称(或反对称)轴切开,内力分量及变形仍满足前述的对称与反对称原则。不过有时切开的截面不一定恰好是杆件的横截面(例如,图 8.17(d)在 B 处截面、(e)在 C 处沿铅垂方向切开的截面),因而结构也应按组合变形分析方法进一步计算。

当对称结构承受一般载荷(既不对称,也不反对称)时,如图 8.18(a)所示的情况,可以将其分解为对称和反对称两组载荷(图 8.18(b)、(c))。对这两组载荷的情况再分别利用对称和反对称性进行简化计算,然后再将二者结果叠加起来即可。

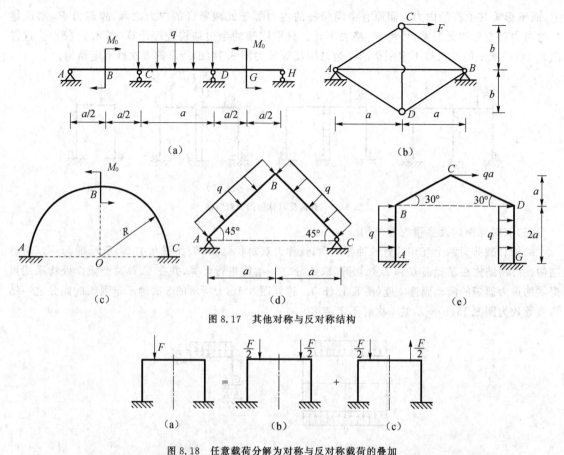

图 8.17　其他对称与反对称结构

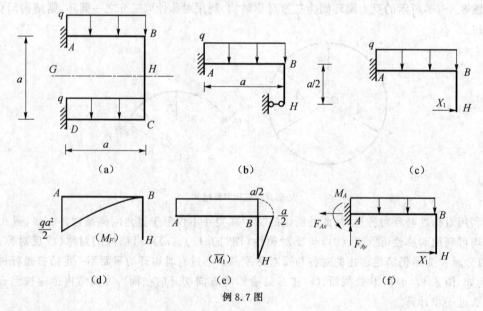

图 8.18　任意载荷分解为对称与反对称载荷的叠加

例 8.7　弯曲刚度为常量的刚架受力及尺寸如图(a)所示,试求支座全部约束力。

例 8.7 图

解:此结构本身为 3 次静不定,结构以 GH 为对称轴,受力关于 GH 轴反对称,沿 GH 轴切开杆 BC,H 截面上仅有剪力,故可等效为图(b)所示的半边结构。简化后的图(b)为 1 次静不定。

(1)相当系统为图(c)所示

（2）正则方程为

$$\delta_{11}X_1+\Delta_{1F}=0$$

（3）求系数 δ_{11} 和 Δ_{1F}

画出均布载荷作用下的 M_F 图（图(d)）及 $X_1=1$ 作用下的 $\overline{M}_1$ 图（图(e)），用图乘法计算得

$$\delta_{11}=\frac{1}{EI}\left(\frac{a}{2}\cdot a\cdot\frac{a}{2}+\frac{1}{2}\cdot\frac{a}{2}\cdot\frac{a}{2}\cdot\frac{2}{3}\cdot\frac{a}{2}\right)=\frac{7a^3}{24EI}$$

$$\Delta_{1F}=-\frac{1}{EI}\left(\frac{1}{3}\cdot\frac{1}{2}qa^2\cdot a\cdot\frac{a}{2}\right)=-\frac{qa^4}{12EI}$$

$$X_1=-\frac{\Delta_{1F}}{\delta_{11}}=\frac{2}{7}qa\ (\rightarrow)$$

（4）求各支座的约束力

对简化后的半边结构（图(f)）列平衡方程，求得 A 端约束力为

$$F_{Ax}=\frac{2}{7}qa\ (\leftarrow),\quad F_{Ay}=qa\ (\uparrow),\quad M_A=\frac{5}{14}qa^2\ (\circlearrowleft)$$

根据原静不定结构的反对称性可知 D 端的约束力为

$$F_{Dx}=\frac{2}{7}qa\ (\rightarrow),\quad F_{Dy}=qa\ (\uparrow),\quad M_D=\frac{5}{14}qa^2\ (\circlearrowleft)$$

注意：本题原结构为 3 次静不定，利用其反对称性简化为 1 次静不定，极大地减少了计算量，求结构中的约束力、内力及变形都可利用反对称性简化计算过程。

例 8.8　T 形平面刚架各段弯曲刚度及受力如图(a)所示，试求刚架中的最大弯矩及作用位置（不计刚架中轴力和剪力对变形的影响）。

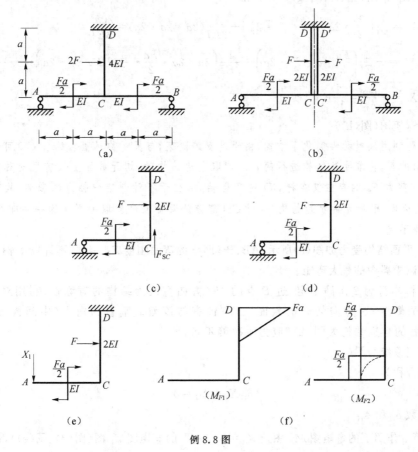

例 8.8 图

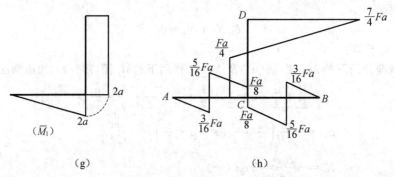

（g） （h）

例 8.8 图（续）

解：原结构为 2 次静不定，此结构为反对称偶数跨结构，可将杆 CD 视为弯曲刚度都为 $2EI$ 的两根杆（图（b）），则在 C、C' 两点之间截面上，应仅有剪力 F_{SC}（图（c）），若不计轴力对变形的影响，则 F_{SC} 可略去，即等效为图（d）的半边结构，此为 1 次静不定。

（1）相当系统如图（e）所示

（2）正则方程为

$$\delta_{11}X_1 + \Delta_{1F} = 0$$

（3）求系数 δ_{11} 和 Δ_{1F}

画出原载荷集中力 F 作用下的弯矩图 M_{F1} 图和集中力偶 $\dfrac{Fa}{2}$ 作用下的弯矩图 M_{F2} 图，以及 $X_1 = 1$ 作用下的弯矩图 $\overline{M}_1$ 图（图（f），图（g）），计算得

$$\delta_{11} = \frac{1}{EI}\left(\frac{1}{2} \cdot 2a \cdot 2a \cdot \frac{2}{3} \cdot 2a\right) + \frac{1}{2EI}(2a \cdot 2a \cdot 2a) = \frac{20a^3}{3EI}$$

$$\Delta_{1F} = -\frac{1}{EI}\left(\frac{Fa}{2} \cdot a \cdot \frac{3}{4} \cdot 2a\right) - \frac{1}{2EI}\left(2a \cdot 2a \cdot \frac{Fa}{2} - \frac{1}{2} \cdot Fa \cdot a \cdot 2a\right) = -\frac{5Fa^3}{4EI}$$

$$X_1 = -\frac{\Delta_{1F}}{\delta_{11}} = \frac{3}{16}F\ (\downarrow)$$

（4）画出弯矩图（图（h））

注意：本题利用反对称性简化了结构，由于是双跨刚架，与反对称轴重合的杆 CD 可视为刚度折半的两根相同的杆，再取半边结构进行简化。切取半边结构时，切开截面上仅有反对称的内力分量即剪力 F_{SC}，该剪力 F_{SC} 的存在仅在杆 CD 中产生轴力，由于不计刚架中轴力的影响，故可略去剪力 F_{SC}，结构简化为图（d）所示的半边结构，这时 CD 部分的弯曲刚度应取为原来的一半即 $2EI$，原结构简化为 1 次静不定。

例 8.9 平面结构受力如图（a）所示，AB、BC 两梁的弯曲刚度 EI 相同，不计梁中轴力及剪力对变形的影响，试求梁中的最大弯矩。

解：此结构本身为 2 次静不定，过 B 点的 $45°$ 方向直线为结构的对称轴，利用对称性可知，在 B 铰左右两侧沿 $45°$ 方向切开的截面上，应仅有与该截面垂直的内力（中间铰 B 处弯矩为零），故简化后的半边结构为图（b），应为 1 次静不定。

（1）取相当系统为图（c）

（2）正则方程为

$$\delta_{11}X_1 + \Delta_{1F} = 0$$

（3）求系数 δ_{11} 和 Δ_{1F}

画原载荷 q 作用下的弯矩图 M_F 图及 $X_1 = 1$ 作用下的弯矩图 $\overline{M}_1$ 图（图（d）、图（e）），计算得

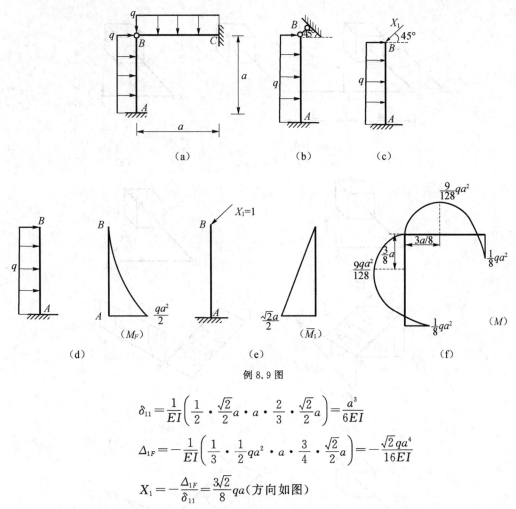

例 8.9 图

$$\delta_{11} = \frac{1}{EI}\left(\frac{1}{2} \cdot \frac{\sqrt{2}}{2}a \cdot a \cdot \frac{2}{3} \cdot \frac{\sqrt{2}}{2}a\right) = \frac{a^3}{6EI}$$

$$\Delta_{1F} = -\frac{1}{EI}\left(\frac{1}{3} \cdot \frac{1}{2}qa^2 \cdot a \cdot \frac{3}{4} \cdot \frac{\sqrt{2}}{2}a\right) = -\frac{\sqrt{2}qa^4}{16EI}$$

$$X_1 = -\frac{\Delta_{1F}}{\delta_{11}} = \frac{3\sqrt{2}}{8}qa（方向如图）$$

(4)画弯矩图

由相当系统(图(c))列平衡条件,可求出 A 端约束力为

$$F_{Ax} = \frac{5}{8}qa(\leftarrow), \quad F_{Ay} = \frac{3}{8}qa(\uparrow), \quad M_A = \frac{1}{8}qa^2(\circlearrowleft)$$

弯矩图如图(f)所示,故 $M_{max} = \frac{9}{128}qa^2$,在距 AB 和 BC 段 B 铰 $\frac{3}{8}a$ 处达到。

注意:本题利用对称性简化结构,降低了静不定次数,由于对称轴与杆件轴线成 $45°$ 角且 B 为中间铰,故该斜截面上仅有沿截面法线方向的内力,因而半边结构在 B 点简化为仅约束了该斜截面法线方向位移的滑动铰支座。

例 8.10 如图(a)所示,U 形直角刚架放置于水平面内,A、D 两端固支,BC 的中点 K 处作用一铅垂方向集中力 F,刚架各段横截面为圆形,已知其弯曲刚度为 EI,材料的弹性模量为 E,切变模量为 $G = \frac{2}{5}E$,不计轴力及剪力对变形的影响,试求力 F 作用点的铅垂位移。

解:本题为一空间刚架,由于对称性,在点 K 横截面上仅有对称的内力分量,若不计轴力的影响,原载荷在 BK 段产生 yz 平面内的弯矩,在 AB 段产生 xz 平面内的弯矩及横截面内的扭矩,因而在 K 截面上,仅有作用于 yz 平面内的多余力会产生同类内力,故简化后的半边结构为 1 次静不定。

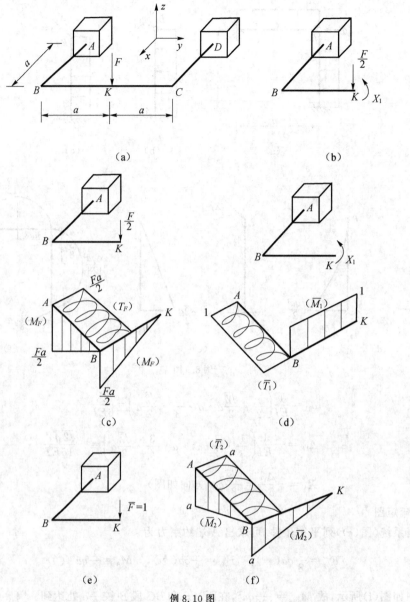

例 8.10 图

(1)相当系统为图(b),正则方程为

$$\delta_{11}X_1 + \Delta_{1F} = 0$$

(2)分别画出相当系统仅有原载荷 $F/2$ 及仅有 $X_1 = 1$ 作用时的内力图 $M_F + T_F$ 图及 $\overline{M}_1 + \overline{T}_1$ 图(图(c)、(d)),用图乘法计算得

$$\delta_{11} = \frac{1}{EI}(1 \cdot a \cdot 1) + \frac{1}{GI_p}(1 \cdot a \cdot 1) = \frac{a}{EI} + \frac{a}{GI_p} = \frac{a}{EI} + \frac{a}{\frac{2}{5}E \cdot 2I} = \frac{9a}{4EI}$$

$$\Delta_{1F} = -\frac{1}{EI}\left(\frac{1}{2} \cdot \frac{Fa}{2} \cdot a \cdot 1\right) - \frac{1}{GI_p}\left(\frac{Fa}{2} \cdot a \cdot 1\right) = -\frac{Fa^2}{4EI} - \frac{Fa^2}{2GI_p} = -\frac{7Fa^2}{8EI}$$

$$X_1 = -\frac{\Delta_{1F}}{\delta_{11}} = \frac{7}{18}Fa(方向如图)$$

(3)求点 K 的铅垂位移

在相当系统 K 点施加一单位力 $\overline{F}=1$（图(e)），画出其内力图 $\overline{M_2}+\overline{T_2}$ 图（图(f)），利用图乘法得

$$\Delta_{Kz}=\frac{1}{EI}\left(2\cdot\frac{1}{2}\cdot\frac{Fa}{2}\cdot a\cdot\frac{2}{3}\cdot a+\frac{1}{2}\cdot a\cdot a\cdot1\cdot\frac{7}{18}Fa\right)+$$

$$\frac{1}{GI_{\mathrm{p}}}\left(\frac{Fa}{2}\cdot a\cdot a-1\cdot a\cdot a\cdot\frac{7}{18}Fa\right)=\frac{19Fa^3}{36EI}+\frac{Fa^3}{9GI_{\mathrm{p}}}=\frac{2Fa^3}{3EI}\quad(\downarrow)$$

注意：本题原为高次静不定的空间刚架，但利用对称性条件可使静不定次数大大降低。除对称性条件外，特别应考虑到图乘法计算正则方程各项系数 δ_{ij} 及 Δ_{iF} 时，只有同类内力图才可互乘得到不为零的结果，因此 K 截面上的内力分量仅有 yz 平面内的弯矩对结果有贡献，xy 平面内的弯矩则没有贡献。从本题可见，平面刚架结构受空间力系作用时，如果外载荷的作用面均垂直于刚架轴线所在的半面，则在小变形条件下，可略去作用线位于轴线半面内的内力分量以及作用面位于轴线半面内的内力偶矩分量。

例 8.11 图(a)所示的圆环形车床夹具在工作时的受力状态如图(b)所示。圆环半径为 R，弯曲刚度为 EI，试求每个夹头端点施加的集中力为 F 时，圆环中的最大弯矩。

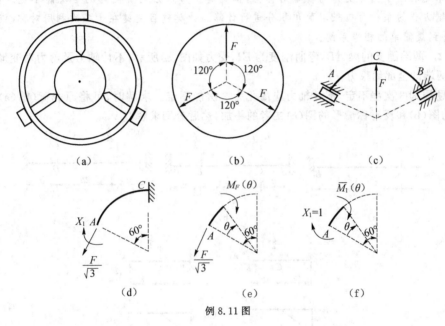

例 8.11 图

解：此题为多重对称性的例子，利用对称性（图(b)）可取三分之一的圆环如图(c)所示。由平衡条件可求得 A、B 支座处的法向约束力为 $\dfrac{F}{\sqrt{3}}$。结构可简化为 1 次静不定。

（1）取相当系统为图(d)

（2）正则方程为

$$\delta_{11}X_1+\Delta_{1F}=0$$

（3）求系数 δ_{11}、Δ_{1F}

列出仅有 $\dfrac{F}{\sqrt{3}}$ 作用时的弯矩方程（图(e)）

$$M_F(\theta)=\frac{F}{\sqrt{3}}R(1-\cos\theta)\quad(0\leqslant\theta\leqslant\frac{\pi}{3})$$

列出仅有 $X_1=1$ 时的弯矩方程（图(f)）

$$\overline{M_1}(\theta)=-1\quad(0\leqslant\theta\leqslant\frac{\pi}{3})$$

$$\delta_{11} = \frac{1}{EI} \int_0^{\frac{\pi}{3}} R\mathrm{d}\theta = \frac{\pi R}{3EI}$$

$$\Delta_{1F} = -\frac{1}{EI} \int_0^{\frac{\pi}{3}} \frac{FR}{\sqrt{3}}(1-\cos\theta)R\mathrm{d}\theta = -\frac{FR^2}{EI}\left(\frac{\sqrt{3}}{9}\pi - \frac{1}{2}\right)$$

$$X_1 = -\frac{\Delta_{1F}}{\delta_{11}} = FR\left(\frac{\sqrt{3}}{3} - \frac{3}{2\pi}\right)$$

(4)求最大弯矩 $M_{\max}$

$$M(\theta) = M_F(\theta) + X_1 \overline{M}_1(\theta) = \frac{3FR}{2\pi} - \frac{\sqrt{3}}{3}FR\cos\theta \quad (0 \leqslant \theta \leqslant \frac{\pi}{3})$$

显然,当 $\theta = \frac{\pi}{3}$ 时弯矩达到最大值,故

$$M_{\max} = \frac{3FR}{2\pi} - \frac{\sqrt{3}}{3}FR \cdot \frac{1}{2} = \frac{FR}{6\pi}(9 - \sqrt{3}\pi)$$

注意:本题利用了圆环受力的多重对称性,将其简化为六分之一圆环的 1 次静不定。由于是曲杆,计算正则方程的系数时应采用莫尔积分进行计算。此类题目关键在于多次利用对称(或反对称)条件以便得到最简单的相当系统。

例 8.12 两端固支的梁 AB,弯曲刚度为 EI,受力如图(a)所示,不计轴力及剪力对变形的影响,试求 A、B 两端的全部约束力。

解:此题原为 3 次静不定,不计轴力应简化为 2 次静不定。求解时,可将原载荷(图(a))分解为对称情形的图(b)和反对称情形的图(c)二者的叠加,然后分别求解。

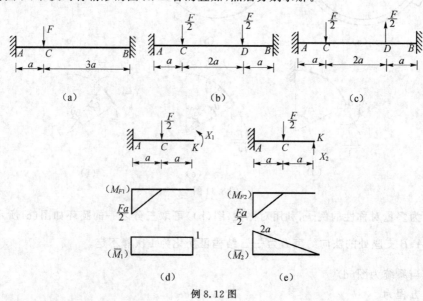

例 8.12 图

(1)对称情形(图(b)),正则方程为

$$\delta_{11} X_1 + \Delta_{1F} = 0$$

简化后的相当系统及 M_{F1} 图、$\overline{M}_1$ 图见图(d),正则方程的系数为

$$\delta_{11} = \frac{1}{EI}(1 \cdot 2a \cdot 1) = \frac{2a}{EI}$$

$$\Delta_{1F} = -\frac{1}{EI}\left(\frac{1}{2} \cdot \frac{Fa}{2} \cdot a \cdot 1\right) = -\frac{Fa^2}{4EI}$$

$$X_1 = -\frac{\Delta_{1F}}{\delta_{11}} = \frac{Fa}{8} \; (\circlearrowleft)$$

（2）反对称情形（图（c）），正则方程为

$$\delta_{22}X_2 + \Delta_{2F} = 0$$

简化后的相当系统和 M_{F2} 图、$\overline{M}_2$ 图见图（e），正则方程的系数计算为

$$\delta_{22} = \frac{1}{EI}\left(\frac{1}{2} \cdot 2a \cdot 2a \cdot \frac{2}{3} \cdot 2a\right) = \frac{8a^3}{3EI}$$

$$\Delta_{2F} = -\frac{1}{EI}\left(\frac{1}{2} \cdot \frac{Fa}{2} \cdot a \cdot \frac{5}{6} \cdot 2a\right) = -\frac{5Fa^3}{12EI}$$

$$X_2 = -\frac{\Delta_{2F}}{\delta_{22}} = \frac{5}{32}F \ (\uparrow)$$

（3）求固支端 A、B 处的约束力

对图（b）的对称情形，有

$$F_{Ax1} = 0, \quad F_{Ay1} = \frac{F}{2} \ (\uparrow), \quad M_{A1} = \frac{Fa}{2} - \frac{Fa}{8} = \frac{3}{8}Fa \ (\circlearrowleft)$$

$$F_{Bx1} = 0, \quad F_{By1} = \frac{F}{2} \ (\uparrow), \quad M_{B1} = \frac{3}{8}Fa \ (\circlearrowright)$$

对图（c）的反对称情形，有

$$F_{Ax2} = 0, \quad F_{Ay2} = \frac{F}{2} - \frac{5}{32}F = \frac{11}{32}F \ (\uparrow), \quad M_{A2} = \frac{Fa}{2} - \frac{5}{32}F \cdot 2a = \frac{3}{16}Fa \ (\circlearrowleft)$$

$$F_{Bx2} = 0, \quad F_{By2} = \frac{11}{32}F \ (\downarrow), \quad M_{B2} = \frac{3}{16}Fa \ (\circlearrowleft)$$

将图（b）与图（c）的约束力叠加，有

$$F_{Ax} = 0, \quad F_{Ay} = \frac{27}{32}F \ (\uparrow), \quad M_A = \frac{9}{16}Fa \ (\circlearrowleft)$$

$$F_{Bx} = 0, \quad F_{By} = \frac{5}{32}F \ (\uparrow), \quad M_B = \frac{3}{16}Fa \ (\circlearrowright)$$

注意：本题所受原载荷既非对称也非反对称，但可构造对称受力及反对称受力两种状态叠加而成。再求解对称与反对称情形这两个 1 次静不定问题后叠加得到原题的结果，这样求解通常计算过程比较简单且不易出错。

8.4 温度应力和装配应力问题

对静定结构来说，只有在载荷的作用下，才会在结构中产生内力和应力。而静不定结构则不同，只要存在任何使结构发生变形的因素，都会在结构中产生与变形相应的内力及应力，这是静不定结构一个不可忽视的特点。例如，当环境温度变化时，材料热胀冷缩引起构件变形，就会在静不定结构中产生**温度内力和温度应力**；又如构件在制造或安装过程中的尺寸误差或支座地基的沉降等因素，也会引起结构的变形，因而在结构中引起**装配内力和装配应力**。

对于比较简单的静不定结构，可以采用直观的"变形比较法"求解温度内力和装配内力。而本章介绍的力法也可求解静不定结构在非载荷变形因素影响下产生的内力或应力，求解的原理及步骤与受载荷作用的情形类似，下面分别举例说明。

1. 温度内力和温度应力

考虑仅有温度变化因素的静不定结构，用力法正则方程求解。首先确定静不定次数并选取相当系统，此时相当系统上仅有多余未知力 X_i 及温度变化的因素。建立正则方程时只需将载荷作用时的自由项 Δ_{iF} 改换为温度变化项 Δ_{iT}，其他各项系数不变。例如，对 1 次静不定结构，仅由温度变化引起的多余未知力 X_1 应满足的正则方程为

$$\delta_{11}X_1 + \Delta_{1T} = \Delta_1 \qquad\qquad (8.4)$$

式中，δ_{11} 和 Δ_1 的物理意义不变，而 Δ_{1T} 的物理意义为：在相当系统上，去掉多余未知力 X_1，仅保留温度变化 ΔT，由 ΔT 引起的在多余力 X_1 作用点处沿 X_1 方向的广义位移。且 Δ_{1T} 与 X_1 方向一致时为正，反之为负。对高次静不定结构的正则方程也可类比写出。

求解正则方程的系数 δ_{ij} 的方法与前面相同，而 Δ_{1T} 则可根据温度造成结构变形的几何关系计算。

例 8.13 如图(a)所示三杆支架结构，安装就位后环境温度升高了 ΔT，AB、AC 二杆完全相同，拉压刚度为 E_1A_1，热膨胀系数为 α_1；杆 AD 的拉压刚度为 E_2A_2，热膨胀系数为 α_2。试求温度变化产生的各杆轴力。

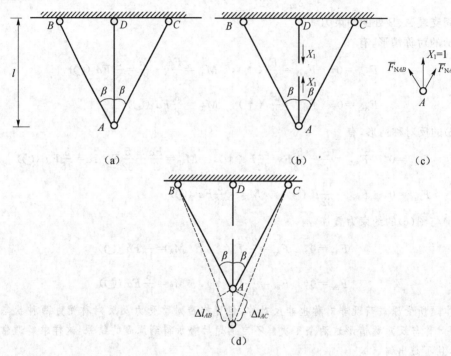

例 8.13 图

解：此结构为 1 次静不定。

(1) 切断杆 AD，取相当系统如图(b)所示

(2) 温度升高 ΔT，正则方程为

$$\delta_{11}X_1 + \Delta_{1T} = 0$$

(3) 求系数 δ_{11} 和 Δ_{1T}

当相当系统仅作用了 $X_1 = 1$ 时，各杆的轴力分别为(图(c))

$$\overline{F}_{NAB} = \overline{F}_{NAC} = -\frac{1}{2\cos\beta}, \quad \overline{F}_{NAD} = 1$$

故

$$\delta_{11} = \frac{2}{E_1A_1}\left(\frac{1}{2\cos\beta}\right)^2\frac{l}{\cos\beta} + \frac{l}{E_2A_2} = \frac{l}{2E_1A_1\cos^3\beta} + \frac{l}{E_2A_2}$$

当相当系统仅有温度改变 ΔT 时，各杆产生的伸长量为

$$\Delta l_{AB} = \Delta l_{AC} = \alpha_1\frac{l}{\cos\beta}\Delta T, \quad \Delta l_{AD} = \alpha_2 l\Delta T$$

故 AD 杆切口处两侧截面的相对位移 Δ_{1T} 为(图(d))

$$\Delta_{1T} = \Delta l_{AD} - \frac{\Delta l_{AB}}{\cos\beta} = \alpha_2 l\Delta T - \frac{\alpha_1 l\Delta T}{\cos^2\beta}$$

代入正则方程可得

$$X_1 = -\frac{\Delta_{1T}}{\delta_{11}} = \frac{2E_1A_1E_2A_2\cos\beta(\alpha_1 - \alpha_2\cos^2\beta)}{2E_1A_1\cos^3\beta + E_2A_2}\Delta T$$

即

$$F_{NAD} = \frac{2E_1A_1E_2A_2\cos\beta(\alpha_1 - \alpha_2\cos^2\beta)}{2E_1A_1\cos^3\beta + E_2A_2}\Delta T$$

$$F_{NAB} = F_{NAC} = -\frac{E_1A_1E_2A_2(\alpha_1 - \alpha_2\cos^2\beta)}{2E_1A_1\cos^3\beta + E_2A_2}\Delta T$$

当 $\alpha_1 > \alpha_2\cos^2\beta$ 时,杆 AD 受拉,杆 AB 和杆 AC 受压。

注意:求解温度内力时,关键是正确得出温度变化引起的第 i 个多余约束处沿 X_i 方向的广义位移 Δ_{iT}。本题的多余约束力选取的是杆 AD 中间切开截面上的一对内力,故相应的 Δ_{1T} 含义为温度变化引起的切开截面处的相对位移,由于所设的 X_1 为一对拉力,故 Δ_{1T} 为相对接近时为正,相对远离时为负。

例 8.14　横截面尺寸为 $b \times h$ 的矩形截面梁,弯曲刚度为 EI,如图(a)所示,安装后,梁的上、下表面温度改变量分别为 T_1 和 $T_2(T_1 < T_2)$,且温度改变量沿 y 方向线性变化,材料热膨胀系数为 α,试求 B 端截面形心处由于温度变化造成的位移。

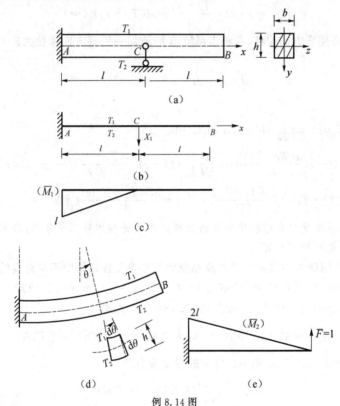

例 8.14 图

解:结构为 1 次静不定。

(1)取相当系统为图(b)所示

(2)正则方程为

$$\delta_{11}X_1 + \Delta_{1T} = 0$$

(3)求系数 δ_{11} 和 Δ_{1T}

画出相当系统仅有 $X_1 = 1$ 作用时的 $\overline{M}_1$ 图(图(c)),弯矩方程为

$$\begin{cases} \overline{M}_1(x) = -(l-x) & (0 \leqslant x \leqslant l) \\ \overline{M}_1(x) = 0 & (l \leqslant x \leqslant 2l) \end{cases}$$

$$\delta_{11} = \frac{1}{EI}\left(\frac{1}{2} \cdot l \cdot l \cdot \frac{2}{3} \cdot l\right) = \frac{l^3}{3EI}$$

当温度发生改变后（图(d)），梁的微段 $\mathrm{d}x$ 两侧截面的相对转角为 $\mathrm{d}\theta = \dfrac{\alpha(T_2-T_1)\mathrm{d}x}{h}$，故在截面 C 处沿 X_1 方向的位移为

$$\Delta_{1T} = \int_A^C \overline{M}_1 \mathrm{d}\theta = -\int_0^l (l-x)\frac{\alpha(T_2-T_1)}{h}\mathrm{d}x$$

$$= -\int_0^l x\frac{\alpha(T_2-T_1)}{h}\mathrm{d}x = -\frac{\alpha(T_2-T_1)l^2}{2h}$$

代入正则方程，得

$$X_1 = -\frac{\Delta_{1T}}{\delta_{11}} = \frac{3\alpha(T_2-T_1)EI}{2hl} \quad (\downarrow)$$

(4) 求梁 B 端形心的位移

梁的 B 端形心水平方向的位移为

$$\Delta_{Bx} = \alpha \cdot 2l \cdot \frac{T_1+T_2}{2} = \alpha l(T_1+T_2) \quad (\rightarrow)$$

求梁的 B 端形心铅垂方向位移，在相当系统 B 端施加一铅垂方向单位力 $\overline{F}=1$（图(e)），则弯矩方程为

$$\overline{M}_2(x) = 2l-x \quad (0 \leqslant x \leqslant 2l)$$

故有

$$\Delta_{By} = \int_A^B \overline{M}_2 \mathrm{d}\theta + \frac{1}{EI}\int_0^l \overline{M}_2(x)X_1\overline{M}_1(x)\mathrm{d}x$$

$$= \int_0^{2l}(2l-x)\frac{\alpha(T_2-T_1)}{h}\mathrm{d}x + \frac{1}{EI}\int_0^l(2l-x)\frac{3\alpha(T_2-T_1)EI}{2hl}(x-l)\mathrm{d}x$$

$$= \frac{2l^2}{h}\alpha(T_2-T_1) - \frac{3\alpha(T_2-T_1)}{2hl} \cdot \frac{5}{6}l^3 = \frac{3l^2(T_2-T_1)\alpha}{4h} \quad (\uparrow)$$

注意：本题求解温度变化在结构中引起的位移。由于结构为静不定系统，应先求解静不定，得出温度内力后，再用单位载荷法求解。

静不定结构中的温度内力和温度应力及相应的位移是工程结构中不可忽视的因素，对结构的强度、刚度有不小的影响，在例 8.13 中，若取 $E_1=80$ GPa，$A_1=400$ mm^2，$E_2=200$ GPa，$A_2=400$ mm^2，$\alpha_1=1.8\times10^{-5}/℃$，$\alpha_2=1.2\times10^{-5}/℃$，$\Delta T=40$ ℃，$\beta=60°$，则有

$$E_1A_1 = 32\times10^6 \text{ N}, \quad E_2A_2 = 80\times10^6 \text{ N}, \quad E_2A_2 = \frac{5}{2}E_1A_1$$

可计算得 $F_{NAD}=17\,454.5$ N，则 AD 杆中的温度应力为

$$\sigma_{AD} = \frac{17\,454.5}{400} \text{ MPa} = 43.6 \text{ MPa}$$

2. 装配内力和装配应力

计算由于制造或安装误差在静不定结构中引起的装配内力时，只需将力法正则方程中的自由项 Δ_{iF} 换为 Δ_{ie} 即可。即 1 次静不定时为

$$\delta_{11}X_1 + \Delta_{1e} = \Delta_1 \tag{8.5}$$

式中，Δ_{ie} 的物理意义为：在相当系统上，去掉多余约束力，只保留原有的误差 e 并分析其在 X_i 的作用点引起的沿 X_i 方向的位移，且 Δ_{ie} 与 X_i 方向一致时取正号，反之取负号。

例 8.15 平面刚架如图(a)所示,截面为边长 h 的正方形,刚架各段的弯曲刚度 EI 已知,安装时由于误差使支座 C 产生 Δ 的沉降。试求由此在刚架中产生的最大装配正应力。

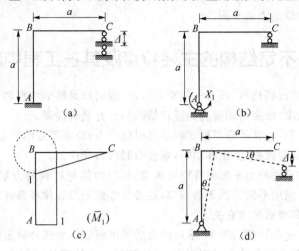

例 8.15 图

解: 结构为 1 次静不定。

(1)取相当系统如图(b)所示

(2)正则方程为

$$\delta_{11} X_1 + \Delta_{1e} = 0$$

(3)求系数 δ_{11} 和 Δ_{1e}

画出相当系统仅有 $X_1 = 1$ 时的弯矩图 $\overline{M}_1$ 图(图(c)),计算得

$$\delta_{11} = \frac{1}{EI}\left(\frac{1}{2} \cdot 1 \cdot a \cdot \frac{2}{3} + 1 \cdot a\right) = \frac{4a}{3EI}$$

当相当系统仅有支座沉降 Δ 时,在 X_1 方向引起的位移为 $\Delta_{1e} = -\theta = -\dfrac{\Delta}{a}$(图(d)),由几何关系可知,支座沉降引起 A 截面的转角为顺时针转向,与 X_1 的转向相反,因此 Δ_{1e} 为负值,代入正则方程可求得

$$X_1 = -\frac{\Delta_{1e}}{\delta_{11}} = \frac{3EI\Delta}{4a^2} \ (\circlearrowleft)$$

(4)求最大弯曲正应力

$$M_{max} = X_1 = \frac{3EI\Delta}{4a^2}$$

$$\sigma_{max} = \frac{M_{max}}{W} = X_1 = \frac{3EI\Delta \cdot}{4a^2 I} \cdot \frac{h}{2} = \frac{3Eh\Delta}{8a^2}$$

当 $E = 200\,\text{GPa}$, $a = 400\,\text{mm}$, $h = 40\,\text{mm}$, $\Delta = 2\,\text{mm}$ 时,最大装配正应力为

$$\sigma_{max} = \frac{3Eh\Delta}{8a^2} = \frac{3 \times 200 \times 10^3 \times 40 \times 2}{8 \times 400^2}\,\text{MPa} = 37.5\,\text{MPa}$$

由此可见,工程中制造或安装时,小小的误差造成的装配应力往往是不可忽视的。

注意: 力法正则方程求解装配内力,关键在于正则方程系数的确定,尤其是 Δ_{1e} 和 Δ_1,其值取决于相当系统的选择及多余未知力的设定,特别要注意准确理解 Δ_{1e} 和 Δ_1 的物理意义并正确选择其符号。

静不定结构中出现装配内力和装配应力是工程中很常见的,毕竟工程构件的制造、加工与安装都无法保证尺寸、位置百分之百的精确。因此在设计时应充分考虑到这一点,保留适当的安全余量。此外对关键部位的构件,应保证足够的制造与安装精度。不过,工程上有时也利用装配内力来完成构件之间的紧密连接与配合,并可利用其产生的装配应力提高构件的强度及承载能力。例如机械制造中的过盈配合,建筑工程中常用的预应力混凝土构件,生活用品中的自行车轮车条与车圈的配合等,均属于利用装配内力或应力的实例。

8.5 静不定结构的主要特点及其在工程中的应用

静不定结构与静定结构相比较,具有一些重要特点,应给以足够的注意和合理的运用。

(1)静不定结构的强度、刚度与相对应的静定结构相比有显著提高。

(2)静定结构中除载荷外,其他任何因素都不会引起内力;而静不定结构中,只要存在变形因素,如载荷作用、温度改变、制造误差、支座移动等,就会引起内力和应力。

(3)静定结构的内力只用静力平衡条件就可确定,其内力值与材料的力学性能和杆件截面尺寸无关;静不定结构的内力只用平衡方程无法确定,还必须考虑变形和位移条件及物理条件,因此其内力值与材料的力学性能和截面尺寸有关。

(4)静定结构截面尺寸设计较为简单,求出内力后即可根据强度条件确定截面尺寸;而静不定结构中各部分的内力分配与各部分的相对刚度有关,截面尺寸设计就比较复杂,改变一根杆件的截面尺寸,会使得所有杆件的内力重新分布。

(5)静定结构的任何一个约束遭到破坏,立即发生刚性位移,因而完全丧失承载能力;静不定结构由于具有多余约束,在多余约束遭到破坏时,整个结构不发生刚性位移,因而还具有一定的承载能力。

正由于静不定结构有如此明显的优点,在工程实际中,绝大部分结构都是静不定结构,以保证有更强的承载能力及更大的安全因数。同时,静不定结构的特点还使得结构的刚度分布与强度分布有密切联系,结构中任何一部分的刚度变化都会引起整个结构的强度重新分布,"牵一发而动全身",因而必须把结构视为相互联系的整体来考虑。

思考题

8.1 试判断图示各结构的静不定次数,并给出适当的基本静定系统,假定载荷均作用于结构所在平面内。

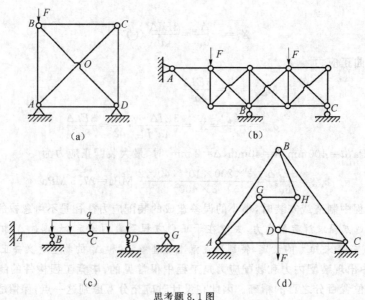

思考题 8.1 图

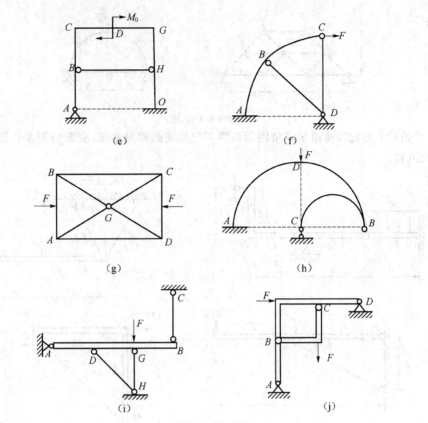

(e)

(f)

(g)

(h)

(i)

(j)

思考题 8.1 图(续)

8.2 当系统的温度升高 ΔT 时,试问图示各结构中是否会产生温度应力?

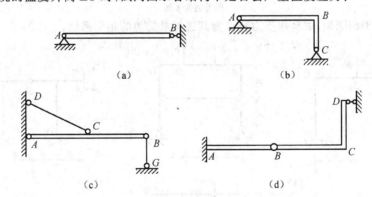

(a)

(b)

(c)

(d)

思考题 8.2 图

8.3 若将图示各结构中杆 AB 的横截面面积增大一倍,试问结构中其余部分的应力是否会改变?

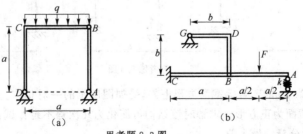

(a)

(b)

思考题 8.3 图

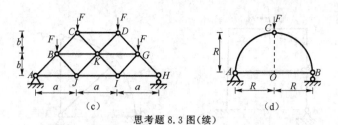

思考题 8.3 图(续)

8.4 试采用变形比较法给出求解图示各静不定结构的相当系统、变形协调条件及关于多余约束力的补充方程。

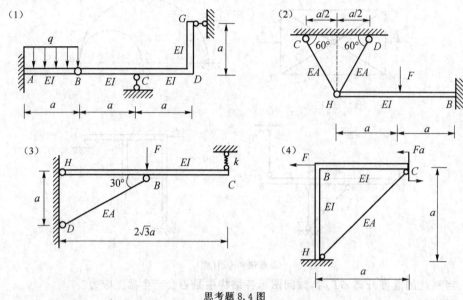

思考题 8.4 图

8.5 图示各平面刚架,试利用受力特点为其选择最简单的相当系统。

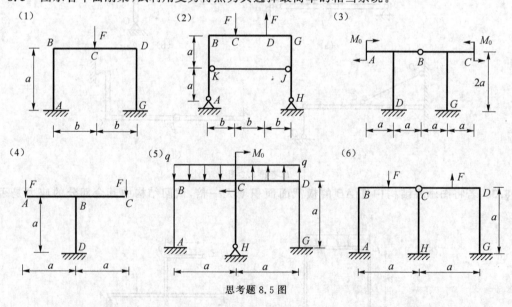

思考题 8.5 图

8.6 图示边长为 $2a$ 的闭合等截面方形框架,受如图所示的一对集中力偶 M_0 作用,材料的 E 已知,$\nu=0.25$,框架横截面为正方形。求解时该结构可简化为几次静不定?试给出相应的相当系统并求出框架横截面各内力分量的最大值。

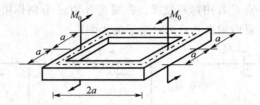

思考题 8.6 图

8.7 图示边长为 $2a$ 的闭合等截面正方形框架,受力如图所示,试求其相邻角点 AB 之间 z 方向的相对位移。

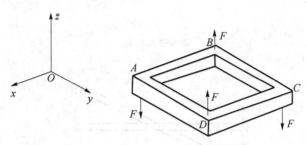

思考题 8.7 图

8.8 图示平面刚架,各段的弯曲刚度均为 EI,受力有两种情形,分别如图(a)和图(b)所示。K 为 DC 段的中点,试证明:图(a)中截面 K 上的轴力、剪力为零;图(b)中截面 K 上的弯矩为零。试总结此结构几何和受力有何特点可用于简化求解,降低静不定次数。

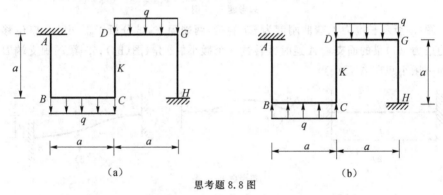

思考题 8.8 图

8.9 由三层钢板光滑接触叠合放置而成的叠板弹簧如图所示,设各层板的横截面尺寸相同,弯曲刚度均为 EI,试分析各层板中的最大弯矩。

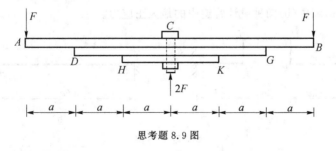

思考题 8.9 图

8.10 图(a)所示平面直角刚架,EI 已知,D 处为一弹簧铰支座,弹簧的刚度系数 $k = \dfrac{2EI}{a^3}$,试用图(b)和图(c)两种相当系统求解并比较计算量,对求解带有弹性支承的静不定系统有何指导意义?

8.11 如图所示,长度同为 l,弯曲刚度同为 EI 的两梁 AB 与 DH,梁 AB 的 A 端固支,梁 DH

的 D 端铰支,两梁在跨度中点 C 处用铆钉铰接。在端点 B 和 H 分别作用了垂直于杆的集中力 F,试分析 B 点的铅垂位移(不计梁中轴力及剪力对变形的影响)。

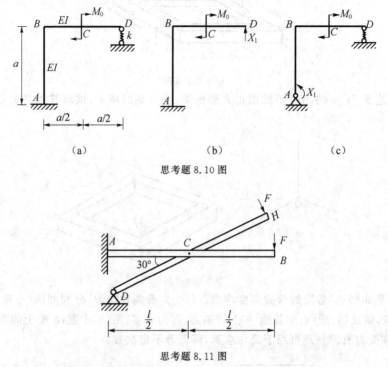

思考题 8.10 图

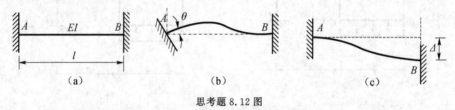

思考题 8.11 图

8.12 图(a)所示长度为 l,弯曲刚度为 EI 的梁,两端固支,试分析以下两种支座位移在梁的两端产生的约束力,(1)梁的固支端 A 逆时针转过一个微小的 θ 角(图(b));(2)梁的固支端 B 沿铅垂方向向下移动一微小距离 Δ(图(c))。

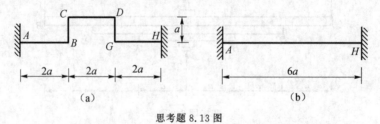

思考题 8.12 图

8.13 实际生活中,高温输水输汽管道的轴线往往设计有 U 形弯,若假定管道工作时的温度比安装时高 $80\ ℃$,$a=1$ m,管子外径 $D=70$ mm,内径 $d=60$ mm,$E=200$ GPa,热膨胀系数 $\alpha=1.15\times10^{-5}/℃$,试比较图(a)和图(b)两种设计管道中的最大正应力。

思考题 8.13 图

习　题

8.1 四种结构受力如图所示,试判断其静不定次数,并用变形比较法求解静不定问题。各杆的

EA、EI 均已知,弹簧的刚度系数 $k=\dfrac{4EI}{a^3}$。

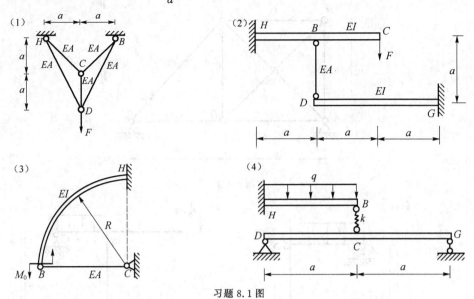

习题 8.1 图

8.2 一端固支,另一端为可动铰支座的梁,长度为 l,弯曲刚度为 EI,梁在跨度中点处受集中力 F 作用,试用变形比较法求解并画出弯矩图。若使 B 支座沿铅垂方向向上移动 δ,弯矩图有何变化? 能否调整 δ 的大小,使梁中的最大弯矩达到最小?

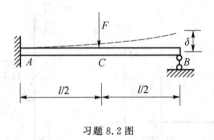

习题 8.2 图

8.3 如图所示,刚性横梁 HB 受均布载荷 q 作用,梁的下方有两根相同材料的弹性曲梁,二曲梁在中点处光滑接触,材料的弹性模量为 E,曲梁 HB 横截面为宽 $2h$、高 h 的矩形,曲梁 CD 横截面为宽 h、高 h 的正方形。试用变形比较法求解静不定并确定梁 HB 和梁 CD 中的最大正应力。

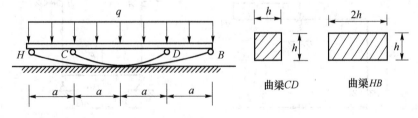

习题 8.3 图

8.4 杆系结构受力如图所示,各杆的拉压刚度均为 EA,试求各杆中的轴力。

8.5 四种平面刚架各段的弯曲刚度均为 EI,受力如图所示,试求支座处全部约束力。

8.6 平面刚架各段的弯曲刚度均为 EI,受力如图所示,其中的弹簧刚度系数为 $k=\dfrac{3EI}{a^3}$。试画出其弯矩图。

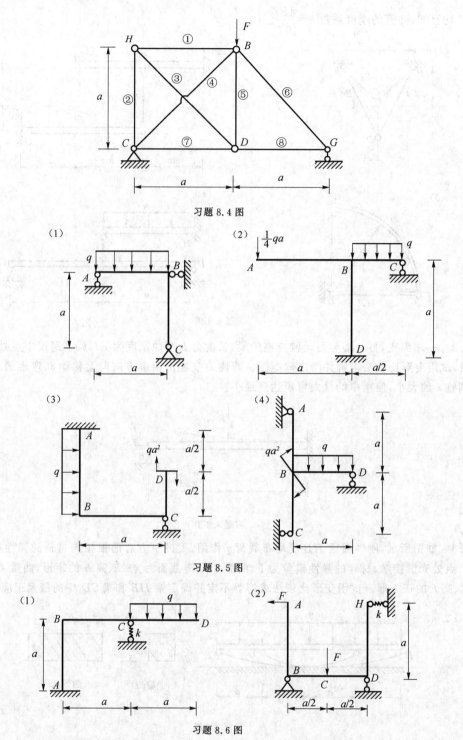

习题 8.4 图

(1)

(2)

(3)

习题 8.5 图

(1)

(2)

习题 8.6 图

8.7 图示结构采用杆系对刚架进行了加固,已知刚架的弯曲刚度为 $E_1 I$,杆的拉压刚度为 $E_2 A$,且 $E_2 A = \dfrac{3E_1 I}{a^2}$,若略去刚架中轴力和剪力对变形的影响,试求结构中刚架的最大弯矩及杆系中各杆的轴力。

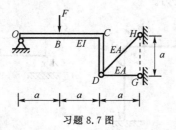

习题 8.7 图

8.8 四种结构受力如图所示,其中图(1)、(3)、(4)中的刚架、曲梁和直梁的弯曲刚度均为 EI,图(2)中刚架 HBC 的弯曲刚度为 E_1I,杆 CG、CD、GD 的拉压刚度为 E_2A,且 $E_2A = \dfrac{4E_1I}{a^2}$。试求支座 H 的约束力(受弯杆件可略去轴力及剪力对变形的影响)。

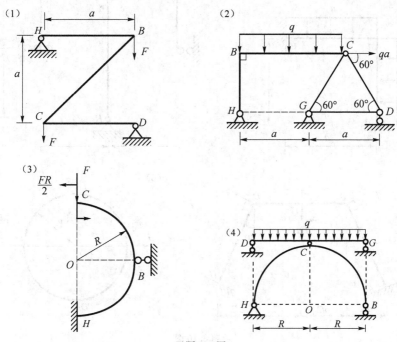

习题 8.8 图

8.9 空间刚架如图所示,杆件均为圆截面杆,各段的 EI 已知,且材料的 $G = \dfrac{2}{5}E$,试求结构中固支端的约束力及 B 点沿 z 方向的位移。

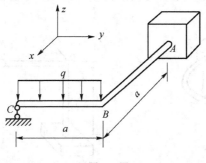

习题 8.9 图

8.10 图示平面刚架各段的 EI 相同,不计轴力及剪力对变形的影响,试选取最简单的相当系统求解静不定并确定全部支座约束力。

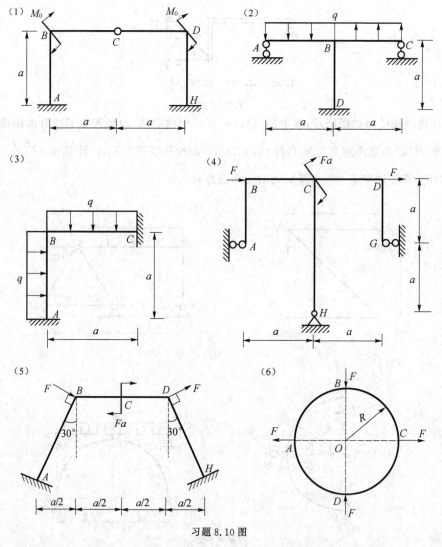

习题 8.10 图

8.11 图示空间刚架，横截面为直径 d 的圆形，已知材料的弹性模量 E 和切变模量 G，且 $G=\dfrac{2}{5}E$，试求固支端约束力（可利用小变形条件进行简化）。

8.12 平面刚架受力如图所示，各段弯曲刚度 EI 为常数，不计轴力及剪力对变形的影响，试画出刚架的弯矩图。

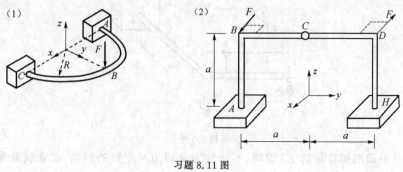

习题 8.11 图

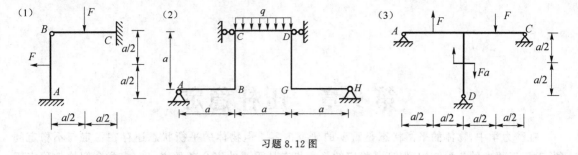

(1) B C F a/2 a/2 F A a/2 a/2

(2) q C D a A B G H a a a

(3) F F A C a/2 a/2 Fa D a/2 a/2 a/2 a/2

习题 8.12 图

8.13　如图所示，直角折杆各段的截面惯性矩 $I=6.0\times10^6\ mm^4$，一端 H 固支，另一端 C 铰接一根横截面面积 $A=10\ mm^2$ 的直杆 CD，已知杆 CD 的热膨胀系数为 $\alpha=12.5\times10^{-6}/℃$，二杆材料的 $E=200\ GPa$，$a=1\ m$。试求当杆 CD 温度下降 $\Delta T=40\ ℃$ 时，直杆 CD 中的正应力。

8.14　如图所示，两悬臂梁 AB、CD 的弯曲刚度为 E_1I_1 和 E_2I_2，B 端焊接在一刚性滑块上，D 端铰接于该滑块，滑块可沿铅垂光滑滑道滑动，结构受力如图，试求二梁中的最大弯矩。

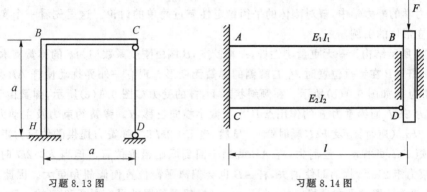

B C a H D a

A E_1I_1 B F E_2I_2 C D l

习题 8.13 图　　　　习题 8.14 图

8.15　图示直角折杆，弯曲刚度为 EI，自由端 C 下方有一弹簧，刚度系数为 $k=\dfrac{4EI}{l^3}$，在点 C 加一铅垂集中力 F，使 C 端压紧弹簧并使之变形，试求弹簧的变形量。

8.16　如图所示简支梁 HB 长 $2l$，弯曲刚度为 EI，梁的跨度中点 K 下方有一拉压刚度为 EA 的圆柱 CD，下端固定，柱的上端面与梁的中点 K 相距 δ，$A=\dfrac{4I}{l^2}$。在梁的中点加一铅垂力 F，令 F 从零开始增加，使 K 点与点 C 接触后继续增加 F，试给出 K 点的铅垂位移 Δ_K 与 F 的函数关系，并求当 $\Delta_K=2\delta$ 时的 F 值。

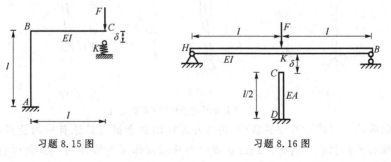

F C B EI K δ l A l

F H EI K δ B l l $l/2$ C EA D

习题 8.15 图　　　　习题 8.16 图

第 9 章 压杆稳定

在静力学中,物体的平衡状态是重要的研究内容。但物体的平衡状态还存在稳定与不稳定问题,对于工程中的各种结构,保证其稳定的平衡状态是重要的安全条件之一。本章介绍构件稳定问题中最简单的情形,即轴向压缩杆件稳定性的基本概念及研究方法,讨论常见的几种支承条件下压杆的临界载荷公式,以及压杆的稳定性条件和校核方法。

9.1 压杆稳定的基本概念

在理论力学的静力学中,曾对刚体的平衡稳定性有过简单的讨论。这里先看一个实例,作为将问题推广到变形体的引例。

图 9.1(a)所示结构为一无重量刚性杆,A 端铰支,B 端由刚度系数均为 k 的弹簧支承,受 B 端铅垂力 F 作用,杆 AB 在铅垂位置时,左右两侧的弹簧无变形。现有一外界扰动使杆 AB 发生微小的倾斜,倾斜角为 α,如图 9.1(b)所示。在倾斜状态下,杆的受力如图 9.1(c)所示,弹簧由于变形对杆作用了约束力 $2k\alpha l$,而铅垂力 F 的作用点 B 发生微小横向位移 αl。弹簧约束力及主动力对 A 点的力矩分别为 $2k\alpha l^2$(逆时针)及 $F\alpha l$(顺时针)。显然,当 $F<2kl$ 时,弹簧力提供的约束力矩 $2k\alpha l^2$ 总是大于主动力矩 $F\alpha l$,即扰动一旦消失,杆 AB 就趋于回到原始铅垂位置。但当 $F>2kl$ 时,主动力矩 $F\alpha l$ 大于约束力矩 $2k\alpha l^2$,扰动即使消失,杆 AB 也会偏离平衡位置使倾斜角更大。因此,当 $F<2kl$ 时,杆 AB 在铅垂位置的平衡是稳定的;当 $F>2kl$ 时,铅垂位置的平衡是不稳定的。$F=2kl$ 就是杆件稳定与不稳定平衡的分界线,称为**临界载荷**。

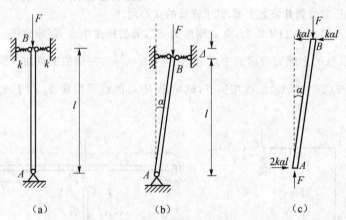

图 9.1 弹簧支承刚性杆的平衡稳定性

杆件作用的载荷一旦超过其临界载荷,稍有外界扰动就会偏离其原有平衡位置,且扰动消失后也不会恢复到原有平衡状态。这种在超过临界值的外载荷作用下构件突然丧失原有平衡形式的现象,称为**失稳**。同样,由变形体构成的结构也有类似的失稳现象。在工程实际中,受轴向压缩的直杆(图 9.2(a))、某些受横向力作用的薄壁结构的梁(图 9.2(b)),以及受径向外压(图 9.2(c))或扭矩作用的薄壁圆管(图 9.2(d))等,都可能出现不同形式的失稳问题。结构的失稳往往产生很大的变形,甚至造成结构整体的完全破坏,与强度或刚度不足造成的失效相比,其突然性及危害性更严重,是工程设计中应该特别注意避免的问题。

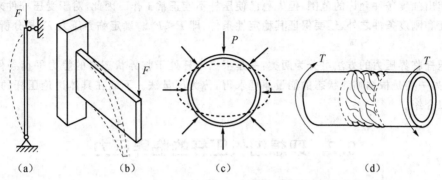

图9.2　工程中常见的失稳现象

工程中,承受轴向压力作用的直杆,称为**压杆**(也称为**柱**)。桁架中的受压杆、建筑物中的立柱、机械中的连杆、千斤顶的丝杠及汽缸的活塞杆都是常见的压杆。这些压杆在结构中是重要的构件,它的失效往往导致整个结构的破坏。

以两端铰支受轴向压缩的杆件为例,细长直杆在轴向压力 F 作用下,处于平衡状态。当轴向压力 F 小于某一临界数值 F_{cr} 时,压杆处于直线形式的平衡状态,在微小侧向力干扰下,会偏离平衡位置发生微小的弯曲变形。但扰动解除后,杆件就会恢复到初始的直线平衡状态(图 9.3(a)),这表明当 $F<F_{cr}$ 时,压杆的直线平衡状态是稳定的。

当轴向压力 F 增加到临界值 F_{cr} 时,外界的扰动使压杆发生弯曲变形,但扰动解除后,压杆将继续保持曲线形式的平衡而不能恢复到原有的直线平衡状态(图 9.3(b)),即 $F \geqslant F_{cr}$ 时,压杆的直线平衡状态是不稳定的。

压杆丧失直线形式的平衡状态转变为曲线形式的平衡状态,这一过程称为**失稳**,也称为**屈曲**。使某根压杆从稳定平衡过渡为不稳定平衡的轴向压力数值 F_{cr} 就称为该压杆的**临界压力**。

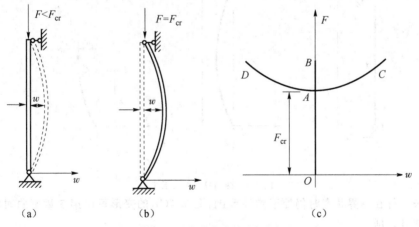

图9.3　压杆的失稳及平衡路径

若以 w 表示细长压杆跨度中点截面的横向位移,轴向压力 F 与 w 的关系可表示于图9.3(c)中,当 $F<F_{cr}$ 时,压杆只有直线形式这一种平衡状态,$F\text{-}w$ 关系为图 9.3(c)中的直线 OA;当 $F \geqslant F_{cr}$ 时,压杆存在两种可能的平衡形式:一种是直线形式,即 $w=0$(图 9.3(c)中的 AB 直线),另一种为弯曲形式,即 $w \neq 0$(图 9.3(c)中的 AC 曲线或 AD 曲线)。力 F 增加过程中的 $F\text{-}w$ 关系曲线称为压杆的平衡路径,$F=F_{cr}$ 的 A 点称为平衡路径的分叉点。因而,细长压杆的失稳又称为分叉屈曲,其临界压力又称为分叉压力。

对于几何条件为细长的压杆,当轴向压力达到临界压力时,横截面上的压应力数值实际上并不很高,一般不高于比例极限 σ_p,因此压杆是处于弹性范围的,也称为**弹性压杆**。此时,虽然杆中的压应力并未超出强度条件允许的范围,但失稳已使压杆不能正常工作。因此,对于受压杆件来说,除了考虑其强度和刚度条件之外,还要保证其稳定性条件,即 $F<F_{cr}$。确定临界压力 F_{cr} 是分析压杆稳定性的关键。

确定压杆临界压力的方法可分为两类:一是根据压杆处于临界状态时的静力平衡条件求得,称为静力法;另一类是根据临界状态的能量原理求得,称为能量法。下面在具体讨论压杆的临界压力时分别予以介绍。

9.2 理想细长压杆的临界压力

1. 两端铰支细长压杆的临界压力

首先,采用静力法分析。在前面各章对构件进行受力分析时,由于变形很小,平衡条件始终是在未变形的初始状态上建立的。当压杆处于弹性稳定状态,且不处于失稳分叉点附近时,这样做毫无问题。但当讨论压杆的失稳现象时,压杆已处于失稳分叉点附近,就必须应用变形后呈曲线形式的平衡状态来建立平衡方程。

图 9.4(a)所示为等截面两端铰支细长压杆,当 $F=F_{cr}$ 时,杆件可处于微弯曲的平衡状态(图 9.4(b))。取杆的任意 x 截面切开取分离体(图 9.4(c)),列出平衡方程求得该截面上的弯矩为

$$M(x) = -F_{cr}w \tag{a}$$

式中,F_{cr} 为轴向压力的绝对值,$w(x)$ 为微弯状态下的挠曲线方程。

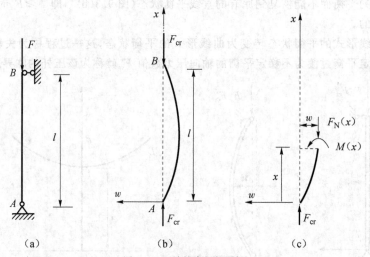

图 9.4 两端铰支细长压杆

由于细长压杆在临界状态时仍处于弹性范围,图 9.4(b)的变形可由第 5 章弯曲时的挠曲线近似微分方程描述。即

$$EI\frac{d^2w}{dx^2} = M(x) \tag{b}$$

将式(a)代入式(b),并令

$$k^2 = \frac{F_{cr}}{EI} \tag{c}$$

则有

$$\frac{d^2w}{dx^2} + k^2w = 0 \tag{d}$$

此为二阶线性齐次常微分方程,其通解为

$$w(x) = A\sin kx + B\cos kx \qquad (e)$$

式中,A、B 为待定常数,可以由压杆两端支座提供的边界条件来确定,对两端铰支的压杆,有

$$\begin{cases} x=0, w=0 \\ x=l, w=0 \end{cases} \qquad (f)$$

代入式(e)后,得到关于 A、B 的齐次线性代数方程组

$$\begin{cases} A \cdot 0 + B \cdot 1 = 0 \\ A\sin kl + B\cos kl = 0 \end{cases} \qquad (g)$$

故挠曲线 $w(x)$ 的非零解应满足关于 A、B 的方程组(g)系数行列式为零的条件

$$\begin{vmatrix} 0 & 1 \\ \sin kl & \cos kl \end{vmatrix} = 0 \qquad (h)$$

由上式得出 $\sin kl = 0$,即

$$kl = n\pi \quad (n=0,1,2,\cdots) \qquad (i)$$

将式(i)代入式(g),有 $B=0$,将式(i)代入式(c),有

$$F_{cr}(n) = \frac{n^2 \pi^2 EI}{l^2} \quad (n=0,1,2\cdots) \qquad (j)$$

当 $n=1$ 时,是杆件受压力作用出现失稳现象的最小非零压力值,即所求的临界压力

$$F_{cr} = \frac{\pi^2 EI}{l^2} \qquad (9.1)$$

式(9.1)为两端铰支细长压杆的临界压力计算公式,又称为**欧拉公式**。

欧拉公式在使用时应注意以下几点。

(1)根据欧拉公式(9.1),压杆的临界压力与杆的弯曲刚度 EI 成正比,若两端铰支的约束条件在横截面内各个方向上都一样,即两端的铰支座为球铰,则杆件发生失稳弯曲时,总是绕横截面内弯曲刚度 EI 最小的那根轴发生失稳,故欧拉公式中的惯性矩 I 应取横截面内的最小惯性矩 I_{min}。

(2)推导欧拉公式时,式(i)可取 $n=1,2,3,\cdots$,得到 $k=\dfrac{\pi}{l}, \dfrac{2\pi}{l}, \dfrac{3\pi}{l}, \cdots$ 及 $B=0$,代入式(e),且记 $A=w_0$,有 $w=w_0\sin\dfrac{\pi}{l}x, w_0\sin\dfrac{2\pi}{l}x, w_0\sin\dfrac{3\pi}{l}x, \cdots$,即不同阶次的挠曲线方程。这表明,失稳弯曲后挠曲线的形状分别是具有 $1,2,3,\cdots$ 个半波的正弦曲线,与之对应的各阶临界压力分别为 $F_{cr}=\dfrac{\pi^2 EI}{l^2}, \dfrac{4\pi^2 EI}{l^2}, \dfrac{9\pi^2 EI}{l^2}, \cdots$,图 9.5(a)、(b)、(c)分别表示的是 $n=1,2,3$ 时的各阶挠曲线。实际上,$n \geqslant 2$ 后的各阶正弦曲线在杆中对应出现 $n-1$ 个拐点。这只有当杆中部相应于拐点处恰好存在横向位移扰动的约束时才有可能出现。若无中间约束,虽然理论上有可能出现各高阶挠曲线形状,但各种干扰因素可以使这些形状消失,故工程上具有实际意义的临界载荷就是指 $n=1$ 时的最小临界压力 $F_{cr}=\dfrac{\pi^2 EI}{l^2}$。

(3)当 $n=1$ 时,$w=w_0\sin\dfrac{\pi}{l}x$,式中 w_0 为压杆跨度中点的挠度。由于求解时采用了小变形挠曲线近似微分方程(b),使得方程简化为线性齐次方程(d),因而其非零解为 w_0 值无法确定的一族曲线,如图 9.6 中的 AB 段所示,即在 F_{cr} 作用下,中点的挠度 w_0 的数值是不定的。但如果采用精确的非线性挠曲线微分方程

$$\frac{w''}{[1+(w')^2]^{3/2}} = -\frac{F_{cr}w}{EI}$$

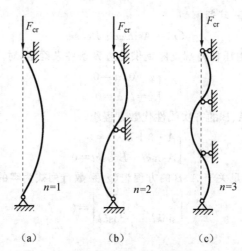

图 9.5　各阶挠曲线形状

则经过复杂的计算可得到完全确定的挠度方程 $w(x)$，即图 9.6 中的 AC 曲线。显然，在失稳分叉点 A 附近一小段范围内，AB 与 AC 是近似重合的，因此，用小变形近似得到的 A 点临界压力 F_{cr} 也是正确的、合理的。

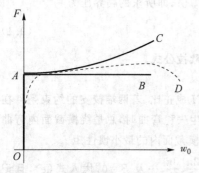

图 9.6　压杆载荷与最大挠度曲线图

由于 AC 曲线在临界点 A 点附近是十分平坦的曲线，故当 F 略高于 F_{cr} 时，杆中点处的最大挠度 w_0 就会急剧增长。例如，当 $F=1.015F_{cr}$ 时，$w_0=0.11l$，即轴向压力高于临界压力仅 1.5 ％ 时，最大挠度 w_0 就高达杆长的 11 ％。

（4）欧拉公式（9.1）是在理想条件下推导出来的，即假定理想的压杆材料均匀，无初曲率，轴向压力的作用线与杆轴线重合等。而实际的压杆往往受到的轴向压力有偏心，杆件本身在未受力时即有微小弯曲（有初曲率），材料也可能有非均匀性等等。因此实际压杆在轴向压力增大的过程中，最大挠度 w_0 的曲线是图 9.6 中的 OAD 曲线。进一步的理论分析和实验证明，当这些非理想的因素影响不明显时，仍可应用欧拉公式，而偏心、初曲率及非均匀性引起的误差可通过适当选择安全因数以保证结构的安全。

下面再简单介绍一下用能量法计算压杆临界压力的步骤。

由最小势能原理可知，当系统偏离平衡状态时，若总势能 $\varPi$ 的变化大于零，即 $\delta\varPi>0$，则平衡状态的总势能 $\varPi$ 为极小值，平衡为稳定的，若总势能 $\varPi$ 的变化小于零，即 $\delta\varPi<0$，则平衡状态的总势能 $\varPi$ 为极大值，平衡为不稳定的。故 $\delta\varPi=0$ 是稳定平衡与不稳定平衡的一个可能的临界点，由此可确定临界载荷。

先以本章开始的图9.1刚性杆系统为例，当杆 AB 倾斜微小 α 角时（图 9.1(b)），弹簧变形，系统的弹性势能增加了 δV_ε，即

$$\delta V_\varepsilon=2\cdot\frac{1}{2}k(\alpha l)^2$$

另一方面，AB 杆倾斜后 B 点向下位移为 Δ，外力 F 做功，系统势能减小量为

$$\delta V=-\delta W=-F\Delta=-F(1-\cos\alpha)l\approx-\frac{F}{2}\alpha^2 l$$

故

$$\delta\varPi=\delta V_\varepsilon+\delta V=k(\alpha l)^2-\frac{F}{2}\alpha^2 l$$

令 $\delta\Pi=0$，有 $k(\alpha l)^2-\dfrac{F}{2}\alpha^2 l=0$，即

$$F_{cr}=2kl$$

与前面静力法的结果相同。

针对图 9.4(a) 的两端铰支细长压杆，在临界压力 F_{cr} 作用下，杆从直线平衡过渡到微弯平衡，系统总势能的变分 $\delta\Pi$ 包括杆的应变能的变分 δV_{ε} 和载荷 F_{cr} 在轴向位移上所做的虚功的负值 δV（图 9.7），各项分别为

$$\delta V_{\varepsilon}=\int_0^l \frac{M^2(x)}{2EI}\mathrm{d}x$$

式中，$M(x)=EI\dfrac{\mathrm{d}^2 w}{\mathrm{d}x^2}$，故

$$\delta V_{\varepsilon}=\frac{1}{2}\int_0^l EI\left(\frac{\mathrm{d}^2 w}{\mathrm{d}x^2}\right)^2\mathrm{d}x$$

$$\delta V=-F_{cr}\Delta$$

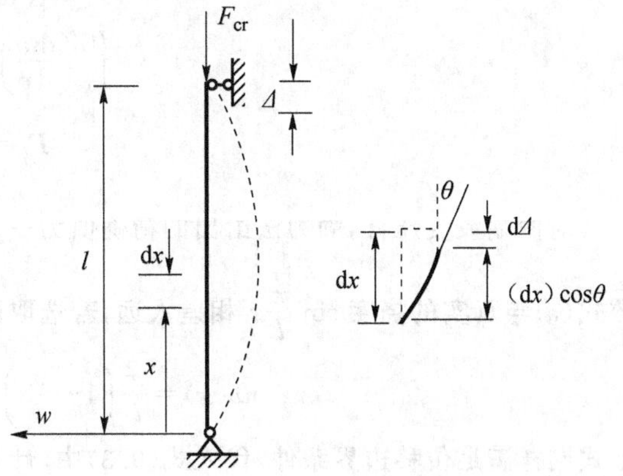

图 9.7　能量法计算临界压力

式中，Δ 为杆件由于弯曲产生的轴向位移（略去轴向内力引起的变形），对 $\mathrm{d}x$ 微段，若弯曲后转角为 θ，则

$$\mathrm{d}\Delta=\mathrm{d}x(1-\cos\theta)\approx\frac{\theta^2}{2}\mathrm{d}x$$

又 $\theta=\dfrac{\mathrm{d}w}{\mathrm{d}x}$，故有 $\mathrm{d}\Delta=\dfrac{1}{2}\left(\dfrac{\mathrm{d}w}{\mathrm{d}x}\right)^2\mathrm{d}x$，则

$$\Delta=\int_0^l \mathrm{d}\Delta=\frac{1}{2}\int_0^l\left(\frac{\mathrm{d}w}{\mathrm{d}x}\right)^2\mathrm{d}x$$

$$\delta V=-\frac{F_{cr}}{2}\int_0^l\left(\frac{\mathrm{d}w}{\mathrm{d}x}\right)^2\mathrm{d}x$$

代入 $\delta\Pi=\delta V_{\varepsilon}+\delta V=0$，得

$$\int_0^l EI\left(\frac{\mathrm{d}^2 w}{\mathrm{d}x^2}\right)^2\mathrm{d}x=F_{cr}\int_0^l\left(\frac{\mathrm{d}w}{\mathrm{d}x}\right)^2\mathrm{d}x$$

$$F_{cr}=\frac{\displaystyle\int_0^l EI\left(\frac{\mathrm{d}^2 w}{\mathrm{d}x^2}\right)^2\mathrm{d}x}{\displaystyle\int_0^l\left(\frac{\mathrm{d}w}{\mathrm{d}x}\right)^2\mathrm{d}x} \tag{9.2}$$

式 (9.2) 为能量法求临界压力 F_{cr} 的计算公式。利用此式求 F_{cr}，需要挠曲线方程 $w(x)$ 已知，但压杆失稳时，其临界状态的挠曲线方程一般是未知的曲线，从理论上讲，应该遍取一切满足压杆边界条件的函数 $w(x)$，使式 (9.2) 取得最小 F_{cr} 的挠曲线才是真实的 $w(x)$，由此求得准确的 F_{cr}，即

$$F_{cr}=\min\left[\frac{\displaystyle\int_0^l EI\left(\frac{\mathrm{d}^2 w}{\mathrm{d}x^2}\right)\mathrm{d}x}{\displaystyle\int_0^l\left(\frac{\mathrm{d}w}{\mathrm{d}x}\right)^2\mathrm{d}x}\right] \tag{9.3}$$

这是一个泛函驻值的问题。实际工程计算中，若希望求得满足一定精度条件的 F_{cr} 近似值，可以采用以下的办法，将满足边界条件的 $w(x)$ 设为含有未知参数 C_i 的函数系列，即令

$$w(x)=\sum_i C_i w_i(x) \quad (i=1,2,\cdots,n)$$

式中，$w_i(x)$ 为满足边界条件的系列已知函数，再代入式 (9.3) 中，并令 F_{cr} 取得极小值，确定各系数 C_i。例如，设

$$w(x) = C\frac{x}{l}\left(1 - \frac{x}{l}\right) \tag{a}$$

它满足位移边界条件 $x=0, w=0; x=l, w=0$，代入式（9.3），计算出

$$\int_0^l EI\left(\frac{\mathrm{d}^2 w}{\mathrm{d}x^2}\right)^2 \mathrm{d}x = \frac{4EIC^2}{l^3}$$

$$\int_0^l \left(\frac{\mathrm{d}w}{\mathrm{d}x}\right)^2 \mathrm{d}x = \frac{C^2}{3l}$$

$$F_{cr} = \frac{12EI}{l^2}$$

对两端铰支压杆，静力法给出的精确值为 $\dfrac{\pi^2 EI}{l^2}$，两者相比，误差达 22 %。这是由于所取挠度函数式（a）与真实的挠度 $\sin\dfrac{\pi}{l}x$ 相差太远，若选取两个参数 C_1、C_2，即取

$$w(x) = \frac{x}{l}\left(1 - \frac{x}{l}\right)\left[C_1 + C_2\,\frac{x}{l}\left(1 - \frac{x}{l}\right)\right] \tag{b}$$

上式同样满足位移边界条件，代入式（9.3）中，计算可得

$$F_{cr} = \min\left[\frac{12EI}{l^2} \cdot \left(\frac{C_1^2 + \frac{1}{5}C_2^2}{C_1^2 + \frac{2}{5}C_1 C_2 + \frac{5}{35}C_2^2}\right)\right] \tag{c}$$

为求上式的极小值，令 $\dfrac{\partial F_{cr}}{\partial C_1} = 0, \dfrac{\partial F_{cr}}{\partial C_2} = 0$，可由数值解求得 $\tag{d}$

$$F_{cr} = \frac{9.875EI}{l^2} \tag{e}$$

这一近似值的误差仅偏大 0.05 %，一般情况下，此精度已足够。若选取挠度函数恰好为其真实解，即取

$$w(x) = C\sin\frac{\pi}{l}x \tag{f}$$

代入式（9.3），求得的 F_{cr} 即欧拉公式 $F_{cr} = \dfrac{\pi^2 EI}{l^2}$。可见，能量法和静力法相比，从精确解的角度来看，二者是完全等价的，但从求近似解的角度来看，二者则大不相同了。有些压杆如变截面压杆或承受复杂轴向载荷的压杆等，用静力法求微分方程的近似解比较困难，而用能量法求泛函驻值的近似解则较为方便，工程上也能达到满意的精度。

例 9.1 试求一端固定、另一端铰支的细长压杆的临界载荷。

解：设压杆在临界状态时的微弯平衡形式如图（a）所示。图（b）中 F_B 为铰支座的支座约束力，于是挠曲线微分方程为

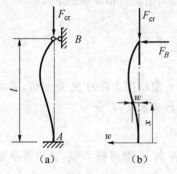

例 9.1 图

$$EIw'' = M(x) = -F_{cr}w + F_B(l - x)$$

令 $k^2 = \dfrac{F_{cr}}{EI}$，则上式可改写为

$$w'' + k^2 w = \frac{F_B}{EI}(l - x) \tag{a}$$

方程（a）的通解为

$$w = A\sin kx + B\cos kx + \frac{F_B}{F_{cr}}(l - x) \tag{b}$$

边界条件为

$$x=0 \text{ 处}: \quad w=0, \quad w'=0$$
$$x=l \text{ 处}: \quad w=0$$

将边界条件代入式(b)，可得关于 A、B 及 $\dfrac{F_B}{F_{cr}}$ 的齐次线性方程组为

$$\begin{cases} B+\dfrac{F_B}{F_{cr}}l=0 \\ Ak-\dfrac{F_B}{F_{cr}}=0 \\ A\sin kl+B\cos kl=0 \end{cases} \tag{c}$$

令式(c)的系数行列式等于零，得到稳定特征方程为

$$\begin{vmatrix} 0 & 1 & l \\ k & 0 & -1 \\ \sin kl & \cos kl & 0 \end{vmatrix}=0$$

将其展开得

$$\tan kl=kl \tag{d}$$

式(d)为超越方程，可用逐次渐近法或图解法求得 $kl\approx4.49$，于是临界载荷为

$$F_{cr}\approx\frac{4.49^2EI}{l^2}\approx\frac{\pi^2EI}{(0.7l)^2}$$

注意：用静力法求压杆的临界压力时，压杆的支承条件有各种形式，有可能使压杆成为静不定结构，例如本题的情形，但确定压杆失稳的临界压力数值，仅是寻找其两种平衡状态过渡的临界点，因此并不需要完整地求解静不定。此外，在列弯矩方程时，要将弯矩及挠度符号的正负一并考虑，如果符号不正确，则无法得出正确的结果。

例 9.2 图(a)所示压杆，下端固定，上端自由，沿杆长受均布轴向力作用，集度为 q，已知杆的弯曲刚度为 EI，试用能量法求使杆失稳的临界载荷 q_{cr}。

解：杆件在临界载荷 q_{cr} 作用下发生微弯曲(图(b))，边界条件为

$$x=0: \quad w=0, \quad \frac{\mathrm{d}w}{\mathrm{d}x}=0 \tag{a}$$

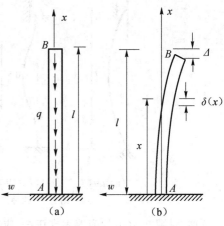

例 9.2 图

用能量法求解，关键是设定满足边界条件的未知挠曲线函数形式。为了得到尽可能精确的结果，要求挠曲线尽可能接近真实解，除了满足该杆的位移边界条件(a)外，观察 $x=0$ 和 $x=l$ 处的受力特点，设定挠曲线函数形式时应保证固支端的弯矩不为零，自由端的弯矩为零，由于 $M=EIw''$，故应有 $x=0$ 处 $\dfrac{\mathrm{d}^2w}{\mathrm{d}x^2}\neq0$，$x=l$ 处，$\dfrac{\mathrm{d}^2w}{\mathrm{d}x^2}=0$，在一次近似条件下，可设挠曲线方程为

$$w(x)=C(3l-x)x^2 \tag{b}$$

且有

$$\frac{\mathrm{d}w}{\mathrm{d}x}=C(6lx-3x^2), \quad \frac{\mathrm{d}^2w}{\mathrm{d}x^2}=6C(l-x)$$

显然，式(b)满足前述条件，计算势能，有

$$V_{\varepsilon}=\frac{1}{2}\int_0^l EI\left(\frac{\mathrm{d}^2w}{\mathrm{d}x^2}\right)^2\mathrm{d}x=\frac{EI}{2}\int_0^l 36C^2(l-x)^2\mathrm{d}x=6EIC^2l^3$$

设压杆 x 截面处的铅垂位移为 $\delta(x)$，有

$$\delta(x)=\int_0^l\frac{1}{2}\left(\frac{\mathrm{d}w}{\mathrm{d}x}\right)^2\mathrm{d}x=\frac{1}{2}\int_0^x C^2(6lx-3x^2)^2\mathrm{d}x$$

$$=\frac{C^2}{2}\int_0^l(36l^2x^2)-36lx^3+9x^4)\mathrm{d}x=C^2\left(6l^2x^3-\frac{9}{2}lx^4+\frac{9}{10}x^5\right)$$

$$V=-\int_0^l q_{\mathrm{cr}}\delta(x)\mathrm{d}x=-\frac{3}{4}q_{\mathrm{cr}}C^2l^6$$

$$\Pi=V_{\varepsilon}+V=6EIC^2l^3-\frac{3}{4}q_{\mathrm{cr}}C^2l^6$$

由 $\dfrac{\partial \Pi}{\partial C}=0$ 得 $q_{\mathrm{cr}}=\dfrac{8EI}{l^3}$

注意: 本题的精确解应为 $q_{\mathrm{cr}}=\dfrac{7.83EI}{l^3}$，近似解 $\dfrac{8EI}{l^3}$ 比精确解偏大 2.17%。若构造挠曲线函数 $w(x)$ 时多取几个待定参数 C_i，结果的误差会更小。本题在构造 $w(x)$ 时，特别注意到除了位移边界条件必须满足外，还保证了所取挠曲线函数并不破坏两端支承条件下的力的边界条件，这样使得 $w(x)$ 更接近真实挠曲线函数。尽管只取了一个待定参数，但亦得到令人比较满意的精度。

2.其他支承条件下细长压杆的临界压力

应用静力法（或能量法）还可得出其他几种典型支承条件下的临界压力公式。例如，两端固支的压杆（图 9.8（b）），一端固支一端铰支的压杆（图 9.8（c）），以及一端固支一端自由的压杆（图 9.8（d））。求解时，这些压杆与两端铰支压杆（图 9.8（a））的不同之处，就是挠曲线微分方程应满足的位移边界条件不同。

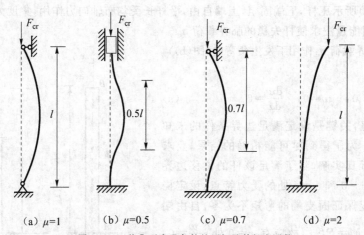

(a) $\mu=1$ (b) $\mu=0.5$ (c) $\mu=0.7$ (d) $\mu=2$

图 9.8　四种典型支承条件的压杆及其长度因数

例如，对图 9.8(b)的两端固支压杆，应有

$$x=0:\quad w=0,\quad \frac{\mathrm{d}w}{\mathrm{d}x}=0$$

$$x=l:\quad w=0,\quad \frac{\mathrm{d}w}{\mathrm{d}x}=0$$

对图 9.8(c)的一端固支一端铰支压杆，应有

$$x=0:\quad w=0,\quad \frac{\mathrm{d}w}{\mathrm{d}x}=0$$

$$x=l:\quad w=0$$

对图 9.8(d)的一端固支一端自由压杆,应有

$$x=0: \quad w=0, \quad \frac{\mathrm{d}w}{\mathrm{d}x}=0$$

对压杆列出微弯状态下的挠曲线近似微分方程,分别代入不同的边界条件,可求得不同支承条件下压杆的临界压力公式,这些公式可写出统一的形式,即

$$F_{cr}=\frac{\pi^2 EI}{(\mu l)^2} \tag{9.4}$$

式(9.4)为细长压杆**欧拉公式的普遍形式**。式中,μl 为不同支承条件下压杆失稳时挠曲轴正弦曲线的半波长度,称为**相当长度**(即相当于两端铰支压杆的长度),μ 称为**长度因数**。

显然,压杆两端不同的支承条件对临界压力 F_{cr} 的影响体现在长度因数 μ 值的不同上,四种典型支承条件压杆的 μ 值如图 9.8 所示。可见,两端支承条件对位移的约束越严格,μ 值就越小,临界压力 F_{cr} 就越大,也就越不容易发生失稳。

除图 9.8 中的四种典型支承条件外,工程中还有各种各样的其他支承形式,不同的支承条件也可用不同的长度因数 μ 来描述,针对具体支承条件,经过理论计算及经验判断并综合各种因素后插值计算得出 μ 值,在工程设计手册中可具体查阅。

例如,一个两端连接在其他弹性杆件上的等直压杆,假设其水平方向不能移动,而两个端截面的转动受到与其相连的其他杆件的弹性约束,其端面弯矩与转角成正比,比例系数分别为 α_A 和 α_B,单位是 N·m/rad,这种情况可以看作铰支弹簧端,如图 9.9 所示。这是一种介于固定端和铰支座之间的弹性支承,当 $\alpha=0$ 时,相当于铰支座;当 $\alpha \to \infty$ 时,相当于固定端,其长度因数 $0.5 < \mu < 1$。当 $\alpha_A=\alpha_B=\frac{l}{10}F_{cr}$ 时,可求得 $\mu \approx 0.81$。

细长压杆的欧拉公式(9.4)在应用时还要注意以下问题。

由 $F_{cr}=\frac{\pi^2 EI}{(\mu l)^2}$ 可知,决定一根压杆临界压力 F_{cr} 的大小取决于两方面因素:一是杆件本身的材料(E 值大小)和几何形状与尺寸(I 和 l),二是杆件两端的支承条件(决定了 μ 值)。在各种支承条件中,铰支座支承条件可能有两种不同情况:一种铰支座对横截面内位移的约束在横截面内的各个方向都是相同的,即无论在哪个方向上失稳都只允许有转角而不允许有横截面内的位移,这样的铰支座称为**球铰**。在球铰支承下,压杆在各个方向上失稳的 μ 值都相同,因此 F_{cr} 的计算

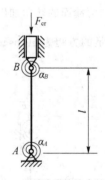

图 9.9　两端为弹性铰支的压杆

应在横截面内选择其最小惯性矩 I_{min}。第二种铰支座是图 9.10(a)所示的柱铰,此时支座的约束条件(b)在横截面内两个正交方向上是不同的:绕 z 轴转动不受约束,绕 y 轴转动则不允许。因此,若压杆在 xy 平面内弯曲失稳,惯性矩应取 I_z,此时 A 支座为铰支座;若压杆在 xz 平面内弯曲失稳,则惯性矩应取 I_y,此时 A 支座为固支端。在计算时应按两个平面内失稳的不同 μ 值分别计算比较后取较小的 F_{cr}。例如,图 9.11 中杆 AB 两端若均为球铰(图 9.11(a)),该压杆为两端铰支压杆,I 应取横截面内的最小惯性矩 I_{min},有

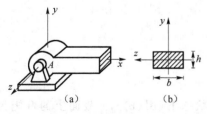

（a）　　　　　（b）

图 9.10　柱铰及约束条件

$$F_{cr}=\frac{\pi^2 EI_{min}}{l^2}$$

若 A 端为柱铰,B 端为球铰(图 9.11(b)),则应分别计算杆以 z 轴为中性轴弯曲失稳和以 y 轴为中性轴弯曲失稳两种情形的临界压力,得

$$F_{crz} = \frac{\pi^2 E I_z}{l^2}$$

$$F_{cry} = \frac{\pi^2 E I_y}{(0.7l)^2}$$

而 $F_{cr} = \min(F_{crz}, F_{cry})$。

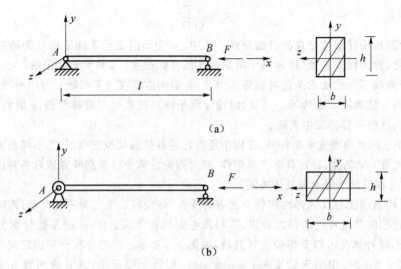

（a）

（b）

图 9.11　柱铰和球铰支承的压杆

例 9.3　图（a）所示细长杆 AB，承受轴向压力 F 作用，已知杆件的弯曲刚度为 EI，两端的弹性约束对杆在两端面的转角加以约束，且约束力偶与转角之间的刚度系数为 α。试证明压杆的临界压力 F_{cr} 应满足的方程为 $\alpha(\cos kl - 1) - kEI \sin kl = 0$，其中 $k^2 = \dfrac{F_{cr}}{EI}$。

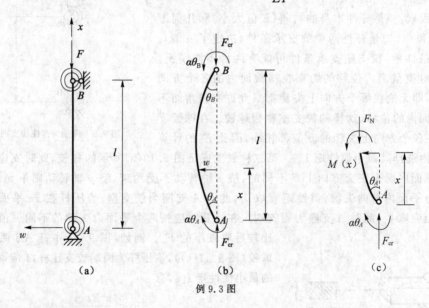

例 9.3 图

解：（1）压杆受力分析

在压杆承受临界压力 F_{cr} 作用发生失稳弯曲时的微弯状态下（图（b）），x 截面上的弯矩为（图（c））

$$M(x) = -F_{cr}w + \alpha\theta_A$$

挠曲线近似微分方程为

$$\frac{\mathrm{d}^2 w}{\mathrm{d}x^2}=\frac{M}{EI}=\frac{\alpha\theta_A-F_{cr}w}{EI}$$

令 $k^2=\dfrac{F_{cr}}{EI}$，得 $\dfrac{\mathrm{d}^2 w}{\mathrm{d}x^2}+k^2 w=\dfrac{\alpha\theta_A}{EI}$。

以上方程的通解为

$$w(x)=C_1\sin kx+C_2\cos kx+\frac{\alpha\theta_A}{k^2 EI} \tag{a}$$

压杆的边界条件为

$$\begin{cases} x=0:w=0 \\ x=0:\dfrac{\mathrm{d}w}{\mathrm{d}\theta}=\theta_A \\ x=l:w=0 \end{cases} \tag{b}$$

将式(b)代入式(a)，有

$$\begin{cases} C_2+\dfrac{\alpha\theta_A}{k^2 EI}=0 \\ C_1 k-\theta_A=0 \\ C_1\sin kl+C_2\cos kl+\dfrac{\alpha\theta_A}{k^2 EI}=0 \end{cases} \tag{c}$$

将 C_1、C_2、θ_A 视为未知量，式(c)有非零解的条件为

$$\begin{vmatrix} 0 & 1 & \dfrac{\alpha}{k^2 EI} \\ k & 0 & -1 \\ \sin kl & \cos kl & \dfrac{\alpha}{k^2 EI} \end{vmatrix}=0 \tag{d}$$

以上行列式展开得

$$\alpha\cos kl-kEI\sin kl-\alpha=0 \tag{e}$$

将 $F_{cr}=k^2 EI$ 代入上式即为 F_{cr} 应满足的方程。求解方程(e)可得压杆的临界压力 F_{cr}。

（2）讨论

支座的弹性约束取决于 α 值，当 α 值不同时，F_{cr} 值也不同。

①当 $\alpha=0$ 时，图(a)退化为两端铰支压杆，式(e)则退化为 $\sin kl=0$，即得两端铰支压杆的临界压力欧拉公式 $F_{cr}=k^2 EI=\dfrac{\pi^2 EI}{l^2}$。

②当 $\alpha\to\infty$ 时，图(a)转化成为两端固支压杆，式(e)则退化为 $\cos kl-1=0$，其最小非零解为 $kl=2\pi$，即 $F_{cr}=k^2 EI=\dfrac{4\pi^2 EI}{l}=\dfrac{\pi^2 EI}{(l/2)^2}$。

注意：本题的模型是直杆两端由弹性铰支座约束的情形，在工程实际中，支座的约束条件往往无法简化成为理想的铰支座（无约束力偶 M_R，转角 θ 可为任意值）或理想的固支端（转角 θ 为零，约束力偶 M_R 可为任意值），而是更接近于弹性支承（允许有转角 θ 并提供约束力偶 M_R，且二者之间满足线性关系 $M_R=\alpha\theta$），因此，本题的结果更适用于工程中的各种实际支承条件。

例 9.4 图(a)所示一复合杆，A、C 两端为球铰支座，杆的 AB 段是长度为 l 的细长弹性杆，弯曲刚度为 EI，BC 段是长度为 a 的刚性杆，C 端受轴向压力 F 作用，试求此结构失稳时的临界压力 F_{cr}。

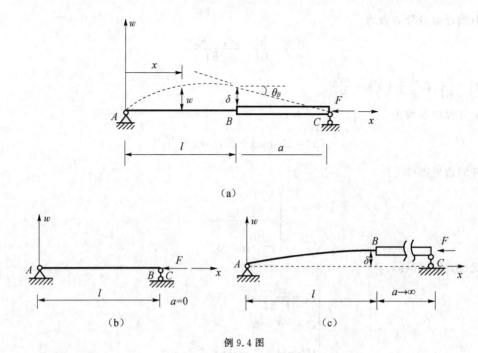

（a）

（b）   （c）

例 9.4 图

解：（1）杆件受力分析

在临界压力作用下，杆件的 AB 段处于微弯变形状态，BC 段则刚性微偏转。在水平方向上整体平衡条件为 $F_{Ax}=F_{cr}$。设 B 截面的挠度值为 δ，在 AB 段 x 截面处，挠度为 $w(x)$，则该截面的弯矩方程为

$$M(x)=-F_{cr}w$$

AB 段的挠曲线近似微分方程为

$$EI\frac{\mathrm{d}^2w}{\mathrm{d}x^2}=-F_{cr}w$$

通解为

$$w(x)=C_1\sin kx+C_2\cos kx \tag{a}$$

式中，$k^2=\dfrac{F_{cr}}{EI}$，对式（a）求导得

$$\frac{\mathrm{d}w}{\mathrm{d}x}=C_1k\cos kl-C_2k\sin kl \tag{b}$$

AB 段挠曲线应满足以下边界条件

$$\begin{cases} x=0：w=0 \\ x=l：w=\delta, \dfrac{\mathrm{d}w}{\mathrm{d}x}=\theta_B=-\dfrac{\delta}{a} \end{cases} \tag{c}$$

将式（c）代入式（a）、（b），有 $C_2=0$ 及

$$\begin{cases} C_1\sin kl-\delta=0 \\ C_1k\cos kl+\dfrac{\delta}{a}=0 \end{cases} \tag{d}$$

视上式为关于 C_1、δ 的齐次线性代数方程组，C_1、δ 不全为零的条件为

$$\begin{vmatrix} \sin kl & -1 \\ k\cos kl & \dfrac{1}{a} \end{vmatrix}=0 \tag{e}$$

即

$$\sin kl + ak\cos kl = 0 \qquad\qquad\qquad (f)$$

式(f)就是临界压力 F_{cr} 应满足的方程，式中 $k^2 = \dfrac{F_{cr}}{EI}$。

（2）讨论

当 $a = 0$ 时，原结构退化为两端铰支的 AB 压杆（图(b)），式(f)则给出 $\sin kl = 0$，其最小非零解为 $kl = \pi$，即 $a = 0$ 时有 $F_{cr} = \dfrac{\pi^2 EI}{l^2}$，与已知的两端铰支压杆的欧拉公式一致。

当 $a \to \infty$ 时，原结构的 C 支座位置趋于无限远处，造成 B 截面的转角趋于零。但 B 截面的挠度 δ 仍不为零，相当于 B 截面为固支端的情形（图(c)），则式(f)退化为 $\cos kl = 0$，其最小非零解为 $kl = \dfrac{\pi}{2}$，故 $a \to \infty$ 时有 $F_{cr} = \dfrac{\pi^2 EI}{4l^2}$，也与已有的结果一致。

注意：本题的压杆是弹性杆与刚性杆的组合，可用同样办法分析弹性段在临界微弯状态时的受力与弯曲变形，而刚性段在临界状态时的刚体位移就作为边界条件使用。本题的另一关键是正确给定边界条件中转角的符号。求得的结果应用于特例情形（$a = 0$ 或 $a \to \infty$）亦可得出已知的结论。

9.3　压杆的柔度与临界应力

1. 压杆的临界应力与柔度的概念

在临界压力 F_{cr} 作用下，按照压杆处于直线平衡状态计算其横截面上压应力的大小，称为压杆的**临界应力**，用 σ_{cr} 表示。此时，杆件处于轴向压缩的变形形式，故临界应力为

$$\sigma_{cr} = \frac{F_{cr}}{A} \qquad\qquad\qquad (9.5)$$

对于 9.2 节所述的细长压杆，应有

$$\sigma_{cr} = \frac{\pi^2 EI}{(\mu l)^2 A} \qquad\qquad\qquad (9.6)$$

从式(9.6)可见，在影响临界应力 σ_{cr} 的因素中，弹性模量 E 是与材料性能有关的，而 I、A、l 及 μ 则是与杆件几何及支承条件有关的。设横截面的惯性半径 $i = \sqrt{\dfrac{I}{A}}$，若将 I、A、l 及 μ 对 σ_{cr} 的影响用一个统一的参数 λ 表示，则称 λ 为压杆的**柔度**（又称**长细比**）。由式(9.6)可知

$$\sigma_{cr} = \frac{\pi^2 E}{\left(\dfrac{\mu l}{\sqrt{\dfrac{A}{I}}}\right)^2} = \frac{\pi^2 E}{\left(\dfrac{\mu l}{i}\right)^2}$$

故压杆的柔度为

$$\lambda = \frac{\mu l}{i} \qquad\qquad\qquad (9.7)$$

压杆的临界应力为

$$\sigma_{cr} = \frac{\pi^2 E}{\lambda^2} \qquad\qquad\qquad (9.8)$$

式(9.8)为临界压力欧拉公式(9.4)的等效形式。从此式可见，用临界应力来描述压杆在临界平衡时的受力状态时，杆件的几何与约束条件的影响可归结为杆件的柔度这一单参数。在压杆的稳定性分析中，柔度 λ 是一个重要参数。由于轴向拉压的杆件其强度条件是通过截面上的正应力

控制的,因此,在压杆稳定性分析中采用临界应力控制,可以将受压杆件的强度与稳定性一并考虑。

2. 细长压杆欧拉公式的适用范围

对于细长压杆,临界压力的欧拉公式是利用挠曲线近似微分方程推导出来的。注意到此方程应是以胡克定律为基础的,因此欧拉公式只有在临界应力不超过材料的比例极限时才是有效的,故要求

$$\sigma_{cr} = \frac{\pi^2 E}{\lambda^2} \leqslant \sigma_p$$

即

$$\lambda \geqslant \sqrt{\frac{\pi^2 E}{\sigma_p}}$$

上式的右端项为仅与材料的力学性能相关的材料常数,记为 λ_p,即

$$\lambda_p = \sqrt{\frac{\pi^2 E}{\sigma_p}} \tag{9.9}$$

故压杆临界压力及临界应力的欧拉公式(9.4)和(9.8)的适用范围应为

$$\lambda \geqslant \lambda_p \tag{9.10}$$

对满足 $\lambda \geqslant \lambda_p$ 的压杆,就称为**大柔度压杆**,也就是前面所说的细长压杆。大柔度压杆在失稳时仍处于弹性范围,也即前面提到的弹性压杆,稳定性计算时可采用欧拉公式。

对不同的材料,λ_p 的数值不同。以工程中常用的 Q235A 钢为例,$E = 206$ GPa,$\sigma_p = 200$ MPa,则 $\lambda_p \approx 100$,因此,Q235A 钢制成的压杆,只有当 $\lambda_p \geqslant 100$ 时,才可使用欧拉公式(9.4)或(9.8)计算其临界压力 F_{cr} 或临界应力 σ_{cr}。

3. 中柔度及小柔度压杆的临界应力经验公式及适用范围

当杆件的柔度 $\lambda < \lambda_p$ 时,杆件横截面上的应力已超过比例极限 σ_p。但只要应力不超过材料的屈服极限 σ_s,材料仍满足非线性弹性应力应变关系,压杆将发生非线性弹性失稳。这时的压杆称为**中柔度压杆**。

对中柔度压杆,临界应力的计算公式是以实验结果为依据归纳出的经验公式,常用的有以下两种。

(1)直线公式

$$\sigma_{cr} = a - b\lambda \tag{9.11}$$

式中,a、b 均为材料常数。表 9.1 中列出了几种常见材料的 a、b 值。

采用直线型经验公式计算临界应力 σ_{cr} 时,应保证计算出来的应力 σ_{cr} 小于 σ_s,即

$$\sigma_{cr} = a - b\lambda \leqslant \sigma_s$$

故

$$\lambda \geqslant \frac{a - \sigma_s}{b}$$

记

$$\lambda_s = \frac{a - \sigma_s}{b} \tag{9.12}$$

则中柔度压杆经验公式的适用范围为

$$\lambda_s \leqslant \lambda < \lambda_p \tag{9.13}$$

表 9.1　直线经验公式的系数 a、b

材料(σ_s、σ_b/MPa)	a/MPa	b/MPa	λ_p	λ_s
Q235A 钢 $\begin{cases}\sigma_s=235\\\sigma_b\geqslant372\end{cases}$	304	1.12		
优质碳钢 $\begin{cases}\sigma_s=306\\\sigma_b\geqslant471\end{cases}$	461	2.57	≈100	≈60
硅钢 $\begin{cases}\sigma_s=353\\\sigma_b\geqslant510\end{cases}$	578	3.74		
铬钼钢	980	5.29	55	0
硬铝	373	2.15	50	0
铸铁	332	1.45		
松木	39.2	0.199	59	0

当压杆的柔度 $\lambda<\lambda_s$ 时,称为**小柔度压杆**,其失稳状态下横截面上的应力理论上已超出 σ_s,此时杆件的强度条件已无法保证,即对于 $\lambda<\lambda_s$ 的小柔度压杆,不会发生失稳,它的破坏是由于轴向压缩的强度不够造成的。故应由轴向压缩的强度条件控制其轴向应力,即

$$\sigma_{cr}=\sigma_s \tag{9.14}$$

对于脆性材料,可将 σ_s 换为 σ_b。

总结以上结论,压杆若以柔度 λ 为横坐标,以临界应力 σ_{cr} 为纵坐标,则 λ 在大、中、小三个柔度范围内,计算临界应力 σ_{cr} 的曲线为图 9.12 所示,该图称为压杆的**临界应力总图**。

在图 9.12 中,当 $\lambda\geqslant\lambda_p$ 时,为大柔度压杆,σ_{cr} 用欧拉公式(9.8)计算,即 CD 段曲线;当 $\lambda_s\leqslant\lambda<\lambda_p$ 时,为中柔度压杆,σ_{cr} 用经验公式(9.11)计算,即 BC 段直线;当 $\lambda<\lambda_s$ 时,当小柔度压杆,杆件的失效为强度不足所至,临界应力 $\sigma_{cr}=\sigma_s$,即 AB 段直线。

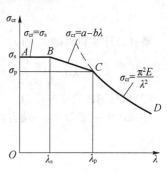

图 9.12　直线公式的临界应力总图

(2)抛物线公式

$$\sigma_{cr}=a_1-b_1\lambda^2 \tag{9.15}$$

式中,a_1、b_1 也是与材料有关的常数。我国钢结构设计中,采用下列形式的抛物线公式

$$\sigma_{cr}=\sigma_s\left[1-0.43\left(\frac{\lambda}{\lambda_c}\right)^2\right]\quad\lambda\leqslant\lambda_c \tag{9.16}$$

式中

$$\lambda_c=\sqrt{\frac{\pi^2E}{0.57\sigma_s}} \tag{9.17}$$

对于 Q235A 钢,$\sigma_s=235$ MPa,$E=206$ GPa,$\lambda_c=123$,式(9.16)化为

$$\sigma_{cr}=235-0.00666\lambda^2,\lambda\leqslant123 \tag{9.18}$$

对于 16 锰钢,$\sigma_s=343$ MPa,$E=206$ GPa,式(9.16)化为

$$\sigma_{cr}=343-0.0142\lambda^2,\lambda\leqslant102 \tag{9.19}$$

根据抛物线经验公式(9.16),临界应力总图如图 9.13 所示。此时的中柔度与小柔度压杆统一由式(9.16)计算临界应力 σ_{cr}。

最后要说明的是,临界应力的大小是压杆整体变形所决定的。压杆因钉、孔等局部削弱对整体变形的影响很小,因此,计算临界应力或临界压力时,一般可采用未削弱的横截面形状和尺寸进行

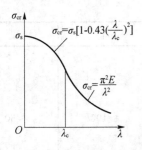

图 9.13　抛物线公式的临界应力总图

此外,由于经验公式是由实验数据拟合而成的,与理论推导出的欧拉公式在 $\lambda=\lambda_p$ 时不一定恰好吻合,在 $\lambda=\lambda_p$ 附近应用时应注意到这一点,以偏安全为原则。

例 9.5　三根压杆如图(a)、(b)、(c)所示,其中杆 AB 为圆截面杆,直径 $d=40$ mm,$l_1=500$ mm;杆 CD 与杆 GH 同为正方形截面,边长 $b=30$ mm,$l_2=800$ mm,$l_3=500$ mm。若材料的 $E=200$ GPa,$\sigma_p=220$ MPa,$\sigma_s=240$ MPa。中柔度压杆的经验公式取直线公式 $\sigma_{cr}=(304-1.12\lambda)$ MPa,试分别求这三根压杆的临界压力。

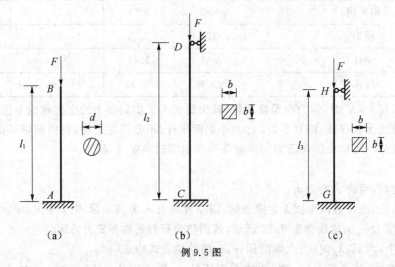

例 9.5 图

解:(1)计算材料的 λ_p 和 λ_s

$$\lambda_p=\sqrt{\frac{\pi^2 E}{\sigma_p}}=\pi\sqrt{\frac{200\times10^3}{220}}=94.7, \qquad \lambda_s=\frac{a-\sigma_s}{b}=\frac{304-240}{1.12}=57.1$$

(2)求杆 AB 的临界压力

杆 AB 为一端固支、一端自由的压杆,$\mu_1=2$,故

$$\lambda_1=\frac{\mu_1 l_1}{i_1}=\frac{2\times500}{\dfrac{40}{4}}=100>\lambda_p$$

杆 AB 为大柔度杆,应采用欧拉公式计算临界应力

$$\sigma_{cr1}=\frac{\pi^2 E}{\lambda^2}=\frac{\pi^2\times200\times10^3}{100^2}\ \text{MPa}=197.4\ \text{MPa}$$

$$F_{cr1}=\sigma_{cr1}\cdot A_1=\sigma_{cr1}\cdot\frac{\pi}{4}d_1^2=197.4\times\frac{\pi}{4}\times40^2\ \text{N}=248.1\ \text{kN}$$

(3)求杆 CD 的临界压力

杆 CD 为一端固支、一端铰支的压杆,$\mu_2=0.7$,故

$$\lambda_2=\frac{\mu_2 l}{i_2}=\frac{0.7\times800}{\dfrac{\sqrt{3}}{6}\times30}=64.7$$

由于 $\lambda_s<\lambda_2<\lambda_p$,$CD$ 杆为中柔度压杆,应采用经验公式计算临界应力

$$\sigma_{cr2}=(304-1.12\lambda_2)\ \text{MPa}=(304-1.12\times64.7)\ \text{MPa}=231.5\ \text{MPa}$$

$$F_{cr2}=\sigma_{cr2}\cdot A_2=\sigma_{cr2}\cdot b^2=231.5\times30^2\ \text{N}=208.4\ \text{kN}$$

(4)求杆 GH 的临界压力

杆 GH 也为一端固支、一端铰支的压杆,同理计算得

$$\lambda_3 = \frac{\mu_3 l_3}{i_3} = \frac{0.7 \times 500}{\frac{\sqrt{3}}{6} \times 30} = 40.4$$

由于 $\lambda_3 < \lambda_s$,杆 GH 为小柔度压杆,临界应力为

$$\sigma_{cr3} = \sigma_s = 240 \text{ MPa}$$

$$F_{cr3} = \sigma_{cr3} \cdot A_3 = 240 \times 30^2 \text{ N} = 216 \text{ kN}$$

注意:本题的三根压杆材料相同,但由于杆长、截面尺寸及两端支承条件不完全相同而分属大柔度、中柔度和小柔度杆,计算时应先判断清楚各杆的柔度范围,再选择适当公式计算。

例 9.6 一连杆横截面为矩形,连杆两端均为柱铰,约束方式如图所示,受轴向压力 F 作用,已知连杆材料的 $E = 200$ GPa,$\lambda_p = 100$,$\lambda_s = 60$,连杆的长度 $l = 1.2$ m,$h = 32$ mm,$b = 20$ mm。试求:(1)连杆的临界压力 F_{cr};(2)若杆的长度 $l = 1.2$ m 及横截面积 $A = bh = 640$ mm² 保持不变,希望连杆有最大的临界压力,则比值 h/b 应取为多大?此时的 F_{cr} 最大值为多少?

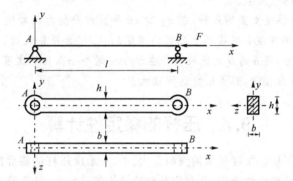

例 9.6 图

解:连杆两端为如图所示的柱铰,若连杆在 xy 平面内失稳(以 z 为中性轴弯曲),则两端均为铰支,$\mu_z = 1$,$i_z = \frac{\sqrt{3}}{6} h$;故在 xy 平面内失稳时柔度 λ_z 为

$$\lambda_z = \frac{\mu_z l}{i_z} = \frac{1 \times l}{\frac{\sqrt{3}}{6} h} = \frac{1200}{\frac{\sqrt{3}}{6} \times 32} = 130$$

若连杆在 xz 平面内失稳(以 y 为中性轴弯曲),则连杆两端均为固支,$\mu_y = 0.5$,$i_y = \frac{\sqrt{3}}{6} b$,故在 xz 平面内失稳时的柔度 λ_y 为

$$\lambda_y = \frac{\mu_y l}{i_y} = \frac{0.5 \times l}{\frac{\sqrt{3}}{6} b} = \frac{0.5 \times 1200}{\frac{\sqrt{3}}{6} \times 20} = 103.9$$

因此,该连杆的柔度应取 $\lambda = \lambda_{max} = \lambda_z = 130 > \lambda_p$,杆的临界应力可用欧拉公式计算

$$\sigma_{cr} = \frac{\pi^2 E}{\lambda^2} = \frac{\pi^2 \times 200 \times 10^3}{130^2} \text{ MPa} = 116.8 \text{ MPa}$$

$$F_{cr} = \sigma_{cr} \cdot A = \sigma_{cr} \cdot bh = 116.8 \times 32 \times 20 \text{ N} = 74.8 \text{ kN}$$

在杆的长度及横截面积不变的情形下,若使杆的稳定性最为合理,h 与 b 的取值之比应使 $\lambda_y = \lambda_z$,即

$$\frac{\mu_y l}{i_y} = \frac{\mu_z l}{i_y}$$

故得 $\dfrac{0.5}{b} = \dfrac{1}{h}$，即应取 $h/b = 2$。

将 $h = 2b$ 代入，$A = bh = 2b^2$，得

$$b = \sqrt{A/2} = \sqrt{640/2}\ \text{mm} \approx 18\ \text{mm}, \quad h = 2b = 36\ \text{mm}$$

此时

$$\lambda = \lambda_z = \lambda_y = \frac{1200}{\frac{\sqrt{3}}{6} \times 36} = 115.5$$

$$\sigma_{cr} = \frac{\pi^2 E}{\lambda^2} = \frac{\pi^2 \times 200 \times 10^3}{(115.5)^2}\ \text{MPa} = 148\ \text{MPa}$$

故

$$F_{cr} = \sigma_{cr} \cdot A = (148 \times 36 \times 18)\ \text{N} = 95.9\ \text{kN}$$

此为所求临界压力的最大值。

注意：本题是两端为柱铰支座的压杆，在 xy 和 xz 平面内分别为两端铰支和两端固支。且由于截面为矩形 $i_z \neq i_y$，故杆的柔度 λ 应在两个截面的柔度 λ_z、λ_y 中选择较大的。对某根压杆来说，若杆的长度和截面积保持不变，则 h 与 b 之比应使杆在 xy，xz 两个平面内的柔度 λ_z 与 λ_y 相等，即等柔度设计，可使杆的稳定性最为合理，临界压力达到最大。

9.4　压杆的稳定性计算

以上的讨论已给出了压杆柔度范围的判断及大、中、小柔度压杆的临界应力和临界压力的计算公式。本节将建立压杆的稳定性条件，并利用其校核结构的稳定性、计算许可载荷及设计压杆安全工作所必须具有的尺寸。

临界压力 F_{cr} 相当于压杆稳定性的破坏载荷或极限载荷。为了保证压杆不会丧失稳定性，必须使其具有足够的稳定安全储备，压杆所能承受的工作压力 F 不仅要小于临界载荷 F_{cr}，而且要小于**压杆稳定许用载荷** $[F_{st}]$，即

$$F \leqslant [F_{st}] = \frac{F_{cr}}{[n_{st}]} \tag{9.20}$$

式中，$[n_{st}]$ 为规定的**稳定安全因数**。稳定安全因数一般要比强度安全因数大。这是因为实际压杆不是理想压杆，难免存在初曲率、载荷偏心及材料不均匀、有钉孔等，它们都会使压杆的临界载荷降低。而且柔度越大，上述因素影响也越大，所以 $[n_{st}]$ 的值也将随着 λ 的增大而提高。一般情况下，对于钢材，取 $[n_{st}] = 1.8 \sim 3.0$；对于铸铁，取 $[n_{st}] = 5.0 \sim 5.5$；对于木材，取 $[n_{st}] = 2.8 \sim 3.2$。但这些取值也不是绝对的，稳定安全因数还与压杆的工作条件有关，例如钢制的磨床油缸活塞杆，$[n_{st}] = 4 \sim 6$。不同情况可查专业手册。

工程实际中，常把稳定条件公式(9.20)改写为如下形式：

$$n_{st} = \frac{F_{cr}}{F} \geqslant [n_{st}] \tag{9.21}$$

式中，n_{st} 为临界载荷与实际工作压力的比值，称为**工作安全因数**，它表示压杆实际具备的安全因数。这样，式(9.21)的含义是：压杆实际具备的稳定安全因数必须不小于规定的稳定安全因数。利用式(9.21)进行稳定计算的方法称为**安全因数法**。

对于土建构件，常采用折减因数法进行压杆的稳定计算，读者可参阅孙训方等编写的《材料力学》。

例 **9.7** 如图所示结构，BCK 为刚性横梁，$a=1\ \text{m}$，$b=0.5\ \text{m}$，杆 AB 的直径 $d_1=24\ \text{mm}$，长度 $l_1=1\ \text{m}$，杆 CD 的直径 $d_2=40\ \text{mm}$，长度为 $l_2=0.7\ \text{m}$，AB、CD 两杆材料相同，$E=210\ \text{GPa}$，$\lambda_p=100$，$\lambda_s=64$，中柔度压杆临界应力经验公式为 $\sigma_{cr}=(304-1.22\lambda)\ \text{MPa}$，稳定安全因数 $[n_{st}]=3$，强度许用应力 $[\sigma]=80\ \text{MPa}$，在 K 点施加铅垂向下的集中力 $F=60\ \text{kN}$，试校核结构是否安全。若力 F 的大小不变但方向改为铅垂向上，结构是否仍安全？

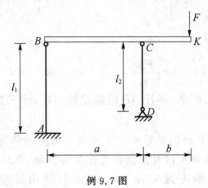

例 9.7 图

解：(1)确定 AB、CD 两杆的临界压力

AB 为一端固支、一端铰支的压杆，$\mu_1=0.7$，CD 为两端铰支压杆，$\mu_2=1$。两杆的柔度分别为

$$\lambda_1=\frac{\mu_1 l_1}{i_1}=\frac{0.7\times 10^3}{\dfrac{24}{4}}=116.7,\qquad \lambda_2=\frac{\mu_2 l_2}{i_2}=\frac{1\times 700}{\dfrac{40}{4}}=70$$

故杆 AB 为大柔度杆，杆 CD 为中柔度杆，分别计算其临界应力为

$$\sigma_{cr1}=\frac{\pi^2 E}{\lambda_1^2}=\frac{\pi^2\times 210\times 10^3}{116.7^2}\ \text{MPa}=152.2\ \text{MPa}$$

$$\sigma_{cr2}=304-1.12\lambda_2=(304-1.12\times 70)\ \text{MPa}=225.6\ \text{MPa}$$

两杆的临界压力为

$$F_{cr1}=\sigma_{cr1}\cdot A_1=152.2\times\frac{\pi}{4}\times 24^2\ \text{N}=68.9\ \text{kN}$$

$$F_{cr2}=\sigma_{cr2}\cdot A_2=225.6\times\frac{\pi}{4}\times 40^2\ \text{N}=283.5\ \text{kN}$$

(2)当力 F 方向向下时，校核安全性

此时，两杆的轴力分别为

$$F_{N1}=\frac{b}{a}F=\frac{0.5}{1}\times 60\ \text{kN}=30\ \text{kN}(\text{拉})$$

$$F_{N2}=\left(1+\frac{b}{a}\right)F=\frac{3}{2}F=\frac{3}{2}\times 60\ \text{kN}=90\ \text{kN}(\text{压})$$

校核 AB 杆的拉伸强度条件

$$\sigma_1=\frac{F_{N1}}{A_1}=\frac{30\times 10^3}{\dfrac{\pi}{4}\times 24^2}\ \text{MPa}=66.3\ \text{MPa}<[\sigma]=80\ \text{MPa}$$

杆 AB 强度合格。

校核杆 CD 的稳定性

$$[F_{N2}]=\frac{F_{cr2}}{[n_{st}]}=\frac{283.5}{3}\ \text{kN}=94.5\ \text{kN}$$

$$F_{N2}=90\ \text{kN}<[F_{N2}]$$

杆 CD 稳定性合格，即结构是安全的。

(3)当力 F 方向改变时校核结构

当 F 力方向向上时,两杆轴力大小不变仅方向改变,故应校核杆 CD 的强度和杆 AB 的稳定性,对杆 CD,有

$$\sigma_2 = \frac{F_{N2}}{A_2} = \frac{90 \times 10^3}{\frac{\pi}{4} \times 40^2} \text{ MPa} = 71.6 \text{ MPa} < [\sigma] = 80 \text{ MPa}$$

杆 CD 强度合格。

对杆 AB,有

$$[F_{N1}] = \frac{F_{cr1}}{[N_{st}]} = \frac{68.9}{3} \text{ kN} = 23.0 \text{ kN}$$

但 $F_{N1} = 30 \text{ kN} > [F_{N1}] = 23.0 \text{ kN}$,即杆 AB 的稳定性不足,故 F 力大小不变方向为向上时,结构稳定性不够。

注意:本题的结构在集中力 F 分别以铅垂向下和向上的方向作用时,均存在拉杆和压杆。由于两杆均为大、中柔度杆,因此在轴向压缩时应由稳定性条件控制,而对于拉杆则应校核其强度条件。

例 9.8 图示千斤顶丝杠的有效直径 $d = 40$ mm,伸出长度为 $l = 400$ mm,丝杠材料的 $E = 206$ GPa,$\sigma_p = 204$ MPa,$\sigma_s = 306$ MPa,中柔度杆的临界应力公式为 $\sigma_{cr} = (461 - 2.57\lambda)$ MPa。若起重重量 $F = 80$ kN,稳定安全因数 $[n_{st}] = 3$,试校核丝杠的稳定性,并求此时丝杠的极限伸出长度 l。

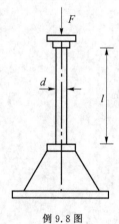

例 9.8 图

解:(1)校核丝杠的稳定性

由丝杠材料的性能参数可计算出 λ_p 和 λ_s

$$\lambda_p = \sqrt{\frac{\pi^2 E}{\sigma_p}} = \pi \sqrt{\frac{206 \times 10^3}{204}} \approx 99.8, \qquad \lambda_s = \frac{a - \sigma_s}{b} = \frac{461 - 306}{2.57} \approx 60.3$$

当伸出长度 $l = 400$ mm 时,丝杠可视为一端固支、一端自由的压杆,$\mu = 2$,其柔度为

$$\lambda = \frac{\mu l}{i} = \frac{2 \times 400}{\frac{40}{4}} = 80$$

故伸出长度 $l = 400$ mm 时,$\lambda_s < \lambda < \lambda_p$,为中柔度压杆,可计算其临界应力为

$$\sigma_{cr} = (461 - 2.57 \times 80) \text{ MPa} = 255.4 \text{ MPa}$$

临界压力为

$$F_{cr} = \sigma_{cr} \cdot A = 255.4 \times \frac{\pi}{4} \times 40^2 \text{ N} = 320.9 \text{ kN}$$

$$n_{st} = \frac{F_{cr}}{F} = \frac{320.9}{80} = 4.01 > [n_{st}] = 3$$

故丝杠稳定性合格。

(2)求丝杠极限伸长长度 l_0

若丝杠伸长至极限长度 l_0,丝杠的柔度将达到其极限柔度 λ_0,设此时丝杠为大柔度压杆,则有

$$F_{cr} = \frac{\pi^2 E}{\lambda_0^2} \cdot A = [n_{st}] \cdot F$$

即

$$\lambda_0 = \pi \sqrt{\frac{EA}{[n_{st}]F}} = \pi \sqrt{\frac{206 \times 10^3 \times \frac{\pi}{4} \times 40^2}{3 \times 80 \times 10^3}} = 103.2$$

由于 $\lambda_0 > \lambda_p$,显然满足所设大柔度条件,因此可解出丝杆的极限伸长长度 l_0 为

$$l_0 = \frac{i\lambda_0}{\mu} = \frac{\dfrac{40}{4} \times 103.2}{2} \text{ mm} = 516 \text{ mm}$$

注意：根据稳定性条件设计压杆尺寸时，应注意不同柔度范围内临界应力的公式不同。由于设计时杆的柔度范围未知，故计算时可先假设杆的柔度范围后按相应公式计算，得出压杆尺寸后再验证其柔度与所设范围是否一致，若不一致则要改变假设的柔度范围重新设计。工程上则采用折减系数法进行计算。

例 9.9 图（a）所示两根材料相同的圆截面杆，组成一个三角桁架 ABC，各铰接处均为球铰。在节点 B 处受到铅垂力 F 的作用。杆 AB 的直径 $d_1 = 24$ mm，杆 BC 的直径 $d_2 = 30$ mm，$l_{AB} = 0.5$ m，材料的 $E = 200$ GPa，$\lambda_p = 100$，$\lambda_s = 60$，中柔度杆的临界应力直线公式为 $\sigma_{cr} = (304 - 1.07\lambda)$ MPa，稳定安全因数 $[n_{st}] = 2.5$，试确定此时的载荷允许值 $[F]$。若设力 F 的作用线与杆 AB 的夹角为 θ，且 θ 角可在 $0° \sim 90°$ 之间变化，问当 θ 为何值时，桁架的允许载荷 $[F]$ 为最大？

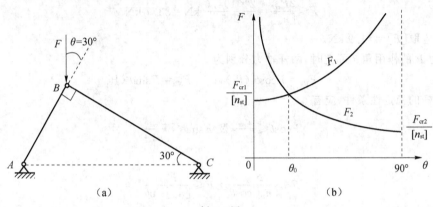

例 9.9 图

解：（1）当力 F 沿铅垂方向作用时
此时两杆的轴力分别为

$$F_{N1} = F_{NAB} = F\cos 30° = \frac{\sqrt{3}}{2}F \text{（压）}, \qquad F_{N2} = F_{NBC} = F\sin 30° = \frac{F}{2} \text{（压）}$$

对杆 AB

$$\mu = 1, l_1 = 500 \text{ mm}$$

$$\lambda_1 = \frac{\mu l_1}{i_1} = \frac{1 \times 500}{\dfrac{24}{4}} = 83.3$$

$\lambda_s < \lambda < \lambda_p$，杆 AB 为中柔度压杆，临界应力为

$$\sigma_{cr1} = (304 - 1.07\lambda) \text{ MPa} = (304 - 1.07 \times 83.3) \text{ MPa} = 214.9 \text{ MPa}$$

杆 AB 的临界压力为

$$F_{cr1} = \sigma_{cr1} A_1 = 214.9 \times \frac{\pi}{4} \times 24^2 \text{ N} = 97.2 \text{ kN}$$

由杆 AB 的稳定性条件，有

$$F_{N1} = \frac{\sqrt{3}}{2}F \leqslant \frac{F_{cr1}}{[n_{st}]}$$

$$F \leqslant \frac{2\sqrt{3}}{3} \frac{F_{cr1}}{[n_{st}]} = \frac{2\sqrt{3} \times 97.2}{3 \times 2.5} \text{ kN} = 44.9 \text{ kN}$$

对杆 BC，$\mu = 1$，$l_2 = 500\sqrt{3}$ mm $= 866$ mm，其柔度为

$$\lambda_2 = \frac{\mu l_2}{i_2} = \frac{1 \times 866}{\dfrac{30}{4}} = 115.5$$

$\lambda_2 > \lambda_p$，故杆 BC 为大柔度杆，临界应力为

$$\sigma_{cr2} = \frac{\pi^2 E}{\lambda_2^2} = \frac{\pi^2 \times 200 \times 10^3}{(115.5)^2} \text{ MPa} = 148.0 \text{ MPa}$$

杆 BC 的临界压力为

$$F_{cr2} = \sigma_{cr2} A_2 = 148.0 \times \frac{\pi}{4} \times 30^2 \text{ N} = 104.6 \text{ kN}$$

由杆 BC 的稳定性条件，有

$$F_{N2} = \frac{F}{2} \leqslant \frac{F_{cr2}}{[n_{st}]}$$

$$F \leqslant \frac{2F_{cr2}}{[n_{st}]} = \frac{2 \times 104.6}{2.5} \text{ kN} = 83.7 \text{ kN}$$

比较后应取 $[F] = 44.9 \text{ kN}$。

(2)当力 F 的作用角 θ 可变时，两杆轴力分别为

$$F_{N1} = F\cos\theta \ (\text{压}), \qquad F_{N2} = F\sin\theta \ (\text{压})$$

利用两杆的稳定性条件，应有

$$F\cos\theta \leqslant \frac{F_{cr1}}{[n_{st}]} \text{ 及 } F\sin\theta \leqslant \frac{F_{cr2}}{[n_{st}]}$$

即

$$F \leqslant \frac{F_{cr1}}{[n_{st}]\cos\theta} \text{ 及 } F \leqslant \frac{F_{cr2}}{[n_{st}]\sin\theta}$$

允许载荷应取

$$[F] = \min\left[\frac{F_{cr1}}{[n_{st}]\cos\theta}, \frac{F_{cr2}}{[n_{st}]\sin\theta}\right] = \min[F_1, F_2]$$

当 θ 角在 $0° \sim 90°$ 之间变化时，函数 $F_1 = \dfrac{F_{cr1}}{[n_{st}]\cos\theta}$ 和 $F_2 = \dfrac{F_{cr2}}{[n_{st}]\sin\theta}$ 随 θ 的变化曲线如图(b)所示，显然，当 $\theta < \theta_0$ 时，$[F] = F_1$，当 $\theta > \theta_0$ 时，$[F] = F_2$，当 $\theta = \theta_0$ 时 $[F] = F_1 = F_2 = [F]_{max}$，即

$$\frac{F_{cr1}}{\cos\theta_0} = \frac{F_{cr2}}{\sin\theta_0}$$

$$\tan\theta_0 = \frac{F_{cr2}}{F_{cr1}} = \frac{104.6}{97.2} = 1.0761$$

$$\theta_0 = 47.1°$$

注意：本题的两根压杆均为两端铰支，但长度、直径不同，AB 为中柔度杆，BC 为大柔度杆，临界应力的计算应选择不同的公式。而载荷 F 的允许值应由两杆中先失稳的那根杆的稳定性条件来确定。尤其是当力 F 的作用方向 θ 角可变时，θ 角的取值若使两根压杆同时达到临界状态，力 F 的允许值将取得最大值。

例 9.10 如图(a)所示结构，已知 HB 和 CD 两梁的材料和截面尺寸相同，弯曲刚度均为 EI_1，杆 BC 的长度为 l，弯曲刚度为 EI，拉压刚度为 EA，材料的热膨胀系数为 α。若杆 BC 为大柔度杆，试求结构不发生失稳的温度变化范围。

解：此结构为 1 次静不定系统，当温度变化时会产生温度应力。当温度升高时，杆 BC 会受压力作用成为压杆。本题应首先求解静不定得到杆 BC 的轴向压力与温度变化 ΔT 之间的关系，再由稳定性条件确定允许的温度改变量。

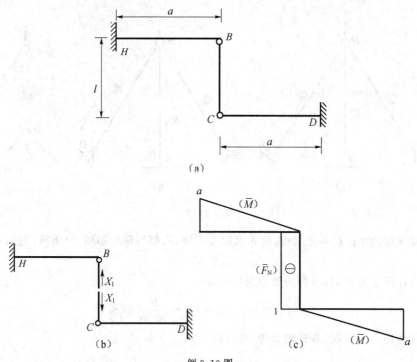

例 9.10 图

(1)求解静不定

切断杆 BC,取相当系统如图(b)所示,设杆 BC 的压力为 X_1,正则方程为 $\delta_{11}X_1+\Delta_{1T}=0$。

画出 $X_1=1$ 时的内力图(图(c)),用图乘法计算系数为

$$\delta_{11}=\frac{2}{EI_1}\cdot\frac{1}{2}\cdot a\cdot a\cdot\frac{2}{3}a+\frac{1\cdot l\cdot 1}{EA}=\frac{2a^3}{3EI_1}+\frac{l}{EA}$$

$$\Delta_{1T}=-\alpha l\Delta T$$

$$X_1=-\frac{\Delta_{1T}}{\delta_{11}}=\frac{\alpha l\Delta T}{\frac{2a^3}{3EI_1}+\frac{l}{EA}}=\frac{3\alpha EI_1Al\Delta T}{2Aa^3+3I_1l}\quad(\text{压})$$

杆 BC 为两端铰支压杆,临界压力为

$$F_{cr}=\frac{\pi^2EI}{l^2}$$

故满足稳定性条件温度变化为

$$\frac{3\alpha EI_1Al\Delta T}{2Aa^3+EI_1l}\leqslant\frac{\pi^2EI}{l^2}$$

即

$$\Delta T\leqslant\frac{\pi^2EI(2Aa^3+3I_1l)}{3\alpha EI_1Al^3}$$

注意:本题是温度内力引起静不定结构失稳的例子。对静不定结构,在外力或温度变化、装配误差等因素作用下产生内力,且结构中存在受压杆件时,为校核其稳定性需要先求解静不定,确定压杆的内力后再进行稳定性校核。

例 9.11　图(a)所示三杆支架,三杆的材料尺寸相同,已知 E、A、σ_s。三杆的长度均为 l,且均为大柔度杆,试判断在铅垂力 F 作用下,(1)哪根杆首先失稳?(2)确定结构中有压杆开始出现失稳的载荷 $[F]_1$ 以及结构由于失稳完全失效时的载荷 $[F]_2$。

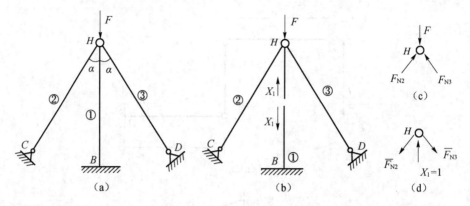

例 9.11 图

解:(1)此支架为 1 次静不定结构,应先求解静不定,取相当系统如图(b)所示,正则方程为

$$\delta_{11}X_1 + \Delta_{1F} = 0$$

当结构仅作用了力 F 时,各杆的轴力为(图(c))

$$F_{N1} = 0, \quad F_{N2} = F_{N3} = \frac{F}{2\cos\alpha} \quad (压)$$

当结构仅作用 $X_1 = 1$ 时,各杆轴力为(图(d))

$$\overline{F}_{N1} = 1(压), \quad \overline{F}_{N2} = \overline{F}_{N3} = \frac{1}{2\cos\alpha}(拉)$$

正则方程系数为

$$\delta_{11} = \frac{1}{EA}\left[2 \cdot \frac{1}{2\cos\alpha} \cdot l \cdot \frac{1}{2\cos\alpha} + 1 \cdot l \cdot 1\right] = \frac{(1+2\cos^2\alpha)l}{2EA\cos^2\alpha}$$

$$\Delta_{1F} = -\frac{1}{EA}\left[2 \cdot \frac{F}{2\cos\alpha} \cdot l \frac{1}{2\cos\alpha}\right] = \frac{Fl}{2EA\cos^2\alpha}$$

$$X_1 = -\frac{\Delta_{1F}}{\delta_{11}} = \frac{F}{1+2\cos^2\alpha}$$

即

$$F_{NAB} = \frac{F}{1+2\cos^2\alpha} \quad (压), \quad F_{NCD} = F_{NAD} = \frac{1}{2\cos\alpha}\left(F - \frac{F}{1+2\cos^2\alpha}\right) = \frac{F\cos\alpha}{1+2\cos^2\alpha} \quad (压)$$

(2)计算三杆的临界压力

杆 HB 一端铰支、一端固支,$\mu = 0.7$,有

$$F_{cr1} = \frac{\pi^2 EI}{(0.7l)^2}$$

杆 HC 和 HD 为两端铰支,$\mu = 1$,有

$$F_{cr2} = F_{cr3} = \frac{\pi^2 EI}{l^2}$$

(3)结构出现压杆失稳时的$[F]_1$

若杆 HB 失稳,力 F 的大小满足

$$\frac{F}{1+2\cos^2\alpha} \leqslant F_{cr1} = \frac{\pi^2 EI}{(0.7l)^2}, \quad F \leqslant \frac{\pi^2 EI}{0.49l^2}(1+2\cos^2\alpha)$$

若杆 HC、HD 失稳,力 F 的大小满足

$$\frac{F\cos\alpha}{1+2\cos^2\alpha} \leqslant F_{cr2} = \frac{\pi^2 EI}{l^2}, \quad F \leqslant \frac{1+2\cos^2\alpha}{\cos\alpha} \cdot \frac{\pi^2 EI}{l^2}$$

当 $\cos\alpha\leqslant 0.49$，即 $\alpha\geqslant 60.7°$ 时，杆 HB 首先失稳，故

$$[F]_1=\frac{\pi^2EI}{0.49l^2}(1+2\cos^2\alpha)\quad（当\ \alpha\geqslant 60.7°时）$$

当 $\cos\alpha>0.49$，即 $\cos\alpha<60.7°$ 时，杆 HC 和 HD 首先失稳，即

$$[F]_1=\frac{1+2\cos^2\alpha}{\cos\alpha}\cdot\frac{\pi EI}{l^2}\quad（当\ \alpha<60.7°时）$$

(4)当结构因失稳而失效时的 $[F]_2$

由于结构为静不定，当结构达到某根压杆的临界压力后，该压杆的轴力将保持临界压力值不变，载荷仍可增加，增加的载荷由未失稳的杆件承载，直到第二、三根杆也失稳时，结构即失效，此时的载荷大小即为 $[F]_2$，故当载荷达到 $[F_2]$ 时，结构中的三根杆中的轴力均等于各杆的临界压力，由平衡条件可得

$$F_{cr1}+2F_{cr2}\cos\alpha=[F]_2$$

$$[F]_2=\frac{\pi^2EI}{(0.7l)^2}+2\cos\alpha\cdot\frac{\pi^2EI}{l^2}=\frac{\pi^2EI}{l^2}(2\cos\alpha+2.041)$$

例如，当 $\alpha=30°$ 时，有

$$[F]_1=\frac{1+2\cdot\dfrac{\sqrt{3}}{2}\cdot\dfrac{\sqrt{3}}{2}}{\dfrac{\sqrt{3}}{2}}\cdot\frac{\pi^2EI}{l^2}=2.887\frac{\pi^2EI}{l^2}$$

$$[F]_2=(\sqrt{3}+2.041)\frac{\pi^2EI}{l^2}=3.773\frac{\pi^2EI}{l^2}$$

注意：本题是 1 次静不定结构，由于有多余约束，当力 F 增加至杆 HB 的内力达到失稳的临界压力时，仅使结构失去一个多余约束，结构并未失去承载能力。当力 F 继续增加，直到另外两杆内力也达到临界压力时，结构才会因稳定性不足而失效。此时即达到载荷的最大允许值。实际上，若只确定该最大允许载荷，并不需要考虑结构失效之前的静不定状态，仅通过三杆内力均达到各自临界压力这一最终的临界状态平衡条件就可求得。

思考题

9.1 两端为球铰支承的压杆，横截面形状如图所示，试判断压杆失稳发生在哪个平面内。

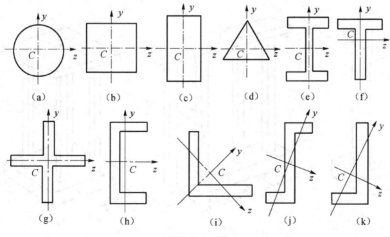

思考题 9.1 图

9.2 图示刚性直杆 AB，B 端的球铰与一刚度系数为 k 的弹簧支座铰接，A 端与一弯曲刚度为 EI 的简支梁 AC 焊接(简支梁的两端支座均为柱铰，梁可在其轴线所在平面内弯曲)。在铅垂力 F 的作用下，若使 AB 杆在铅垂位置保持稳定平衡，试求力 F 的临界值。

9.3 如图所示，一块 L 形的刚性折板上安装有一横截面为圆形的直角折杆 BCD，折杆的 D 端固支，B 端穿过光滑圆孔与一根长度为 a 的刚性铅垂直杆 AB 焊接。折杆 BCD 的直径为 d，弹性模量为 E，切变模量为 G，且 $G = \dfrac{2}{5}E$。杆 AB 的 A 端作用了铅垂外力 F，试求能使系统在图示位置处于稳定平衡状态的力 F 的临界值。

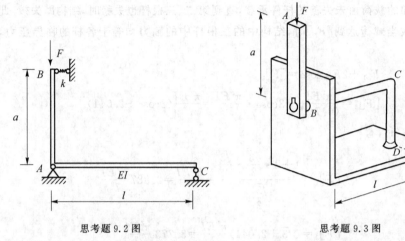

思考题 9.2 图　　　　　　　　　思考题 9.3 图

9.4 如图所示，弯曲刚度为 EI 的细长直杆，A 端固支，B 端固连于滑块(B 端因而可有线位移但无转角)，试分析确定杆的临界压力。

9.5 如图(a)所示，长度为 l 的细长杆，横截面为边长 $2a$ 的正方形，下端固定，上端自由，承受轴向压力 F 作用，临界压力 F_{cr} 是多少？若将该杆截开成为相同的 4 根截面边长是 a 的方柱，下端固定，上端用一刚性体与 4 根柱焊接，4 根柱的排列方式有图(b)和图(c)两种，则临界压力 F_{cr} 会如何变化？

思考题 9.4 图

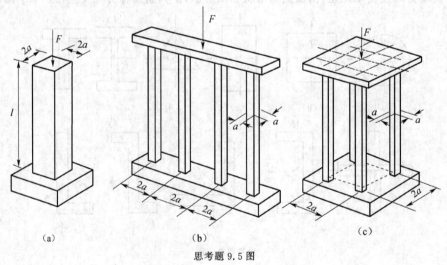

(a)　　　　　　(b)　　　　　　(c)

思考题 9.5 图

9.6 图示细长压杆,弯曲刚度为常数 EI,试确定压杆不失稳的临界压力 F_{cr}。

9.7 图示两端铰支的细长压杆 AD,弯曲刚度为 EI,压杆中点 B 用刚度系数为 k 的弹簧支承。若弹簧的刚度系数 k 可以任意取值,试分析确定该结构的临界载荷。

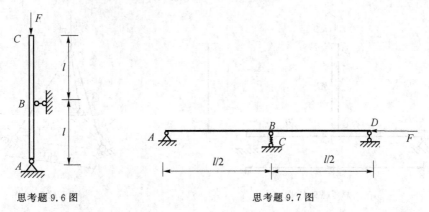

思考题9.6图　　　　　　　　　思考题9.7图

9.8 图示的两个钢制桁架,除了斜杆的方位不同之外,其余条件完全相同。试分析哪个桁架结构较为合理? 为什么?

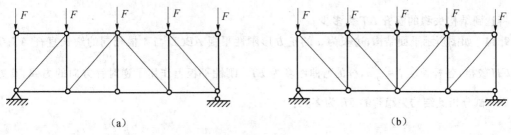

（a）　　　　　　　　　　（b）

思考题9.8图

9.9 如图所示,长度为 l、弯曲刚度为 EI 的细长杆 AB,一端固支,另一端自由,承受偏心压力 F 作用。若已知偏心距为 e,试分析推导:(1)压杆的挠曲线方程;(2)确定压杆的临界压力 F_{cr};(3)与 $e=0$ 时的情形进行比较。

9.10 图示平面刚架 $ABCD$,A、D 为固支端,B、C 两处受铅垂力 F 作用,已知 AB 和 CD 两段的弯曲刚度为 EI,BC 段的弯曲刚度为 EI_1,若刚架只能在其平面内弯曲失稳,试分析:(1)刚架失稳的临界压力 F_{cr};(2)当 $EI_1=2EI$,$l=2l_1$ 时的 F_{cr};(3)讨论当 $EI_1 \to 0$ 及 $EI_1 \to \infty$ 时的结果。

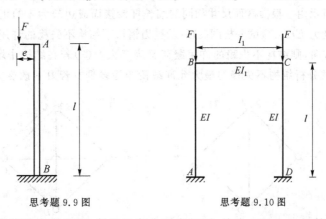

思考题9.9图　　　　　　　　　思考题9.10图

9.11 如图所示,等截面 T 形刚架,各段的弯曲刚度相同,均为 EI,A、B 处简支,D 处受铅垂集中力 F 作用。若结构在其平面内失稳,试分析给出临界压力 F_{cr} 应满足的方程。

9.12 如图所示,结构由三根完全相同的圆截面细长杆 AB、AC、AD 构成,材料弹性模量为 E,横截面直径为 d,A、B、C、D 处均为球铰,B、C、D 处于同一水平面上,G 为 $\triangle BCD$ 的形心,且 $DB=BC=CD=AG=h$,在铅垂力 F 作用下,试分析该结构不失稳的最大载荷为多少。

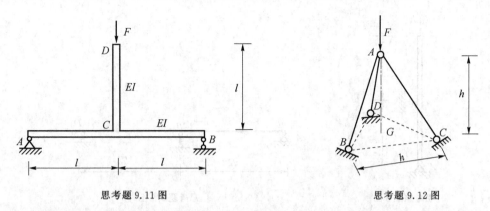

思考题 9.11 图   思考题 9.12 图

9.13 图示由细长杆构成的杆系结构,杆 HB 长度为 l,杆 BC、BD 长度均为 l_1,三杆的拉压刚度为 EA,弯曲刚度为 EI,材料热膨胀系数为 α,各铰均为球铰,若结构在其平面内失稳,且 $l_1=\dfrac{5}{4}l$,试分析达到结构失稳的温升 ΔT 为多少?

9.14 如图所示平面结构,边长为 a 的正方形刚性平板 $ABCD$ 与 4 根相同的细长直杆 AG、GD、BH、CH 铰接,各杆长度 $l=\dfrac{\sqrt{5}}{2}a$,杆的弯曲刚度为 EI。刚性平板上作用了逆时针方向的力偶,其力偶矩为 M_0,试分析此结构失稳时的 M_0 为多大?

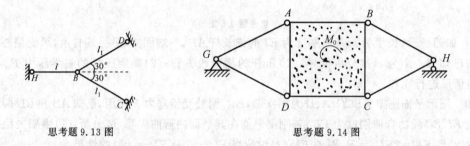

思考题 9.13 图   思考题 9.14 图

9.15 图(a)所示由 5 根横截面尺寸相同的细长杆铰接而成边长为 a 的正方形桁架,杆材料弹性模量为 E,弯曲刚度为 EI。(1)试分析图(a)所示受力情形下结构不失稳的许用载荷;(2)若将图(a)中的一对力 F 改变方向,则结构不失稳的许用载荷又为多大?(3)若在结构中增加一根与杆 BD 相同的杆 AC(图(b)),试分析结构不失稳的最大允许载荷变为多少? 若力 F 改变方向,结论又如何?

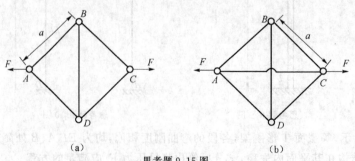

(a)   (b)

思考题 9.15 图

习 题

9.1 如图所示,4 根相同材料的圆截面细长压杆,各杆的杆长和截面直径分别为 $l_1=l,d_1=d$; $l_2=\dfrac{3}{2}l,d_2=d;l_3=\dfrac{l}{2},d_3=\dfrac{\sqrt{2}}{2}d;l_4=\dfrac{l}{4},d_4=\dfrac{\sqrt{2}}{2}d$。试求各杆的临界压力,并判断哪根杆最先发生失稳。

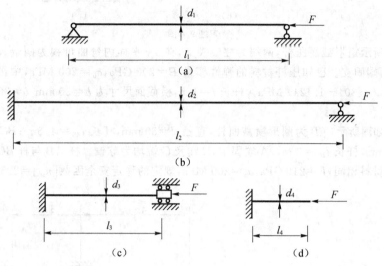

习题 9.1 图

9.2 两根压杆如图所示,杆 1 为直径 $d=200$ mm 的圆截面杆,杆长 $l_1=6.5$ m,两端铰支。杆 2 为边长 $a=200$ mm 的正方形截面杆,杆长 $l_2=9$ m,两端固支。两杆的材料均为 Q235A 钢,$E=206$ GPa, $\lambda_p=100,\lambda_s=60$,中柔度杆的临界应力经验公式为 $\sigma_{cr}=(304-1.12\lambda)$ MPa。试分别确定两杆的临界应力和临界压力。

9.3 Q235A 钢制成的矩形截面杆受力及约束情况如图所示(上图为主视图,下图为俯视图),两端为销钉连接。若已知 $l=2100$ mm,$l_1=2000$ mm,$a=40$ mm,$b=60$ mm,试求压杆的临界应力(材料参数见习题 9.2)。

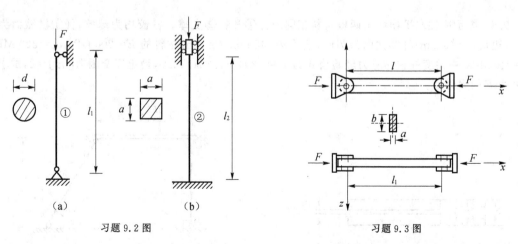

习题 9.2 图   习题 9.3 图

9.4 两端铰支的细长压杆,材料相同,长度相等,可采用如图所示的三种横截面形式。试求当临界压力相同时,三杆的重量之比。

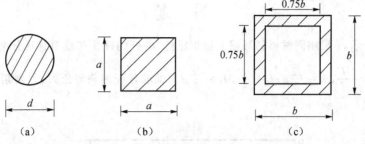

|（a）|（b）|（c）|

习题 9.4 图

9.5 如图所示矩形截面压杆,两端为柱铰铰支,在 xy 平面内弯曲可视为两端铰支,在 xz 平面内弯曲可视为两端固支。已知压杆材料的弹性模量 $E=200$ GPa, $\sigma_p=200$ MPa,中柔度压杆临界应力经验公式为 $\sigma_{cr}=(304-1.12\lambda)$ MPa。杆长 $l=1$ m,横截面尺寸为 $h=20$ mm, $b=30$ mm,试求该杆的临界压力。

9.6 结构如图所示,AB 为圆形横截面杆,直径 $d=80$ mm,杆长 $l_{AB}=4.5$ m;BC 为正方形截面杆,边长 $a=70$ mm,杆长 $l_{BC}=3$ m。A 端固定,B 端及 C 端为球铰。杆 AB 与杆 BC 可以各自独立发生变形,两杆材料相同,$E=210$ GPa, $\sigma_p=200$ MPa,规定的稳定安全因数 $[n_{st}]=2.5$,试求此结构的许用载荷 $[F]$。

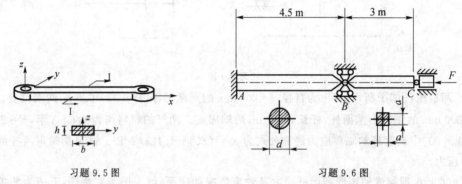

习题 9.5 图　　　　　　　　　　　习题 9.6 图

9.7 如图所示,磨床油缸活塞直径 $D=65$ mm,油压 $p=1.2$ MPa,活塞杆长度 $l=1250$ mm,材料 $E=206$ GPa, $\sigma_p=220$ MPa,稳定安全因数 $[n_{st}]=6$,试确定活塞杆的直径 d(活塞杆两端可简化为铰支)。

9.8 图示刚性水平横梁用两根材料相同的杆①和杆②支撑。各铰均为球铰,杆①横截面为正方形,边长 $a=40$ mm;杆②截面为圆形,直径 $d=48$ mm,$l=1$ m,材料的 $E=200$ GPa, $\sigma_p=220$ MPa, $\sigma_s=240$ MPa,中柔度杆临界应力经验公式为 $\sigma_{cr}=(304-1.12\lambda)$ MPa,稳定安全因数 $[n_{st}]=2$,试求铅垂外力 F 的允许值。

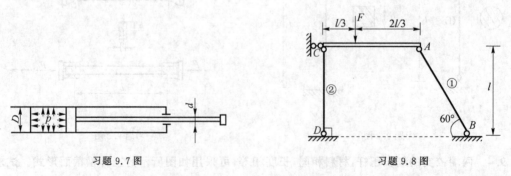

习题 9.7 图　　　　　　　　　　　习题 9.8 图

9.9 图示结构由铅垂杆 BC 与斜拉杆 AB 铰接而成。各铰均为球铰,杆 AB 的长度为

$l_1=800$ mm,截面为正方形,边长 $a=26$ mm,杆 BC 的长度为 $l_2=600$ mm,截面为圆形,直径 $d=30$ mm。材料的 $E=200$ GPa,$\lambda_p=98$,$\lambda_s=60$,中柔度压杆临界应力经验公式为 $\sigma_{cr}=(304-1.12\lambda)$ MPa,若 $F=40$ kN,$[n_{st}]=3$,试校核该结构的稳定性。

9.10 图示支架结构,横梁 HBC 由斜杆 BD 支撑,杆 BD 由两根 100 mm×100 mm×10 mm 的等边角钢焊接为一体而成,两端均为球铰,角钢的截面几何参数为 $I_{y_c}=I_{z_c}=179.5$ cm⁴,$A=19.26$ cm²;$z_C=2.84$ cm,HBC 横梁为 $b×h=100$ mm×200 mm 的矩形截面。两杆材料相同,$E=200$ GPa,$\sigma_p=200$ MPa,$\sigma_s=235$ MPa,中柔度杆临界应力经验公式为 $\sigma_{cr}=(304-1.12\lambda)$ MPa,稳定安全因数 $[n_{st}]=3$,强度安全因数 $[n]=1.5$,试确定该结构的最大允许载荷。

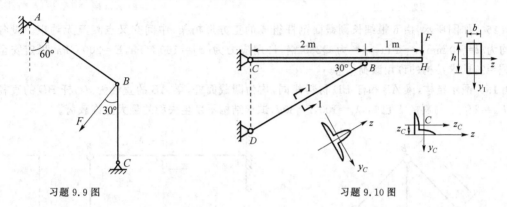

习题 9.9 图　　　　　　　　习题 9.10 图

9.11 图示结构,AB 为刚性梁,跨度中点 C 作用了铅垂力 F,杆 BD、AG 和 AH 均为细长杆,各铰为球铰,三杆材料相同,截面均为直径为 d 的圆形。已知弹性模量为 E,取稳定安全因数 $[n_{st}]=3$,试求该结构的最大允许载荷。

9.12 如图所示,刚性直角折杆 ABC,受均布载荷 q 作用,铅垂撑杆 AD 和水平撑杆 DC 材料相同,弹性模量 $E=200$ GPa,$\lambda_p=100$,$\lambda_s=66$,中柔度压杆临界应力经验公式 $\sigma_{cr}=(304-1.12\lambda)$ MPa,各铰均为球铰。杆 AD 为直径 $d=44$ mm 的圆截面杆,杆 DC 为边长 $a=40$ mm 的正方形截面杆。已知 $q=80$ kN/m,$l_1=1$ m,$l_2=1.3$ m,取稳定安全因数 $[n_{st}]=3$,试校核该结构的稳定性。

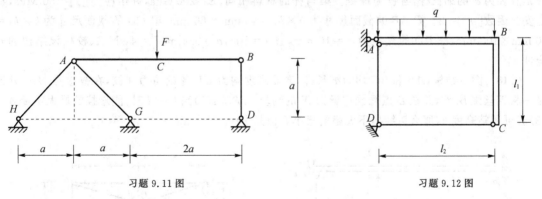

习题 9.11 图　　　　　　　　习题 9.12 图

9.13 图示结构,直角折杆 $ABCD$ 与杆 BG 材料相同,弹性模量 $E=200$ GPa,$\lambda_p=100$,$\lambda_s=60$,中柔度压杆临界应力经验公式为 $\sigma_{cr}=(304-1.12\lambda)$ MPa,稳定安全因数 $[n_{st}]=3$。折杆横截面为 No.16 工字钢,BG 为直径 $d=24$ mm 的圆截面杆。已知 $l=1.5$ m,$l_1=1$ m,$a=0.7$ m,$F=20$ kN,$[\sigma]=100$ MPa 试校核该结构的强度及稳定性是否合格。

9.14 图示结构,横梁 ABG 为刚性梁,杆 AD 的直径 $d_1=10$ mm,杆 AC 和 BC 的直径 $d_2=30$ mm,三杆材料相同,均为细长杆,$E=200$ GPa,$[\sigma]=160$ MPa 取 $[n_{st}]=3$,试求许用分布载荷 $[q]$。

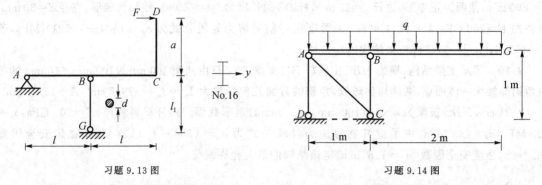

习题 9.13 图

习题 9.14 图

9.15 如图所示，由 6 根细长圆截面钢杆组成的正方形桁架，中间交叉点相互无约束。设各杆直径均为 $d=40$ mm，$a=1$ m，材料为 Q235 钢，许用应力为 $[\sigma]=160$ MPa，$E=200$ GPa，稳定安全因数 $[n_{st}]=2$，试求结构的许用载荷 $[F]$。

9.16 图示结构，梁 AB 和杆 BD 材料相同，均为圆截面杆，梁 AB 的直径为 d_1，杆 BD 的直径为 d，且 $I_{AB}=2I_{BD}$。材料的 E 已知，$\lambda_p=100$，$l=30d$，试求结构不发生失稳的最大允许载荷。

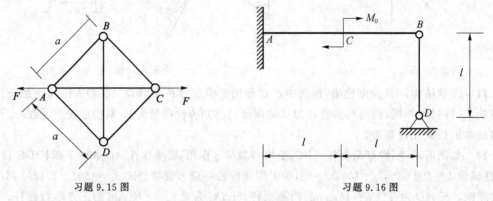

习题 9.15 图

习题 9.16 图

9.17 图示两水平悬臂梁 AB 和 CD，横截面均为矩形。两梁在自由端与铅垂杆 BD 铰接，BD 杆是直径为 d 的细长杆，各铰为球铰。梁与杆的材料相同，$E=200$ GPa，许用应力 $[\sigma]=50$ MPa，稳定安全因数 $[n_{st}]=2$。梁 AB 的截面尺寸为 $b\times h_1=40$ mm$\times 80$ mm，梁 CD 的截面尺寸为 $b\times h_2=40$ mm$\times 100$ mm，杆 BD 的直径为 $d=10$ mm，且 $l=1$ m，$a=0.4$ m，$F=4$ kN，试校核该结构的安全性。

9.18 图示结构，AB 和 BC 均为细长杆，弯曲刚度均为 EI，各铰均为球铰，在铰接点 B、C 处连接一根钢丝绳 BDC，并在 D 点悬挂重量为 W 的物块。试求：(1)当 $h=3l$ 时，能悬挂的最大重量 W_1；(2)若可调整高度 h，那么该结构不失稳的最小 h 值是多少？

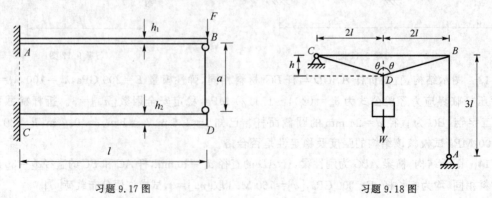

习题 9.17 图

习题 9.18 图

第 10 章 动 载 荷

本教材前 9 章主要讨论了杆件结构的静力学问题,即杆件在静载荷作用下的强度、刚度和稳定性计算。本章将进一步讨论构件在几种典型的动载荷作用下产生的内力、应力以及变形的计算。

10.1 动载荷的基本概念

在讨论实际工程构件的应力和变形时,若认为其所受载荷的加载过程非常缓慢,以致在加载时构件各点的加速度都很小,其影响可以忽略不计,且载荷加到终值后不再变化,就称之为**静载荷**。实际上,工程中有些构件在工作时处于加速运动或高速旋转的状态,构件中各点的加速度不可忽略;还有些构件受到突然施加的载荷或随时间持续变化的载荷作用,这类问题均称为**动载荷**问题。构件因动载荷作用引起的响应称为**动态响应**,例如动载荷作用下的应力、变形和位移分别称为动应力、动变形和动位移,分别加下标 d 表示,如 σ_d、ε_d、δ_d 等。

实验表明,只要动应力不超过材料的比例极限 σ_p,胡克定律仍然适用,材料的弹性模量也不改变,但进行强度设计时,则需考虑材料的强度指标是否发生变化。本章涉及的动载荷问题包括三类典型情形:以恒定加速度平移或做匀速转动的构件的惯性力问题、冲击问题,以及交变应力问题。

10.2 以恒定加速度平移或做匀速转动构件的强度计算

根据达朗贝尔原理,在载荷作用下做有加速度运动的构件,可在构件上施加相应的惯性力系后,按静力学平衡问题求解。因此,只要外载荷作用下构件各点的加速度可以计算出来,就可将惯性力系施加于构件,构件的内力、应力和变形即可按前述静载作用的情形进行计算。施加惯性力系后,材料性能的变化可以忽略不计,进行强度计算时仍可采用静载下的强度指标。这类运动构件的动载荷,经转化成为施加了附加惯性力的构件,并且可按典型的静载变形形式进行计算,例如,做匀加(减)速直线平移的构件或做匀速转动的构件等。

1. 构件做匀加(减)速直线平移

图 10.1(a)所示杆件 AB 以匀加速度 a 向上提升,以此为例来说明其应力和变形的计算方法。为了清楚起见,规定以下标 d 表示动载荷作用下的有关量,以下标 st 表示相应的静载荷作用下的有关量。

若杆件横截面面积为 A,材料的密度为 ρ,则杆件每单位长度的重量为 $\rho g A$,相应的惯性力为 $\rho a A$,方向向下。按照达朗贝尔原理,将此惯性力加于杆件上,与杆件上原有的重力和吊升力 F_{Ay} 和 F_{By} 组成平衡力系。杆件 AB 成为一个横力弯曲问题,见图 10.1(b),其中均布载荷集度的大小为

$$q_d = \rho g A + \rho a A = \rho g A \left(1 + \frac{a}{g}\right)$$

杆件的最大弯矩发生在中央截面处,为

$$M_{d,max} = \frac{q_d l^2}{8} = \frac{\rho g A l^2}{8}\left(1 + \frac{a}{g}\right)$$

相应的最大正应力为

$$\sigma_{d,max} = \frac{M_{d,max}}{W} = \frac{\rho g A l^2}{8W}\left(1 + \frac{a}{g}\right)$$

最大动挠度为

$$\delta_{d,max} = \frac{5q_d l^4}{384EI} = \frac{5\rho g A l^4}{384EI}\left(1 + \frac{a}{g}\right)$$

强度条件可写为

$$\sigma_{d,max} \leqslant [\sigma]$$

式中,$[\sigma]$就是静载荷情况下的许用应力。

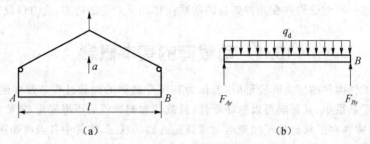

图 10.1　匀加速直线平移的构件

例 10.1　图(a)所示吊车以匀加速度 a 将重量为 P 的物体向上吊起。已知起重机构 C 的自重为 P_1,绳索的横截面面积为 A,梁 DB 的弯曲截面系数为 W。若不计绳索和梁的自重,试计算绳索和梁中的最大正应力。

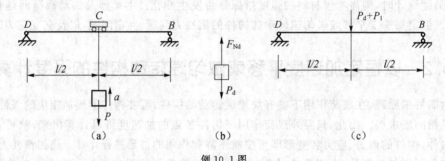

例 10.1 图

解:(1)绳索中的动应力

设绳索受拉力 F_{Nd},见图(b),因重物以加速度 a 上升,所以有

$$F_{Nd} = P_d = P\left(1 + \frac{a}{g}\right)$$

$$\sigma_d = \frac{F_{Nd}}{A} = \frac{P}{A}\left(1 + \frac{a}{g}\right)$$

(2)梁中的最大正应力

梁受力如图(c)所示,梁内最大弯矩为

$$M_{d,max} = \frac{l}{4}\left[P_1 + P\left(1 + \frac{a}{g}\right)\right]$$

梁内最大正应力为

$$\sigma_{d,max} = \frac{M_{d,max}}{W} = \frac{l}{4W}\left[P_1 + P\left(1 + \frac{a}{g}\right)\right]$$

注意:通过本例可知,起吊重物时应尽量保持匀速上升,以减小绳索及横梁中的动应力。

2. 构件做匀速转动

以图 10.2(a)所示飞轮为例,说明构件做匀速转动时的应力和变形计算。忽略轮辐的影响,可将飞轮看做一薄圆环,如图 10.2(b)所示。设圆环的平均直径为 D,且厚度 t 远小于直径 D,圆环的横截面面积为 A,材料的密度为 ρ。圆环以匀角速度 ω 绕通过圆心 O 且垂直于圆环平面的轴旋转。现欲求圆环横截面上由于旋转而产生的动应力 σ_d。

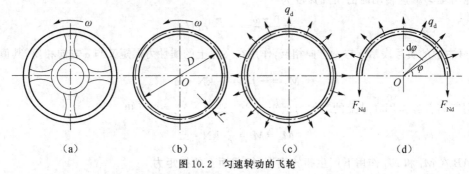

图 10.2　匀速转动的飞轮

当圆环以匀角速度 ω 转动时,环内各点的切向加速度为零,只有法向加速度 a_n。又因为 $t \ll D$,便可认为环内各点的法向加速度相等,均为 $a_n = \dfrac{D\omega^2}{2}$。于是沿圆环轴线均匀分布的惯性力集度为

$$q_d = A\rho a_n = \frac{1}{2}A\rho D\omega^2$$

其方向背离圆心,如图 10.2(c)所示。为了求圆环的内力和应力,截取圆环上半部分来研究(图 10.2(d))。由平衡方程 $\sum F_y = 0$,得

$$2F_{Nd} = \int_0^\pi q_d \sin\varphi \cdot \frac{D}{2}\mathrm{d}\varphi = q_d D$$

$$F_{Nd} = \frac{q_d D}{2} = \frac{1}{4}A\rho D^2 \omega^2 = A\rho v^2$$

式中,$v = \dfrac{D\omega}{2}$,为圆环轴线上点的切线速度。圆环横截面上产生的动应力为

$$\sigma_d = \frac{F_{Nd}}{A} = \rho v^2$$

强度条件可写为

$$\sigma_d = \rho v^2 \leqslant [\sigma]$$

从上式可以看出,匀角速度旋转的圆环,横截面上的应力只与圆环中心线各点的线速度和材料的密度有关,而与横截面面积无关,因此若强度不够,像静载荷问题中那样增加横截面面积 A 将无济于事,反而造成材料浪费。所以,只能采用降低中心线各点的线速度 v,即降低角速度的方法,也就是说,要保证强度,只能限制圆环的转速。但飞轮作为一个储藏机械能的元件,当然希望速度越高越好,降低速度显然与飞轮的功能相悖,所以另一个解决问题的办法是选用强度较高的材料来制作飞轮,使得 $[\sigma]$ 增大。

例 10.2　图示轴 AB 的 B 端装有一个转动惯量很大的飞轮。与飞轮相比,轴的质量可以略去不计。轴的 A 端装有刹车离合器。已知飞轮的转速为 $n = 100\ \mathrm{r/min}$,转动惯量为 $J = 500\ \mathrm{kg \cdot m^2}$,轴的直径 $d = 100\ \mathrm{mm}$,材料的切变模量 $G = 80\ \mathrm{GPa}$,$[\tau] = 40\ \mathrm{MPa}$,$[\varphi'] = 1.5\ °/\mathrm{m}$。刹车时使轴在 10 s 内匀减速停止转动,试问此轴是否安全。

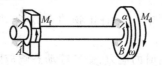

例 10.2 图

解：飞轮与轴的转动角速度为

$$\omega=\frac{2\pi n}{60}\ \text{rad/s}=\frac{10\pi}{3}\ \text{rad/s}$$

飞轮与轴匀减速转动时的角加速度为

$$\alpha=\frac{0-\omega}{t}=-\frac{\pi}{3}\ \text{rad/s}^2$$

式中，等号右边的负号表示 α 与 ω 方向相反，作用在飞轮上的惯性力偶矩又与 α 方向相反，其值为

$$M_d=-J\alpha=\frac{\pi}{6}\ \text{kN}\cdot\text{m}$$

设刹车离合器作用在轴上的摩擦力偶矩为 M_f，则由 $\sum M_x=0$ 可知

$$M_d=M_f=\frac{\pi}{6}\ \text{kN}\cdot\text{m}$$

轴 AB 在 M_f 和 M_d 作用下产生扭转变形，横截面上的扭矩为

$$T=M_d=\frac{\pi}{6}\ \text{kN}\cdot\text{m}$$

轴内最大扭转切应力为

$$\tau_{d,\max}=\frac{T}{W_p}=\frac{\frac{\pi}{6}\times10^3}{\frac{\pi}{16}(100\times10^{-3})^3}\ \text{Pa}=2.67\times10^6\ \text{Pa}=2.67\ \text{MPa}<[\tau]$$

单位长度的扭转角为

$$\varphi_d{}'=\frac{T}{GI_p}\times\frac{180}{\pi}=\frac{\frac{\pi}{6}\times10^3}{(80\times10^9)\times\frac{\pi}{32}(100\times10^{-3})^4}\times\frac{180}{\pi}\ °/\text{m}=0.038\ °/\text{m}<[\varphi']$$

所以，此轴是安全的。

注意：由本例可知，带有转动惯量很大的飞轮的轴，在刹车时应有足够长的刹车时间以避免冲击破坏，特别是转速较高时应严格禁止突然刹车。

10.3　冲击问题

在工程实际中，常常会发生载荷突然施加于构件的情况。例如，锻造时锻锤对锻件的作用、重锤打桩、铆钉枪铆接构件、高速转动的飞轮突然刹车等，都属于**冲击问题**。构件在受到冲击载荷作用时，要产生很大的动应力和动变形，在极短的时间内，构件的速度会发生极大变化，同时，受到的外力随时间的变化难以准确分析，因此，造成冲击问题的精确计算十分困难。本节介绍用能量方法对冲击问题进行近似分析和计算，因概念清晰，计算方便，大致可估算出冲击的动应力、动变形的大小，不失为一种有效的计算方法。

本节研究冲击问题时，约定在两个物体发生冲击相互作用时，研究其强度的构件称为被冲击物，而另一物体则称为冲击物。假定被冲击物在受到冲击时产生的动应力始终在材料的弹性范围之内，并且可忽略材料性能的变化。因此，受冲击的构件，其强度指标仍可采用静载作用下的指标。为了便于计算，对冲击问题还进行以下假设：

(1)冲击物为刚体。即冲击过程中，不计冲击物的变形能，并略去冲击过程中的热能、声能等能量耗散。

(2)被冲击物质量不计。即冲击时的应力、变形等动态响应瞬时即遍及被冲击构件，同时，略去被冲击构件的重力势能变化。

(3)冲击物与被冲击构件一经接触即附着为一体,直至冲击变形达到最大的位置,此时速度为零。

下面分别讨论几种典型的冲击形式。

1. 受运动的重物冲击的构件

在线弹性、小变形的范围内,承受各种形式的载荷作用而产生变形的杆件,本质上都可视为某种线性弹簧——其受力与变形之间满足线性关系。例如,受轴向拉伸的杆件(图 10.3(a))、受扭转的圆轴(图 10.3(b))、受横向力作用的梁(10.3(c))及组合变形的刚架(图 10.3(d)),其载荷作用点沿载荷作用方向的位移与载荷均成正比,即线性关系分别为

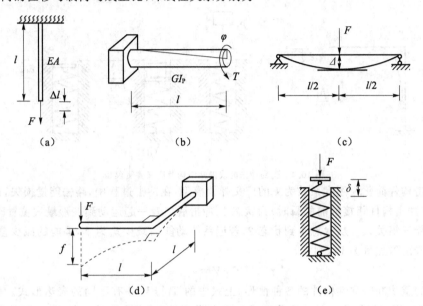

图 10.3 线弹性结构与线性弹簧

$$\Delta l = \frac{Fl}{EA} = \frac{F}{EA/l}, \quad \varphi = \frac{Tl}{GI_p} = \frac{T}{GI_p/l},$$

$$\Delta = \frac{Fl^3}{48EI} = \frac{F}{48EI/l^3}, \quad f = \frac{Fl^3}{3EI} + \frac{Fl^3}{3EI} + \frac{Fl^3}{GI_p} = \frac{F}{\left(\frac{2}{3}EI + GI_p\right)/l^3}$$

若与刚度系数为 k 的线性弹簧(10.3(e))受到力 F 作用而产生变形 $\delta = \frac{F}{k}$ 相类比,这些杆件均可视为"广义弹簧",其刚度系数分别为:$k = \frac{EA}{l}$、$k = \frac{GI_p}{l}$、$k = \frac{48EI}{l^3}$、$k = \left(\frac{2}{3}EI + GI_p\right)/l^3$。推广到任意的线弹性结构,其广义载荷 F 与载荷作用下的相应广义位移 δ 之间都满足某种线性关系 $\delta = \frac{F}{k}$,k 即结构在该载荷作用下的刚度系数。因此,任何线弹性结构在描述其载荷与载荷作用点的位移时,都可以简化为图10.3(e)的线性弹簧。不同的结构受力会产生不同的位移,即刚度系数 k 是不同的。

现在回到重物冲击构件的讨论。设一重量为 P 的运动冲击物,冲击一弹性构件,二者一经接触后就附着为一体共同运动,使弹性构件产生变形,且二者一起继续运动使变形增大,直至构件产生最大变形(此时速度为零),如图 10.4(a)、(b)所示。在这一冲击过程中,弹性结构在冲击处受到的最大冲击力为 P_d,产生的最大变形为 δ_d(图 10.4(c)),为描述其冲击点的受力和产生的变形,该弹性结构可简化为刚度系数为 k 的弹簧(图 10.4(d))。

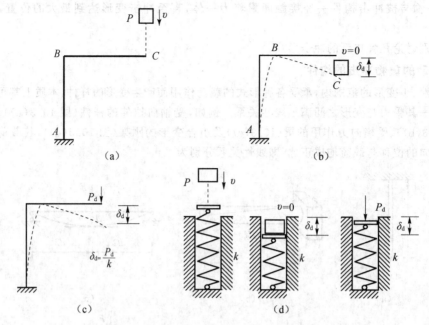

图 10.4 受到冲击的线弹性结构及广义弹簧模型

将被冲击构件简化为刚度系数为 k 的广义弹簧模型,在冲击过程中,略去能量损失,冲击开始前(冲击物与被冲击构件相接触前的瞬时)为状态 1,冲击后二者一起运动到变形最大位置时为状态 2,应满足机械能守恒关系。从状态 1 到状态 2,若记系统动能的减少量为 T,势能的减少量为 V,被冲击构件变形能的增加量为 V_ε,则有

$$T+V=V_\varepsilon \tag{10.1}$$

对运动的重物冲击弹性构件的各种情形,上式中的 T 与 V 各有不同的表达形式。而被冲击构件的变形能 V_ε,则可根据弹性结构简化而成的广义弹簧模型,表示为统一的形式,即按图 10.4(d),广义弹簧储存的变形能可表示为

$$V_\varepsilon=\frac{1}{2}P_d\delta_d=\frac{1}{2}k\delta_d^2=\frac{P_d^2}{2k}$$

(1)运动的重物从铅垂方向冲击弹性构件

此时,由于不计被冲击构件的质量,系统势能的改变量即冲击物在构件变形过程中重力势能的改变量,为

$$V=P\delta_d$$

而构件的变形能增加量为

$$V_\varepsilon=\frac{1}{2}P_d\delta_d$$

将 V 和 V_ε 代入式(10.1),得

$$T+P\delta_d=\frac{1}{2}P_d\delta_d$$

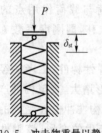

图 10.5　冲击物重量以静载
方式作用于构件

对被冲击构件,若将冲击物的重量 P 以静载方式作用于构件的冲击点上(图 10.5),则构件在该点产生的静位移为 δ_{st},在线弹性范围内,载荷与位移成正比,故应有

$$\frac{P_d}{P}=\frac{\delta_d}{\delta_{st}}$$

对于线弹性结构,因动载荷 P_d 产生的内力、应力、变形等都与静载荷 P 产生的各项成正比,即

$$K_d = \frac{P_d}{P} = \frac{\delta_d}{\delta_{st}} = \frac{\sigma_d}{\sigma_{st}} \tag{10.2}$$

式中,K_d 为动载下结构的响应与静载下结构的响应之比,称为结构在冲击载荷作用下的**动荷因数**。

利用式(10.2)的 K_d 表达式,有

$$P_d = K_d P, \quad \delta_d = K_d \delta_{st}, \quad \sigma_d = K_d \sigma_{st}, \quad \cdots \tag{10.3}$$

而机械能守恒式(10.1)则可变化为

$$T + P \cdot K_d \delta_{st} = \frac{1}{2} K_d^2 \cdot P \cdot \delta_{st}$$

即

$$K_d^2 - 2K_d - \frac{2T}{P\delta_{st}} = 0$$

上式可视为关于 K_d 的一元二次代数方程,解出动荷因数的适当解为

$$K_d = 1 + \sqrt{1 + \frac{2T}{P\delta_{st}}} \tag{10.4}$$

式(10.4)表明,结构在运动重物铅垂冲击下的动荷因数 K_d 与冲击物冲击前瞬时的动能 T 有关,与被冲击构件的静位移 δ_{st} 有关。式中 δ_{st} 的含义为:将冲击物的重量 P 作为静载荷,沿冲击方向施加于冲击点,被冲击结构的冲击点沿冲击方向上的静位移。

由式(10.3),动荷因数 K_d 已知后,构件冲击时的动内力、动应力、动变形及动位移均可通过 K_d 乘以静载方式作用下产生的静内力、静应力、静变形和静位移计算出来。冲击时构件的强度、刚度亦可进行校核。这里,冲击时的动载荷 P_d、动应力 σ_d 及动位移 δ_d 等均指被冲击构件达到最大变形位置(冲击物和构件速度变为零时)的瞬时量。考虑结构的冲击强度和刚度时,这正是最危险的时刻。

若铅垂冲击是重量为 P 的物体从高度 h 处自由下落冲击构件(图 10.6(a)),则冲击物与构件接触时,$v^2 = 2gh$,故 $T = \frac{1}{2}\frac{P}{g}v^2 = Ph$,将之代入式(10.4),$K_d$ 为

$$K_d = 1 + \sqrt{1 + \frac{2h}{\delta_{st}}} \tag{10.5}$$

式(10.5)即**自由落体铅垂冲击时的动荷因数**。由式(10.5)可见,若 $h = 0$,表现为突然施加于构件的载荷(与静载缓慢地从零增加到终值不同),应在上式中取 $h = 0$,故有 $K_d = 2$,即突加载荷产生的内力、应力、位移等应为静载时的 2 倍。

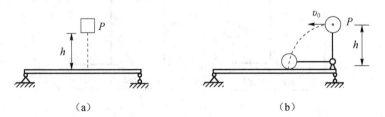

图 10.6 铅垂冲击

如果重物下落时的高度 h 远大于静载位移 δ_{st},则动荷因数 K_d 的计算也可简化为

$$K_d = 1 + \sqrt{\frac{2h}{\delta_{st}}} \quad \text{或} \quad K_d = \sqrt{\frac{2h}{\delta_{st}}} \tag{10.6}$$

对于以初速 v_0 运动,又下落了 h 距离后铅垂冲击构件的情形(图 10.6(b)),则有 $T = \frac{1}{2}\frac{P}{g}v_0^2 + Ph$,故有

$$K_{\mathrm{d}}=1+\sqrt{1+\frac{v_0{}^2+2gh}{g\delta_{\mathrm{st}}}} \tag{10.7}$$

（2）运动的重物沿水平方向冲击弹性构件

对于冲击物水平冲击构件的情形（图 10.7），设冲击过程中系统的重力势能不变，故 $V=0$；若冲击物与构件接触时速度为 v，则动能的变化为 $T=\dfrac{1}{2}\dfrac{P}{g}v^2$；被冲击构件的变形能仍为 $V_\varepsilon=\dfrac{1}{2}P_{\mathrm{d}}\delta_{\mathrm{d}}$。代入式（10.1），有

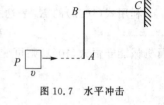

图 10.7 水平冲击

$$\frac{1}{2}\frac{P}{g}v^2=\frac{1}{2}P_{\mathrm{d}}\delta_{\mathrm{d}}$$

将式（10.3）代入，有

$$\frac{1}{2}\frac{P}{g}v^2=\frac{1}{2}K_{\mathrm{d}}^2\cdot P\cdot\delta_{\mathrm{st}}$$

故

$$K_{\mathrm{d}}=\sqrt{\frac{v^2}{g\delta_{\mathrm{st}}}} \tag{10.8}$$

式（10.8）即**水平冲击的动荷因数**，式中 δ_{st} 的含义与前述相同。

从式（10.5）、式（10.7）和式（10.8）可知，在冲击问题中，影响动荷因数 K_{d} 的一个重要因素就是结构在静载作用下的静位移 δ_{st}。结构的静位移表明了结构的刚度，较大的 δ_{st} 说明结构较为"柔软"，因而在受到冲击时能更多地吸收冲击物的动能及势能。而 δ_{st} 越小就说明结构越"刚硬"，在冲击载荷作用下会产生很大的动应力。故为提高结构的冲击强度，应适当地增加静载下的静位移 δ_{st} 以降低动荷因数 K_{d}，使动应力降低。但应注意，增加静位移 δ_{st} 的同时，应尽量避免增加静应力 σ_{st}，否则降低了 K_{d} 又增加了 σ_{st}，结果动应力 σ_{d} 未必就会降低。机器、零件的安装部位加橡胶座垫或垫圈，汽车大梁与轮轴间安装叠板弹簧，火车车厢架与轮轴间安装压缩弹簧等，都是增加 δ_{st} 又不改变静应力 σ_{st} 的方法。

此外，以上分析方法忽略了冲击过程中的部分能量损失。事实上，冲击物减少的动能和势能不可能全部转化为被冲击构件的变形能，故上述方法对受冲击后的变形能估计偏高，即这种方法的计算结果偏于安全。

例 10.3 如图（a）所示平面刚架，各部分的弯曲刚度均为 EI，弯曲截面系数为 W；重量为 P 的重物从高度 h 处自由下落于刚架的 D 端，试求刚架中最大动应力。

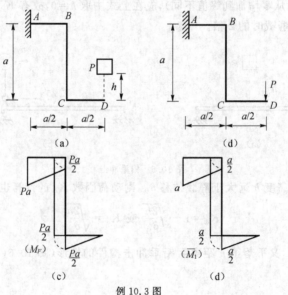

例 10.3 图

解:(1)求结构的 K_d

自由落体冲击 $K_d = 1 + \sqrt{1 + \dfrac{2h}{\delta_{Dst}}}$。

求静载位移 δ_{Dst}，用单位载荷法，对结构施加静载 P(图(b))，画出其弯矩图 M_F 图(图(c))，当 $P=1$ 时其弯矩图 $\overline{M}_1$ 图为图(d)，利用图乘法计算得

$$\delta_{Dst} = \frac{1}{EI}\left[\frac{1}{2} \cdot \frac{Pa}{2} \cdot \frac{a}{2} \cdot \frac{2}{3} \cdot \frac{a}{2} + \frac{Pa}{2} \cdot a \cdot \frac{a}{2} + \frac{Pa}{2} \cdot \frac{a}{2} \cdot \left(\frac{a}{2} + \frac{a}{4} \right) + \right.$$

$$\left. \frac{1}{2} \cdot \frac{Pa}{2} \cdot \frac{a}{2} \cdot \left(\frac{a}{2} + \frac{2}{3} \cdot \frac{a}{2} \right) \right] = \frac{7Pa^3}{12EI}$$

故

$$K_d = 1 + \sqrt{1 + \frac{2h}{\dfrac{7Pa^3}{12EI}}} = 1 + \sqrt{1 + \frac{24EIh}{7Pa^3}}$$

（2）求最大动应力

由静载作用下的弯矩图(图(c))可知，最大弯矩出现在固支端 A，故最大静应力为

$$\sigma_{st,max} = \frac{Pa}{W}$$

则最大动应力也发生于固支端 A，大小为

$$\sigma_{d,max} = K_d \sigma_{st,max} = \left(1 + \sqrt{1 + \frac{24EIh}{7Pa^3}} \right) \frac{Pa}{W}$$

注意:冲击载荷作用下的结构强度和刚度计算，关键是确定该结构在冲击载荷作用下的动荷因数 K_d。而求 K_d 的关键即确定与该冲击载荷所相应的静载作用下的静位移 δ_{st}。求解静载作用下结构中某点位移的方法有多种，如叠加法、单位载荷法（莫尔积分公式或图乘法），可根据具体情况选用。

例 10.4 如图(a)所示结构，B 为一弹簧铰支座，弹簧的刚度系数为 k，重量为 P 的重物自高度 h 处自由下落于梁的 C 端，梁的弯曲刚度为 EI。若 $k = \dfrac{3EI}{l^3}$，试求冲击时截面 C 的最大动转角。

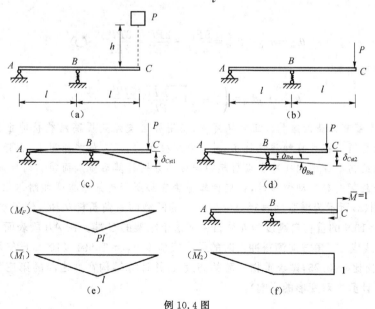

例 10.4 图

解：(1) 求结构的动荷因数 K_d

对自由落体铅垂冲击，有 $K_d = 1 + \sqrt{1 + \dfrac{2h}{\delta_{Cst}}}$，将重物重量 P 作为静载施加于梁的 C 端（图(b)），并求点 C 的静挠度 δ_{Cst}。由于支座 B 为弹簧铰支，求点 C 静挠度时可采用叠加法：首先刚化弹簧，视 B 支座为可动铰支座，求点 C 挠度 δ_{Cst1}（图(c)）；再刚化 AC 梁，求弹簧铰支座 B 因弹簧变形产生的点 C 挠度 δ_{Cst2}（图(d)）。

对图(c)情形，可用单位载荷法，画出静载 P 作用下的弯矩图（M_F 图）及 $P=1$ 作用下的弯矩图（$\overline{M}_1$ 图）如图(e)所示，用图乘法计算得

$$\delta_{Cst1} = \frac{2}{EI}\left[\frac{1}{2} \cdot Pl \cdot l \cdot \frac{2}{3} \cdot l\right] = \frac{2Pl^3}{3EI} \quad (\downarrow)$$

对图(d)情形，由平衡条件可得弹簧的弹性力为 $F_B = 2P$，故弹簧的静变形为 $\delta_{Bst} = \dfrac{F_B}{k} = \dfrac{2P}{k}$，由几何关系（图(d)）得

$$\delta_{Cst2} = 2\delta_{Bst} = \frac{4P}{k} = \frac{4Pl^3}{3EI} \quad (\downarrow)$$

故

$$\delta_{Cst} = \delta_{Cst1} + \delta_{Cst2} = \frac{2Pl^3}{3EI} + \frac{4Pl^3}{3EI} = \frac{2Pl^3}{EI} \quad (\downarrow)$$

$$K_d = 1 + \sqrt{1 + \frac{2h}{\delta_{Cst}}} = 1 + \sqrt{1 + \frac{EIh}{Pl^3}}$$

(2) 求冲击时 C 截面的动转角 θ_{Cd}

先求静载作用下（图 b）截面 C 的静转角 θ_{Cst}，同样利用叠加法。对图(c)情形，在截面 C 施加一单位力偶 $\overline{M}=1$，画出弯矩图 $\overline{M}_2$ 图（图(f)），用图乘法得

$$\theta_{Cst1} = \frac{1}{EI}\left[\frac{1}{2} \cdot Pl \cdot l \cdot \frac{2}{3} \cdot 1 + \frac{1}{2} \cdot Pl \cdot l \cdot 1\right] = \frac{5Pl^2}{6EI} \quad (\circlearrowleft)$$

对图(d)情形，可由几何关系求得刚性梁在截面 C 的转角为

$$\theta_{Cst2} = \frac{\delta_{Cst2}}{2l} = \frac{2Pl^2}{3EI} \quad (\circlearrowleft)$$

故

$$\theta_{Cst} = \theta_{Cst1} + \theta_{Cst2} = \frac{5Pl^2}{6EI} + \frac{2Pl^2}{3EI} = \frac{3Pl^2}{2EI} \quad (\circlearrowleft)$$

可得截面 C 的动转角为

$$\theta_{Cd} = K_d\theta_{Cst} = \left(1 + \sqrt{1 + \frac{EIh}{Pl^3}}\right)\frac{3Pl^2}{2EI} \quad (\circlearrowleft)$$

注意：本题为带有弹簧的结构。工程实际中，使用弹性支承是提高结构抗冲击强度和刚度经常采用的措施。此类题目在计算静载位移 δ_{Cst} 时常利用叠加法：即在静载作用下，将弹簧刚化仅结构变形及弹簧变形而结构本身刚化在冲击点引起的静位移分别计算后叠加而得。同样，这类带有弹簧的结构在计算冲击载荷引起的动位移时，也应计算弹簧变形所产生的结构附加刚体位移。

例 10.5 图(a)所示为横截面直径 $d=20$ mm 的圆截面直角折杆 ABC，位于水平面内，A 端固支，一重量为 $P=10$N 的重物自高度为 h 处自由下落于刚架的 C 端。在 AB 段表面某处水平直径前端 K 点，沿与轴线成 $45°$ 角方向测得冲击时的最大线应变 $\varepsilon_{45°} = 1.591 \times 10^{-4}$，已知材料的弹性模量 $E=200$ GPa，泊松比 $\nu=0.25$，试求重物下落的高度 h，并计算结构在冲击时的第三强度理论相当应力 σ_{r3d} 最大值（不计剪力对变形的影响）。

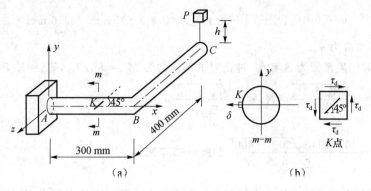

例 10.5 图

解:本题属于自由落体铅垂冲击,动荷因数 $K_d = 1 + \sqrt{1 + \dfrac{2h}{\delta_{Cst}}}$,其中 h 未知,但冲击时点 K 的应变 ε_d 已测得,由此可计算出点 K 的动应力 τ_d,而静载作用下的点 K 静应力 τ_{st} 可计算,故利用 $K_d = \dfrac{\tau_d}{\tau_{st}}$,求得 K_d 后再求出 h,并计算冲击时的动应力 σ_{r3d}。

(1)求动荷因数 K_d

由于冲击时刚架 AB 段为弯扭组合变形,点 K 位于截面水平直径前端,即截面弯曲变形中性轴上,故点 K 单元体的弯曲正应力为零,若不计弯曲切应力的影响,该点仅有扭转切应力 τ_d,属于纯剪切应力状态(图(b))。由广义胡克定律可知,沿点 K 与轴线成 $45\,°$ 方向上的动应变 ε_d 为

$$\varepsilon_d = \frac{1}{E}[\tau_d - \nu(-\tau_d)] = \frac{1+\nu}{E}\tau_d$$

故

$$\tau_d = \frac{E\varepsilon_d}{1+\nu} = \frac{200 \times 10^3 \times 1.591 \times 10^{-4}}{1+0.25}\ \text{MPa} = 25.46\ \text{MPa}$$

将重物的重量 P 以静载方式施加于点 C,则点 K 产生的静扭转切应力 τ_{st} 为

$$\tau_{st} = \frac{P \cdot l_{BC}}{\dfrac{\pi}{16}d^3} = \frac{10 \times 400}{\dfrac{\pi}{16} \times 20^3}\ \text{MPa} = 2.546\ \text{MPa}$$

故

$$K_d = \frac{\tau_d}{\tau_{st}} = \frac{25.46}{2.546} = 10$$

(2)求重物下落的高度 h

由 $K_d = 1 + \sqrt{1 + \dfrac{2h}{\delta_{Cst}}}$ 得

$$h = [(K_d - 1)^2 - 1]\frac{\delta_{Cst}}{2}$$

而静载作用下点 C 静挠度 δ_{Cst} 为

$$\delta_{Cst} = \frac{Pl_{BC}^3}{3EI} + \frac{Pl_{AB}^3}{3EI} + \frac{Pl_{BC}^2 l_{AB}}{GI_p}$$

$$= \frac{10}{200 \times 10^3 \times \dfrac{\pi}{64} \times 20^4}\left[\frac{1}{3}(400^3 + 300^3) + \frac{5}{4} \times 400^2 \times 300\right]\ \text{mm}$$

$$= 0.575\ \text{mm}$$

故得

$$h = [(10-1)^2 - 1] \frac{\delta_{Cst}}{2} = 40\delta_{Cst} = 40 \times 0.575 \text{ mm} = 23.0 \text{ mm}$$

(3)求最大相当应力 σ_{r3d}

刚架受冲击时危险截面为 A 截面,冲击时的动内力为 $M_{Ad} = K_d P l_{AB}$,$T_{Ad} = K_d P l_{BC}$,故

$$\sigma_{r3d} = \frac{\sqrt{M_{Ad}^2 + T_{Ad}^2}}{W} = K_d \cdot \frac{P}{\frac{\pi}{32} d^3} \sqrt{l_{AB}^2 + l_{BC}^2}$$

$$= \frac{10 \times 10 \times \sqrt{300^2 + 400^2}}{\frac{\pi}{32} \times 20^3} \text{ MPa} = 63.7 \text{ MPa}$$

注意:本题是组合变形结构的冲击问题。由于冲击物下落的高度 h 待求,故通过测量冲击时的动应变 ε_d,并求出动应力 τ_d,再计算出结构的静应力 τ_{st} 后,直接根据动荷因数的原始定义 $K_d = \varepsilon_d / \varepsilon_{st}$ 得出 K_d,进而可求得 h 并计算最大动应力 σ_{r3d}。

例 10.6 如图(a)所示平面结构,ABC 为直角刚架(B 为刚节点),与直梁 CD 在 C 处铰接,刚架与梁各段的弯曲刚度均为 EI,B 处支座为一刚度系数为 $k = \dfrac{4EI}{5l^3}$ 的弹簧铰支座。已知一重量为 P 的重物以速度 v 水平冲击刚架的点 A,试求冲击时中间铰 C 处的最大挠度 δ_{Cd}。

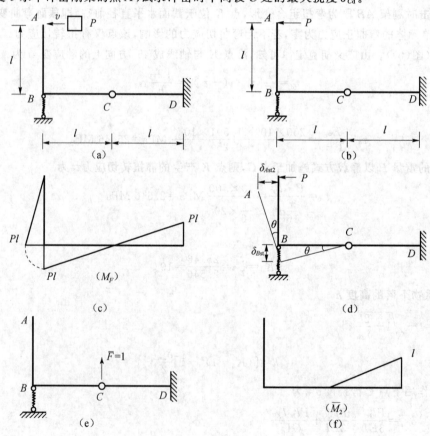

例 10.6 图

解:(1)求结构的静载位移 δ_{Ast}

将重物的重量 P 作为静载,沿冲击方向施加于结构的冲击点 A(图(b)),若求点 A 水平方向静位移 δ_{Ast},可用叠加法计算,$\delta_{Ast} = \delta_{Ast1} + \delta_{Ast2}$,其中 δ_{Ast1} 为仅结构变形,弹簧刚化产生的点 A 静位移,

δ_{Ast2} 为结构刚化,仅有弹簧变形在点 A 产生的静位移。

结构在静载作用下的内力图为图(c),由图乘法计算得

$$\delta_{Ast1} = \frac{3}{EI} \cdot \frac{1}{2} \cdot Pl \cdot l \cdot \frac{2}{3} \cdot l = \frac{Pl^3}{EI} \quad (\leftarrow)$$

静载作用下,结构刚化,仅有弹簧变形(图(d))产生的点 A 静位移为 δ_{Ast2},则有

$$\delta_{Ast2} = \delta_{Bst} = \frac{P}{k} = \frac{5Pl^3}{4EI} \quad (\leftarrow), \quad \delta_{Ast} = \delta_{Ast1} + \delta_{Ast2} = \frac{9Pl^3}{4EI} \quad (\leftarrow)$$

故

$$K_d = \sqrt{\frac{v^2}{g\delta_{Ast}}} = v\sqrt{\frac{4EI}{9Pl^3 g}} = \frac{2v}{3l}\sqrt{\frac{EI}{Plg}}$$

(2)求冲击时 C 点的动位移 δ_{Cd}

先求静载作用下点 C 的静位移 δ_{Cst},在点 C 加一单位力 $\overline{F} = 1$(图(e)),弯矩图为图(f),刚化弹簧,有

$$\delta_{Cst1} = \frac{1}{EI} \cdot \frac{1}{2} \cdot Pl \cdot l \cdot \frac{2}{3} \cdot l = \frac{Pl^3}{3EI} \quad (\uparrow)$$

再刚化结构,由于单位力 $\overline{F} = 1$ 作用下,弹簧支座处约束力为零,故弹簧无变形,即

$$\delta_{Cst} = \delta_{Cst1} = \frac{Pl^3}{3EI} \quad (\uparrow), \quad \delta_{Cd} = K_d \delta_{Cst} = \frac{2vl}{9}\sqrt{\frac{Pl}{EIg}} \quad (\uparrow)$$

注意:本题为水平冲击,在求结构的静载位移 δ_{Ast} 时,所加静载荷应为取冲击物的重量 P 作为静载,沿冲击方向施加于冲击点处,所求 δ_{Ast} 也为沿冲击方向的静位移。在用叠加法求点 C 静位移时,注意当结构刚化而支座 B 为弹性支座时,由于 CD 段为刚性悬臂梁,故此项点 C 挠度为零。

2.飞轮刹车造成的扭转冲击

例 10.2 中计算了装有飞轮的轴在匀减速转动正常刹车时,轴中产生的动应力及强度校核。现考虑该轴在突然刹车情形下的冲击动应力。假设轴的一端突然受到刹车片的约束而停止转动,但轴另一端的飞轮由于惯性作用将继续转动,即 AB 轴会受到突然施加的扭矩作用而受到扭转冲击(例 10.2 图)。若飞轮的转动惯量 J 很大,轴中将出现很大的扭转应力和变形。将飞轮视为冲击物,将轴 AB 视为被冲击构件,这样的冲击称为扭转冲击。

当轴的一端突然刹车后,轴发生扭转变形,同时飞轮的角速度逐渐减小直到轴的扭转变形达到最大值后,飞轮的角速度减小为零。在这一过程中,系统的动能损失为 $T = \frac{1}{2}J\omega^2$,重力势能不变,设轴达到最大扭转角 φ_d 时,轴的扭转变形能为 $V_\varepsilon = \frac{1}{2}T_d\varphi_d = \frac{T_d^2 l}{2GI_p}$,由能量守恒关系式(10.1)($T+V = V_\varepsilon$),有

$$\frac{1}{2}J\omega^2 = \frac{T_d^2 l}{2GI_p}$$

由此求得轴的最大动扭矩为

$$T_d = \omega\sqrt{\frac{GI_p J}{l}}$$

轴内产生的最大切应力

$$\tau_{d,max} = \frac{T_d}{W_p} = \omega\sqrt{\frac{GI_p J}{l W_p^2}} = \omega\sqrt{\frac{2GJ}{Al}} \tag{10.9}$$

式中,A 为轴的横截面面积。可见在扭转冲击时,轴内最大切应力与轴的体积 Al 有关,且体积越大,引起的动应力越小。除了例 10.2 给出的有关数据外,若轴长 $l = 1$ m,将已知数据代入式(10.9)

中,得

$$\tau_{d,max} = 1057 \text{ MPa}$$

与例 10.2 比较可知,此处由突然刹车造成的扭转冲击的最大切应力是正常刹车时轴内最大切应力的 396 倍,所以突然刹车造成的冲击载荷十分有害。实际上工程中重要的轴是不允许突然刹车的,通常在操作中规定刹车过程不得少于若干时间,以保证轴不受损坏。

3. 冲击与其他问题的组合

实际工程问题中,常见的静不定结构也会受到冲击载荷的作用,这类问题应首先按静载作用方式求解静不定问题,再求出静不定结构中冲击点处的静位移 δ_{st},从而可求得结构的动荷因数 K_d,再进一步即可对静不定结构的冲击进行其他计算。此外,若结构在受冲击载荷作用时有受压的杆件,还应考虑压杆在冲击时的稳定性。综合起来,对冲击载荷作用下的结构,关键一步是求出其动荷因数 K_d,依据题目具体情况具体分析,可通过铅垂或水平冲击的 K_d 计算公式计算,也可通过能量守恒原理推导,还可直接从结构的动荷因数的定义 $K_d = \dfrac{P_d}{P} = \dfrac{\sigma_d}{\sigma} = \dfrac{\varepsilon_d}{\varepsilon} = \dfrac{\delta_d}{\delta}$ 求得。一旦结构的 K_d 求出,静载作用下的所有响应(内力、应力、应变、位移等)均可通过乘以 K_d 这一因数转化为冲击载荷作用下的响应。以下介绍几个例子。

例 10.7 结构如图所示,梁 AB 和柱 BC 均由 Q235A 钢制成,许用应力 $[\sigma] = 150 \text{ MPa}$,弹性模量 $E = 200 \text{ GPa}$。梁 AB 长 $l = 2 \text{ m}$,截面惯性矩 $I = 1 \times 10^6 \text{ mm}^4$,弯曲截面系数 $W = 3.62 \times 10^4 \text{ mm}^3$。柱 BC 长 $a = 2 \text{ m}$,横截面面积 $A_1 = 100 \text{ mm}^2$,惯性矩 $I_1 = 6.25 \times 10^4 \text{ mm}^4$,规定的稳定安全因数 $[n_{st}] = 3$。若重物 $P = 1.5 \text{ kN}$,从高 $h = 20 \text{ mm}$ 处自由下落到梁 AB 的中点 D,试对此结构进行安全校核。

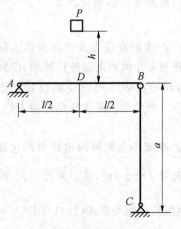

例 10.7 图

解: (1)求动荷因数 K_d

把重力 P 按静载方式铅垂作用在梁中点 D 时,点 D 的静位移为

$$\delta_{Dst} = \frac{Pl^3}{48EI} + \frac{1}{2} \cdot \frac{\dfrac{P}{2}a}{EA} = 1.29 \text{ mm}$$

动荷因数为

$$K_d = 1 + \sqrt{1 + \frac{2h}{\delta_{Dst}}} = 1 + \sqrt{1 + \frac{2 \times 20}{1.29}} = 6.66$$

(2)梁 AB 的强度校核

力 P 以静载方式作用在点 D 时,梁内最大弯曲静应力为

$$\sigma_{st,max} = \frac{Pl}{4W} = 20.7 \text{ MPa}$$

梁内最大弯曲动应力为

$$\sigma_{d,max} = K_d \sigma_{st,max} = 6.66 \times 20.7 \text{ MPa} = 138 \text{ MPa} < [\sigma]$$

可知梁 AB 在强度方面是安全的。

(3)柱 BC 的稳定性校核

柱的惯性半径为

$$i = \sqrt{\frac{I_1}{A_1}} = 25 \text{ mm}$$

柱两端铰支,长度因数 $\mu = 1$,所以柱的柔度为

$$\lambda = \frac{\mu a}{i} = \frac{1 \times 2000}{25} = 80$$

由第 9 章知,对 Q235A 钢来说,$\lambda_p = 100, \lambda_s = 60$,可见柱 BC 属于中柔度杆,可用经验公式 $\sigma_{cr} = a - b\lambda$ 来计算其临界应力。由表 9.1 查出,$a = 304 \text{ MPa}, b = 1.12 \text{ MPa}$,由此可算出临界应力为

$$\sigma_{cr} = (304 - 1.12 \times 80) \text{ MPa} = 214 \text{ MPa}$$

冲击引起的柱 BC 的动应力为

$$\sigma_{1d} = K_d \cdot \frac{\frac{P}{2}}{A_1} = 50 \text{ MPa}$$

工作安全因数为

$$n_{st} = \frac{\sigma_{cr}}{\sigma_{1d}} = 4.28 > [n_{st}]$$

可知柱 BC 在稳定性方面也是安全的。所以,整个结构是安全的。

注意:本题是冲击与强度、稳定性校核综合起来的例子,结构受冲击载荷作用时,横梁弯曲有冲击时的强度问题,而杆 BC 为受压杆件,在冲击时有稳定性问题。结构的安全应保证梁的强度足够、杆的稳定性足够。对结构本身来说,只要计算出 K_d,强度、稳定性的校核均可先对静载进行计算,然后乘以 K_d 作为动载下的结果进行校核。

例 10.8 如图(a)所示,铝合金简支梁 AB 横截面为 $b \times h = 75 \text{ mm} \times 25 \text{ mm}$ 的矩形,跨中点 C 处安装了一刚度系数 $k = 18 \text{ kN/m}$ 的弹簧铰支座。重量 $P = 250\text{N}$ 的重物以速度 v 冲击点 C。已知铝合金材料 $E = 70 \text{ GPa}$,许用应力 $[\sigma] = 60 \text{ MPa}$,$l = 1.5 \text{ m}$,试求保证结构安全的最大冲击速度 v。

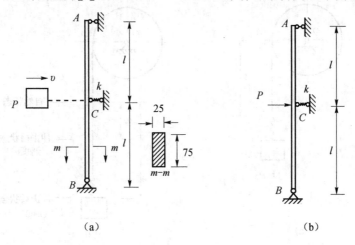

例 10.8 图

解:(1)本题为一次静不定,首先施加静载求解静不定,图(b)为静载作用下的结构,设弹簧铰支座的约束力为 X_1,应有

$$\frac{(P - X_1)(2l)^3}{48EI} = \frac{X_1}{k}$$

$$X_1 = \frac{P}{1 + \frac{48EI}{k(2l)^3}} = \frac{250}{1 + \frac{48 \times 70 \times 10^3 \times \frac{75 \times 25^3}{12}}{18 \times (3 \times 10^3)^3}} \text{ N} = 149.2 \text{ N}$$

(2)求静载下的冲击点静位移 δ_{Cst}

$$\delta_{Cst} = \frac{X_1}{k} = \frac{149.2}{18} \text{ mm} = 8.29 \text{ mm} = 8.29 \times 10^{-3} \text{ m}$$

(3)求 K_d

水平冲击下

$$K_d = \sqrt{\frac{v^2}{g\delta_{Cst}}} = v\sqrt{\frac{1}{10 \times 8.29 \times 10^{-3}}} = 3.473v$$

(4)由梁的强度条件确定 v

梁中最大静应力为

$$\sigma_{st,max} = \frac{(P-X_1)l}{2W} = \frac{(250-149.2) \times 1500}{2 \times \frac{75 \times 25^2}{6}} \text{ MPa} = 9.677 \text{ MPa}$$

梁中最大动应力应满足强度条件

$$\sigma_{d,max} = K_d\sigma_{st,max} = 3.473v \times 9.677\text{MPa} \leqslant [\sigma] = 60 \text{ MPa}$$

$$v \leqslant \frac{60}{3.473 \times 9.677} \text{ m/s} = 1.79 \text{ m/s}$$

注意:本题为静不定结构与冲击问题结合的类型,求解时应先按静载作用方式求解静不定,然后再求解静不定结构在静载下冲击点的静位移,因而得出动荷因数 K_d。

例 10.9 如图(a)所示,已知卷扬机钢索的 $E=200$ GPa,横截面积 $A=4$ cm²,在钢索与重物之间安装一根刚度系数 $k=5 \times 10^5$ N/m 的弹簧,卷扬机起吊重量 $P=20$ kN 的重物,以等速 $v=1$ m/s 下降。当钢索长度 $l=20$ m 时,滑轮 O 突然被卡住停止转动,试求钢索中的最大动应力;若撤掉弹簧,其他条件不变,则钢索中最大动应力又为多大?

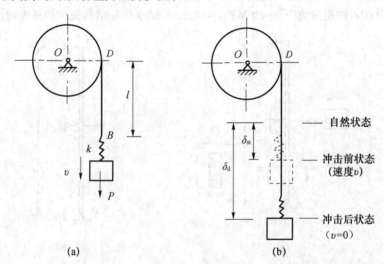

例 10.9 图

解:(1)求动荷因数 K_d 表达式

由机械能守恒关系式(10.1),$T+V=V_\varepsilon$,本题动能的改变量为 $T=\frac{1}{2}\frac{P}{g}v^2$;以钢索未变形状态的位置为重力势能零点(图(b)),重力势能的改变量为 $V=P(\delta_d-\delta_{st})$;而系统变形能的改变量为

$$V_\varepsilon = \frac{1}{2}P_d\delta_d - \frac{1}{2}P\delta_{st}$$

故由能量关系得

$$\frac{1}{2}\frac{P}{g}v^2 + P(\delta_d-\delta_{st}) = \frac{1}{2}(P_d\delta_d - P\delta_{st}) \tag{a}$$

根据动荷因数的定义有 $K_d = \frac{\delta_d}{\delta_{st}}$,又 $P_d = K_dP = \frac{\delta_d}{\delta_{st}}P$,代入式(a),有

$$\frac{P}{2g}v^2 + P(\delta_d-\delta_{st}) = \frac{1}{2}\left(\frac{\delta_d^2}{\delta_{st}}P - P\delta_{st}\right)$$

整理得

$$\delta_{\mathrm{d}}^2 - 2\delta_{\mathrm{st}}\delta_{\mathrm{d}} + \delta_{\mathrm{st}}^2\left(1 - \frac{v^2}{g\delta_{\mathrm{st}}}\right) = 0 \tag{b}$$

求出

$$\delta_{\mathrm{d}} = \delta_{\mathrm{st}}\left(1 + \sqrt{\frac{v^2}{g\delta_{\mathrm{st}}}}\right)$$

故得到动荷因数为

$$K_{\mathrm{d}} = \frac{\delta_{\mathrm{d}}}{\delta_{\mathrm{st}}} = 1 + \sqrt{\frac{v^2}{g\delta_{\mathrm{st}}}} \tag{c}$$

(2)求静位移 δ_{st}

在有弹簧的情况下,有

$$\delta_{\mathrm{st}} = \frac{Pl}{EA} + \frac{P}{k} = \left(\frac{20\times10^3\times20\times10^3}{200\times10^3\times400} + \frac{20\times10^3}{5\times10^5}\times10^3\right) \text{mm} = 45\text{ mm} = 0.045\text{ m}$$

(3)求动荷因数 K_{d} 及最大动应力 σ_{d}

$$K_{\mathrm{d}} = 1 + \sqrt{\frac{v^2}{g\delta_{\mathrm{st}}}} = 1 + \sqrt{\frac{1}{9.8\times0.045}} = 2.51$$

$$\sigma_{\mathrm{d}} = K_{\mathrm{d}}\sigma_{\mathrm{st}} = K_{\mathrm{d}}\frac{P}{A} = 2.51\times\frac{20\times10^3}{400}\text{ MPa} = 125.5\text{ MPa}$$

(4)若撤去弹簧

此时,有

$$\delta_{\mathrm{st}} = \frac{Pl}{EA} = \frac{20\times10^3\times20\times10^3}{200\times10^3\times400}\text{ mm} = 5\text{ mm} = 0.005\text{ m}$$

则

$$K_{\mathrm{d}} = 1 + \sqrt{\frac{v^2}{g\delta_{\mathrm{st}}}} = 1 + \sqrt{\frac{1}{9.8\times0.005}} = 5.52$$

$$\sigma_{\mathrm{d}} = K_{\mathrm{d}}\sigma_{\mathrm{st}} = 5.52\times\frac{20\times10^3}{400}\text{ MPa} = 276\text{ MPa}$$

注意:本题的冲击属于急停刹车造成的冲击载荷,应从能量守恒关系式(10.1)直接推导 K_{d}。由于被冲击的构件(吊索)在突然受到冲击前,受静载荷 P 的作用,已有轴向伸长变形 δ_{st},故已有变形能 $\frac{1}{2}P\delta_{\mathrm{st}}$;在计算能量关系式各项时应计入此项变形能。本题的结果表明,加入缓冲弹簧可显著增加系统的静位移 δ_{st},因而大大减少了 K_{d},但此举并未增加吊索中的静应力 σ_{st},故冲击时的动应力 σ_{d} 却相应减小,减轻冲击作用的效果明显。

例 10.10 如图(a)所示,两根相同的悬臂梁 AB 和 CD,弯曲刚度均为 EI,两梁平行安装,间距为 Δ。一重量为 P 的重物从上方高 h 处自由下落冲击梁 AB 的自由端,若冲击过程中两梁始终处于弹性范围内,且两梁在自由端接触后即共同运动至变形最大的位置。试求冲击时梁上点 B 的动挠度,并分析两梁之间的间距 Δ 对结果有何影响。

解:(1)求冲击时梁上点 B 的动挠度

取重物落到 B 端之前瞬时为状态 1;冲击后两梁接触并共同运动至变形最大位置为状态 2(图(b)),设此时梁 AB 自由端的挠度为 $\delta_{\mathrm{d}1}$,梁 CD 自由端的挠度为 $\delta_{\mathrm{d}2} = \delta_{\mathrm{d}1} - \Delta$;取状态 2 时系统的势能为零,则从状态 1 到状态 2,系统动能的改变量为

$$T = Ph \tag{a}$$

系统势能的改变量为

$$V = P\delta_{\mathrm{d}1} \tag{b}$$

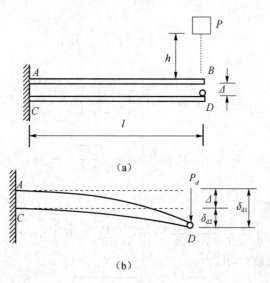

（a）

（b）

例 10.10 图

而冲击过程中系统变形能的增加为

$$V_\varepsilon = \frac{1}{2}k\delta_{d1}^2 + \frac{1}{2}k\delta_{d2}^2 = \frac{1}{2}k\delta_{d1}^2 + \frac{1}{2}k(\delta_{d1}-\Delta)^2 \qquad (c)$$

式中，k 为单根悬臂梁 AB（或 CD）自由端作用集中力与自由端产生挠度之比，即单根悬臂梁的刚度系数，由悬臂梁自由端静载挠度与静载集中力之间关系 $\delta_{st} = \dfrac{Pl^3}{3EI} = \dfrac{P}{k}$，可知

$$k = \frac{3EI}{l^3} \qquad (d)$$

代入能量守恒关系式（10.1）中，得

$$P(h+\delta_{d1}) = \frac{1}{2}k\delta_{d1}^2 + \frac{1}{2}k(\delta_{d1}-\Delta)^2$$

整理后，有

$$k\delta_{d1}^2 - (k\Delta+P)\delta_{d1} + \frac{1}{2}k\Delta^2 - Ph = 0 \qquad (e)$$

由上式解出

$$\delta_{d1} = \frac{1}{2}\left[\left(\Delta+\frac{P}{k}\right) + \sqrt{\left(\Delta+\frac{P}{k}\right)^2 - 2\left(\Delta^2 - 2\frac{P}{k}h\right)} \right]$$

若将单悬臂梁的静挠度 $\delta_{st} = \dfrac{P}{k} = \dfrac{Pl^3}{3EI}$ 代入，得

$$\delta_{d1} = \frac{1}{2}\left[(\Delta+\delta_{st}) + \sqrt{(\Delta+\delta_{st})^2 - 2(\Delta^2 - 2\delta_{st}h)} \right] \qquad (f)$$

（2）讨论两梁间距 Δ 对结果的影响

①若 $\Delta \to 0$，有

$$\delta_{d1} = \frac{1}{2}(\delta_{st} + \sqrt{\delta_{st}^2 + 4\delta_{st}\cdot h}) = \frac{1}{2}\left(1+\sqrt{1+\frac{4h}{\delta_{st}}}\right)\delta_{st}$$

当 $\dfrac{h}{\delta_{st}} \gg 1$，可简化为

$$\delta_{d1} \approx \frac{1}{2}\left(1+2\sqrt{\frac{h}{\delta_{st}}}\right)\delta_{st} \ \text{或} \ \delta_{d1} \approx \delta_{st}\sqrt{\frac{h}{\delta_{st}}}$$

②若 Δ 大于梁 AB 单独受冲击的动挠度 δ_{d0}，即 $\Delta > \delta_{d0} = \delta_{st}\left(1 + \sqrt{1 + \dfrac{2h}{\delta_{st}}}\right)$，则两梁不会相互接触，冲击只发生于梁 AB 中，即

$$\delta_{d1} = \delta_{d0} = \delta_{st}\left(1 + \sqrt{1 + \frac{2h}{\delta_{st}}}\right)$$

同样，若 $\dfrac{h}{\delta_{st}} \gg 1$，有

$$\delta_{d1} = \delta_{d0} \approx \delta_{st}\left(1 + \sqrt{\frac{2h}{\delta_{st}}}\right) \text{ 或 } \delta_{d1} \approx \delta_{st}\sqrt{\frac{2h}{\delta_{st}}}$$

比较两梁间距 $\Delta = 0$ 同时受到冲击与仅单梁受冲击的情形，所产生的冲击点动位移比值约为

$$\frac{\delta_{d1}}{\delta_{d0}} \approx \frac{\delta_{st}\sqrt{\dfrac{h}{\delta_{st}}}}{\delta_{st}\sqrt{\dfrac{2h}{\delta_{st}}}} = \frac{\sqrt{2}}{2} = 0.707$$

即两梁同时抵抗冲击时动位移为单梁的大约 70%。

③当 $0 < \Delta < \delta_{d0} = \delta_{st}\left(1 + \sqrt{\dfrac{2h}{\delta_{st}}}\right)$ 时，冲击后两梁在自由端发生接触，梁上点 B 的动位移如式（f）所示。

注意：双梁结构受到冲击时的动位移可直接从能量守恒关系式（10.1）求解。这时应注意 T、V 和 V_ε 各项的具体表达式，式中 V_ε 即结构冲击变形引起的变形能，可以由两梁产生的变形表示。此外，两梁的间距 Δ 的大小影响到结构的冲击形式是单梁冲击还是双梁冲击。本题的结果表明，双梁冲击（间距 $\Delta = 0$ 时）比单梁冲击的动位移减少了 30%。实际工程中，某些重型卡车后轴的板弹簧就设计为类似的主梁加副梁形式，当卡车载荷增大时，副梁和主梁一起工作可提高抗冲击能力。

4. 提高构件抗冲击能力的措施

冲击时构件中的动应力和动变形的大小与动荷因数 K_d 成正比，所以要提高构件抗冲击的能力，主要措施就是降低冲击时的动荷因数。而从动荷因数的式（10.5）、式（10.7）、式（10.8）都可以看出，如能增加静位移 δ_{st}，则可降低 K_d。分析一下几种基本变形的静位移公式：弯曲 $\dfrac{Fl^3}{3EI}$，$\dfrac{Fl^3}{48EI}$，…，扭转 $\dfrac{Tl}{GI_p}$，拉压 $\dfrac{F_N l}{EA}$，可见，为了增加 δ_{st}，可以从下面几个方面考虑。

（1）为了增加 δ_{st}，往往要减小构件的刚度 EI、GI_p 或 EA，当然如能选用弹性模量较低的材料制作受冲击构件，可以提高抗冲击能力。但是若减小 I、I_p 或 A，在减小了刚度的同时，常会使静应力增加，其结果未必能达到降低冲击动应力的目的，因此工程上往往不是直接采用减小构件刚度的方法来增加 δ_{st}，而是在受冲击构件上增设缓冲装置，如缓冲弹簧、弹簧垫圈、弹性支承等，这样既能增加静位移，又不增加静应力。

（2）为了增加静位移，在可能的情况下，可以增加构件的长度。

（3）受拉压冲击构件最好采用等截面杆。首先看图 10.8 所示的同种材料制成的同样长度的两根杆，图（a）为变截面杆，图（b）为等截面杆，两杆的最小横截面面积相同，都为 A_2。在相同的静载荷作用下，两杆的最大静应力 $\sigma_{st,max}$ 相同，但（a）杆的静变形显然小于（b）杆的静变形。这样（a）杆的最大动应力必然大于（b）杆的动应力，而且（a）杆中间面积被削弱部分的长度 s 越小，静变形越小，动应力越大。

同理，对于抗冲击的螺钉，若使光杆部分的直径大于螺纹内径，就不如使光杆部分的直径与螺纹内径接近相等。总之，使螺钉接近等截面杆为好，图 10.9 中（a）就不如（b）好，（c）的设计也是可行的。

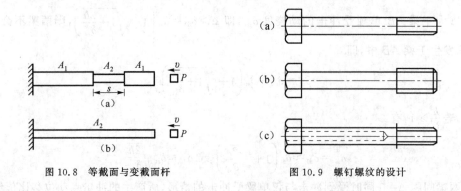

图 10.8　等截面与变截面杆　　　　　图 10.9　螺钉螺纹的设计

10.4　交变应力与疲劳失效

1. 交变应力与疲劳失效的概念

有些构件工作时,承受着随时间作周期性变化的应力,这种应力就称为**交变应力**或称为**循环应力**。例如,齿轮旋转一周,每个轮齿要啮合一次。啮合时,作用于轮齿上的力 F 由零迅速增加到最大值,然后又减小为零,引起齿根部的弯曲正应力也由零增到最大值,然后再减小为零,如图 10.10 所示。又如,火车轮轴上受到来自车厢和车架等部分的作用力 F,大小和方向基本不变,也就是说弯矩基本不变。但是,轮轴以角速度 ω 转动时,横截面上除轴心以外的任意一点处的弯曲正应力将随时间周而复始地在等值的拉应力和压应力之间交替变化。以点 A 为例,点 A 到中性轴的距离 y 是随时间 t 变化的,如图 10.11 所示,若轴的半径为 R,点 A 的弯曲正应力可表示为

$$\sigma = \frac{My}{I} = \frac{MR}{I}\sin\omega t$$

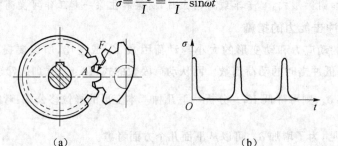

图 10.10　齿轮齿根的弯曲正应力

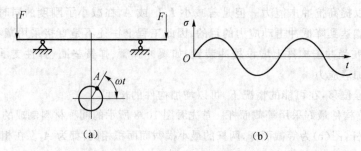

图 10.11　火车轮轴的弯曲正应力

设计不当或加工工艺有问题的构件,在交变应力作用下,经过长期的应力重复变化,会发生骤然断裂,这种破坏现象习惯上称为**疲劳失效**。疲劳失效是一种损伤积累的过程,因此它和静应力引起的破坏完全不同,其特点为:

(1)疲劳失效时,最大工作应力远低于材料在静载下的强度指标时破坏就可能发生,但不是立刻发生的,而要经历一段较长或很长时间。

(2)无论何种材料制成的构件,发生疲劳失效时,均表现为脆性断裂,即使是塑性较好的材料,断裂前也没有明显的塑性变形。

疲劳破坏曾被误认为是材料经过长期服役后,因疲劳而引起材质的脆化导致骤然断裂的。虽然近代的实验研究结果已否定了这种错误观点,但习惯上仍称之为疲劳失效或疲劳破坏。据统计,机械零件,尤其是高速运转构件的破坏,大部分属于疲劳失效问题,而疲劳破坏没有先兆,断裂突然,后果严重,因此掌握疲劳强度计算是很重要的。

疲劳问题范畴十分广泛,按材料性质及工作环境划分,除一般金属疲劳外,还有非金属疲劳、高温疲劳、腐蚀疲劳、声疲劳(由噪声激励引起)、冲击疲劳等。例如,火车轮轴实际上还受到一种比车厢的载荷 F 大得多的因轨道交接处空隙引起的冲击力,图10.11(b)实际应为图10.12所示,铁道部门发展长轨道的目的就是为了减少这种冲击疲劳。本节只介绍金属疲劳问题。

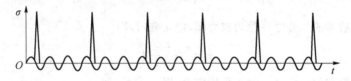

图10.12　轨道空隙冲击力的影响

(3)疲劳失效的断口特征及成因

在构件疲劳破坏的断口上,往往明显地分为两个区域,一个是光滑区,另一个是颗粒状粗糙区。图10.13是构件典型的疲劳断口形状。

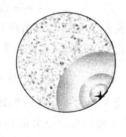

裂纹在夹杂物处起裂

图10.13　疲劳破坏断口

从中可以看出明显的光滑区和粗糙区。这种断口特征可以从疲劳失效的过程来解释。金属疲劳破坏可分为三个阶段,即疲劳裂纹源的形成,疲劳裂纹的扩展和最后的脆断这三个阶段,下面就简述这三个阶段。

①在足够大的交变应力作用下,由于物体内部微观组织结构的不均匀性,位置最不利或较弱的晶粒,沿最大切应力所在平面发生循环滑移,经过多次的应力交替变化后,产生微观的疲劳裂纹。在构件外形突变处(如粗细两段过渡处的圆角、切口、沟槽)也会因为局部过大的应力集中,引起微观裂纹的产生。分散的微观裂纹进一步集结沟通,形成宏观裂纹。另外,如果材料有表面损伤、夹杂物、热加工造成的微观裂纹等缺陷,这些缺陷本身就是疲劳裂纹源,它直接就扩展为宏观的疲劳裂纹。

②由于裂纹尖端处严重的应力集中,致使裂纹逐步扩展。在裂纹扩展过程中,裂纹两侧的材料时而压紧,时而张开,由于材料的相互反复压紧、研磨,就形成了断口表面的光滑区。也就是说,光滑区是在最后断裂前就已经形成的疲劳裂纹扩展区。

③随着裂纹的扩展,截面的剩余有效面积逐步被削弱,剩余面积上的应力随之加大。而裂纹尖

端区域内的材料又处于高度的应力集中状态,而且通常是在三向拉伸的应力状态下工作,所以当疲劳裂纹扩展到一定深度时,在正常的最大工作应力下裂纹也可能发生骤然的扩展,从而引起剩余截面的脆性断裂。断口表面的粗糙区就是这个最后发生脆性断裂的剩余截面。

2. 交变应力的表示方法

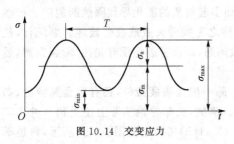

图 10.14　交变应力

为描述随时间变化的交变应力的不同特征,给出交变应力 σ 随时间 t 变化的关系如图 10.14 所示。

应力每重复变化一次的过程,称为一个**应力循环**,完成一个应力循环所需的时间称为一个周期,用 T 表示。在一个应力循环中,应力有最小代数值和最大代数值(拉应力为正,压应力为负),分别用 σ_{min} 和 σ_{max} 表示,其比值称为交变应力的**循环特征**或**应力比**,用 r 表示,即

$$r=\frac{\sigma_{min}}{\sigma_{max}} \tag{10.10}$$

σ_{max} 与 σ_{min} 的代数差的二分之一称为**应力幅**,用 σ_a 表示,即

$$\sigma_a=\frac{\sigma_{max}-\sigma_{min}}{2} \tag{10.11}$$

σ_{max} 和 σ_{min} 的代数和的二分之一称为**平均应力**,用 σ_m 表示,即

$$\sigma_m=\frac{\sigma_{max}+\sigma_{min}}{2} \tag{10.12}$$

由此可见,任何交变应力都可以用 σ_{min}、σ_{max}、σ_a、σ_m 和 r 这 5 个量来描述。下面就用这 5 个量来表示 3 种典型的交变应力情况。

(1)**对称循环**　σ_{max} 与 σ_{min} 大小相等,符号相反,即 $\sigma_{max}=-\sigma_{min}$。因此,有

$$r=-1, \quad \sigma_a=\sigma_{max}, \quad \sigma_m=0$$

火车轮轴上点 A 的交变应力就是对称循环的一例,其应力随时间变化的曲线见图 10.11(b)。

(2)**脉动循环**　$\sigma_{min}=0$,交变应力变动于某一应力与零之间。因此,有

$$r=0, \quad \sigma_a=\sigma_m=\frac{1}{2}\sigma_{max}$$

齿轮上齿根处点 A 的交变应力就是脉动循环的一例,其应力随时间变化的曲线见图 10.10(b)。

(3)**静载**　静载可以视为交变应力的特例。σ_{max} 与 σ_{min} 大小相等,符号也相同,即 $\sigma_{max}=\sigma_{min}$。因此,有

$$r=1 \quad \sigma_a=0, \quad \sigma_m=\sigma_{max}=\sigma_{min}$$

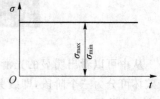

图 10.15　静载应力

静载时,应力随时间变化情况如图 10.15 所示。

$r\neq-1$ 时的交变应力统称为非对称循环。由图 10.14 可以看出,非对称循环交变应力可以看成一个相当于平均应力 σ_m 的静载应力和应力幅为 σ_a 的对称循环交变应力相叠加而成的。

以上的讨论对于交变切应力同样适用,只需将 σ 改为 τ 即可。

交变应力的 5 个特征参量中,只有 2 个是独立的,任意给定 2 个,其余 3 个就可确定。

3. 材料的持久极限

在交变应力作用下,构件发生疲劳破坏往往要经历较长一段时间的加载循环。构件发生疲劳破坏时所经历的应力循环次数称为**疲劳寿命**。按照疲劳寿命次数的高低,可将疲劳破坏分为以下两类:

(1)高循环疲劳(高周疲劳)

破坏循环次数高于 $10^4\sim10^5$ 的疲劳称为高循环疲劳,一般振动元件、传动轴等的疲劳属于此

类。其特点是作用于构件上的应力水平较低,应力和应变呈线性关系。

(2)低循环疲劳(低周疲劳)

破坏循环次数低于 $10^4 \sim 10^5$ 的疲劳称为低循环疲劳,典型实例是压力容器的疲劳。其特点是作用于构件上的应力水平较高,材料处于弹塑性状态。

相应地,裂纹扩展也分为高循环和低循环两类,可分别利用线弹性断裂力学和弹塑性断裂力学的方法研究,不过问题十分复杂,尚未完全解决。但是应该指出,近年来断裂力学和损伤力学的进展,丰富了传统的疲劳理论的内容,促进了疲劳理论的发展。当前的发展趋势是把微观理论和宏观理论结合起来,从本质上探究疲劳损坏的机理。

本节中只介绍高循环疲劳的强度计算问题。这种情况下,由于应力和应变呈线性关系,所以工作应力仍可按静载荷时的公式进行计算。但是交变应力下,σ_{max} 远小于材料的静强度指标时疲劳破坏就可能发生,所以静强度指标不能再使用,必须另外确定交变应力下的强度指标。材料这一交变应力强度指标称为**材料的持久极限**。

材料的持久极限是指标准试样经历"无限次"应力循环而不发生疲劳失效时的最大应力,标准试样是指国家标准规定的光滑小试样,其直径为 $d = 7 \sim 10\ mm$,表面需经磨床加工。每组试样约为 10 根左右。

对称循环下测定材料的持久极限,技术上较为简单,下面以对称循环下钢的持久极限的测定为例,说明试验方法。

弯曲对称循环疲劳试验机及试样受力情况如图 10.16(a) 所示,试样的弯矩图如图 10.16(b) 所示。试件中段处于纯弯曲状态,其横截面上的最大正应力为

$$\sigma_{max} = \frac{Fa}{W}$$

当机器开动后,试件做等角速转动,每旋转一周,横截面上除圆心外任一点的应力就经历一次对称循环,旋转的周次即循环的次数,可由计数器记录。

试验时,先安装第一根试样,施加的载荷 F_1 应使试样中的最大应力 $\sigma_{max,1}$ 约等于材料静强度极限的 60%,然后开启试验机,直至试样发生疲劳断裂,记录下试样所经历的应力循环次数 N_1,N_1 称为应力为 $\sigma_{max,1}$ 时的疲劳寿命。再换装第二根试样,施加的 F_2 应使 $\sigma_{max,2}$ 略低于 $\sigma_{max,1}$ 开启试验机至试样断裂时记录下寿命 N_2。如此依次重复上述过程,每换一根试样均应使 $\sigma_{max,i}$ 低于前一次的 $\sigma_{max,i-1}$,并记录下相应的寿命 N_i。若以循环次数(寿命)N 为横坐标,以交变应力中的最大应力 σ_{max} 为纵坐标,根据各次测得的 $\sigma_{max,i}$ 和 N_i 可以绘出一条曲线,该曲线称为**疲劳曲线**或**应力-寿命曲线**,也称为 S-N 曲线,如图 10.17 所示。

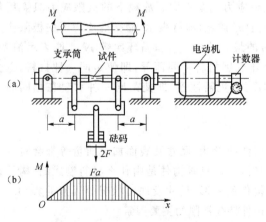

图 10.16　弯曲对称循环疲劳试验

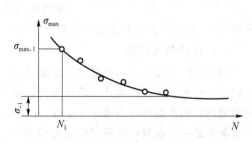

图 10.17　应力-寿命曲线

由疲劳曲线可以看出,应力 σ_{max} 越小,循环次数 N 越大。当 σ_{max} 减小到某一极限值时,疲劳曲线趋于水平,即 N 趋于无穷大。这表明只要应力不超过这一极限值,试样就可以经历无限次循环而不发生疲劳破坏。交变应力的这一极限值,就是材料在对称循环下的持久极限,也称为疲劳极限,记为 σ_{-1},下标"-1"表示对称循环的循环特征 $r=-1$,表 10.1 所示为几种钢材的对称循环持久极限。

实际上,"无限次"应力循环只是个概念,试验中无法真正做到无限次。常温下的试验结果表明,钢制试样经历 10^7 次循环仍未疲劳,则再增加循环次数也不会疲劳,所以就把 10^7 次循环下仍未疲劳的最大应力规定为钢的持久极限,而把 $N_0=10^7$ 称为循环基数。硬铝、镁合金等有色金属的疲劳曲线没有明显的趋于水平的直线部分,通常取循环基数为 $10^7 \sim 10^8$,把它对应的最大应力作为这类材料的持久极限,称为**名义持久极限**。

表 10.1　几种钢材的对称循环持久极限　　　　　　　　单位:MPa

材　　料	σ_{-1}(拉压)	σ_{-1}(弯曲)	τ_{-1}(扭转)
Q235A 钢	$120 \sim 160$	$170 \sim 220$	$100 \sim 130$
45 钢	$190 \sim 250$	$250 \sim 340$	$150 \sim 200$
160Mn	200	320	

以上介绍了弯曲对称循环持久极限 σ_{-1} 的测定方法。同样原理可用于拉伸-压缩疲劳试验、扭转疲劳试验、弯曲-扭转联合疲劳试验等,以测定材料相应的持久极限,具体方法可参见有关疲劳试验的专门著作。根据大量试验数据总结出,钢的对称循环持久极限还可根据静强度极限 σ_b,按照以下经验公式进行估算,即

$$\sigma_{-1}(\text{弯曲}) \approx 0.43\sigma_b$$

$$\sigma_{-1}(\text{拉压}) \approx 0.3\sigma_b$$

$$\sigma_{-1}(\text{扭转}) \approx 0.25\sigma_b$$

同一种材料在不同循环特征的交变应力作用下,持久极限是不同的。为了测定各种非对称循环下材料的持久极限,应使试样分别承受不同循环特征 r 的交变应力,并按上述试验过程画出一条相应的 S-N 曲线,如图 10.18 所示。在循环基数 $N_0=10^7$ 处画一条竖线,与 S-N 曲线族的各条曲线分别交于 A、C、D、E 各点,这些点的纵坐标值就分别为各相应循环特征下的持久极限 σ_r。

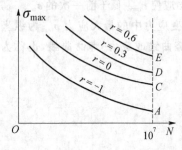

图 10.18　不同 r 值的 S-N 曲线

综上所述,持久极限可以理解为在交变应力下的极限应力,它与静载下的极限应力完全不同。静载下的极限应力只需用材料破坏时的应力值(σ_b 或 σ_s)即可表示,而交变应力下的极限应力 σ_r,必须用破坏时的最大应力 σ_{max} 和循环次数 N 才能表示清楚。而且持久极限 σ_r 不仅因材料不同而异,即使是同一种材料,也会因循环特征不同而异,更需注意,即使是同一种材料在相同的循环特征下,还会因变形形式的不同而异。

4. 构件的持久极限

材料的持久极限是用标准试样测定的,而实际构件的形状、尺寸及表面加工质量等都会对持久极限产生影响。所以确定某一具体构件的持久极限时,不能只看构件是由什么材料制成的、构件在何种变形形式及何种应力循环下工作,还必须考虑构件的外形、尺寸及加工状况等因素的影响。下面简单介绍一下在对称循环交变应力作用下,影响构件持久极限的主要因素。

(1)构件外形的影响(应力集中的影响)

构件外形的突然变化,例如构件上有槽、孔、缺口、轴肩等,使这些部位的截面尺寸发生突然改变。在外力作用下,截面尺寸突然改变的局部范围内将引起应力集中。

在交变应力作用下,应力集中直接促使裂纹源的产生、裂纹的扩展和最后的脆断,因此应力集中使构件的持久极限降低。构件外形对持久极限的影响,用有效应力集中因数 K_σ 或 K_τ 表示。在对称循环下,**有效应力集中因数**定义为

$$K_\sigma = \frac{(\sigma_{-1})_d}{(\sigma_{-1})_k}, \quad K_\tau = \frac{(\tau_{-1})_d}{(\tau_{-1})_k}$$

式中,$(\sigma_{-1})_d$、$(\tau_{-1})_d$ 分别为弯曲(或拉压)、扭转时无应力集中的标准试样的对称循环持久极限,$(\sigma_{-1})_k$、$(\tau_{-1})_k$ 分别为相应的有应力集中因素的试样(除应力集中外,其他方面与标准试样相同)的对称循环持久极限,显然 K_σ 或 K_τ 是一个大于1的因数。工程中为使用方便,把测得的有效应力集中因数整理成曲线或表格便于应用。例如,图 10.19 即为这类曲线。

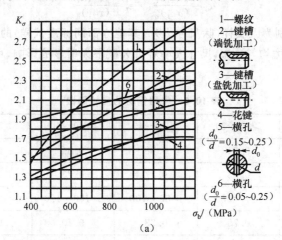

(a)

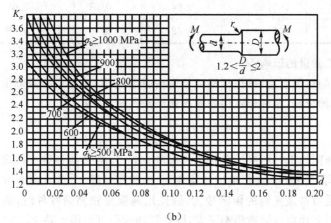

(b)

图 10.19 有效应力集中因数曲线

这里还要指出的是,有效应力集中因数与 3.7 节中介绍的理论应力集中因数不同。理论应力集中因数只与构件外形有关,与材料性能无关。而有效应力集中因数不仅与构件的形状、尺寸有关,还与材料的性能有关,一般来说,材料的强度极限越高,有效应力集中因数越大。

(2)构件尺寸的影响

测定材料持久极限所用的标准试样直径为 $7 \sim 10 \text{ mm}$,随着试样横截面尺寸的增大,持久极限会相应地降低,其原因可由两个受扭试样来解释:在直径不同的两个试样中,当两者的最大切应力 τ_{max} 相等时,由图 10.20 看出,$\alpha_1 < \alpha_2$,两者截面上的应力变化梯度不同,所以大试样的高应力区比小试

样的高应力区大(图中阴影部分为高应力区),即大试样中处于高应力状态的金属结晶颗粒数要比小试样多,包含的缺陷也多,就更容易形成疲劳裂纹,所以会使持久极限降低。

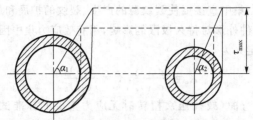

图 10.20 构件尺寸的影响

构件尺寸的影响用**尺寸因数** ε_σ 或 ε_τ 表示,即

$$\varepsilon_\sigma = \frac{(\sigma_{-1})_\varepsilon}{(\sigma_{-1})_d}, \quad \varepsilon_\tau = \frac{(\tau_{-1})_\varepsilon}{(\tau_{-1})_d}$$

式中,$(\sigma_{-1})_\varepsilon$ 及 $(\tau_{-1})_\varepsilon$ 分别为大试样(除尺寸大外,其他方面同标准试样)的对称循环持久极限。拉伸压缩时,因横截面上应力均匀分布,尺寸大小对持久极限无明显的影响,可取 $\varepsilon_\sigma = 1$。常用钢材的尺寸因数见表 10.2。

表 10.2 常用钢材的尺寸因数

直径 d/mm		>20～30	>30～40	>40～50	>50～60	>60～70
ε_σ	碳钢	0.91	0.88	0.84	0.81	0.78
	合金钢	0.83	0.77	0.73	0.70	0.68
直径 d/mm		>70～80	>80～100	>100～120	>120～150	>150～500
ε_σ	碳钢	0.75	0.73	0.70	0.68	0.60
	合金钢	0.66	0.64	0.62	0.60	0.54
各种钢 ε_τ		0.73	0.72	0.70	0.68	0.60

(3)构件表面加工质量的影响

表面加工时形成的切削痕迹、擦伤等都会成为疲劳裂纹源,使持久极限降低。所以表面加工质量对持久极限有明显的影响,这种影响用**表面质量因数** β 表示,即

$$\beta = \frac{(\sigma_{-1})_\beta}{(\sigma_{-1})_d}$$

式中,$(\sigma_{-1})_d$ 为表面磨削加工的标准试样的持久极限,$(\sigma_{-1})_\beta$ 为其他各种不同表面加工质量下试样(除表面加工质量不同,其他方面与标准试样均相同)的持久极限。β 值可由表 10.3 查出。由表中可以看出,表面加工质量对高强度钢的影响较大,因此用高强度钢制造零件时,表面加工精度应高一些。另外,变形形式对表面质量因数影响不大,因此扭转时仍可采用上述 β 值。

表 10.3 不同表面粗糙度的表面质量因数

加工方法	表面粗糙度 Ra/μm	σ_b/MPa		
		400	800	1200
磨削	0.4 以下	1	1	1
精车	3.2～0.8	0.95	0.90	0.80
粗车	25～6.3	0.85	0.80	0.65
未加工表面	50 以上	0.75	0.65	0.45

从表 10.3 中可以看到,表面加工质量低于磨光试件时 $\beta<1$。若想提高 β 的值,可采取如下措施:将构件进行淬火、渗碳、氮化等热处理或化学处理,可使表面得到强化;或经滚压、喷丸等机械处理,使表层形成预压应力,减弱容易引起裂纹的工作拉应力,提高构件的持久极限,这些都会使 $\beta>1$。各种强化方法的 β 值列入表 10.4 中。

表 10.4　各种强化方法的表面质量因数

强化方法	心部强度 σ_b/MPa	β		
		光轴	低应力集中的轴 $K_\sigma \leqslant 1.5$	高应力集中的轴 $K_\sigma \geqslant 1.8 \sim 2$
高频淬火	600~800	1.5~1.7	1.6~1.7	2.4~2.8
	800~1000	1.3~1.5		
氮化	900~1200	1.1~1.25	1.5~1.7	1.7~2.1
渗碳	400~600	1.8~2.0	3	
	700~800	1.4~1.5		
	1000~1200	1.2~1.3	2	
喷丸硬化	600~1500	1.1~1.25	1.5~1.6	1.7~2.1
滚子滚压	600~1500	1.1~1.3	1.3~1.5	1.6~2.0

注:1. 高频淬火是根据直径为 10~20 mm,淬硬层厚度为 (0.05~0.20)d 的试样得到的数据,对大尺寸的试样 β 值会有所降低。

2. 氮化层厚度为 0.01d 时用小值,在 (0.03~0.04)d 时用大值。

3. 喷丸硬化是根据 8~40 mm 的试样得到的数据,喷丸速度低时用小值,速度高时用大值。

4. 滚子滚压是根据 17~130 mm 试样得到的数据。

综合上述三种因素,在对称循环下,弯曲或拉压时构件的持久极限为

$$\sigma_{-1}^0 = \frac{\varepsilon_\sigma \beta}{K_\sigma} \sigma_{-1} \tag{10.13}$$

扭转时,构件的持久极限为

$$\tau_{-1}^0 = \frac{\varepsilon_\tau \beta}{K_\tau} \tau_{-1} \tag{10.14}$$

除上述三种因素外,其他如高温、腐蚀性介质等也会降低构件的持久极限,这些影响因素也用修正因数表示,其数值可查有关手册。

5. 提高构件疲劳强度的措施

疲劳裂纹的形成主要在应力集中的部位和构件的表面。所以提高构件的疲劳强度关键在于减缓应力集中,提高表面质量。

(1)减缓应力集中

为了尽可能消除和减缓应力集中,设计构件外形时应避免出现方形或带尖角的孔和槽。在截面尺寸突变处,如阶梯轴的轴肩处,应采用半径足够大的过渡圆角。随着过渡圆角半径的增加,有效应力集中因数迅速减小。若由于结构上的原因难以增大过渡圆角的半径,则可在直径较大部分的轴上开减荷槽(图 10.21)或退刀槽(图 10.22),它们均可使应力集中有明显减弱。

在紧配合的轮毂边缘与轴配合面边缘处有明显的应力集中,可在轮毂上开减荷槽,并加粗轴的配合部分(图 10.23(a)、(b))以缩小轮毂与轴之间的刚度差距,这样可以减缓配合面的应力集中。

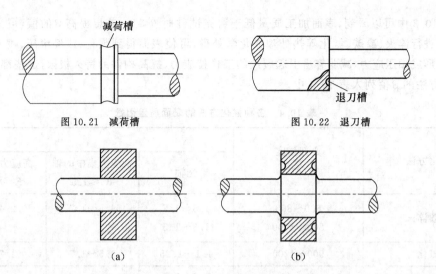

图 10.21 减荷槽   图 10.22 退刀槽

（a）   （b）

图 10.23 轮毂与轴的配合

在角焊缝处，采用图 10.24（a）所示坡口焊接和无坡口焊接（图 10.24（b））相比，应力集中要减弱很多。

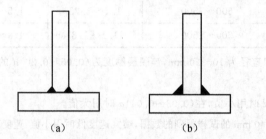

（a）   （b）

图 10.24 焊缝

（2）提高表面质量

①降低表面粗糙度　由表 10.3 可知，构件表面加工质量，即表面粗糙度，对 β 影响很大，所以使用磨削、精车加工等方法，使构件有较低的表面粗糙度，可以提高疲劳强度。尤其是高强度钢对表面粗糙度更为敏感，使用这类材料制造的构件，表面更应光滑，否则会使持久极限大幅度降低，失去采用高强度钢的意义。另外在使用、检修过程中。也应避免在构件表面形成伤痕，因为这些伤痕本身就是疲劳裂纹源。

②增加表面强度　由表 10.4 可知，采用高频淬火、渗碳、氮化等热处理和化学处理，或对表层进行滚压、喷丸等冷加工强化工艺，均可使 β 增大，从而提高疲劳强度。其力学原理是提高表层材料的强度和人为地在表层制造残余压应力。目前，将板弹簧片预先弯曲，并对其受拉应力的表面层进行喷丸强化，已成为一种标准的加工工序。汽车用的板弹簧如不经喷丸强化，行车 3000 km 即产生断裂，经喷丸强化后，可提高到 100000 km 以上。

另外，如能选用抗疲劳性能良好的材料制作在交变应力下工作的构件当然更好。一般金属的疲劳强度为抗拉强度的 40%～50%，而某些复合材料可高达 70%～80%。纤维复合材料的疲劳断裂是从基体开始，逐渐扩展到纤维和基体的界面上，没有突发性的变化。因此复合材料在破坏前有预兆，可以检查和补修。纤维复合材料还具有较好的抗声振疲劳性能，用它制成的直升机旋翼，其疲劳寿命比用金属的提高数倍。

总之提高构件的疲劳强度，经济意义十分重大，现在已经有很多行之有效的工艺措施，可参见有关资料。

思考题

10.1 图示均质圆截面杆 OB 长度为 l，横截面直径为 d，重量为 P，在杆的 B 端固接一重量为 W 的重块，杆在水平面内绕竖直轴 O 以匀角速度 ω 转动。已知杆的弹性模量为 E，试分析杆在转动过程中的最大正应力及杆的伸长量。

10.2 图示薄壁开口均质圆环，平均半径为 R，圆环重量为 P，横截面为边长 t 的正方形（$R \gg t$），弹性模量为 E，圆环绕过圆心且垂直于圆环所在平面的 Oz 轴以匀角速度 ω 转动。试分析圆环横截面上的动弯矩表达式并给出开口两侧截面的相对位移。

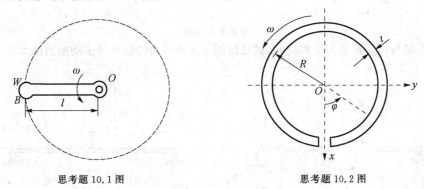

思考题 10.1 图　　　　　　　思考题 10.2 图

10.3 图示桥式起重机，吊车横梁的弯曲截面系数为 W，吊索 CD 长度为 l，横截面积为 A，起吊重物重量为 P。小车 C 以速度 v 水平移动至横梁跨度中点时突然停止不动，试分析此瞬时横梁与吊索内最大正应力分别为多少（小车自重不计）？

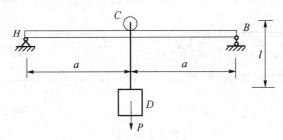

思考题 10.3 图

10.4 如图所示，一重量为 P 的均质折杆 OHB，位于铅垂平面内，绕铅垂轴 OO_1 以匀角速度 ω 转动，转动时杆的 OH 段与 OO_1 轴夹角为 $30°$。杆的横截面积为 A，单位长度自重为 q，弯曲截面系数为 W。试分析杆的危险截面及最大动应力。

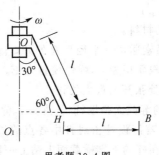

思考题 10.4 图

10.5 如图所示,长度相同的两根矩形截面悬臂梁 AB 和 CD,受同样的重物铅垂下落冲击,试比较两根梁中的最大动应力和最大动挠度。(假设 h 远大于梁的静载位移)。

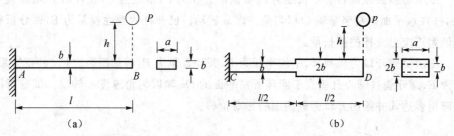

思考题 10.5 图

10.6 若梁与弹簧都是完全相同的,试比较图示 4 种结构的最大冲击动应力的大小。

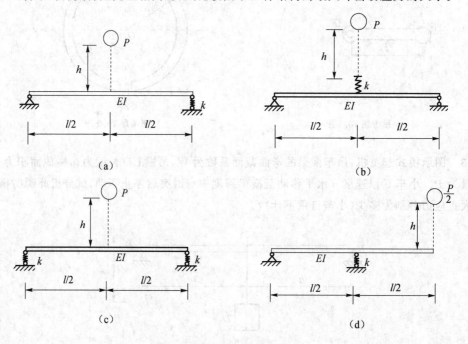

思考题 10.6 图

10.7 材料的持久极限与构件的持久极限有何不同?试判断以下因素对提高构件持久极限的效果如何?

(a)构件的尺寸增大;

(b)提高构件表面的硬度;

(c)提高交变应力的最大应力 σ_{max};

(d)为构件选用强度极限更高的材料。

10.8 如图所示,一卷扬机的吊索通过一半径为 R 的开口薄壁圆环吊起一重量为 Q 的重物,圆环壁厚为 t,弯曲刚度为 EI;吊索横截面积为 A,弹性模量为 E。当重物下降到吊索总长度为 l 时突然卡住,试分析此时圆环切口 G、H 处张开的最大位移。

10.9 如图所示,一重量为 P 的等截面弹性杆,长度为 l,弹性模量为 E,横截面积为 A,自高度 h 处自由下落,冲击刚性水平地面。若假设冲击时杆中各点的加速度相等,试分析杆端受到的最大冲击力与杆中最大冲击正应力。若在杆的下端横截面上粘上一块厚度为 δ 的橡胶垫(橡胶的弹性模

量 $E_t = \frac{1}{10}E$），则结果又如何？

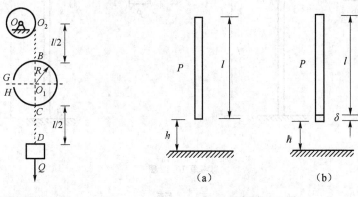

思考题 10.8 图　　　　　　　思考题 10.9 图

10.10　如图所示，弹性杆 CD 长度为 l，重量为 P，拉压刚度为 EA，以速度 v 沿水平方向匀速运动，冲击弹性梁 BH 的中点，梁 BH 的长度为 $2l$，弯曲刚度为 EI。试分析冲击时梁受到的最大冲击力。

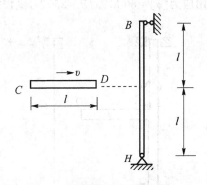

思考题 10.10 图

10.11　试确定图示实际工程问题的交变应力特征参量 σ_{max}、σ_{min}、σ_a、σ_m 和 r。

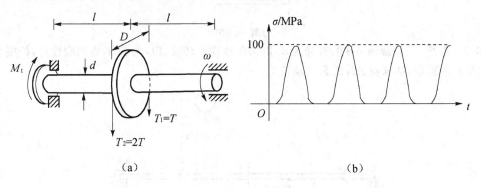

（a）　　　　　　　　　　　　　（b）

思考题 10.11 图

（1）匀速转动的圆轴，危险点的弯曲正应力和扭转切应力（图（a））；

（2）齿轮传动时，齿根部某点的弯曲正应力（图（b））。

10.12　如图所示，弯曲刚度为 EI、弯曲截面系数为 W 的悬臂梁，受重量为 P 的重物以速度 v 水平冲击自由端。为减小梁中动应力，采用刚度系数为 k 的弹簧加以缓冲，安装弹簧的位置有图示两种，试分析两种方式的动荷因数之比和最大动应力之比，哪种方式减震效果好？

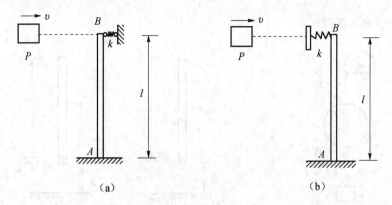

（a）　　　　　　　　　　（b）

思考题 10.12 图

习　题

10.1　如图所示,杆 AB 以匀角速度 ω 绕自身轴线转动,在杆的中点 C 有一呈直角与杆 AB 焊接的钢杆 CD,两杆材料相同,AB 杆重量为 $2P$,杆 CD 重量为 P,已知 $l=600$ mm,两杆均为圆截面,直径 $d=80$ mm,$\omega=40$ rad/s,许用应力 $[\sigma]=80$ MPa,$P=250$ N,试校核杆 AB 及 CD 的强度。

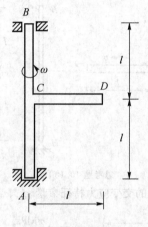

习题 10.1 图

10.2　如图所示,圆轴 AB 的直径为 d,以匀角速度 ω 转动,CG 与 DH 为两刚性杆,杆端各连接一重量为 P 的重物,试求轴 AB 的最大动应力。

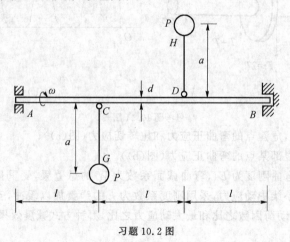

习题 10.2 图

10.3 如图所示,一直径为 d 的圆轴 AB,在中间截面 C 安装一钢质圆盘,盘上距盘中心为 b 处有一直径为 a 的穿透圆孔。轴与圆盘以匀角速度 ω 转动,已知材料的密度 $\rho=7.8$ g/cm³, $\omega=80$ rad/s, $l=400$ mm, $b=400$ mm, $a=300$ mm, $d=120$ mm, $t=30$ mm,试求轴中最大正应力。

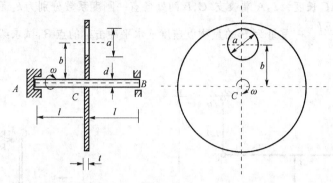

习题 10.3 图

10.4 一弹性地基受静载 P 作用时地基沉降为 Δ,现将一重物 Q 从高度 h 处自由下落,测得地基因此出现的沉降为 6Δ,则重物下落高度 h 为多少?

10.5 图示等截面刚架,弯曲刚度为 EI,弯曲截面系数为 W。重量为 P 的重物,从高度为 h 处自由下落冲击刚架的点 D,试求截面 C 的动转角。

10.6 如图所示,U 形直角刚架 $ABCD$,与直杆 DG 铰接,刚架与杆的弯曲刚度均为 EI。一重量为 P 的重物以速度 v 水平冲击刚架的点 C,试求 A 支座处的动位移。

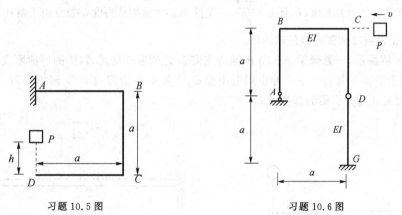

习题 10.5 图   习题 10.6 图

10.7 如图所示,直杆 AB 和 BD,横截面均为直径 $d=80$ mm 的圆形,两杆在 B 端相互垂直并铰接,轴线位于水平面内,A 端固支,D 端用一刚度系数为 k 的弹簧沿铅垂方向支承。重量 $P=1$ kN 的重物自高度 $h=20$ mm 处自由下落,冲击杆 BD 的中点 C。已知 $E=200$ GPa, $[\sigma]=80$ MPa, $a=1$ m, $k=76.6$ N/mm,试求结构中危险点的最大动应力,并校核该结构的强度。

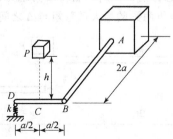

习题 10.7 图

10.8 如图所示平面结构，T 形刚架各段弯曲刚度为 EI，杆 CD 的拉压刚度为 EA，且 $A = \dfrac{3I}{l^2}$。重量为 P 的重物以速度 v 水平冲击刚架的点 H，试求结构的动荷因数 K_d。

10.9 图示梁 AC 长度为 l，A 端铰支，C、B 两处各有一刚度系数分别为 k_1 和 k_2 的弹簧铰支座，且 $k_1 = \dfrac{16EI}{l^3}$，$k_2 = \dfrac{24EI}{l^3}$。一重量为 P 的重物以速度 v 水平冲击梁的点 B，试求梁中最大的动弯矩及点 B 的动挠度。

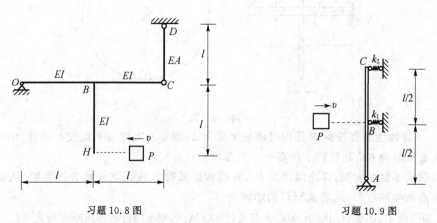

习题 10.8 图　　　　　　　　习题 10.9 图

10.10 如图所示，一变截面外伸梁，AB 段的弯曲刚度为 $2EI$，BC 段的弯曲刚度为 EI。两支座均为弹性支承，刚度系数分别为 k 和 $2k$，且 $k = \dfrac{6EI}{l^3}$，一重量为 P 的重物从高度 h 处自由下落冲击梁的点 C，试求外伸梁点 A 的动挠度和截面 B 的动转角。

10.11 如图所示，一悬臂梁 AB 的 B 端与支座 D 之间有一间隙 Δ，梁的弯曲刚度为 EI，重量为 P 的重物从梁上方高 h 处自由下落冲击梁的中点 C，若使点 B 恰好与 D 支座相接触，试求冲击物下落的高度 h（假定 h 远大于梁的静挠度）。

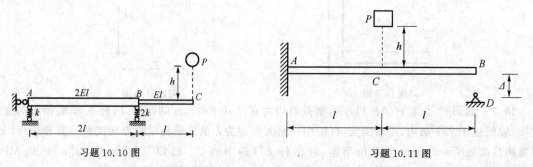

习题 10.10 图　　　　　　　　习题 10.11 图

10.12 如图所示，AB、CD 两悬臂梁 EI 相同，自由端间距为 Δ，将重量为 P 的物体突然施放于 AB 梁的 B 端，若已知 EI，l，Δ，试分析两梁的最大动弯矩与 Δ 之间的关系。

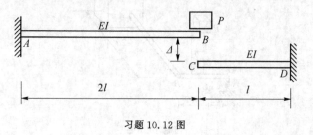

习题 10.12 图

10.13 图示结构，梁 AB 与 CD 材料相同，弹性模量 $E=200\,\text{GPa}$，梁 AB 的直径 $d_1=60\,\text{mm}$，杆 CD 的直径 $d_2=30\,\text{mm}$，长度 $l=1\,\text{m}$。重量 $P=100\,\text{N}$ 的重物自高度 $h=20\,\text{mm}$ 处自由下落冲击梁 AB 的点 B，若许用应力 $[\sigma]=65\,\text{MPa}$，材料的 $\lambda_p=100,\lambda_s=60$，中柔度杆的临界应力经验公式 $\sigma_{cr}=(304-1.12\lambda)\,\text{MPa}$，稳定安全因数 $[n_{st}]=5$，试校核结构在冲击时的安全性。

10.14 如图所示，放置于水平面内的半圆形曲杆，轴线半径为 R，一端固支，另一端自由，横截面是直径为 d 的圆形。一重量为 P 的重物从高度 h 处自由下落冲击杆的自由端。已知材料的弹性模量为 E，切变模量为 $G=\dfrac{2}{5}E$。试指出冲击时的危险截面及危险点位置，并求出危险点第三强度理论的相当应力 σ_{r3d}。

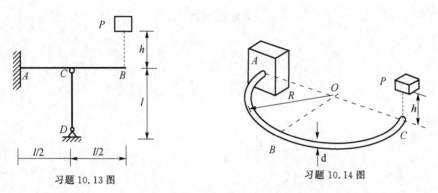

习题 10.13 图　　　　　　　　　　习题 10.14 图

10.15 如图所示，主梁 AB 为悬臂梁，长度为 $2l$，其上放置一副梁 CD，两梁的弯曲刚度均为 EI，一重量为 P 的重物从副梁上方高度为 h 处自由下落冲击梁 CD 的中点。试求主梁和副梁中的最大动弯矩及主梁 B 点的动挠度。

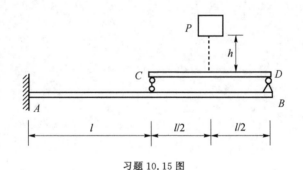

习题 10.15 图

10.16 图示圆轴 AB 直径 $d=80\,\text{mm}$，长度 $l=2\,\text{m}$，以匀角速度 ω 绕轴线 AB 转动，轴同时受大小方向均不变的轴向力 $5F$ 及中点 C 处的横向力 F 作用。已知 $F=10\,\text{kN}$，试给出轴的截面 C 表面一点 K 的正应力随时间变化的表达式，并计算其 σ_{max}、σ_{min}、σ_a、σ_m 及循环特征 r。

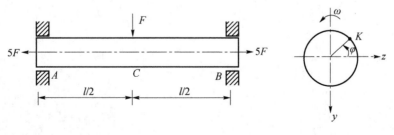

习题 10.16 图

10.17 如图所示,重物 P 通过轴承对圆截面轴 AB 作用一铅垂方向的力 $P=1\,\mathrm{kN}$,轴可绕其轴线在与 y 轴夹角为 $\pm30°$ 范围内往复摆动,轴的直径 $d=40\,\mathrm{mm}$, $l=1\,\mathrm{m}$。试求截面 C 1、2、3、4 各点的正应力变化曲线的循环特征。

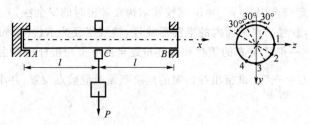

习题 10.17 图

附录 A 平面图形的几何性质

杆件的横截面是平面图形,其某些几何性质与杆件的强度、刚度及稳定性密切相关。平面图形的几何性质只与图形的形状和尺寸有关,除了熟悉的图形面积之外,还有图形的静矩、惯性矩、极惯性矩和惯性积等几何参数,在计算杆件的受力变形时都要用到。本附录简单介绍平面图形的相关几何性质及计算方法。

A.1 静矩和形心

因为 x 轴通常取为沿杆件轴线方向,所以横截面上的坐标轴就取为 y 轴和 z 轴。任意平面图形如图 A.1 所示,其面积为 A。定义

平面图形**对 y 轴的静矩**为

$$S_y = \int_A z \, dA \tag{A.1.a}$$

平面图形**对 z 轴的静矩**为

$$S_z = \int_A y \, dA \tag{A.1.b}$$

静矩也称为**一次轴矩**或**面积矩**。

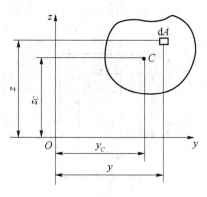

图 A.1 平面图形的静矩

应该注意,平面图形对不同的坐标轴静矩是不同的。静矩的数值可正,可负,也可为零。静矩的单位为 m^3、mm^3 等。

均质等厚度薄板的重心在 yz 坐标系中的坐标为

$$y_c = \frac{\int_A y \, dA}{A}, \quad z_c = \frac{\int_A z \, dA}{A}$$

而上述薄板重心与薄板平面图形的形心是重合的,所以上式也可以用来计算平面图形的形心位置,考虑到静矩的定义,上式可写为

$$y_c = \frac{S_z}{A}, \quad z_c = \frac{S_y}{A} \tag{A.2}$$

若将上式改写为

$$S_z = Ay_C, \quad S_y = Az_C \tag{A.3}$$

在已知横截面积 A 及形心坐标 y_C、z_C 时,就可按式(A.3)方便地求截面对于 y 轴和 z 轴的静矩。

由此还可以得到很有用的结论:

(1)平面图形对某一轴的静矩若为零,该轴必通过此图形的形心。

(2)平面图形对于通过其形心的轴的静矩必为零。

例 A.1 试求图示半圆形的形心坐标,已知半径为 R。

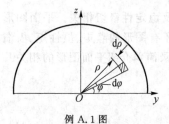

例 A.1 图

解:z 轴是对称轴,所以 $y_C = 0$。下面求 z_C

$$S_y = \int_A z\,dA = \int_0^\pi \int_0^R \rho\sin\varphi \cdot \rho\,d\rho\,d\varphi = \frac{2}{3}R^3$$

$$z_C = \frac{S_y}{A} = \frac{4R}{3\pi}$$

当平面图形是由若干简单图形(如圆形、矩形等)组成时,由静矩的定义可知,各组成部分对于某一轴的静矩的代数和等于该平面图形对于同一轴的静矩。由于简单图形的面积和形心位置均为已知,因此可按下式方便地计算由 n 个简单图形组成的组合图形的静矩。

$$S_y = \sum_{i=1}^n A_i z_{C_i}, \quad S_z = \sum_{i=1}^n A_i y_{C_i} \tag{A.4}$$

将式(A.4)代入式(A.2),则可得到计算组合图形形心坐标的公式。

$$y_C = \frac{\sum_{i=1}^n A_i y_{C_i}}{\sum_{i=1}^n A_i}, \quad z_C = \frac{\sum_{i=1}^n A_i z_{C_i}}{\sum_{i=1}^n A_i} \tag{A.5}$$

例 A.2 图示槽形截面,$H = 200\ \text{mm}$,$h = 160\ \text{mm}$,$B = 180\ \text{mm}$,$b = 100\ \text{mm}$,试确定其形心位置,并求截面对 z 轴的静矩 S_z。

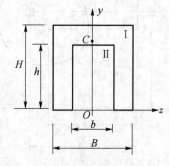

例 A.2 图

解:设在如图所示的坐标系 Ozy 中,形心为点 C,由于对称性,显然点 C 位于 y 轴上,即 $z_C = 0$。槽形截面可视为大矩形 I 内挖去小矩形 II,采用负面积法求得 y_C 为

$$y_C = \frac{A_I y_{C_I} - A_{II} y_{C_{II}}}{A_I - A_{II}} = \frac{HB \cdot \dfrac{H}{2} - hb \cdot \dfrac{h}{2}}{HB - hb} = \frac{H^2 B - h^2 b}{2(HB - hb)}$$

$$= \frac{200^2 \times 180 - 160^2 \times 100}{2 \times (200 \times 180 - 160 \times 100)}\ \text{mm} = 116\ \text{mm}$$

故有

$$S_y = A \cdot y_C = (BH - bh) \cdot y_C$$

$$= (180 \times 200 - 160 \times 100) \times 116\ \text{mm}^3 = 2.32 \times 10^6\ \text{mm}^3$$

A.2 惯性矩、极惯性矩与惯性积

1. 惯性矩

任意平面图形如图 A.2 所示,其面积为 A,定义

平面图形**对 y 轴的惯性矩**为

$$I_y = \int_A z^2 \, \mathrm{d}A \qquad\qquad (\mathrm{A.6.a})$$

平面图形**对 z 轴的惯性矩**为

$$I_z = \int_A y^2 \, \mathrm{d}A \qquad\qquad (\mathrm{A.6.b})$$

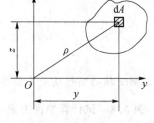

图 A.2 平面图形的惯性矩和惯性积

惯性矩也称为**二次轴矩**。

平面图形对不同的坐标轴惯性矩是不同的,但是惯性矩的数值恒为正,单位为 m^4、mm^4 等。

有时也把惯性矩写为面积 A 与某一长度的平方乘积的形式

$$I_y = A \cdot i_y^2, \quad I_z = A \cdot i_z^2 \qquad\qquad (\mathrm{A.7})$$

或者改写为

$$i_y = \sqrt{\frac{I_y}{A}}, \quad i_z = \sqrt{\frac{I_z}{A}} \qquad\qquad (\mathrm{A.8})$$

式中,i_y 和 i_z 分别称为图形对 y 轴和 z 轴的**惯性半径**,单位为 m、mm 等。

2. 极惯性矩

若以 ρ 表示 $\mathrm{d}A$ 到坐标原点 O 的距离(图 A.2),定义平面图形对坐标原点的**极惯性矩**为

$$I_\mathrm{p} = \int_A \rho^2 \, \mathrm{d}A \qquad\qquad (\mathrm{A.9})$$

极惯性矩也称为**二次极矩**,恒为正,单位为 m^4、mm^4 等。

显然,有

$$I_\mathrm{p} = I_y + I_z \qquad\qquad (\mathrm{A.10})$$

3. 惯性积

对图 A.2 所示的任意平面图形,定义平面图形**对 y、z 轴的惯性积**为

$$I_{yz} = \int_A yz \, \mathrm{d}A \qquad\qquad (\mathrm{A.11})$$

由以上定义可知,惯性积的数值可正,可负,也可为零。当 y、z 轴中有一个是图形的对称轴时,图形对这一对坐标轴的惯性积 I_{yz} 就恒为零。惯性积的单位为 m^4、mm^4 等。

例 A.3 试计算图(a)所示矩形对其对称轴 y 和 z 的惯性矩和惯性积。

解:由定义

$$I_y = \int_A z^2 \, \mathrm{d}A = \int_{-\frac{h}{2}}^{\frac{h}{2}} \int_{-\frac{b}{2}}^{\frac{b}{2}} z^2 \, \mathrm{d}y\mathrm{d}z = \frac{bh^3}{12}$$

同理,可求得

$$I_z = \frac{hb^3}{12}$$

又由于 y, z 轴是对称轴,所以有

$$I_{yz} = 0$$

注意:若图形为一平行四边形,如图(b)所示,则它对 y 轴的惯性矩仍为 $I_y = \dfrac{bh^3}{12}$。请读者考虑一

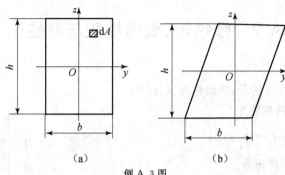

例 A.3 图

下，它对 z 轴的惯性矩是否仍为 $I_z = \dfrac{hb^3}{12}$？

例 A.4　试计算半径为 R 的圆形对其形心轴的惯性矩、惯性积和对圆心的极惯性矩。

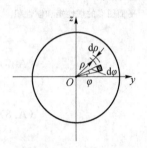

解：（1）求惯性矩和惯性积

$$I_y = \int_A z^2 \, dA = \int_0^{2\pi} \int_0^R (\rho\sin\varphi)^2 \rho \, d\rho \, d\varphi = \frac{\pi R^4}{4} = \frac{\pi D^4}{64}$$

显然，有

$$I_z = I_y, \quad I_{yz} = 0$$

（2）求极惯性矩，由式（A.10）有

$$I_p = I_y + I_z = \frac{\pi D^4}{32}$$

例 A.4 图

注意：本题也可先求 I_p，再求 I_y 和 I_y。

当一个平面图形是由若干简单图形组成时，组合图形对某一轴的惯性矩等于各部分对该轴的惯性矩的代数和；组合图形对某一对正交坐标轴的惯性积等于各部分对该对坐标轴的惯性积的代数和，即

$$I_y = \sum_{i=1}^n I_{yi}, \quad I_z = \sum_{i=1}^n I_{zi}, \quad I_{yz} = \sum_{i=1}^n I_{yzi} \tag{A.12}$$

据此可以得到外径为 D，内径为 d 的圆环对形心轴的惯性矩和对圆心的极惯性矩分别为

$$I_y = I_z = \frac{\pi}{64}(D^4 - d^4) = \frac{\pi D^4}{64}(1 - \alpha^4)$$

$$I_p = \frac{\pi D^4}{32}(1 - \alpha^4)$$

式中，$\alpha = d/D$。

A.3　平行移轴公式

同一平面图形对不同坐标轴的惯性矩和惯性积虽然不同，但它们之间却存在着一定的关系。当两对坐标轴互相平行，且其中一对轴是形心轴时，它们之间的关系比较简单。在求组合图形的惯性矩和惯性积时，利用这种关系将使计算得到简化。

任意平面图形如图 A.3 所示，C 为形心，y_C 和 z_C 是通过形心的一对坐标轴。若另有一对坐标轴 y 和 z，分别平行于 y_C 和 z_C，且形心 C 在 yz 坐标系中横纵坐标分别为 b 和 a，则由图 A.3 可以看出

$$y = y_C + b, \quad z = z_C + a \tag{a}$$

图形对形心轴 y_C 和 z_C 的惯性矩和惯性积分别为

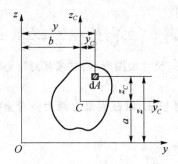

图 A.3　平行移轴公式

$$\begin{cases} I_{y_c} = \displaystyle\int_A z_C^2 \,\mathrm{d}A \\[2mm] I_{z_c} = \displaystyle\int_A y_C^2 \,\mathrm{d}A \\[2mm] I_{y_c z_c} = \displaystyle\int_A y_C z_C \,\mathrm{d}A \end{cases} \tag{b}$$

图形对 y 轴和 z 轴的惯性矩和惯性积分别为

$$I_y = \int_A z^2 \,\mathrm{d}A, \quad I_z = \int_A y^2 \,\mathrm{d}A, \quad I_{yz} = \int_A yz \,\mathrm{d}A, \tag{c}$$

$$I_{yz} = \int_A yz \,\mathrm{d}A = \int_A (y_C + b)(z_C + a)\,\mathrm{d}A$$

$$= \int_A y_C z_C \,\mathrm{d}A + a\int_A y_C \,\mathrm{d}A + b\int_A z_C \,\mathrm{d}A + ab\int_A \mathrm{d}A$$

在上列三式中，$\displaystyle\int_A y_C \,\mathrm{d}A$ 及 $\displaystyle\int_A z_C \,\mathrm{d}A$ 均为图形对形心轴的静矩，其值应为零。再考虑到式(b)，以上三式可简化为

$$I_y = I_{y_c} + a^2 A \tag{A.13.a}$$

$$I_z = I_{z_c} + b^2 A \tag{A.13.b}$$

$$I_{yz} = I_{y_c z_c} + abA \tag{A.13.c}$$

以上三式就是惯性矩和惯性积的**平行移轴公式**。应用时需注意 a 和 b 是代数值。

例 A.5　试求图示三角形对 y 轴及对形心轴 y_C 的惯性矩。

解：(1)求 I_y

设三角形顶点 A 的坐标为 (a,h)，则直线 OA 的方程为 $y = \dfrac{a}{h}z$。直线 BA 的方程为 $y = b + \dfrac{a-b}{h}z$。于是

$$I_y = \int_A z^2 \,\mathrm{d}A = \int_0^h \int_{\frac{a}{h}z}^{b+\frac{a-b}{h}z} z^2 \,\mathrm{d}y\mathrm{d}z = \int_0^h \left(b - \frac{b}{h}z\right)\mathrm{d}z = \frac{bh^3}{12}$$

例 A.5 图

（2）求 I_{y_c}，由平行移轴公式

$$I_{y_c} = I_y - \left(\frac{h}{3}\right)^2 \left(\frac{bh}{2}\right) = \frac{bh^3}{12} - \frac{bh^3}{18} = \frac{bh^3}{36}$$

例 A.6 某杆件横截面为 T 形，尺寸如图所示，试求其对形心轴 z_C 的惯性矩。

解：（1）求形心位置

将 T 形看作是两个矩形 I 和 II 组成，以截面最上缘为参考坐标轴 z 的位置，有

$$\begin{aligned}
y_c &= \frac{A_I y_{IC} + A_{II} y_{IIC}}{A_I + A_{II}} \\
&= \frac{(80 \times 20) \times 10 + (20 \times 120) \times 80}{(80 \times 20) + (20 \times 120)} \text{ mm} = 52 \text{ mm}
\end{aligned}$$

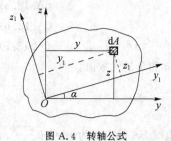

例 A.6 图

（2）求 I_{y_c}

$$I_{z_c I} = \left[\frac{80 \times 20^3}{12} + (52-10)^2 \times (80 \times 20)\right] \text{mm}^4 = 287 \times 10^4 \text{ mm}^4$$

$$I_{z_c II} = \left[\frac{20 \times 120^3}{12} + (140-52-60)^2 \times (20 \times 120)\right] \text{mm}^4 = 476 \times 10^4 \text{ mm}^4$$

$$I_{z_c} = I_{z_c I} + I_{z_c II} = 763 \times 10^4 \text{ mm}^4$$

A.4 转轴公式、主惯性轴与主惯性矩

1. 转轴公式

任意平面图形如图 A.4 所示，y 和 z 轴是通过其上任一点 O 的一对坐标轴。将 y、z 轴绕 O 点旋转 α 角，且以逆时针旋转为正，旋转后得到新的坐标轴为 y_1、z_1。微面积 $\mathrm{d}A$ 在新旧两个坐标系之间的坐标关系为

$$y_1 = y\cos\alpha + z\sin\alpha \tag{a}$$

$$z_1 = z\cos\alpha - y\sin\alpha \tag{b}$$

图形对 y、z 轴的惯性矩和惯性积分别为

$$\begin{cases}
I_y = \displaystyle\int_A z^2 \, \mathrm{d}A \\
I_z = \displaystyle\int_A y^2 \, \mathrm{d}A \\
I_{yz} = \displaystyle\int_A yz \, \mathrm{d}A
\end{cases} \tag{c}$$

图 A.4 转轴公式

图形对 y_1、z_1 轴的惯性矩和惯性积分别为

$$\begin{cases}
I_{y_1} = \displaystyle\int_A z_1^2 \, \mathrm{d}A \\
I_{z_1} = \displaystyle\int_A y_1^2 \, \mathrm{d}A \\
I_{y_1 z_1} = \displaystyle\int_A y_1 z_1 \, \mathrm{d}A
\end{cases} \tag{d}$$

将式（b）代入式（d）中第一式，并由式（c）得

$$\begin{aligned}
I_{y_1} &= \int_A z_1^2 \, \mathrm{d}A = \int_A (z\cos\alpha - y\sin\alpha)^2 \, \mathrm{d}A \\
&= \cos^2\alpha \int_A z^2 \, \mathrm{d}A - 2\sin\alpha\cos\alpha \int_A yz \, \mathrm{d}A + \sin^2\alpha \int_A y^2 \, \mathrm{d}A
\end{aligned}$$

$$= I_y\cos^2\alpha + I_z\sin^2\alpha - I_{yz}\sin2\alpha$$

$$= \frac{I_y+I_z}{2} + \frac{I_y-I_z}{2}\cos2\alpha - I_{yz}\sin2\alpha \tag{A.14.a}$$

同理,由式(d)中后两式可得

$$I_{z_1} = \frac{I_y+I_z}{2} - \frac{I_y-I_z}{2}\cos2\alpha + I_{yz}\sin2\alpha \tag{A.14.b}$$

$$I_{y_1z_1} = \frac{I_y-I_z}{2}\sin2\alpha + I_{yz}\cos2\alpha \tag{A.14.c}$$

式(A.14.a)、式(A.14.b)、式(A.14.c)三式就是惯性矩和惯性积的转轴公式。将式(A.14.a)和式(A.14.b)的等号两边分别相加,得到

$$I_{y_1} + I_{z_1} = I_y + I_z$$

这说明图形对于通过同一点的任意一对互相垂直轴的两个惯性矩之和为一常数。

2. 主惯性轴和主惯性矩

将式(A.14.a)与式(2.12)相比较,式(A.14.(c))与式(2.13)相比较可知,I_y 与 σ_x、I_z 与 σ_y、I_{yz} 与 τ_x 有着一一对应的关系,即转轴公式与平面应力状态下任意斜截面上的应力公式有相同的形式。由此可知,惯性矩和惯性积也是一个二阶张量。因此可以通过类比的方法得出以下结论:

(1)与主平面方位相对应的是主惯性轴。与式(2.14)形式相同,这里有

$$\tan2\alpha_0 = -\frac{2I_{yz}}{I_y-I_z} \tag{A.15}$$

由此式可以求出相差 $90°$ 的两个 α_0,从而确定了一对坐标轴 y_0 和 z_0,这对坐标轴就称为**主惯性轴**,简称**主轴**。

(2)主平面上切应力为零,与此对应,这里有 $I_{y_0z_0}=0$,即与主惯性轴对应的惯性积为零。

(3)主平面上的正应力称为主应力。与此对应,图形对主惯性轴的惯性矩 I_{y_0} 和 I_{z_0} 称为**主惯性矩**。而且对通过某点的所有轴来说,主惯性矩中的一个是最大值,另一个是最小值。

二向应力状态中求主应力的所有方法,不论是解析法还是图解法,都可以用上述一一对应的关系来求主惯性矩,这里不再赘述。

若主惯性轴通过图形形心 C,则称为**形心主惯性轴**,对该轴的惯性矩称为**形心主惯性矩**。杆件的轴线与横截面的形心主惯性轴所确定的平面,称为形心主惯性平面。如果横截面有对称轴,根据式(A.11)惯性积的积分定义,它对包括对称轴在内的一对坐标轴的惯性积一定为零,故对称轴一定是主惯性轴;而截面的形心又一定在对称轴上,所以横截面的对称轴一定是形心主惯性轴,这个结论以后可以直接应用。由此可知在例 A.3 中求得的矩形截面对其对称轴的惯性矩及例 A.4 中求得的圆和圆环对形心轴的惯性矩都是形心主惯性矩。

例 A.7 试求例 A.2 的槽形截面的形心主惯性矩。

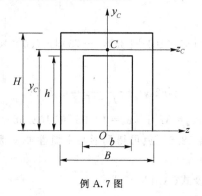

例 A.7 图

解：例 A.2 中已求得截面形心 C 的坐标，即 $y_c = 116$ mm，过 C 点建立形心主轴坐标系 $Cz_c y_c$，则有

$$I_{y_c} = \frac{HB^3}{12} - \frac{hb^3}{12} = \frac{1}{12} \times (200 \times 180^3 - 160 \times 100^3) \text{ mm}^4 = 8.387 \times 10^7 \text{ mm}^4$$

$$I_{z_c} = \frac{BH^3}{12} + BH \cdot \left(y_c - \frac{H}{2}\right)^2 - \frac{bh^3}{12} - bh \cdot \left(y_c - \frac{h}{2}\right)^2 = \left[\frac{180 \times 200^3}{12} + \right.$$

$$\left. 180 \times 200 \times (116 - 100)^2 - \frac{100 \times 160^3}{12} - 100 \times 160 \times (116 - 80)^2 \right] \text{ mm}^4$$

$$= 7.435 \times 10^7 \text{ mm}^4$$

从例题中可见，利用负面积法或分块法求惯性矩时，采用平行移轴公式可充分利用已知的结果。

例 A.8　试求图示图形的形心主惯性矩（以 mm 为单位）。

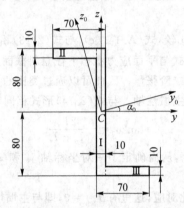

例 A.8 图

解：(1) 点 C 为图形的对称中心，因此点 C 即为形心。把图形看作 Ⅰ、Ⅱ、Ⅲ 三个矩形构成。矩形 Ⅰ 的形心与点 C 重合，在 yz 坐标系中，矩形 Ⅱ 的形心坐标为 $(-35, 75)$，矩形 Ⅲ 的形心坐标为 $(35, -75)$。

(2) 计算 I_y，I_z 和 I_{yz}

$$I_y = I_{y\text{I}} + I_{y\text{II}} + I_{y\text{III}}$$

$$= \left[\frac{10 \times 160^3}{12} + 2 \times \left(\frac{60 \times 10^3}{12} + 75^2 \times 60 \times 10\right)\right] \text{ mm}^4 = 1.017 \times 10^7 \text{ mm}^4$$

$$I_z = I_{z\text{I}} + I_{z\text{II}} + I_{z\text{III}}$$

$$= \left[\frac{160 \times 10^3}{12} + 2 \times \left(\frac{10 \times 60^3}{12} + 35^2 \times 60 \times 10\right)\right] \text{ mm}^4 = 1.84 \times 10^6 \text{ mm}^4$$

$$I_{yz} = I_{yz\text{I}} + I_{yz\text{II}} + I_{yz\text{III}}$$

$$= \{0 + (-35 \times 75) \times (60 \times 10) + [35 \times (-75)] \times (60 \times 10)\} \text{ mm}^4 = -3.15 \times 10^6 \text{ mm}^4$$

(3) 确定形心主惯性轴方位

$$\tan 2\alpha_0 = -\frac{2I_{yz}}{I_y - I_z} = 0.7563$$

$$2\alpha_0 = 37.1°，\alpha_0 = 18.55° \text{ 或 } 108.55°$$

即将 y 和 z 轴绕点 C 逆时针旋转 $18.55°$ 就可得到形心主惯性轴 y_0 和 z_0。

(4) 求形心主惯性矩 I_{y_0} 和 I_{z_0}

将 α_0 的值代入式 (A.14.a) 及式 (A.14.b) 即得

$$I_{y_0} = \left(\frac{1.017 \times 10^7 + 1.84 \times 10^6}{2} + \frac{1.017 \times 10^7 - 1.84 \times 10^6}{2} \cos 37.1° - \right.$$
$$\left. (-3.15 \times 10^6) \sin 37.1° \right) \text{mm}^4 = 1.1123 \times 10^7 \text{ mm}^4$$

$$I_{z_0} = \left(\frac{1.017 \times 10^7 + 1.84 \times 10^6}{2} - \frac{1.017 \times 10^7 - 1.84 \times 10^6}{2} \cos 37.1° + \right.$$
$$\left. (-3.15 \times 10^6) \sin 37.1° \right) \text{mm}^4 = 7.8 \times 10^5 \text{ mm}^4$$

思考题

A.1 图示矩形截面 $m-m$ 水平线以上部分 ω_1 对 z 轴的静矩 S_{z_1} 与 $m-m$ 水平线以下部分 ω_2 对 z 轴的静矩 S_{z_2} 有何关系?

A.2 如图所示,边长为 a 的正方形 $ABDE$ 被控挖去了等腰三角形 ABC,其中点 C 恰为所剩阴影部分的形心,试确定点 C 的位置。

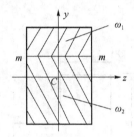

思考题 A.1 图

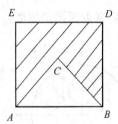

思考题 A.2 图

A.3 试证明:过图示正方形及等边三角形形心的任一轴,均为形心主惯性轴,且其形心主惯性矩为一常量。对任意正多边形截面,是否也有同样结论?

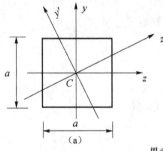

(a)

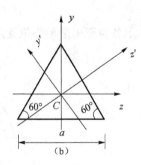

(b)

思考题 A.3 图

A.4 试求图示两个直角三角形的 I_y、I_z 及 I_{yz}。

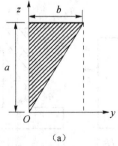

(a)

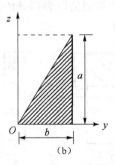

(b)

思考题 A.4 图

A.5 如图所示直角三角形 OAB，C 为斜边 AB 的中点，试证明 y_1-z_1 为一对主惯性轴。

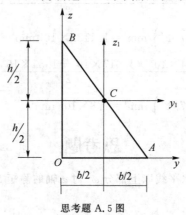

思考题 A.5 图

习 题

A.1 试计算图示各截面图形的形心位置。

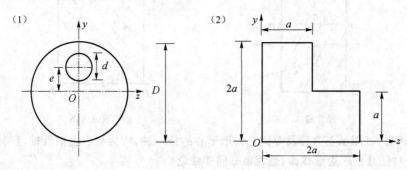

习题 A.1 图

A.2 试求图示各截面图形形心位置及对 z 轴的静矩 S_z。

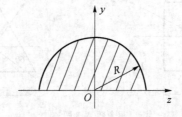

习题 A.2 图

A.3 试求图示各截面的阴影部分图形对 z 轴的静矩（C 为截面形心）。

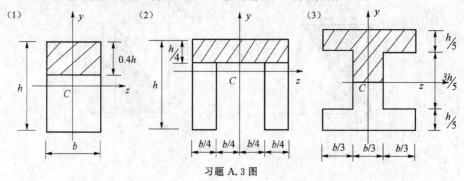

习题 A.3 图

A.4 试求图示各截面图形的 I_y 和 I_z。

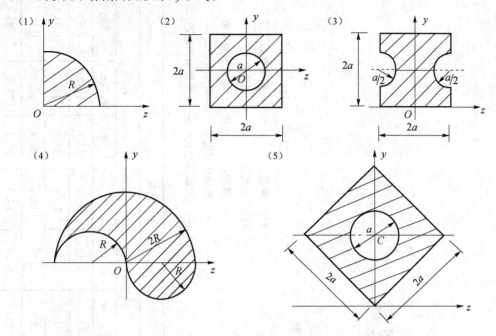

习题 A.4 图

A.5 试求图示 T 形和槽形截面形心 C 的位置及对形心轴 z_C 轴的惯性矩 I_{z_C}。

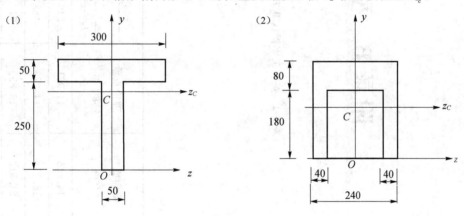

习题 A.5 图

附录 B 型钢表

表 B-1 热轧工字钢（GB 706—1988）

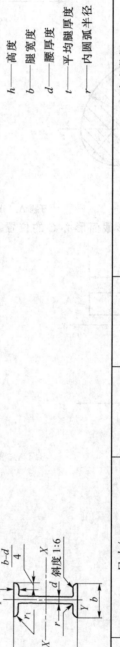

h——高度
b——腿宽度
d——腰厚度
t——平均腿厚度
r——内圆弧半径
r_1——腿端圆弧半径
I——惯性矩
W——弯曲截面系数
i——惯性半径
S——半截面的静矩

参考数据

型号	尺寸/mm						截面面积 /cm²	理论重量 /(kg·m⁻¹)	X—X				Y—Y		
	h	b	d	t	r	r_1			I_X/cm^4	W_X/cm^3	i_X/cm	$I_X:S_X/cm$	I_Y/cm^4	W_Y/cm^3	i_Y/cm
10	100	68	4.5	7.6	6.5	3.3	14.345	11.261	245	49.0	4.14	8.59	33.0	9.72	1.52
12.6	126	74	5.0	8.4	7.0	3.5	18.118	14.223	488	77.5	5.20	10.8	46.9	12.7	1.61
14	140	80	5.5	9.1	7.5	3.8	21.516	16.890	712	102	5.76	12.0	64.4	16.1	1.73
16	160	88	6.0	9.9	8.0	4.0	26.131	20.513	1130	141	6.58	13.8	93.1	21.2	1.89
18	180	94	6.5	10.7	8.5	4.3	30.756	24.143	1660	185	7.36	15.4	122	26.0	2.00

型号	尺寸/mm						截面面积/cm²	理论重量/(kg·m⁻¹)	参考数据						
	h	b	d	t	r	r₁			$X-X$				$Y-Y$		
									I_X/cm⁴	W_X/cm³	i_X/cm	$I_X:S_X$/cm	I_Y/cm⁴	W_Y/cm³	i_Y/cm
20a	200	100	7.0	11.4	9.0	4.5	35.578	27.929	2370	237	8.15	17.2	158	31.5	2.12
20b	200	102	9.0	11.4	9.0	4.5	39.578	31.069	2500	250	7.96	16.9	169	33.1	2.06
22a	220	110	7.5	12.3	9.5	4.8	42.128	33.070	3400	309	8.99	18.9	225	40.9	2.31
22b	220	112	9.5	12.3	9.5	4.8	46.528	36.524	3570	325	8.78	18.7	239	42.7	2.27
25a	250	116	8.0	13.0	10.0	5.0	48.541	38.105	5020	402	10.2	21.6	280	48.3	2.40
25b	250	118	10.0	13.0	10.0	5.0	53.541	42.030	5280	423	9.94	21.3	309	52.4	2.40
28a	280	122	8.5	13.7	10.5	5.3	55.404	43.492	7110	508	11.3	24.6	345	56.6	2.50
28b	280	124	10.5	13.7	10.5	5.3	61.004	47.888	7480	534	11.1	24.2	379	61.2	2.49
32a	320	130	9.5	15.0	11.5	5.8	67.156	52.717	11100	692	12.8	27.5	460	70.8	2.62
32b	320	132	11.5	15.0	11.5	5.8	73.556	57.741	11600	726	12.6	27.1	502	76.0	2.61
32c	320	134	13.5	15.0	11.5	5.8	79.956	62.765	12200	760	12.3	26.8	544	81.2	2.61
36a	360	136	10.0	15.8	12.0	6.0	76.480	60.037	15800	875	14.4	30.7	552	81.2	2.69
36b	360	138	12.0	15.8	12.0	6.0	83.680	65.689	16500	919	14.1	30.3	582	84.3	2.64
36c	360	140	14.0	15.8	12.0	6.0	90.880	71.341	17300	962	13.8	29.9	612	87.4	2.60
40a	400	142	10.5	16.5	12.5	6.3	86.112	67.598	21700	1090	15.9	34.1	660	93.2	2.77
40b	400	144	12.5	16.5	12.5	6.3	94.112	73.878	22800	1140	15.6	33.6	692	96.2	2.71
40c	400	146	14.5	16.5	12.5	6.3	102.112	80.158	23900	1190	15.2	33.2	727	99.6	2.65
45a	450	150	11.5	18.0	13.5	6.8	102.446	80.420	32200	1430	17.7	38.6	855	114	2.89
45b	450	152	13.5	18.0	13.5	6.8	111.446	87.485	33800	1500	17.4	38.0	894	118	2.84

型号	尺寸/mm						截面面积 /cm²	理论重量 /(kg·m⁻¹)	参考数据						
									$X-X$				$Y-Y$		
	h	b	d	t	r	r_1			I_X/cm^4	W_X/cm^3	i_X/cm	$I_X:S_X/cm$	I_Y/cm^4	W_Y/cm^3	i_Y/cm
45c	450	154	15.5	18.0	13.5	6.8	120.446	94.550	35300	1570	17.1	37.6	938	122	2.79
50a	500	158	12.0	20.0	14.0	7.0	119.304	93.654	46500	1860	19.7	42.8	1120	142	3.07
50b	500	160	14.0	20.0	14.0	7.0	129.304	101.504	48600	1940	19.4	42.4	1170	146	3.01
50c	500	162	16.0	20.0	14.0	7.0	139.304	109.354	50600	2080	19.0	41.8	1220	151	2.96
56a	560	166	12.5	21.0	14.5	7.3	135.435	106.316	65600	2340	22.0	47.7	1370	165	3.18
56b	560	168	14.5	21.0	14.5	7.3	146.635	115.108	68500	2450	21.6	47.2	1490	174	3.16
56c	560	170	16.5	21.0	14.5	7.3	157.835	123.900	71400	2550	21.3	46.7	1560	183	3.16
63a	630	176	13.0	22.0	15.0	7.5	154.658	121.407	93900	2980	24.5	54.2	1700	193	3.31
63b	630	178	15.0	22.0	15.0	7.5	167.258	131.298	98100	3160	24.2	53.5	1810	204	3.29
63c	630	180	17.0	22.0	15.5	7.5	179.858	141.189	102000	3300	23.8	52.9	1920	214	3.27

注：1. 工字钢的通常长度：型号 10～18 时，长度为 5～19m；型号 20～63 时，长度为 6～19m。

2. 轧制钢号，通常为碳素结构钢。

附录 C 北京理工大学 2010～2013 年攻读硕士学位研究生入学考试"材料力学"试题

北京理工大学 2010 年硕士学位研究生入学考试
"材料力学"试题

一、(25 分)已知平面刚架的尺寸、约束、载荷如图所示,试作刚架的轴力图、剪力图和弯矩图。

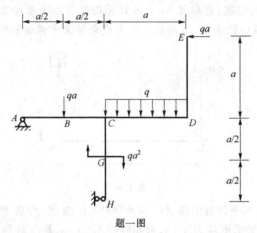

题一图

二、(25 分)由于装配误差,使悬臂梁 AD 与外伸梁 DCB 在截面 D 产生了距离为 Δ 的高程差。现在两梁的截面 D 之间施加一对相对力,使截面 D 通过一光滑柱形铰链连接。设两梁的弯曲刚度均为 EI,试求施加的这对力的大小及由此产生的梁中弯矩最大绝对值。

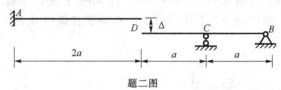

题二图

三、(25 分)一直角曲拐 ABC 水平放置,A 端固定,AB 与 BC 垂直。杆 AB 为圆截面,直径 $d=20$ mm,$AD=DB=a=200$ mm,杆 BC 长 a。BC 段受到铅垂向下的均匀分布线载荷 q 作用,DB 段也受到均匀分布线载荷 q 作用,但方向铅垂向上。设杆 AB 的弹性模量 $E=200$ GPa,泊松比 $\nu=0.26$,许用应力 $[\sigma]=130$ MPa。今在 AD 段测得某横截面水平直径右端、与母线成 $45°$ 夹角方向的线应变 $\varepsilon_{45°}=\dfrac{1.26\times7}{10\pi}\times10^{-3}$(如图所示),试按第三强度理论校核杆 AB 的强度。

四、(30 分)一平面刚架由截面相同的 AB、BD 和 DH 三段焊接而成,夹角 $\angle ABD$ 和 $\angle BDH$ 均为 $120°$,$AB=BD=DH=2a$,刚架各段弯曲刚度均为 EI,受力如图所示,C 为 BD 的中点,$M=Fa$,不计刚架中轴力和剪力对变形的影响,试求:(1)刚架固支端 A 和 H 处的全部约束力;(2)画出刚架的弯矩图并确定弯矩最大绝对值及所在截面位置。

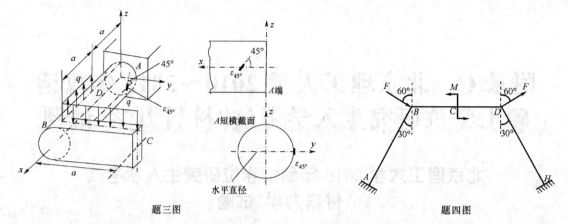

题三图   题四图

五、(20 分)图示直角折杆 ABC，AB 垂直，BC 水平放置，杆长单位 $a=0.5$ m；B 为固定铰支撑，截面 A 受到水平拉力弹簧的约束；已知折杆 ABC 的弯曲截面系数 $W=2.5\times10^{-4}$ m³，许用应力 $[\sigma]=80$ MPa。重量为 $P=1$ kN 的重物，自高度 $h=5$ m 处无初速自由下落冲击折杆点 C。若忽略折杆质量及自身变形对结构动荷效应的影响，试按折杆的强度条件确定弹簧的刚度系数 k。

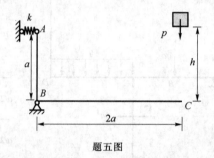

题五图

六、(25 分)图示结构由水平放置的梁 AC 和垂直杆 CD 组成，约束 B、C、D 均为光滑圆柱铰链。梁 AC 的跨度单位 $a=1$ m，截面形状为 T 形，截面高度 120 mm，截面形心高度 76 mm，截面对中性轴的惯性矩 $I=1.66\times10^{-5}$ m⁴，许用拉伸应力 $[\sigma_t]=170$ MPa，许用压缩应力 $[\sigma_c]=250$ MPa。杆 CD 长 $l=1.5$ m，截面形状为矩形，尺寸如图 n-n，材料常数为 $E=210$ GPa，$[\sigma_s]=235$ MPa，$\lambda_p=100$，$\lambda_s=65$，稳定直线经验公式的常数 $a=304$ MPa，$b=1.12$ MPa，杆的许用稳定安全因数 $[n_{st}]=2.5$。忽略支撑铰的尺寸影响。现在梁 AC 上作用一个可移动垂直集中力 $P=45$ kN，试校核结构的安全性。

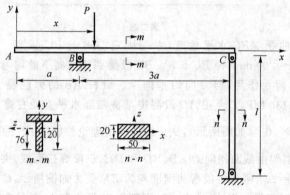

题六图

北京理工大学 2011 年硕士学位研究生入学考试
"材料力学"试题

一、(25 分)平面结构受力如图,其中 CH 段为刚体,试绘出内力图,并确定轴力、剪力和弯矩的最大绝对值。

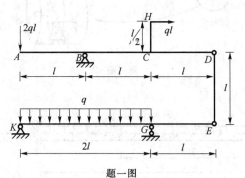

题一图

二、(25 分)两根长度同为 a 的杆 HB 和 HD 与一夹角为 60° 的折杆 BCD 在 H、B、D 三处铰接,形成闭合菱形平面结构。杆 HB 和 HD 的拉压刚度为 EA,折杆 BCD 的弯曲刚度为 EI,且 $A = \dfrac{4I}{3a^2}$。结构受到如图所示的一对力 F 作用,若不计折杆 BCD 中轴力和剪力对变形的影响,试用单位载荷法求:(1)结构 H、C 两点的相对线位移;(2)结构 B、D 两点的相对线位移;(3)折杆 B、D 两截面的相对转角。

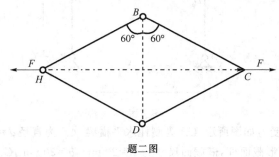

题二图

三、(25 分)横截面直径为 d 的四分之三圆弧曲杆 BCDH 与直径相同的直杆 AB 在 B 处焊接,构成图示 J 形平面刚架,刚架放置于水平面内,A 端固定,自由端 H 受铅垂向下的集中力 F 作用,在曲杆横截面 D 处水平直径前端 K 点,测得与轴线成 45° 方向上的正应变为 $\varepsilon_{45°}$(如图所示)。已知:$d = 20\ \text{mm}$,$a = 0.2\ \text{m}$,材料的弹性模量 $E = 200\ \text{GPa}$,泊松比 $\nu = 0.25$,许用应力 $[\sigma] = 60\ \text{MPa}$,$\varepsilon_{45°} = 1.2 \times 10^{-4}$,不计剪力的影响及焊接处的应力集中,试分析并计算:

(1)A、B、C、D 各处横截面上的内力分量,画出实验测点 K 处单元体应力状态和应力圆示意图;

(2)点 H 处集中力 F 的大小;

(3)根据第三强度理论校核结构的强度。

四、(30 分)图示等截面实心圆杆 AB,长 l,两端固定,杆的扭转刚度为 GI_p,其外表面作用了矢量方向为 x 方向的线性分布力偶,集度 $m(x) = \dfrac{x}{l}m_0$,m_0 为常数。试求:(1)杆 AB 两端的约束力偶;

(2)距 A 端(坐标原点)为 $\dfrac{2}{3}l$ 处的截面 C 相对于 A 端的扭转角 φ_{CA}。

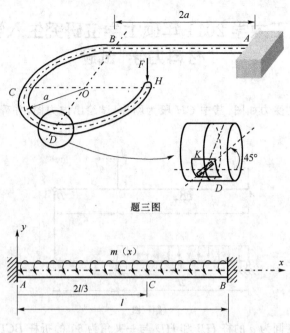

题三图

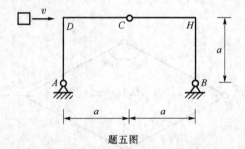

题四图

五、(20分)由两根相同的直角折杆铰接构成图示平面三铰刚架,各段的弯曲刚度均为EI,一重量为P的重物从水平方向以速度v冲击D处,忽略刚架质量及轴向和剪切变形的影响,试求:(1)结构中的最大动弯矩M_{dmax};(2)截面B的动转角θ_{dB}。

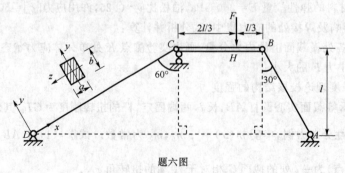

题五图

六、(25分)平面结构受力如图所示,CB为刚性水平横梁,AB为直径$d=30$ mm的圆截面杆,A、B两铰均为球铰;CD是矩形截面杆,横截面尺寸为$a=20$ mm,$b=30$ mm,C、D两铰均为轴线垂直于结构平面的柱铰(杆在xy平面内失稳为两端铰支,在xz平面内失稳为两端固支);AB、CD两杆材料相同,$E=200$ GPa,$\lambda_p=100$,$\lambda_s=60$,中柔度杆的临界应力经验公式为$\sigma_{cr}=(304-1.12\lambda)$ MPa;若已知$l=0.5$ m,$F=63$ kN,取稳定安全因数$[n_{st}]=3.0$,试校核该结构的稳定性。

北京理工大学 2012 年硕士学位研究生入学考试
"材料力学"试题

一、(25 分)如图所示平面刚架,A 端为滑动固支端(该截面不能左右移动和转动),刚架受到均布载荷 q 和集中载荷 qa 的作用,试绘制该刚架的轴力图、剪力图和弯矩图。

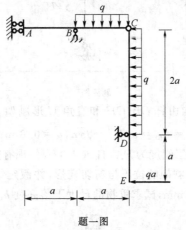

题一图

二、(25 分)一薄壁圆筒,材料的弹性模量 $E=200\,\text{GPa}$,泊松比 $\nu=0.25$,受到轴向载荷 F 和扭转力偶 M_n 作用,如图所示。现通过应变片测得薄壁圆筒表面点 A 的轴向线应变为 $\varepsilon_{0°}=8.0\times10^{-4}$,点 A 与轴线成负 $45°$ 夹角方向的线应变为 $\varepsilon_{-45°}=(5\sqrt{3}+3)\times10^{-4}$,试确定:(1)薄壁圆筒横截面上的应力,画出初始单元体及各面上的应力;(2)画出应力圆;(3)三个主应力和其主方向,画出主单元体及其上的应力;(4)最大切应力和其所在截面的方向。

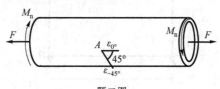

题二图

三、(25 分)相同材料的圆截面直杆 AB、HD 和 BC 尺寸如图所示,三杆均位于 xz 平面(水平面)内, 杆 HD、BC 与杆 AB 分别在 D、B 截面处刚性直角连接,结构的截面 A 为固支端,在截面 C 作用了沿 x 轴负方向的集中力 P_1,在截面 H 作用了沿 y 轴负方向的集中力 P_2。已知:杆 AB 的直径 $d_{AB}=60\,\text{mm}$,杆 HD 和杆 BC 的直径相同,$d_{HD}=d_{BC}=48\,\text{mm}$,$AD=DB=a=0.5\,\text{m}$,$HD=BC=b=0.2\,\text{m}$,$P_1=3\,\text{kN}$,$P_2=2\,\text{kN}$,材料的许用应力 $[\sigma]=60\,\text{MPa}$,若不计剪力的影响,试按第三强度理论校核结构的强度。

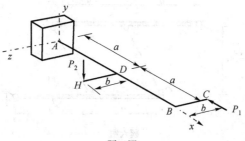

题三图

四、(25分)直角 T 形平面刚架受力如图，B 为刚节点，刚架各部分弯曲刚度均为 EI，若不计轴力和剪力对弯曲变形的影响，利用对称与反对称性，试对静不定结构进行简化并求刚架截面 D 的转角 θ_D。

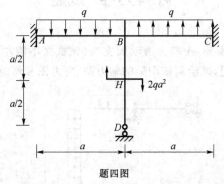

题四图

五、(25分)图示平面对称结构由杆 OB、OH 和直角 U 形刚架 $BCDH$ 组成。O、B、H 均为光滑铰链，各段长度为：$l_{OB}=l_{OH}=l_{BC}=l_{HD}=a$，$l_{CD}=\sqrt{3}a$，$a=0.8$ m；刚架 $BCDH$ 的弯曲刚度 $EI=117710\text{N}\cdot\text{m}^2$，杆 OB 和 OH 的拉压刚度为 EA，且 $A=4I/a^2$；现有重量 $P=25$ N 的重物无初速自由下落冲击结构的点 O，忽略结构中刚架的拉压与剪切变形，并假定结构不发生失稳，若 B、H 两点之间的最大允许相对位移为 $\Delta_{BH}=9$ mm，试求重物的最大下落高度 $h_{\max}$。

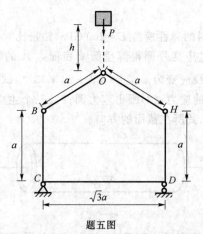

题五图

六、(25分)图示结构，OBH 和 CDG 均为一端铰支的刚性水平直梁，圆截面直杆 BC 和 HD 用球铰链与两刚性梁铰接，梁 CDG 上作用了顺时针转向的集中力偶 M。已知两杆材料参数为：$E=200\,\text{GPa}$，$\lambda_p=96$，$\lambda_s=60$，中柔度杆的临界应力经验公式为 $\sigma_{cr}=(3.14-1.12\lambda)$ MPa，强度许用应力 $[\sigma]=60$ MPa，稳定安全因数 $[n_{st}]=3.0$。杆 BC 的直径 $d_1=40$ mm，杆 HD 的直径 $d_2=30$ mm，$a=1$ m，$M=100$ kN$\cdot$m，试校核结构的安全性。

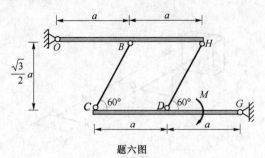

题六图

北京理工大学 2013 年硕士学位研究生入学考试
"材料力学"试题

一、(25 分)连续梁受力如图，B、D 均为中间铰，试绘制其剪力图和弯矩图。

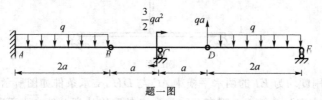

题一图

二、(20 分)一钢制薄壁圆筒，材料的弹性模量 $E=200$ GPa，泊松比 $\nu=0.25$，受到如图所示的轴向载荷 F 和内压 p 共同作用，今通过应变片测得该薄壁圆筒的轴向线应变为 $\varepsilon_{0°}=-3.0\times10^{-4}$，与轴线成 90°夹角方向的环向线应变为 $\varepsilon_{90°}=4.5\times10^{-4}$，试：

(1)画出该薄壁圆筒初始单元体及其上的应力；

(2)画出应力圆；

(3)求三个主应力；

(4)求最大剪应力和其所在平面的方向。

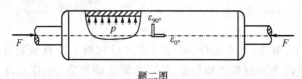

题二图

三、(25 分)高速公路交通提示牌如图所示，矩形板 $JCHK$ 与立柱 AB 牢固连接，位于铅垂平面内，立柱 AB 与水平面垂直，B 端自由，A 端固定。已知：提示牌 $JCHK$ 的自重 $G=4000$ N，且受到垂直于提示牌平面的均匀分布风载荷 $q=400$ N/m² 的作用；立柱 AB 的横截面为外直径 $D=300$ mm、内直径 $d=280$ mm 的空心圆形，所用钢材的许用应力 $[\sigma]=80$ MPa；试按第三强度理论校核立柱 AB 的强度。

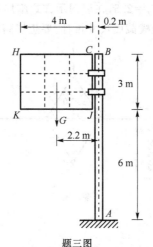

题三图

四、(25 分)图示结构由长度为 l 的杆 AB、EG 和长度为 $l/2$ 的杆 CD 成直角铰接而成，三杆的横截面均为直径为 d 的圆形，A 端为固定端约束，其余铰链均为圆柱型铰链。杆 AB 的截面 B 作用了

$F=5$ kN 的铅垂向上集中力,三杆的材料相同,许用应力$[\sigma]=80$ MPa;已知 $l=6d$,不计剪切变形的影响,试按强度条件设计杆件直径 d 。

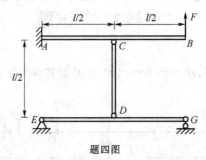

题四图

五、(25 分)弯曲刚度均为 EI 的两水平横梁 AC 与 DH,支承条件如图所示,两梁在 C、D 处与一刚度系数为 k 的铅垂方向弹簧铰接。现有一重量为 P 的重物从高 h 处自由下落,冲击梁 AC 的中点 B。已知:$P=1$ kN,$a=1$ m,$h=0.1$ m,$EI=4.0\times10^4$ N·m²,$k=1.5\times10^4$ N/m,,试求梁 A 端的最大动转角 θ_{Ad}。

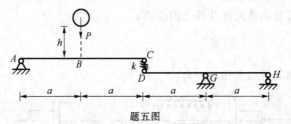

题五图

六、(30 分)图示系统,由 AC、CB、BD、AD 及 CE、DG 六根不计自重的杆件组成。CE、DG 两杆位于同一水平直线上,G 端为固定铰支座约束,E 端为固定端约束,A、B、C、D、G 五处均为圆柱型铰链约束(不允许杆件的离面转动)。各杆件的参数如下:AC、AD、CB、BD 四杆的材料和尺寸相同,杆长 $l=0.5$m,横截面为直径 $d=50$ mm 的圆形,弹性模量 $E=15$ GPa,$\lambda_p=59$,$\lambda_s=35$,中柔度杆临界应力的直线经验公式系数 $a=39.2$ MPa,$b=0.199$ MPa;CE、DG 两杆的材料和长度相同,$E=70$ GPa,$\lambda_p=95$,$\lambda_s=60$,中柔度杆临界应力的直线经验公式系数 $a=372$ MPa,$b=2.15$ MPa,杆长 $l=0.9$ m,杆 DG 为矩形截面,截面尺寸 $b\times h=15$ mm$\times25$ mm ,杆 CE 为正方形截面,截面边长 $c=20$ mm。给定结构的稳定安全系数 $n_{st}=2.5$,在以图示方式施加铅垂载荷 P 时,试:(1)确定结构的许用载荷$[P]$;(2)若只能改变杆 DG 的横截面尺寸设计,要想提高结构许用载荷$[P]$,你有何建议?

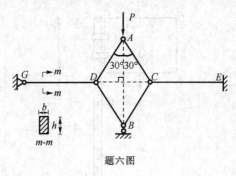

题六图

习题参考答案

第1章 杆件在一般外力作用下的内力分析

1.1 (1) $\begin{cases} F_N(x_1)=0 & (0{\leqslant}x_1{<}a) \\ F_N(x_2)=-F & (a{<}x_2{<}2a) \\ F_N(x_3)=F & (2a{<}x_3{<}3a) \end{cases}$

(2) $\begin{cases} F_N(x_1)=-10\text{ kN} & (0{<}x_1{<}1\text{ m}) \\ F_N(x_2)=10\text{ kN} & (1\text{ m}{<}x_2{<}2\text{ m}) \\ F_N(x_3)=0 & (2\text{ m}{<}x_3{<}3\text{ m}) \\ F_N(x_4)=10\text{ kN} & (3\text{ m}{<}x_4{<}4\text{ m}) \end{cases}$

(3) $\begin{cases} F_N(x_1)=-2qa & (0{<}x_1{<}a) \\ F_N(x_2)=-qa & (a{<}x_2{\leqslant}2a) \\ F_N(x_3)=qx_3-3qa & (2a{\leqslant}x_3{<}3a) \\ F_N(x_4)=qx_4-2qa & (3a{<}x_4{<}4a) \end{cases}$

1.2 $\begin{cases} F_N(x_1)=-90x_1\text{ N} & (0{\leqslant}x_1{\leqslant}\dfrac{2}{3}\text{ m}) \\ F_N(x_2)=-60\text{ N} & (\dfrac{2}{3}\text{ m}{\leqslant}x_2{<}1\text{ m}) \end{cases}$

1.3 (1) $\begin{cases} T(x_1)=0 & (0{\leqslant}x_1{<}a) \\ T(x_2)=-M_0 & (a{<}x_2{<}2a) \\ T(x_3)=M_0 & (2a{<}x_3{<}3a) \end{cases}$

(2) $\begin{cases} T(x_1)=10\text{ kN}\cdot\text{m} & (0{<}x_1{\leqslant}1\text{ m}) \\ T(x_2)=(15-5x_2)\text{kN}\cdot\text{m} & (1\text{ m}{\leqslant}x_2{<}2\text{ m}) \\ T(x_3)=-5\text{ kN}\cdot\text{m} & (2\text{ m}{<}x_3{<}3\text{ m}) \end{cases}$

(3) $\begin{cases} T(x_1)=-4\text{ kN}\cdot\text{m} & (0{<}x_1{<}0.5\text{ m}) \\ T(x_2)=-2\text{ kN}\cdot\text{m} & (0.5\text{ m}{<}x_2{\leqslant}1\text{ m}) \\ T(x_3)=(4x_3-6)\text{kN}\cdot\text{m} & (1\text{ m}{\leqslant}x_3{<}2\text{ m}) \end{cases}$

1.4 $\begin{cases} T(x_1)=0 & (0{\leqslant}x_1{<}0.2\text{ m}) \\ T(x_2)=1273.2\text{ N}\cdot\text{m} & (0.2\text{ m}{<}x_2{<}0.7\text{ m}) \\ T(x_3)=-954.9\text{ N}\cdot\text{m} & (0.7\text{ m}{<}x_3{<}1.2\text{ m}) \\ T(x_4)=0 & (1.2\text{ m}{<}x_4{\leqslant}1.4\text{ m}) \end{cases}$

1.5 $T_{\max}^{+}=200\text{ N}\cdot\text{m}$, $T_{\max}^{-}=100\text{ N}\cdot\text{m}$

1.6 (1) $F_{S1}=\dfrac{3}{2}qa$, $M_1=-\dfrac{3}{2}qa^2$; $F_{S2}=\dfrac{3}{2}qa$, $M_2=-qa^2$; $F_{S3}=\dfrac{1}{2}qa$, $M_3=0$

(2) $F_{N1}=\dfrac{1}{2}qa$, $F_{S1}=qa$, $M_1=\dfrac{9}{8}qa^2$(下侧受压); $F_{N2}=\dfrac{qa}{2}$, $F_{S2}=0$,

$$M_2 = \frac{5}{8}qa^2 \text{（下侧受压）}; F_{N3} = 0, F_{S3} = -\frac{1}{2}qa, M_3 = \frac{1}{8}qa^2 \text{（右侧受压）}$$

1.7 以 A 为原点，向右为坐标轴正向：

$(1)AB:\begin{cases} F_S(x_1) = \dfrac{3}{4}qa & (0 < x_1 \leqslant a) \\[2mm] M(x_1) = \dfrac{3}{4}qax_1 - qa^2 & (0 < x_1 \leqslant a) \end{cases}$

$BC:\begin{cases} F_S(x_2) = -qx_2 + \dfrac{7}{4}qa & (a \leqslant x_2 < 2a) \\[2mm] M(x_2) = -\dfrac{1}{2}qx_2^2 + \dfrac{7}{4}qax_2 - \dfrac{3}{2}qa^2 & (a \leqslant x_2 \leqslant 2a) \end{cases}$

$(2)AB:\begin{cases} F_S(x_1) = -qx_1 & (0 \leqslant x_1 < a) \\[2mm] M(x_1) = -\dfrac{1}{2}qx_1^2 & (0 \leqslant x_1 \leqslant a) \end{cases}$

$BC:\begin{cases} F_S(x_2) = -\dfrac{3}{2}qa & (a < x_2 < 2a) \\[2mm] M(x_2) = -\dfrac{3}{2}qax_2 + qa^2 & (a \leqslant x_2 < 2a) \end{cases}$

$CD:\begin{cases} F_S(x_3) = qa & (2a < x_3 < 3a) \\[2mm] M(x_3) = qax_3 - 3qa^2 & (2a < x_3 < 3a) \end{cases}$

$(3)AB:\begin{cases} F_S(x_1) = 2qa & (0 < x_1 < a) \\[2mm] M(x_1) = 2qax_1 - \dfrac{3}{2}qa^2 & (0 < x_1 \leqslant a) \end{cases}$

$BC:\begin{cases} F_S(x_2) = -qx_2 + 2qa & (a < x_2 \leqslant 2a) \\[2mm] M(x_2) = -\dfrac{1}{2}qx_2^2 + 2qax_2 - qa^2 & (a \leqslant x_2 < 2a) \end{cases}$

$(4)AB:\begin{cases} F_S(x_1) = -\dfrac{1}{2}qa & (0 < x_1 \leqslant a) \\[2mm] M(x_1) = \dfrac{1}{2}qa^2 - \dfrac{1}{2}qax_1 & (0 < x_1 \leqslant a) \end{cases}$

$BC:\begin{cases} F_S(x_2) = \dfrac{1}{2}qa - qx_2 & (a \leqslant x_2 < 2a) \\[2mm] M(x_2) = -\dfrac{1}{2}qx_2^2 + \dfrac{1}{2}qax_2 & (a \leqslant x_2 \leqslant 2a) \end{cases}$

$CD:\begin{cases} F_S(x_3) = qa & (2a < x_3 < 3a) \\[2mm] M(x_3) = qax_3 - 3qa^2 & (2a \leqslant x_3 \leqslant 3a) \end{cases}$

1.8 $(1) |F_S|_{max} = F, \qquad |M|_{max} = Fa$

$(2) |F_S|_{max} = \dfrac{5}{4}qa, \qquad |M|_{max} = qa^2$

$(3) |F_S|_{max} = qa, \qquad |M|_{max} = \dfrac{1}{4}qa^2$

$(4) |F_S|_{max} = \dfrac{M_e}{2a}, \qquad |M|_{max} = 2M_e$

1.9 $(1) |F_S|_{max} = qa, \qquad |M|_{max} = \dfrac{1}{2}qa^2$

(2) $\left|F_s\right|_{\max}=\dfrac{1}{2}qa,$ $\qquad\left|M\right|_{\max}=\dfrac{1}{2}qa^2$

(3) $\left|F_s\right|_{\max}=\dfrac{5}{4}qa,$ $\qquad\left|M\right|_{\max}=qa^2$

(4) $\left|F_s\right|_{\max}=F,$ $\qquad\left|M\right|_{\max}=Fa$

(5) $\left|F_s\right|_{\max}=\dfrac{5}{6}qa,$ $\qquad\left|M\right|_{\max}=\dfrac{2}{3}qa^2$

(6) $\left|F_s\right|_{\max}=\dfrac{1}{2}qa,$ $\qquad\left|M\right|_{\max}=qa^2$

1.10　(1) $\left|F_N\right|_{\max}=\dfrac{3}{2}F,$ $\qquad\left|F_s\right|_{\max}=\dfrac{3}{2}F,$ $\qquad\left|M\right|_{\max}=\dfrac{3}{2}Fa$

(2) $\left|F_N\right|_{\max}=qa,$ $\qquad\left|F_s\right|_{\max}=qa,$ $\qquad\left|M\right|_{\max}=\dfrac{1}{2}qa^2$

(3) $\left|F_N\right|_{\max}=2qa,$ $\qquad\left|F_s\right|_{\max}=2qa,$ $\qquad\left|M\right|_{\max}=\dfrac{5}{2}qa^2$

(4) $\left|F_N\right|_{\max}=0,$ $\qquad\left|F_s\right|_{\max}=qa,$ $\qquad\left|M\right|_{\max}=\dfrac{1}{2}qa^2$

(5) $\left|F_N\right|_{\max}=5\text{ kN},$ $\qquad\left|F_s\right|_{\max}=10\text{ kN},$ $\qquad\left|M\right|_{\max}=5\text{ kN}\cdot\text{m}$

(6) $\left|F_N\right|_{\max}=8\text{ kN},$ $\qquad\left|F_s\right|_{\max}=8\text{ kN},$ $\qquad\left|M\right|_{\max}=15\text{ kN}\cdot\text{m}$

1.11　(1) $\left|F_N\right|_{\max}=\dfrac{3}{2}qa,$ $\qquad\left|F_s\right|_{\max}=qa,$ $\qquad\left|M\right|_{\max}=\dfrac{3}{4}qa^2$

(2) $\left|F_N\right|_{\max}=\dfrac{5}{4}qa,$ $\qquad\left|F_s\right|_{\max}=\dfrac{5}{4}qa,$ $\qquad\left|M\right|_{\max}=\dfrac{3}{2}qa^2$

(3) $\left|F_N\right|_{\max}=qa,$ $\qquad\left|F_s\right|_{\max}=qa,$ $\qquad\left|M\right|_{\max}=2qa^2$

(4) $\left|F_N\right|_{\max}=\dfrac{5}{2}qa,$ $\qquad\left|F_s\right|_{\max}=\dfrac{5}{2}qa,$ $\qquad\left|M\right|_{\max}=\dfrac{5}{2}qa^2$

1.12　(1)取半径从 OA 开始顺时针转过的角度为 θ：

AB 段：$\begin{cases} F_N(\theta)=-\dfrac{F}{2}\cos\theta & (0<\theta\leqslant\dfrac{\pi}{2}) \\[2mm] F_s(\theta)=\dfrac{F}{2}\sin\theta & (0\leqslant\theta<\dfrac{\pi}{2}) \\[2mm] M(\theta)=\dfrac{FR}{2}(\cos\theta-1) & (0\leqslant\theta<\dfrac{\pi}{2}) \end{cases}$

BC 段：$\begin{cases} F_N(\theta)=\dfrac{F}{2}\cos\theta & (\dfrac{\pi}{2}\leqslant\theta<\pi) \\[2mm] F_s(\theta)=-\dfrac{F}{2}\sin\theta & (\dfrac{\pi}{2}<\theta\leqslant\pi) \\[2mm] M(\theta)=\dfrac{FR}{2}(1-\cos\theta) & (\dfrac{\pi}{2}<\theta<\pi) \end{cases}$

(2)由对称与反对称性,可取四分之一圆环分析,取半径从 OA 开始逆时针转过的角度为 θ：

AB 段：$\begin{cases} F_N(\theta)=-F\sin\theta & (0\leqslant\theta<\dfrac{\pi}{2}) \\[2mm] F_s(\theta)=F\cos\theta & (0<\theta\leqslant\dfrac{\pi}{2}) \\[2mm] M(\theta)=FR\sin\theta & (0\leqslant\theta<\dfrac{\pi}{2}) \end{cases}$

2.1　(1) $\sigma_\alpha=16.34$ MPa，$\tau_\alpha=3.66$ MPa；$\sigma_1=44.14$ MPa，$\sigma_2=15.86$ MPa，$\sigma_3=0$；

　　　　$\tau_{\max}=22.07$ MPa

　　　(2) $\sigma_\alpha=-30$ MPa，$\tau_\alpha=0$；$\sigma_1=30$ MPa，$\sigma_2=0$，$\sigma_3=-30$ MPa；$\tau_{\max}=30$ MPa

　　　(3) $\sigma_\alpha=92.5$ MPa，$\tau_\alpha=99.6$ MPa；$\sigma_1=80$ MPa，$\sigma_2=0$，$\sigma_3=-150$ MPa；

　　　　$\tau_{\max}=115$ MPa

　　　(4) $\sigma_\alpha=-68.48$ MPa，$\tau_\alpha=-2.01$ MPa；$\sigma_1=0$，$\sigma_2=-1.46$ MPa，

　　　　$\sigma_3=-68.54$ MPa；$\tau_{\max}=34.27$ MPa

　　　(5) $\sigma_\alpha=-60$ MPa，$\tau_\alpha=103.92$ MPa；$\sigma_1=120$ MPa，$\sigma_2=0$，$\sigma_3=-120$ MPa；$\tau_{\max}=120$ MPa

　　　(6) $\sigma_\alpha=-30$ MPa，$\tau_\alpha=30$ MPa；$\sigma_1=\sigma_2=0$，$\sigma_3=-60$ MPa；$\tau_{\max}=30$ MPa

　　　(7) $\sigma_\alpha=-25$ MPa，$\tau_\alpha=0$；$\sigma_1=0$，$\sigma_2=\sigma_3=-25$ MPa；$\tau_{\max}=12.5$ MPa

　　　(8) $\sigma_\alpha=152.5$ MPa，$\tau_\alpha=-37.5$ MPa；$\sigma_1=167.3$ MPa，$\sigma_2=57.7$ MPa，

　　　　$\sigma_3=0$；$\tau_{\max}=83.7$ MPa

2.2　略

2.3　(1) $\sigma_1=80$ MPa，$\sigma_2=0$，$\sigma_3=-20$ MPa；$\alpha_{P1}=-63.43°$，$\alpha_{P3}=26.57°$；$\alpha_D=-33.43°$，

　　　　$\sigma_D=54.99$ MPa，$\tau_D=43.31$ MPa

　　　(2) $\sigma_1=50$ MPa，$\sigma_2=0$，$\sigma_3=-50$ MPa；$\alpha_{P1}=15°$，$\alpha_{P3}=105°$；$\alpha_D=30°$，$\sigma_D=25\sqrt{3}$ MPa，

　　　　$\tau_D=25$ MPa

2.4　$\sigma_1=40\sqrt{3}$ MPa，$\sigma_2=\sigma_3=0$

2.5　$\sigma_{BC}=-(1+\sqrt{3}/2)\sigma_0$，$\tau_{BC}=-\sigma_0$

2.6　$\sigma_1=\sqrt{3}\tau_0$，$\sigma_2=0$，$\sigma_3=-\dfrac{\sqrt{3}}{3}\tau_0$

2.7　$\tau=60$ MPa

2.8　$\tau=17.32$ MPa；$\sigma_1=80$ MPa，$\sigma_2=40$ MPa，$\sigma_3=0$

2.9　$\sigma_1=120$ MPa，$\sigma_2=20$ MPa，$\sigma_3=0$；$\alpha_{P1}=45°$，$\alpha_{P2}=135°$

2.10　(1) $\sigma_1=50$ MPa，$\sigma_2=40$ MPa，$\sigma_3=-20$ MPa；$\tau_{\max}=35$ MPa

　　　　$\alpha_{P1}=0°$，对应 σ_1；$\alpha_{P2}=90°$，对应 σ_2；σ_3 为 z 轴方向

　　　(2) $\sigma_1=52.17$ MPa，$\sigma_2=30$ MPa，$\sigma_3=-42.17$ MPa；$\tau_{\max}=47.17$ MPa

　　　　$\alpha_{P1}=-29°$，对应 σ_1；$\alpha_{P2}=61°$，对应 σ_3；σ_2 为 z 轴方向

　　　(3) $\sigma_1=55$ MPa，$\sigma_2=-55$ MPa，$\sigma_3=-70$ MPa；$\tau_{\max}=62.5$ MPa

　　　　$\alpha_{P1}=45°$，对应 σ_1；$\alpha_{P2}=-45°$，对应 σ_2；σ_3 为 z 轴方向

　　　(4) $\sigma_1=76.85$ MPa，$\sigma_2=40$ MPa，$\sigma_3=-46.85$ MPa；$\tau_{\max}=61.85$ MPa

　　　　$\alpha_{P1}=52.02°$，对应 σ_1；$\alpha_{P2}=-37.98°$，对应 σ_3；σ_2 为 z 轴方向

2.11　二向应力状态

2.12　$\sigma_\alpha=25$ MPa，$\tau_\alpha=-8.66$ MPa；$\sigma_1=60$ MPa，$\sigma_2=40$ MPa，$\sigma_3=20$ MPa

2.13　(1) $\sigma_1=2\tau_0\sin2\theta$，$\sigma_2=0$，$\sigma_3=-2\tau_0\sin2\theta$；$\tau_{\max}=2\tau_0\sin2\theta$

　　　(2) $\sigma_1=100$ MPa，$\sigma_2=\sigma_3=0$；$\tau_{\max}=50$ MPa

2.14　$\Delta l_{AB}=1.02\times10^{-2}$ mm，$\Delta l_{BC}=2.4\times10^{-3}$ mm，$\Delta l_{AC}=8.9\times10^{-3}$ mm

2.15　$\sigma_x=6.22$ MPa，$\sigma_y=3.46$ MPa，$\tau_x=-20.25$ MPa；

　　　$\sigma_1=25.14$ MPa，$\sigma_2=0$，$\sigma_3=-15.46$ MPa；$\tau_{\max}=20.30$ MPa

2.16　(a) $\sigma_1=\sigma_2=0$，$\sigma_3=-100$ MPa

(b)$\sigma_1 = 0, \sigma_2 = -33$ MPa$, \sigma_3 = -100$ MPa

(c)$\sigma_1 = \sigma_2 = -49.3$ MPa$, \sigma_3 = -100$ MPa

2.17　$A + \Delta A = 31424.3$ mm^2

第3章　轴向拉压及材料的常规力学性能

3.1　$\sigma_a = 52.1$ MPa$, \sigma_b = -34.7$ MPa$, \sigma_{max} = 52.1$ MPa$, \sigma_{km} = 26.03$ MPa$, \tau_{km} = 15.03$ MPa；

　　　$\sigma_{kn} = 8.68$ MPa$, \tau_{kn} = -15.03$ MPa

3.2　$\sigma_{AB} = 141.5$ MPa$, \sigma_{BC} = 84.9$ MPa$, \sigma_{CD} = 132.6$ MPa$, \sigma_{max} = 141.5$ MPa$, \sigma_m = 99.45$ MPa，

　　　$\tau_m = 57.42$ MPa$, \Delta l = 1.21$ mm

3.3　$\Delta l = \dfrac{8 l^2 q_0}{E \pi d^2}(2\ln 2 - 1); \Delta d = -\dfrac{8 \nu q_0 l(l-x)}{E \pi d(2l - x)}$

3.4　$\sigma = 127.3$ MPa$; \delta_C = 4.45$ mm

3.5　$\sigma_{HB} = \sigma_{BC} = \sigma_{CD} = \sigma_{HD} = \dfrac{\sqrt{2} F}{2A}; \sigma_{BD} = -\dfrac{F}{A}; \Delta_c = \dfrac{(2 + \sqrt{2}) Fa}{EA}(\rightarrow)$

3.6　$\sigma_1 = 66.7$ MPa$, \sigma_2 = 133.3$ MPa$, \sigma_3 = 0$

　　　$\varepsilon_1 = 3.176 \times 10^{-4}, \varepsilon_2 = 6.348 \times 10^{-4}, \varepsilon_3 = 0$

　　　$\Delta_{Cx} = 0.106$ mm$(\rightarrow), \Delta_{Cy} = 0.529$ mm$(\downarrow)$

3.7　$\theta = 49.1°$

3.8　$\delta = 26.9\ \%, A_{min} = 314.2$ mm^2

3.9　$\sigma_{CD} = 95.5$ MPa

3.10　$d \geqslant 9.6$ mm

3.11　$[F] = 21.2$ kN

3.12　$\sigma_{AB} = 64.96$ MPa$, \sigma_{BC} = 70.57$ MPa$, \sigma_{BD} = 63.66$ MPa$; \Delta_{Dy} = 3.04$ mm$(\downarrow)$

3.13　$\theta = 45°$

3.14　$\begin{cases} \delta_A = \dfrac{2Fl}{E_1 A_0} & (0 \leqslant F \leqslant \sigma_s A_0) \\[3mm] \delta_A = \dfrac{2\sigma_s l}{E_1} + \dfrac{2(F - \sigma_s A_0) l}{E_2 A_0} & (F > \sigma_s A_0) \end{cases}$

　　　当 $F = 3\sigma_s A_0$ 时，$\delta_A = \dfrac{2\sigma_s l}{E_1} + \dfrac{4\sigma_s l}{E_2}$

3.15　$h_1 = \dfrac{[\sigma]}{\gamma}, h_2 = \dfrac{5[\sigma]}{9\gamma}, h_3 = \dfrac{5[\sigma]}{48\gamma}$

3.16　$\sigma_{GB} = \sigma_{GC} = 75.94$ MPa$, \sigma_{HD\,max} = 99.47$ MPa

3.17　$d = 12.6$ mm

3.18　$\tau = 28.6$ MPa$, \sigma_{bs} = 95.2$ MPa

3.19　$[F] = 10.8$ kN

3.20　$d_A = 17.8$ mm$, d_B = 14.6$ mm

3.21　$\alpha = 71.57°, [F]_{max} = 1.111 A[\sigma]_{胶}$

3.22　$n = 1.5$ 圈

3.23　$F_{N1} = \dfrac{9 EA\Delta}{13l}, F_{N2} = \dfrac{6 EA\Delta}{13l}$

3.24　$T_1 = \dfrac{\Delta}{2 l \alpha_l}, x_B = (1 + \dfrac{1}{5} \alpha_l T) l + \dfrac{2}{5} \Delta \quad \left(T > \dfrac{\Delta}{2 l \alpha_l} \right)$

第4章　扭转

4.1　$\tau_{max} = 76.0$ MPa

4.2　$\tau_{max}=20.4$ MPa,发生于 BC 段的表面,$\varphi_{CD}=1.273\times10^{-3}$ 弧度,$\varphi_{AD}=6.366\times10^{-3}$ 弧度

4.3　若最大切应力相同:$\dfrac{W_1}{W_2}=\dfrac{(1-\beta^2)^{\frac{1}{3}}}{(1+\beta^2)^{\frac{2}{3}}}$;若两端相对扭转角相同:$\dfrac{W_1}{W_2}=\sqrt{\dfrac{1-\beta^2}{1+\beta^2}}$

4.4　$\tau_{max}=\dfrac{G\varphi_C d}{3a}$

4.5　$\tau_{max}=50.9$ MPa,发生于 B^+ 截面,$\varepsilon_{max}=3.18\times10^{-4}$

4.6　$M_0=236.5$ N·m

4.7　$d_1=40$ mm,$d_2=53.3$ mm

4.8　$\alpha=\dfrac{d}{D}=0.7598$

4.9　$d=108.6$ mm

4.10　$\tau_{AB}=55.7$ MPa,$\varphi'_{AB}=1.99$ °/m,$\tau_{CC}=64.5$ MPa,$\varphi'_{CC}=1.92$ °/m
　　　$\tau_{EF}=65.0$ MPa,$\varphi'_{EF}=1.66$ °/m

4.11　$\tau_{max}=73.6$ MPa

4.12　$\tau_{ABmax}=40.74$ MPa,$\tau_{BCmax}=50.93$ MPa,轴的强度满足要求,$\varphi_C=0.0335$ 弧度

4.13　$D\geqslant195.4$ mm

4.14　①$\tau_{max}=\dfrac{3M_0}{4a\delta^2}$,$\varphi=\dfrac{3M_0 l}{4Ga\delta^3}$,②$\tau_{max}=\dfrac{M_0}{2\delta a^2}$,$\varphi=\dfrac{M_0 l}{Ga^3\delta}$,③$d_1=\sqrt{\dfrac{2M_0 l}{n\pi a^2[\tau]_1}}$

4.15　$\tau_1:\tau_2:\tau_3=2\pi:8:9$;$\varphi_1:\varphi_2:\varphi_3=4\pi^2:64:81$

4.16　$T\leqslant802.2$ N·m

4.17　$\tau_{1max}=\dfrac{256M_0 G_1}{(15G_1+G_2)\pi D^3}$,$\tau_{2max}=\dfrac{128M_0 G_2}{(15G_1+G_2)\pi D^3}$

4.18　$\tau_{max}=\dfrac{12ma}{\pi d^3}$,$\varphi=\dfrac{8ma^2}{\pi Gd^4}$

4.19　$\tau_{max}=79.58$ MPa

4.20　$[F]=947.7$ N

4.21　$\tau_{1max}=51.8$ MPa,$\tau_{2max}=21.4$ MPa

4.22　$M_0=\dfrac{\pi\tau_s r_s^3}{6}\left[4\left(\dfrac{R}{r_s}\right)^3-1-\dfrac{3}{16}\left(\dfrac{R}{r_s}\right)^4\right]$,　$\varphi_B=\dfrac{\tau_s l}{Gr_s}$,　$\varphi_{Br}=\dfrac{16\tau_s l}{15Gr_s}-\dfrac{64\tau_s l}{45GR}+\dfrac{16\tau_s r_s^3 l}{45GR^4}$

第 5 章　弯曲

5.1　圆形:$\sigma_{max}=59.7$ MPa;矩形:$\sigma_{max}=46.9$ MPa

5.2　B 截面左侧的上下缘:$\sigma_{max}^+=58.74$ MPa,$\sigma_{max}^-=63.28$ MPa

5.3　AB 中点处截面的上下缘:$\sigma_{max}=28.4$ MPa

5.4　$\sigma_{max}^+=50.0$ MPa,$\sigma_{max}^-=25.0$ MPa,$\tau_{max}=5.0$ MPa

5.5　$a=\dfrac{2}{9}l$

5.6　$b=233.3$ mm

5.7　$\sigma_{max}^+=26.6$ MPa,$\sigma_{max}^-=53.3$ MPa

5.8　$\sigma_{max}^B=90.0$ MPa,$\sigma_{max}^C=96.1$ MPa

5.9　$F=100$ kN

5.10　$F=994$ N,$\sigma_{max}=150$ MPa

5.11　$[F]=22.56$ kN

5.12　$n=56$

5.13　$[F]=20.25 \text{ kN}$

5.14　梁的形状关于中点对称：$h(x)=h_0=\dfrac{3F}{4b[\tau]}$，$(0\leqslant x\leqslant\dfrac{3F[\sigma]}{16b[\tau]^2})$，

$$h(x)=\sqrt{\dfrac{3Fx}{b[\sigma]}}, \quad (\dfrac{3F[\sigma]}{16b[\tau]^2}\leqslant x\leqslant\dfrac{l}{2})$$

5.15　(a) 分 3 段积分，6 个常数$\begin{cases}x=0: & w_1=0 \\ x=a: & w_1=w_2, & \dfrac{\mathrm{d}w_1}{\mathrm{d}x}=\dfrac{\mathrm{d}w_2}{\mathrm{d}x} \\ x=2a: & w_2=w_3=0, & \dfrac{\mathrm{d}w_2}{\mathrm{d}x}=\dfrac{\mathrm{d}w_3}{\mathrm{d}x}\end{cases}$

(b) 分 2 段积分，4 个常数$\begin{cases}x=0: & w_1=0 \\ x=a: & w_1=w_2, & \dfrac{\mathrm{d}w_1}{\mathrm{d}x}=\dfrac{\mathrm{d}w_2}{\mathrm{d}x} \\ x=2a: & w_2=0,\end{cases}$

(c) 分 3 段积分，6 个常数$\begin{cases}x=a: & w_1=w_2=0, & \dfrac{\mathrm{d}w_1}{\mathrm{d}x}=\dfrac{\mathrm{d}w_2}{\mathrm{d}x} \\ x=3a: & w_2=w_3=0, & \dfrac{\mathrm{d}w_2}{\mathrm{d}x}=\dfrac{\mathrm{d}w_3}{\mathrm{d}x}\end{cases}$

(d) 分 2 段积分，4 个常数$\begin{cases}x=0: & w_1=0, & \dfrac{\mathrm{d}w_1}{\mathrm{d}x}=0 \\ x=a: & w_1=w_2 \\ x=2a: & w_2=0\end{cases}$

(e) 分 2 段积分，4 个常数$\begin{cases}x=0: & w_1=0 \\ x=a: & w_1=w_2=-\dfrac{M}{ka}, & \dfrac{\mathrm{d}w_1}{\mathrm{d}x}=\dfrac{\mathrm{d}w_2}{\mathrm{d}x}\end{cases}$

(f) 分 2 段积分，4 个常数$\begin{cases}x=0: & w_1=\dfrac{qla}{2EA} \\ x=a: & w_1=w_2=0, & \dfrac{\mathrm{d}w_1}{\mathrm{d}x}=\dfrac{\mathrm{d}w_2}{\mathrm{d}x}\end{cases}$

5.16　(1)C 截面：$|w|_{\max}=\dfrac{7Fa^3}{2EI}(\downarrow)$，$|\theta|_{\max}=\dfrac{5Fa^2}{2EI}(\circlearrowleft)$

(2)$x=a/2$ 截面：$|w|_{\max}=\dfrac{M_0a^2}{32EI}(\downarrow)$，$A$ 截面：$|\theta|_{\max}=\dfrac{M_0a}{12EI}(\circlearrowleft)$

(3)B 截面：$|w|_{\max}=\dfrac{q_0a^4}{30EI}(\downarrow)$，$|\theta|_{\max}=\dfrac{q_0a^3}{24EI}(\circlearrowleft)$

(4)C 截面：$|w|_{\max}=\dfrac{2qa^4}{3EI}(\downarrow)$，$|\theta|_{\max}=\dfrac{5qa^3}{6EI}(\circlearrowleft)$

5.17　(1)$w_A=\dfrac{5qa^4}{4EI}(\downarrow)$，$\theta_B=\dfrac{2qa^3}{3EI}(\circlearrowleft)$

(2)$w_A=\dfrac{5qa^4}{24EI}(\downarrow)$，$\theta_B=0$

(3)$w_A=\dfrac{23Fa^3}{24EI}(\downarrow)$，$\theta_B=\dfrac{Fa^2}{EI}(\circlearrowleft)$

(4)$w_A=\dfrac{7Fa^3}{24EI}(\uparrow)$，$\theta_B=\dfrac{Fa^2}{EI}(\circlearrowleft)$

(5)$w_A=\dfrac{9Fa^3}{8EI}(\downarrow)$，$\theta_B=\dfrac{Fa^2}{EI}(\circlearrowleft)$

$(6) w_A = \dfrac{qa^4}{6EI}(\downarrow)$, $\theta_B = \dfrac{5qa^3}{24EI} - \dfrac{q}{2k} = \dfrac{qa^3}{6EI}(\circlearrowleft)$

5.18 $(1) w_A = \dfrac{qa^4}{8EI}(\uparrow)$, $\theta_B = \dfrac{7qa^3}{12EI}(\circlearrowleft)$

       $(2) w_A = \dfrac{Fa^3}{12EI}(\downarrow)$, $\theta_B = \dfrac{19Fa^2}{48EI}(\circlearrowleft)$

       $(3) w_A = \dfrac{4Fa^3}{3EI}(\downarrow)$, $\theta_B = \dfrac{Fa^2}{EI}(\circlearrowleft)$

5.19 $F = \dfrac{P}{6}$, $\sigma_{max} = \dfrac{Pl}{12bh^2}$

5.20 $l = 2a$, $w_C = \dfrac{5qa^4}{8EI}(\downarrow)$

5.21 $w_{max} = 1.674$ mm

5.22 $M_s = 8$ kN·m, $M_u = 11.2$ kN·m, $\dfrac{M_u}{M_s} = 1.4$

5.23 $F_u = 15$ kN, 令 $\overline{y} = \dfrac{y}{h}$, $\sigma_{rA}(\overline{y}) = \sigma_s(3\overline{y} - 1) = 240(3\overline{y} - 1)$ (MPa)

第6章 组合变形

6.1 $(1) F_N = F_1, F_{Sy} = F_2, F_{Sz} = -F_3$, $T = (F_2 - F_3)a$, $M_y = (F_3 - F_1)a$, $M_z = (F_2 - F_1)a$

      $(2) T = M_1$, $M_y = M_2$, $M_z = M_3$

      $(3) F_N = F_2, F_{Sy} = -F_1, T = F_1a$, $M_y = M_2$, $M_z = M_1 - F_1a$

      $(4) F_{Sy} = -F_2, F_{Sz} = -F_1, T = M_1 + M_2$, $M_y = 2F_1a + M_3$, $M_z = -F_2a$

6.2 (1) 1-1 截面: $F_N = \dfrac{qh}{2}, M = \dfrac{qh^2}{12}$; 2-2 截面: $F_N = \dfrac{qh}{2}$

        3-3 截面: $F_N = \dfrac{qh}{2}, M = \dfrac{qh^2}{12}$; 4-4 截面: $F_N = \dfrac{qh}{2}, M = -\dfrac{qh^2}{24}$

        5-5 截面: $F_N = \dfrac{qh}{2}, M = \dfrac{qh^2}{12}$

      (2) 1-1 截面: $M_y = -\dfrac{3\sqrt{2}}{2}Fa$, $F_{Sy} = -\dfrac{\sqrt{2}}{2}F$, $M_z = -\dfrac{3\sqrt{2}}{2}Fa$, $F_{Sz} = \dfrac{\sqrt{2}}{2}F$

        2-2 截面: $M_y = -\dfrac{3\sqrt{2}}{4}Fa$, $F_{Sy} = -\dfrac{\sqrt{2}}{2}F$, $M_z = -\dfrac{3\sqrt{2}}{4}Fa$, $F_{Sz} = \dfrac{\sqrt{2}}{2}F, T = \dfrac{\sqrt{2}}{8}Fb$

      (3) 1-1 截面: $F_N = -\dfrac{F}{4}$, $F_S = \dfrac{\sqrt{3}F}{4}$; 2-2 截面: $F_N = -\dfrac{F}{4}$, $F_S = \dfrac{\sqrt{3}F}{4}, M = \dfrac{\sqrt{3}Fl}{4}$

6.3   (a) $\sigma_{r1} = 100$ MPa, $\sigma_{r2} = 100$ MPa

      (b) $\sigma_{r1} = 30$ MPa, $\sigma_{r2} = 30$ MPa

      (c) $\sigma_{r1} = 84.85$ MPa, $\sigma_{r2} = 110.3$ MPa

      (d) $\sigma_{r1} = 25$ MPa, $\sigma_{r2} = 32.5$ MPa

6.4   (a) $\sigma_{r3} = 90$ MPa, $\sigma_{r4} = 85.44$ MPa

      (b) $\sigma_{r3} = 226.3$ MPa, $\sigma_{r4} = 195.96$ MPa

      (c) $\sigma_{r3} = 140$ MPa, $\sigma_{r4} = 124.9$ MPa

      (d) $\sigma_{r3} = 200$ MPa, $\sigma_{r4} = 173.2$ MPa

6.5 $\sigma_{Ma} = 100$ MPa, $\sigma_{Mb} = 88.17$ MPa

6.6 矩形：$\sigma_{max}=78.99\,MPa$，圆形：$\sigma_{max}=78.57\,MPa$

6.7 $F\leqslant 5kN$

6.8 $\theta=0°$时可选 I22a，$\theta=3°$时可选 I25b

6.9 $\sigma_{max}=\dfrac{8F}{3h^2}$，发生于 I-I 截面开槽处槽底面各点

6.10 $F_1=\dfrac{E\pi d^2}{96}(5\varepsilon_1-\varepsilon_2)$，$F_2=\dfrac{E\pi d^2}{96}(\varepsilon_1-5\varepsilon_2)$

6.11 危险点为 I-I 截面 dc 线上各点：$\sigma_{max}=8.05\,MPa$

6.12 $\sigma_{max}=184.0\,MPa$

6.13 根据第二强度理论 $F\leqslant 34.3N$，根据第四强度理论 $F\leqslant 39.0\,N$

6.14 截面 O：$\sigma_{r3}=90.9\,MPa$，截面 C^+：$\sigma_{r3}=94.2\,MPa$

6.15 $d\geqslant 57.4\,mm$

6.16 $k=0.745$

6.17 按照第一强度理论和莫尔强度理论均为$[F]=1.45\,kN$

按照第一强度理论，断口平面与母线夹角为 1.65°

6.18 $[F]=317.9\,N$

6.19 $F=166.5\,kN$，$e=22.88\,mm$，$\sigma_1=80\,MPa$，$\sigma_2=0$，$\sigma_3=-20\,MPa$，$\sigma_{r3}=100\,MPa$

6.20 $\sigma_{r4}=140.12\,MPa$

6.21 截面 A、B、C、D 均为危险截面，$M=\dfrac{3}{46}Fl$，$T=\dfrac{2}{23}Fl$

$F\leqslant\dfrac{23\pi d^3[\sigma]}{80l}$，$\varphi=\dfrac{160Fl^2}{23\pi Ed^4}$

第 7 章 能量法

7.1 (a)$V_\varepsilon=\dfrac{F^2l}{2EA}$ (b)$V_\varepsilon=\dfrac{7F^2l^3}{3EI}$

7.2 (a)$V_\varepsilon=\dfrac{M_2^2l}{EI}+\dfrac{M_1^2l}{2GI_p}$ (b)$V_\varepsilon=\dfrac{F_1^2l}{EA}+\dfrac{F_2^2l^3}{6EI}$

7.3 (1)$V_\varepsilon=\dfrac{F^2a}{8EA}+\dfrac{F^2l^3}{96EI}$ (2)$V_\varepsilon=\dfrac{(4+\sqrt{2})F^2l}{8EA}$ (3)$V_\varepsilon=\dfrac{5M_0^2a}{12EI}$ (4)$V_\varepsilon=\dfrac{F^2a^3}{3EI}+\dfrac{F^2a^3}{2GI_p}$

7.4 $M_2=1\,kN\cdot m$(↺)

7.5 $\Delta A=-\dfrac{1-\nu}{E}Fa$

7.6 $\Delta l=-\dfrac{2\nu d^2ql}{E(D^2-d^2)}$

7.7 $\Delta_{Bx}=\dfrac{M_0R^2}{EI}(\rightarrow)$

7.8 $\Delta_{Cx}=\dfrac{2M_0R^2}{GI_p}(\downarrow)$

7.9 $\Delta_{Dy}=\dfrac{qR^4}{EI}\left(\dfrac{\pi}{2}+\dfrac{14}{3}\right)(\downarrow)$，$\theta_D=\dfrac{4qR^3}{3EI}$(↺)

7.10 $\Delta_{Cy}=\dfrac{11F^2a}{B^2A^2}(\downarrow)$

7.11 $\Delta_{Cy}=\dfrac{23ql^4}{12EI}(\downarrow)$，$\theta_A=\dfrac{37ql^3}{24EI}$(↺)

7.12 $\Delta_{Cy}=\dfrac{61ql^4}{24EI}(\downarrow)$，$\theta_B=\dfrac{3ql^3}{2EI}$(↺)

7.13 $\Delta_{Cy}=\dfrac{5ql^4}{24EI}(\downarrow)$, $\theta_B=\dfrac{ql^3}{8EI}(\circlearrowleft)$

7.14 $\Delta_{Cy}=\dfrac{17ql^4}{24EI}(\downarrow)$, $\theta_D=\dfrac{3ql^3}{4EI}(\circlearrowright)$

7.15 $\Delta_{Ax}=\dfrac{35qa^4}{24EI}(\rightarrow)$, $\theta_A=\dfrac{5qa^3}{3EI}(\circlearrowleft)$

7.16 $\Delta_{Cy}=\dfrac{5Fa^3}{48EI}(\uparrow)$, $\Delta\theta_{AB}=\dfrac{15Fa^2}{8EI}(\circlearrowleft\circlearrowright)$

7.17 $\Delta_{Cx}=\dfrac{89qa^4}{24EI}(\rightarrow)$, $\Delta_{Cy}=\dfrac{25qa^4}{3EI}(\downarrow)$

7.18 $\Delta_{Cy}=\dfrac{17qa^4}{24EI}(\downarrow)$, $\theta_D=\dfrac{3qa^3}{4EI}(\circlearrowleft)$

7.19 $\Delta_{Dy}=\dfrac{7qa^4}{12EI}(\uparrow)$, $\Delta\theta_{D^+D^-}=\dfrac{5qa^3}{4EI}(\circlearrowleft\circlearrowright)$

7.20 $\Delta_{Cy}=\dfrac{M_0 a(3a+2l)}{6EI}+\dfrac{M_0(l+a)}{kl^2}(\uparrow)$, $\theta_C=\dfrac{M_0(3a+l)}{3EI}+\dfrac{M_0}{kl^2}(\circlearrowleft)$

7.21 $a=\dfrac{4}{5}l$

7.22 $\theta_A=\dfrac{(6\pi-17)qR^3}{24EI}(\circlearrowleft)$

7.23 $\Delta_{Dy}=\dfrac{Fa}{2EA}+\dfrac{13Fa^3}{3EI}(\downarrow)$, $\theta_B=\dfrac{3Fa^2}{2EI}(\circlearrowleft)$

7.24 $\Delta_{Cy}=\dfrac{4M_0 a^2}{9EI}-\dfrac{M_0}{2EA}(\downarrow)$

$\Delta_{HC}^\xi=\dfrac{2\sqrt5 M_0 a^2}{15EI}(HC\ 远离)$

$\Delta_{HC}^\eta=\dfrac{\sqrt5 M_0}{2EA}-\dfrac{8\sqrt5 M_0 a^2}{45EI}(远离\ HC\ 连线)$

第8章 静不定结构

8.1 (1) $F_{CD}=\dfrac{5\sqrt5 F}{8+8\sqrt2+5\sqrt5}$ (拉), (2) $F_{BD}=\dfrac{5Aa^2 F}{18Aa^2+6I}$ (压)

(3) $F_{BC}=\dfrac{4M_0 RA}{\pi R^2 A+4I}$ (压), (4) $F_弹=\dfrac{qa^4 k}{4a^3 k+8EI}$ (压)

8.2 $F_B=\dfrac{5F}{16}+\dfrac{3EI\delta}{l^3}(\uparrow)$, 当 $\delta=\dfrac{Fl^3}{144EI}$ 时可使梁中弯矩最小

8.3 $\sigma_{max}^{AB}=\dfrac{12qa^2}{5h^3}$, $\sigma_{max}^{CD}=\dfrac{48qa^2}{5h^3}$

8.4 $F_1=F_2=F_5=-\dfrac{3-\sqrt2}{8}F$, $F_3=\dfrac{3\sqrt2-2}{8}F$

$F_4=-\dfrac{\sqrt2+2}{8}F$, $F_6=-\dfrac{\sqrt2}{2}F$, $F_7=\dfrac{\sqrt2+1}{8}F$, $F_8=\dfrac{F}{2}$

8.5 (1) $F_A=\dfrac{7qa}{16}(\uparrow)$, $F_B=\dfrac{qa}{16}(\rightarrow)$, $F_{Cx}=\dfrac{qa}{16}(\leftarrow)$, $F_{Cy}=\dfrac{9qa}{16}(\uparrow)$

(2) $F_C=\dfrac{3qa}{16}(\downarrow)$, $F_{Dx}=0$, $F_{Dy}=\dfrac{15qa}{16}(\uparrow)$, $M_D=\dfrac{qa^2}{32}(\circlearrowleft)$

(3) $F_C=qa(\uparrow)$, $F_{Ax}=qa\ (\leftarrow)$, $F_{Ay}=qa(\downarrow)$, $M_A=\dfrac{qa^2}{2}(\circlearrowleft)$

$(4)F_D=\dfrac{3qa}{4}(\uparrow)$, $F_C=\dfrac{3qa}{8}(\rightarrow)$, $F_{Ax}=\dfrac{3qa}{8}(\leftarrow)$, $F_{Ay}=\dfrac{qa}{4}(\uparrow)$

8.6　$(1)F_C=\dfrac{5qa}{4}(\uparrow)$，$(2)F_H=\dfrac{5F}{48}(\leftarrow)$

8.7　$F_{DH}=\dfrac{21\sqrt{2}}{42+4\sqrt{2}}F$，$F_{DG}=-\dfrac{21-4\sqrt{2}}{42+4\sqrt{2}}F$，$M_{max}=\dfrac{21+4\sqrt{2}}{42+4\sqrt{2}}Fa$

8.8　$(1)F_{Hx}=0$，$F_{Hy}=F(\uparrow)$

　　$(2)F_{Hx}=0.31qa\,(\leftarrow)$，$F_{Hy}=0.57qa\,(\uparrow)$

　　$(3)F_{Hx}=\dfrac{3}{\pi}F(\leftarrow)$，$F_{Hy}=F(\uparrow)$，$M_H=\dfrac{6-\pi}{2\pi}FR(\circlearrowright)$

　　$(4)F_{Hx}=0$，$F_{Hy}=\dfrac{5qR}{18\pi-40}(\uparrow)$

8.9　$F_{Az}=\dfrac{10}{23}qa(\uparrow)$，$M_{Ax}=\dfrac{3}{46}qa^2$（矢量方向与 x 轴同向）

　　$M_{Ay}=\dfrac{10}{23}qa^2$（矢量方向与 y 轴反向），$\Delta_{Bx}=\dfrac{10qa^4}{69EI}(\downarrow)$

8.10　$(1)F_{Ax}=0$，$F_{Ay}=\dfrac{3M_0}{4a}(\downarrow)$，$M_A=\dfrac{M_0}{4}(\circlearrowright)$

　　　　$F_{Hx}=0$，$F_{Hy}=\dfrac{3M_0}{4a}(\uparrow)$，$M_H=\dfrac{M_0}{4}(\circlearrowright)$

　　　$(2)F_A=\dfrac{27}{56}qa(\uparrow)$，$F_C=\dfrac{27}{56}qa(\downarrow)$，$F_{Dx}=0$，$F_{Dy}=0$，$M_D=\dfrac{qa^2}{28}(\circlearrowleft)$

　　　$(3)F_{Ax}=\dfrac{1}{2}qa(\leftarrow)$，$F_{Ay}=\dfrac{1}{2}qa(\uparrow)$，$M_A=\dfrac{1}{12}qa^2(\circlearrowright)$

　　　　　$F_{Cx}=\dfrac{1}{2}qa(\leftarrow)$，$F_{Cy}=\dfrac{1}{2}qa(\uparrow)$，$M_C=\dfrac{1}{12}qa^2(\circlearrowright)$

　　　$(4)F_A=\dfrac{5}{2}F(\leftarrow)$，$F_G=\dfrac{5}{2}F(\leftarrow)$，$F_{Hx}=3F(\rightarrow)$，$F_{Hy}=0$

　　　$(5)F_{Ax}=\dfrac{\sqrt{3}}{2}F(\leftarrow)$，$F_{Ay}=\dfrac{13}{15}F(\downarrow)$，$M_A=\dfrac{2}{15}Fa(\circlearrowleft)$

　　　　　$F_{Hx}=\dfrac{\sqrt{3}}{2}F(\leftarrow)$，$F_{Hy}=\dfrac{13}{15}F(\uparrow)$，$M_H=\dfrac{2}{15}Fa(\circlearrowleft)$

　　　$(6)A$ 截面的内力为：$F_{NA}=-\dfrac{F}{2}$，$M_A=\dfrac{FR}{2}$

8.11　$(1)F_{Az}=\dfrac{F}{2}(\uparrow)$，$M_{Ax}=\dfrac{FR}{2}$（矢量方向与 x 轴同向），$M_{Ay}=\left(\dfrac{FR}{2}-\dfrac{FR}{\pi}\right)$（矢量方向与 y 轴反向）

　　　　$F_{Cz}=\dfrac{F}{2}(\uparrow)$，$M_{Cx}=\dfrac{FR}{2}$（矢量方向与 x 轴同向），$M_{Cy}=\left(\dfrac{FR}{2}-\dfrac{FR}{\pi}\right)$（矢量方向与 y 轴同向）

　　　$(2)F_{Ax}=\dfrac{19}{23}F$（沿 x 轴负向），$M_{Ay}=\dfrac{19}{23}Fa$（矢量方向与 y 轴反向）

　　　　　$M_{Ax}=\dfrac{4}{23}Fa$（矢量方向与 z 轴反向）

$$F_{Cx} = \frac{19}{23}F(沿\ x\ 轴正向), M_{Cy} = \frac{19}{23}Fa(矢量方向与\ y\ 轴同向)$$

$$M_{Cz} = \frac{4}{23}Fa(矢量方向与\ z\ 轴反向)$$

8.12 (1) $|M|_{max} = \frac{3}{16}Fa$, (2) $|M|_{max} = \frac{qa^2}{2}$, (3) $|M|_{max} = \frac{29}{48}Fa$

8.13 $\sigma_{CD} = 31.0$ MPa

8.14 $M^{AB}_{max} = \frac{2E_1 I_1}{4E_1 I_1 + E_2 I_2}Fl$, $M^{CD}_{max} = \frac{E_2 I_2}{4E_1 I_1 + E_2 I_2}Fl$

8.15 $\delta_T = \frac{4Fl^3 - 3EI\delta}{19EI}$(压缩)

8.16 $\begin{cases} \Delta_K = \dfrac{Fl^3}{6EI} & (0 \leqslant F \leqslant \dfrac{6EI\delta}{l^3}) \\ \Delta_K = \dfrac{8EI\delta + Fl^3}{14El} & (F > \dfrac{6EI\delta}{l^3}) \end{cases}$,

当 $\Delta_K = 2\delta$ 时, $F = \dfrac{20EI\delta}{l^3}$

第 9 章 压杆稳定

9.1 $F^a_{cr} = \frac{\pi^3 E d^4}{64l^2}$, $F^b_{cr} = 0.907\frac{\pi^3 E d^4}{64l^2}$, $F^c_{cr} = 4\frac{\pi^3 E d^4}{64l^2}$, $F^d_{cr} = \frac{\pi^3 E d^4}{64l^2}$

9.2 $\sigma^a_{cr} = 120.3$ MPa, $F^a_{cr} = 3779$ kN, $\sigma^b_{cr} = 216.8$ MPa, $F^b_{cr} = 8672$ kN

9.3 $\sigma_{cr} = 138.4$ MPa

9.4 $W_1 : W_2 : W_3 = 1.023 : 1 : 0.5289$

9.5 $F_{cr} = 88.8$ kN

9.6 $[F] = 168$ kN

9.7 $d = 25$ mm

9.8 $[F] = 286.0$ kN

9.9 $[F_{AB}] = 39.1$ kN, $[F_{BC}] = 50.5$ kN

9.10 $[F] = 93.8$ kN

9.11 $[F] = \frac{\sqrt{2}\,\pi^3 E d^4}{192a^2}$

9.12 $F_{AD} = 104$ kN, $[F_{AD}] = 102.5$ kN, $F_{DC} = 67.6$ kN, $[F_{DC}] = 83.0$ kN

9.13 杆 BG: $F_{BG} = 9.33$ kN $< [F_{BG}] = 10.7$ kN; 刚架: $\sigma_{max} = 107.0$ MPa $> [\sigma]$

9.14 $[q] = 5.81$ kN/m

9.15 $[F] = 211.7$ kN

9.16 $[M_0] = \frac{\pi^3 E d^3}{1080}$

9.17 杆: $F_{BD} = 2.6$ kN $< [F_{BD}] = 3.03$ kN

梁: $\sigma^{AB}_{max} = 32.8$ MPa $< [\sigma]$, $\sigma^{CD}_{max} = 39.0$ MPa $< [\sigma]$

9.18 当 $h = 3l$ 时 $W_1 = \frac{3\pi^2 EI}{16l^2}$, $h_{min} = \frac{16l^3 W}{\pi^2 EI}$

第 10 章 动载荷

10.1 $\sigma^{AB}_{max} = 73.83$ MPa $< [\sigma]$, $\sigma^{CD}_{max} = 3.93$ MPa $< [\sigma]$

10.2 $\sigma_{dmax} = \frac{32Pla\omega^2}{3\pi d^3 g}$

10. 3　$\sigma_{dmax}=49.9\ \text{MPa}$

10. 4　$h=\dfrac{18P-6Q}{Q}\Delta$

10. 5　$\theta_{Cd}=\dfrac{3Pa^2}{2EI}(1+\sqrt{1+\dfrac{6hEI}{5Pa^3}})\ (\circlearrowleft)$

10. 6　$\Delta_{Ax,d}=\dfrac{7av}{6}\sqrt{\dfrac{Pa}{EIg}}\ (\leftarrow)$

10. 7　$\sigma_{dmax}=79.6\ \text{MPa}<[\sigma]$

10. 8　$K_d=2v\sqrt{\dfrac{3EI}{7Plg}}$

10. 9　$M_{dmax}=2v\sqrt{\dfrac{PEI}{3gl}},\delta_{Bd}=\dfrac{vl^2}{12}\sqrt{\dfrac{3P}{EIgl}}\ (\rightarrow)$

10. 10　$\delta_{Ad}=\dfrac{Pl^3}{12EI}(1+\sqrt{1+\dfrac{96hEI}{43Pl^3}})\ (\uparrow),\ \theta_{Bd}=\dfrac{7Pl^2}{16EI}(1+\sqrt{1+\dfrac{96hEI}{43Pl^3}})\ (\circlearrowleft)$

10. 11　$h=\dfrac{6EI\Delta^2}{25Pl^3}$

10. 12　$\dfrac{K_d^{(a)}}{K_d^{(b)}}=\dfrac{3EI+kl^3}{\sqrt{3EIkl^3}},\dfrac{\sigma_d^{(a)}}{\sigma_d^{(b)}}=\sqrt{\dfrac{3EI}{kl^3}}$

10. 13　$\sigma_{dmax}^{AB}=62.8\ \text{MPa}<[\sigma],F_{CD,d}=6.52\ \text{kN}<[F_{CD}]=15.7\ \text{kN}$

10. 14　危险截面为截面 A，危险点为该截面周边各点，

$$\sigma_{r3,d}=\dfrac{2PR}{W}(1+\sqrt{1+\dfrac{16hEI}{19\pi R^3 P}})$$

10. 15　$M_{dmax}^{AB}=\dfrac{3Pl}{2}(1+\sqrt{1+\dfrac{32hEI}{19Pl^3}}),M_{dmax}^{CD}=\dfrac{Pl}{4}(1+\sqrt{1+\dfrac{32hEI}{19Pl^3}})$

$$\delta_{Bd}=\dfrac{7Pl^3}{4EI}(1+\sqrt{1+\dfrac{32hEI}{19Pl^3}})$$

10. 16　$\sigma=(9.95+99.5\sin\omega t)\ \text{MPa},\sigma_{max}=109.45\ \text{MPa},\sigma_{min}=-89.55\ \text{MPa}$

$\sigma_a=99.5\ \text{MPa},\sigma_m=9.95\ \text{MPa},r=-0.818$

10. 17　$r_1=-1,r_2=0,r_3=0.866,r_4=0.5$

附录 A　平面图形的几何性质

A. 1　(1) $y_C=-\dfrac{d^2e}{D^2-d^2},z_C=0$　(2) $y_C=z_C=\dfrac{5}{6}a$

A. 2　$y_C=\dfrac{4R}{3\pi},z_C=0,S_z=\dfrac{2}{3}R^3$

A. 3　(1) $S_z=\dfrac{3}{25}bh^2$　(2) $S_z=\dfrac{3}{40}bh^2$　(3) $S_z=\dfrac{19}{200}bh^2$

A. 4　(1) $I_y=I_z=\dfrac{\pi R^4}{16}$　(2) $I_y=I_z=\dfrac{256-3\pi}{192}a^4$

(3) $I_y=\dfrac{320-51\pi}{192}a^4,\ I_z=\dfrac{1024-51\pi}{192}a^4$　(4) $I_y=I_z=\dfrac{\pi R^4}{8}$

(5) $I_y=\dfrac{256-3\pi}{192}a^4,\ I_z=\dfrac{1792-99\pi}{192}a^4$

A. 5　(1) $y_C=206.8\ \text{mm},z_C=0,\ I_{z_C}=2.22\times10^8\ \text{mm}^4$

(2) $y_C = 164.3$ mm, $z_C = 0$, $I_{z_C} = 1.88 \times 10^8$ mm^4

附录 C 参考答案

2010 年硕士学位研究生入学考试"材料力学"试题

一、 $F_{N\max}^+ = qa$, $F_{N\max}^- = qa$; $F_{S\max}^+ = 2qa$, $F_{S\max}^- = 2qa$; $M_{max} = \dfrac{3}{2}qa^2$

二、 $F = \dfrac{3EI}{10a^3}\Delta$, $|M|_{max} = \dfrac{3EI}{5a^2}\Delta$

三、 $\sigma_{r3} = \dfrac{\sqrt{M^2 + T^2}}{W} = 126.04$ MPa $< [\sigma]$, 安全

四、 $F_{Ax} = \dfrac{\sqrt{3}}{2}(\leftarrow)$, $F_{Ay} = \dfrac{11}{60}F(\uparrow)$, $M_A = \dfrac{13}{15}Fa(\circlearrowleft)$; $F_{Hx} = \dfrac{\sqrt{3}}{2}F(\leftarrow)$, $F_{Hy} = \dfrac{11}{60}F(\downarrow)$,

$M_A = \dfrac{13}{15}Fa(\circlearrowleft)$; $|M|_{max} = \dfrac{13}{15}Fa$, 位于截面 A、H 处

五、 $k \leqslant 144$ kN/m

六、 $\sigma_{B\max}^- = 206.02$ MPa $< [\sigma_c]$, $\sigma_{B\max}^+ = 119.28$ MPa $< [\sigma_t]$, $\sigma_{E\max}^+ = 154.52$ MPa $< [\sigma_t]$,

$\sigma_{CD} = 45$ MPa $< \dfrac{\sigma_{cr}}{[n_{st}]} = \dfrac{122.82}{2.5}$ MPa $= 49.13$ MPa, 安全

2011 年硕士学位研究生入学考试"材料力学"试题

一、 $F_{N\max}^+ = ql$; $F_{S\max}^+ = \dfrac{11}{8}qt$, $F_{S\max}^- = 2ql$; $M_{max} = 2ql^2$

二、 $\delta_{HC} = \dfrac{2Fa^3}{3EI}$ (HC 两点远离), $\delta_{BD} = \dfrac{\sqrt{3}Fa^3}{6EI}$ (BD 两点靠近), $\theta_{BD} = \dfrac{Fa^2}{2EI}(\circlearrowleft\circlearrowleft)$

三、 $F = 150.8$ N, $\sigma_{Cr3} = \dfrac{\sqrt{M^2 + T^2}}{W} = 76.8$ MPa $> [\sigma] = 60$ MPa, 截面 C 强度不足

四、 $T_A = \dfrac{m_0 l}{6}$, $T_B = \dfrac{m_0 l}{3}$, $\varphi_{CA} = \dfrac{5m_0 l^2}{81GI_p}$

五、 $M_{d\max} = \dfrac{pv}{2}\sqrt{\dfrac{3EI}{gPa}}$, $\theta_{dB} = \dfrac{5v}{4}\sqrt{\dfrac{Pa}{3EIg}}$

六、 $F_{AB} = 48.5$ kN $< [F_{cr}]_{AB} = 51.3$ kN, $F_{CD} = 28.0$ kN $< [F_{cr}]_{CD} = 29.6$ kN, 稳定

2012 年硕士学位研究生入学考试"材料力学"试题

一、 $F_{N\max}^- = \dfrac{1}{2}qa$, $F_{S\max}^+ = qa$, $F_{S\max}^- = \dfrac{3}{2}qa$, $M_{max} = qa^2$

二、 $\sigma = 160$ MPa, $\tau = 80\sqrt{3}$ MPa, $\sigma_1 = 240$ MPa, $\alpha_{P1} = 30°$, $\sigma_2 = 0$, $\sigma_3 = -80$ MPa, $\alpha_{P2} = 60°$,

$\tau_{max} = 160$ MPa, $\alpha_s = 15°$, $-75°$

三、 $\sigma_{Ar3} = \sqrt{\sigma^2 + 4\tau^2} = 59.2$ MPa $< [\sigma]$, $\sigma_W^{BC} = 55.3$ MPa $< [\sigma]$, 安全

四、 $\theta_D = \dfrac{59qa^3}{48EI}(\circlearrowleft)$

五、 $h_{max} = \dfrac{\delta_{st}^O}{2}[(K_{d\max} - 1)^2 - 1] = 190$ mm

六、 $F_{BC} = 76.98$ kN $< [F_{cr}] = 82.$ kN, $\sigma_{HD} = 54.5$ MPa $< [\sigma] = 60$ MPa, 安全

2013 年硕士学位研究生入学考试"材料力学"试题

一、 $F_{S\max}^+ = qa$, $F_{S\max}^- = \dfrac{3}{2}qa$, $M_{max}^+ = \dfrac{9}{8}qa^2$, $M_{max}^- = \dfrac{2}{3}qa^2$

二、 $\sigma_x = -40$ MPa, $\sigma_y = 80$ MPa, $\sigma_1 = 80$ MPa, $\sigma_2 = 0$, $\sigma_3 = -40$ MPa, $\tau_{max} = 60$ MPa, $\alpha_s = \pm 45°$

三、 $\sigma_{r3} = \sqrt{\sigma^2 + 4\tau^2} = 60.70$ MPa $< [\sigma]$, 安全

四、 $d = 44$ mm

五、 $\theta_{Ad} = 0.1083$ rad $= 6.207°$

六、 $[P] = \min\{[P]_{AC}, [P]_{CE}, [P]_{DG}\} = \min\{42.5 \text{ kN}, 16.12 \text{ kN}, 11.5 \text{ kN}\} = 11.5$ kN

参考文献

1 梅凤翔,周际平,水小平.工程力学(上、下册).北京:高等教育出版社,2003.

2 梅凤翔,周际平,水小平.工程力学学习指导(上、下册).北京:北京理工大学出版社,2003.

3 刘鸿文.材料力学(第4版,Ⅰ、Ⅱ).北京:高等教育出版社,2004.

4 单辉祖.材料力学(Ⅰ、Ⅱ).北京:高等教育出版社,1999.

5 范钦珊.工程力学教程(Ⅰ、Ⅱ).北京:高等教育出版社,1998.

6 范钦珊,殷雅俊.材料力学.北京:清华大学出版社,2008.

7 刘济庆,杨存厚,藏修亮.材料力学教程(上、下册).北京:北京工业学院出版社,1988.

8 孙训方,方孝淑,关来泰.材料力学.北京:高等教育出版社,2002.

9 [美]S.铁摩辛柯,J.盖尔.材料力学.胡人礼,译.北京:科学出版社,1978.

10 [德]K.马格努斯,H.H.缪勒.工程力学基础.张维,等译.北京:北京理工大学出版社,1997.

11 John N. Cernica. Strength Of Materials. New York:Holt,Rinehart and Winston. 1977.

12 郭应征.材料力学提要与例题解析.北京:清华大学出版社,2008.

13 单辉祖.材料力学问题、例题与分析方法.北京:高等教育出版社,2006.

14 苟文选,王安强.材料力学解题方法与技巧.北京:科学出版社,2007.

15 王守新.材料力学学习指导.大连:大连理工大学出版社,2004.

16 沃国伟,孔超群.材料力学概念性标准化题集.上海:上海科学普及出版社,1991.

17 老亮,等.材料力学思考题集.北京:高等教育出版社,1990.

18 周利,金保森.材料力学四选一题集.西安:西北工业大学出版社,1994.

19 黄一红.材料力学辅导.西安:西安电子科技大学出版社,2000.

20 顾志荣,吴永生.材料力学学习方法及解题指导(第二版).上海:同济大学出版社,2000.

21 邱棣华,等.材料力学学习指导书.北京:高等教育出版社,2004.

22 范钦珊.材料力学学习指导.北京:清华大学出版社,2005.

23 蒋永莉,梁小燕,王正道.材料力学学习指导.北京:清华大学出版社,北京:北京交通大学出版社,2006.

24 高云峰,蒋持平,吴鹤华,殷金生.力学小问题及全国大学生力学竞赛试题.北京:清华大学出版社,2003.

25 苟文选.材料力学——概要及试题讲练.北京:科学出版社,2008.

26 赵志岗.材料力学学习指导与提高.北京:北京航空航天大学出版社,2003.

27 陈乃立,陈倩.材料力学学习指导书.北京:高等教育出版社,2004.

28 胡增强.材料力学学习指导.北京:高等教育出版社,2003.

29 蒋持平.材料力学常见题型解析及模拟题.北京:国防工业出版社,2009.

30 闵行.材料力学重点难点及典型题精解.西安:西安交通大学出版社,2001